U0668114

高职高专机电一体化专业规划教材

PLC 原理与应用

冀建平　主　编

侯艳霞　黄　涛　李秋芳　副主编

清华大学出版社

北　京

内 容 简 介

本书以西门子 S7-200 系列 PLC 为对象，在系统介绍 PLC 的结构组成、工作原理、系统的资源配置、指令系统和网络组成的基础上，阐述了 PLC 控制系统的程序设计方法和技巧。以设计案例导入——基础知识——案例实现过程——常见问题解析为主线讲解了 PLC 工业系统中常用的传感器、电磁阀、步进电机、变频器及组态软件的监控模拟和串行通信等应用系统的设计与开发，填补了高职高专教材在这方面的空白。

本书在结构上摒弃以往以学科知识为系统、理论与实践分离的教材结构，以符合职业教育特点的、从具体到抽象、从感性认识到理性认识的"工作过程导向"的知识结构来设计组织教材，融"教、学、做"为一体，工学结合。

本书可作为高职院校机电一体化技术、计算机控制等相关专业的教材，也可以作为从事有关 PLC 技术的工程人员的参考用书，同时还可作为职业培训学校的培训教材。

图书在版编目(CIP)数据

PLC 原理与应用/冀建平主编；侯艳霞，黄涛，李秋芳副主编. --北京：清华大学出版社，2010.9（2021.8重印）

(高职高专机电一体化专业规划教材)

ISBN 978-7-302-23379-4

Ⅰ. ①P… Ⅱ. ①冀… ②侯… ③黄… ④李… Ⅲ. ①可编程序控制器—高等学校：技术学校—教材 Ⅳ. ①TM571.6

中国版本图书馆 CIP 数据核字(2010)第 152936 号

责任编辑：孙兴芳　桑任松
装帧设计：杨玉兰
责任校对：王　晖
责任印制：宋　林

出版发行：清华大学出版社
网　　址：http://www.tup.com.cn, http://www.wqbook.com
地　　址：北京清华大学学研大厦 A 座　　邮　　编：100084
社 总 机：010-62770175　　邮　　购：010-62786544
投稿与读者服务：010-62776969, c-service@tup.tsinghua.edu.cn
质量反馈：010-62772015, zhiliang@tup.tsinghua.edu.cn
课件下载：http://www.tup.com.cn, 010-62791865

印 装 者：北京富博印刷有限公司
经　　销：全国新华书店
开　　本：185mm×260mm　　印　张：24.5　　字　数：588 千字
版　　次：2010 年 9 月第 1 版　　印　次：2021 年 8 月第 7 次印刷
定　　价：59.00元

产品编号：032347-02

前　言

可编程逻辑控制器(PLC)是在工业控制中应用广泛的控制设备，因此，掌握 PLC 的使用方法是高职院校机电一体化、计算机控制技术等专业的基本要求。

一般本、专科院校的相关专业也有 PLC 的课程，高职院校原来也选用本、专科的 PLC 教材。我们发现，高职院校的学生学习和掌握 PLC 知识显得很困难、学时总觉得不够用。老师教得辛苦，学生学得吃力。其他课程的情况也相似。如何教、如何学是高职院校师生面临的重要课题，需要尽快加以研究和解决，而高职院校师生也在不断探索。目前，以工作过程导向为核心的课程体系改革在高职院校中普遍展开，并取得了一定的效果。

本书基于工作过程导向，具体地说，是以工作案例为核心展开知识体系：首先将学生带入工作情境，让学生知道要做什么，明确工作任务，然后带领学生解决问题，在解决问题的过程中，用到什么知识就教授什么知识，不作抽象的知识演绎，只作具体的知识陈述；之后有检查评价或者拓展训练，让学生自我考核，仔细想想自己是否已经学明白，并在拓展训练中检验自己是否会动手做。

所有工作案例都经过细致遴选，我们努力使其覆盖 PLC 的基本知识范围。我们认为教育的基本功能是教会学生，因此，以学生为本绝对不能是一句空话，重要的是了解学生。但是，了解学生也绝不是一件轻轻松松的事。我们不敢说已经了解了学生，选择的这些案例是否能让学生在规定的课时内学会，并能学得轻松、学得扎实，有待于实际的检验。

本书共分 8 章和 3 个附录。其主要内容说明如下。

第 1 章介绍电气控制技术基础。包括工业控制中常用电气设备的应用知识及三相交流电机的基本控制线路。

第 2 章介绍 S7-200 系列 PLC 的认识基础，通过简单的灯的控制实现使读者理解 PLC 的工作过程。

第 3 章以 S7-200 系列 PLC 的基本指令为主线，以任务实现为核心，使读者在熟悉指令的基础上逐步完成任务，体会完整的控制系统的实现过程。

第 4 章分别以彩环控制系统和机械手控制系统的实现为导向，介绍 S7-200 系列 PLC 功能指令的移位指令、高速计数器指令和高速脉冲指令。

第 5 章以运料小车控制系统设计的实现为导向，介绍 S7-200 系列 PLC 的顺序控制继电器指令。

第 6 章以材料分拣系统和平面仓储设计的实现为导向，分别介绍工业控制中常见的变频器、开关式传感器、电磁阀和步进电机等设备的 PLC 控制系统，并介绍了两台 S7-200 系列 PLC 的通信实现过程。

第 7 章以对 PLC 控制电动机的计算机监控为例介绍了工业控制中常用的组态监控软件力控，以基于 PLC 的抢答器系统设计介绍 MCGS 组态软件的使用过程。

第 8 章以咖啡自动售货机的设计实现为导向，介绍 PLC 的串行通信实现过程及 PLC 与 IC 卡读写器的自由端口通信方法。

本书的附录 A 列出了 S7-200 系列 PLC 的各个端子图，为读者的电气控制图绘制提供了方便；附录 B 介绍了 S7-200 系列 PLC 的特殊存储器的分配情况；附录 C 介绍了松下 VF0 变频器的参数定义，以方便读者编程使用。

本书可供高职院校机电一体化、计算机控制技术等专业使用，也可供从事有关 PLC 技术的工程技术人员参考。

本书由北京经济管理职业学院冀建平博士担任主编。第 1 章由北京经济管理职业学院机电系姜洪有、魏仁胜编写，第 2 章由北京经济管理职业学院机电系李秋芳编写，第 3 章由河南职业技术学院徐海编写，第 4 章由北京经济管理职业学院机电系侯艳霞、冀建平和渤海钻探工程公司第五钻井工程分公司技术员侯建庆编写，第 5 章由滨州学院黄爱芹编写，第 6 章由侯艳霞编写，第 7、8 章由北京经济管理职业学院冀建平、黄涛编写。

作者尽心尽力而为，但因水平有限，书中难免有错漏之处，恳请专家、同行批评指正。

编　者

目　录

第 1 章　电气控制系统设计

本章要点

- 低压电器的基本结构、原理、用途、图形和文字符号。
- 电动机点动运行电气控制设计。
- 电动机连续运行电气控制设计。
- 电动机正反转电气控制设计。

技能目标

- 按照控制任务的要求，设计电气原理图、绘制电气安装接线图、进行元器件的接线。
- 正确选择和使用开关、控制按钮、接触器、继电器、熔断器、自动空气断路器等元器件。
- 借助电工工具和仪器仪表查找故障点，分析故障原因。
- 培养分析问题、解决问题的能力，增强动手实践能力。

项目案例导入

- 本章通过三相交流电动机的点动运行、连续运行、正反转、Y—△(星角)降压启动电气控制系统设计的实现过程，来熟悉电动机的控制方式，掌握根据电气原理图进行电气安装的过程。
- 现代化工业生产中的大多数机械设备都是通过电动机进行拖动的，要使电动机按照控制要求正常地运转，就要安装具备相应控制功能的电气线路，这些电路无论是简单还是复杂，一般都是由点动、正反转、自锁等基本控制线路组合而成的。

1.1　电动机点动电气控制设计

1．控制要求

给定一台三相交流异步电动机 M，设计其点动控制线路并选择电气元件。控制要求为：当按下启动按钮时，电动机启动运行；当松开启动按钮时，电动机停止运行。

2．设计目的

认识控制系统中常用的电气元件，根据控制要求设计电气原理图并进行电气接线。

3．设计条件

电工通用工具：测电笔、旋具、尖嘴钳、斜口钳、剥线钳、电工刀、兆欧表、钳形电流表、万用表。

电器元件：三相异步电动机 1 台、组合开关 1 只(低压断路器 1 只)、低压熔断器 5

只、三联按钮 1 个、接触器 1 只、接线端子排 1 个、导线若干。

4．设计内容及安装操作

(1) 绘制电气原理图。

(2) 对控制线路进行元器件安装接线和操作。

(3) 检查无误，通电调试运行。

5．工艺要求

(1) 各元件的安装位置应整齐、匀称，间距合理，便于元件的更换。

(2) 布线通道要尽可能少。

(3) 主电路用黑色线，控制电路用红色线，接地线用黄绿双色线。

(4) 同一平面的导线应高低一致或前后一致，不能交叉，若非交叉不可，则该导线应在接线端子引出时，水平架空跨越，但必须走线合理。

(5) 布线应横平竖直，分布均匀，变换走向时应垂直转向。

(6) 布线时严禁损伤线芯和导线绝缘。

(7) 布线顺序一般以接触器为中心，由里向外，由低至高，先控制线路后主电路，以不妨碍后续布线为原则。

(8) 通电试运行前，必须征得老师的同意，并由老师接通三相电源 L1、L2、L3，同时要有老师在现场监护。

6．注意事项

(1) 电动机使用的电源电压和绕组的接法，必须与铭牌上规定的一致。

(2) 接线时，必须先接负载端，后接电源端；先接接地线，后接三相电源线。

(3) 必须在认真检查安装完毕的控制线路后，才允许通电试运行。

(4) 电动机外壳必须接地。

(5) 训练应在规定的时间内完成。

1.1.1 电动机与开关、按钮、接触器

工业生产中常用电动机有三相交流异步电动机、直流电机、同步电机、伺服电机、步进电机等，本书所讲述的电动机驱动主要指三相交流异步电动机。

1．三相交流异步电动机介绍

1) 三相交流异步电动机的结构

三相交流异步电动机由定子(固定部分)和转子(旋转部分)两部分组成。

三相交流异步电动机的结构如图 1.1 所示。

定子由铁心、绕组、机座三部分组成。定子铁心是电动机磁路的一部分，它由硅钢片叠压而成，片与片之间是绝缘的，以减少涡流损耗。硅钢片内圆上有均匀槽口，用于安装定子绕组。机座主要用于固定与支撑定子铁心，一般用铸铁或钢板制成。

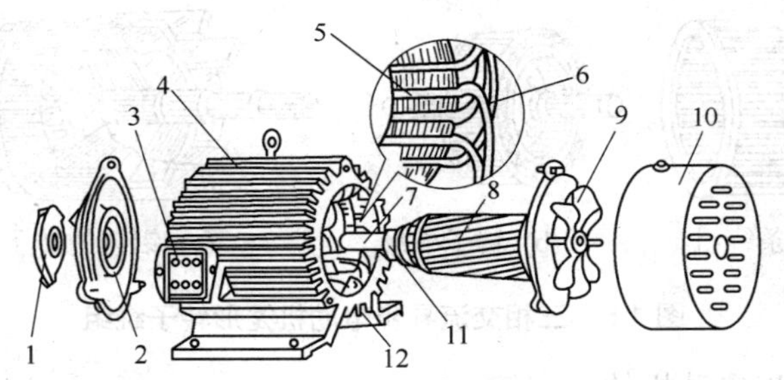

图 1.1　三相交流异步电动机的结构

1—轴承盖；2—端盖；3—接线盒；4—散热筋；5—定子铁心；6—定子绕组；
7—转轴；8—转子；9—风扇；10—罩壳；11—轴承；12—机座

三相交流异步电动机的定子绕组，每相都由许多线圈所组成。定子绕组的首端和末端通常都接在电动机接线盒内的接线柱上，一般按图 1.2 所示的方法排列，这样可以很方便地接成星形(见图 1.3)或三角形(见图 1.4)。

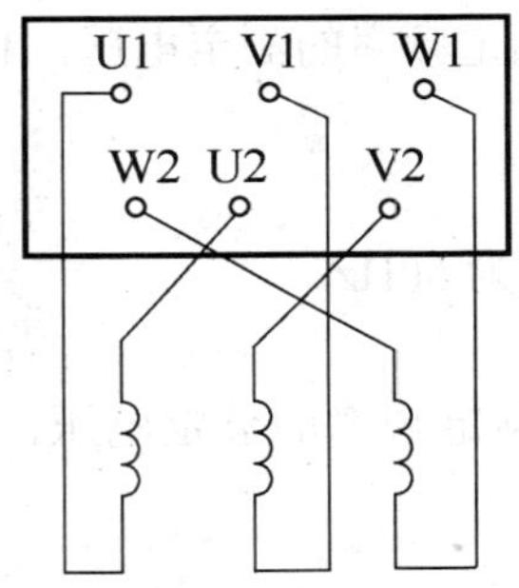

图 1.2　定子绕组接线方式

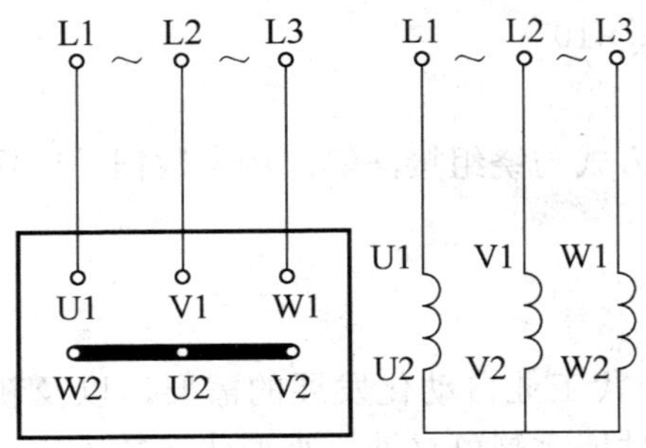

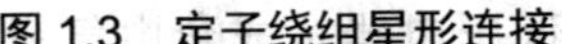

图 1.3　定子绕组星形连接

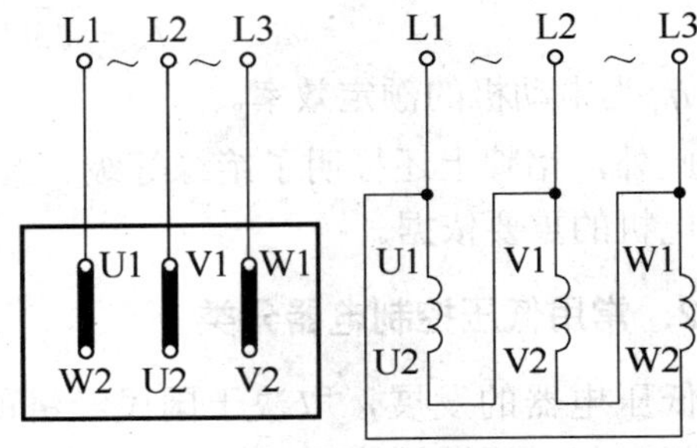

图 1.4　定子绕组三角形连接

三相交流异步电动机的转子由转子铁心、转子绕组和转轴组成。转子铁心是由硅钢片叠压而成，硅钢片外圆上有均匀的槽口，用来嵌入转子绕组，转子铁心与定子铁心构成闭合磁路。转轴用来支撑转子旋转，保证定子与转子间有均匀的气隙。转子绕组由熔铝浇铸而成，形似鼠笼，所以又被称为笼型转子，如图 1.5 所示。

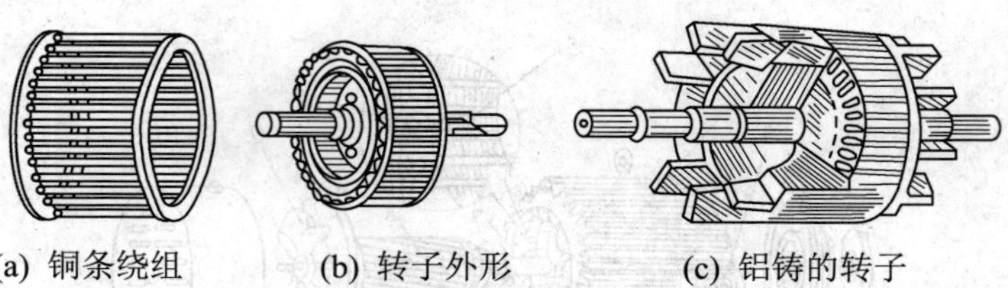

图 1.5　三相交流异步电动机笼形转子绕组

2)　三相交流异步电动机的额定值

三相交流异步电动机和直流电动机一样，机座上都有一个铭牌，铭牌上标注着额定数据。这些数据主要有以下几个。

(1)　额定功率 P_N

这是指电动机在额定运行时轴上输出的机械功率，单位为 kW。

(2)　额定电压 U_N

这是指额定运行时加在定子绕组上的线电压，单位为 V。

(3)　额定电流 I_N

这是指电动机定子绕组加上额定频率的额定电压，且轴上输出额定功率时定子绕组的线电流，单位为 A。

(4)　额定频率 f_N

我国规定标准工业用电的频率为 50Hz。

(5)　额定转速 n_N

这是指电动机定子绕组加上额定频率的额定电压，且轴上输出额定功率时转子的转速，单位为 r/min。

(6)　额定功率因数 $\cos\Phi_N$

这是指电动机在额定运行时定子的功率因数。

则三相异步电动机的功率为

$$P_N = \sqrt{3}U_N I_N \cos\Phi_N \eta_N \times 10^{-3}$$

式中 η_N 为电动机的额定效率。

此外，铭牌上还标明了绝缘等级、温升、工作方式与绕组接法等。额定数据是选择、使用电机的重要依据。

2. 常用低压控制电器分类

低压电器的发展，取决于国民经济的发展和现代工业自动化发展的需要，以及新技术、新工艺、新材料的研究与应用，目前正朝着高性能、高可靠性、小型化、数模化、模块化、组合化和零部件通用化的方向发展。总的来说，低压电器是成套电气设备的基本组成元件。在工业、农业、交通、国防以及日常生活中，大多数采用低压供电，因此电器元件的质量将直接影响到低压供电系统的可靠性。

我国现行标准将工作电压交流 1200V、直流 1500V 及以下电压的电器称为低压电器，其用途是对供电及用电系统进行开关、控制、调节和保护。低压电器的种类繁多，工作原理各异，因而有不同的分类方法。以下介绍三种分类方式。

1)　按用途和控制对象可分为配电电器和控制电器

- 低压配电电器。这类电器主要用于低压供电系统，包括刀开关、转换开关、隔离开关、空气断路器和熔断器等。对配电电器的主要技术要求是断流能力强、限流效果好；在系统发生故障时保护动作准确、工作可靠；有足够的热稳定性和动稳定性。
- 低压控制电器。这类电器主要用于电力拖动及自动控制系统，包括接触器、控制按钮和各种控制继电器等。对控制电器的主要技术要求是操作频率高、电器和机械寿命长、有相应的转换能力。

2)　按操作方式可分为自动电器和手动电器

- 自动电器。通过电磁(或压缩空气)做功来完成接通、分断、启动、反向和停止等动作的电器称为自动电器。常用的自动电器有接触器、继电器等。
- 手动电器。通过人力做功来完成接通、分断、启动、反向和停止等动作的电器称为手动电器。常用的手动电器有刀开关、转换开关和控制按钮等。

3)　按工作原理可分为电磁式电器和非电量控制电器

- 电磁式电器。这类电器是根据电磁感应原理进行工作的，它包括交直流接触器、电磁式继电器等。
- 非电量控制电器。这类电器是以非电物理量作为控制量进行工作的，它包括按钮开关、行程开关、刀开关、热继电器、速度继电器等。

另外，低压电器按工作条件还可划分为一般工业电器、船用电器、化工电器、矿用电器、牵引电器及航空电器等几类，对不同类型低压电器的防护形式、耐潮湿、耐腐蚀、抗冲击等性能的要求不同。

3．刀开关

刀开关又称刀闸，属于控制电器，是手动电器中结构最简单的一种，广泛用于各种供电线路和配电设备中，也用于不频繁地接通、分断容量较小的低压供电线路或启动小容量的三相异步电动机中作为电源隔离开关，其熔体可起到短路保护作用。

1)　结构、电路符号和型号规格

刀开关外形如图 1.6 所示。

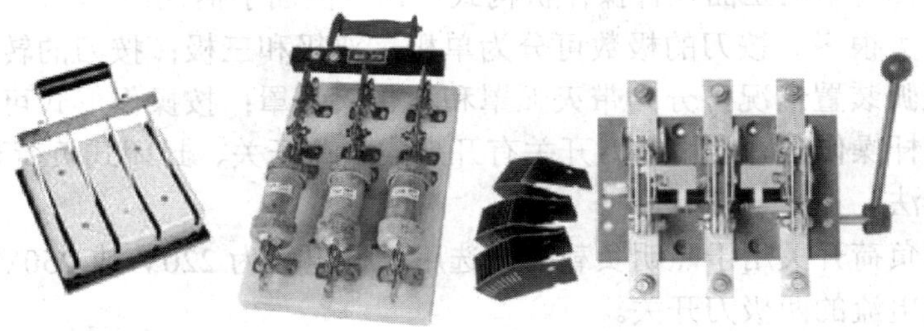

图 1.6　刀开关的外形

一般刀开关的结构如图 1.7 所示，转动手柄(操作杆)后，刀极(动触头)即与刀夹座(静触头)相连接或分离，从而接通或断开电路。

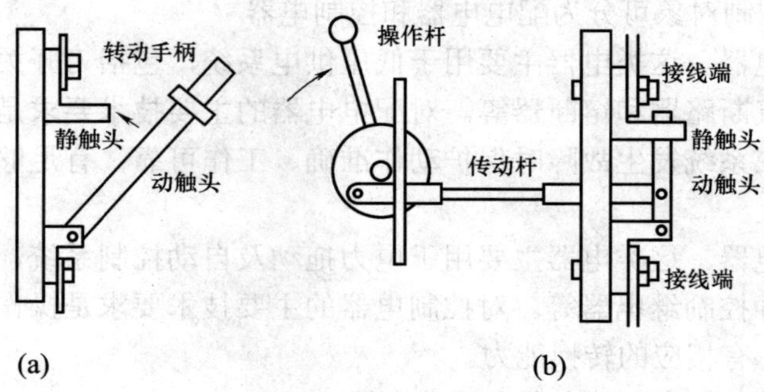

图 1.7　一般刀开关

在电气传动控制系统中刀开关的电路符号如图 1.8 所示。

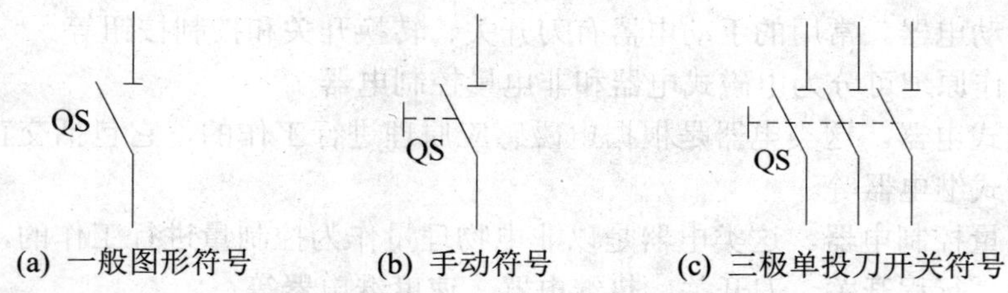

图 1.8　刀开关图形电路符号

单投刀开关的型号规格如图 1.9 所示。

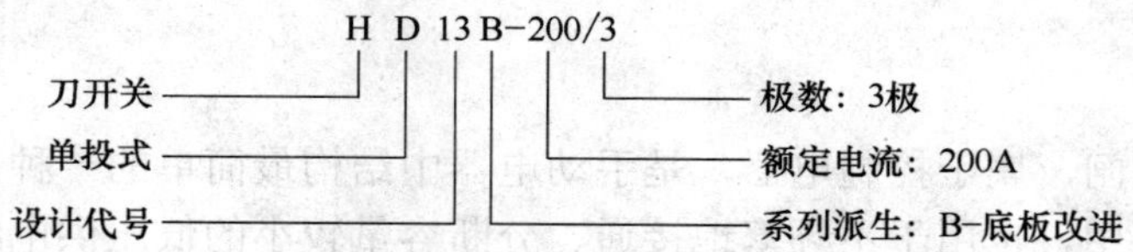

图 1.9　单投刀开关的型号规格

设计代号：11—中央手柄式；12—侧方正面杠杆操作机构式；

13—中央正面杠杆操作机构式；14—侧面手柄式。

刀开关的种类很多。按刀的极数可分为单极、双极和三极；按刀的转换方向可分为单投和双投；按灭弧装置情况可分为带灭弧罩和不带灭弧罩；按操作形式可分为直接手柄操作式和远距离连杆操作式。常用的刀开关有开启式负荷开关、封闭式负荷开关等。

2)　选用方法

- 开启式负荷开关用于照明负载时，选用额定电压为 220V 或 250V、额定电流稍大于负载电流的两极刀开关。
- 开启式负荷开关用于电动机直接启动时，选用额定电压为 380V 或 500V、额定电流大于或等于电动机额定电流 3 倍的三极刀开关。
- 封闭式负荷开关额定电流应大于或等于电动机额定电流的 3 倍，额定电压应大于线路的工作电压。

4．组合开关

刀开关作为电源隔离用的配电电器是恰当的，但在小电流的情况下用它作为线路的接通、断开和换接控制时就显得不太灵巧和方便，所以在机床等设备上广泛地采用组合开关(又称转换开关)来代替刀开关。组合开关由多节触点组合而成，结构紧凑、安装面积小、寿命长、灭弧性能较好、操作不是用手扳动而是用手拧转，故操作方便、省力。组合开关可根据接线方式的不同而组合成各种类型，如：同时通断型、交替通断型、两位转换型和四位转换型等。组合开关有 HZ1、HZ2、HZ3、HZ4、HZ5、HZ10 等系列产品。其中 HZ10 系列组合开关具有寿命长、使用可靠、结构简单等优点，可用作交流 50Hz、380V 以下和直流 220V 及以下的电源引入开关，也可以用于 5.5kW 以下小功率电动机的直接启动、停止、正反转和调速控制，以及机床照明电路的控制。

组合开关的外形如图 1.10 所示。

图 1.10　组合开关的外形

1)　组合开关的结构

图 1.11 为常用 HZ10 系列组合开关的示例图。组合开关由动触头、静触头、绝缘方轴、手柄、凸轮和外壳等部分组成。它的动静触头分别叠装在数层绝缘垫板内组成双断点桥式结构。而动触头又套装在有手柄的绝缘方轴上，方轴随手柄而旋转。于是每层动触头随方轴转动而变化位置来与静触头分断和接触。组合开关的顶盖部分由凸轮、弹簧及手柄等零件构成操作机构，这个机构由于采用了弹簧储能，使开关快速闭合及分断，且组合开关的分合速度与手柄的旋转速度无关，有利于灭弧。

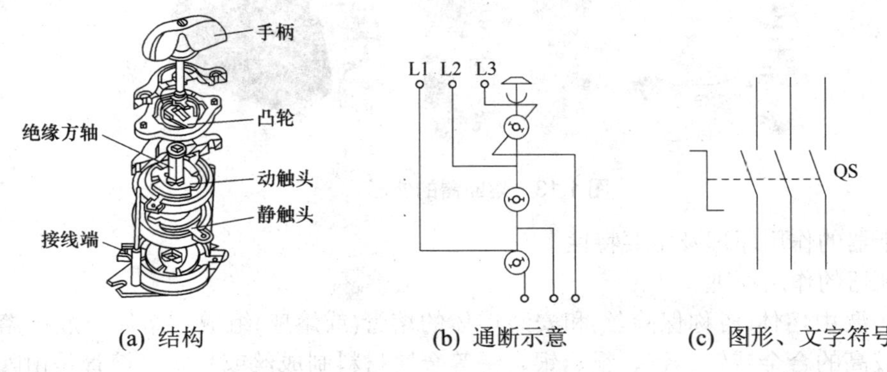

(a) 结构　　(b) 通断示意　　(c) 图形、文字符号

图 1.11　HZ10 系列组合开关

2) 组合开关的规格及型号含义

组合开关应根据电源种类、电压等级、所需触头数和额定电流进行选用。用于三相异步电动机直接启动时，应注意开关的额定电流必须不小于电动机额定电流的 3 倍，并需另外配置熔断器。

HZ10 系列组合开关的额定电压为 380V(直流 220V)，额定电流分别有 10A、25A、60A 和 100A 等多种，极数有二极和三极。

组合开关型号规格如图 1.12 所示。

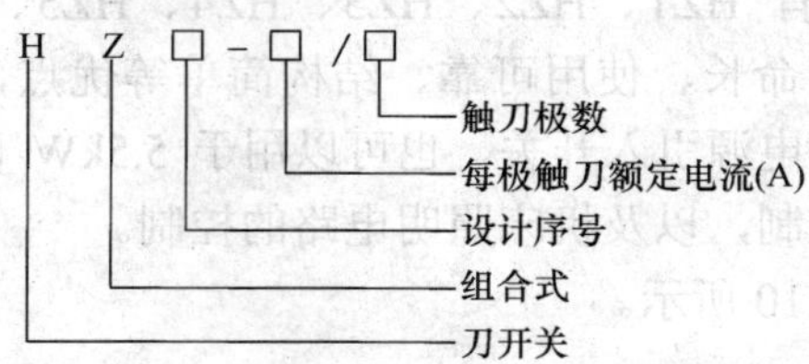

图 1.12 组合开关型号规格

5．熔断器

1) 熔断器的特点与分类

熔断器是一种低压电路和电动机控制电路中最常用的保护电器。它具有结构简单、使用方便、价格低廉、控制有效的特点。熔断器串联在电路中使用，当电路或用电设备发生短路或过载时，熔体能自身熔断，切断电路，阻止事故蔓延，因而能实现短路或过载保护，无论是在强电系统或弱电系统中都得到广泛的应用。熔断器按结构可分为开启式、半封闭式和封闭式三种。封闭式熔断器又可分为有填料管式、无填料管式及有填料螺旋式等。熔断器按用途可分为：一般工业用熔断器；保护硅元件用快速熔断器；具有两段保护特性、快慢动作熔断器；特殊用途熔断器，如直流牵引用熔断器、旋转励磁用熔断器以及有限流作用并熔而不断的自复式熔断器等。

熔断器的外形如图 1.13 所示。

图 1.13 熔断器的外形

2) 熔断器的作用原理及主要特性

(1) 熔断器的作用原理

熔断器主要由熔体(俗称保险丝)和安装熔体的熔管(或熔座)组成。熔体一般由熔点较低、电阻率较高的合金或铅、锌、铜、银、锡等金属材料制成丝或片状。熔管是由陶瓷、玻璃纤维等绝缘材料做成，在熔体熔断时还兼有灭弧作用。熔体串联在电路中，当电路的电流为正常值时，熔体由于温度低而不熔化。如果电路发生短路或过载时，电流大于熔体的正常发热电流，熔体温度急剧上升，超过熔体金属的熔点而熔断，分断故障电路，从而保护了电路和设备。熔断器断开电路的物理过程可分为以下四个阶段：熔体升温阶段、熔体熔化阶段、熔体金属汽化阶段以及电弧的产生与熄灭阶段。

(2) 熔断器的主要特性

① 安秒特性。它表示熔断时间 t 与通过熔体的电流 I 的关系，熔断器的安秒特性如图 1.14 所示。

熔断器的安秒特性为反时限特性，即短路电流越大，熔断时间越短，这就能满足短路保护的要求。在特性中，有一个熔断电流与不熔断电流的分界线，与此相应的电流称为最小熔断电流 I_R。熔体在额定电流下，绝不应熔断，所以最小熔断电流必须大于额定电流。

② 极限分断能力。通常是指在额定电压及一定的功率因数(或时间常数)下切断短路电流的极限能力，用极限断开电流值(周期分量的有效值)来表示。熔断器的极限分断能力必须大于线路中可能出现的最大短路电流值。

(3) 熔断器的符号及型号所表示的意义

熔断器在电气原理图中的图形符号及文字符号如图 1.15 所示。

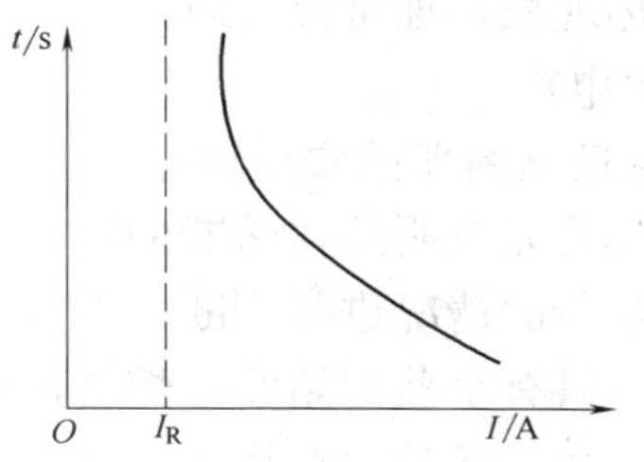

图 1.14 熔断器的安秒特性

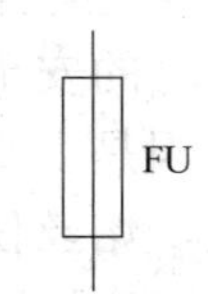

图 1.15 熔断器的符号

熔断器的型号规格如图 1. 16 所示，其中形式的表示如下：C 为瓷插式；L 为螺旋式；M 为无填料式；T 为有填料式；S 为快速式；Z 为自复式。如 RC1A-60 为瓷插式熔断器，额定电流为 60A，其中 1 为设计序号，A 表示结构改进代号。又如 RL1-60/50 为螺旋式熔断器，熔断器额定电流为 60A，所装熔体的额定电流为 50A。

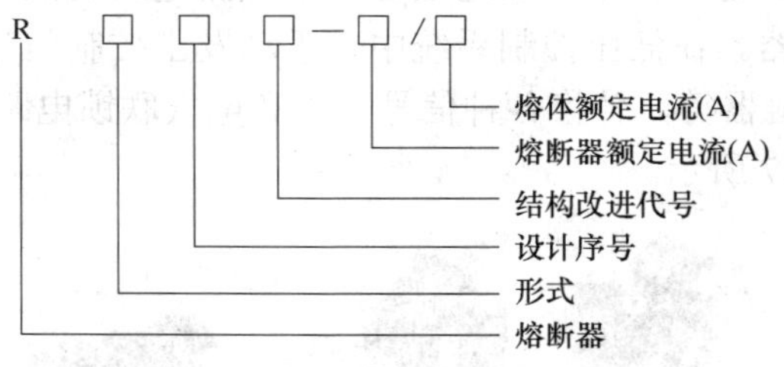

图 1.16 熔断器的型号规格

(4) 熔断器的选用

在选用熔断器时，应根据被保护电路的需要，首先确定熔断器的形式，然后选择熔体的规格，再根据熔体确定熔断器的规格。

① 熔断器形式的选择。熔断器形式的选择要根据线路的要求和安装条件而定，例如在墙上明装的配电板上，常采用 RC1A 系列的瓷插式熔断器，因为它没有明露的带电部

分；在具有较大短路电流的电力输配电系统中必须采用 RT0 系列的有填料封闭管式熔断器，因为它的分断能力最强。

② 熔体额定电流的选择。熔体额定电流的选择应同时满足正常负荷电流和启动尖峰电流两个条件。这就要求选用的熔体在电动机启动过程中或在线路合闸送电瞬间有冲击电流作用的情况下，熔体不被熔断，同时又能保证在线路或用电设备过载至一定数值或短路时，在一定时间内熔断。

在选择熔体额定电流时，还应注意以下几个方面：熔体的额定电流在线路上应由前级至后级逐渐减小，否则会出现越级动作现象；另外也不应超过线路上导线的允许载流量；与电度表相连的熔断器，熔体的额定电流应小于电度表的额定电流。

③ 熔断器电压及电流的选择。其要求如下：

- 熔断器的额定电压必须大于或等于线路的工作电压。
- 熔断器的额定电流必须大于或等于所装熔体的额定电流。

④ 熔断器的维护。运行中的熔断器应经常进行巡视检查，巡视检查的内容有：负荷电流应与熔体的额定电流相适应；有熔断信号指示器的熔断器应检查信号指示是否弹出；与熔断器连接的导体、连接点以及熔断器本身有无过热现象，连接点接触是否良好；熔断器外观有无裂纹、脏污及放电现象；熔断器内部有无放电声。

在检查中，若发现有异常现象，应及时修复，以保证熔断器的安全运行。

⑤ 更换熔体时的安全注意事项。熔体熔断后，应首先查明熔体熔断的原因，排除故障。熔体熔断的原因是由于过载还是短路可根据熔体熔断的情况进行判断。熔体在过载下熔断时，响声不大，熔丝仅在一两处熔断，变截面熔体只有小截面熔断，熔管内没有烧焦的现象；熔体在短路下烧断时响声很大，熔体熔断部位大，熔管内有烧焦的现象。根据熔断的原因找出故障点并予以排除。

更换的熔体规格应与负荷的性质及线路电流相适应。另外，更换熔体时，必须停电更换，以防触电。

6. 控制按钮

控制按钮简称按钮，是一种用来接通或分断小电流电路的低压手动电器，结构简单且应用广泛，属于控制电器。在低压控制系统中，手动发出控制信号，可远距离操作各种电磁开关，如继电器如接触器等，转换各种信号电路和电气联锁电路。

按钮的外形如图 1.17 所示。

图 1.17 按钮的外形

1) 控制按钮的结构

控制按钮一般由按钮帽、复位弹簧、桥式动触头、静触头和外壳等组成。由动触头和静触头组合成具有动合触头与动断触头的复合式结构。图 1.18 是控制按钮外形、结构示意图和图形与文字符号。按下按钮帽，动触头和下面的静触头闭合而与上面的静触头断开，从而同时控制了两条电路；松开按钮帽，则在弹簧的作用下使触头恢复原位。按钮的触头允许通过的电流很小，一般不超过 5A。

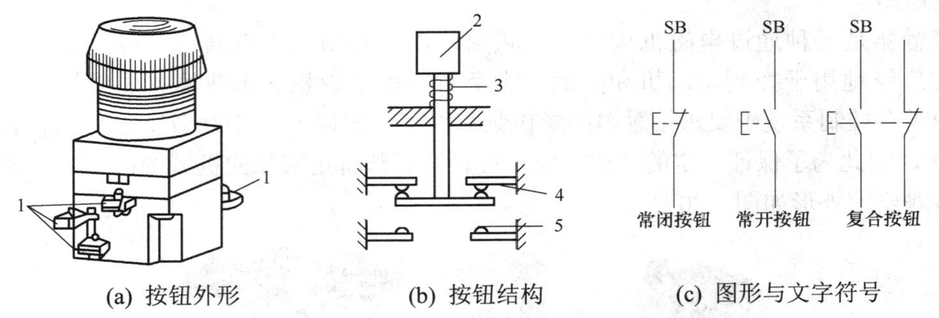

(a) 按钮外形　　(b) 按钮结构　　(c) 图形与文字符号

图 1.18　按钮外形结构、图形与文字符号

1—接线柱；2—按钮帽；3—复位弹簧；4—常闭静触头；5—常开静触头

2)　控制按钮的型号

通常控制按钮有单式、复式和三联式三种类型，主要产品有 LA18、LA19 和 LA20 系列。LA18 系列采用积木式结构，其触头数量可根据需要拼装，一般装成两个动合两个动断形式；还可按需要装一动合一动断至六动合六动断形式。从控制按钮的结构形式来分类，可将其分为开启式、旋钮式、紧急式与钥匙式等形式。LA20 系列有带指示灯和不带指示灯两种。

为识别各个按钮的作用，以避免误操作，通常在按钮帽上涂以不同的颜色，以示区别。常以绿色表示启动按钮，而红色表示停止按钮。

按钮型号规格的含义如图 1.19 所示。

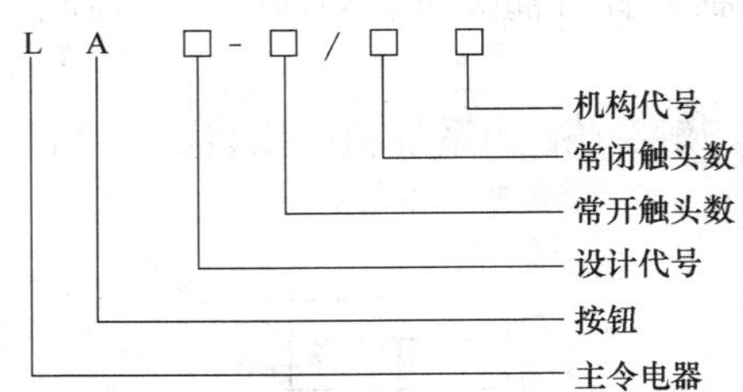

图 1.19　按钮型号规格

其中机构代号的含义如下。

K：开启式；H：保护式；S：防水式；F：防腐式；J：紧急式；D：带指示灯式；

X：旋钮式；Y：钥匙式

3)　控制按钮的选择

控制按钮主要根据使用场合、被控电路所需要的触点数、触点形式及按钮的颜色等因素综合考虑来选用。使用前应检查按钮动作是否灵活，弹性是否正常，触点接触是否良好可靠。由于按钮触点间距较小，因此应注意触点间的漏电或短路情况。

7．接触器

自动电器含有电磁铁或其他动力机构，它按照指令、信号或参数变化而自动动作，使工作电路接通和切断，如接触器、继电器等，从而实现以小电流低压控制电路控制高压大电流主电路。

接触器是一种通过电磁机构动作，频繁地接通和切断主电路或大容量控制电路的电器。它广泛地用于控制电动机和其他电力负载，如电焊机、电热器、照明灯和电容器组等。由于在控制系统中要求接触器的操作频率很高，如每小时 300 次、600 次，甚至高达 3000 次，因此为了保证一定的使用期限，接触器必须有足够长的机械寿命和电气寿命。

接触器的外形如图 1.20 所示。

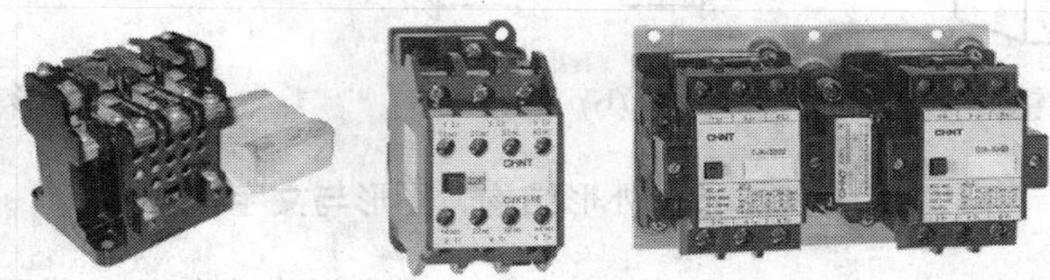

图 1.20　接触器的外形

接触器的种类很多，按工作原理的不同可分为电磁式、气动式和液压式三种。这里主要研究电磁式接触器。按控制主回路的电源种类可分为交流接触器和直流接触器两种：励磁线圈为直流，主触头用来接通或断开直流电路的为直流接触器；励磁线圈为交流，主触头用来接通或断开交流电路的称为交流接触器。此外，还有励磁线圈为直流，主触头用来控制交流电路的称为交直流接触器。

接触器有主触头和辅助触头。主触头用来开闭大电流的主电路，辅助触头用于开闭小电流的控制电路。主触头的路数称为极数。根据极数的不同可将接触器分为单极接触器和多极接触器。直流接触器一般分为单极和双极的，交流接触器大多数是三极的，四极、五极接触器用于多速电动机控制或者自耦降压启动器的自动控制。

1)　接触器的结构

接触器主要由电磁系统、触头(触点)系统和灭弧装置三个部分组成，结构简图如图 1.21 所示。

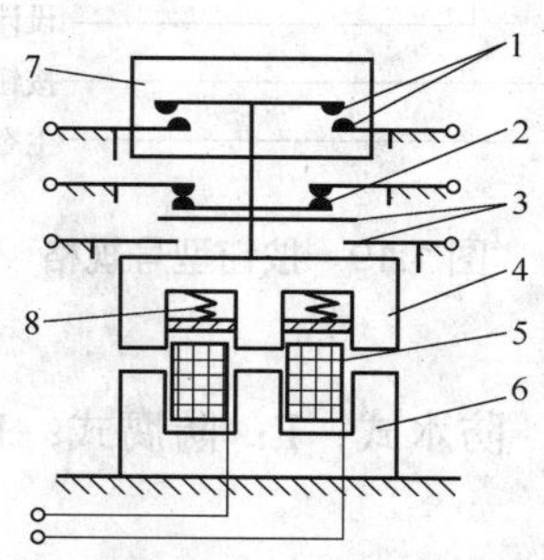

图 1.21　接触器结构简图

1—主触头；2—常闭辅助触头；3—常开辅助触头；4—动铁心；5—电磁线圈；6—静铁心；7—灭弧罩；8—弹簧

(1) 电磁系统。电磁系统包括动铁心(衔铁)、静铁心(注：铁心也作铁芯)和电磁线圈三部分，其作用是将电磁能转换成机械能，产生电磁吸力带动触头动作。

电磁系统的结构形式根据铁心形状和衔铁运动方式可分为衔铁绕棱角转动拍合式、衔铁绕轴转动拍合式和衔铁直线运动螺管式三种。

电磁系统按铁心形式可分为 U 形和 E 形两种。

电磁系统按电磁线圈的种类可分为直流线圈和交流线圈两种。

(2) 触头系统。触头是接触器的执行元件，用来接通或断开被控制电路。

触头的结构形式有很多，按其所控制的电路可分为主触头和辅助触头。主触头用于接通或断开主电路，允许通过较大的电流；辅助触头用于接通或断开控制电路，只能通过较小的电流。主触头也可以用于控制电路中。

触头按其原始状态可分为常开(动合)触头和常闭(动断)触头：原始状态时(即线圈未通电时)断开，线圈通电后闭合的触头叫常开触头；原始状态时闭合，线圈通电后断开的触头叫常闭触头。线圈断电后，所有触头均复原。

触头按其结构形式可分为桥型触头和指型触头两种。

触头按其接触形式可分为点接触、线接触和面接触三种。

(3) 灭弧装置。当接触器点切断电路时，如电路中电压超过 10～12V 和电流超过 80～100mA，在拉开的两个触点之间将出现强烈火花，这实际上是一种气体放电的现象，通常称之为“电弧”。电弧的出现，既妨碍电路的正常分断，又会使触头受到严重腐蚀，为此，必须采取有效的措施进行灭弧，以保证电路和电气元件工作安全可靠。要使电弧熄灭，应设法降低电弧的温度和电场强度，常用的灭弧装置有灭弧罩、灭弧栅、磁吹灭弧、多纵缝灭弧装置等。

2) 接触器的工作原理

接触器的工作原理如下。当励磁线圈通电后，线圈电流将产生磁场，使静铁心产生电磁吸力吸引衔铁，并带动触头动作：常开触头闭合，常闭触头断开，两者是联动的。当线圈断电时，电磁吸力消失，衔铁在释放弹簧的作用下释放，使触头复原：常开触头断开，常闭触头闭合。

(1) 交流接触器。交流接触器线圈通以交流电，主触头接通、分断交流主电路。

当交变磁通穿过铁心时，将产生涡流和磁滞损耗，使铁心发热。为减少铁损，铁心用硅钢片冲压而成；为便于散热，线圈做成短而粗的圆筒状绕在骨架上。

由于交流接触器铁心的磁通是交变的，故当磁通过零时，电磁吸力也为零，吸合后的衔铁在反力弹簧的作用下将被拉开；磁通过零后电磁吸力又增大，当吸力大于反力时，衔铁又被吸合。这样，交流电源频率的变化，会使衔铁产生强烈振动和噪声，甚至会使铁心松散。因此交流接触器铁心端面上都安装了一个铜制的短路环，短路环包围铁心端面约 2/3 的面积。

交流接触器通常采用灭弧罩和灭弧栅进行灭弧。

(2) 直流接触器。直流接触器线圈通以直流电流，主触头接通、切断直流主电路。由于其线圈通以直流电，铁心中不会产生涡流和磁滞损耗，所以不会发热。为方便加工，铁心用整块钢板制成；为使线圈散热良好，通常将线圈绕制成长而薄的圆筒状。

直流接触器灭弧较困难，一般采用灭弧能力较强的磁吹灭弧装置来灭弧。

3) 接触器的符号

接触器的图形符号、文字符号如图 1.22 所示。

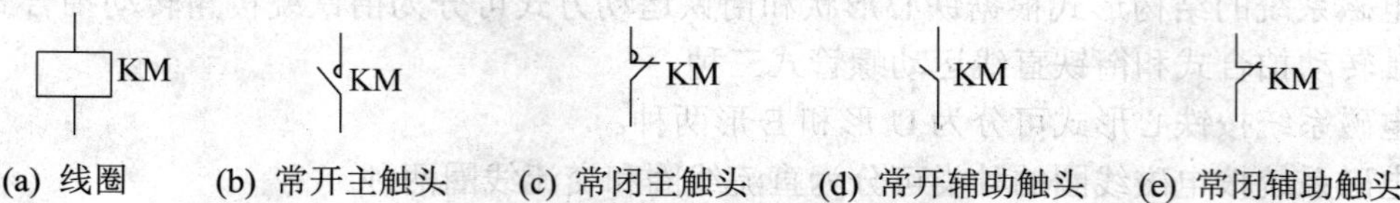

图 1.22 接触器图形、文字符号

4) 接触器的型号及代表意义

(1) 交流接触器。交流接触器的型号规格如图 1.23 所示。

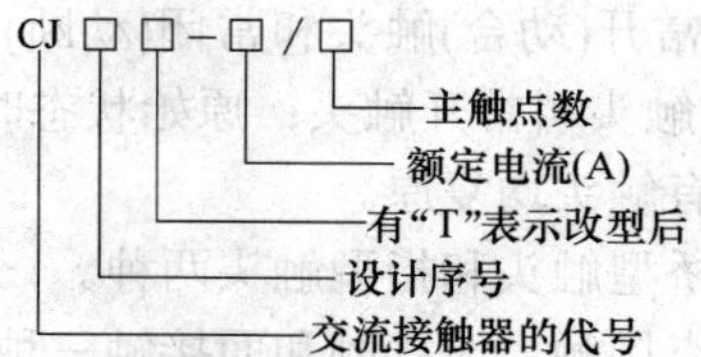

图 1.23 交流接触器的型号规格

例如，CJ12-250/3 为 CJ12 系列交流接触器，额定电流为 250A，含 3 个主触点；CJ12T-250/3 为 CJ12 系列改型后的交流接触器，额定电流为 250A，含 3 个主触点。

我国生产的交流接触器常用的有 CJ1、CJ0、CJ10、CJ12、CJ20 等系列产品。CJ0 系列是专为机床配套的产品。CJ10 系列为一般性负荷的接触器，它主要用于控制笼型异步电动机的启动、运行和停止。CJ12 系列是一种能承受较重负荷的 AC2 使用类别产品，它主要用于控制绕线式电动机的启动、停止和转子电路电阻的切换等。CJ10 和 CJ12 新系列产品中所有受冲击的部件均采用了缓冲装置；合理地减小了触点的开距和行程；运动系统布置合理，结构紧凑；结构连接不用螺钉，维修方便。CJ20 系列可供远距离接通或分断电路之用，并适宜于频繁的启动及控制交流电机。

(2) 直流接触器。直流接触器的型号规格如图 1.24 所示。

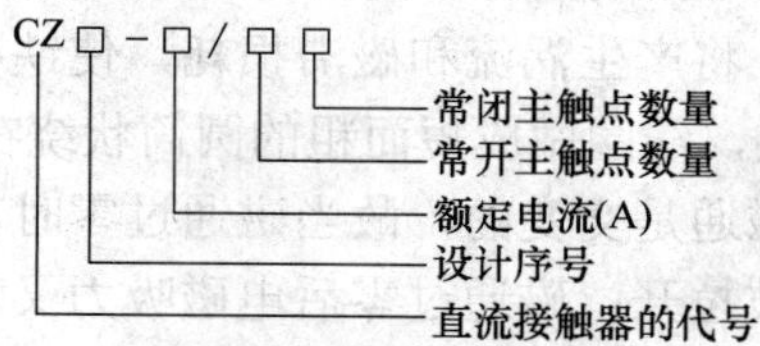

图 1.24 直流接触器的型号规格

例如，CZ0-40/20 为 CZ0 系列直流接触器，额定电流为 40A，常开主触点有两个，常闭主触点有 0 个。

直流接触器是用于频繁的操作和控制直流电动机的一种控制元件，常用的有 CZ1、CZ3 等系列和新产品 CZ0 系列。新系列接触器具有寿命长、体积小、工艺型号、零部件通用性强等优点。

5)　接触器的主要技术数据

(1)　额定电压。接触器铭牌上标注的额定电压是指主触点的额定电压，通常用的电压等级如下。

直流接触器：220V、440V、660V。

交流接触器：220V、380V、660V。

(2)　额定电流。接触器铭牌上标注的额定电流是指主触点的额定电流，通常用的额定电流等级如下。

直流接触器：25A、40A、60A、100A、150A、250A、400A、600A。

交流接触器：5A、10A、20A、40A、60A、100A、150A、250A、400A、600A。

上述电流是指接触器安装在敞开式控制屏上，触点工作不超过额定温升，负载为间断-长期工作制时的电流值。所谓间断-长期工作制是指接触器连续通电时间不超过 8 小时，若超过 8 小时，必须空载开闭三次以上，以消除表面氧化膜。如果上述诸条件改变了，就要相应修正其电流值。具体如下：

当接触器安装在箱柜内，由于冷却条件变差，电流要降低 10%～20%使用。

当接触器工作于长期工作制，而且通电持续率不超过 40%：敞开安装，电流允许提高 10%～25%使用；箱柜安装，允许提高 5%～10%使用。

介于上述情况之间时，可酌情增减电流。

(3)　励磁线圈的额定电压。通常励磁线圈的额定电压等级如下。

直流线圈：24V、48V、110V、220V、440V。

交流线圈：36V、127V、220V、380V。

(4)　触头数目。接触器的触头数目能满足控制线路的要求。各种类型的接触器触头数目不同。交流接触器的主触头有三对(常开触头)，一般有四对辅助触头(两对常开、两对常闭)，最多可达到六对(三对常开、三对常闭)；直流接触器主触头一般有两对(常开触头)，辅助触头有四对(两对常开、两对常闭)。

接触器线圈电压一般从安全性考虑，可选低一些，但当控制线路简单，所用电器不多时，为了节省变压器，可选 380V 和 220V。

1.1.2　电动机点动控制线路实现过程

在进行电动机点动控制系统设计前，须分成几组完成任务，组内成员制订工作计划。根据所学知识点和控制要求，熟悉电器元件工作原理，进行电气原理图设计，然后进行设备的电气接线，在检查接线正确的情况下通电运行。

1. 工作过程

为了更好地完成电动机点动控制系统的实现，小组成员应协同编制计划，并协作解决难题，相互之间监督计划的执行与完成情况。

- 小组成员研讨任务，明确点动控制系统的要求，确定控制系统的实现方案。
- 根据系统实现方案，确定完整详细的工作计划。
- 根据小组成员拟定的工作计划，开展工作。
- 由本组成员进行控制系统实现的效果检查。

● 由其他组成员或老师进行评估。

2. 操作分析

现在我们一步步地来实现电动机点动控制的设计。

1) 实训工具

测电笔、旋具、尖嘴钳、斜口钳、剥线钳、电工刀、兆欧表、钳形电流表、万用表。

2) 实训电器

三相异步电动机 1 台、组合开关 1 只、低压熔断器 5 只、三联按钮 1 个、接触器 1 只、接线端子排 1 个、导线若干。

3) 绘制电气原理图

点动控制适合于短时间的启动操作，在起吊重物、生产设备调整工作状态时应用。

设计采用 380V 交流异步电动机，用开关(现在实际应用中多采用空气开关)将 380V 电源接入我们的控制线路，连接电动机的电路称为主电路，此电路通过熔断器 FU1 经接触器的主触点连接电动机的三相接线端子；连接控制按钮的支路为控制电路，通过熔断器 FU2 将电源中的两相线路连接到控制电路。点动控制线路原理图如图 1.25 所示。

4) 绘制安装接线图

因为接触器出现在主电路和控制电路中，电气原理图中的接触器是分开绘制的，但实际上它是一个元件，在实际连线时线路要显得凌乱复杂，为便于接线工作的进行，需根据元件在控制柜中的安装位置来绘制安装接线图。

根据需要的电器元件，在图中绘制各个元件的安装位置，按照位置根据电气原理图绘制出元件的安装线路图。安装接线图如图 1.26 所示。

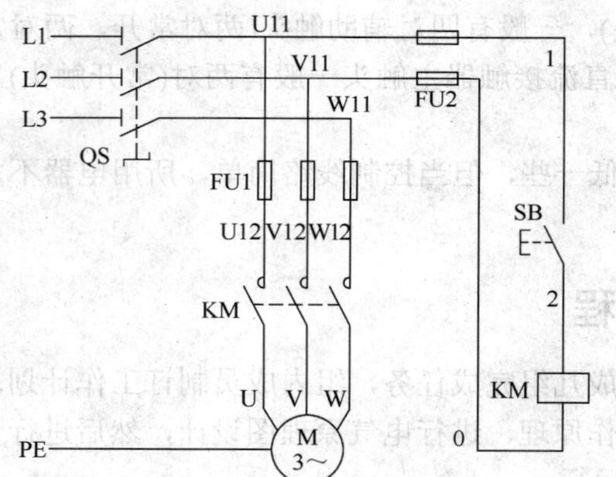

图 1.25 点动控制线路原理图

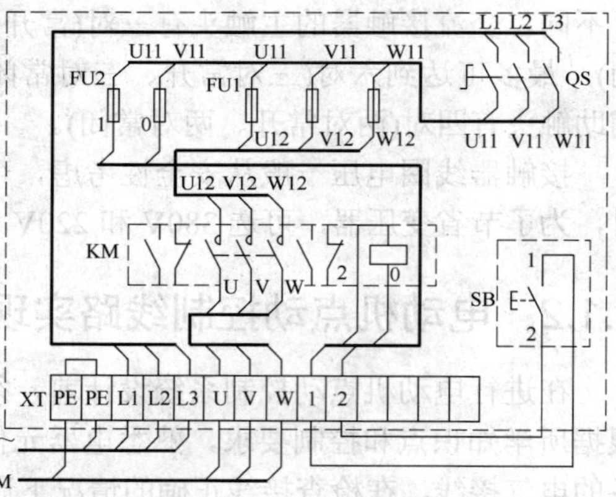

图 1.26 点动控制线路安装接线图

知识链接 主电路和控制电路

电气控制线路可分为主电路和控制电路。主电路是电动机电流流经的电路，主电路的特点是高电压(380V)，大电流；控制电路是对主电路起控制作用的电路，控制电路的特点是电压不确定(可通过变压器变压，通常电压范围为 36～380V)，小电流。在电路原理图中主电路绘在左侧，控制电路按主电路的动作顺序绘在右侧。接触器的主触头接入主电路，线圈接入控制电路，两者的图形符号不同，但文字符号相同，即表示为同一个电气器件。

当接触器线圈通电时，主触头闭合；接触器线圈断电时，主触头分断。

点动控制线路的工作原理如下。

合上电源总开关 QS。

启动：按下按钮 SB，接触器 KM 线圈得电，KM 主触头闭合，电动机 M 启动运行。

停止：松开按钮 SB，接触器 KM 线圈失电，KM 主触头断开，电动机 M 停止运行。

停止使用时，断开电源总开关 QS。

接线图是根据电气控制原理图与电器安装位置绘制的图形，接线图中的粗实线表示母线，细实线表示分支线，分支线与母线连接时呈 45°或 135°。

5)　接线

将熔断器 FU1、FU2、电动机、按钮、接触器按照图 1.26 所示的位置安放好。在确保三相电源断开的情况下，用剥线钳将用到的导线两端的包皮剥去，按照图 1.25 和图 1.26 所示，以接触器为中心，逐步将元件连接起来。对于接触器需仔细辨认元件上的标识，分清线圈触点、主触点和辅助触点，没有用到的触点不接。接线时遵循“先主后控，先串后并；从上到下，从左到右；上进下出，左进右出”的原则进行接线。

接线过程中应仔细认真，要确保触点和导线全接触。

6)　通电试车

连接完毕，经教师检查线路无误后可通电试车。通电过程中为保证安全，手不要再触摸元器件。按下启动按钮，观察电动机的运行情况。若不能正常运行，则先切断电源，再检查线路。逐步试车、检查，直至运行成功。

3．检查与评估

工作过程结束时，要进行设计结果检查与评估，评估项目参照电工职业标准。

评估标准如表 1.1 所示。

表 1.1　检查评估表

项　目	要　求	分　数	评分标准	得　分
系统电气原理图设计	原理图绘制完整规范	20	不完整规范，每处扣 5 分	
安装接线图	准确完整	10	不完整，每处扣 2 分	
元件放置	元件在控制柜中整洁、合理	5	不合理，每处扣 2 分	
电气线路安装和连接	线路安全简洁，符合工艺要求	30	不规范每处扣 5 分	
系统调试	系统设计达到题目要求	35	第一次调试不合格扣 10 分 第二次调试不合格扣 10 分	
时间	60 分钟，每超时 5 分钟扣 5 分，不得超过 10 分钟			
安全	检查完毕通电，人为短路扣 20 分			

1.2　电动机连续运行电气控制设计

在生产过程中，常常要求电动机能够长时间连续工作，显然点动控制功能的电路不能满足生产要求，需要具有连续运行功能的电路。

1. 控制要求

给定一台笼型异步电动机 M，选择电气元件，设计其电气控制电路，当启动按钮按下时电动机启动且连续运行，按下停止按钮时电动机停止运行，从而实现电动机的连续运行控制。

2. 设计目的

认识控制系统中常用的电气元件，根据控制要求绘制电气原理图并进行电气接线。

3. 设计条件

电工通用工具：测电笔、旋具、尖嘴钳、斜口钳、剥线钳、电工刀、兆欧表、钳形电流表和万用表。

电器元件：三相异步电动机 1 台、组合开关 1 只、低压熔断器 5 只、三联按钮 2 个、接触器 1 只、接线端子排 1 个、导线若干。

4. 设计内容及安装操作

(1) 绘制电气原理图。

(2) 对控制线路进行元器件安装接线和操作。

(3) 检查无误，通电调试运行。

5. 工艺要求

(1) 各元件的安装位置应整齐、匀称，间距合理，便于元件的更换。

(2) 布线通道要尽可能少。

(3) 主电路用黑色线，控制电路用红色线，接地线用黄绿双色线。

(4) 同一平面的导线应高低一致或前后一致，不能交叉，若非交叉不可，则该导线应在接线端子引出时，就水平架空跨越，但必须走线合理。

(5) 布线应横平竖直，分布均匀，变换走向时应垂直转向。

(6) 布线时严禁损伤线芯和导线绝缘。

(7) 布线顺序一般以接触器为中心，由里向外，由低至高，以先控制线路后主电路的顺序进行，以不妨碍后续布线为原则。

(8) 通电试运行前，必须征得老师的同意，并由老师接通三相电源 L1、L2、L3，同时要有老师在现场监护。

6. 注意事项

(1) 电动机使用的电源电压和绕组的接法，必须与铭牌上规定的一致。

(2) 接线时，必须先接负载端，后接电源端；先接接地线，后接三相电源线。

(3) 必须在认真检查安装完毕的控制线路后，才允许通电试运行。

(4) 电动机外壳必须接地。

(5) 训练应在规定的时间内完成。

1.2.1　自动空气开关和接触器的自锁

1. 自动空气开关

自动空气断路器简称自动空气开关或自动开关，它相当于刀开关、熔断器、热继电器和欠压继电器的功能组合，是一种既起手动开关作用，又可自动有效地对串接在其后面的电气设备的失压、欠压、过载和短路进行保护的电器。

自动空气开关的外形如图 1.27 所示。

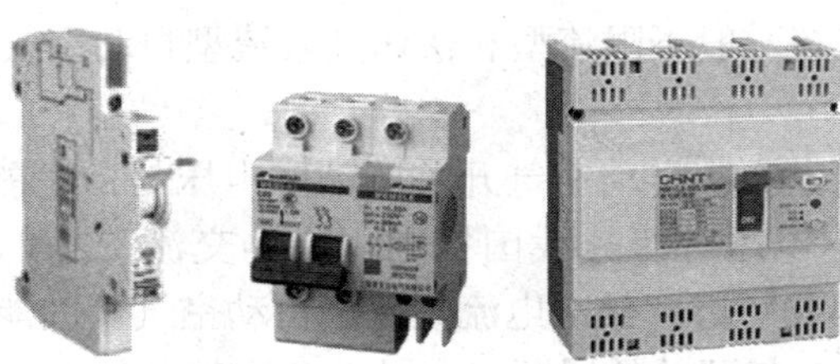

图 1.27　自动空气开关的外形

1)　结构和工作原理

自动空气开关由操作机构、触头、保护装置(各种脱扣器，可以根据用途来配备)、灭弧系统等组成。它的工作原理图如图 1.28 所示。

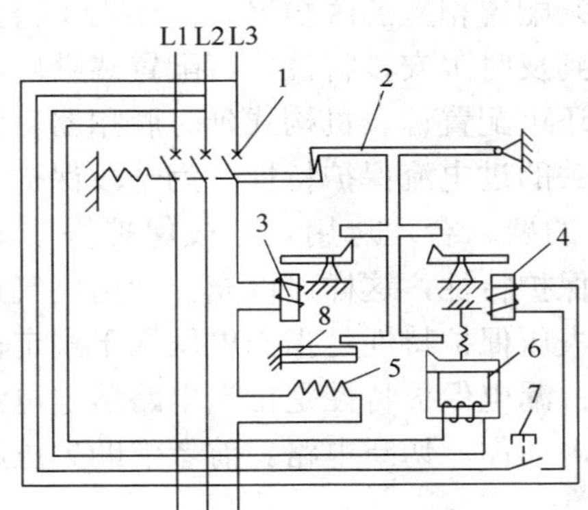

图 1.28　自动空气开关工作原理图

1—触头；2—搭钩；3—电磁脱扣器；4—分离脱扣器；5—电阻丝；6—欠压脱扣器；7—按钮；8—热元件

自动空气开关的主触头是靠手动操作或电动合闸的。主触头闭合后，自由脱扣机构将主触头锁在合闸位置上，过电流脱扣器的线圈和热脱扣器的热元件与主电路串联，欠电压脱扣器的线圈和电源并联。当电路发生短路或严重过载时，过电流脱扣器的衔铁吸合，使自由脱扣机构动作，主触头断开主电路；当电路过载时，热脱扣器的热元件发热使双金属片向上弯曲，推动自由脱扣机构动作；当电路欠压时，欠电压脱扣器的衔铁释放，也使自由脱扣机构动作。分励脱扣器则作为远距离控制用，在正常工作时，其线圈是断电的，在需要远距离控制时，按下启动按钮，使线圈通电，衔铁带动自由脱扣机构动作，使主触头断开。

2) 自动空气开关的分类

自动空气开关种类繁多，可按用途、结构特点、极数、操作方式和限流性能来分类。

- 按用途分，有保护配电线路用、保护电动机用、保护照明线路用和漏电保护用自动空气开关及特殊用途的自动空气开关，如灭磁开关等。
- 按结构形式分，有框架式和塑料外壳式自动空气开关。
- 按极数分，有单极、双极、三极和四极自动空气开关。
- 按操作方式分，有直接手柄操作式、杠杆操作式、电磁铁操作式和电动机操作式自动空气开关。
- 按限流性能分，有一般不限流型和快速型限流型自动空气开关。

3) 主要技术参数

(1) 额定电压与额定电流。自动空气开关的额定电压是指它能长期承受的工作电压，数值上取决于电网的额定电压等级。我国标准规定为交流 220V、380V、矿用 660V 及 1140V，直流为 220V 与 440V 等。额定电流是保证自动空气开关能长期可靠工作的电流。

(2) 通断能力。自动空气开关的通断能力是在一定的条件下(电压和功率因数或时间常数)，自动空气开关能够可靠接通与分断电流的能力，通常以最大通断电流来表示其极限通断能力。自动空气开关的极限通断能力大于或等于线路的最大短路电流。

(3) 保护特性。保护特性主要是指自动空气开关的动作时间 t 与过电流脱扣器动作电流 I 的关系特性 $t=f(I)$或 $t=f(I/I_N)$，其中 I_N 为过电流脱扣器的额定电流。为了使自动空气开关具有不同的保护特性，必须配置相应的脱扣器。例如为了得到短路瞬时动作特性，一般配置电磁式脱扣器；为了得到反时限安秒特性，可配置热继电器式脱扣器；为了得到短延时或长延时定时脱扣特性，还可配置钟表机构式延时脱扣器。使用半导体脱扣器可以得到各种保护特性。自动空气开关的过电流保护特性分为一段保护、二段保护与三段保护特性三种，用户可根据保护对象的要求合理选用。三段保护特性具有过载长延时、短路短延时、特大短路瞬时动作三种保护特性，这样可以充分利用电气设备的允许过载能力，尽可能地缩小故障停电的范围。失压保护特性是指当电压低于规定值时，自动空气开关应在规定的时间内动作，切断电路；漏电保护特性是指当电路漏电电流超过规定值时，漏电保护自动空气开关应在规定时间内动作，切断电路。前者借助失压脱扣器来实现，后者借助漏电脱扣器来实现。

(4) 分断时间。自动空气开关从发出断开信号(如按下分励脱扣器按钮)起到触头分开、电弧熄灭为止的时间间隔，即为分断时间(包括固有断开时间和熄弧时间两部分)。当自动空气开关工作在短延时(0.2s 或 0.4s)定时限保护段和在瞬时工作段时，分断时间 t>10～20ms 的，称为快速自动空气开关。

4) 自动空气开关的电路符号

我国用 DZ 和 DW 表示自动空气开关的型号，DZ 表示装置式自动空气开关，DW 表示开敞式自动空气开关。装置式自动空气开关常用的有 DZ4、DZ5 和新产品 DZ10 系列。前两种为小容量(额定电流有 25A 和 50A 两种)，而 DZ10 系列的额定电流有 100A、250A、500A 三个等级，极限电流(在额定电源电压下能开断的最大短路电流)在直流电压为 220V 时可达 7000～25000A，在交流电压为 380V 时可达 7000～50000A。开敞式有 DW1、DW2、DW0 系列和能替代它们的新产品 DW10 系列。下面以新产品 DZ10 系列为例介绍自动空气开关的型号及意义，如图 1.29 所示。

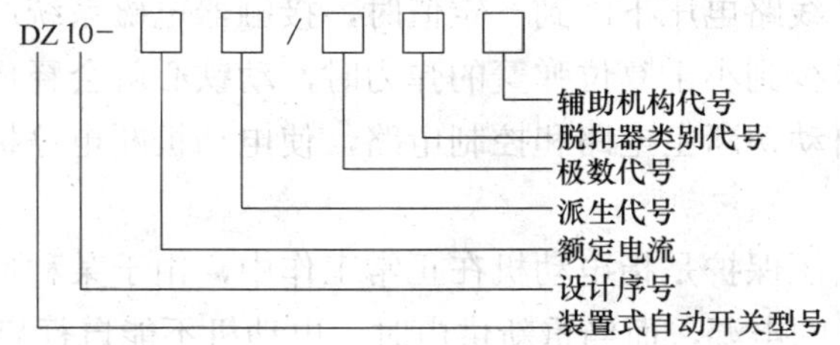

图 1.29　自动空气开关的型号规格

在辅助触头中，“0”表示无辅助触头；“2”表示有辅助触头。在脱扣器代号中，“0”表示没有脱扣器；“1”表示有热脱扣器；“2”表示有电磁脱扣器；“3”表示有热脱扣器和电磁脱扣器的复式脱扣器。

例如，DZ10-250/330 为 DZ 系列装置式自动空气开关，额定电流为 250A，3 极，复式脱扣器，不带附件。

5) 自动空气开关的选用

- 自动空气开关的额定电压和额定电流应大于或等于线路的正常工作电压和工作电流。
- 欠电压脱扣器的额定电压等于线路的额定电压。
- 过电流脱扣器的额定电流大于或等于线路的最大负载电流。

1.2.2　自锁控制

接触器在电动机控制中使用频繁，利用辅助触点实现低压电器元件控制主触点连接的高压电动机，在电气控制中具有重要地位。接触器具有自锁的性能。自锁线路如图 1.30 所示，在启动按钮 SB1 的两端并接一个接触器的辅助常开触头。按下启动按钮，使接触器线圈通电，此时辅助常开触点闭合；当松开启动按钮后，虽然按钮复位分断，但依靠接触器的辅助常开触头仍可保持电路接通。像这种松开启动按钮后，接触器线圈通过自身辅助常开触头仍保持通电状态的现象叫做自锁，起自锁作用的辅助常开触头称为自锁触头。

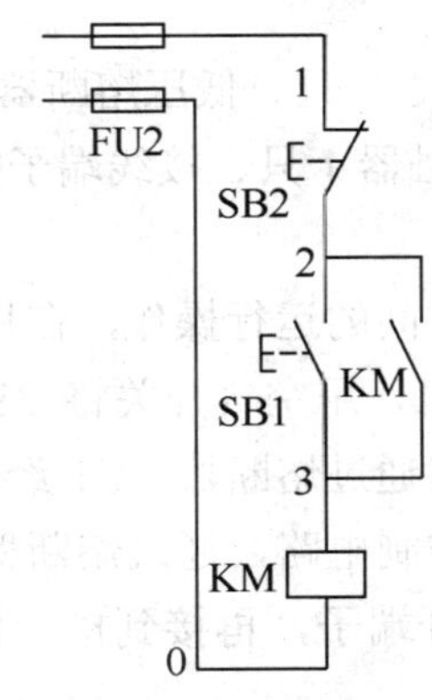

图 1.30　自锁控制线路电气原理图

接触器自锁控制线路具有欠压和失压保护功能。

- 欠压保护。当线路电压下降到一定值时，接触器电磁系统产生的电磁吸力减少。当电磁吸力减少到小于复位弹簧的弹力时，动铁心就会释放，主触头和自锁触头同时分断，自动切断主电路和控制电路，使电动机断电停机，从而起到了欠压保护的作用。
- 失压保护。失压保护是指电动机在正常工作中，由于某种原因突然断电时，能自动切断电动机的电源，而当重新供电时，电动机不能自行启动的一种保护。

1.2.3 电动机连续运行电气控制的实现过程

在进行电动机点动控制系统设计前，需分成几组完成任务，组内成员制订工作计划。根据所学知识点和控制要求，熟悉电器元件工作原理的使用情况，进行电气原理图设计，然后进行电气设备的线路连接，在检查线路正确的情况下通电运行。

1. 工作过程

为了更好地完成电动机连续运行控制系统的实现，小组成员应协同编制计划，并协作解决难题、相互之间监督计划的执行与完成情况。

- 小组成员研讨任务，明确连续运行控制系统的要求，确定控制系统的实现方案。
- 根据系统实现方案，确定完整详细的工作计划。
- 根据小组成员拟定的工作计划，开展工作。
- 由本组成员进行控制系统实现的效果检查。
- 由其他组成员或老师进行评估。

2. 操作分析

现在我们一步步地来实现电动机连续运行控制。

1) 实训工具

测电笔、旋具、尖嘴钳、斜口钳、剥线钳、电工刀、兆欧表、钳形电流表、万用表。

2) 实训电器

三相异步电动机 1 台、空气开关 1 只、低压熔断器 5 只、按钮 2 个(绿色、红色各 1 个，绿色为常开，红色为常闭)、接触器 1 只、接线端子排 1 个、导线若干。

3) 绘制电气原理图

连续运行控制适合于电动机长时间的运行操作，在机床、风机等工作时应用。

设计采用 380V 交流异步电动机，用空气开关将 380V 电源接入我们的控制线路，连接电动机的电路称为主电路，此电路通过熔断器 FU1 经接触器的主触点连接电动机的三相接线端子；连接控制按钮的支路为控制电路，通过熔断器 FU2 将电源中的两相线路连接停止按钮的常闭端子、启动按钮的常开端子，再接到接触器的线圈端子，连续运行控制线路的电气原理图如图 1.31 所示。

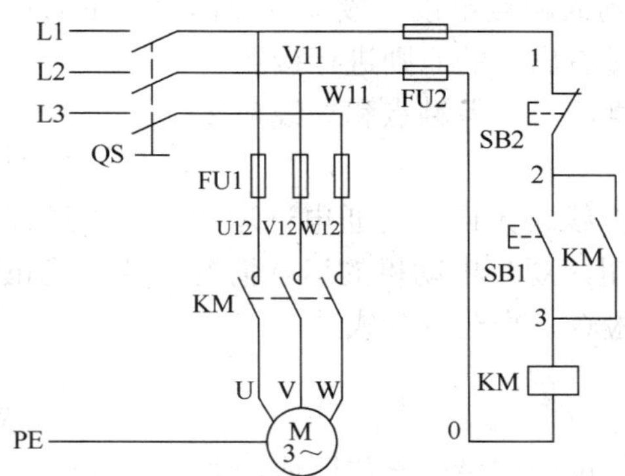

图 1.31　电动机连续运行控制的电气原理图

4)　绘制安装接线图

根据需要的电器元件，在图中绘制各个元件的安装位置，按照位置根据电气原理图绘制出元件的安接线路图。安装接线图如图 1.32 所示。

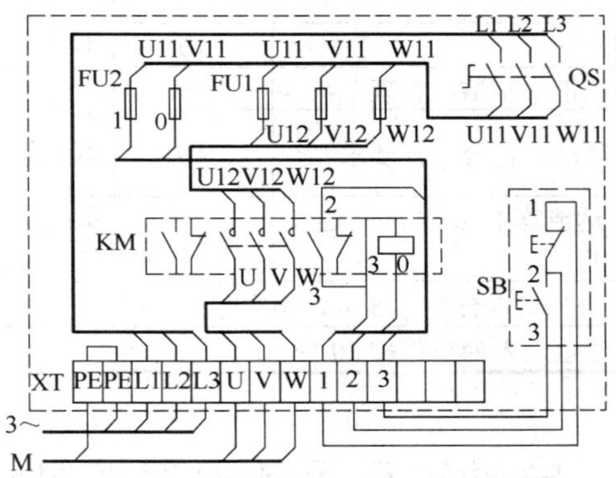

图 1.32　电动机连续运行控制的安装接线图

连续运行控制线路的工作原理如下。

合上电源总开关 QS。

启动：按下启动按钮 SB1，接触器 KM 线圈得电，KM 主触头闭合，电动机 M 启动运行，同时辅助常开触点闭合，实现自锁；松开启动按钮，电动机仍然运行。

停止：按下停止按钮 SB2，接触器 KM 线圈失电，KM 主触头断开，电动机 M 停止运行，辅助常开触点断开，解除自锁。

停止使用时，断开电源总开关 QS。

接线图是根据电气控制原理图与电器安装位置绘制的图形，接线图中的粗实线表示母线，细实线表示分支线，分支线与母线连接时呈 45°或 135°。

5)　接线

将熔断器 FU1、FU2、电动机、按钮和接触器按照图 1.32 所示的位置安放好。在确保三相电源断开的情况下，用剥线钳将用到的导线两端的包皮剥去，按照图 1.31 和图 1.32 所示，逐步将元件连接起来。对于接触器，需仔细辨认元件上的标识，分清线圈触点、主触点和辅助触点，没有用到的触点不接。接线时遵循“先主后控，先串后并；从上到下，从左到右；上进下出，左进右出”的原则进行接线。

接线过程中应仔细认真，要确保触点和导线全接触。

6) 通电试运行

连接完毕，经教师检查线路无误后可通电试运行。通电过程中为保证安全，手不要再触摸元器件。按动启动按钮，观察电动机的运行情况。若不能正常运行，先切断电源，再检查线路。逐步试运行、检查，直至运行成功。

3. 检查与评估

工作过程结束时，进行设计结果检查与评估，评估项目参照电工职业标准。

评估标准如表 1.2 所示。

表 1.2 检查评估表

项　目	要　求	分　数	评分标准	得　分
系统电气原理图设计	原理图绘制完整规范	20	不完整规范，每处扣 5 分	
安装接线图	准确完整	10	不完整，每处扣 2 分	
元件放置	元件在控制柜中整洁、合理	5	不合理，每处扣 2 分	
电气线路安装和连接	线路安全简洁，符合工艺要求	30	不规范每处扣 5 分	
系统调试	系统设计达到题目要求，能连续运行及停止	35	第一次调试不合格扣 10 分 第二次调试不合格扣 10 分	
时间	60 分钟，每超时 5 分钟扣 5 分，不得超过 10 分钟			
安全	检查完毕通电，人为短路扣 20 分			

1.3 电动机正反转电气控制设计

生产机械设备的传动部件常常需要改变运行方向，例如电梯的升、降运动，车床的主轴能够正反向旋转等，都要求拖动的电动机能够正反转运行。

生产设备或自动生产线都由许多运动的部件组成，不同的运动部件之间既互相联系又互相制约。例如，车床的主轴必须在油泵电动机启动使齿轮箱有充分的润滑之后才能启动；又如，龙门刨床的工作台在运动时不允许刀架移动等。这种既互相联系又互相制约的控制称为联锁控制。

1. 控制要求

给定一台笼型异步电动机 M，选择电气元件，设计其电气控制电路。当按下正转启动按钮 SB1 时，电动机正转运行，当按下反转启动按钮 SB2 时，电动机停止正转，改为反转运行；同理，当按下反转启动按钮 SB2 时，电动机反转运行，当按下正转启动按钮 SB2 时，电动机停止反转，改为正转运行；在任何时刻，按下停止按钮 SB3，均可停止运行。

2. 设计目的

认识控制系统中的常用电气元件，根据控制要求绘制出电气原理图并进行电气接线。

3. 设计条件

电工通用工具：测电笔、旋具、尖嘴钳、斜口钳、剥线钳、电工刀、兆欧表、钳形电流表、万用表。

电器元件：三相异步电动机 1 台、自动空气开关 1 只、低压熔断器 5 只、热继电器 2 只、三联按钮 2 个、接触器 2 只、接线端子排 1 个、导线若干。

4. 设计内容及安装操作

(1) 绘制电气原理图。
(2) 对各控制线路进行元器件安装接线和操作。
(3) 检查无误，通电调试运行。

5. 工艺要求

(1) 各元件的安装位置应整齐、匀称，间距合理，便于元件的更换。
(2) 布线通道要尽可能少。
(3) 主电路用黑色线，控制电路用红色线，接地线用黄、绿两色线。
(4) 同一平面的导线应高低一致或前后一致，不能交叉，若非交叉不可，则该根导线应在接线端子引出时，就水平架空跨越，但必须走线合理。
(5) 布线应横平竖直，分布均匀，变换走向时应垂直转向。
(6) 布线时严禁损伤线芯和导线绝缘。
(7) 布线顺序一般以接触器为中心，由里向外，由低至高，以先控制线路后主电路的顺序进行，以不妨碍后续布线为原则。
(8) 通电试运行前，必须征得老师的同意，并由老师接通三相电源 L1、L2、L3，同时要有老师在现场监护。

6. 注意事项

(1) 电动机使用的电源电压和绕组的接法，必须与铭牌上规定的一致。
(2) 接线时，必须先接负载端，后接电源端；先接接地线，后接三相电源线。
(3) 必须在认真检查安装完毕的控制线路板后才允许通电试运行。
(4) 电动机外壳必须接地。
(5) 训练应在规定的时间内完成。

1.3.1 继电器

1. 继电器

接触器是一种用来频繁地接通和切断主电路或大容量控制电路的电器。继电器是根据电压、电流、时间、温度和速度等信号的变化，来接通和分断小电流电路和电器的控制元件。电动机的控制虽然已由手动变为自动，但还不能满足复杂生产工艺过程中自动化的要求。如大型龙门刨床的工作，不仅要求工作台能自动地前进和后退，而且还要求前进和后退的速度不同，能自动地减速和加速。这些要求，必须要由整套自动控制设备才能满足，而继电器就是这种控制设备中的主要元件。

继电器的外形如图 1.33 所示。

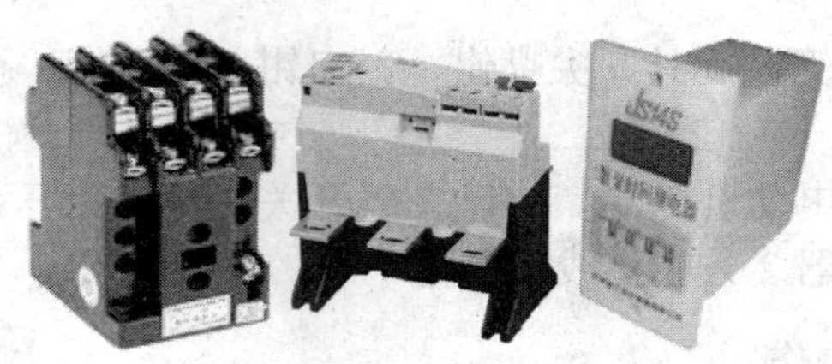

图 1.33 继电器的外形

继电器是一种自动动作的电器。当继电器输入电压、电流和频率等电量或温度、压力和转速等非电量并达到规定值时，继电器的触点便接通或分断所控制或保护的电路。继电器一般由输入感测机构和输出执行机构两部分组成。前者用于反映输入量的高低；后者用于接通或分断电路。

继电器实质上是一种传递信号的电器，它可以根据特定形式的输入信号而动作，从而达到不同的控制目的。它与接触器不同，主要用于反映控制信号，其触点通常接在控制电路中。

继电器的种类很多，分类的方法也很多，常用的分类方法有以下几种。

- 按输入量的物理性质分为电压、电流、速度、时间、温度、压力、热继电器等。
- 按动作时间分为瞬时动作和延时动作(也称为时间继电器)继电器等。
- 按动作原理分为电磁式、感应式、电动式、电子式和机械式继电器等。

由于电磁式继电器具有工作可靠、结构简单、制造方便、寿命长等一系列的优点，故在机床电气传动系统中应用的最为广泛，约有 90%以上的继电器都是电磁式的。继电器一般用来接通和断开控制电路，故电流容量、触头、体积都很小，只有当电动机的功率很小时，才可用某些继电器来直接接通和断开电动机的主电路。电磁式继电器可分为直流和交流两大类，它们的主要结构和工作原理与接触器基本相同，它们各自又可分为电流、电压、时间、中间继电器等。

继电器的另一个重要参数是吸合时间和释放时间。吸合时间是从线圈接受电信号到衔铁完全吸合时所需的时间。一般继电器的吸合时间与释放时间为 0.05～0.15s，快速继电器为 0.005～0.05s，它的大小影响着继电器的操作频率。

继电器的图形符号如图 1.34 所示。文字符号用 K 来表示。对于具体的电压、电流继电器等若用单字母来表示则也用 K，双字母则用 KV 和 KA 等。

图 1.34 继电器的图形符号

1)　电磁式继电器

常用的电磁式继电器按反应参数可分为电流继电器、电压继电器和中间继电器；按线圈的电流种类可分为直流继电器和交流继电器。

(1)　电磁式继电器的结构与工作原理

电磁式继电器的结构和工作原理与接触器相似，它由电磁系统、触头系统和释放弹簧等组成。由于继电器用于控制电路，所以流过触头的电流比较小，故不需要灭弧装置。

①　电流继电器。它是反映电路电流变化而动作的继电器，主要用于电动机、发电机或其他负载的过载及短路保护、直流电动机磁场控制或失磁保护等。电流继电器的特点是线圈匝数少、线径较粗、能通过较大电流。在使用时电流继电器的线圈和负载串联。由于线圈上的压降很小，不会影响负载电路的电流。常用的电流继电器有欠电流继电器和过电流继电器两种。

电路正常工作时，欠电流继电器吸合动作，当电路电流减小到某一整定值以下时，欠电流继电器释放，对电路起欠电流保护作用；电路正常工作时，过电流继电器不动作，当电路中电流超过某一整定值时，过电流继电器吸合动作，对电路起过流保护作用。

在电气传动系统中，用得较多的电流继电器有 JL14、JL15、JT3、JT9、JT10 等型号。选择电流继电器时主要根据电路内的电流种类和额定电流大小来选择。

②　电压继电器。电压继电器反映的是电压信号。由于它的线圈是并接在被测电路两端的，因此其线圈导线细、匝数多、阻抗大。电压继电器可分为过电压、欠电压和零电压继电器三种。过电压继电器是超过整定值(一般为 U_N 的 105%～120%)时衔铁吸合；欠电压继电器是低于整定值(一般为 U_N 的 30%～50%)时衔铁释放；而零电压继电器是电压降低接近零值(一般为 U_N 的 5%～25%)时衔铁才释放。

在机床电气传动系统中常用的电压继电器有 JT3 和 JT4 型。选择电压继电器要根据线路电压的种类和大小选择。

③　中间继电器。中间继电器实质上也是一种电压继电器，一般用来控制各种电磁线圈，它的触头对数较多，容量较大，动作灵敏，主要起扩展控制范围或传递信号的中间转换作用，也可以代替接触器控制额定电流不超过 5A 的电动机控制系统。

在机床电气传动系统中常用的中间继电器除了 JT3 和 JT4 型外，目前常用的是 JZ7 型和 JZ8 型，在可编程序控制器和仪器仪表中还用到各种小型继电器。JZ7 系列中间继电器的主要结构与 CJ10 系列交流接触器相似，它有 4 个常闭触头和 4 个常开触头，其优点是体积小、吸合时冲击小、不易产生相间短路、工作可靠且寿命较长。其动作原理与交流接触器相似。

选用中间继电器时，主要根据控制线路所需触头的多少和电源电压等级来选择。

(2)　电磁式继电器的型号及代表意义

电磁式继电器的型号规格如图 1.35 所示。继由器的种类：L 表示电流继电器，T 表示通用继电器，Z 表示中间继电器。例如，JL3-11，表示 JL3 系列电流继电器，有 1 个常开触点，1 个常闭触点。

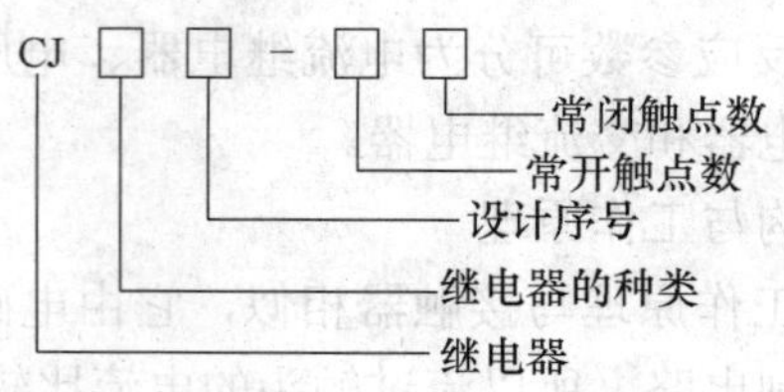

图 1.35　电磁式继电器的型号规格

2)　热继电器

热继电器是利用电流的热效应原理工作的电器，广泛用于三相异步电动机的长期过载保护。电动机工作时，是不允许超过额定温升的，否则会降低电动机的寿命。电动机在实际运行中，常会遇到过载情况，但只要过载不严重、时间短，绕组不超过允许的温升，这种过载是允许的；但如果过载情况严重、时间长，电动机就要发热，轻则加速电动机的绝缘老化，重则烧毁电动机，而熔断器和过电流继电器只能保护电动机不超过最大电流，却不能反映电动机的发热状况，因此必须采用热继电器进行保护。

常用的几种热继电器外形如图 1.36 所示。

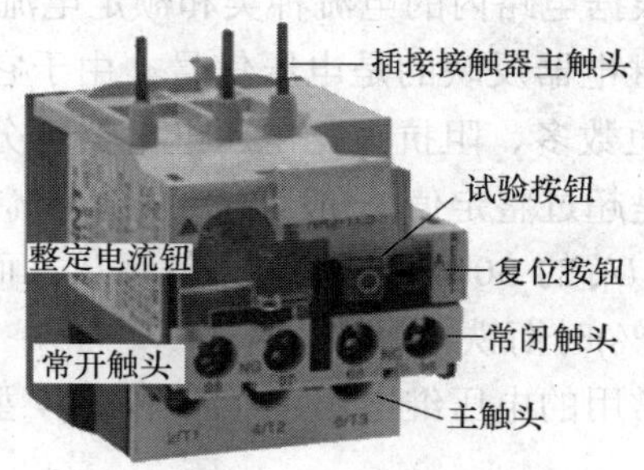

(a) JRS 系列

(b) T 系列

(c) JR16 系列

(d) JR20 系列

图 1.36　热继电器的外形

(1)　热继电器的结构与工作原理

热继电器主要由热元件、双金属片和触头系统三部分组成，其工作原理如图 1.37 所示。热元件由镍铬合金丝等材料的发热电阻丝做成；双金属片由两种热膨胀系数不同的金属碾压而成。当双金属片受热时，会出现弯曲变形，弯曲变形到一定程度，使继电器动作；热继电器的热元件串接在电动机定子绕组的主电路中，当电动机正常工作时，热元件产生的热量虽能使双金属片弯曲，但还不足以使继电器动作；当电动机过载时，经一定时间双金属片弯曲程度加大，压下压动螺钉 4，锁扣机构 5 脱开，热继电器触头 8、9(触头 8、9 是串接于控制电路中的)切断控制电路使主电路停止工作。热继电器动作后，经一段冷却时间，可手动或自动复位，手动复位要按下复位按钮 7 才能复位。改变压动螺钉 4 的位置，即可以调节动作电流。

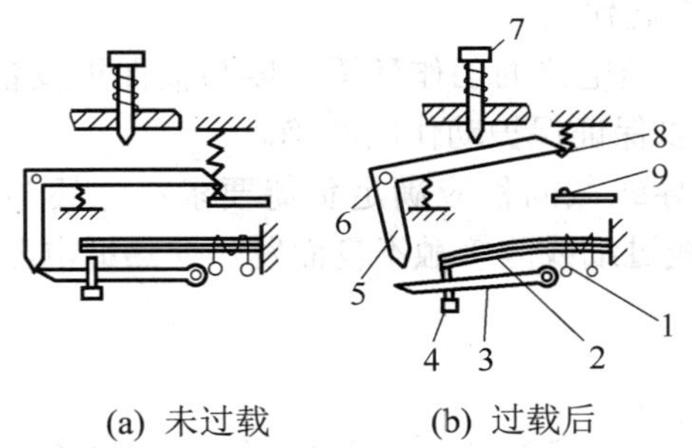

(a) 未过载　　(b) 过载后

图 1.37　热继电器的工作原理图

1—热元件；2—双金属片；3—扣板；4—压动螺钉；5—锁扣机构；
6—支点；7—复位按钮；8—动触点；9—静触点

(2) 热继电器的型号及主要技术数据

热继电器的型号规格和电路符号如图 1.38 所示。例如，JR0-20/3D 表示的是 JR0 系列的热继电器，其额定电流为 20A，三相，带有断相保护装置。

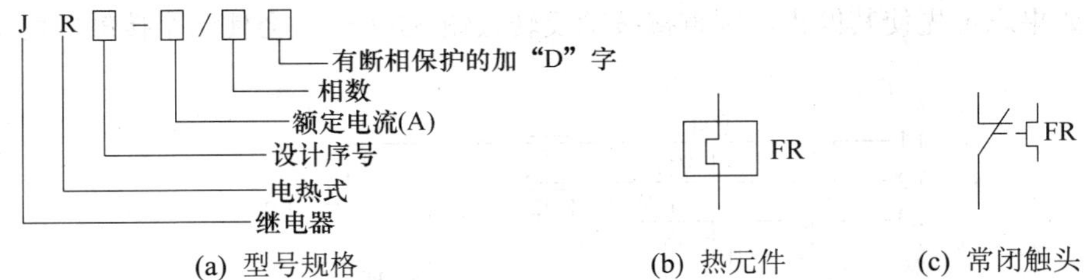

(a) 型号规格　　(b) 热元件　　(c) 常闭触头

图 1.38　热继电器的型号规格和电路符号

(3) 热继电器的主要技术参数

- 热继电器额定电流，即型号中的标示值，是指热继电器壳架的额定电流等级，同时也是该继电器中所能装入的最大热元件的额定电流值。
- 热元件额定电流，是指热继电器工作时，保护长期不动作所能通过的最大电流值。
- 触头额定电流，是指热继电器触头长期工作允许通过的电流。

(4) 热继电器的图形及文字符号

热继电器的图形及文字符号如图 1.38(a)、(b)所示。

(5) 热继电器使用注意事项

- 应按照被保护电动机额定电流的 1.1～1.25 倍选取热元件的额定电流。
- 热继电器的整定电流调节范围约为热元件额定电流的 60%～100%。
- 热继电器安装完毕后需进行整定电流值的调整，整定电流值应等于被保护电动机的额定电流值。

- 由于热继电器有热惯性，大电流出现时它不能立即动作，故热继电器不能用作短路保护。
- 用热继电器保护三相异步电动机时，至少要有两个热元件的热继电器，从而在不正常的工作状态下，也可对电动机进行过载保护。例如电动机单相运行时，至少要有一个热元件能起作用。
- 安装时应注意，热继电器的工作环境温度与被保护设备的环境温度相差一般不应超过 15～25℃，以保证保护动作的准确。
- 热继电器连接的导线截面积应满足负荷要求；导线与热继电器连接时要压接牢固，以免由于导线过细或因接触不良而发热使热继电器错误动作。

1.3.2 联锁控制

工业生产中常常需要电动机能够正反方向运转，以拖动机械机构实现上下、左右等不同方向的工作，如电梯的上下运动、机床工作台的左右运动和电动葫芦的上下运动等。交流异步电动机只需把三相电源中的两相进行对调接线即可实现电动机反向运行。这时就需要两个接触器分别控制电动机的正反方向运行，如图 1.39 所示。当按下正转启动按钮 SB1，接触器 KM1 闭合，其主触点接通使电动机正向运行，按下停止按钮 SB3，使电动机停止运转后，再按下反转启动按钮 SB2 则接触器 KM2 闭合，其主触点使三相电源的 U 相与电机的 W 相绕组相接，而 W 相与电动机的 U 绕组相接，使得电动机反向运转，按下按钮 SB3 则停止运转。但图 1.39 的连接方法存在缺点，当电动机正处于正向运行时，欲使其反转，如果忘记先使其停止，则直接按动反转按钮 SB2 时，会使两个接触器均接通，出现事故。

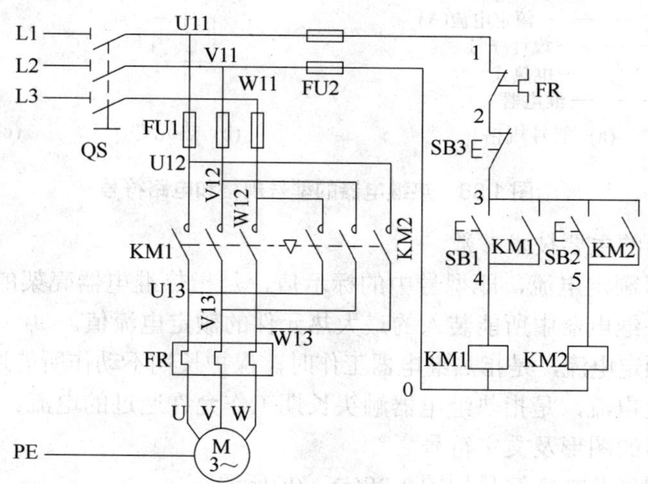

图 1.39 电动机正反向运转实现

为解决这一问题，采用如图 1.40 所示的控制电路，在接触器 KM1 支路串联接触器 KM2 的常开辅助触点，在接触器 KM2 支路串接 KM1 的常开辅助触点，这样当电动机正转时，接触器 KM1 线圈接通，分断反转支路，这时即使按下反转启动按钮 SB2，反转支路接触器 KM2 也不会接通。同理，当电动机反转时，即使按下正转启动按钮 SB1，由于 KM2 常闭辅助触点分断了 KM1 支路，则接触器 KM1 不会接通。这种在同一时间里两个接触器只允许一个工作的控制作用称为互锁(联锁)。互锁环节使得当接触器 KM1 工作时，接触器 KM2 不可能工作，当接触器 KM2 工作时，接触器 KM1 不可能工作。这是生产实践中常用的控制环节。

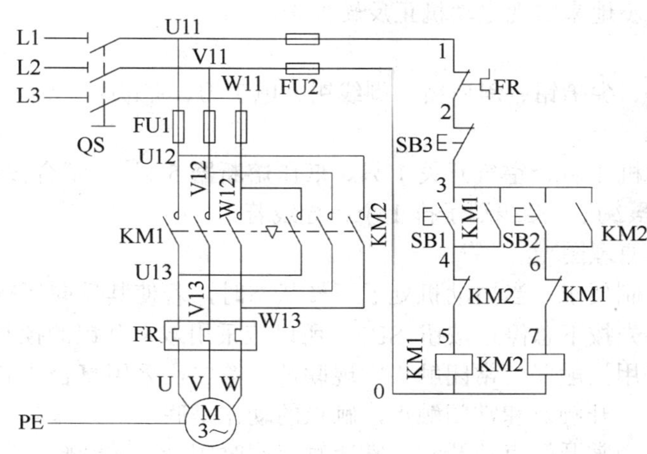

图 1.40　接触器联锁正反转控制线路原理图

接触器联锁正反转控制线路的工作原理如下。

线路中采用了两个接触器，即正转用的接触器 KM1 和反转用的接触器 KM2，它们分别由正转按钮 SB1 和反转按钮 SB2 控制。从主电路中可以看出，这两个接触器的主触头所接通的电源相序不同，KM1 按 L1—U、L2—V、L3—W 相序接线，KM2 则按 L1—W、L2—V、L3—U 相序接线。

正转控制：按下按钮 SB1，接触器 KM1 线圈得电并自锁，电动机 M 正转连续运行；按下按钮 SB3，接触器 KM1 线圈断电释放，电动机 M 停止运行。

反转控制：按下按钮 SB2，接触器 KM2 线圈得电并自锁，电动机 M 反转连续运行；按下按钮 SB3，接触器 KM2 线圈断电释放，电动机 M 停止运行。

1.3.3　电动机正反转电气控制的实现过程

在进行电动机正反转控制系统设计前，需分成几组完成任务，组内成员制订工作计划。根据所学知识点和控制要求，熟悉电器元件工作原理，熟悉接触器联锁控制过程原理，进行电气原理图设计，然后进行电气设备的线路连接，在检查电路正确的情况下通电运行。

1．工作过程

为了更好地完成电动机正反转控制系统的实现，小组成员应协同编制计划，并协作解决难题、相互之间监督计划的执行与完成情况。

- 小组成员研讨任务，明确连续运行控制系统的要求，确定控制系统的实现方案。

- 根据系统实现方案，确定完整详细的工作计划。
- 根据小组成员拟定的工作计划，开展工作。
- 由本组成员进行控制系统实现的效果检查。
- 由其他组成员或老师进行评估。

2．操作分析

现在我们一步步地来实现电动机正反转控制。

1) 实训工具

测电笔、旋具、尖嘴钳、斜口钳、剥线钳、电工刀、兆欧表、钳形电流表、万用表。

2) 实训电器

三相异步电动机 1 台、空气开关 1 只、低压熔断器 5 只、 复合按钮 3 个(绿色 2 个、红色 1 个)、接触器 2 只、接线端子排 1 个、导线若干。

3) 绘制电气原理图

根据本项目控制要求，当电动机处于正转状态时，若使其反向运行只需直接按下反转启动按钮，而不必先按下总停止按钮 SB3，所以应采用双重联锁的控制方式。什么是双重联锁呢？第一，采用接触器的常闭触头实现联锁；第二，采用复合式启动按钮实现联锁。复合式启动按钮有常开触点和常闭触点，触点的动作是联动的，即当常开触点闭合时，常闭触点同时断开；当常开触点断开时，常闭触点同时闭合。常开触点用于本支路接触器线圈的通电控制，常闭触点串接在另一支路，用于分断对方。电动机双重联锁反转控制线路原理图如图 1.41 所示。

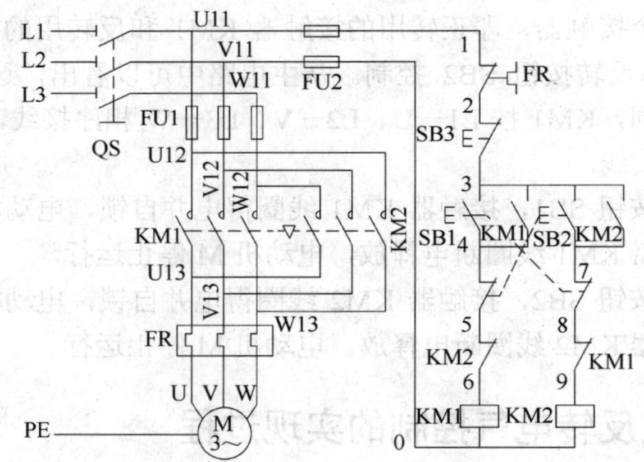

图 1.41 电动机双重联锁正反转控制线路原理图

- 正转控制：按下按钮 SB1，SB1 常闭触点分断 KM2 支路(切断反转控制电路)，SB1 常开触点闭合，KM1 线圈得电并自锁，电动机 M 启动连续正转运行。
- 反转控制：按下按钮 SB2，SB2 常闭触点先分断 KM1 支路(切断正转控制电路)，SB2 常开触点闭合，KM2 线圈得电并自锁，电动机 M 启动连续反转运行。

按下按钮 SB3，整个控制电路失电，主触头分断，电动机 M 停止运行。

4) 绘制电气安装接线图

根据电气元件在控制柜中的位置和电气原理图，绘制出电气安装接线图，如图 1.42 所示。

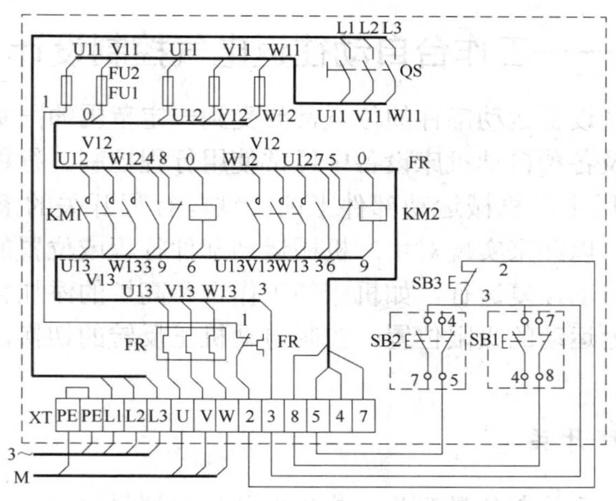

图 1.42　接触器联锁正反转控制线路安装接线图

5)　接线

将熔断器 FU1、FU2、电动机、按钮、接触器按照图 1.42 所示的位置安放好。在确保三相电源断开的情况下，用剥线钳将用到的导线两端的包皮剥去，按照图 1.41 和图 1.42 所示以接触器为中心，逐步将元件连接起来。对于接触器，需仔细辨认元件上的标识，分清线圈触点、主触点和辅助触点，没有用到的触点不接。接线时遵循“先主后控，先串后并；从上到下，从左到右；上进下出，左进右出”的原则进行接线。

接线过程中应仔细认真，要确保触点和导线全接触。

6)　通电试运行

连接完毕，经教师检查线路无误后可通电试运行。通电过程中为保证安全，手不要再触摸元器件。按动启动按钮，观察电动机的运行情况。若不能正常运行，先切断电源，再检查线路。逐步试运行、检查，直至运行成功。

3．检查与评估

工作过程结束时，进行设计结果检查与评估，评估项目参照电工职业标准。

评估标准如表 1.3 所示。

表 1.3　检查评估表

项　目	要　求	分　数	评分标准	得　分
系统电气原理图设计	原理图绘制完整规范	20	不完整规范，每处扣 5 分	
安装接线图	准确完整	10	不完整，每处扣 2 分	
元件放置	元件在控制柜中整洁、合理	5	不合理，每处扣 2 分	
电气线路安装和连接	线路安全简洁，符合工艺要求	30	不规范每处扣 5 分	
系统调试	系统设计达到题目要求，能够正转、反转运行及停止	35	第一次调试不合格扣 10 分 第二次调试不合格扣 10 分	
时间	60 分钟，每超时 5 分钟扣 5 分，不得超过 10 分钟			
安全	检查完毕通电，人为短路扣 20 分			

1.3.4 拓展实训——工作台自动往返电气控制设计

工业生产中，机械设备运动部件的位置常要受到一定范围的限制，如在摇臂钻床、万能铣床、桥式起重机及各种自动机床设备中经常使用行程控制。行程控制就是当运动部件到达一定位置时，利用生产机械运动部件上的挡铁与行程开关的滚轮碰撞，使其触头动作，接通或断开电路，以此来实现对生产机械运动部件行程或位置的控制。某些生产机械要求在一定范围内能自动往复运行，如机床的工作台和高炉的添加料设备等。这就需要利用行程开关来检测往返运动的极限位置，控制电动机正反转的切换，以实现对往复运动的控制。

知识链接　行程开关

行程开关又称限位开关或位置开关，其作用与控制按钮相同，用以反映工作机械的行程，触点的动作不是靠手动操作，而是利用生产机械的运动部件碰撞来发出指令，以实现机、电信号的转换，广泛用于机床及自动生产线的程序控制系统中。

行程开关的外形如图 1.43 所示，内部结构和图形符号如图 1.44 所示。

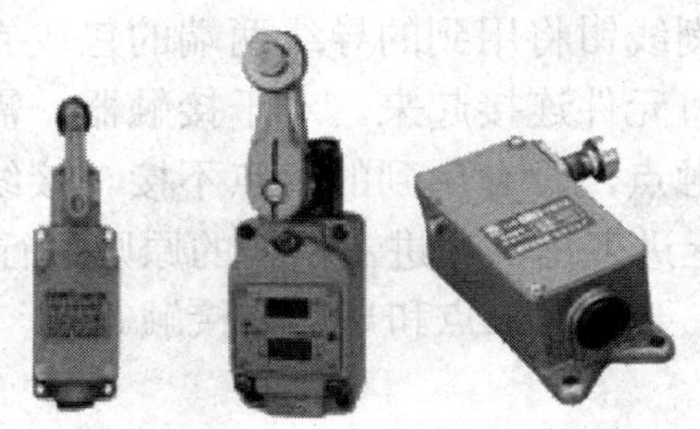

图 1.43　行程开关的外形

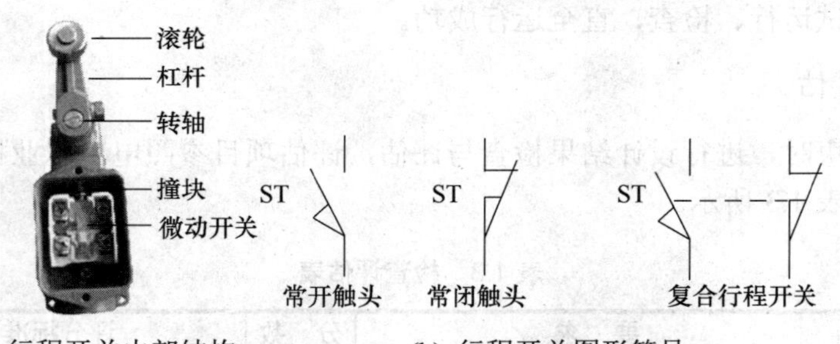

(a) 行程开关内部结构　　(b) 行程开关图形符号

图 1.44　行程开关的内部结构和图形符号示意图

1)　机械式行程开关

机械式行程开关根据其结构可分为直动式(如 LX1 和 JLXK1 系列)、滚轮式(如 LX2 和 JLXK2 系列)和微动式(如 LXW-11 和 JLSK1.11 型)三种。图 1.45 是直动式行程开关的外形及动作原理图。行程开关的动作原理是：执行机构上带有压条，压条上装有压块，当执行机构运动时，带动压块一起运动。当压块压下行程开关的顶杆时，行程开关的动断触点先断开，继而动合触点闭合；当压块离开行程开关时，触点恢复常态。

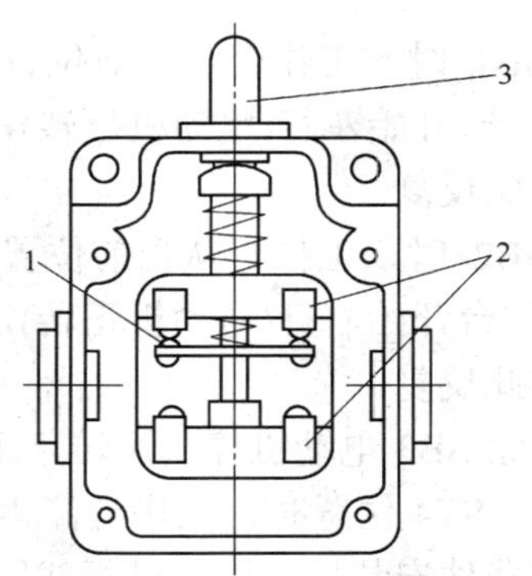

图 1.45　直动式行程开关的外形及动作原理图

1—动触点；2—静触点；3—顶杆

2)　接近式行程开关

接近式行程开关是一种非接触式的检测装置。当运动着的物体在一定范围内接近它时，它就能发出信号，以控制运动物体的位置。它既能起行程开关的作用，又能起记数的作用。根据工作原理来划分，接近开关有高频振荡型、电容型、霍尔效应型、感应电桥型等，其中高频振荡型最常用。它由高频振荡器和放大器组成。振荡器在开关的作用表面产生一个交变磁场，当执行机构上为金属的压块接近此表面时，金属中产生的涡流吸收了振动的能量，使振动减弱以至停振，因而产生振动与停振两个信号，由整形放大器转换成二进制的开关信号，从而起到“开”、“关”的控制作用。接近开关具有定位精度高、操作频率高、功率损耗小、寿命长、耐冲击振动、耐潮湿、能适应恶劣工作环境等优点，因此，在工业生产中已得到了广泛应用。

3)　红外线光电开关

红外线光电开关有对射式和反射式两种。对射式是由分离的发射器和接收器组成。当物体挡住发射器发出的红外线，使接收器接收不到红外线时，动断触点复位，即该触点闭合，动合触点复位，即该触点断开。反射式是利用物体将光电开关发射出来的红外线反射回去，由光电开关接收，从而判断是否有物体存在。如有物体存在，光电开关接收红外线后便使该光电开关的动合触点闭合，动断触点断开。

1．实训名称

工作台自动往返控制电气设计。

2．实训目的

熟悉电气控制电路的设计方法，熟悉工业继电-接触器控制的工作过程，会进行各种电气元件的接线，会绘制工作台自动往返电气控制原理图，会进行设备接线。

3．控制要求

图 1.46 所示为左右往复运动的工作台，工作台移动部件下部有一块挡铁，在工作台固定位置安装 4 个行程开关。给定 1 个正转启动按钮 SB1、1 个反转启动按钮 SB2 和 1 个停

止按钮 SB3。

(1) 当按下正转启动按钮 SB1 时，工作台从当前位置右行(电动机正转)，挡铁碰到行程开关 ST2 时，停止右行，工作台开始左行(电动机反转)，当挡铁碰到行程开关 ST1，停止左行，工作台又开始右行，如此反复。

(2) 当按下反转启动按钮 SB2 时，工作台从当前位置左行(电动机反转)，挡铁碰到行程开关 ST1 时，停止左行，工作台开始右行(电动机正转)，当挡铁碰到行程开关 ST2，停止右行，工作台又开始左行，如此反复。

(3) 在任何时候按下停止按钮 SB3 电动机停止运转，工作台停止移动。

(4) 当工作台移动超出 ST3、ST4 位置时，工作台停止移动。

(5) 绘制电气原理图，绘制器件安装接线图，进行线路接线、调试。

4．电气原理图

行程开关控制电动机的电气原理图较复杂，设计过程中可以分步骤完成。

1) 位置控制电气原理图

机床工作台在电动机的拖动下沿导轨左右方向移动的基本电气控制是由电动机的正反转控制线路实现的。但工作台的行程范围是有限的，为了在导轨上实现位置控制须在导轨的适当位置放置行程开关，当工作台移动到位，挡铁碰到行程开关，则使电动机停止此方向的运行。如图 1.46 所示行程开关 ST1、ST2 的位置之间即是工作台的工作范围，将 ST1、ST2 连入电动机的正反转控制线路。我们视右行为正转，左行为反转，为使工作台右行时停止移动，将 ST2 的常闭触点串入正转支路，ST1 的常闭触点串入反转支路。其电气原理图如图 1.47 所示。

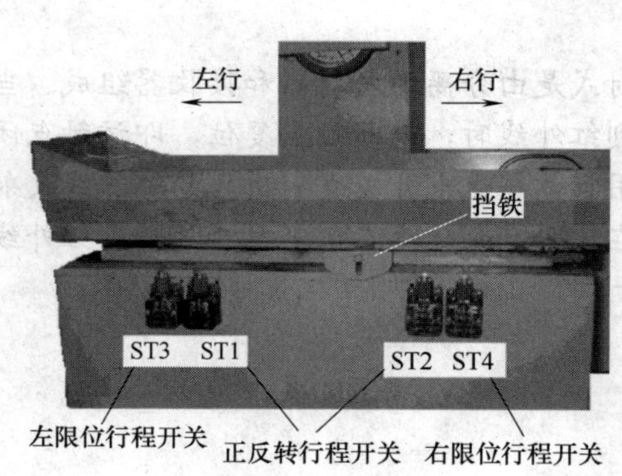

图 1.46 工作台

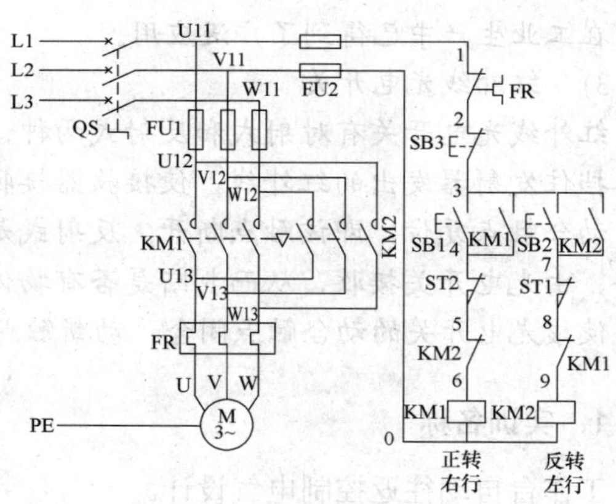

图 1.47 位置控制线路原理图

工作过程如下。

线路中正转(右行)接触器 KM1 和反转(左行)接触器 KM2，它们分别由正转按钮 SB1 和反转按钮 SB2 控制。

按下正转右行按钮 SB1 时，接触器 KM1 线圈得电并自锁，电动机 M 正转运行，工作台右行，当挡铁碰到 ST2 时，其常闭触点断开，切断 KM1 支路，工作台停止右行；按下反转左行按钮 SB2 时，接触器 KM2 线圈得电并自锁，电动机 M 反转运行，工作台左行，当挡铁碰到 ST1 时，其常闭触点断开，切断 KM2 支路，工作台停止左行。

在运行过程中按下停止按钮 SB3 时，接触器 KM2 或 KM1 线圈断电，电动机 M 停止运行。

2)　工作台位置超限电气原理图

为防止行程开关 ST1 或 ST2 未及时动作，使工作台移动位置超出范围，发生事故，可以在电路中安放起安全保护作用的行程开关 ST3 和 ST4，并将 ST3 的常闭触点串入 KM2(反转、左行)支路，将 ST4 的常闭触点串入 KM1(正转、右行)支路。这样，当挡铁碰到 ST3 或 ST4 时，即可切断相应运行方向的接触器。其电气原理图如图 1.48 所示。

3)　工作台自动往复电气原理图

为使工作台在一定的行程内能自动往返运动，以便实现对工件的连续加工，从而提高生产效率，即要求工作台到达指定位置时，不但要求工作台停止原方向运动，而且还要求它自动改变方向，向相反的方向运动。

对于复合式行程开关，当开关动作时，常闭触点先打开，常开触点后闭合。利用它的这种性质，即可实现工作台的自动往返运动。在工作台需限位的两端，将行程开关 ST1 和 ST2 的常闭触点分别串接在正转控制电路和反转控制电路中，而把它们的常开触点分别并联在相反方向的启动按钮两端。当位置开关动作后，常闭触点先分断，工作台停止运动；常开触点后闭合，工作台反向启动运行，实现工作台自动往复运动。其电气原理图如图 1.49 所示。

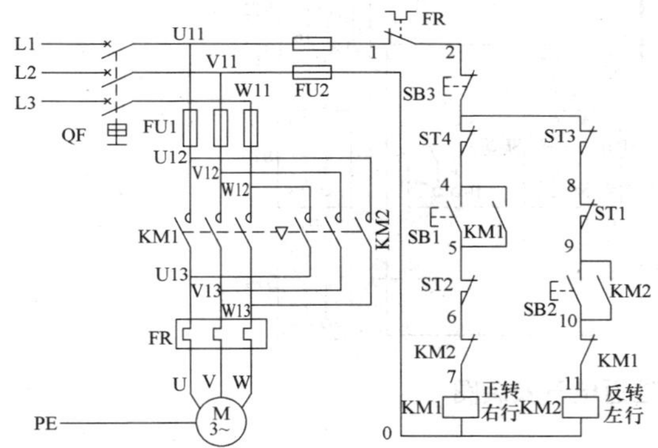

图 1.48　工作台位置超限保护电气原理图

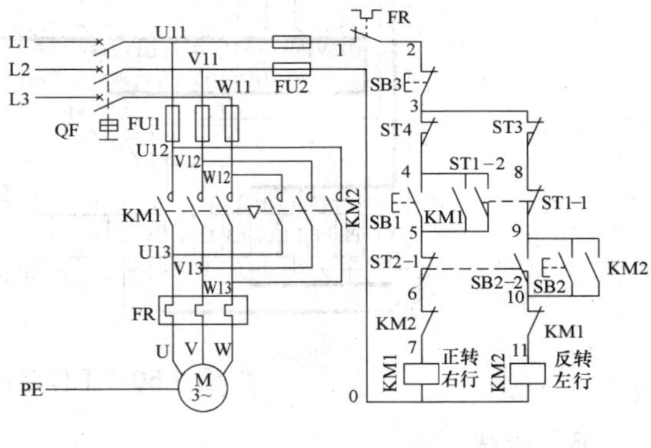

图 1.49　工作台自动往复控制电气原理图

工作台自动往复电气的工作过程如下。

合上电源开关 QF。

按下正转启动按钮 SB1，接触器 KM1 线圈得电并自锁，KM1 联锁触头分断 KM2 支路，KM1 主触头闭合，电动机 M 得电正转运行，工作台向右移动，至限定位置撞击行程开关 ST2，其常闭触点 ST2-1 先分断 KM1 支路，KM1 线圈失电释放，KM1 自锁触头断开并解除自锁，KM1 主触头断开，电动机 M 停止正转，工作台停止右移；KM1 联锁触头先恢复闭合，ST2 的常开触点 ST2-2 后闭合，接通反转支路，接触器 KM2 线圈得电并自锁，KM2 联锁触头分断 KM1 支路，KM2 主触头闭合，电动机 M 得电反转运行，工作台向左移动，至限定位置撞击行程开关 ST1，其常闭触点 ST1-1 分断 KM2 支路，KM2 线圈失电释放，KM2 自锁触头断开并解除自锁，KM2 主触头断开，电动机 M 停止反转，工作台停止左移；KM2 联锁触头先恢复闭合，ST1 的常开触点 ST1-2 后闭合，接触器 KM1 线圈得电并自锁，电动机 M 又正转；不断重复上述过程，工作台就在限定的行程内作自动往返运动。其中 SB1 和 SB2 分别作为正转启动和反转启动按钮，若启动时工作台在右端，则应按 SB2 进行启动；若启动时工作台在左端，则应按 SB1 进行启动。

自动往返运动停止控制：按下按钮 SB3，整个控制电路失电，KM1(KM2)失电释放，电动机 M 停止运行。

限位控制：行程开关 ST3 和 ST4 分别作为工作台向左移动和向右移动的限位开关；ST3 动作，电动机 M 停止反转，工作台停止向左移动；ST4 动作，电动机 M 停止正转，工作台停止向右移动。

5. 电气安装接线图

工作台自动往返控制电气的接线图如图 1.50 所示。

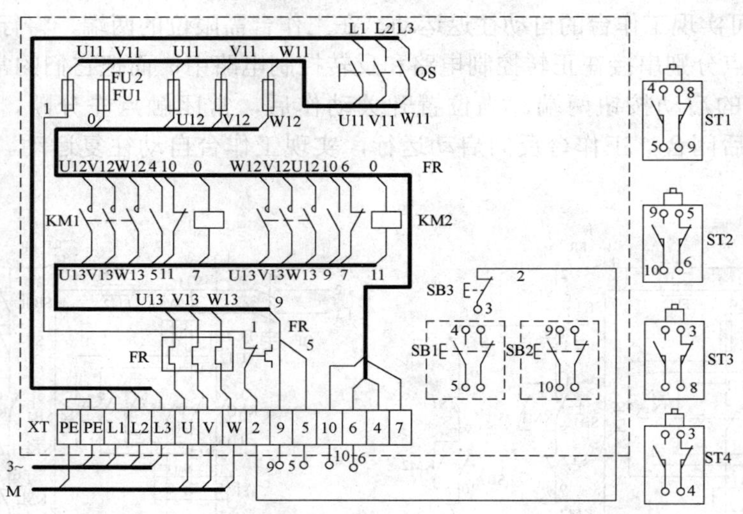

图 1.50　工作台自动往返电气安装图

6. 接线

将熔断器 FU1、FU2、电动机、按钮、接触器按照图 1.50 所示的位置安放好。在确保三相电源断开的情况下，用剥线钳将用到的导线两端的包皮剥去，按照图 1.49 和图 1.50 所示逐步将元件连接起来。对于接触器需仔细辨认元件上的标识，分清线圈触点、主触点和辅助触点，没有用到的触点不接。分清行程开关的常闭触点和常开触点，接线时遵循“先主后控，先串后并；从上到下，从左到右；上进下出，左进右出”的原则进行接线。

接线过程中应仔细认真，要确保触点和导线全接触。

7. 通电试运行

连接完毕，经教师检查线路无误后可通电试运行。通电过程中为保证安全，手不要再触摸元器件。按动启动按钮，观察电动机的运行情况。若不能正常运行，则先切断电源，再检查线路。逐步试运行、检查，直至运行成功。

1.4　电动机 Y—△降压启动电气控制设计

工业生产中需要使用大量电气设备，一般同一企业的电气设备都来自同一电网，经降压后进入企业电网。同一电网的电气设备在使用中会互相影响。在电动机启动开始时，会产生大电流，电动机的启动功率是不变的，这样会使启动电压降低，从而会使它所在电网的电压降低，使正在运行的其他电器设备电压波动或降低，影响其使用效果甚至被低压保护而停止运行，以至影响工业生产的正常运行。所以，电动机常采用降压启动，启动时减小加在定子绕组上的电压，以减小启动电流；启动后再将电压恢复到额定值，电动机进入正常工作状态。降压启动方法主要有 Y—△降压启动和定子绕组串电阻降压启动方法。本书主要进行 Y—△降压启动设计。

1．控制要求

给定一台笼型异步电动机 M1，选择电气元件，设计其 Y—△降压启动电气控制电路。当按下启动按钮 SB1 时，电动机与三相电源以 Y(星形)连接启动运行，10 秒后电动机三相绕组与电源以△(三角形)连接正常运行。按下停止按钮 SB2 时，电动机停止运行。

2．设计目的

认识控制系统中的常用电气元件，认识时间继电器，根据控制要求绘制电气原理图，会进行电气接线。

3．设计条件

电工通用工具：测电笔、旋具、尖嘴钳、斜口钳、剥线钳、电工刀、兆欧表、钳形电流表和万用表。

电器元件：三相异步电动机 1 台、自动空气开关 1 只、低压熔断器 5 只、热继电器 2 只、三联按钮 2 个、接触器 3 只、时间继电器 1 只、接线端子排 1 个、导线若干。

4．设计内容及安装操作

(1) 绘制电气原理图。

(2) 根据控制线路进行元器件安装接线。

(3) 检查无误，通电调试运行。

5．工艺要求

(1) 各元件的安装位置应整齐、匀称，间距合理，便于元件的更换。

(2) 布线通道要尽可能少。

(3) 主电路用黑色线，控制电路用红色线，接地线用黄绿两色线。

(4) 同一平面的导线应高低一致或前后一致，不能交叉，若非交叉不可，则该根导线应在接线端子引出时，就水平架空跨越，但必须走线合理。

(5) 布线应横平竖直，分布均匀，变换走向时应垂直转向。

(6) 布线时严禁损伤线芯和导线绝缘。

(7) 布线顺序一般以接触器为中心，由里向外，由低至高，以先控制线路后主电路的顺序进行，以不妨碍后续布线为原则。

(8) 通电试运行前，必须征得老师的同意，并由老师接通三相电源 L1、L2、L3，同时要有老师在现场监护。

6．注意事项

(1) 电动机使用的电源电压和绕组的接法，必须与铭牌上规定的一致。
(2) 接线时，必须先接负载端，后接电源端；先接接地线，后接三相电源线。
(3) 必须在认真检查安装完毕的控制线路板后才允许通电试运行。
(4) 电动机外壳必须接地。
(5) 训练应在规定的时间内完成。

1.4.1 时间继电器

时间继电器是一种利用电磁原理或机械动作来延迟触点闭合或分断的自动控制电器。在自动控制系统中，有时需要继电器得到信号后不立即动作，而是要顺延一段时间后再动作并输出控制信号，以达到按时间顺序进行控制的目的。时间继电器就可以满足这种要求。按工作原理，时间继电器可分为：电磁式、空气阻尼式(气囊式)、电子式(又称半导体式)、电动机式等几种；按延时方式，它又可分为：通电延时型、断电延时型和通、断电延时等类型。时间继电器的外形如图 1.51 所示。

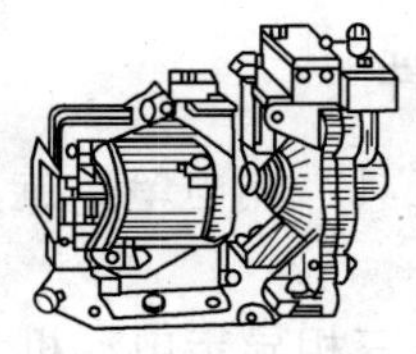

图 1.51 时间继电器的外形

时间继电器的电路符号如图 1.52 所示。

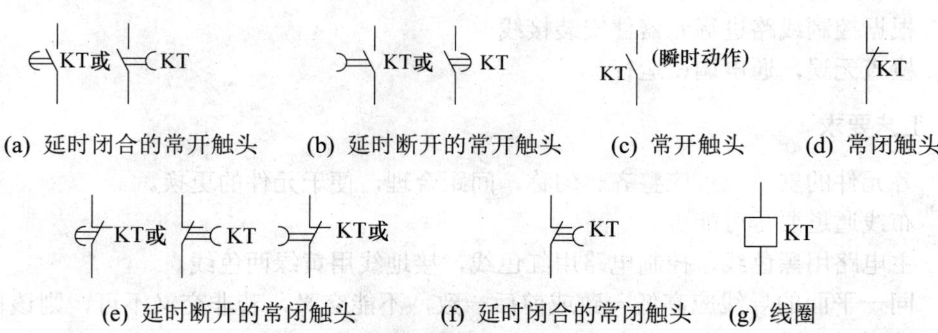

图 1.52 时间继电器的电路符号

1. 直流电磁式时间继电器

这种继电器和直流电磁式电压继电器相比只是在铁心上增加了一个阻尼铜(铝)套。由电磁感应定律可知，在继电器通断电过程中铜套内将产生涡流，它将阻碍穿过铜(铝)套的磁通变化，因而对原吸合磁通起了阻尼作用。

当继电器吸合时，由于衔铁处于释放位置，气隙大、磁阻大、磁通小，铜(铝)套阻尼作用相对也小，因此铁心闭合时的延时不显著；而当继电器断电时磁通变化量大、铜(铝)套阻尼作用也大，因此这种继电器仅用作断电延时。相应的，其延时触点也只有常开触点延时打开和常闭触点延时闭合两种。

这种时间继电器的延时时间较短，JT 系列最长不超过 5s，而且准确度较低，一般只用于延时精度不高的场合。

直流电磁式时间继电器延时时间的长短是通过改变铁心与衔铁间非磁性垫片的厚薄(粗调)或改变释放弹簧的松紧(细调)来调节的。垫片厚则延时短，垫片薄则延时长；释放弹簧紧则延时短，释放弹簧松则延时长。

2. 空气阻尼式时间继电器

空气阻尼式时间继电器是利用空气阻尼原理来达到延时目的的。它由电磁机构、延时系统和触头系统三部分组成，如图 1.53 所示。电磁机构包括铁心、衔铁和线圈，一般为直动式双 E 型机构；延时系统由活塞、橡胶塞、气室、进气孔和弹簧等组成气囊式阻尼器；触头系统由微动开关组成。

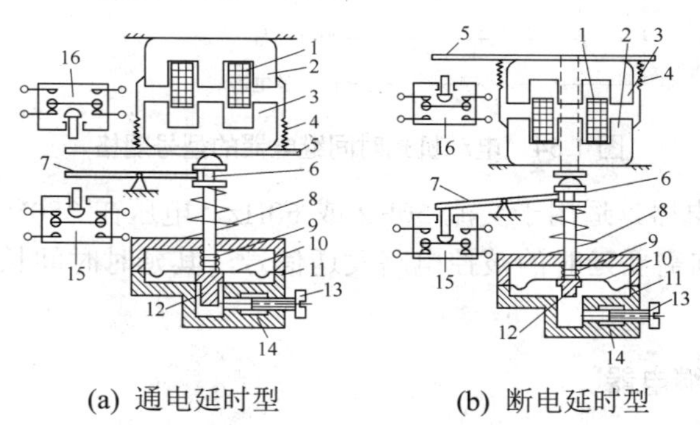
(a) 通电延时型　　(b) 断电延时型

图 1.53　空气阻尼式时间继电器

1—线圈；2—铁心；3—衔铁；4—反力弹簧；5—推板杆；6—活塞；7—杠杆；8—塔形弹簧；9—弱弹簧；10—橡胶膜；11—空气室壁；12—活塞；13—调节螺杆；14—近气孔；15、16—微动开关

空气阻尼式时间继电器有通电延时型和断电延时型两种。电磁机构可做成直流和交流。下面以通电延时型继电器为例介绍其动作原理。当线圈通电时，衔铁被铁心吸合，上方杠杆式微动开关 16 的触头瞬时动作，而活塞杆 6 在弹簧 8 的作用下带动活塞 12 和橡胶膜 10 向上移动。此时橡胶膜下方空气稀薄而上方空气被压缩形成压差，则活塞杆只能缓慢上移，其移动速度由进气孔大小决定，可调节螺钉来控制。经过一定时间后活塞杆才移到最上端，通过下方杠杆的作用使得微动开关 15 的常闭触头打开，常开触头闭合，以达到通电延时的目的。

当线圈断电时，衔铁在复位弹簧的作用下很快释放，推动活塞杆向下移动，使橡胶膜下方的空气迅速排掉，杠杆与触头均迅速复位。由此可见，断电时微动开关 15 和 16 的触头都是瞬时动作的；通电时微动开关 16 的触头是瞬时动作的，而微动开关 15 的触头才是延时动作的。

通电与断电延时型继电器在结构上只是电磁系统中的铁心与衔铁位置不同。当衔铁位于铁心和延时机构之间时为通电延时型，当铁心位于衔铁与延时机构之间时为断电延时型，两者只是在安装电磁机构时改换位置。

空气阻尼式继电器具有结构简单、延时范围大、调整简单、寿命长、价格低和使用较广等优点，但其延时精度较低，适用于对延时精度要求不高的场合。

3．电动机式时间继电器

电动机式时间继电器是利用电动机(常用微型同步电动机)的运动而产生延时的装置。电动机式时间继电器的特点是延时精度高，在需要准确延时动作的控制系统中，常采用这种继电器；此外，它还具有延时时间调节范围广(可在几秒到几小时范围内调节)的优点；它的主要缺点是机械结构复杂、寿命较短、不适于频繁操作、成本高、体积大等。

目前常用的电动机式时间继电器有 JS10、JS11 型等。JS10 系列型号规格如图 1.54 所示。其同步电动机频率为 50Hz，电压分 127V、220V、380V、500V 四种。

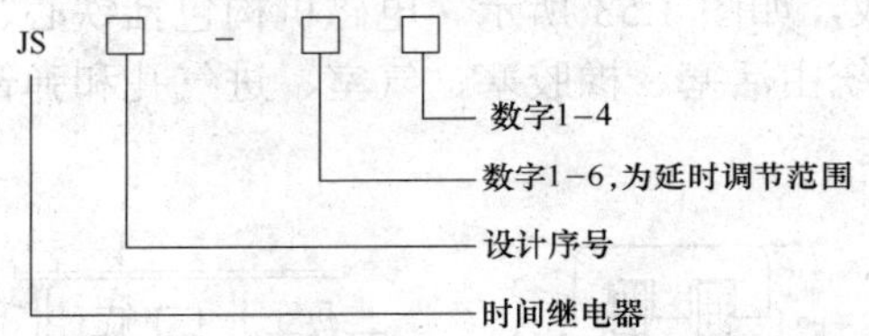

图 1.54　电动机式时间继电器的型号规格

JS11 系列时间继电器，适用于交流 50Hz 或 60Hz、电压在 380V 以下的电气自动控制线路。在电路中，它向需要延时的被控电路发送信号，其延时时间长，延时偏差小，延时精度高。

4．半导体式时间继电器

随着电子技术的发展，半导体时间继电器也迅速发展起来。这类继电器体积小、延时范围大，延时精度高、寿命长，已日益得到广泛应用。

5．晶体管时间继电器

常用的有 JSJ 型晶体管时间继电器，其优点是延时范围较大、调节方便、体积小、寿命长、操作频率较高等；缺点是延时值易受环境温度及电源电压波动的影响，抗干扰性较差，价格较贵等。

知识链接　速度继电器

速度继电器又称反接制动继电器，是利用转轴的一定转速来切换电路的自动电器，它主要用在笼型异步电动机的反接制动控制中，故称为反接制动继电器。速度继电器结构原理如图 1.55 所示。

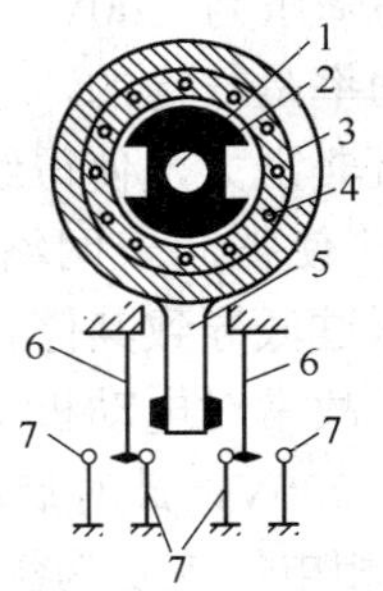

图 1.55　速度继电器结构原理图

1—转子；2—电动机；3—定子；4—绕组；5—定子柄；6—动触头；7—静触头

速度继电器主要由定子、转子和触头三部分组成。定子的结构与笼型异步电动机相似，是一个笼型空心圆环，由硅钢片冲压而成，并装有笼型绕组。转子是一块永久磁铁。

速度继电器的轴与电动机的轴相连接，永久磁铁的转子固定在轴上。装有笼型绕组的定子与轴同心且能独自偏摆，与永久磁铁间有一气隙。当轴转动时永久磁铁随之一起转动，笼型绕组切割磁通产生感应电动势和电流，和笼型感应电动机原理一样，此电流与永久磁铁作用产生转矩，使定子随轴的转动方向偏摆，通过定子柄拨动触点，使继电器触点接通或断开。当轴的转速下降到接近零速时(约 100r/min)，定子柄在动触点弹簧力的作用下恢复到原来的位置。

常用的速度继电器有 JY1 型和 JFZ0 型。JFZ0 型是一种新产品，其额定工作转速有 300～1000r/min 与 1000～3600r/min 两种。

6．电动机的星形(Y)连接和角形(△)连接

三相交流异步电动机的 3 个绕组的 6 个接头均有接线柱外接，可接成如图 1.56 所示的形式。绕组的一端经开关或接触器与电源相连，另一端连接在一起，如图 1.56(a)所示称为星形连接，按图 1.56(b)所示则称为三角形连接。当电源为交流 380V 时，星形连接的每相绕组电压为 220V，角形连接的每相绕组电压为 380V。功率在 4kW 以上的三相异步电动机运行时均采用三角形连接。

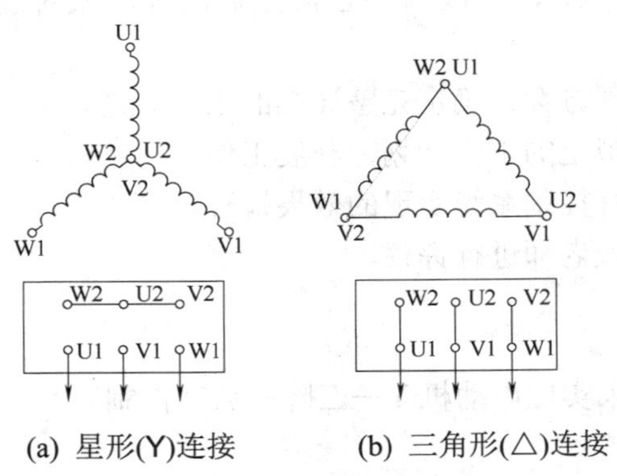

(a) 星形(Y)连接　　(b) 三角形(△)连接

图 1.56　电动机的星形连接和三角形连接

工业应用中，在一个用电线路上常常有多个用电设备。如图 1.57 所示为某车间多台电机供电线路示意图，电网经高压线路降压为 400V，为本车间 6 台电动机供电。在满足电动机负荷的情况下，变压器电源的功率是一定的，也能满足电动机正常运行时的需要。但当某台电动机启动时，若其启动电流非常大，使得线路电流亦增大，在变压器电源功率不变的情况下，将会使供电电压减小，使得同一网络正在运行的设备的电压减小或产生波动，影响其运行状态，甚至会因电压过低导致其停止运行。为避免这种启动电流过大对电网造成冲击，影响其他的用电设备，故常对电动机采用降压启动。电动机启动时定子绕组接成星形，使得每相绕组启动电压为 220V，此时启动电流减小，不会使电路产生过大的电压降，启动后再改为三角形运行，每相电压恢复为额定值 380V，使其进入全压正常运行。

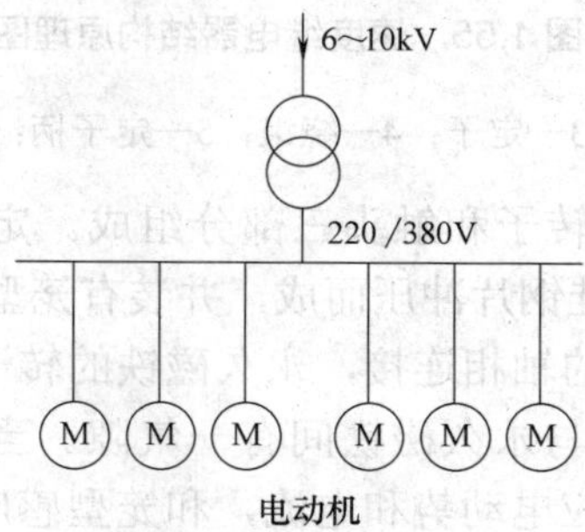

图 1.57　某车间多台电机供电线路示意图

1.4.2　电动机 Y—△降压启动电气控制的实现过程

在进行电动机 Y—△降压启动控制系统设计前，需根据所学知识点和控制要求，分成几组完成任务，组内成员制订工作计划，熟悉电器元件的工作原理，熟悉电动机的星形连接和角形连接过程，进行电气原理图设计，然后进行电气设备的线路连接，在检查电路正确的情况下通电运行。

1．工作过程

为了更好地完成电动机 Y—△降压启动控制系统的实现，小组成员应协同编制计划，并协作解决难题，相互之间监督计划的执行与完成情况。

- 小组成员研讨任务，明确 Y—△降压启动控制系统的要求，确定控制系统实现方案。
- 根据系统的实现方案，确定完整详细的工作计划。
- 根据小组成员拟定的工作计划，开展工作。
- 由本组成员进行控制系统实现的效果检查。
- 由其他组成员或老师进行评估。

2．操作分析

现在我们一步步地来实现电动机 Y—△降压启动控制。

1)　实训工具

测电笔、旋具、尖嘴钳、斜口钳、剥线钳、电工刀、兆欧表、钳形电流表、万用表。

2)　实训电器

三相异步电动机 1 台、空气开关 1 只、低压熔断器 5 只、复合按钮 2 个(绿色 1 个、红色 1 个)、接触器 3 只、时间继电器 1 只、接线端子排 1 个、导线若干。

3)　绘制电气原理图

Y—△降压启动控制电气原理图如图 1.58 所示。根据本项目的控制要求，接触器 KM 用于接通电源和电动机绕组，KM_Y 将电动机绕组线柱的 W2、U2、V2 端接在一起，实现星形连接，当 $KM_\triangle$接通时完成如图 1.56 所示的角形连接。当电动机启动时，按下 SB1，KM 和 KM_Y接通，KM 自锁，电动机星形启动，$KM_\triangle$支路的 KM_Y常闭触点打开，使 $KM_\triangle$支路不会接通；同时时间继电器 KT 开始工作，时间到达后 KT 的常闭触点分断 KM_Y，电动机停止星形连接，$KM_\triangle$支路的 KM_Y 常闭触点闭合，$KM_\triangle$接通，电动机实现角形连接连续运行，$KM_\triangle$的常闭触点断开时间继电器。任何时间按下停止按钮 SB2，电动机将会停止运行。

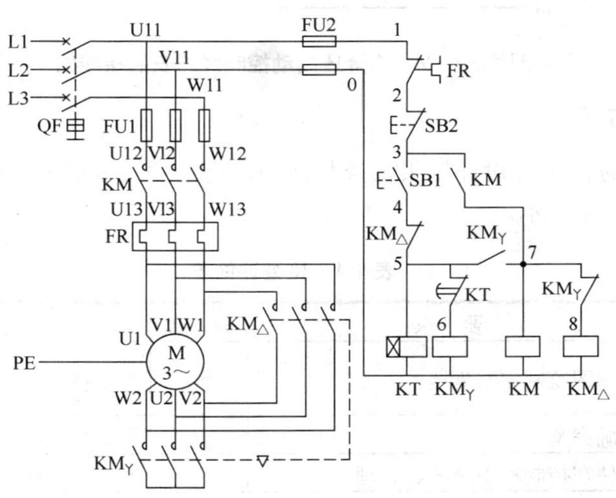

图 1.58　Y—△降压启动控制线路原理图

4)　绘制安装接线图

Y—△降压启动控制线路的安装接线图如图 1.59 所示。

5)　接线

将熔断器 FU1、FU2、电动机、按钮、接触器按照图 1.59 所示的位置安放好。在确保三相电源断开的情况下，用剥线钳将用到的导线两端的包皮剥去，按照图 1.58 和图 1.59 所示，逐步将元件连接起来。对于接触器，需仔细辨认元件上的标识，分清线圈触点、主触点和辅助触点，没有用到的触点不接。接线时遵循“先主后控，先串后并；从上到下，从左到右；上进下出，左进右出”的原则进行接线。

接线过程中应仔细认真，要确保触点和导线全接触。

6)　通电试运行

连接完毕，经教师检查线路无误后可通电试车。通电过程中为保证安全，手不要再触摸元器件。按动启动按钮，观察电动机的运行情况。若不能正常运行，则先切断电源，再检查线路。逐步试运行、检查，直至运行成功。

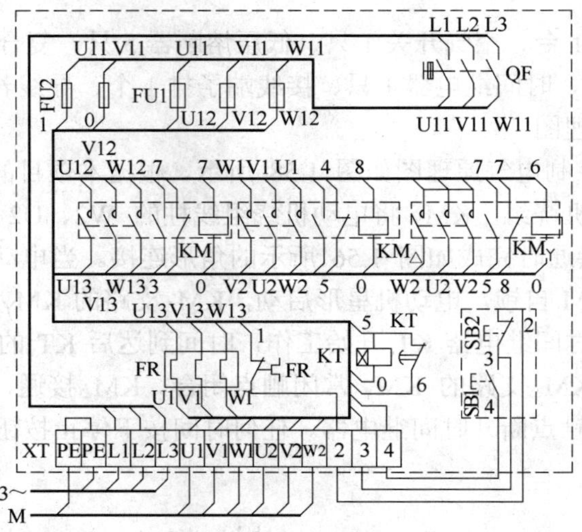

图 1.59　Y—△降压启动控制线路安装接线图

3．检查与评估

工作过程结束时，进行设计结果检查与评估，评估项目参照电工职业标准。

评估标准如表 1.4 所示。

表 1.4　检查评估表

项　目	要　求	分　数	评分标准	得　分
系统电气原理图设计	原理图绘制完整规范	20	不完整规范，每处扣 5 分	
安装接线图	准确完整	10	不完整，每处扣 2 分	
元件放置	元件在控制柜中整洁、合理	5	不合理，每处扣 2 分	
电气线路安装和连接	线路安全简洁，符合控制要求	30	不规范每处扣 5 分	
系统调试	系统设计达到题目要求，能够星形启动、角形运行及停止	35	第一次调试不合格扣 10 分 第二次调试不合格扣 10 分	
时间	60 分钟，每超时 5 分钟扣 5 分，不得超过 10 分钟			
安全	检查完毕通电，人为短路扣 20 分			

1.5　实践中常见问题解析

在进行电动机的各种控制线路连接时，除了由于人为接线不牢固、触点不能触到位的原因，还会常常出现线路正确而电动机不启动的状况，这时就要学会简单的故障排查。

1．电动机故障分析方法

通常在断电情况下按照找“片—线—点”的顺序排除故障。具体方法是：依据故障现象，确定故障范围即“片”。比如，电机不转，原因有可能在主电路也有可能在控制电路，那要根据操作时的各种现象来具体判断是哪“片”电路出了问题。分析控制线路进一步确定是哪条“线”路出了问题，再用万用表测量是哪“点”出现了短路、断路或器件损坏等故障。找出故障点后排除故障，再次试车时，一定要先检查电路是否有短路故障。

检查故障通常是断电检查，必要时通电检查，常用的工具有验电笔、万用表和摇表。

2．故障举例分析

1)　主轴电动机不能启动

可能的原因：电源没有接通；热继电器已动作，其常闭触点尚未复位；启动按钮或停止按钮内的触点接触不良；交流接触器的线圈烧毁或接线脱落等。

2)　按下启动按钮后，电动机发出嗡嗡声，不能启动

这是由电动机的三相电源缺相造成的，可能原因：熔断器某一相熔丝烧断；接触器一对主触点没接触好；电动机接线某一处断线等。

3)　按下停止按钮，电动机不能停止

可能的原因：接触器触点熔焊；主触点被杂物阻卡；停止按钮常闭触点被阻卡。

4)　电动机不能点动

可能原因：点动按钮的常开触点损坏或接线脱落。

本 章 小 结

本章以交流电动机的控制作为项目导向，介绍了电气控制系统操作、运行、维护和故障分析的基础知识：主令电器、熔断器、接触器、继电器和自动空气断路器等，常用的低压电器的用途、结构、工作原理、主要技术参数、型号规格与图形符号和选用等。并对电动机直接启动、点动、自锁点动与自锁混合、多地点、正反转降压启动等电气控制线路进行分析。

介绍电气控制线路制作的过程：熟悉电气原理图、绘制安装接线图、选用和检查电器元件、固定电器元件、按图接线、检查与评估，进而说明生产机械电气控制的方法和步骤，培养电气工程师所应具备的电气识图能力、电气控制系统安装调试能力、电气线路故障分析与排除能力、改进和优化电气控制线路能力及与人合作、信息处理等关键能力和知识。

思考与练习

1. 电器在电路中的作用是什么？
2. 组合开关的结构有何特点？型号规格的含义是什么？
3. 按钮的主要结构是什么？常用按钮有哪几种形式？
4. 接触器的用途是什么？选择接触器时主要考虑哪些技术数据？
5. 交流接触器的灭弧装置起什么作用？
6. 交流接触器在运行中，有时线圈断电后触头却不能分断，是什么原因？
7. 电磁式继电器与电磁式接触器都是接通、断开电路的，但二者有何不同？

8. 中间继电器的作用是什么？
9. 热继电器有哪些类型？
10. 常用的时间继电器有哪些类型？
11. 什么是行程开关？它与按钮有什么异同？
12. 如何正确选择熔断器？
13. 熔断器有哪些类型？
14. 熔断器为什么一般不能作为过载保护？
15. 在电器控制中，熔断器与热继电器保护有什么不同？
16. 在连续工作的电动机主电路中已经装有熔断器，为什么还要装热继电器？
17. 空气断路器的作用是什么？它在线路发生何种故障时会快速自动断开电源？
18. 点动控制主要应用在哪些场合？
19. 画出和写出负荷开关、组合开关、刀开关和熔断器的电路图形符号和文字符号。
20. 什么是点动控制？试分析习题图 1.1 所示的各控制电路能否实现点动控制？

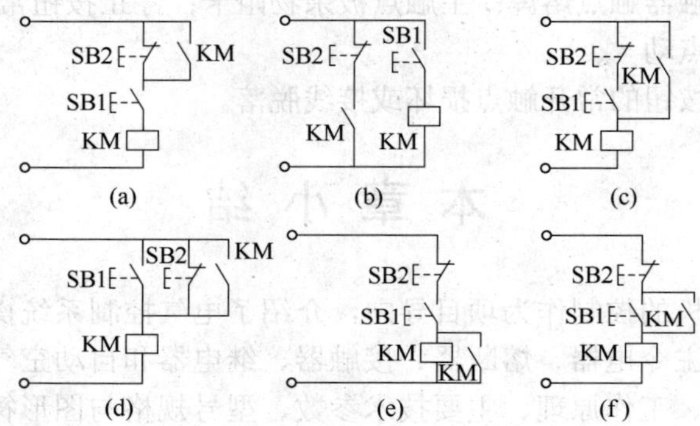

习题图 1.1 控制电路图

21. 试设计一台异步电动机的控制线路。要求：
(1) 能够实现启、停两地控制。
(2) 能够实现点动调整。
(3) 能够实现单方向的行程保护。

第 2 章　灯控制系统设计——S7-200 系列 PLC 的认识基础

本章要点

- PLC 的结构和工作原理。
- PLC 循环扫描的工作方式。
- PLC 从外部输入设备采集信号、执行程序和控制输出设备的工作过程。

技能目标

- 通过认识 S7-200 系列 PLC，了解 PLC 的物理结构。
- 会进行 S7-200 系列 PLC 的端子接线。
- 初步使用 STEP 7-Micro/WIN 编程软件。

项目案例导入

通过对基于 S7-200 系列 PLC 的灯控制系统设计，了解 PLC 的基本结构及工作过程。

2.1　灯控制系统设计

用 PLC 编程实现对一盏灯的控制。图 2.1 所示为一盏灯的控制电路图，按下开关按钮 SB，灯亮，松开 SB，灯灭。

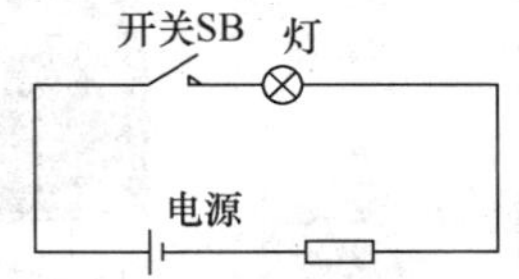

图 2.1　一盏灯的控制电路图

1．控制要求

用 PLC(Programmable Logical Controller，可编程逻辑控制器)实现与图 2.1 所示电路同样的控制功能，完成 PLC 的硬件电路和软件设计。

2．设计目的

认识西门子 S7-200 系列 PLC 的结构，熟悉 PLC 输入端子的接线方法、输出端子负载的接线方法和电源的接线。

3．设计条件

S7-200 系列 PLC 一台，连接线若干，开关按钮和灯。

4．设计内容及要求

- 认识 S7-200 系列 PLC 的外部结构。
- 根据灯控制电路接线图进行电源的连接，进行输入回路和输出回路的连接。
- 打开编程软件，了解其窗口布局，根据课程介绍编辑灯控制的梯形图。
- 会使用编程软件进行编译、下载和运行。

2.2　PLC 基础知识

2.2.1　认识 PLC

可编程逻辑控制器(PLC)是一种广泛应用的工业控制计算机，它把自动化技术、计算机技术和通信技术融为一体，已成为现代工业自动化的一大支柱。目前国际 PLC 的生产厂家主要有美国 AB 公司(Allen-Bradley)和美国 GE-Fanuc 公司、德国西门子公司(Siemens)、日本欧姆龙公司(Omron)和日本三菱电机株式会社(Mitsubishi)。本书以德国西门子公司的小型 S7-200 系列 PLC 为例来介绍 PLC 的编程和系统设计。

S7-200 系列 PLC 在集散自动化系统中应用广泛，覆盖了所有与自动检测和自动化控制有关的工业及民用领域，包括各种机床、机械、电力设施、民用设施和环境保护设备等等。如：冲压机床，磨床，印刷机械，橡胶化工机械，中央空调，电梯控制和运动系统。

德国西门子公司的小型 S7-200 系列的外形及各部分名称分别如图 2.2 和图 2.3 所示。

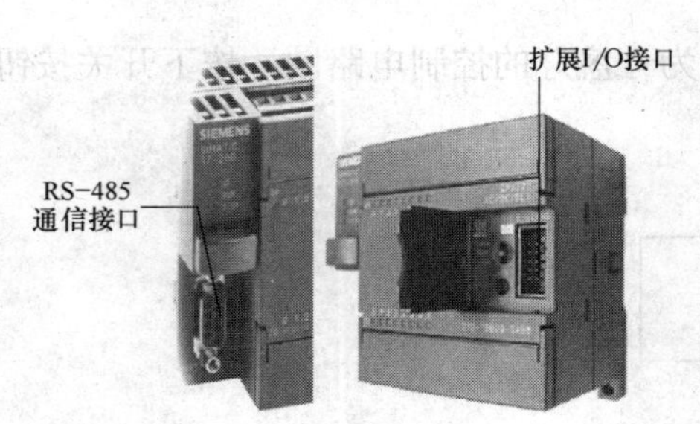

图 2.2　S7-200 系列 PLC 外形

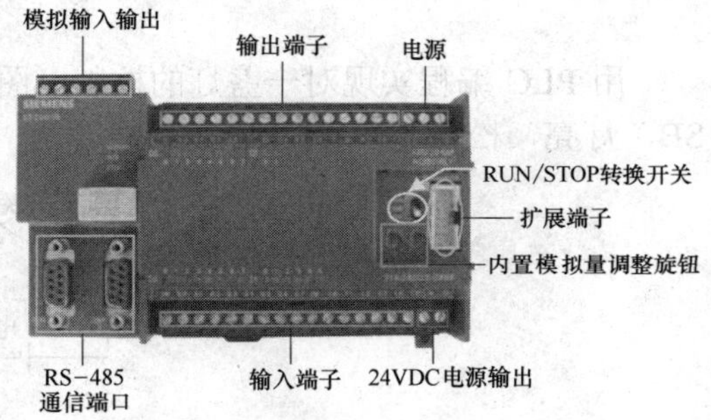

图 2.3　S7-200 系列 PLC 外部端口名称

2.2.2　S7-200 系列 PLC 的端子接线

PLC 是通过端子和外部设备相连来进行现场控制的，S7-200 系列 PLC 的 CPU 有多种型号，如 CPU221、CPU222、CPU224、CPU226 和 CPU226CN 等，对于每个型号，西门子都提供了直流 DC(24V)和交流 AC(120～220V)的电源电压，其输出形式分别为晶体管输出和继电器输出形式。凡是 24V 直流供电的 CPU 都是晶体管输出，220V 交流供电的 CPU 都是继电器输出。如 CPU224 DC/DC/DC(直流电源供电、直流数字量输入、晶体管数字量输出)和 CPU224 AC/DC/Relay(交流供电、直流数字量输入、继电器数字量输出)，CPU224 DC/DC/DC 可以发出高速脉冲驱动步进电机，而 CPU224 AC/DC/Relay 不能驱动步进电机。CPU226 DC/DC/DC 的外部端子接线如图 2.4 所示，其他 CPU222、CPU224 的外部端子连接见附录 A。

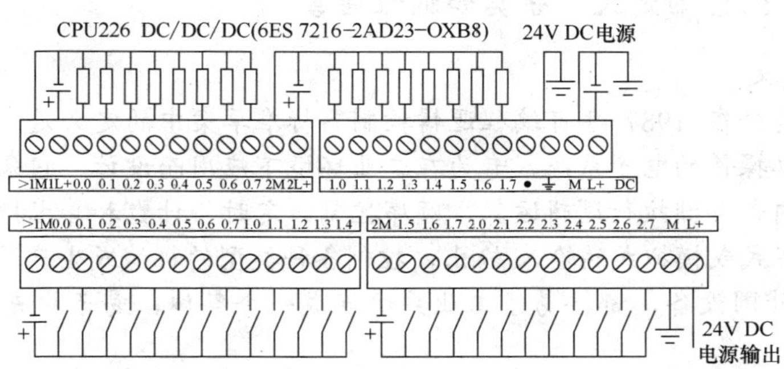

图 2.4　S7-200 系列 CPU226 DC/DC/DC 端子接线图

图 2.4 所示的 S7-200 系列 CPU226 DC/DC/DC 端子接线图中，L+、M 是 24V 直流工作电源端，用于为 PLC 提供工作电源。下面一排与外部开关相连的为 I0.0、I0.1～I2.7 共 24 个输入端子，用来连接输入控制设备，如启动、停止开关、开关型的传感器输入信号，由 24V 的直流电源供电。1M 为公共端，接电源的正极、负极均可，其中 I0.0～I1.4 为一组，接同一个电源，I1.5～I2.7 为一组，接同一个电源；Q0.0～Q1.7 共 16 个输出端子，接负载设备，如灯、接触器、电磁阀和继电器，也是由 24V 的直流供电，1L+、2L+为电源正端，1M、2M 为电源负端，Q0.0～Q0.7 所接的负载以 1L+和 1M 为电源正负极，Q1.0～Q1.7 驱动的负载以 2L+和 2M 为电源正负极。

图 2.5 所示的为 CPU226 AC/DC/Relay(交流供电、直流数字量输入、继电器数字量输出)端子接线图。与图 2.4 不同的是 CPU 工作电源为交流电，输出端子连接的负载可以是直流负载也可以是交流负载。

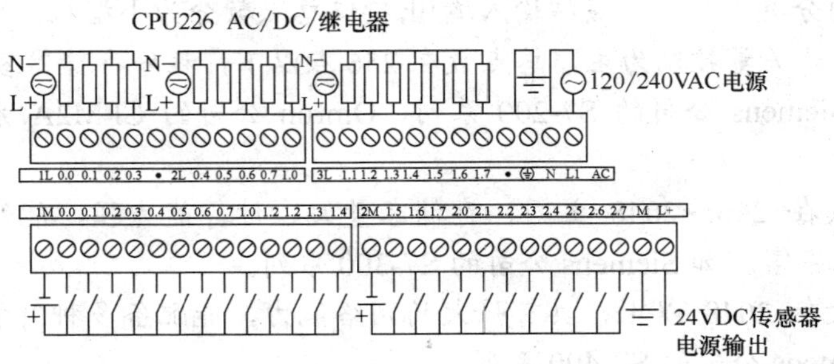

图 2.5　CPU226 AC/DC/Reley 继电器输出型接线端子

S7-200 系列 PLC 通过通信接口以 PC/PPI 电缆和 PC 机的 COM 口相连，如图 2.6 所示，在 PC 上要安装编程软件。

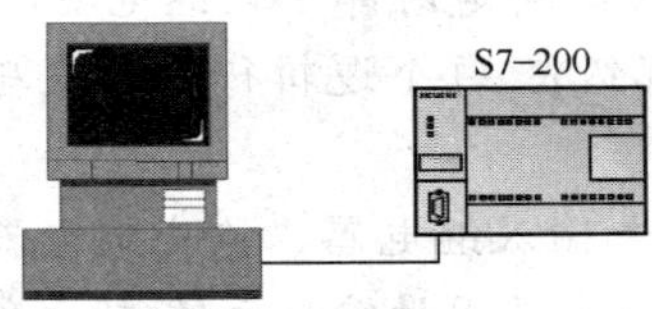

图 2.6　PLC 与计算机的连接

知识链接 PLC 的定义、分类和编程语言

1. PLC 的定义

国际电工委员会在 1987 年可编程逻辑控制器标准草案中的定义是“可编程逻辑控制器是一种数字运算操作的电子系统，专为在工业环境下应用而设计，它采用了可编程序的存储器用来在其内部存储执行逻辑运算、顺序控制、定时、计数和算术操作等面向用户的指令，并通过数字式或模拟式的输入/输出，控制各种类型的机械或生产过程。可编程逻辑控制器及其有关外围设备，都按易于工业系统连成一个整体，易于扩充其功能的原则设计。”

定义强调 PLC 是一种工业计算机，编程方便，有很强的抗干扰能力。PLC 引入了微处理器，用规定的指令编程，能灵活修改，实现“可编程”的目的。

2. PLC 的应用

PLC 广泛应用于自动化工业控制。

- 开关量逻辑控制。它是 PLC 最基本的控制(图 2.1 中的开关 SB 即为开关量)，可以取代传统的继电器控制系统。
- 模拟量控制。PLC 可以接收、处理和控制连续变化的模拟量，如温度、压力、电压和电流等。
- 运动控制。PLC 可以控制步进电机和伺服电机，以控制机械设备的运动方向、速度和位置。
- 多级控制。PLC 可以与其他 PLC、上位机和单片机交换信息，组成自动化控制网络。

3. PLC 分类

PLC 有不同的分类方式，一般按输入/输出接口总点数分为小型机、中型机和大型机。

小型机一般以开关量控制为主，总点数在 256 点以下，程序存储器容量在 4KB 左右。典型的小型机有 Siemens 公司的 S7-200 系列、Omron 公司的 CPM2A 系列和 AB 公司的 SLC500 系列。

中型机总点数在 256～2048 之间，存储容量大、计算能力强，能处理数字量和模拟量，指令比小型机丰富。如 Siemens 公司的 S7-300 系列。

大型机总点数在 2048 以上，具有强大的网络能力，能配备多种智能板，可以构成多功能系统。如 Siemens 公司的 S7-400 系列。

4. PLC 编程语言

本书采用 PLC 普遍流行的梯形图进行讲解，直观易懂。它是通过连线把 PLC 指令的梯形图符号连接在一起的连通图，与电气原理图相似。梯形图通常有左右两条母线(有时只画左母线，如 S7 系列)，两母线之间是内部“软继电器”的常开、常闭触点以及继电器线圈组成的平行的逻辑行(或称梯级)，每个逻辑行以触点与左母线开始，以线圈和右母线结束。

梯形图沿用继电器等概念，如输入继电器、输出继电器和内部辅助继电器，它们不是真实的硬件继电器，而是在梯形图中使用的编程元件(软元件)，每一个软元件都与 PLC 存储器的元件映像存储器的存储单元相对应。以辅助继电器 M0.0 为例，如果该二进制位存

储单元为 0 状态，则梯形图中对应的名为 M0.0 的“软继电器线圈”断电，它对应的常开触点断开、常闭触点闭合，称该元件为 0 状态或 OFF 状态。当此存储单元为 1 状态，对应的“软继电器线圈”有电，其常开触点接通，常闭触点断开，称该软元件为 1 状态或 ON 状态。梯形图中各软元件的常开触点和常闭触点可以无限次使用。如图 2.7 所示为一个梯形图。

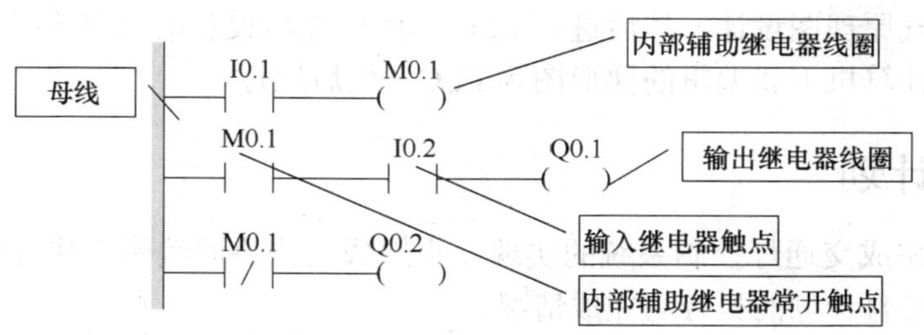

图 2.7　梯形图

在图 2.7 中，常开触点 I0.1┤ ├和与 PLC 输入端子 I0.0 相连的输入映像寄存器相关联，此输入映像寄存器其实是内部存储器，其地址编号为 I0.0，此输入映像寄存器又称为软继电器线圈，当它为 1 时，可以认为线圈通电，常开触点 I0.1┤ ├就闭合。

2.2.3　S7-200 系列 PLC 编程软件 STEP 7-Micro/WIN

每个厂家的 PLC 都有自己的编程软件，互不通用。西门子 S7-200 系列 PLC 的编程软件为 STEP 7-Micro/WIN，我们在程序编辑器中编辑如图 2.7 那样的梯形图程序，使 PLC 根据外部开关状态、按照程序有序工作，自动控制负载，实现工业现场控制。STEP 7-Micro/WIN 的编程界面如图 2.8 所示，我们将在使用过程中，边学习 PLC 指令边熟悉软件的常用功能。

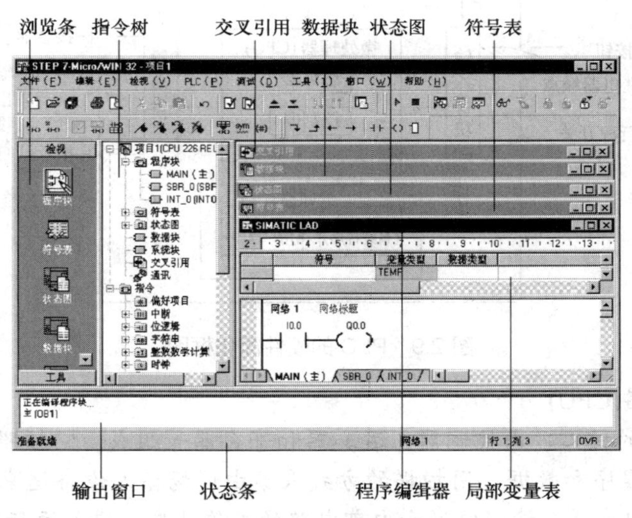

图 2.8　STEP 7-Micro/WIN 编程软件界面

2.3 灯控制系统的设计过程

在进行 PLC 系统设计前，需根据所学知识点和控制要求，分成几组完成任务，组内成员制订工作计划，熟悉设备使用情况，了解 S7-200 的编程软件，能绘制出简单梯形图，进行软件编辑和电气原理图设计，然后进行 PLC、输入/输出设备的电路连接。在检查电路正确的情况下，从计算机下载编辑的梯形图到 PLC，然后运行。

2.3.1 工作计划

为了更好地完成交通灯控制系统的实现，小组成员应协同编制工作计划，并协作解决难题、相互之间监督计划的执行与完成情况。

- 小组成员研讨任务，明确交通灯控制系统的要求，确定控制系统的实现方案。
- 根据系统实现方案，确定完整详细的工作计划。
- 根据小组成员拟定的工作计划，开展工作。
- 由本组成员进行交通灯控制系统实现的效果检查。
- 由其他组成员或老师进行评估。

知识链接　PLC 的硬件结构和工作原理

1. PLC 的硬件结构

PLC 主要由 CPU、存储器、输入/输出(I/O)接口、通信接口和电源等几部分组成。如图 2.9 所示为 PLC 的硬件简化框图。

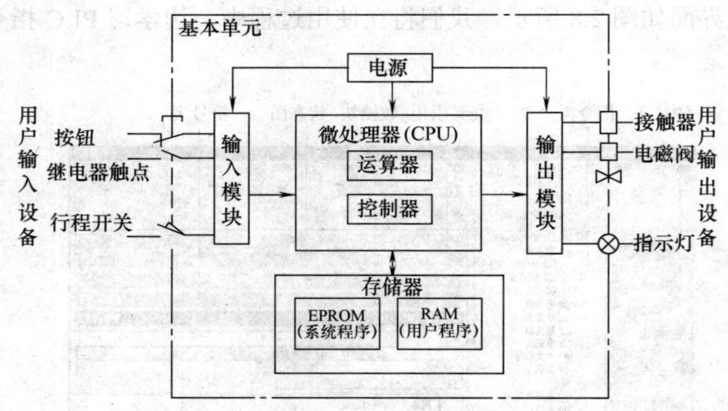

图 2.9　PLC 的硬件简化框图

1)　中央处理器(CPU)

CPU 是 PLC 的核心，由控制器、运算器和寄存器等组成。它按照系统程序赋予的功能接收并存储用户程序和数据，用扫描的方式采集由现场输入设备送来的状态或数据，将其存入输入寄存器中，并能诊断电源和内部电路的工作状态。进入运行后，CPU 从用户程序存储器中逐条读取指令，按照指令规定的任务进行数据传输或运算。CPU 根据结果更新输出映像寄存器的内容，经输出部件实现输出控制。

2) 存储器

PLC 存储器包括系统存储器和用户存储器。系统存储器固化厂家编写的系统程序，用户不可以修改，包括系统管理程序和用户指令解释程序等；用户存储器包括用户程序存储器(程序区)和功能存储器(工作数据区)两部分。工作数据区是外界与 PLC 进行信息交互的主要交互区，它的每一个二进制位、每一个字节单位和字单位都有唯一的地址。

3) 电源

电源将交流电转换成 PLC 内部器件使用的直流电压，使 PLC 能正常工作。

4) 通信接口

它是 PLC 与外设交换信息和写入程序的通道，通过 RS-232 通信接口使用 PC/PPI 电缆与计算机通信。

5) 输入接口

输入接口是连接外部输入设备和 PLC 内部的桥梁，电路如图 2.10 所示，只画出 1 路接口电路，1M 是同一组输入端子各内部输入电路的公共端(参见图 2.4)。输入回路电源为外接直流电源。输入接口接收来自输入设备的控制信号，如限位开关、操作按钮及一些传感器的信号。通过接口电路将这些信号转换成 CPU 能识别的二进制信号，进入内部电路，存入输入映像寄存器中。运行时 CPU 从输入映像寄存器中读取输入信息进行处理。

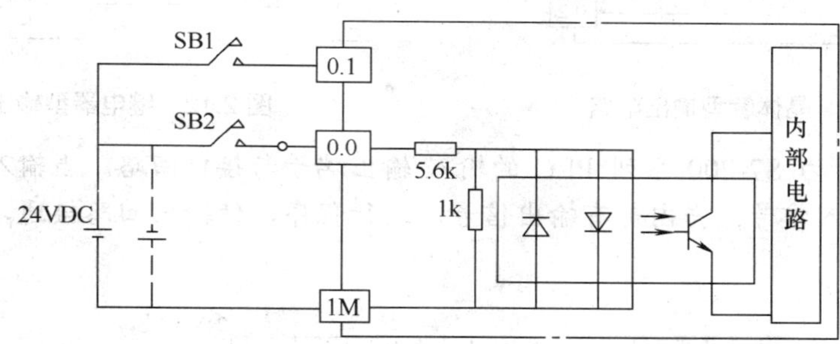

图 2.10 输入接口电路

为防止现场的干扰信号进入 PLC，输入接口电路用光电耦合器进行隔离，由发光二极管和光电三极管组成。

输入接口的工作原理如下：当输入端子连接的外部输入按钮未闭合时，光电耦合器中两个反向并联的发光二极管不导通，光敏三极管截止，内部电路 CPU 在输入端读入的数据是“0”；当输入按钮闭合时，电流经 24V 电源正极(或负极)，经过外部触点 I0.0，经过电阻，再经过光电耦合器中的发光二极管，到达公共端 1M，最后回到电源负极(或正极)。有一个发光二极管导通，光敏三极管饱和导通，外部信息进入内部电路，使内部“软继电器”线圈导通，使得 CPU 在输入端读入的是数据“1”，从而驱动同名常开触点和常闭触点供程序使用。

6) 输出接口

输出接口连接被控对象的可执行元件，如接触器、电磁阀和指示灯等。S7-200 系列 PLC 的数字量输出接口电路有能驱动直流负载的场效应晶体管型和能驱动交、直流负载的继电器型。

图 2.11 所示为场效应晶体管输出电路，外接 24V 直流负载。当 PLC 内部输出锁存器为 0 时，光电耦合器的光敏三极管截止，使场效应晶体管截止，输出回路断开，外部负载不动作；当内部电路输出锁存器为 1 时，光敏三极管导通，使场效应晶体管导通，相当于开关闭合，输出回路通电，负载得电。这种电路开关速度高，适合数码显示、输出脉冲控制步进电机等高速控制场合。

图 2.12 所示为继电器型输出电路，继电器同时起隔离和功率放大作用，每一端子提供一常开触点，可以接交直流负载，由于受继电器触点开关速度低的限制，故只能满足低速控制要求。

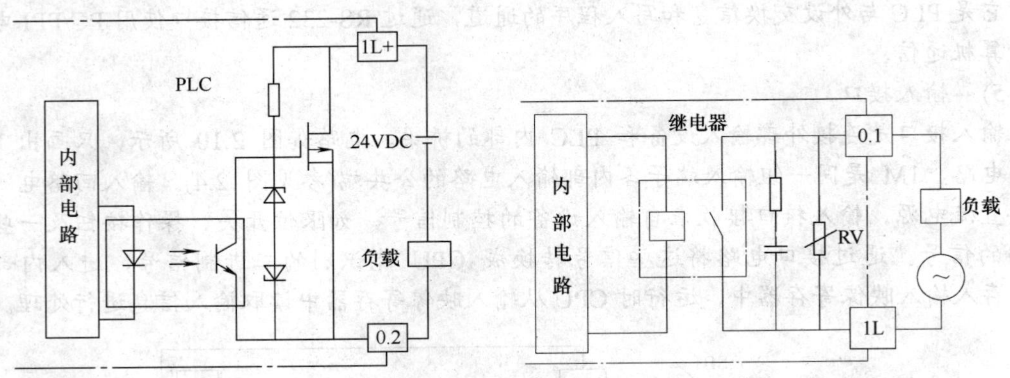

图 2.11　晶体管型输出电路　　　　图 2.12　继电器型输出电路

图 2.13 所示为 S7-200 系列 PLC 的输入/输出端子与接口回路。当输入开关闭合形成通路，才会有输入信号；当内部有输出信号，运行程序，使输出回路接通，外部负载才会动作。

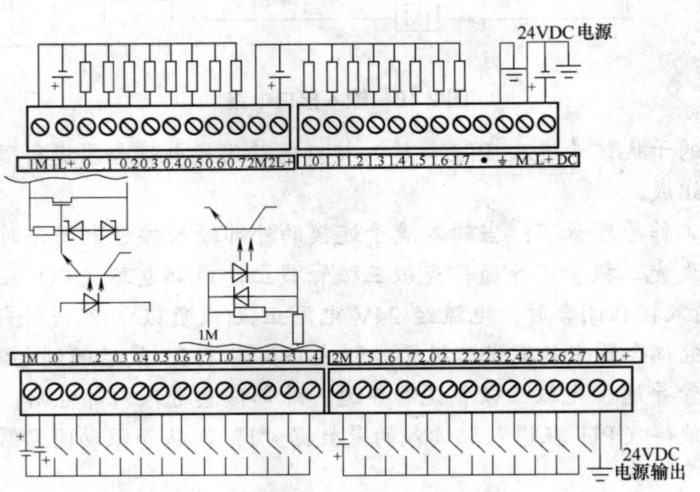

图 2.13　S7-200 系列 PLC 的输入/输出端子与接口回路

2. PLC 的工作原理

当 PLC 进入程序运行状态时，PLC 工作于独特的循环周期扫描工作方式，每一个扫描周期分为输入采样、程序执行和输出刷新 3 个阶段。如图 2.14 所示。

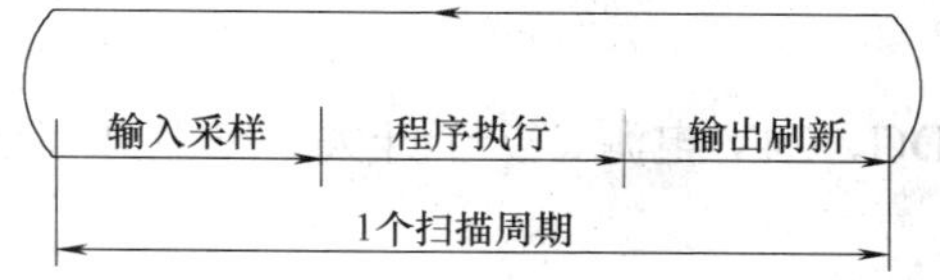

图 2.14　PLC 的循环扫描工作方式

1)　输入采样阶段

在这个阶段中，PLC 按顺序逐个采集所有输入端子上的信号，而不论输入端子上是否接线。CPU 将顺序读取的全部输入信号写入到输入映像寄存器中，输入回路通则相应端子的映像寄存器就为 1，输入回路不通，寄存器就为 0。在当前扫描周期内，用户程序执行时依据的输入信号状态(ON 或 OFF)均从输入映像寄存器中读取，而不管此时外部输入信号状态是否变化。如果此时的外部输入信号状态发生了变化，那么也只能在下一个扫描周期的输入采样阶段去读取。这种采集输入信号的方式，虽然严格上说每个信号被采集的时间有先有后，但由于 PLC 的扫描周期很短，对于一般工程应用这个差异可以忽略，所以认为这些输入信息的采集是同时完成的，输入采样阶段是一个集中批处理过程。如灯的控制，不断扫描 I0.0 端子的开关是否按下，若按下则将 1 写入 I0.0 的输入寄存器中。

2)　程序执行阶段

在执行用户程序阶段，CPU 对用户程序按顺序进行扫描，顺序总是从上到下，从左至右。每扫描到一条指令，就从输入映像寄存器中读取输入信息，其他信息从元件映像寄存器中读取。每一次运算的中间结果都立即写入元件映像寄存器中，这样该元件的状态就立即被后面要扫描到的指令利用。所有要输出的状态一般也不立即驱动外部负载，而是将其结果送入输出映像寄存器中，待输出刷新阶段集中进行批处理，执行用户程序阶段也是一个集中批处理的过程。如灯的控制，执行程序时，将 I0.0 常开触点置为 1 状态，“线圈”Q0.0 通，把 Q0.0 的输出寄存器写为 1。

3)　输出刷新阶段

当 CPU 对全部用户程序扫描结束后，将元件映像寄存器中所有输出映像继电器的状态同时送到输出锁存器中，再由输出锁存器经输出端子去驱动各输出继电器所带的负载，所以输出刷新阶段也是集中批处理过程。灯控制中，Q0.0 输出锁存器为 1，使物理触点闭合，输出回路通电，灯亮。

输出刷新阶段结束后，CPU 进入下一个扫描周期，周而复始直至 PLC 停机或切换到 STOP 工作状态。

3. PLC 扫描周期的时间

PLC 扫描周期的时间与 PLC 的类型和用户程序长短有关，通常 1 个扫描周期为几个至几十个毫秒，最长不超过 200 毫秒。由于扫描周期很短，所以感觉不到输出与输入的延迟。

2.3.2　操作分析

初步接触 PLC 先要建立 PC 机和 PLC 的通信，了解编程软件的使用方法，根据控制要求逐步建立硬件电路、进行程序编辑。

1. 准备元器件

选择 CPU226 DC/DC/DC、24V 电源、一个开关、一盏灯和连接线。

2. 进行电路连接

分析图 2.1，开关 SB 属于输入控制设备，灯属于负载，在 PLC 中，PLC 采集开关信号，执行程序，驱动负载。开关要连接到 PLC 的输入点，灯要连接至 PLC 的输出点，选择输入端子 I0.0 连接 SB 开关，输出端子 Q0.0 连接负载灯，对外部部件开关和灯进行电路连接，电器原理图如图 2.15 所示，连接上 PLC 的工作电源、输入端子电源和输出端子电源，将 PLC 工作电源 L1、N 接入 24V。1L+、M 为输出端子的 24V 电源，1M 为输入点的 24V 电源公共端。

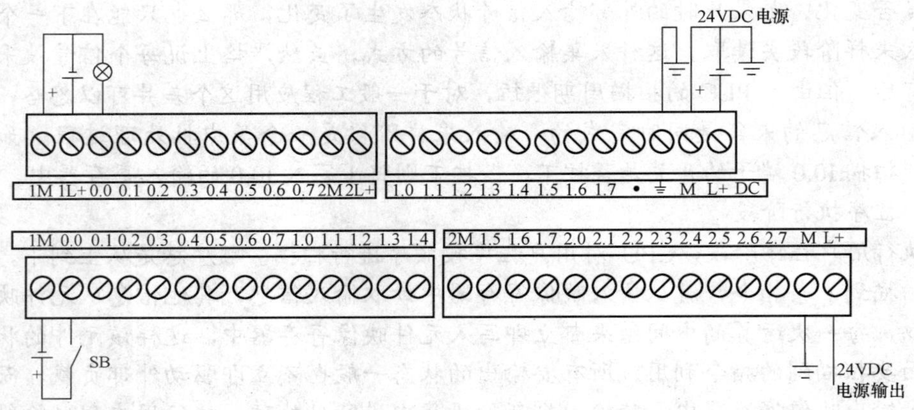

图 2.15 灯控制系统的电气接线图

3. 通信

用西门子提供的专用 PC/PPI 电缆将装有编程软件的 PC 和 PLC 相连，打开如图 2.8 所示的 STEP 7-Micro/WIN 界面，单击图 2.16 所示的“指令树”的“通信”项目下的“通信”子项目，则会出现如图 2.17 所示的通信界面，双击刷新，若出现如图 2.18 所示的界面，表示通信成功，可以进行编程设计。系统默认 PC 地址为 0，这台 PLC 地址为 2。若搜索不到，并且检查连接线不松动时，可选择搜索所有波特率，再进行尝试。

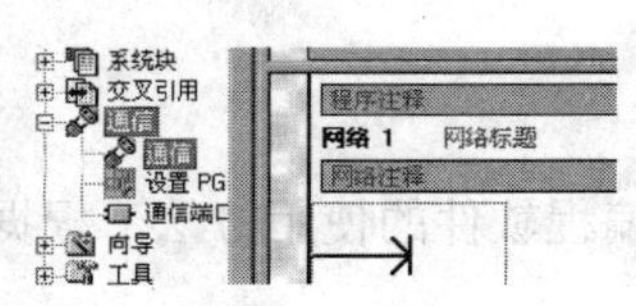

图 2.16 单击通信项目

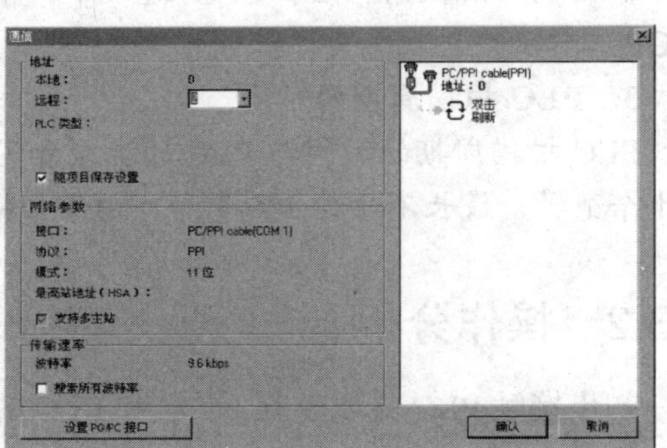

图 2.17 通信界面

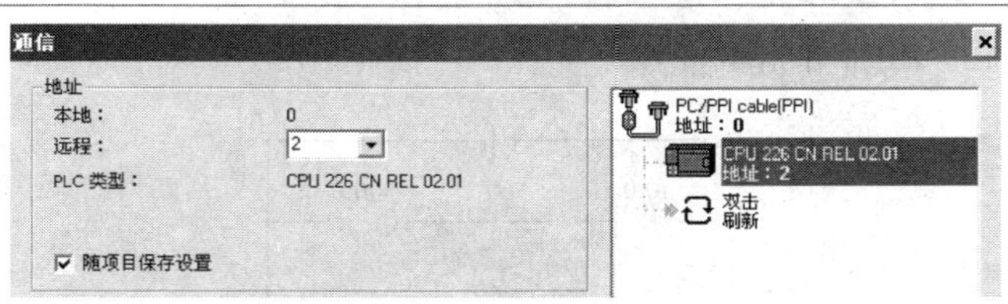

图 2.18 通信成功

4. 编程

PLC 是一种需要软件编程和硬件电路互相配合的控制设备，要根据控制要求分别进行设计。

对于本项目灯控制来说，只需要触点指令控制输出线圈即可。在 STEP 7-Micro/WIN 界面(参见如图 2.8 所示的 STEP 7-Micro/WIN 编程软件界面)中打开“指令树”中的“位逻辑”项目，会出现如图 2.19 所示的梯形图格式的指令。

双击常开触点“—| |—”，则在程序编辑窗口会出现如图 2.20 所示的梯形图。问号显示要输入的外部输入端子号，由于电路中选择 I0.0 端子，所以梯形图中亦要选择 I0.0，输入“I0.0”，此即为灯控制线路中开关按钮 SB 的“软元件”；双击输出线圈“—( )—”，并在问号显示部位输入“Q0.0”，此即为灯控制线路中的负载灯连接的输出端子。最后在程序编辑窗口中会出现如图 2.21 所示的符合控制要求的灯控制线路的梯形图程序，此程序表示系统中用到的输入点是 I0.0，输出点是 Q0.0。

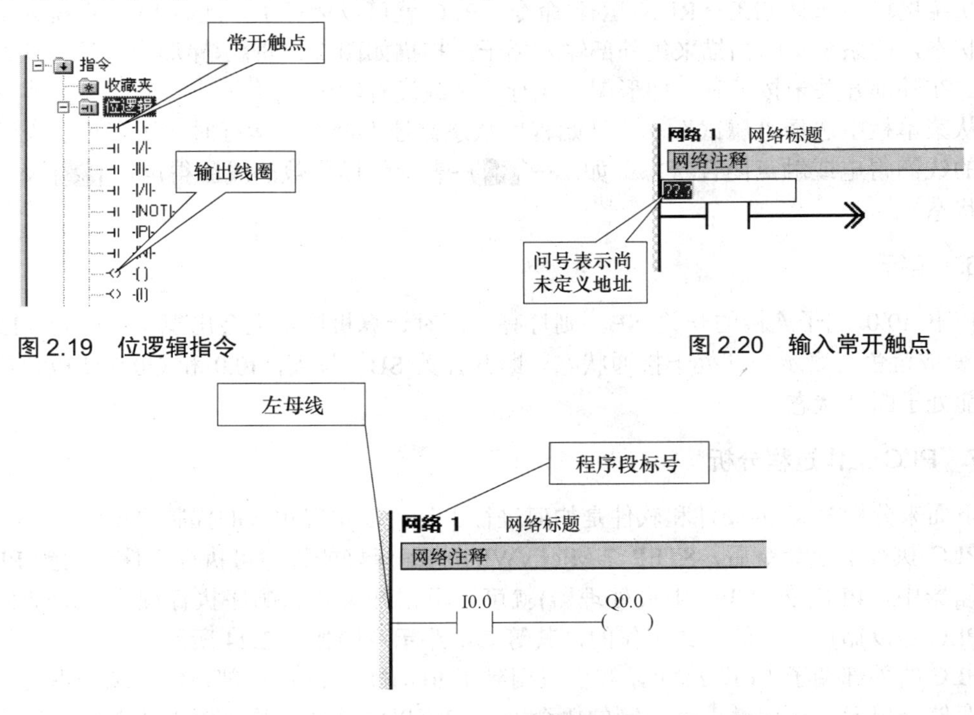

图 2.19 位逻辑指令

图 2.20 输入常开触点

图 2.21 编好的梯形图程序

一般梯形图都有左右母线(左右两根竖直线)，S7-200 系列的梯形图省略了右母线，如果把左右母线看成电源线，把水平线看成负载在电源之间的连接线，如图 2.22 所示，则梯形图就和继电器控制线路非常相似。

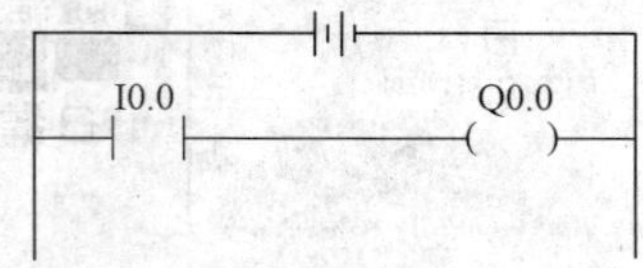

图 2.22　假想的梯形图

5. 下载程序

从菜单栏中选择 PLC→“编译”命令，对编辑的程序进行编译，编译成功，系统提示无错误，如图 2.23 所示。

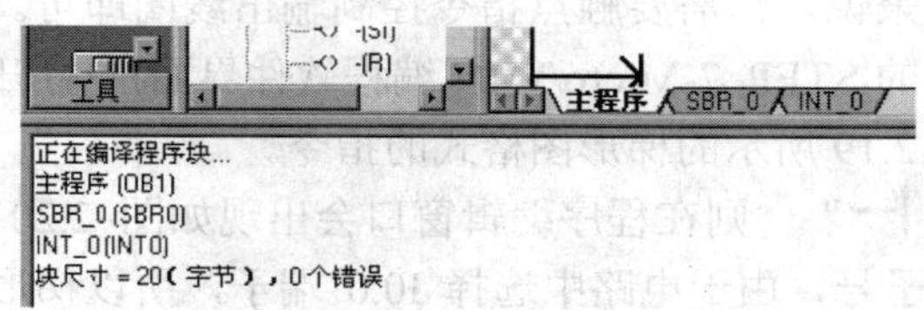

图 2.23　编译成功

从菜单栏中选择“文件”→“下载”命令，将编译后的程序下载到 PLC 的程序存储器中。

从菜单栏中选择 PLC→RUN(运行)命令，PLC 就可以运行了。此时 PLC 系统处于扫描工作状态，即系统不断扫描采集外部输入端子，扫描如图 2.21 所示梯形图，等待外部开关按下。在外部开关未按下时，梯形图不执行，负载没有输出。

从菜单栏中选择“调试”→“开始程序状态监控”命令。运行时，用彩色块表示位操作数的线圈得电或触点闭合状态。如：─(■)─表示位操作数的线圈得电，┤■├表示触点闭合状态。

6. 运行

按下 I0.0 端子连接的开关 SB，则灯亮，同时计算机屏幕上会出现状态监测，I0.0 和 Q0.0 变成蓝色，表示当前处于接通状态。断开开关 SB，灯灭，I0.0 和 Q0.0 变成白色，表示当前处于断开状态。

7. PLC 工作过程分析

下面来分析 PLC 的硬件和软件是如何进行工作，以实现相应的控制要求的。

PLC 执行下载命令后，STEP 7-Micro/WIN 将编译好的程序可执行文件下载到 PLC 程序存储器中，PLC 的 CPU(中央处理器)就可以根据开关状态顺序执行程序，驱动外部负载。PLC 是以循环扫描的方式工作的，其等效电路示意图如图 2.24 所示。

PLC 的外部端子 I (共 24 个，我们只用到了 I0.0)接入 PLC 内部，每个端子占用一个二进制存储器单元，运用继电器控制的概念，我们可以将其认为是“输入软继电器”线圈，它受外部输入回路控制。当某个输入端子的回路通电时，其二进制存储单元为 1，“软继电器”线圈通电，可以有无数个同名常开触点“┤ ├”和常闭触点“┤/├”供编程使用，常开触点闭合，常闭触点断开。

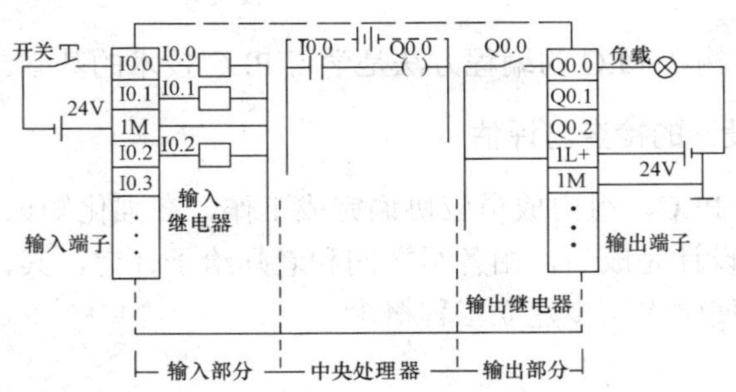

图 2.24　PLC 执行过程等效电路示意图

程序中的常开触点 I0.0“┤ ├”即为此软继电器的常开触点。当 I0.0 端子连接的外部开关 SB 闭合时，24V 电源经开关、输入端子 I0.0、输入软继电器(二进制存储单元)I0.0 和公共端 1M 形成的输入回路接通，则 I0.0 存储单元为 1，相当于此软继电器线圈接通，程序中的常开触点 I0.0“┤ ├”闭合，可以认为一种假想的“能流”经此触点向右传递，能流通过，输出线圈 Q0.0 —( )—接通。此 Q0.0 是内部的二进制存储单元，接通时为 1，断开时为 0，我们将其称为“输出软继电器”线圈，也有无数常开触点“┤ ├”、常闭触点“┤/├”供程序使用，它又有一个物理触点 Q0.0(图 2.24 中 Q0.0 —⁄—)和外部输出端子 Q0.0 相连。当程序执行完毕后，“输出软继电器”Q0.0 在接通时为 1，物理触点 Q0.0 闭合，输出部分的灯、24V 电源、1L+和 Q0.0 端子组成的回路接通，灯亮。

当 S7-200 CPU 处于运行模式时，CPU 是以周期性的循环扫描方式工作的。CPU 通常顺序执行读输入端子、执行用户程序和写输出端子三种操作。完成这一过程所需的时间称为扫描周期。

1)　读输入端子

在此阶段 S7-200 CPU 读取连接了外部输入设备的物理输入点的状态(接通或断开)，并复制到内部输入寄存器中称为 1 或 0。

2)　执行用户程序

CPU 按照从上到下、从左到右的步骤执行用户程序，并在执行过程中从输入寄存器获得外部控制信号，把运算结果 1 或 0 写到输出寄存器或其他内部中间寄存器。

3)　写输出端子

在此阶段 CPU 复制输出寄存器中的数据状态(1 或 0)到物理输出点，以控制连接到输出端子的输出设备接通或断开。

对于本设计任务，图 2.15 所示电路和图 2.21 所示程序构成一个完整的灯控制系统，从菜单栏中选择 PLC→RWV 命令则进入执行阶段。

当 SB 不按下，输入回路不通，输入寄存器为 0，梯形图中的常开触点 I0.0“┤ ├”断开时，输出线圈 Q0.0 —( )—也不通，输出寄存器为 0，物理触点 Q0.0 —⁄—不通，输出回路不通，则灯不亮；当 SB 按下，输入回路通电，CPU 扫描到这个端子，则向输入寄存器中写入 1。执行程序时，其逻辑常开触点 I0.0 闭合，Q0.0 —( )—线圈通电，有 1 写入输出寄存器 Q0.0 中，物理触点 Q0.0 闭合，输出回路通电，负载灯亮。

对于同样的 PLC 电气连接线路，通过编写不同的程序可以实现多种功能，如延时点亮灯和定时闪烁等。

熟悉 PLC 硬件结构和 PLC 的编程方法是学习 PLC 技术的基础。

8．灯控制系统设计的检查与评估

为了更好地学习 PLC，组内成员应协调完成工作，在强化知识的基础上，建立工业现场系统设计的概念，设计完成后，由各组之间和老师给予评定，其评定标准以 PLC 职业资格能力要求为依据，使学生初步建立工程概念。

1) 检查方法

- 检查元件是否齐全，熟悉各元件的作用。
- 熟悉控制线路原理，列出 I/O 分配表。
- 检查线路安装是否合理，运行情况。

2) 评估标准

评估标准如表 2.1 所示。

表 2.1 PLC 灯控制系统设计评估标准

项 目	要 求	分 数	评分标准	得 分
系统电气原理图设计	原理图绘制完整规范	10	不完整规范，每处扣 2 分	
I/O 分配表	准确完整，与原理图一致	10	不完整，每处扣 2 分	
程序设计	简洁易读，符合题目要求	20	不正确，每处扣 5 分	
电气线路安装和连接	线路安全简洁、正确，符合工艺要求	30	不规范每处扣 5 分	
系统调试	系统设计达到题目要求，运行成功	30	第一次调试不合格扣 10 分 第二次调试不合格扣 10 分	
时间	60 分钟，每超时 5 分钟扣 5 分，不得超过 10 分钟			
安全	检查完毕通电，人为短路扣 20 分			

2.4 拓展实训——电动机连续运行 PLC 控制系统

PLC 作为代替传统继电器控制系统的新型控制器，解决了继电器控制系统的接线复杂、体积庞大、设计周期长和灵活性差等缺点。所以 PLC 在工业控制中的最多应用还是控制电动机，以带动机械设备。下面我们来看一个 PLC 电动机控制系统，理解系统的硬件、软件的有机统一性。系统设备见图 2.25。在工业控制中，PLC 通过接触器控制电机。

图 2.25 电机控制系统的设备

1．控制要求

按下蓝色按钮电动机启动运转，按下红色按钮电动机停止。

2．实训目的

熟悉 PLC 结构和工作过程，了解软件的使用过程，会简单编程、会接线。

3．实训要点

电源端子的正负极不要接错，确定接线无误再通电试运行。

预习要求：阅读 S7-200 系统手册，了解西门子 PLC 的有关内容，浏览网站。

4．实训过程

(1) 在有 STEP 7-Micro/WIN 软件的计算机上打开软件，否则要先安装，了解安装过程。

(2) 在程序编辑窗口编辑电机控制系统的梯形图，编译无误。若编译无误，则下载到 PLC 中。

(3) 按照电气接线图连接 PLC 输入/输出回路，确认无误通电。

(4) 按动开关，观察电机运行。

2.4.1 电气原理图设计

对于三相异步电机，PLC 是以接触器为负载间接控制的。

控制功能：按下启动按钮 Start 时，接触器 KM 接通，使电动机运转；按下停止按钮 Stop 时，接触器 KM 断开，电动机停止。

当进行控制系统设计时首先要确定输入/输出点的分配，画出其电气原理接线图，如表 2.2 和图 2.26 所示。接触器 KM 的线圈作为输出设备连接在 Q0.0 上，其主触点连接至三相电源以控制电机主电路。

表 2.2　电动机控制 I/O 分配表

输入信号		输出信号	
停止按钮 Stop	I0.1	接触器 KM	Q0.0
启动按钮 Start	I0.2		

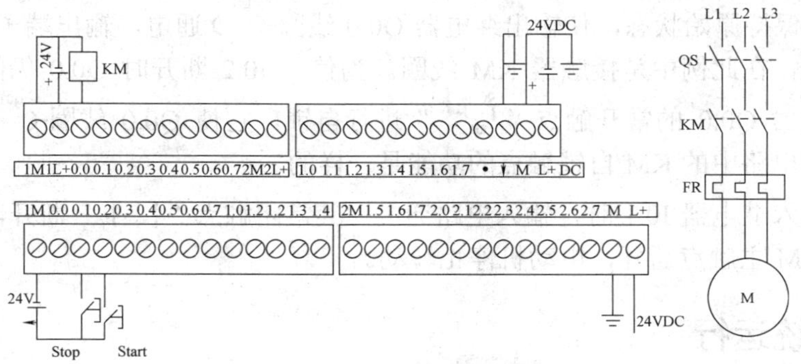

图 2.26　PLC 控制系统的电气原理接线图

为了理解 PLC 控制和传统继电器控制的区别，我们将二者进行比较，如图 2.27 所示，其中的控制电路部分用 PLC 代替，主电路是一样的。

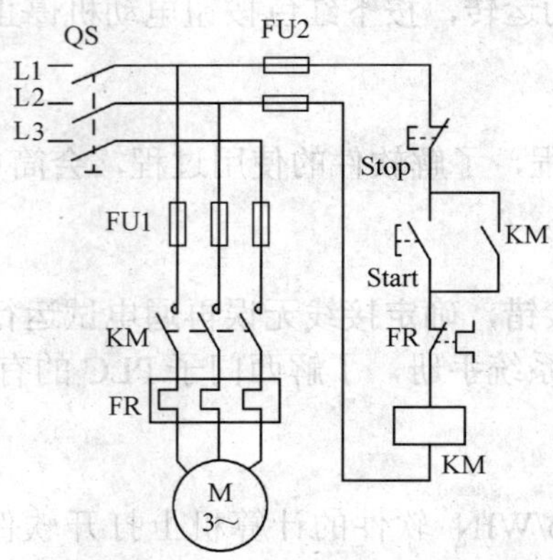

图 2.27　电动机的继电器控制

对于外部按钮，在 PLC 系统中停止按钮和启动按钮都是采用常开型的，这和继电器系统有所不同。

2.4.2　程序编写

进入 STEP 7-Micro/WIN 编程软件，在程序编辑窗口输入如图 2.28 所示的梯形图程序。

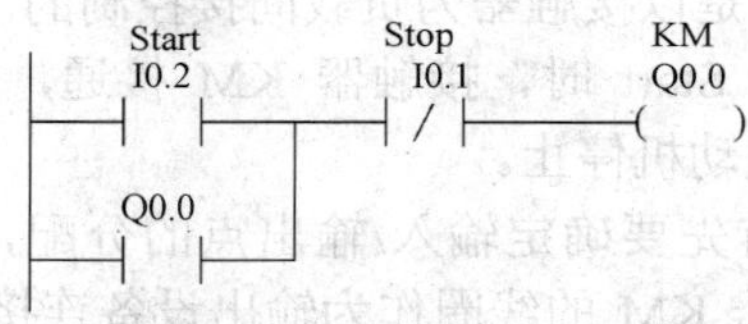

图 2.28　电动机控制梯形图

把梯形图和继电器控制系统的控制电路部分进行比较，可以发现其具有相似性。常开触点“Q0.0 ┤ ├”在梯形图中起自锁的作用，即使断开 Start 按钮，电机仍继续转动。图 2.27 所示控制电路的 KM 辅助常开触点也起自锁的作用。

程序说明：当输入软继电器 I0.2 电路通电时，其常开触点“I0.2 ┤ ├”闭合，由于有常闭触点“I0.1 ┤/├”保持原始状态，使输出继电器 Q0.0 线圈“Q0.0 ( )”通电，输出端子 Q0.0 上连接的外部设备接通，在此例中是接触器 KM 线圈。为使在 I0.2 断开时 Q0.0 仍能运行，程序中采用输出继电器 Q0.0 的常开触点“Q0.0 ┤ ├ KM”进行自锁。它使 Q0.0 线圈“Q0.0 ( )”仍保持接通状态，和继电器电路中的 KM 自锁触点的功能是一样的。

当按下输入继电器 I0.1 时，输入电路通电，其常闭触点“I0.1 ┤/├”断开，使输出继电器 Q0.0 断电，KM 主触点断开，电动机停止转动。

2.4.3　系统运行

在硬件连线、软件编程正确完成之后，对程序进行编译、下载，进入运行状态，这个电动机连续运行 PLC 控制系统就设计完成了。CPU 进入循环扫描状态，不断采集输入端子数据，等待执行程序。

输入、输出设备和 S7-200 系列 PLC 及程序的关系如图 2.29 所示。系统等效示意图如图 2.30 所示。PLC 中的每个输入/输出端子甚至内部软元件，在 PLC 内部都是存储器，但我们可以沿用继电器的概念，将它们都看作继电器，称为“软继电器”。输入继电器受外部开关控制，每个输入端子回路接通时，内部相应存储器位为 1，相当于“软继电器”线圈通电，每个存储器位有无数个同名的常开触点、常闭触点供程序使用。程序执行使输出存储器位接通，相当于输出继电器线圈接通，不仅有无数个同名常开触点、常闭触点供程序使用，而且有一个同名的物理触点和外部设备相连，当输出继电器线圈通电接通时，外部设备亦通电运行。关于 PLC 内部软元件的概念将在第 3 章作详细讲解。

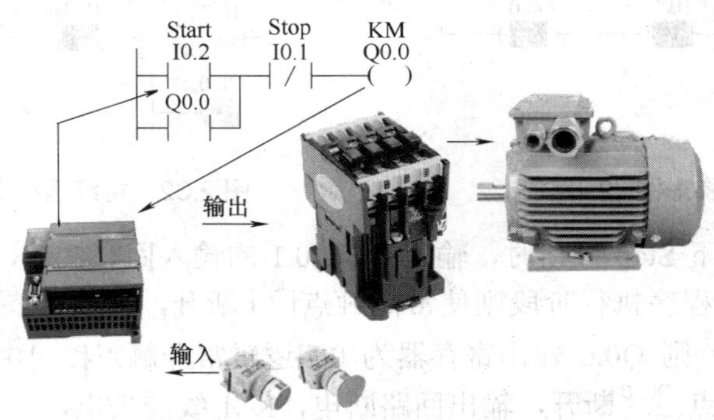

图 2.29　硬件设备和程序的关系

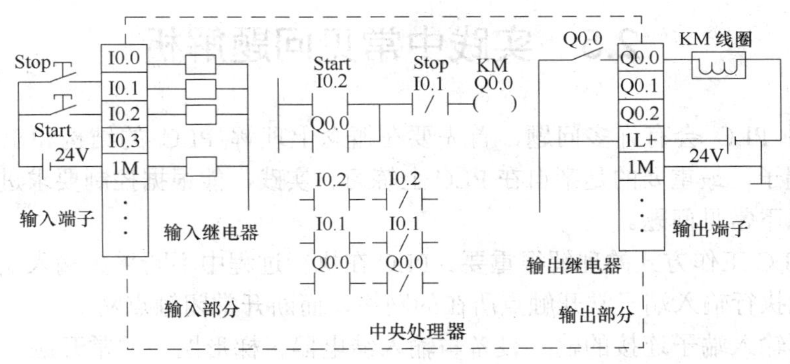

图 2.30　系统等效示意图

下面进入电动机连续运行 PLC 控制系统的运行阶段，其过程是：按下 Start 按钮，则电动机连续运行；按下 Stop 按钮，则电动机停止运转。

运行过程的分析如下。

输入采集：启动时，按下 Start 按钮，使输入物理端子 I0.2 所连接的输入回路接通，相当于输入软继电器 I0.2 的线圈通电。在某个扫描周期的输入采样阶段，系统将内部 I0.2 寄存器置为 1，物理输入端子 I0.1 的输入回路断开，扫描到物理输入端子 I0.1 时，I0.1 寄存器为 0。

程序执行阶段：I0.2 的软继电器线圈为 1，则其常开触点 I0.2 ┤├ 闭合，而 I0.1 的继电器线圈为 0，其常闭触点 I0.1 仍闭合。图 2.30 所示梯形图中形成的“回路”，有“电流”通过，使得输出继电器 Q0.0 通电，梯形图“回路”沿如图 2.31 所示的实心方块接通，输出寄存器 Q0.0 置为 1，并使其常开触点闭合，形成自锁。

输出刷新阶段：系统使 Q0.0 的物理触点“Q0.0”闭合，输出回路导通，接触器 KM 线圈通电，其主触点闭合，使电动机控制的主电路接通，电动机连续运行。松开 Start 按钮，I0.2 寄存器为 0，其常开触点断开，但由于 Q0.0 常开触点闭合自锁，故 Q0.0 线圈仍通电，电动机依然运行。梯形图“回路”如图 2.32 所示。

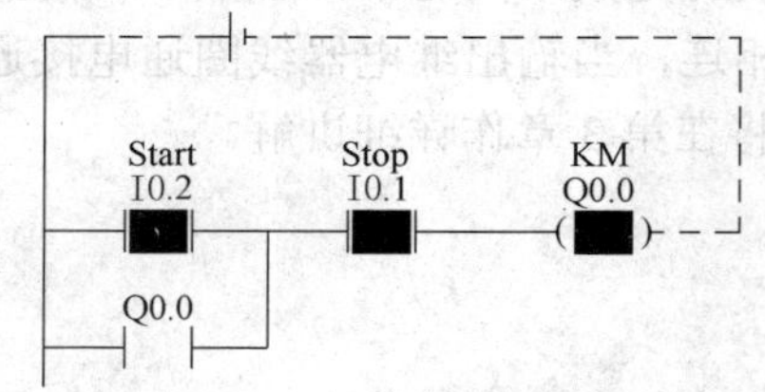

图 2.31　启动时梯形图“回路”

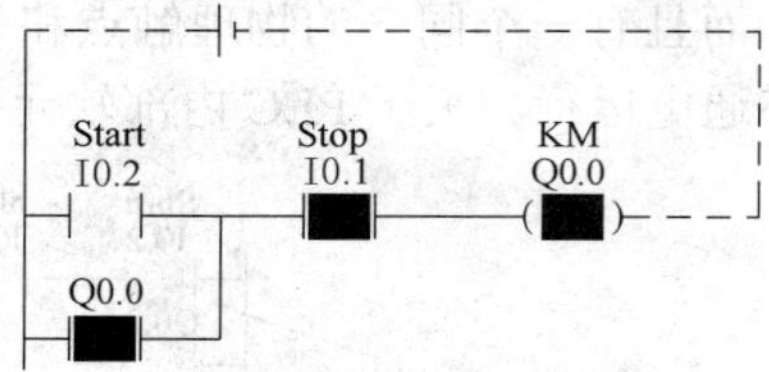

图 2.32　持续运行时梯形图“回路”

当在某个时刻按下 Stop 按钮时，输入端子 I0.1 的输入回路接通，在输入采样阶段 I0.1 输入继电器置为 1，程序执行阶段则使常闭触点 I0.1 断开，使梯形图“回路”断开，输出线圈 Q0.0 失电断开，则 Q0.0 输出寄存器为 0，逻辑常开触点 Q0.0 由接通变为断开，在输出刷新阶段使物理触点 Q0.0 断开，输出回路断电，KM 线圈失电，电机主回路的 KM 主触点断开，电动机失电停止。

2.5　实践中常见问题解析

初次学习 PLC 会有许多问题，首先要在概念上理解 PLC 的结构和工作过程，了解 PLC 的各个端子，最重要的是亲自在 PLC 上练习、实践，能根据控制要求进行连线。学习 PLC 伊始有以下常见问题。

(1) 对 PLC 工作方式的理解很重要。PLC 在执行过程中不断采集输入端口，只要输入回路通电，就执行输入端子常开触点所在的网络，而断开常闭触点网络。

(2) 理解输入端子连接的输入设备与输入继电器、梯形图中的常开触点、常闭触点之间的关系；领会梯形图中的输出线圈、其常开触点、常闭触点、输出继电器以及物理触点和输出设备之间的关系。

(3) S7-200 系列 PLC 需要三个电源，包括工作电源、输出回路电源和输入回路电源，进行线路连接时要注意每个电源端子的极性，输入端电源接正负皆可。继电器输出型的 S7-200 系列 PLC 的工作电源是交流的，当负载电源要求交流时，宜选择继电器输出型。

(4) 注意根据需要选择晶体管输出和继电器输出，晶体管输出型的 S7-200 系列 PLC 能发出高速脉冲。

(5) 内、外触点的配合：在梯形图中应正确选择设备所连接的输入继电器的触点类型。输入触点表示输入设备的输入信号，用动合触点还是动断触点，与两方面的因素有关：一是输入设备所用的触点类型；二是控制电路要求的触点类型。

可编程逻辑控制器无法识别输入设备用的是动合触点还是动断触点，只能识别输入电路是接通还是断开。

控制电路所需要的触点类型即是输入设备的触点类型(外部触点)与程序中所用输入继电器触点类型(内部触点)的异或结果。当输入电路接通时，它所对应的输入继电器得电，发生动作，其动合触点接通，动断触点断开；当输入电路断开时，输入继电器得电复原，其动合触点恢复断开，动断触点恢复闭合。

(6) 在电动机的启停控制程序中，当启动按钮用动合触点时，在梯形图中输入触点应用动合触点；反之，当启动按钮用动断触点时，在梯形图中输入触点应用动断触点。

当停止按钮用动合触点时，在梯形图中输入触点应用动断触点；当停止按钮用动断触点时，在梯形图中输入触点应用动合触点。

(7) 在梯形图中，同一编程元件，如输入/输出继电器、通用辅助继电器、定时器和计数器等元件的动合、动断触点可以任意多次重复使用，不受限制。同一个继电器的线圈不能重复使用，只能使用一次，否则容易引发系统出现意外的事故。

(8) 在进行程序调试时，如果不能保证程序的正确性，最好不要连接负载，用输出点的指示灯模拟演示即可。

本 章 小 结

PLC 作为一种工业标准设备，生产厂家众多，但具有相同的工作原理。本章通过一个简单的电气控制线路来认识 PLC，理解 PLC 系统的组成，在进行 PLC 的学习时要理解包括硬件和软件的有机结合。本章重点包括：

(1) PLC 的组成部件，包括 CPU、存储器、输入/输出接口和电源。

(2) PLC 采样以集中采样、集中输出，按顺序循环扫描用户程序的方式工作。

思考与练习

一、思考题

1. 构成 PLC 的部件有哪些？
2. PLC 是按什么方式工作的？分为哪几个阶段？
3. 在使用 PLC 及其软件的过程中，是如何建立项目、通信和下载程序的？
4. 叙述 PLC 的扫描工作过程。
5. 继电器的线圈“通电”时，其常开触点和常闭触点是如何动作的？

二、实训题

PLC 认识和软件使用实训

1. 实训目的

(1) 认识 S7-200 系列可编程逻辑控制器及其与 PC 的通信。

(2) 练习使用 STEP 7-Micro/WIN 编程软件。

(3) 学会程序的输入和编辑方法。

(4) 初步了解程序调试的方法。

2. 内容及提示

(1) PLC 认识。

记录所使用 PLC 的型号、输入/输出点数，观察主机面板的结构以及 PLC 和 PC 之间的连接。

(2) 开机(打开 PC 和 PLC)并新建一个项目。

用菜单命令“文件”→“新建”或用新建项目快捷按钮。

(3) 检查 PLC 和运行 STEP 7-Micro/WIN 的 PC 连线后，设置与读取 PLC 的型号。

(4) 输入、编辑如习题图 2.1 所示的梯形图。

(5) 给梯形图加 POU 注释、网络标题和网络注释。

(6) 编译程序，并观察编译结果。若提示错误，则修改，直到编译成功。从菜单栏中选择 PLC→“编译”或“全部编译”命令或用快捷按钮☑ ☑进行程序编译。

(7) 将程序下载到 PLC。下载之前，PLC 必须位于“停止”的工作方式。如果 PLC 没有在“停止”，则单击工具条中的“停止”按钮，将 PLC 置于停止方式。用菜单命令“文件”→“下载”下载程序，出现“下载”对话框，可选择是否下载“程序代码块”、“数据块”和“CPU 配置”，单击“确定”按钮，开始下载程序。

(8) 电气接线。根据梯形图使用的输入/输出点在 PLC 上连接线路，以 CPU226 DC/DC/DC 为例，电气接线图如习题图 2.2 所示。

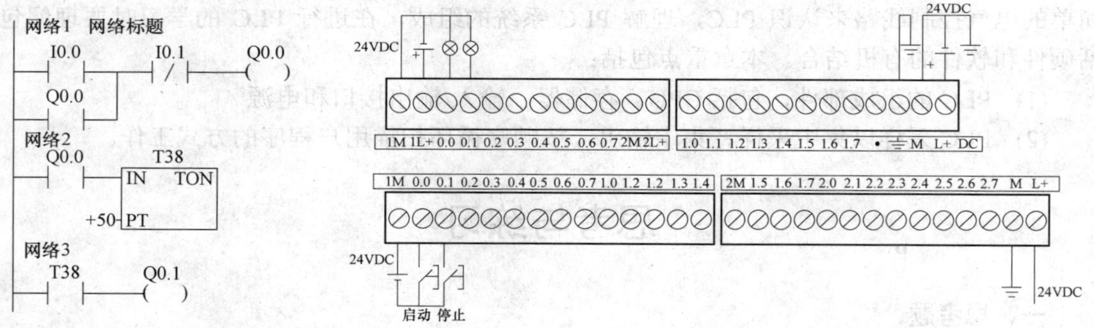

习题图 2.1 梯形图程序　　　　习题图 2.2 电气接线图

(9) 运行程序。单击工具栏中的“运行”按钮▶。

(10) 程序运行监控。从菜单栏中选择“调试”→“开始程序状态监控”命令。

(11) 按下 I0.0 外部按钮使程序运行，观察输出模拟显示，按下 I0.1 外部按钮，使程序停止。

3. 结果记录

(1) 认真观察 PLC 基本单元上的输入/输出指示灯的变化，并记录。

(2) 总结梯形图输入及修改的操作过程。

(3) 写出梯形图添加注释的过程。

第 3 章　西门子 S7-200 系列 PLC 基本指令和程序设计

本章要点

- 掌握 S7-200 系列 PLC 基本逻辑指令的使用方法。
- 掌握梯形图的编写方法。

技能目标

- 根据要求设计 PLC 控制电路图。
- 根据要求正确接线。
- 根据要求编写出梯形图。

项目案例导入

通过 S7-200 系列 PLC 对灯两地控制系统的实现，掌握 S7-200 系列 PLC 的基本逻辑指令。

3.1　灯的两地控制设计

图 3.1 是灯的两地控制电路图。在楼梯、隧道等照明的场所，需要在一端打开，通过之后在另一端关闭，这就要求灯在两端都能控制。工程上一般用两个单刀双掷开关来实现。两个单刀双掷开关之间有两根导线，当两个开关接到同一根导线上时，电路接通，灯亮；当两个开关接到不同的导线上时，电路断开，电灯熄灭。本节要求用 PLC 实现同样的控制功能，完成 PLC 的硬件、软件设计。

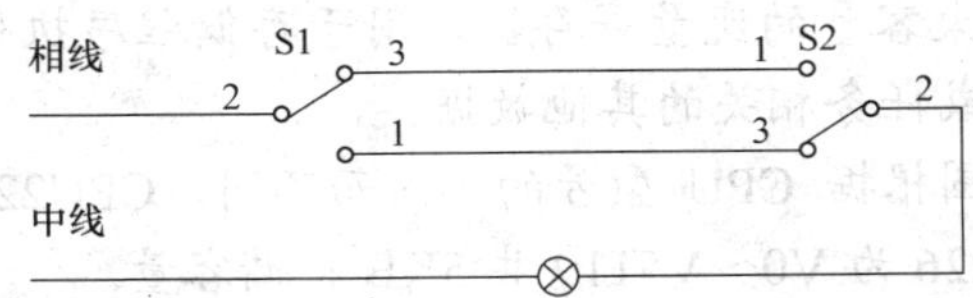

图 3.1　灯的两地控制电路图

1. 设计目的

掌握 S7-200 系列 PLC 的基本逻辑指令，熟悉 PLC 输入端子的接线方法，输出端子负载的接线方法和电源的接线方法。

2. 设计条件

S7-200 系列 PLC 一台，连接线若干，开关，灯。

3．设计内容及要求

- 根据要求设计 PLC 控制电路图。
- 根据电路接线图进行电源的连接；进行输入回路和输出回路的连接。
- 利用编程软件，编写灯的两地控制的梯形图。
- 熟练使用编程软件，对编写的程序进行编译、下载和运行。

知识链接　S7-200 系列 PLC 存储器的数据类型与寻址方式

S7-200 系列 PLC 的数据存储区按存储数据的长短可划分为字节寄存器、字寄存器和双字寄存器 3 类。字节寄存器有 7 个，它们分别是输入映像寄存器 I、输出映像寄存器 Q、变量寄存器 V、内部位寄存器 M、特殊寄存器 SM、顺序控制状态寄存器 S 和局部变量寄存器 L；字寄存器有 4 个，它们分别是定时器 T、计数器 C、模拟量输入寄存器 AI 和模拟量输出寄存器 AQ；双字寄存器有两个，它们分别是累加器 AC 和高速计数器 HC。

1．数据存储类型

1)　输入映像寄存器 I(输入继电器)

输入继电器和 PLC 的输入端子相连，是专设的输入过程寄存器，用来接收外部传感器或开关元件发来的信号，但机器读取这些信号时并不影响这些信号的状态。输入继电器一般采取八进制编号，一个端子占用一个点。当控制信号接通时，输入继电器得电，即对应的输入映像寄存器的位为 1 态；当控制信号断开时，输入继电器失电，对应的输入映像寄存器的位为 0 态。输入接线端子可以接常开触点或常闭触点，也可以是多个触点的串并联。

输入继电器的地址编号范围为 I0.0～I15.7。

2)　输出映像寄存器 Q(输出继电器)

输出继电器是 PLC 向外部负载发出控制命令的窗口，是专设的输出过程映像寄存器。输出继电器的外部输出触点接到输出端子上，以控制外部负载。输出继电器的外部执行器件有三种：继电器、晶体管和晶闸管。

输出继电器地址的编号范围为 Q0.0～Q15.7。

3)　变量寄存器 V

变量存储区存储有较大容量的变量寄存器，用于存储程序执行过程中控制逻辑的中间结果，或用来保存与工序或任务相关的其他数据。

变量存储区的编号范围根据 CPU 型号的不同而不同，CPU221/222 为 V0～V2047 共 2KB 存储容量，CPU224/226 为 V0～V5119 共 5KB 存储容量。

4)　内部位寄存器 M(中间继电器)

中间继电器位于 PLC 存储器的位存储区。在逻辑运算中经常需要一些存储中间操作信息的元件，它们并不直接驱动外部负载，也不能受外部信号直接控制，只起中间状态的暂存作用，类似于继电接触器系统中的中间继电器，在 S7-200 系列 PLC 中称为内部标志位(Marker)，多以位为单位使用。

内部位寄存器地址的编号范围为 MB0～MB29。

5)　特殊寄存器 SM

特殊寄存器是用户与系统之间的接口，为用户提供一些特殊的控制功能系统信息，用户对操作的一些特殊要求也通过 SM 通知系统。特殊标志位可分为只读区及可读/可写区两大部分，对于只读区特殊标志位，用户只能利用其触点。例如：

SM0.0　RUN 监控，PLC 在 RUN 状态时，SM0.0 总为 1。

SM0.1　初始化脉冲，PLC 由 STOP 转为 RUN 时，SM0.1 接通(为 1)一个扫描周期。

SM0.2　当 RAM 中保存的数据丢失时，SM0.2 接通(为 1)一个扫描周期。

SM0.3　PLC 接通电源进入 RUN 模式时，SM0.3 接通(为 1)一个扫描周期。

SM0.4　分脉冲，占空比为 50%，周期为 1min 的脉冲串。

SM0.5　秒脉冲，占空比为 50%，周期为 1s 的脉冲串。

SM0.6　扫描时钟，一个扫描周期为 ON，下一个扫描周期为 OFF，交替循环。

SM0.7　指示 CPU 上 MODE 开关的位置，0=TERM,1=RUN,通常用来在 RUN 状态下启动自由口通信方式。

又如 SMB28 和 SMB29 分别存储 CPU 自带的模拟电位器 0 和 1 的当前值，数值范围为 0～255。用户使用螺丝刀旋转模拟电位器也就改变了 SMB28/SMB29 的值。在程序中恰当地安排 SMB28/SMB29 可以方便地修改某些设定值。

可读/可写特殊标志位用于特殊控制功能，例如，用于自由口通信设置的 SMB30，用于定时中断时间设置的 SMB34/SMB35，用于高速计数器设置的 SMB36～SMB65，用于脉冲串输出控制的 SMB66～SMB85……

S7-200 系列 PLC 特殊标志位总表见附录 B。

6)　定时器 T

PLC 定时器的作用相当于时间继电器，定时器的设定值由程序赋予。每个定时器有一个 16 位的当前值寄存器及一个状态 bit，称为 T-bit，定时器的计时过程采用时间脉冲计数的方式，其时基(分辨率)分别为 1ms、10ms 和 100ms 三种。

定时器的地址编号范围为 T0~T255，它们的分辨率和定时范围各不相同，用户应根据所用的 CPU 型号及时基，正确选用定时器的编号。

7)　计数器 C

计数器的结构与定时器基本一样，其设定值在程序中赋予。它有一个 16 位的当前值寄存器及一个状态 bit，称为 C-bit。计数器用来计数输入端子或内部元件送来的脉冲数，具有加计数器、减计数器和加减计数器三种类型。注意：一般计数器的计数频率受扫描周期的影响，不可以太高。高频信号的计数可用指定的高速计数器(HSC)。

计数器的地址编号范围为 C0～C255。

8)　高速计数器 HSC

高速计数器用于对频率高于扫描频率的机外高速信号计数，它使用主机上的专用端子接收这些信号。高速计数器用 HSC 标识，其数据为 32 位的有符号的高速计数器的当前值。

高速计数器的地址编号范围根据 CPU 型号的不同而有所不同，CPU221/222 各有 4 个高速计数器，编号为 HSC0～HSC3；CPU224/226 各有 6 个高速计数器，编号为 HSC0～HSC5。

9)　累加器 AC

S7-200CPU 中提供了 4 个 32 位累加器 AC0、AC1、AC2、AC3。累加器是用来暂存数据的寄存器，它可以用来存放运算数据、中间数据和结果。实际应用时累加器内存储的数据长度可以是字节、字或双字。

10) 局部寄存器 L

局部寄存器和变量寄存器很相似，主要区别是变量寄存器是全局有效的，而局部寄存器是局部的。全局是指同一个寄存器可以被任何程序存取(包括主程序、子程序及中断子程序)；局部是指存储区和特定的程序关联。局部寄存器可分配给主程序、子程序或中断子程序存取，但不同的程序段不能访问不同程序段中的局部寄存器，即不同的程序段只能访问相应程序段中的局部寄存器。局部寄存器常作为临时数据的存储区或者为子程序传递参数。

S7-200 有 64 个字节的局部变量寄存器，其中，前 60 个字节可以作为暂时寄存器，或给子程序传递参数，后 4 个字节作为系统的保留字节。

11) 顺序控制状态寄存器 S

顺序控制状态寄存器 S 又称为状态元件，是使用顺控继电器指令的重要元件，通常与顺序控制指令 LSCR、SCRT 和 SCRE 结合使用，实现顺控流程的方法既 SFC(Sequential Function Chart)编程。

顺序控制状态寄存器的地址编号范围为 S0.0～S31.7。

12) 模拟量输入寄存器 AI

模拟量输入寄存器 AI 用于接收模拟量输入模块转换后的 16 位数字量，其地址编号以偶数表示，如 AIW0、AIW2 等。模拟量输入寄存器 AI 为只读存储器。

13) 模拟量输出寄存器 AQ

模拟量输出寄存器 AQ 用于暂存模拟量输出模块的输入值，该值经过模拟量输出模块(D/A)转换为现场所需要的标准电压或电流信号，其地址编号为 AQW0～AQW2。模拟量输出值是只写数据，用户不能读取模拟量输出值。

2. 编址方式

在 PLC 存储器中使用的数据均为二进制，二进制的基本单位是 bit 位，8 个二进制位组成 1 个字节(Byte)，2 个字节组成一个字(Word)，2 个字组成 1 个双字(Double Word)。

存储器的单位可以是位(bit)、字节(Byte)、字(Word)和双字(Double Word)，编址方式也可以是位、字节、字和双字。存储单元的地址由区域标识符和位地址组成。

位编址：寄存器标识符+字节地址+.+位地址，如 I0.0、M0.1 和 Q0.2 等。

字节编址：寄存器标识符+字节长度 B+字节号，如 IB1、VB20 和 QB2 等。

字编址：寄存器标识符+字长度 W+起始字节号，如 VW20 表示 VB20 和 VB21 这两个字节组成的字。

双字编址：寄存器标识符+双字长度 D+起始字节号，如 VD20 表示从 VB20 到 VB23 这 4 个字节组成的双字。数据的高位存储在低位地址单元。

位、字节、字和双字的编址如图 3.2 所示。

3. 寻址方式

在编写 PLC 程序时，我们会用到寄存器的某一位，或某一个字节，或某一个字，或某一个双字。怎样让指令正确地找到我们所需要的位、字节、字或双字的数据信息？这就要求我们正确了解位、字节、字、双字寻址的方法，以便在编写程序时，能够使用正确的指令规则。

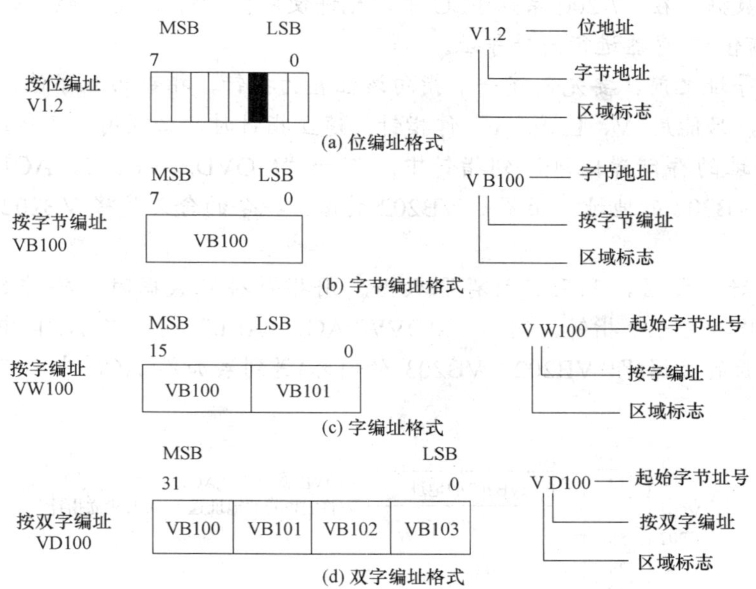

图 3.2　位、字节、字、双字的编址

S7-200 系列 PLC 指令系统的数据寻址方式有立即寻址、直接寻址和间接寻址 3 大类。

(1)　立即寻址。对立即数直接进行读操作的寻址称为立即数寻址。立即数寻址的数据在指令中以常数形式出现。常数的大小由数据的长度(二进制的位数)决定。其表示的相关整数的范围如表 3.1 所示。

表 3.1　数据的大小范围

数据大小	无符号整数范围		有符号整数范围	
	十 进 制	十六进制	十 进 制	十六进制
字节 B(8 位)	0～255	0～FF	-128～+127	80～7F
字 W(16 位)	0～65 535	0～FFFF	-32 768～+32 767	8000～7FFF
双字 D(32 位)	0～4 294 967 295	0～FFFFFFFF	-2 147 483 648～+2 147 483 647	80 000 000～7FFF FFFF

在 S7-200 系列 PLC 中，常数值可为字节、字或双字。存储器以二进制方式存储所有常数。指令中可用二进制、十进制、十六进制或 ASCII 码形式来表示常数，其具体的格式如下。

二进制格式：在二进制数前加 2#表示，如 2#1011。

十进制格式：直接用十进制数表示，如 2008。

十六进制格式：在十六进制数前加 16#表示，如 16#2E4D。

ASCII 码格式：用单引号 ASCII 码文本表示，如 ‘very good’ 。

(2)　直接寻址。直接寻址方式是指在指令中直接使用寄存器或寄存器的地址编号，直接到指定的区域读取或写入数据，如 I0.2、MB20 和 VW101 等。

(3)　间接寻址。间接寻址时操作数不提供直接数据位置，而是通过使用地址指针来存取存储器中的数据。在 S7-200 系列 PLC 中，允许使用指针对 I、Q、M、V、S、T(仅当前值)和 C(仅当前值)寄存器进行间接寻址。

使用间接寻址之前，要先创建一个指向该位置的指针，指针为双字值，用来存放一个存储器的地址，只能用 V、L 或 AC 作指针。建立指针时，必须用双字传送指令(MOVD)将需要间接寻址的存储器地址送到指针中。例如“MOVD＆VB202，AC1”，其中“＆VB202”表示 VB202 的地址，而不是 VB202 的值，指令的含义是将 VB202 的地址送入累加器 AC1 中。

指针建立好了之后，利用指针存取数据。用指针存取数据时，操作数前需加“*”号，表示该操作数为一个指针。例如“MOVW*AC1，AC0”表示将 AC1 中的内容为起始地址的一个字长的数据(即 VB202、VB203 的内容)送到累加器 AC0 中，其传送示意图如图 3.3 所示。

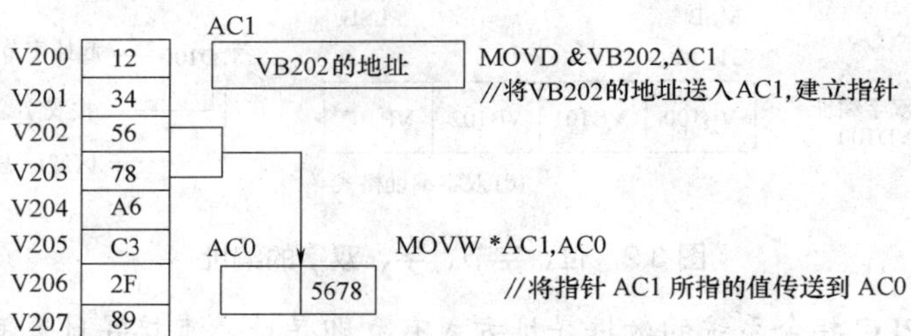

图 3.3　使用指针的间接寻址

S7-200 系列 PLC 的存储器寻址范围如表 3.2 所示。

表 3.2　S7-200 系列 PLC 的存储器寻址范围

寻址方式	CPU221	CPU222	CPU224	CPU224XP	CPU226
位存取(字节，位)	I0.0～I15.7　Q0.0～Q15.7　M0.0～M31.7　T0～T255　C0～C255　L0.0～L59.7				
	V0.0～V2047.7		V0.0～V8191.7	V0.0～V10239.7	
	SM0.0～SM179.7	SM0.0～SM299.7	SM0.0～SM549.7		
字节存取	IB0～IB15　QB0～QB15　MB0～MB31　SB0～SB31　LB0～LB59　AC0～AC3				
	VB0～VB2047		VB0～VB8191	VB0～VB10239	
	SMB0～SMB179	SMB0～SMB229	SMB0～SMB549		
字存取	IW0～IW14　QW0～QW14　MW0～MW30　SW0～SW30				
	T0～T225　C0～C225　LW0～LW58　AC0～AC3				
	VW0～VW2046		VW0～VW8190	VW0～VW10238	
	SMW0～SMW178	SMW0～SMW298	SMW0～SMW548		
	AIW0～AIW30　AQW0～AQW30		AIW0～AIW62　AQW0～AQW62		
双字存取	ID0～ID12　QD0～QD12　MD0～MD28　SD0～SD28　LD0～LD56　AC0～AC3				
	VD0～VD2044		VD0～VD8188	VD0～VD10236	
	SMD0～SMD176	SMD0～SMD296	SMD0～SMD546		

3.1.1　指令基础——位逻辑指令(一)

梯形图指令(Ladder Diagram，LAD)与语句表指令(Statement List ，STL)是可编程控制器程序中最常用的两种表述工具，它们之间有着密切的对应关系。逻辑控制指令是 PLC 中最基本、最常用的指令，是构成梯形图及语句表的基本成分。

基本逻辑控制指令一般是指位逻辑指令、定时器指令和计数器指令。位逻辑指令又含触点指令、线圈指令、逻辑堆栈指令和 RS 触发器等指令。这些指令处理的对象大多为位逻辑量，主要用于逻辑控制类程序中。

1．逻辑取和线圈驱动指令

触点及线圈是梯形图最基本的元件，从元件角度出发，触点及线圈是元件的组成部分，线圈得电则该线圈的常开触点闭合，常闭触点断开；反之，线圈失电则常开触点恢复断开，常闭触点恢复接通。从梯形图的结构而言，触点是线圈的工作条件，线圈的动作是触点运算的结果。

指令格式：LAD 及 STL 格式如图 3.4 所示。

- 取指令：用于与母线连接的常开触点。
- 取反指令：用于与母线连接的常闭触点。
- 输出指令：也叫线圈驱动指令，将运算结果输出到某个继电器中。

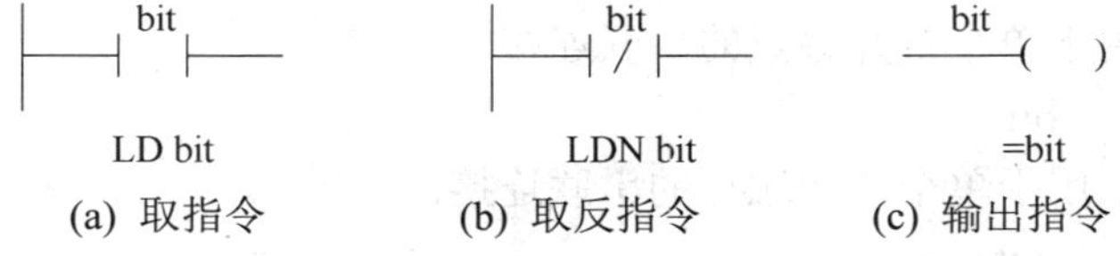

图 3.4　输入/输出指令

例 3.1　输入/输出指令的应用举例。图 3.5 为 PLC 的 I/O 接线图，功能是 SB 合上则 L1 亮；SB 断开则 L2、L3 亮。图 3.6 所示为对应的梯形图和语句表。

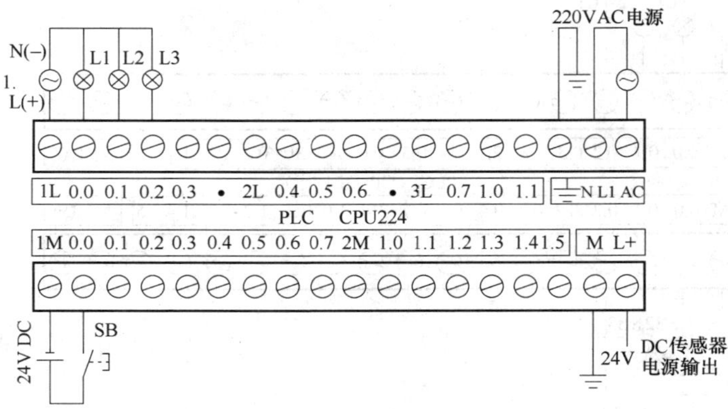

图 3.5　PLC 的 I/O 接线图

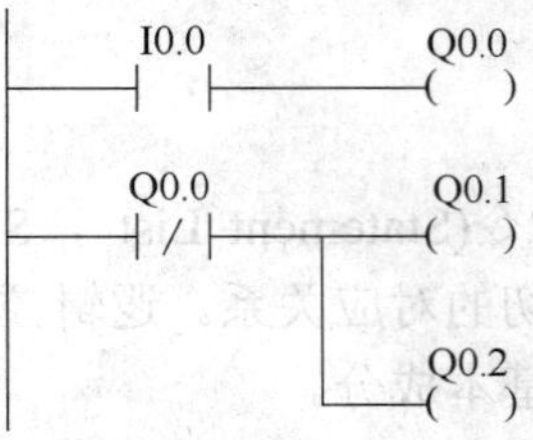

I0.0　Q0.0

Q0.0　Q0.1

Q0.2

(a) 梯形图

```
LD    I0.0    // I0.0 合上，激活 Q0.0
=     Q0.0    // L1 亮
LDN   Q0.0    // I0.0 断开，断开 Q0.0,
=     Q0.1    // 激活 Q0.1，L2 亮
=     Q0.2    // 激活 Q0.2，L3 亮
```

(b) 语句表

图 3.6　输入输出指令应用举例

输入/输出指令使用说明如下。

- LD、LDN、“=”指令的操作数为：I、Q、M、SM、T、C、V、S 和 L(位)。T 和 C 也可作为输出线圈，但在 S7-200 中输出时不是以使用“=”指令形式出现(见定时器和计数器指令)。
- LD、LDN 不只是用于网络块逻辑计算开始时与母线相连的常开和常闭触点，在分支电路块的开始也要使用 LD、LDN 指令。
- 并联“=”指令可连续使用任意次。
- 在同一程序中不能使用双线圈输出，即同一个元器件在同一程序中只能使用一次“=”指令。

2. 触点串联指令

(1) 与指令：用于单个常开触点的串联连接。

指令格式：A　　bit

(2) 与反指令：用于单个常闭触点的串联连接。

指令格式：AN　　bit

例 3.2　触点串联指令的应用举例。图 3.7 为 PLC I/O 接线图，图 3.8 所示为对应的梯形图和语句表。

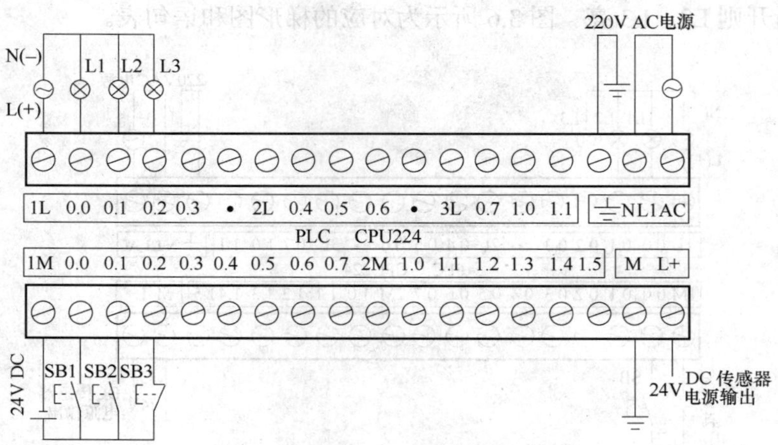

图 3.7　PLC I/O 接线图

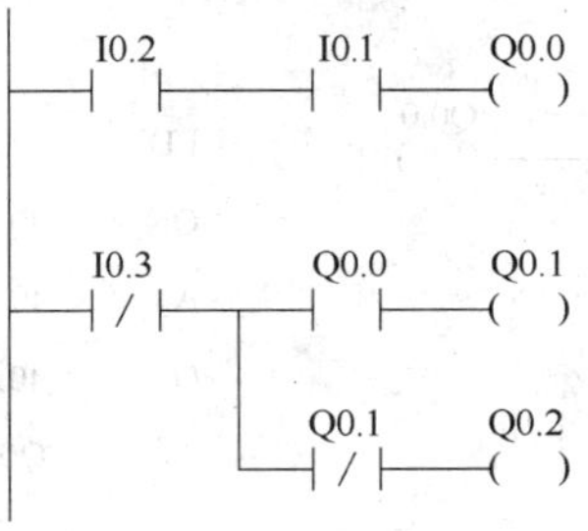

(a) 梯形图

```
LD    I0.1      //I0.2、I0.1闭合，
A     I0.2
=     Q0.0      //激活Q0.0，L1亮
LDN   I0.3      //I0.3断开、Q0.0激活
LPS
A     Q0.0
=     Q0.1      //激活Q0.1，L2亮，
LPP
AN    Q0.1
=     Q0.2      //Q0.0断开，L3亮
```

(b) 语句表

图 3.8　触点串联指令应用举例

3．触点并联指令

(1)　或指令：用于单个常开触点的并联连接。

指令格式：O　　bit

(2)　或反指令：用于单个常闭触点的并联连接。

指令格式：ON　　bit

例 3.3　触点并联指令的应用举例。

本例中使 L1 亮的方式有以下两种。

(1)　SB1 闭合后，SB3 闭合或 SB2 常闭。

(2)　SB4 闭合。

图 3.9 为 PLC I/O 接线图，图 3.10 所示为对应的梯形图和语句表。

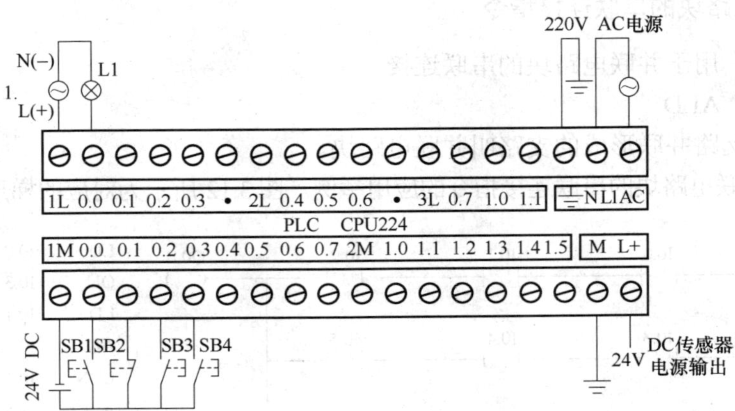

图 3.9　PLC I/O 接线图

4．串联电路块的并联连接指令

或块指令：用于串联电路块的并联连接。

指令格式：OLD

两个以上触点串联形成的支路叫串联电路块。

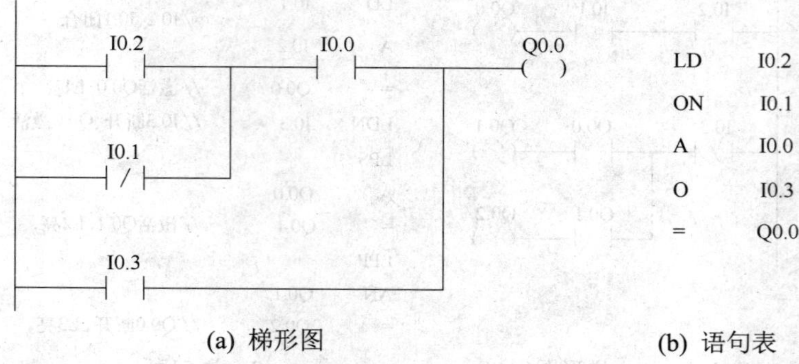

图 3.10　触点并联指令应用举例

例 3.4　串联电路块的并联连接指令的应用举例。图 3.11 所示为对应的梯形图和语句表。

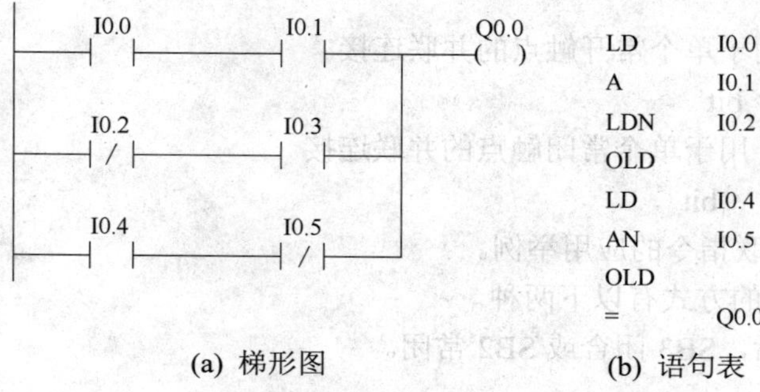

图 3.11　串联电路块的并联连接指令的应用举例

5．并联电路块的串联连接指令

与块指令：用于并联电路块的串联连接。

指令格式：ALD

两个以上支路并联形成的支路叫并联电路块。

例 3.5　并联电路块的串联连接指令的应用举例。图 3.12 所示为对应的梯形图和语句表。

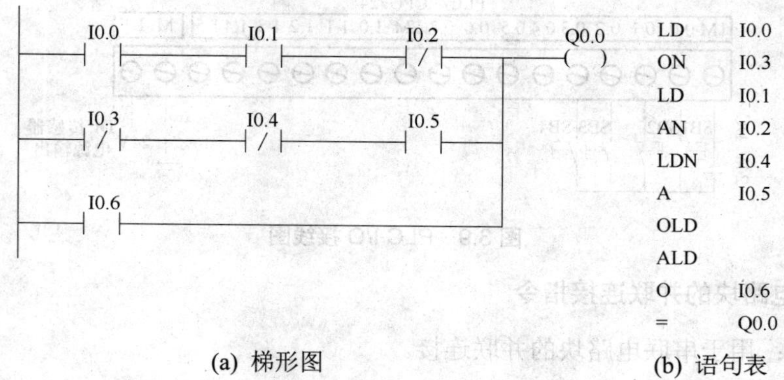

图 3.12　并联电路块的串联连接指令的应用举例

知识链接　STEP 7–Micro/WIN 编程软件的使用方法

STEP 7-Micro/WIN 编程软件是 S7-200 系列 PLC 专用的编程、调试、和监控软件，其编程界面和帮助文档大部分已经汉化，为用户实现开发、编程和监控程序提供了良好的界面。STEP 7-Micro/WIN 编程软件为用户提供了 3 种程序编辑器：梯形图、指令表和功能块图编辑器，同时还提供了完善的在线帮助功能，非常方便用户获取需要的帮助信息。

1. 项目管理

1) 建立编程环境

打开 STEP 7-Micr/WIN 编程软件一般使用以下两种方法。

- 选择“开始”→“所有程序”→Simatic→STEP 7-MicroWIN V4.0.3.08→STEP 7-Micro/WIN 命令，打开 STEP 7-Micro/WIN 编程软件的编程界面，如图 3.13 所示。
- 在桌面上选中 STEP 7-Micro/WIN 编程软件的快捷图标，右击，在弹出的快捷菜单中选择“打开”命令。或者在桌面上双击 STEP 7-Micro/WIN 编程软件的快捷图标，如图 3.14 所示。

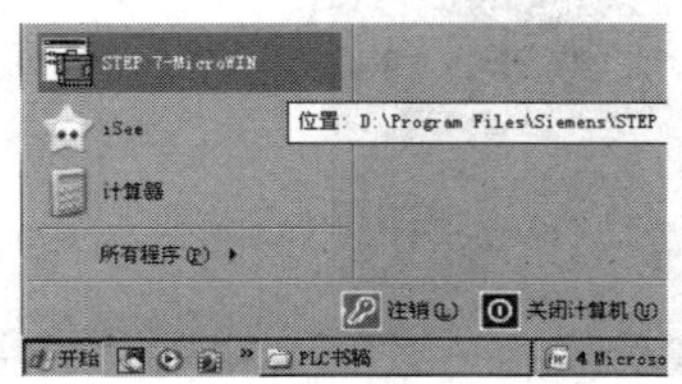

图 3.13　从“开始”打开编程界面

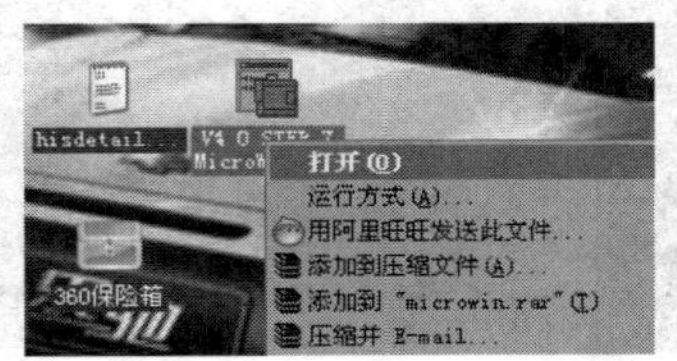

图 3.14　从桌面快捷图标打开编程界面

图 3.15 所示的界面是第一次打开的英文界面，在英文界面里选择 Tools→Options 命令，如图 3.16 所示。

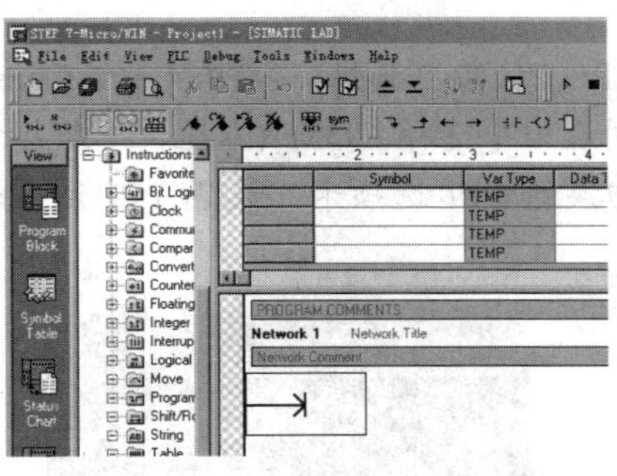

图 3.15　第一次打开的编程界面

图 3.16　选择 Tools→Options 命令

如果需要转化成中文界面，则在 Options(选项)对话框的英文界面里，在 General 选项卡的 Language 列表框中选择 Chinese 选项，即选择“一般”选项卡中语言的“中文”选项，如图 3.17 所示，然后单击 OK 按钮，重新打开编程软件的界面即为中文界面，如图 3.18 所示。

现在设置编程软件与 S7-200CPU 的通信。在编程界面中，选择“查看”→“组件”→“通信”命令，如图 3.19 所示，打开“通信”对话框，如图 3.20 所示。

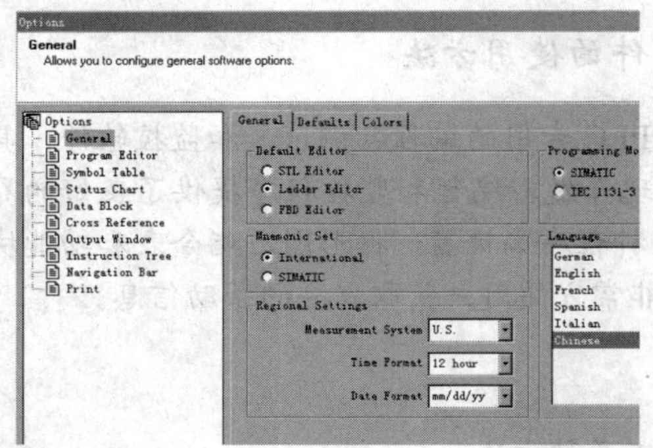

图 3.17　选择中文界面语言

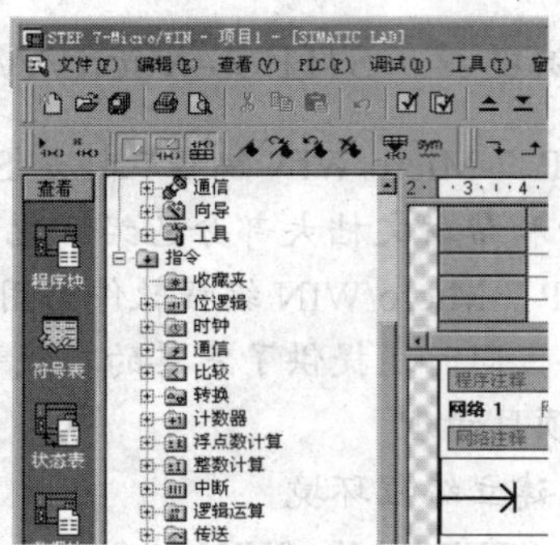

图 3.18　编程软件的中文界面

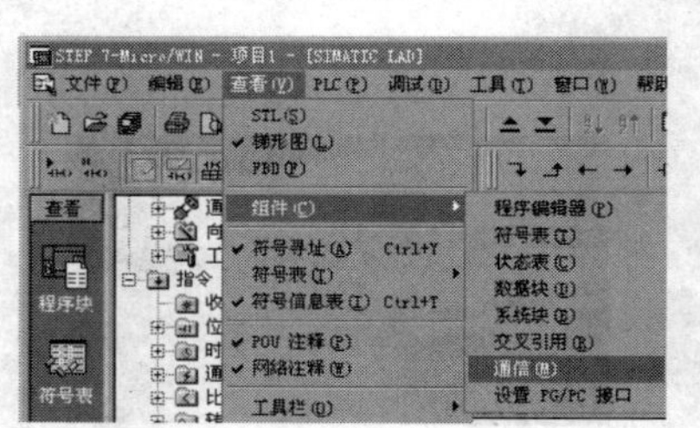

图 3.19　打开“通信”界面

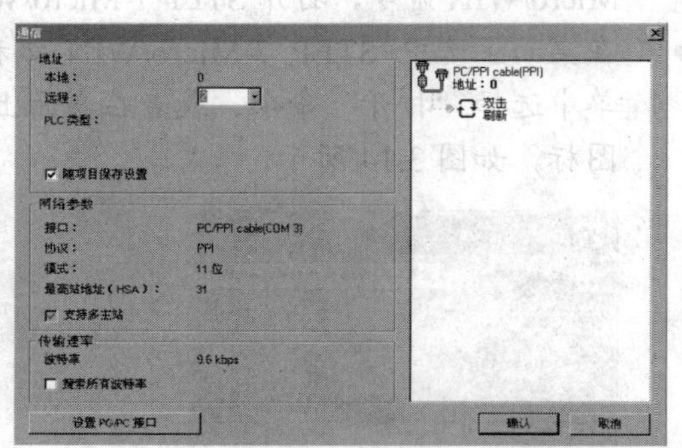

图 3.20　“通信”对话框

在“通信”对话框中，单击左下角的“设置 PG/PC 接口”按钮，打开 Set PG/PC Interface 对话框，如图 3.21 所示。在该对话框中，选择设置 PG/PC 接口类型为 PC/PPI cable (PPI)，然后单击 Properties 按钮。

在 Properties-PC/PPI cable(PPI)对话框中(设置 PG/PC 接口属性)，单击 Local Connection 标签，切换到 Local Connection 选项卡，在下拉列表框中选择 COM1(本地，一般指编程设备，如编程电脑)通信端口，如图 3.22 所示。再切换到 PPI 选项卡，设置 PPI 通信波特率等，然后单击“确认”按钮。

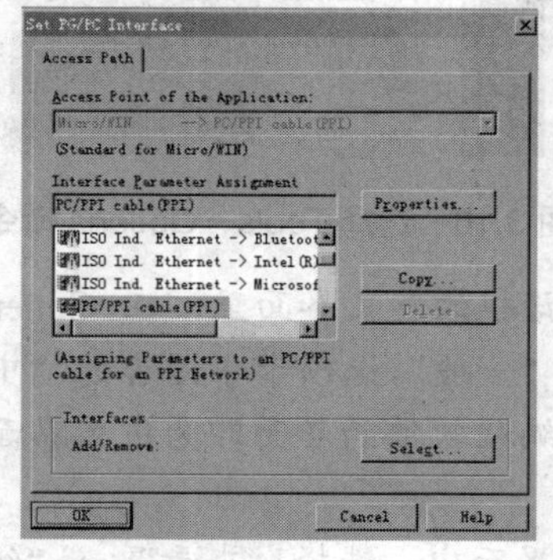

图 3.21　Set PG/PC Interface 对话框

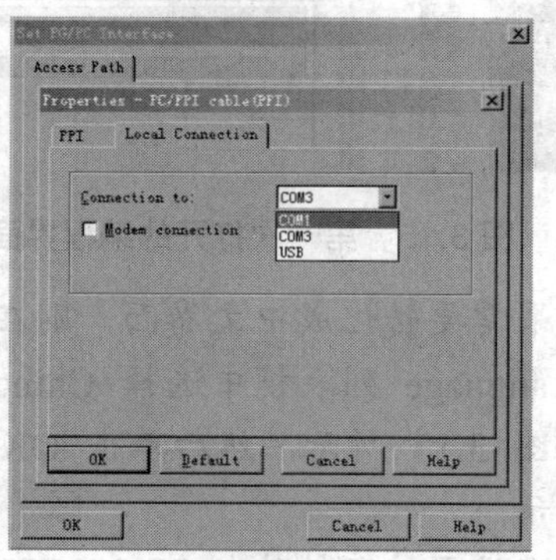

图 3.22　设置 PG/PC 接口属性

设置完毕 PG/PC 接口属性后，使用 PC/PPI 通信电缆将 CPU 与编程设备的通信口连接起来，单击与 CPU 通信检测界面中的“双击刷新”图标，自动搜索 PPI 网络上的 CPU 站号，如图 3.23 所示，搜索出来的 CPU 站号、通信波特率、CPU 型号和版本都会显示出来，如图 3.24 所示。

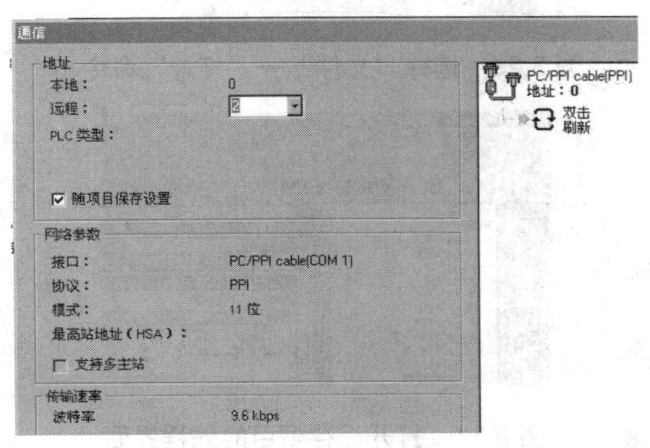

图 3.23　与 CPU 通信检测界面

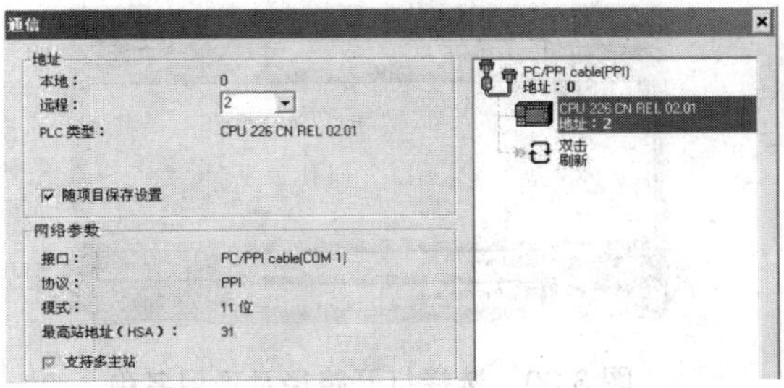

图 3.24　通信参数设置

2)　保存项目文件

在 STEP 7-Micro/WIN 编程软件的编程界面中，选择“文件”→“保存”命令，如图 3.25 所示；在弹出的“另存为”对话框中选择保存项目文件的路径并写上项目的名称，如图 3.26 所示；如果要保存的为原来已经存在的项目名称，将会弹出要求覆盖确认对话框，如果需要覆盖，单击“是”按钮即可，如图 3.27 所示。

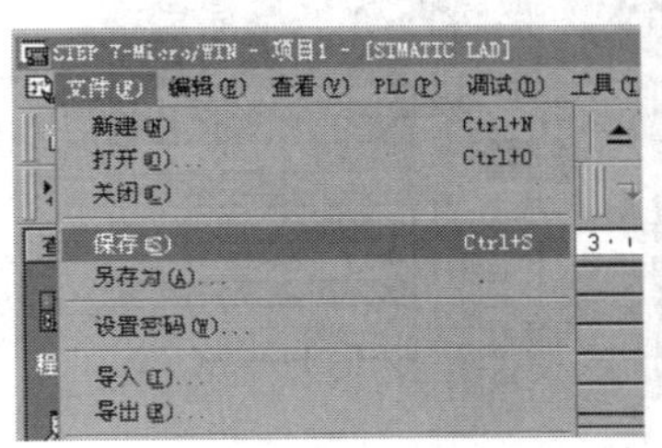

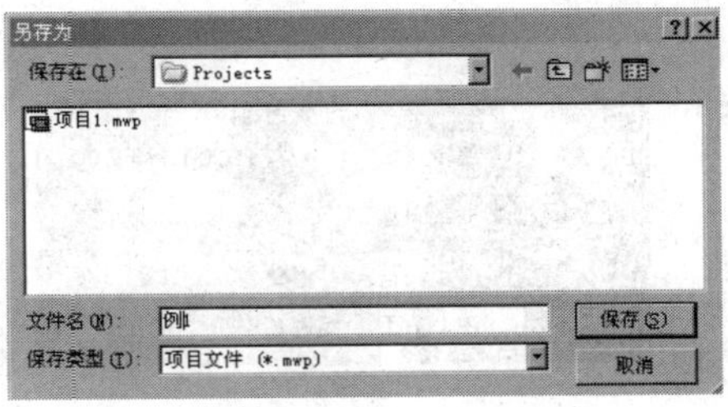

图 3.25　保存项目

图 3.26　选择保存路径及名称

图 3.27　确认覆盖替换

3)　打开原来保存的项目文件

打开原来保存的项目一般常用以下两种方法。

- 从保存路径中找到保存的项目，然后双击项目图标即可打开，如图 3.28 所示。
- 在 STEP 7-Micro/WIN 编程软件的编程界面中，选择“文件”→“打开”命令，如图 3.29 所示；在弹出的“打开”对话框中选择打开路径及项目名称，如图 3.30 所示；单击“打开”按钮，即可打开保存的项目，如图 3.31 所示。

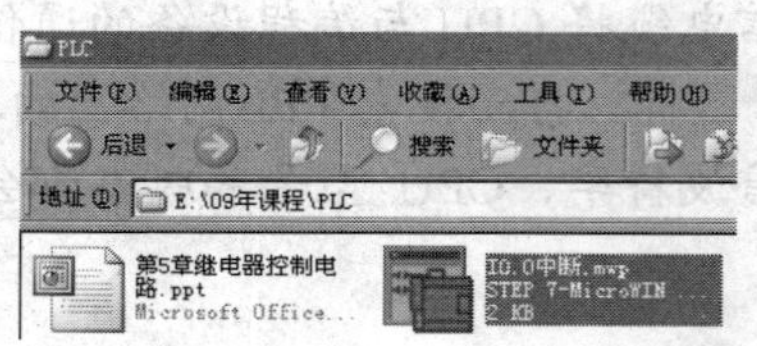

图 3.28　直接打开

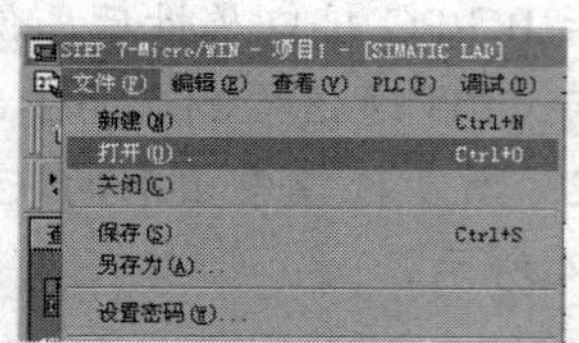

图 3.29　选择“文件”→“打开”命令

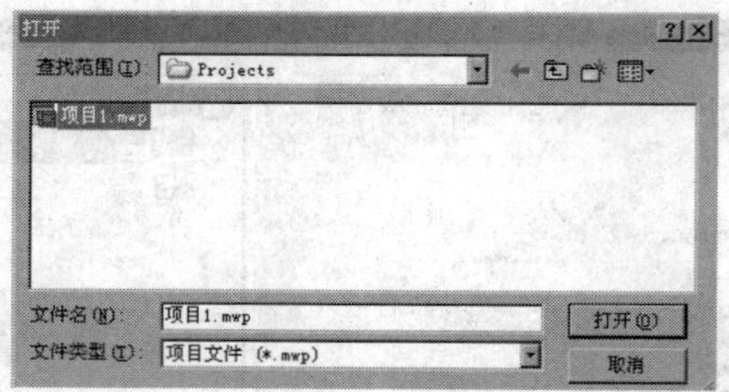

图 3.30　选择打开路径及项目名称

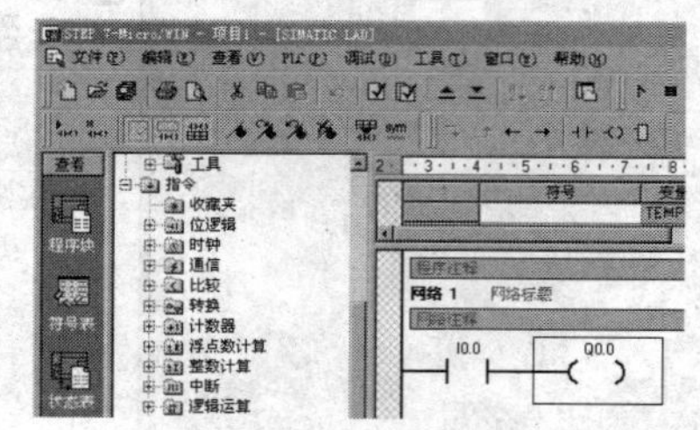

图 3.31　打开保存项目的编程界面

2. 在梯形图中输入指令

首先在如图 3.32 所示的菜单栏中选择“查看”→“梯形图”命令，即可打开梯形图编程界面。如果单击 STL 命令，则是选择指令表编程界面；如果单击 FBD 命令，则是选择功能块图编辑界面。当然可以任意选择，编程器会把当前的程序自动转换成相应的程序结构。打开的梯形图编程界面如图 3.33 所示。

图 3.32　选择梯形图编程界面

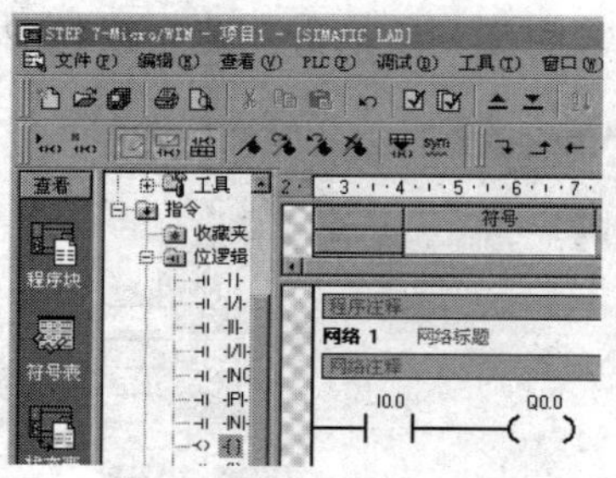

图 3.33　梯形图编程界面

在指令树里打开需要放置的指令，选中并将指令拖曳到所需的位置上释放鼠标，指令即会放置在指定的位置；也可在需要放置指令的地方单击一下，然后双击指令树中要放置的指令，则指令将自动出现在需要的位置上，如图 3.34 所示。单击指令上的“? ? .? ”，如图 3.35 所示的“I0.2”，可以输入元件地址，然后按 Enter 键即可。

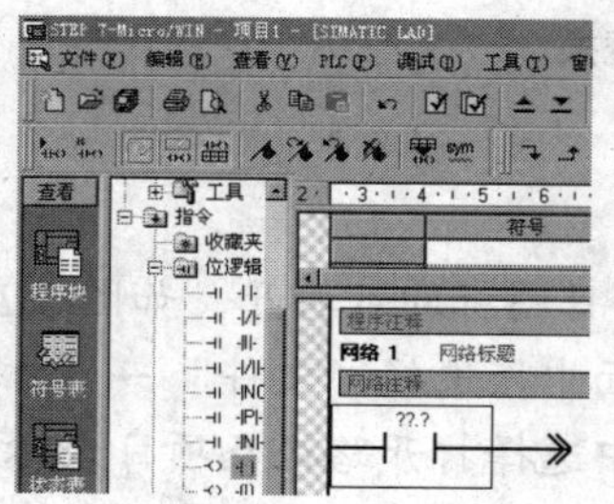

图 3.34　放置的指令(常闭触点)

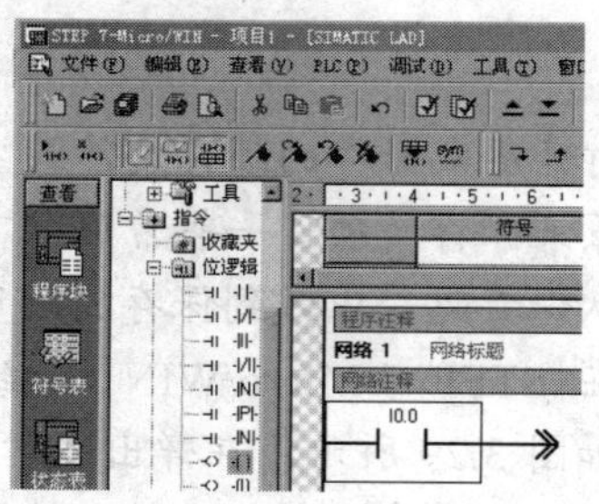

图 3.35　输入元件地址

3. 画垂直线和水平线

如果要完成如图 3.36 所示的程序，可以先按照放置指令的办法画好如图 3.37 所示的程序，然后把光标放在如图 3.38 所示的位置，放置 I0.1 的常闭触点指令。

把光标放在 I0.1 的常闭指令上，如图 3.39 所示，单击向上连线按钮即可画好向上的垂线，如图 3.40 所示；或者把光标放在 I0.0 的常开指令上，如图 3.41 所示，然后单击向下连线按钮即可画出向下的垂线。

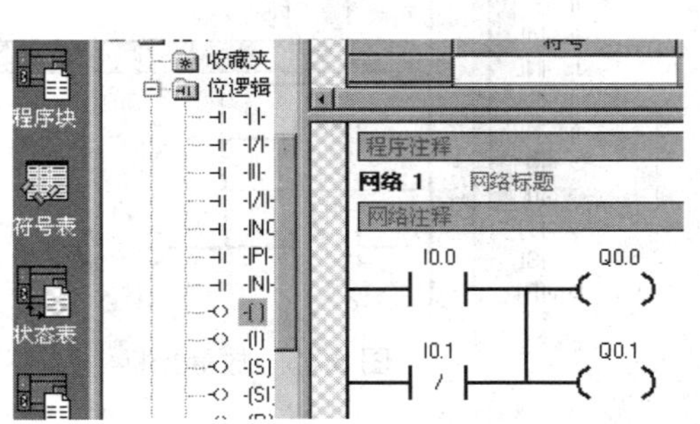

图 3.36　目标程序

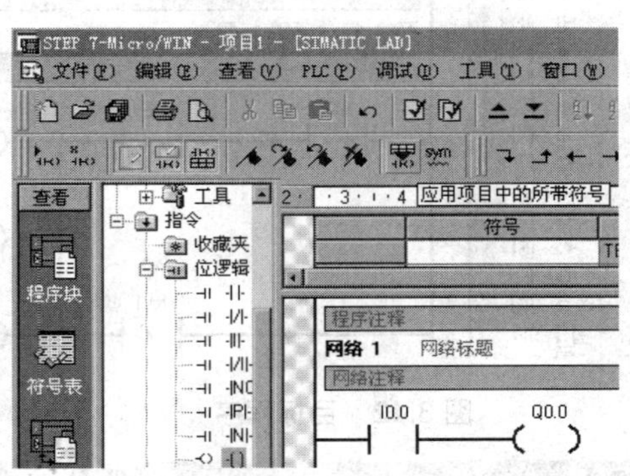

图 3.37　第一行程序

图 3.38　光标位置

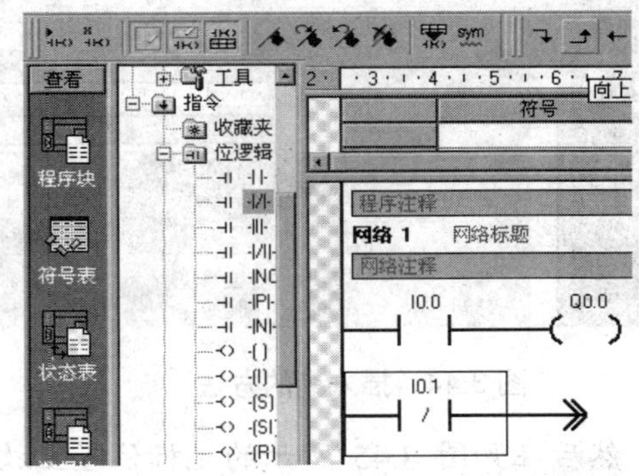

图 3.39　画垂直线(方法 1)

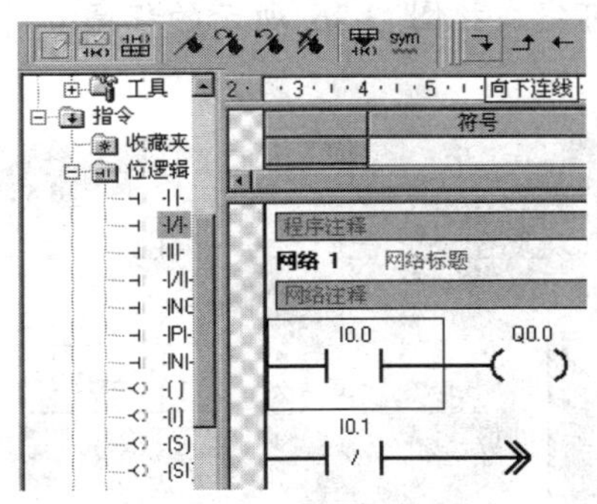

图 3.40　画垂直线(方法 2)

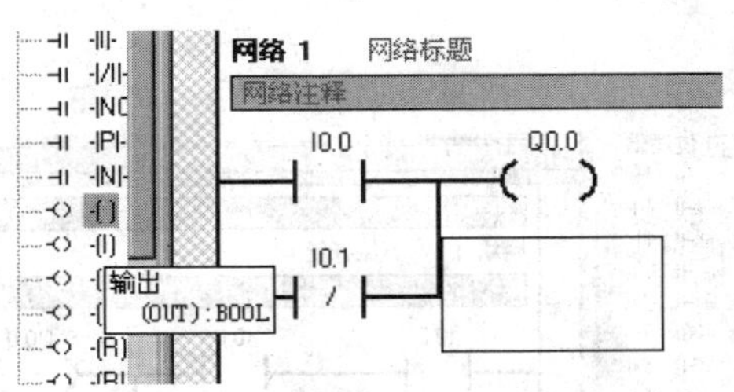

图 3.41　画水平线

把光标放在图 3.41 所示的位置上，然后单击向右连线按钮，可以画出一条水平线，然后就可以放置 Q0.1 的指令了；或者直接在图 3.41 所示的光标位置上放置 Q0.1 的指令，这样水平线就会自动生成了。

4. 插入列和插入行

如果要把图 3.36 的程序编辑为如图 3.42 所示的程序，可以把光标放在 I0.0 的常开触点指令上面，如图 3.43 所示，然后选择“编辑”→“插入”→“列”命令，如图 3.44 所示，即可以在 I0.0 前面增加一列的位置，如图 3.45 所示。

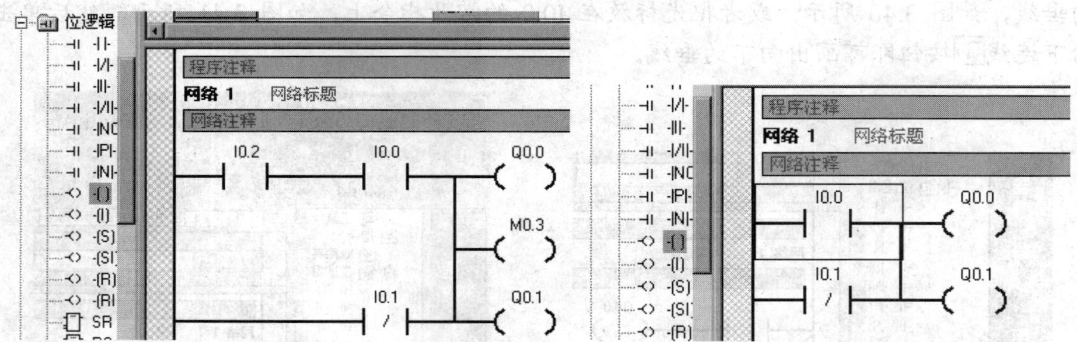

图 3.42　目标程序　　图 3.43　放置光标

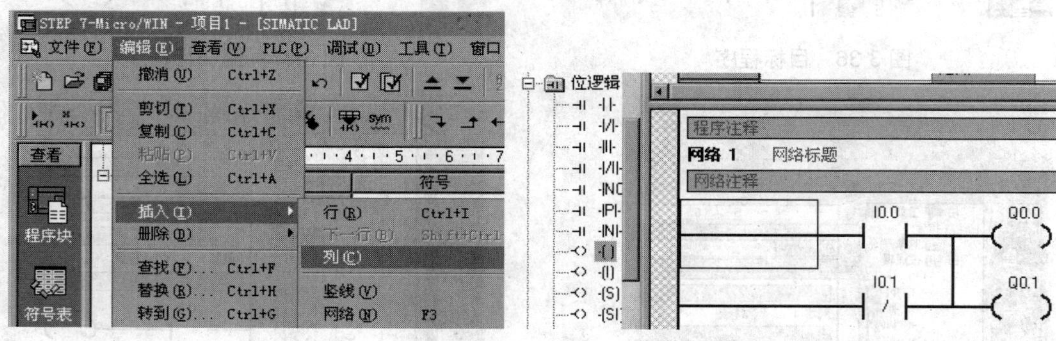

图 3.44　插入列的方法　　图 3.45　插入一列后的程序

然后在如图 3.45 所示的光标位置上放置 I0.2 的常开触点指令，如图 3.46 所示。把光标放在 Q0.1 的指令上面，然后选择“编辑”→“插入”→“行”命令，如图 3.47 所示，在图 3.48 的光标位置上放置 M0.3 的线圈指令，即可完成把图 3.36 所示的程序编辑为图 3.42 所示的程序。

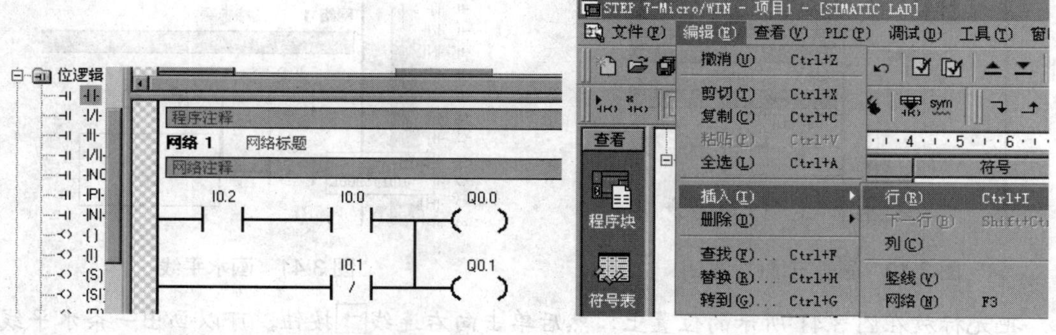

图 3.46　加入常开触点 I0.2　　图 3.47　插入行的方法

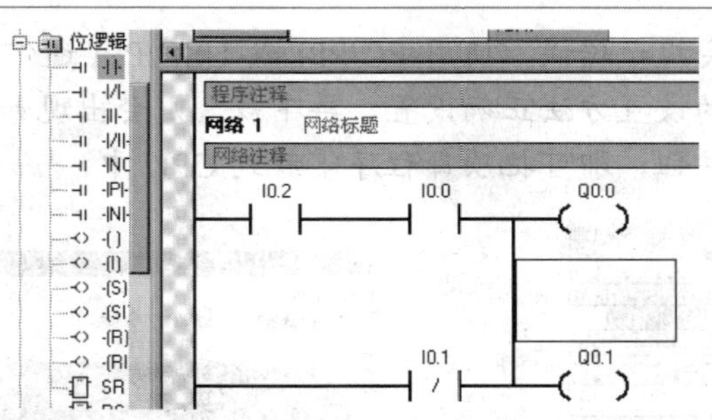

图 3.48　插入行后的程序

5. 插入和删除网络

在编写程序时，经常需要在网络中插入另外一个网络，或者删除某一个网络程序。如在图 3.49 所示的程序中，需要在网络 1 的前面增加一个网络程序，此时可以先插入一个网络，把鼠标指向网络 1 的空白位置，然后右击，在弹出的快捷菜单中选择“插入”→“网络”命令，即可插入一个网络。

如果需要删除一个网络，可以把鼠标指向准备删除网络的空白地方，然后右击，在弹出的快捷菜单中选择“删除”→“网络”命令，即可删除当前一个网络，如图 3.50 所示。

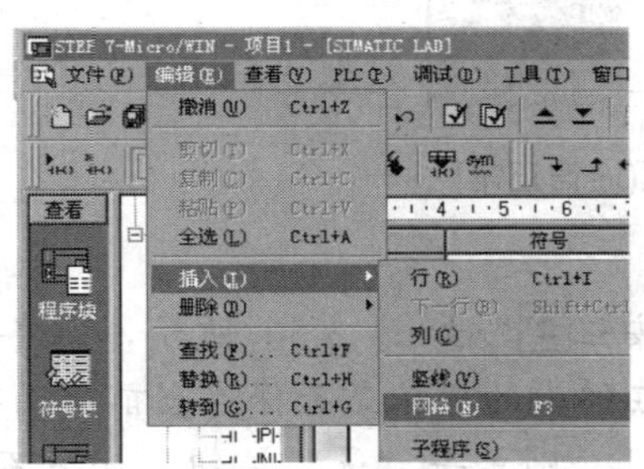

图 3.49　插入网络

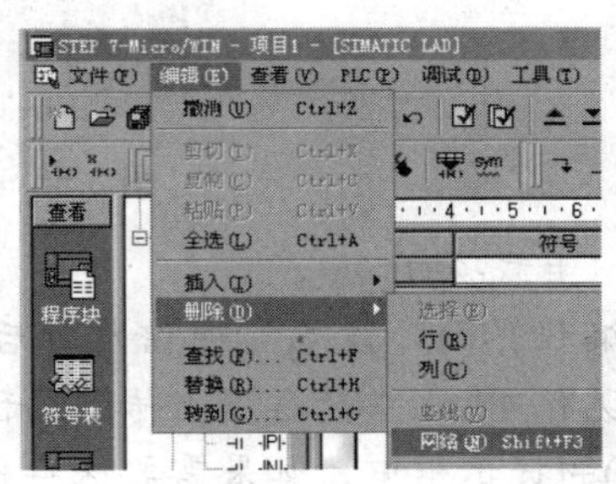

图 3.50　删除网络

6. 编译程序

在编程界面中，单击全部编译按钮，如图 3.51 所示，将会出现如图 3.52 所示的编译结果。若提示错误，则修改，直到编译成功。

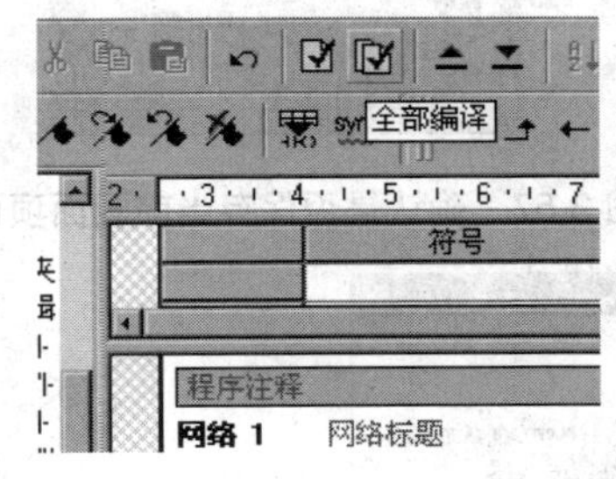

图 3.51　编译程序

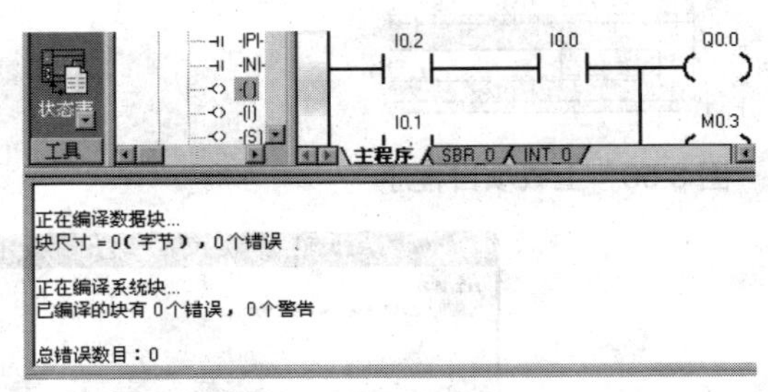

图 3.52　编译结果

7. 下载和上载程序

1)　下载项目

单击工具栏的下载按钮(见图 3.53)，即可弹出“下载”对话框，如图 3.54 所示。如果还没有连接通信，则会提示错误。使用 PC/PPI 或 USB/PPI 通信电缆把 S7-200 与编程电脑连接，然后按照通信的设置方法正确设置，再下载，则会出现如图 3.55 所示的“下载”对话框。单击“下载”按钮，即可把项目程序下载到 CPU 中。

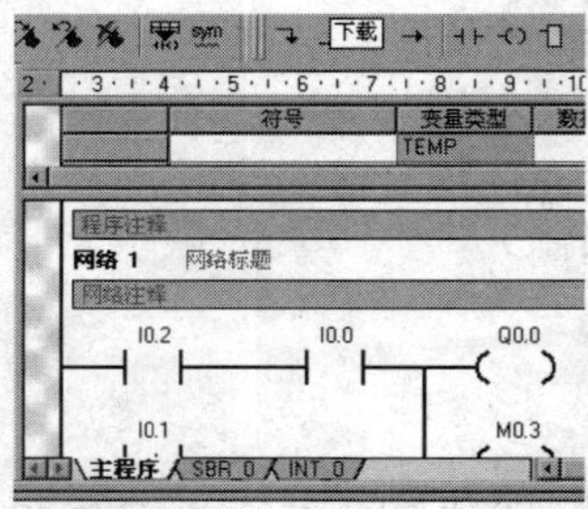

图 3.53　准备下载程序

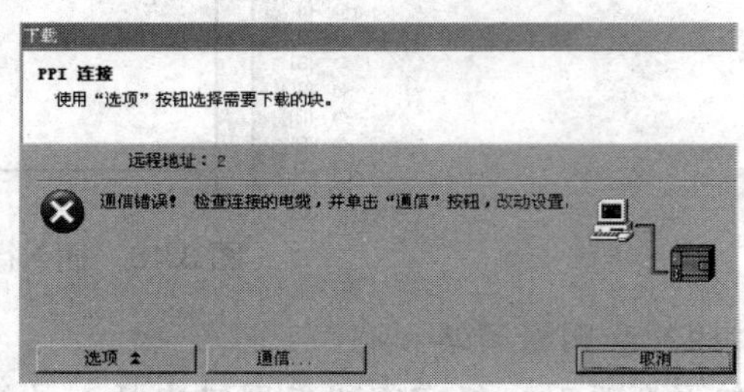

图 3.54　“下载”对话框(有通信错误提示)

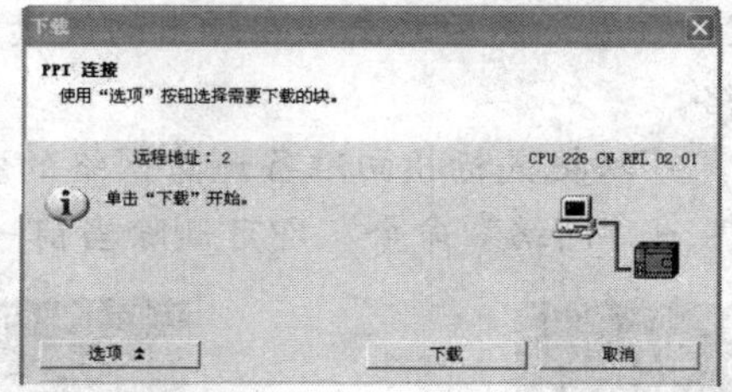

图 3.55　“下载”对话框(通信正常)

2)　上载项目

在编程界面，设置完通信参数后，单击上载按钮，如图 3.56 所示，准备上载项目，把现有 PLC 中的程序上传到编程计算机中，在弹出的确认是否保存当前画面项目(见图 3.57)的提示框中，如果需要保存当前画面的项目，则单击“是”按钮；如果不需要保存，则单击“否”按钮。然后，在弹出的“上载”对话框中(见图 3.58)，单击“上载”按钮，就可以把 PLC 中的项目上载到计算机的当前界面。

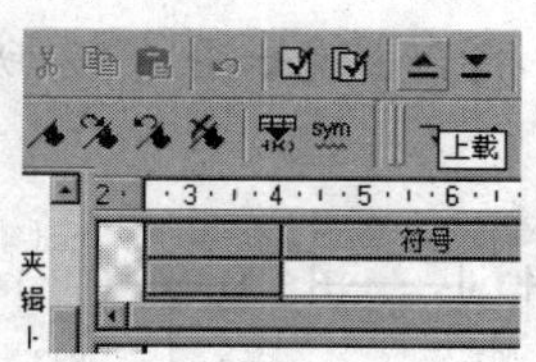

图 3.56　上载项目程序

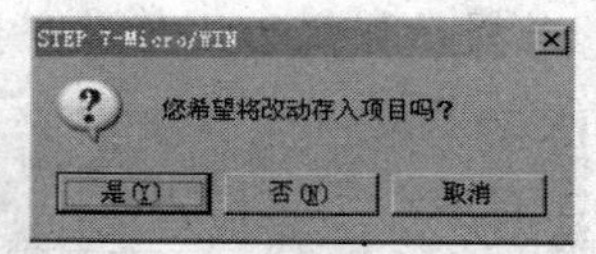

图 3.57　确认是否保存当前画面项目

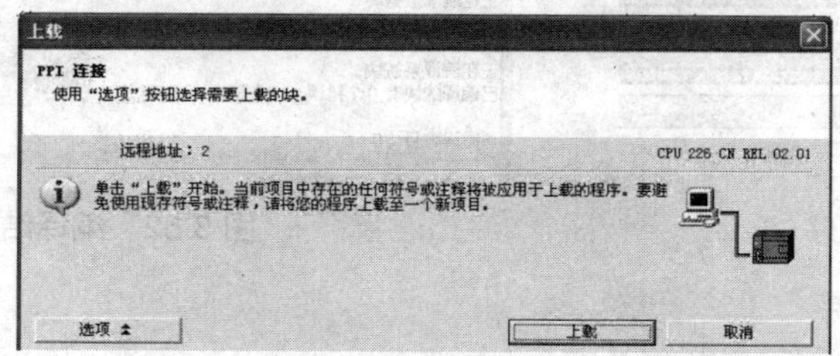

图 3.58　“上载”对话框

8. 运行/停止和监控用户程序

1)　运行用户程序

先把需要运行的用户程序下载到 CPU 中，再把 CPU 上的 RUN/TERM/STOP 开关扳动到“TERM”位置上，然后单击运行(RUN)按钮▶，如图 3.59 所示，会自动弹出确认运行与否的提示框，如图 3.60 所示，确认运行后单击“是”按钮，CPU 开始运行用户程序，CPU 上的 RUN 指示灯会亮起来。

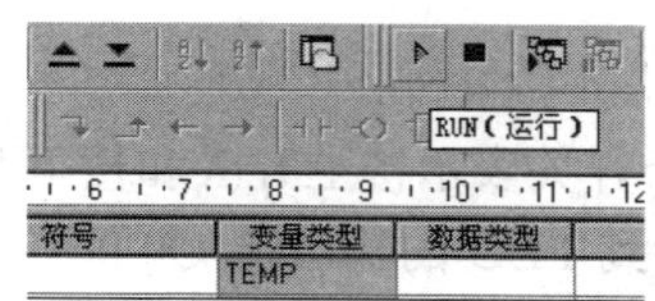

图 3.59　单击运行用户程序

图 3.60　确认是否运行用户程序

2)　停止运行程序

单击停止(STOP)“■”按钮，如图 3.61 所示，将会自动弹出确认停止运行与否的提示框，如图 3.62 所示，确认停止运行后单击“是”按钮，CPU 停止运行用户程序，CPU 上的 STOP 指示灯会亮起来。

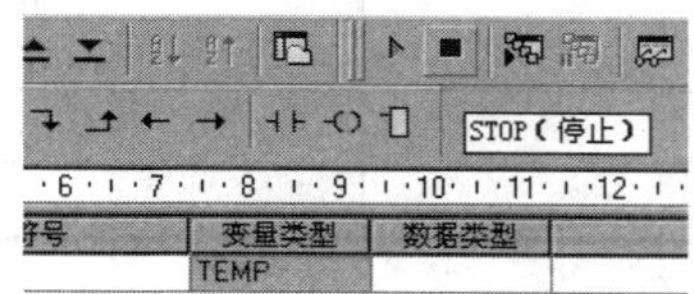

图 3.61　单击停止运行用户程序

图 3.62　确认是否停止运行

3)　在程序画面监控程序状态

在菜单栏中选择“调试”→“开始程序状态监控”命令，如图 3.63 所示，可以打开程序状态界面，图 3.64 所示为单按钮单路启/停的程序状态监控。

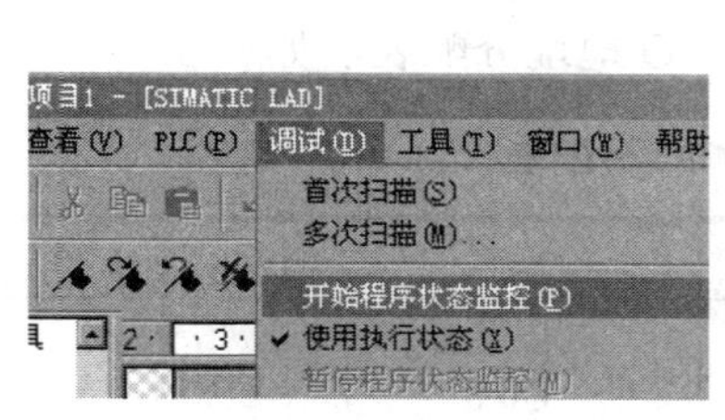

图 3.63　选择命令打开程序监控界面

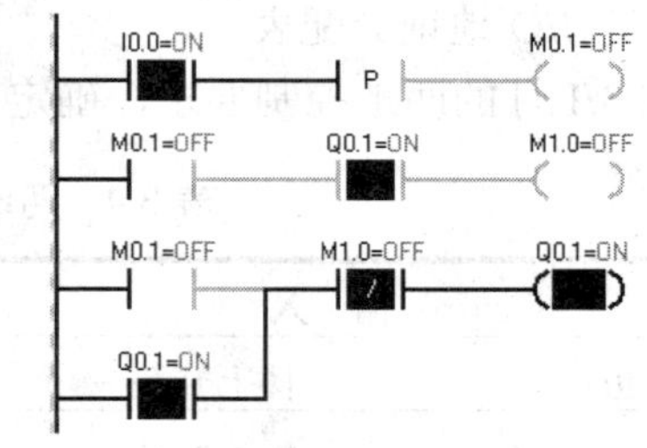

图 3.64　单按钮单路启/停程序状态监控

3.1.2　两地灯控制系统实现过程

为实现两地灯系统设计，在理解 PLC 工作过程、学习装载指令和输出指令的基础上，制订工作计划。

1. 工作计划

为了更好地完成两地灯控制系统的实现，小组成员应协同编制计划，并协作解决难题、相互之间监督计划的执行与完成情况。

- 小组成员研讨任务，明确两地灯控制系统的要求，确定控制系统的实现方案。
- 根据系统实现方案，制订完整详细的工作计划。
- 根据小组成员拟定的工作计划，开展工作。
- 由本组成员进行两地灯控制系统实现的效果检查。
- 由其他组成员或老师进行评估。

2．操作分析

本项目将通过 PLC 实现两地灯的控制。用两个开关表示楼上开关和楼下开关，把两个开关接到 PLC 的两个输入端 I0.0 和 I0.1 上；灯接到 PLC 的输出端 Q0.0 上。根据系统要求，当 I0.0 和 I0.1 的状态不同时，接通输出线圈 Q0.0，灯亮；当 I0.0 和 I0.1 状态相同时，断开 Q0.0，灯灭。由此可得两地灯控制系统的真值表，如表 3.3 所示。

表 3.3　两地灯控制的真值表

输　入		输　出
I0.0	I0.1	Q0.0
0	0	0
0	1	1
1	1	0
1	0	1

由真值表可得逻辑表达式如下。

$Q0.0=\overline{I0.0}\cdot I0.1+I0.0\cdot \overline{I0.1}$

两地灯控制的工作过程如下。

1)　准备元器件

CPU224 AC/DC/Relay、24V 电源、两个开关、一盏灯、连接线等。

2)　确定 I/O 地址分配表

根据图 3.1 灯的两地控制要求，确定本项目的 I/O 地址分配表，如表 3.4 所示。

表 3.4　两地灯控制的 I/O 分配表

输　入		输　出	
I0.0	楼上开关	Q0.0	走廊灯
I0.1	楼下开关		

3)　进行电路连接

根据梯形图中使用的触点，对开关和灯进行电路连接，PLC 端子的接线如图 3.65 所示，并联上必要的电源。

4)　进行程序编辑

在编程软件环境中，根据逻辑表达式编写梯形图，如图 3.66 所示。

(1)　编写程序

(2)　编译程序

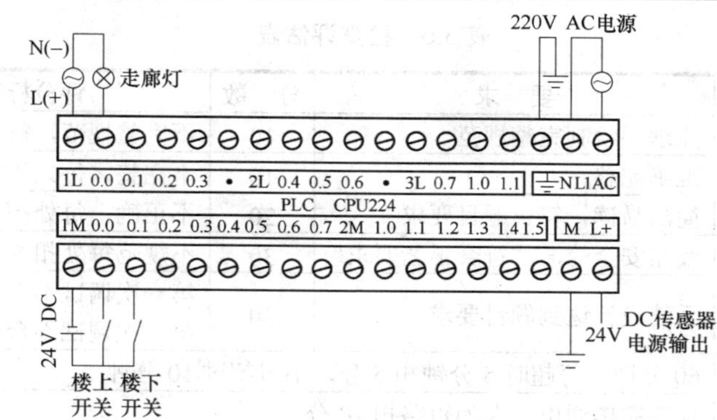

图 3.65　两地灯控制 I/O 接线图

编译结果如图 3.67 所示。

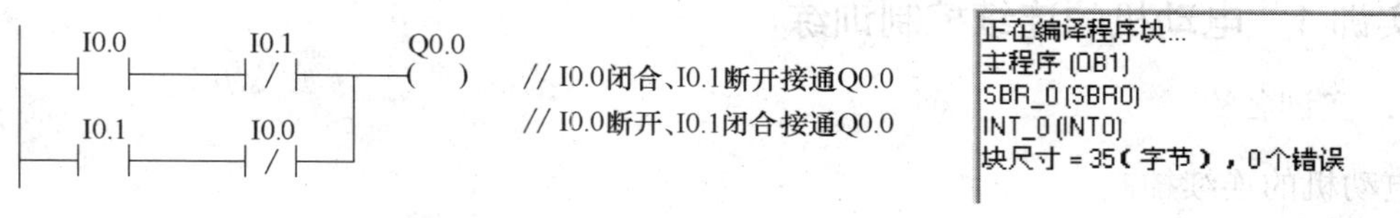

正在编译程序块...
主程序 (OB1)
SBR_0 (SBR0)
INT_0 (INT0)
块尺寸 = 35（字节），0个错误

图 3.66　两地灯控制梯形图

图 3.67　程序编译结果

(3)　下载程序

按照图 3.53 和图 3.55 所示的方法把编译好的程序下载到 PLC 中。

(4)　运行程序

按照图 3.59～图 3.63 所示的方法运行程序，图 3.68～图 3.71 为程序状态监控图。

I0.0=OFF　I0.1=OFF　Q0.0=OFF
I0.1=OFF　I0.0=OFF

图 3.68　I0.0、I0.1 都断开时的程序状态监控图

I0.0=ON　I0.1=OFF　Q0.0=ON
I0.1=OFF　I0.0=ON

图 3.69　I0.0 闭合、I0.1 断开时的程序状态监控图

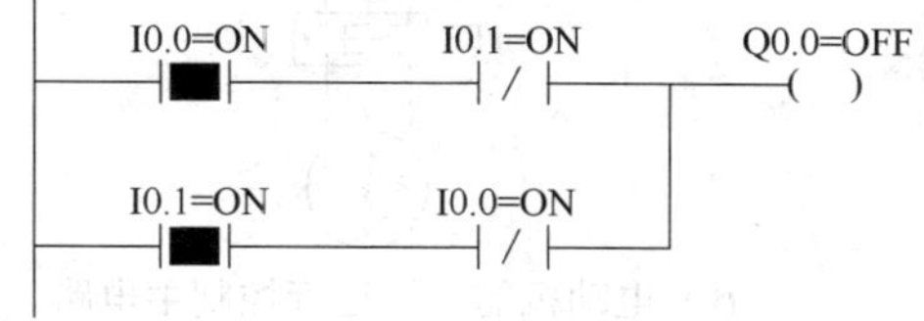

图 3.70　I0.0、I0.1 都闭合时的程序状态监控图

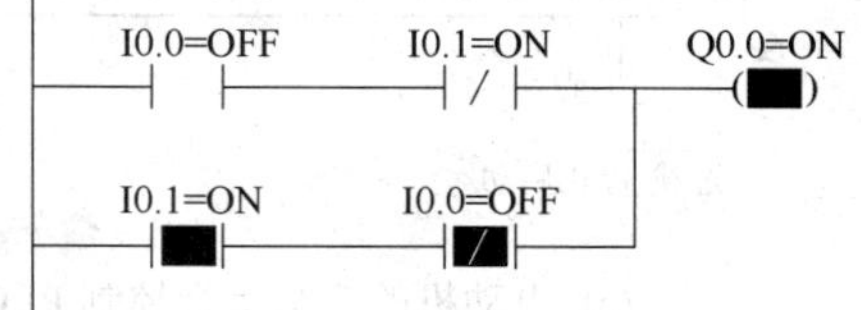

图 3.71　I0.0 断开、I0.1 闭合时的程序状态监控图

3．检查与评估

评价包括从反馈与反思中获得学习机会，使学习者技术实践能力向更高水平发展，同时也检测了反思性学习者的反思品质，即从实践中学习的能力。根据系统运行情况，认真填写检查评估表，评估标准如表 3.5 所示。

表 3.5　检查评估表

项　目	要　求	分　数	评分标准	得　分
系统电气原理图设计	原理图绘制完整规范	10	不完整规范，每处扣 2 分	
I/O 分配表	准确完整	10	不完整，每处扣 2 分	
程序设计	简洁易读，符合题目要求	20	不正确，每处扣 5 分	
电气线路安装和连接	线路安全简洁，符合工艺要求	30	不规范每处扣 5 分	
系统调试	系统设计达到题目要求	30	第一次调试不合格扣 10 分 第二次调试不合格扣 10 分	
时间	60 分钟，每超时 5 分钟扣 5 分，不得超过 10 分钟			
安全	检查完毕通电，人为短路扣 20 分			

3.1.3　拓展实训

实训 1　电动机的连续控制训练

1．实训名称

电动机的连续控制。

2．实训目的

理解基本指令，利用基本指令练习编写程序。

3．控制要求

按下启动按钮，电动机连续正转；按停止按钮电动机停止。过载保护采用热继电器 FR 实现。PLC 控制电动机的连续运行电气原理图接线如图 3.72 所示。

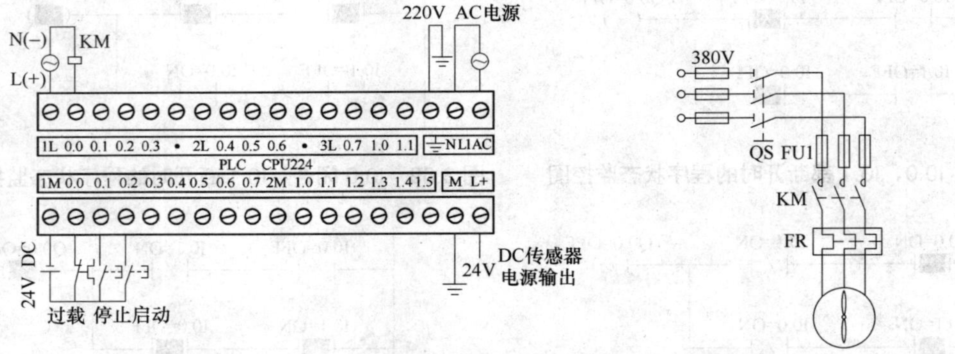

(a) 电动机的连续运行控制 PLC 接线图　　(b) 电动机的连续运行控制主电路

图 3.72　电动机的连续运行控制电气原理图

4．程序设计

根据控制要求，电动机的连续控制 I/O 分配表如表 3.6 所示。控制梯形图程序如图 3.73 所示。

表 3.6　电动机的连续控制 I/O 分配表

输　入		输　出	
I0.0	过载保护继电器 FR	Q0.0	电机驱动接触器 KM
I0.1	停止按钮 SB1		
I0.2	启动按钮 SB2		

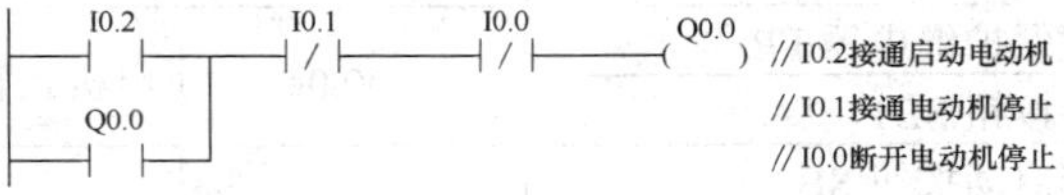

```
   I0.2          I0.1        I0.0          Q0.0
 ──┤ ├──┬──────┤/├────────┤/├──────────( )    //I0.2接通启动电动机
   Q0.0 │                                     //I0.1接通电动机停止
 ──┤ ├──┘                                     //I0.0断开电动机停止
```

图 3.73　电动机的连续运行控制梯形图

5. 上机操作步骤及要求

(1) 根据题目要求，设计电气图并连接 PLC 输入/输出接线。

(2) 启动 STEP 7-Micro/WIN 编程软件，将程序录入并下载到 PLC 中，然后使 PLC 进入运行状态。

(3) 按下按钮并松开 SB1，观察输出 Q0.0 的状态；按下停止按钮 SB2 观察输出情况。

(4) 采用其他运算指令重新编程，观察运行结果。

实训 2　电动机的正反转控制训练

1. 实训名称

电动机的正反转控制。

2. 实训目的

理解基本指令，利用基本指令练习程序。

3. 控制要求

按下正转启动按钮，电动机正转；按下反转启动按钮，电动机反转，再按正转按钮电动机又正转。按停止按钮电动机停止。过载保护采用热继电器 FR 实现。电动机的正反转控制电气原理图如图 3.74 所示。

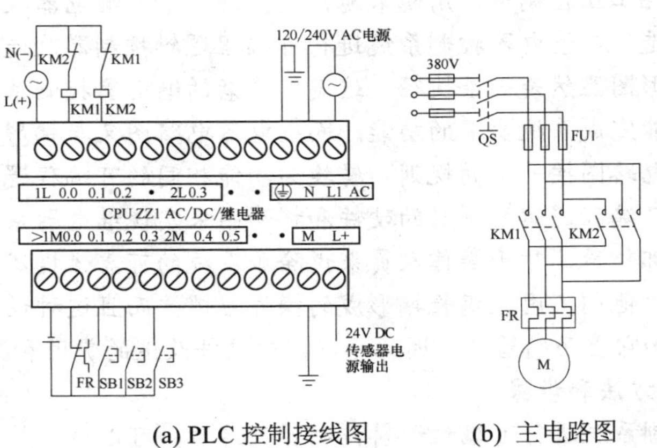

(a) PLC 控制接线图　　　(b) 主电路图

图 3.74　电动机的正反转控制电气原理图

4．程序设计

根据控制要求，电动机正反转控制的 I/O 分配表如表 3.7 所示。控制梯形图程序如图 3.75 所示。

表 3.7　电动机正反转控制的 I/O 分配表

输　入		输　出	
I0.0	过载保护继电器 FR	Q0.0	电机正转驱动接触器 KM1
I0.1	停止按钮 SB1		
I0.2	正转启动按钮 SB2	Q0.1	电机反转驱动接触器 KM2
I0.3	反转启动按钮 SB3		

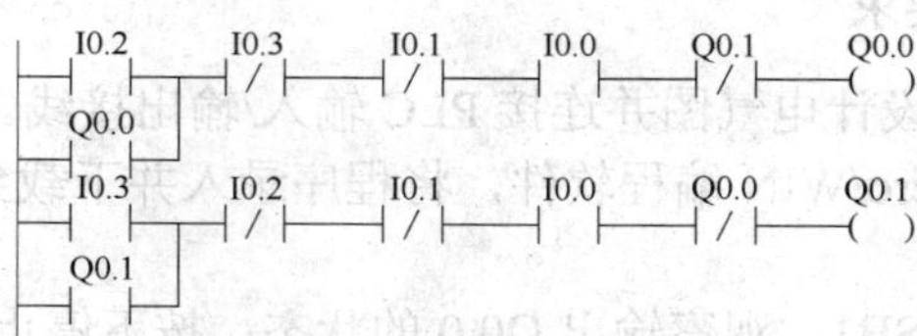

图 3.75　电动机的正反转控制梯形图

5．上机操作步骤及要求

(1) 根据题目要求，设计电气图并连接 PLC 输入/输出接线。

(2) 启动 STEP 7-Micro/WIN 编程软件，将程序录入并下载到 PLC 中，然后使 PLC 进入运行状态。

(3) 按下按钮并松开 SB2，观察输出 Q0.0 和 Q0.1 的状态；按下停止按钮 SB1，观察输出情况。

(4) 采用其他运算指令重新编程，观察运行结果。

知识链接　将继电器控制线路改造为 PLC 控制的编程方法

可编程逻辑控制器(PLC)以其可靠性高、功能全、使用灵活方便及适应工业环境下应用等一系列优点，在工业控制中应用越来越广泛。许多老的继电器控制设备也面临着可编程逻辑控制器的改造。对继电器控制系统进行可编程逻辑控制器改造时，根据原有的继电器电路图来设计梯形图显然是一条捷径，这是因为老的继电器控制系统经过长期的使用和考验，已经被证明能完成系统要求的功能。而继电器电路图又与梯形图有很多相似之处，因此可以将继电器电路图按一定的规则，转换为功能相同的可编程逻辑控制器的外部接线图和梯形图，即用可编程逻辑控制器的硬件和梯形图来实现继电器系统的功能。这种方法没有改变系统的外部特性，对于操作人员来说除了系统的可靠性提高了之外，改造前后的系统没有什么区别，他们不用改变长期形成的操作习惯。而且这种设计方法一般不需要改动设备的控制面板和它上面的器件，因此可以减少硬件改造的费用和编程所需的时间。

1．改造的基本方法和步骤

在将继电器控制系统进行可编程逻辑控制器改造时，可以将可编程逻辑控制器想象成一个继电控制系统中的控制箱，可编程逻辑控制器的外部接线图描述的是这个控制箱的外部接线，可编程逻辑控制器的梯形图是这个控制箱的内部“线路图”，梯形图中的输入继电器和输出继电器是这个控制箱与外部世界联系的“中间继电器”，这样就可以用分析继电器电路图的方法来分析可编程逻辑控制器系统。在分析时可以将梯形图中输入继电器的触点想象成对应的外部输入器件的触点，将输出继电器的线圈想象成对应的外部负载的线圈。外部负载的线圈除受可编程逻辑控制器的控制外，可能还会受外部触点的控制。然后用上述思想来将继电器电路图转换成为功能相同的可编程逻辑控制器的外部接线图和梯形图。其步骤如下。

- 了解和熟悉被控设备的工艺过程和机械的工作情况，根据继电器电路图分析和掌握控制系统的工作原理，这样才能在设计和调试控制系统时做到心中有数。
- 确定可编程逻辑控制器的输入信号和输出负载，以及它们对应的梯形图中的输入继电器和输出继电器的元件，画出可编程逻辑控制器的外部接线图。
- 确定与继电器电路图中的中间继电器、时间继电器对应的梯形图中的辅助继电器和定时器的元件号。建立继电器电路图和梯形图中的元件一一对应的关系。
- 根据上述对应关系按梯形图语言中的语法规则画出梯形图。

2. 改造时应遵守的规则

在继电器电路中，各继电器可以同时动作，而可编程逻辑控制器是串行工作的，因此根据继电器电路图设计可编程逻辑控制器的外部接线图和梯形图时应注意以下几个问题。

(1) 应遵守梯形图语言的语法规则。

(2) 互锁电路转换时应采用双重互锁。

所谓互锁是指当两台电器同时得电将造成危险时，这两台电器应当实行电器互锁。一台电器得电，由于互锁另一台电器绝对不会得电。对于这种互锁电路的转换，除了在梯形图中要实现互锁之外，两台电器设备在外电路上也要实现互锁。这是因为这种互锁使得PLC 的两个输出继电器最小时间间隔只有一个扫描周期(100ms 左右)，在如此短的时间间隔内两个外部继电器(接触器)完成通断切换是困难的，可能会出现一个还未断，另一个已闭合的现象，造成短路。同时外部互锁也可有效地保护由于外电路接触器触头熔焊而形成的短路。

(3) 继电器控制电路中输入触点转换时应注意触点的类型。

当继电器电路图中输入触点为常开型(如动合按钮)时，梯形图中对应的输入继电器控制触点为正常状态，即常开的常开，常闭的常闭。因为这时可编程逻辑控制器对应的输入继电器线圈没有得电，它的常开触点仍然断开，与继电器电路图常开输入触点自然状态一致，常闭触点也是如此。当继电器电路图中输入触点为常闭型(如动断按钮)时，梯形图中对应的输入控制触点为逆状态，即继电器电路图中的常开触点在梯形图中变为对应输入继电器的常闭触点；继电器电路图中的常闭触点在梯形图中变为对应输入继电器的常开触点。因为这时可编程逻辑控制器对应的输入继电器线圈得电，它的常开触点闭合，这与继电器电路图常闭触点的自然状态一致。而这时输入继电器的常闭触点与继电器电路图常开触点的自然状态一致。

(4) 正确区分通电延时触点和断电延时触点。

继电器控制电路中时间继电器的延时触点有两大类：一类是通电延时触点；另一类为断电延时触点。如果在转换过程中遇到了断电，延时触点就要利用通电延时定时器构造断电型定时器。图 3.76 所示为用 S7-200 系列 PLC 通电延时的定时器 T37 构造出的断电延时型定时器。

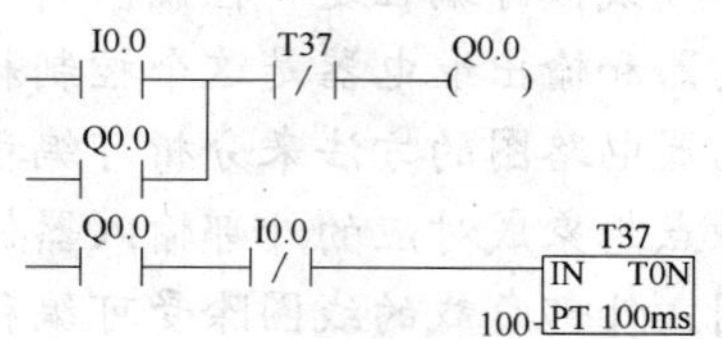

图 3.76 断电型定时器

(5) 尽量减少可编程逻辑控制器的输入信号和输出信号。

可编程逻辑控制器的价格与 I/O 点数有关，而每一输入信号和输出信号分别要占用一个输入点和一个输出点，因此减少输入信号和输出信号的个数是降低硬件费用的主要措施。在继电器电路图中，如果几个输入器件触点的串并联电路只出现一次，或作为整体多次出现，则可以将它们作为可编程逻辑控制器的一个信号，只占一个输入点。继电器控制系统中某些输入器件的触点如果在继电器电路中只出现一次，并且与可编程逻辑控制器输出端的负载串联(如热继电器的常闭触头)，那么就不必将它们作为输入信号，可以将它们放在可编程逻辑控制器外部的输出回路，仍与相应的可编程逻辑控制器的负载串联。对于继电器控制系统中某些相对独立且比较简单的部分，如仅用按钮启动、停止的单向运行电动机的控制电路，可以用继电器线路控制，而不通过可编程逻辑控制器进行控制，这样也可减少可编程逻辑控制器输入/输出的点。

(6) 注意可编程逻辑控制器输出继电器的电压类型和额定值与外部负载一致。

3. 改造实例

图 3.77 所示为三相异步电动机星形—三角形降压启动控制线路。按下启动按钮 SB2 时，接触器 KM1 和 KM3 得电吸合，电动机在星形接线的方式下启动，同时时间继电器 KT 开始延时，8s 后使 KM3 断开 KM2 接通，电动机运行在三角形接线方式下，完成星形—三角形降压启动。SB1 用于停机。

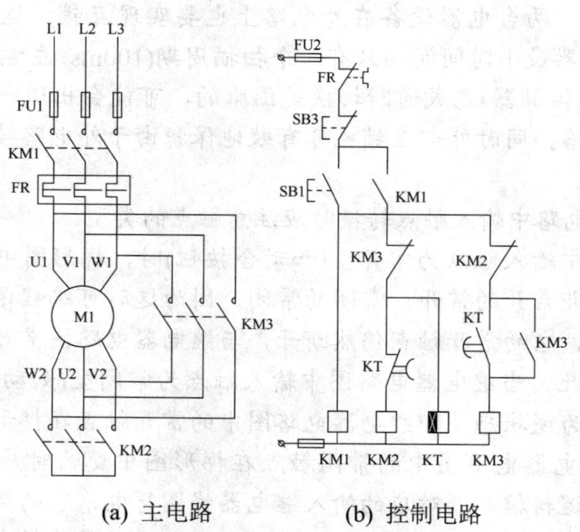

(a) 主电路 (b) 控制电路

图 3.77 三相异步电动机 Y—△减压启动控制电路原理图

根据此控制电路的功能，首先确定可编程逻辑控制器的输入信号和输出负载，以及它们对应的梯形图中的输入继电器和输出继电器的元件及时间继电器，具体如表 3.8 所示。

根据电路的特点画出 PLC 外部接线图如图 3.78 所示。

表 3.8　PLC 输入/输出分配表

输　入		输　出	
I0.0	启动 SB2	Q0.0	电源驱动接触器 KM1
I0.1	停机 SB1	Q0.1	三角方式驱动接触器 KM2
I0.2	过载 FR	Q0.2	星形方式驱动接触器 KM3

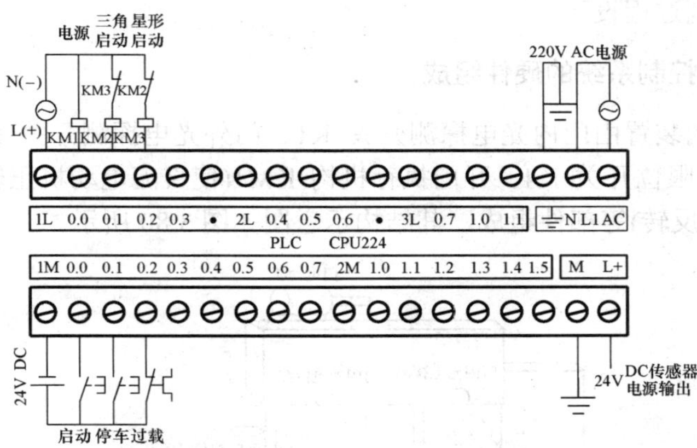

图 3.78　三相异步电动机 Y—△减压启动控制 PLC 接线图

根据前面所述的转换方法，由图 3.77 中 Y—△降压启动控制线路和梯形图语言的语法规则可以得到转换后的梯形图如图 3.79 所示。

```
 I0.0        I0.2   I0.1   Q0.0
─┤ ├──┬──────┤/├────┤/├────( )     // I0.0启动电源
 Q0.0 │
─┤ ├──┘
 Q0.0        M0.0   Q0.2
─┤ ├─────────┤/├────( )            // Y启动
 Q0.2        Q0.0   M0.0      T37
─┤ ├─────────┤/├────┤/├────[IN   TON]   // T37延时10s
                       100─[PT  100ms]
 T37         Q0.0   M0.0
─┤ ├──┬──────┤/├────( )            // Y启动延时10s到
 M0.0 │
─┤ ├──┘
 M0.0        Q0.0   I0.1   Q0.1
─┤ ├──┬──────┤/├────┤/├────( )     // Δ运行
 Q0.1 │
─┤ ├──┘
```

图 3.79　电动机 Y—△降压启动梯形图

由本例可以看出，对继电器控制系统进行可编程逻辑控制器改造时，根据原有的继电器电路图来设计梯形图方便快捷，效率很高。但同时要注意，继电器控制系统由于受继电器触点数量的限制，不得不增加中间继电器，因而按上述方法得到的梯形图常常需要进一步简化、优化，才能达到要求。

3.2 自动开关门控制系统设计

随着城市建设的高速发展，各种大型建筑物不断兴建，在这些场所中，自动门的应用越来越普及。自动门的设计大多以单片机或 PLC 为控制系统，本节将以 S7-200 为控制器来实现自动门的控制过程设计。

1. 自动开关门控制系统的硬件组成

自动开关门控制装置由门内光电探测开关 K1、门外光电探测开关 K2、开门到位限位开关 K3、关门到位限位开关 K4、开门执行机构 KM1(使直流电动机正转)和关门执行机构 KM2(使直流电动机反转)等部件组成，其结构示意图如图 3.80 所示。

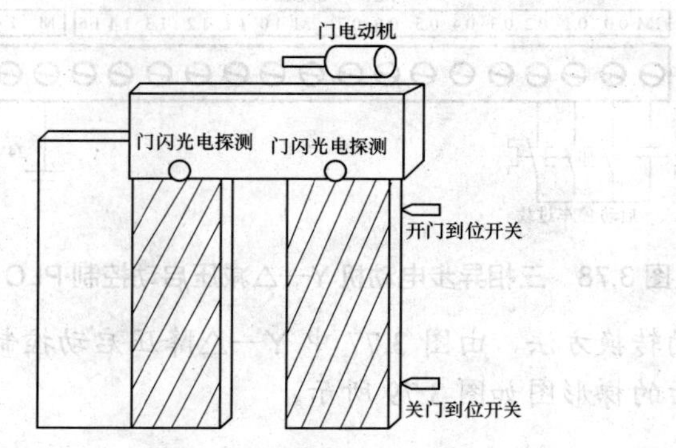

图 3.80　自动开关门结构示意图

2. 控制要求

- 当有人由内到外或由外到内通过光电检测开关 K1 或 K2 时，开门执行机构 KM1 动作，电动机正转，当其到达开门限位开关 K3 位置时，电动机停止运行。
- 自动门在开门位置停留 8 秒后，自动进入关门过程，关门执行机构 KM2 被启动，电动机反转，当门移动到关门限位开关 K4 位置时，电动机停止运行。
- 在关门过程中，当有人员由外到内或由内到外通过光电检测开关 K2 或 K1 时，应立即停止关门，并自动进入开门程序。
- 在门打开后的 8 秒等待时间内，若有人员由外至内或由内至外通过光电检测开关 K2 或 K1 时，必须重新开始等待 8 秒，然后再自动进入关门过程，以保证人员安全通过。

3.2.1 指令基础——位逻辑指令(二)

为了实现自动门的控制，需要在位逻辑指令(一)的基础上学习置位、复位和边沿脉冲指令。

1. 置位、复位指令

指令格式：LAD 及 STL 格式如图 3.81 所示。

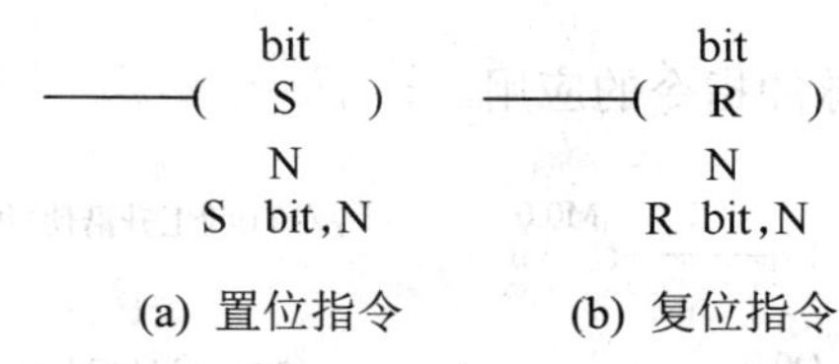

(a) 置位指令　　(b) 复位指令

图 3.81　置位与复位指令

- 置位指令(Set)：从 bit 开始的 N 个元件置 1 并保持。
- 复位指令(Reset)：从 bit 开始的 N 个元件清零并保持。

例 3.6　图 3.82 为 S/R 指令的应用。

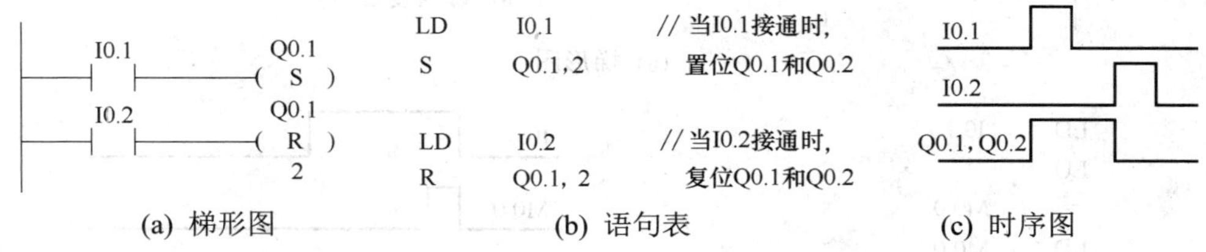

(a) 梯形图　　(b) 语句表　　(c) 时序图

图 3.82　S/R 指令使用举例

S/R 指令使用说明：

- S/R 指令的操作数为：I、Q、M、SM、T、C、V、S 和 L。
- 设置(S)和复原(R)指令设置(打开)或复原指定的点数(N)，从指定的地址(位)开始，可以设置和复原 1～255 个点。
- 对位元件来说，其一旦被置位，就会保持在通电状态，除非对它复位；而一旦被复位就会保持在断电状态，除非再对它置位。
- S/R 指令可以互换次序使用，但由于 PLC 采用扫描工作方式，所以写在后面的指令具有优先权。
- 如果复位指令的操作数是一个定时器位(T)或计数器位(C)，会使相应定时器位计数器位复位为 0，并清除定时器或计数器的当前值。

2．边沿脉冲指令

指令格式：LAD 及 STL 格式如图 3.83 所示。

(1) 上升沿脉冲指令：指某一位操作数的状态由 0 变为 1 的边沿过程，可产生一脉冲。这个脉冲可以用来启动一个控制程序、启动一个运算过程或结束一个控制等。

—| P |—　　—| N |—
EU　　ED
(a)　　(b)

(a) 上升沿脉冲　(b) 下降沿脉冲

图 3.83　边沿脉冲指令

注意：上升沿脉冲只存在一个扫描周期，接受这一脉冲或控制的元件应写在这一脉冲出现的语句之后。

(2) 下降沿脉冲指令：指某一操作数的状态由 1 变为 0 的边沿过程，可产生一脉冲。这个脉冲可以像上升沿脉冲一样，用来启动一个控制程序、启动一个运算过程或是结束一个控制等。

注意：边沿脉冲只存在一个扫描周期，接受这一脉冲控制的元件应写在这一脉冲出现的语句之后。

例 3.7 图 3.84 为边沿脉冲指令的应用。

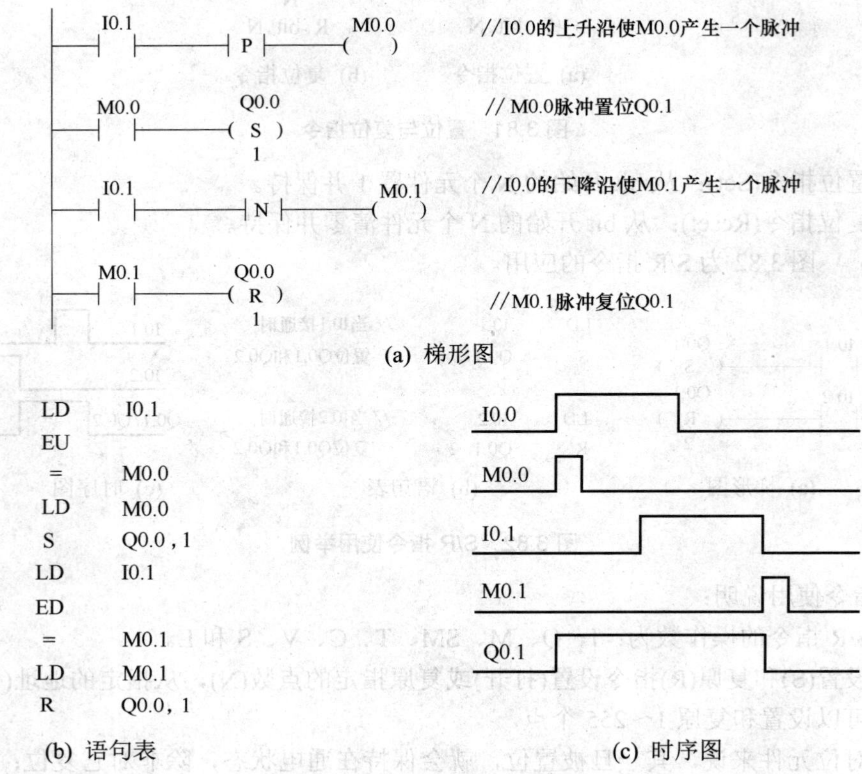

图 3.84 边沿脉冲指令的应用举例

3.2.2 自动开关门控制系统设计实现过程

在进行自动开关门系统设计前，需根据所学知识点和控制要求，分成几组完成任务，组内成员制订工作计划，熟悉设备使用情况，熟练使用指令，进行软件编辑和电气原理图设计，然后进行 PLC、输入/输出设备的电路连接，在检查电路正确的情况下，从计算机下载编辑的梯形图到 PLC，并运行。

1. 工作过程

为了更好地完成自动开关门控制系统的实现，小组成员应协同编制计划，并协作解决难题、相互之间监督计划的执行与完成情况。

- 小组成员研讨任务，明确自动开关门控制系统的要求，确定控制系统的实现方案。
- 根据系统实现方案，确定完整详细的工作计划。
- 根据小组成员拟定的工作计划，开展工作。
- 由本组成员进行自动开关门控制系统实现的效果检查。
- 由其他组成员或老师进行评估。

2．操作分析

现在我们一步步地来实现自动开关门的设计。

1)　准备元器件

CPU224 AC/DC/Relay、24V 电源、维修急停开关 K、门内光电探测 K1、门外光电探测 K2、开门到位限位开关 K3、关门到位限位开关 K4、开门执行机构 KM1、关门执行机构 KM 2 和连接线。

2)　确定 I/O 地址分配表

根据图自动开关门控制系统要求，确定本项目的 I/O 地址分配表。如表 3.9 所示。

表 3.9　自动开关门控制的 I/O 分配表

<table>
<tr><th colspan="2">输　入</th><th colspan="2">输　出</th></tr>
<tr><td>I0.0</td><td>维修急停开关 K</td><td rowspan="3">Q0.1</td><td rowspan="3">开门执行机构 KM1</td></tr>
<tr><td>I0.1</td><td>门内光电探测 K1</td></tr>
<tr><td>I0.2</td><td>门外光电探测 K2</td></tr>
<tr><td>I0.3</td><td>开门到位限位开关 K3</td><td rowspan="2">Q0.2</td><td rowspan="2">关门执行机构 KM2</td></tr>
<tr><td>I0.4</td><td>关门到位限位开关 K4</td></tr>
</table>

3)　进行电路连接

根据梯形图中使用的触点，对外部部件开关和灯进行电路连接，自动开关门的 PLC 接线图如图 3.85 所示，并连上必要的电源。

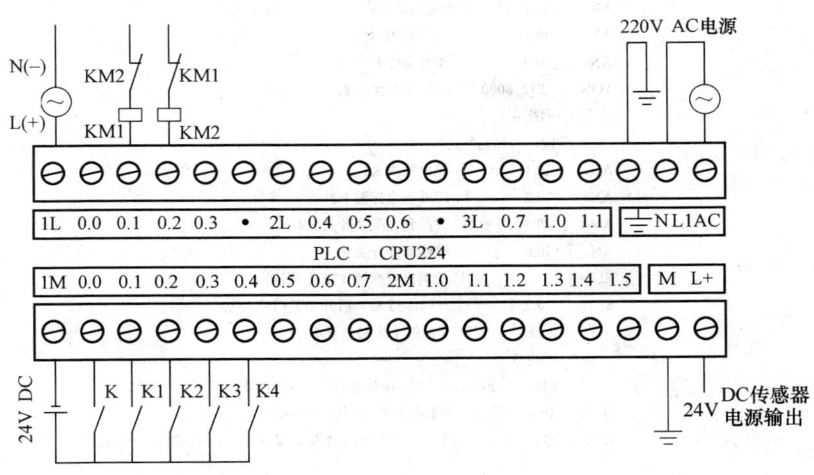

图 3.85　自动开关门控制系统的 I/O 接线图

4)　进行程序编辑

在编程软件环境中，根据控制要求编写梯形图，如图 3.86 所示，语句表如图 3.87 所示。

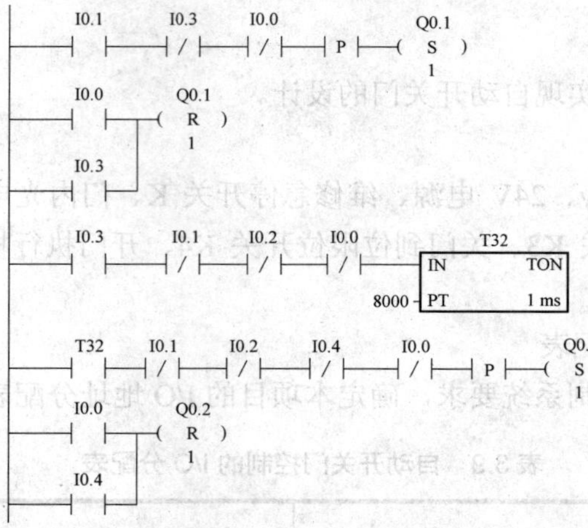

```
I0.1   I0.3   I0.0              Q0.1
─┤ ├───┤/├────┤/├────┤P├────( S )
                                1
I0.0          Q0.1
─┤ ├───┬────( R )
       │       1
I0.3   │
─┤ ├───┘

I0.3   I0.1   I0.2   I0.0        T32
─┤ ├───┤/├────┤/├────┤/├────[IN    TON]
                         8000-[PT   1 ms]

T32    I0.1   I0.2   I0.4   I0.0              Q0.2
─┤ ├───┤/├────┤/├────┤/├────┤/├────┤P├────( S )
                                              1
I0.0          Q0.2
─┤ ├───┬────( R )
       │       1
I0.4   │
─┤ ├───┘
```

图 3.86　自动开关门控制梯形图

```
网络 1
LD    I0.1        // 光电探测 K1
AN    I0.3        // 开门到位限位开关 K3
AN    I0.0        // 维修急停开关 K
EU                // 光电探测 K1 接通(有人进门则产生
                     一个脉冲)
S     Q0.1, 1     // 将 Q0.1 开始的 1 个触点置 1，门开
网络 2
LD    I0.0        // 维修急停开关 K1 闭合
O     I0.3        // 并联关门到位限位开关 K3
R     Q0.1, 1     // 将 Q0.1 开始的 1 个触点置 0，门关
网络 3
LD    I0.3        // 开门到位限位开关 K3 闭合
AN    I0.1        // 光电探测 K1
AN    I0.2        // 门外光电探测 K2
AN    I0.0        // 维修急停开关 K
TON   T32, 8000   // 门保持开状态 8s
网络 4
LD    T32
AN    I0.1        // 光电探测 K1
AN    I0.2        // 门外光电探测 K2
AN    I0.4        // 关门到位限位开关 K4
AN    I0.0        // 维修急停开关 K
EU                /  检测光电探测 T32 上升沿
S     Q0.2, 1     // 开门保持 8s，后开始关门将 Q0.2
                     开始的 1 个触点置 1
网络 5
LD    I0.0        // 维修急停开关 K1 闭合
O     I0.4        // 并联关门到位限位开关 K4
R     Q0.2, 1     // 将 Q0.2 开始的 1 个触点置 0
```

图 3.87　自动开关门控制语句表

3．检查与评估

工作过程结束时，进行设计结果检查与评估，评估项目参照 PLC 职业标准。评估标准见表 3.10。

表 3.10　检查评估表

项　目	要　求	分　数	评分标准	得　分
系统电气原理图设计	原理图绘制完整规范	10	不完整规范，每处扣 2 分	
I/O 分配表	准确完整	10	不完整，每处扣 2 分	
程序设计	简洁易读，符合题目要求	20	不正确，每处扣 5 分	
电气线路安装和连接	线路安全简洁，符合工艺要求	30	不规范每处扣 5 分	
系统调试	系统设计达到题目要求	30	第一次调试不合格扣 10 分 第二次调试不合格扣 10 分	
时间	60 分钟，每超时 5 分钟扣 5 分，不得超过 10 分钟			
安全	检查完毕通电，人为短路扣 20 分			

3.2.3　拓展实训

实训 1　单按钮单路启/停控制程序

1．实训名称

单按钮单路启/停控制。

2．实训目的

理解基本指令，利用基本指令练习编写程序。

3．控制要求

单个按钮控制一盏灯，第一次按下时灯亮，第二次按下时灯灭，……，即奇数次灯亮，偶数次灯灭。

4．程序设计

根据控制要求，这里利用 I0.0 作为单按钮单路启/停控制输入，用 Q0.1 作为系统输出指示。图 3.88 为单按钮单路启/停控制梯形图。

I0.0　P　M0.1　// I0.0 每接通 1 次，M0.1 输出一个周期脉冲

M0.1　Q1.0　M1.0　// M0.1 和 Q0.1 的状态控制中间数据 M1.0

M0.1　M1.0　Q0.1　// 指示灯输出

Q0.1

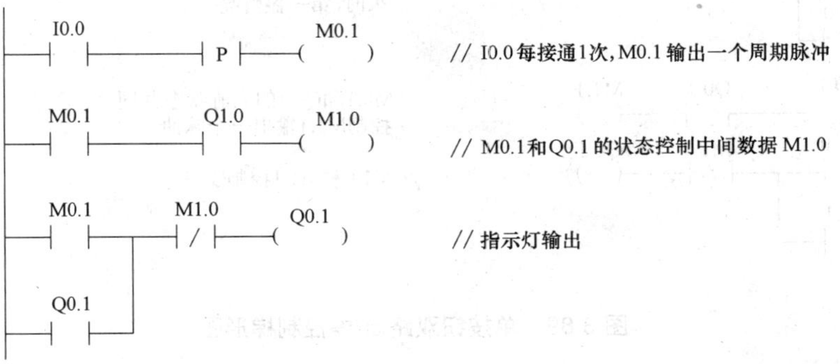

图 3.88　单按钮单路启/停控制梯形图

5．上机操作步骤及要求

(1) 根据题目要求，设计电气图并连接 PLC 输入/输出接线。

(2) 启动 STEP 7-Micro/WIN 编程软件，将程序录入并下载到 PLC 中，然后使 PLC 进入运行状态。

(3) 按下按钮并松开 I0.0，观察输出 Q0.1 的状态；再按下按钮并松开 I0.0，观察输出 Q0.1 的状态改变情况。

实训 2 单按钮双路启/停控制程序

1．实训名称

单按钮双路启/停控制。

2．实训目的

理解基本指令，利用基本指令练习编写程序。

3．控制要求

用一个按钮控制两盏灯，第一次按下时第一盏灯亮，第二次按下时第一盏灯灭，同时第二盏灯亮，第三次按下时第二盏灯灭，第四次按下时第一盏亮，如此循环。

4．程序设计

根据控制要求，这里利用 I0.0 作为单按钮双路启/停控制输入，用 Q0.0 作为第一盏灯输出，用 Q0.1 作为第二盏灯输出。图 3.89 为单按钮双路启/停控制的梯形图。

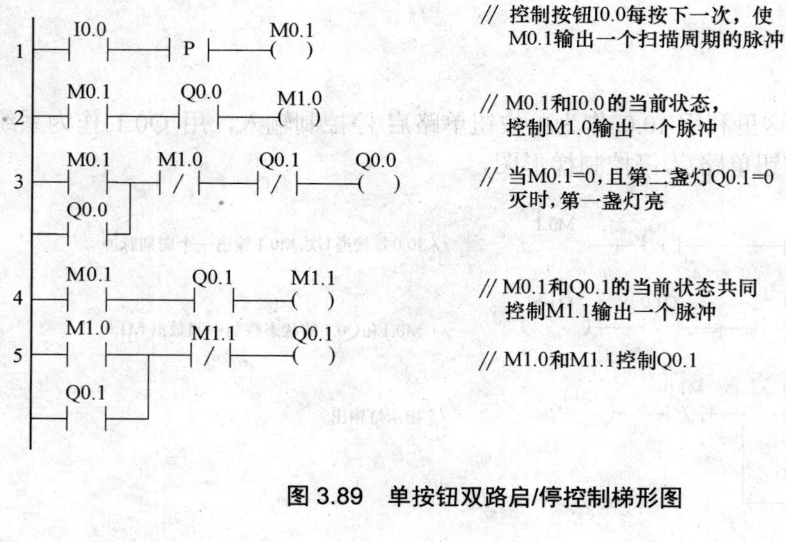

```
1  I0.0 ─┤ ├─┤P├──( M0.1 )          // 控制按钮I0.0每按下一次，使
                                      M0.1输出一个扫描周期的脉冲
2  M0.1 ─┤ ├─ Q0.0 ─┤ ├──( M1.0 )   // M0.1和I0.0的当前状态，
                                      控制M1.0输出一个脉冲
3  M0.1 ─┤ ├─┬─ M1.0 ─┤/├─ Q0.1 ─┤/├──( Q0.0 )   // 当M0.1=0,且第二盏灯Q0.1=0
   Q0.0 ─┤ ├─┘                                      灭时，第一盏灯亮
4  M0.1 ─┤ ├─ Q0.1 ─┤ ├──( M1.1 )   // M0.1和Q0.1的当前状态共同
                                      控制M1.1输出一个脉冲
5  M1.0 ─┤ ├─┬─ M1.1 ─┤/├──( Q0.1 ) // M1.0和M1.1控制Q0.1
   Q0.1 ─┤ ├─┘
```

图 3.89 单按钮双路启/停控制梯形图

5. 上机操作步骤及要求

(1) 根据题目要求，设计电气图并连接 PLC 输入/输出接线。

(2) 启动 STEP 7-Micro/WIN 编程软件，将程序录入并下载到 PLC 中，然后使 PLC 进入运行状态。

(3) 按下再松开 I0.0 输入按钮，观察输出 Q0.0 和 Q0.1 的状态；连续按下和松开 I0.0 输入按钮，注意观察 Q0.0 和 Q0.1 输出状态的改变。

(4) 采用其他运算指令重新编程，观察运行结果。

实训 3　液体混合装置控制训练

1. 实训名称

液体混合装置控制。系统图如图 3.90 所示。

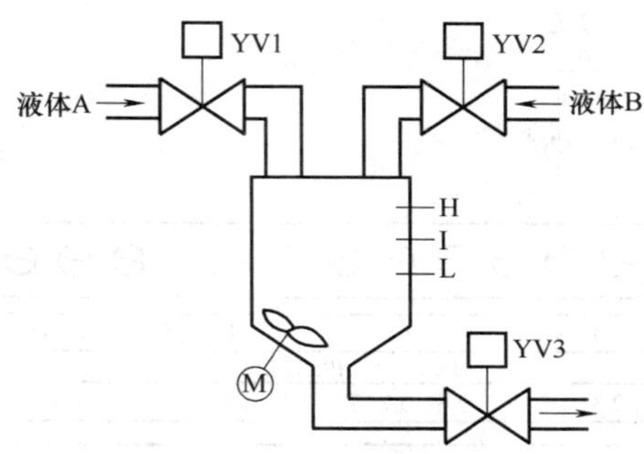

图 3.90　液体混合装置系统图

2. 实训目的

理解基本指令，利用基本指令练习编写程序。

3. 控制要求

(1) 按启动按钮 SB1 后，电磁阀 YV1 通电打开，液体 A 流入容器。

(2) 当液位高度到达 I 时，液位传感器 I 接通，此时电磁阀 YV1 断电关闭，而电磁阀 YV2 通电打开，液体 B 流入容器。

(3) 当液位高度到达 H 时，液位传感器 H 接通，这时电磁阀 YV2 断电关闭，同时启动电动机 M 搅拌。

(4) 20 秒后，电动机 M 停止搅拌，这时电磁阀 YV3 通电打开，放出混合后的液体到下一道工序。

(5) 当液位高度下降到 L 后，再延时 2 秒，使电磁阀 YV3 断电关闭，并自动开始新的工作周期。

(6) 该液体混合装置在按下停机按钮 SB2 时，要求不能立即停止工作，直到完成一个工作循环时才停止工作。

4．程序设计

根据控制要求，液体混合控制的 I/O 分配表如表 3.11 所示。液体混合装置控制的 I/O 接线图如图 3.91 所示，控制梯形图如图 3.92 所示。

表 3.11　液体混合 I/O 分配表

输　入		输　出	
I0.0	启动	Q0.0	电磁阀 YV1
I0.1	传感器 I	Q0.1	电磁阀 YV2
I0.2	传感器 H	Q0.2	搅拌机 M
I0.3	传感器 L	Q0.3	电磁阀 YV3
I0.4	停止	Q0.4	停机指示

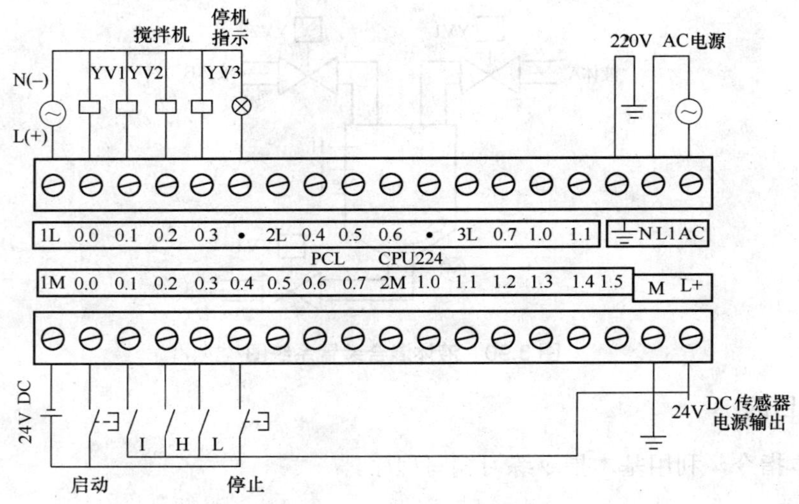

图 3.91　液体混合装置控制的 I/O 接线图

5．上机操作步骤及要求

(1) 根据题目要求，设计电气图并连接 PLC 输入/输出接线。

(2) 启动 STEP 7-Micro/WIN 编程软件，将程序录入并下载到 PLC 中，然后使 PLC 进入运行状态。

(3) 按下启动按钮 I0.0，观察输出 Q0.0～Q0.4 的状态变化；再按下停止按钮 I0.4，再观察输出 Q0.0～Q0.4 的状态改变情况。

(4) 采用其他指令重新编程，观察运行结果。

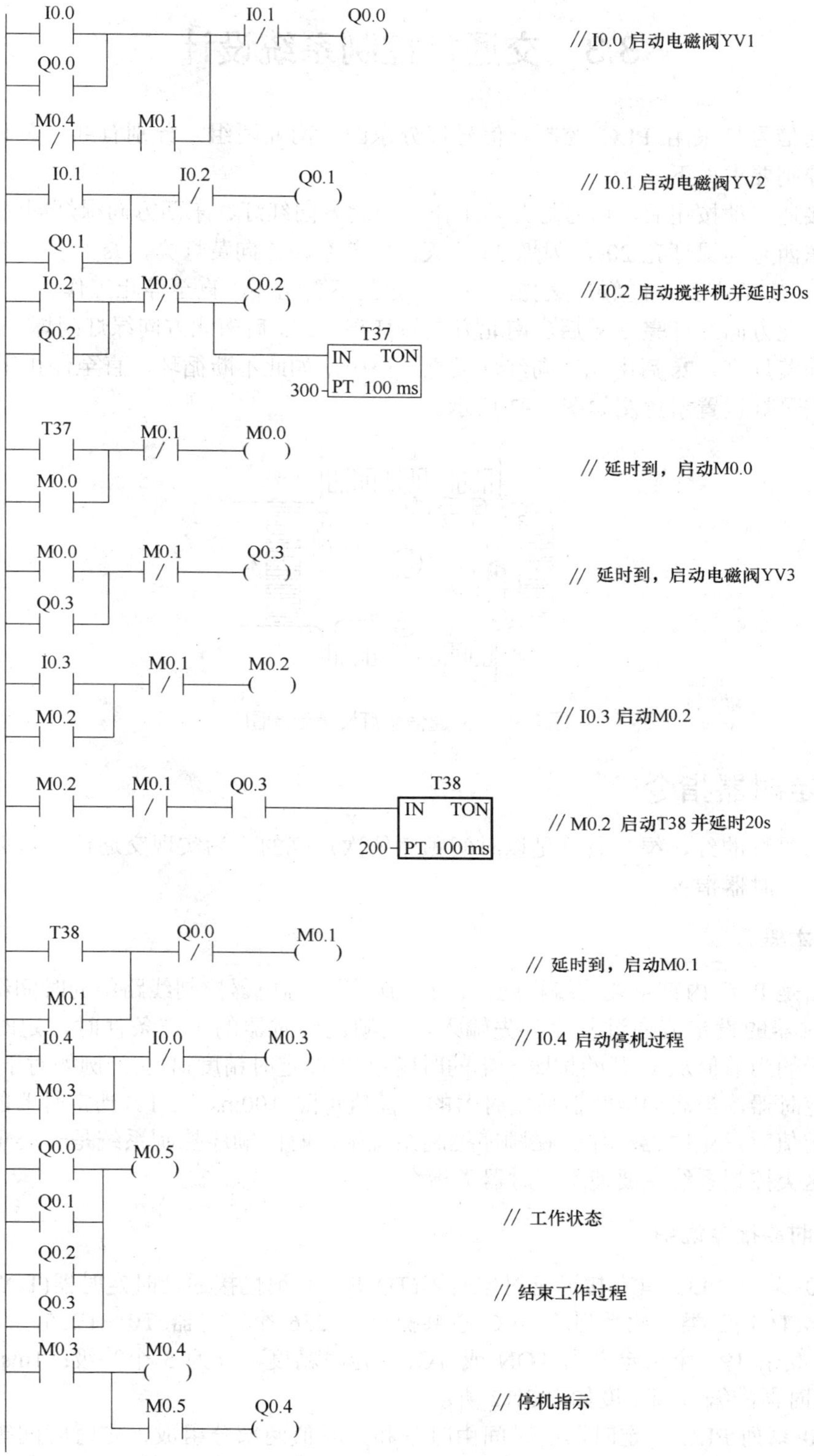

```
I0.0        I0.1    Q0.0
─┤ ├──┬──────┤/├────( )        // I0.0 启动电磁阀YV1
Q0.0  │
─┤ ├──┘
M0.4    M0.1
─┤/├────┤ ├──┘

I0.1        I0.2    Q0.1
─┤ ├──┬──────┤/├────( )        // I0.1 启动电磁阀YV2
Q0.1  │
─┤ ├──┘

I0.2        M0.0    Q0.2
─┤ ├──┬──────┤/├──┬─( )        //I0.2 启动搅拌机并延时30s
Q0.2  │           │    T37
─┤ ├──┘           └──IN  TON
                300─PT  100 ms

T37         M0.1    M0.0
─┤ ├──┬──────┤/├────( )        // 延时到，启动M0.0
M0.0  │
─┤ ├──┘

M0.0        M0.1    Q0.3
─┤ ├──┬──────┤/├────( )        // 延时到，启动电磁阀YV3
Q0.3  │
─┤ ├──┘

I0.3        M0.1    M0.2
─┤ ├──┬──────┤/├────( )        // I0.3 启动M0.2
M0.2  │
─┤ ├──┘

M0.2    M0.1    Q0.3        T38
─┤ ├─────┤/├─────┤ ├──────IN  TON      // M0.2 启动T38 并延时20s
                     200─PT  100 ms

T38         Q0.0    M0.1
─┤ ├──┬──────┤/├────( )        // 延时到，启动M0.1
M0.1  │
─┤ ├──┘

I0.4        I0.0    M0.3
─┤ ├──┬──────┤/├────( )        // I0.4 启动停机过程
M0.3  │
─┤ ├──┘

Q0.0        M0.5
─┤ ├──┬─────( )
Q0.1  │                        // 工作状态
─┤ ├──┤
Q0.2  │                        // 结束工作过程
─┤ ├──┤
Q0.3  │
─┤ ├──┘

M0.3        M0.4
─┤ ├──┬─────( )
      │ M0.5    Q0.4           // 停机指示
      └──┤ ├────( )
```

图 3.92　液体混合装置控制梯形图

3.3 交通灯控制系统设计

某交通信号灯采用 PLC 控制，信号灯分东西、南北两组，分别有红、黄和绿三种颜色。具体控制要求如下。

(1) 接通启动按钮后，信号灯开始工作，南北方向红灯、东西方向绿灯同时亮。

(2) 东西方向绿灯亮 20s，闪烁 3s 后灭，接着东西方向黄灯亮，2s 后灭，接着东西方向红灯亮，25s 后东西方向绿灯又亮，……，如此不断循环，直至停止工作。

(3) 南北方向红灯亮 25s 后，南北方向绿灯亮，20s 后南北方向绿灯闪烁 3s 后灭，接着南北方向黄灯亮，2s 后南北方向红灯又亮，……，如此不断循环，直至停止工作。

交通信号灯设置示意图如图 3.93 所示。

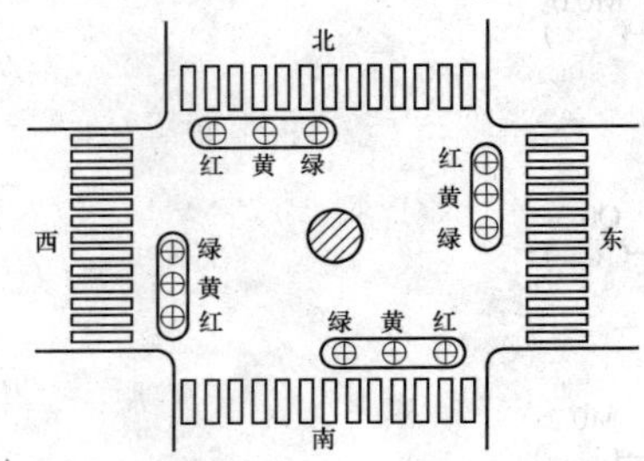

图 3.93 交通信号灯设置示意图

3.3.1 定时器指令

交通信号灯的红、绿、黄灯是以时间顺序依次点亮的，为实现交通信号灯的控制，我们需要学习定时器指令。

1. 基本概念

定时器是 PLC 内部重要的编程元件，它的作用与继电器控制线路中的时间继电器基本相似。定时器的设定值通过程序预先输入，当满足定时器的工作条件时，定时器开始计时，定时器的当前值从 0 开始按照一定的时间单位(即定时精度)增加。例如对于 100ms 定时精度的定时器，当启动定时器后定时器的当前值每隔 100ms 加 1。当定时器的当前值达到它的设定值时，定时器动作。在顺序控制系统中，时间顺序控制系统是一类重要的控制系统，而这类控制系统主要使用定时器类指令。

2. 定时器指令说明

S7-200 系列 PLC 具有接通延时定时器(TON)、有记忆接通延时定时器(TONR)及断开延时定时器(TOF)三类。此系列的 PLC 总共提供了 256 个定时器 T0～T255，其中 TONR 为 64 个，其余 192 个可定义为 TON 或 TOF。定时精度可分为 3 个等级：1ms、10ms 和 100ms。定时器的编号和精度如表 3.12 所示。

S7-200 系列 PLC 中定时器的时间由时基和定时值两部分组成，定时时间等于时基与定时值的乘积。时基小则分辨率高，但定时时间范围窄；时基大则分辨率低，但定时范围宽。

表 3.12　TON、TONR、TOF 定时器的分辨率

定时器类型	分辨率/s	最大定时值/s	定时器编号
TONR	1	32.776	T0、T64
	10	327.76	T1～T4、T65～T68
	100	3277.6	T5～T31、T69～T95
TON、TOF	1	32.776	T32、T96
	10	327.76	T33～T36、T97～T100
	100	3277.6	T37～T63、T101～T225

定时器指令需要 3 个操作数：编号、设定值和允许输入端。

每个编号的定时器，包括 1 个 16 位的当前值寄存器，它对时基计数，最大值为 32767；1 状态位，当定时器定时时间到，此状态位为 1，相应编号的常开触点闭合，常闭触点断开定时时间为

$$T=PT\times S$$

式中：T 为定时器的定时时间；PT 为定时器的设定值，数据类型为整数型；S 为定时器的精度。

定时器计时的过程就是对时基脉冲进行计数的过程，然而，3 种不同定时精度的定时器的刷新方式是不同的。要正确使用定时器，首先要知道定时器的刷新方式，保证定时器在每个扫描周期都能刷新一次，并能执行 1 次定时器指令。

(1) 1ms 分辨率。1ms 定时器对定时器启动后的 1ms 间隔进行计数，即 1ms 后执行定时器指令，启动定时器。1ms 定时器每隔 1ms 刷新一次定时器位和定时器当前值，不和扫描周期同步。当扫描周期较长时，在一个周期内可能被多次刷新，其当前值在一个扫描周期内不一定保持一致。

(2) 10ms 分辨率。10ms 定时器对定时器启动后的 10ms 间隔进行计数，即 10ms 后执行定时器指令，启动定时器。10ms 定时器在每次扫描周期的开始刷新，即在一个扫描周期内，定时器位和定时器当前值被保持，并把累计的 10ms 的间隔数加到启动的定时器的当前值上。由于每个扫描周期内只刷新一次，故而每次程序处理期间，其当前值为常数。

(3) 100ms 分辨率。100ms 定时器对定时器启动后的 100ms 间隔进行计数，即 100ms 后执行定时器指令，启动定时器。100ms 定时器在每次扫描周期的开始刷新，即在一个扫描周期内，定时器位和定时器当前值被保持，并把累积的 100ms 的间隔数加到启动的定时器的当前值上，这样下一条执行的指令，即可使用刷新后的结果，这非常符合正常的思路，使用方便可靠。但应当注意，如果该定时器的指令不是每个周期都执行，定时器就不能及时刷新，可能出错。

1) 指令格式

LAD 及 DTL 的格式如图 3.94 所示。

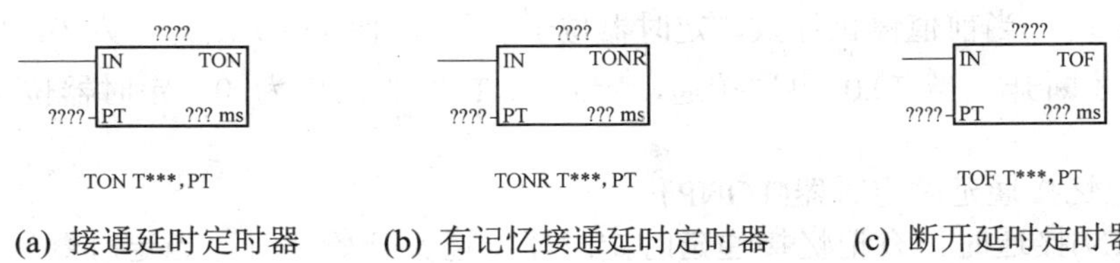

(a) 接通延时定时器　(b) 有记忆接通延时定时器　(c) 断开延时定时器

图 3.94　定时器指令

2) 功能

(1) 接通延时定时器(TON)

输入端(IN)接通时，接通延时定时器开始计时，当定时器当前值等于或大于设定值(PT)时，该定时器被置 1。定时器的累计值达到设定时间后，继续计时，一直计到最大值 32767 为止。

例 3.8 接通延时定时器程序举例，其梯形图、语句表和时序图如图 3.95 所示。

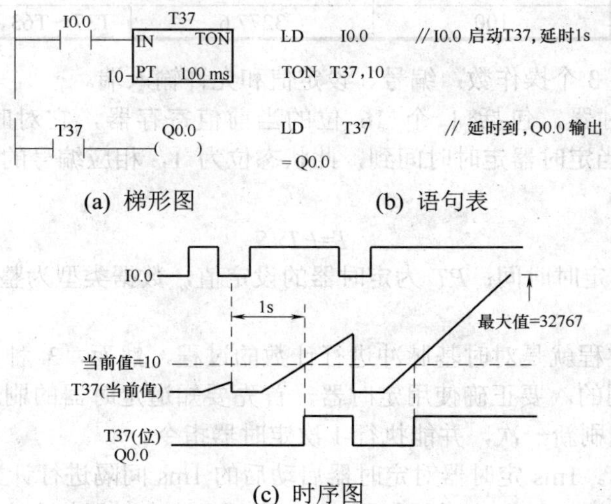

图 3.95 接通延时定时器程序举例

图 3.95 中当 I0.0 接通时定时器 T37 开始计时，计时到设定值 1s 时状态位置 1，其常开触点接通，驱动 Q0.0 有输出；定时器 T37 的 16 位当前值仍然增加，但其状态位为 1，常开触点$\overset{T37}{\dashv\vdash}$仍然接通。当 I0.0 分断时，T37 复位，当前值清 0，状态位也清 0，即恢复原始状态。若 I0.0 接通时间未到设定值就断开，则 T37 跟随复位，Q0.0 不会有输出。

(2) 断开延时定时器(TOF)

输入端(IN)接通时，定时器位立即被置为 1，并把计时当前值设为 0。

输入端(IN)断开时，定时器开始计时，当计时当前值等于设定时间时，定时器位断开为 0，并且停止计时。TOF 指令必须用负跳变(由 on 到 off)的输入信号启动计时。

例 3.9 断开延时定时器程序举例，如图 3.96 所示。从梯形图上可看出它与图 3.95 中的梯形图没有什么差别，但其工作时序是不同的。

当 I0.0 接通瞬间，定时器状态为 1，常开触点$\overset{T33}{\dashv\vdash}$接通，使 Q0.0 接通，为 1，定时器当前值为 0；I0.0 断开后，定时器开始计时，每隔 10ms，当前值加 1，当达到 100×10ms=1s 时，当前值停止计数，定时器位$\overset{T33}{\dashv\vdash}$断开，使 Q0.0 断开，为 0。I0.0 断开 1s 以后，Q0.0 才断开。当 I0.0 再次接通，定时器 T33 当前值为 0，定时器位$\overset{T33}{\dashv\vdash}$接通，使 Q0.0 又接通。

(3) 有记忆接通延时定时器(TONR)

输入端(IN)接通时，有记忆接通延时定时器接通并开始计时，当定时器当前值等于或大于设定值(PT)时，该定时器被置为 1。定时器累计值达到设定值后，继续计时，一直计到最大值 32767 为止。

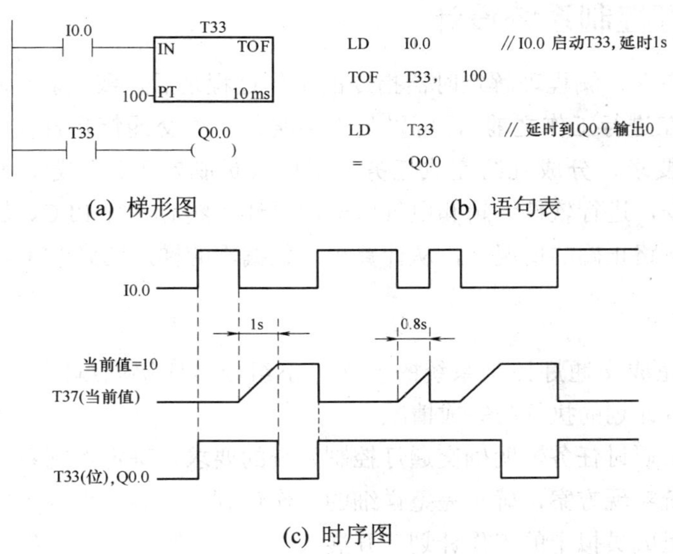

图 3.96　断开延时定时器程序举例

例 3.10　有记忆的接通延时定时器程序举例，如图 3.97 所示。请读者与前两例进行比较。

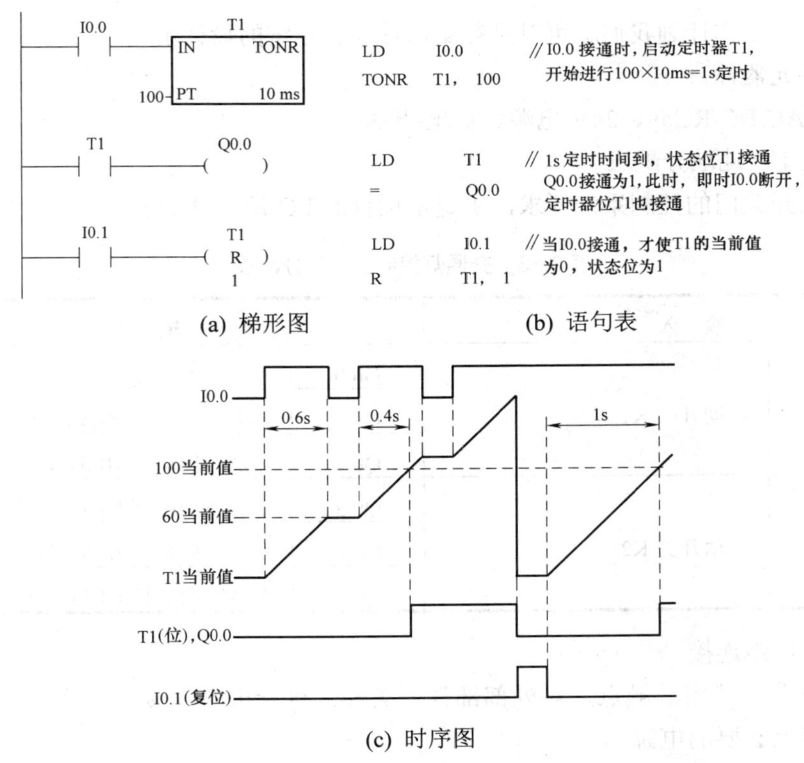

图 3.97　有记忆的接通延时定时器程序举例

3.3.2 交通灯控制系统设计

熟悉定时器指令，编程理解定时器指令的工作过程之后，我们就可以自己进行交通灯的系统设计了。在进行工作之前，可以到十字路口观察交通灯指挥交通的过程。根据所学知识点和控制要求，分成几组完成任务，组内成员制定工作计划，熟悉设备的使用情况，熟练使用指令，进行软件编辑和电气原理图设计，然后进行 PLC、输入/输出设备的电路连接，在检查电路正确的情况下，从计算机下载编辑的梯形图到 PLC，运行。

1. 工作过程

为了更好地完成交通灯控制系统的实现，小组成员应协同编制计划，并协作解决难题、相互之间监督计划的执行与完成情况。

- 小组成员研讨任务，明确交通灯控制系统的要求，确定控制系统的实现方案。
- 根据系统实现方案，确定完整详细的工作计划。
- 根据小组成员拟定的工作计划，开展工作。
- 由本组成员进行交通灯控制系统实现的效果检查。
- 由其他组成员或老师进行评估。

2. 操作分析

根据既定的工作计划我们就可以进行交通灯控制系统的设计了。

1) 准备元器件

CPU224 AC/DC/Relay、24V 电源、启/停开关。

2) 确定 I/O 地址分配表

根据自动开关门的控制系统要求，确定本项目的 I/O 地址分配表，如表 3.13 所示。

表 3.13 交通灯控制的 I/O 分配表

输入		输出	
I0.0	启动开关 K1	Q0.0	南北方向红灯 HL1、HL2
		Q0.1	南北方向黄灯 HL3、HL4
		Q0.2	南北方向绿灯 HL5、HL6
I0.1	启动开关 K2	Q0.3	东西方向红灯 HL7、HL8
		Q0.4	东西方向黄灯 HL9、HL10
		Q0.5	东西方向绿灯 HL11、HL12

3) 进行电路连接

根据梯形图中使用的触点，对外部部件开关和灯进行电路连接，PLC 的 I/O 接线见图 3.98，连接上必要的电源。

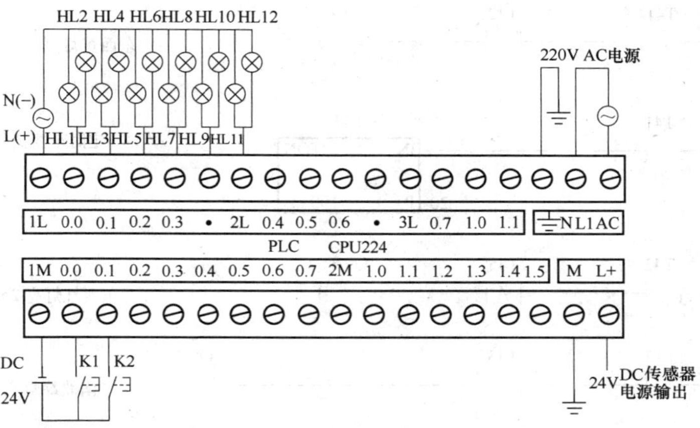

图 3.98　PLC 的 I/O 接线图

4)　进行程序编辑

在编程软件环境中，根据控制要求编写梯形图，如图 3.99 所示。

3．检查与评估

项目在规定时间内完成之后，各组之间参照评估表进行检查。

检查与评估表如表 3.14 所示。

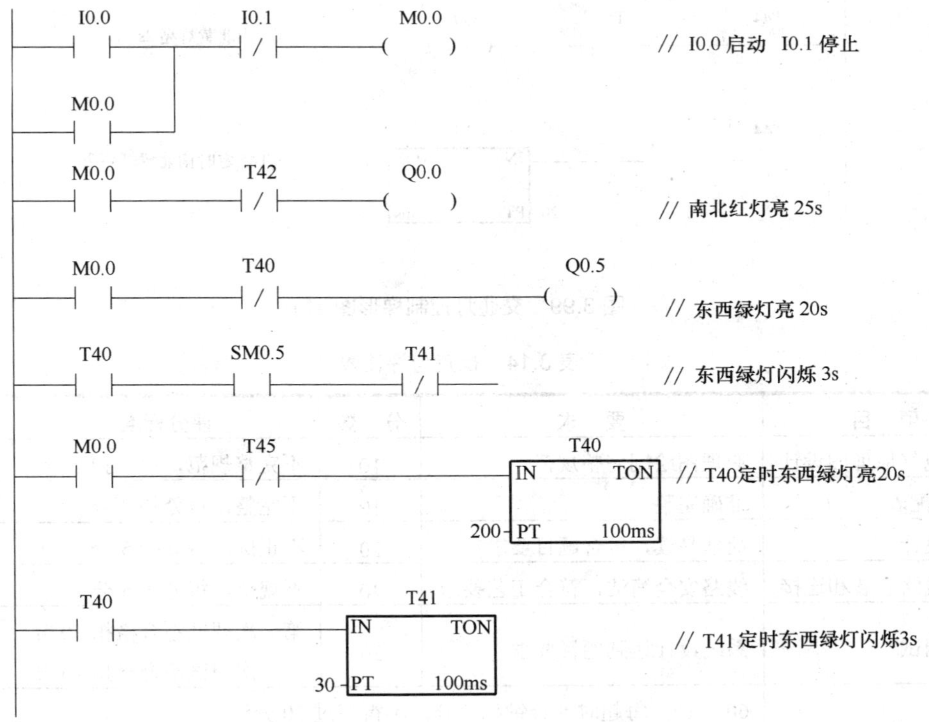

图 3.99　交通灯控制梯形图

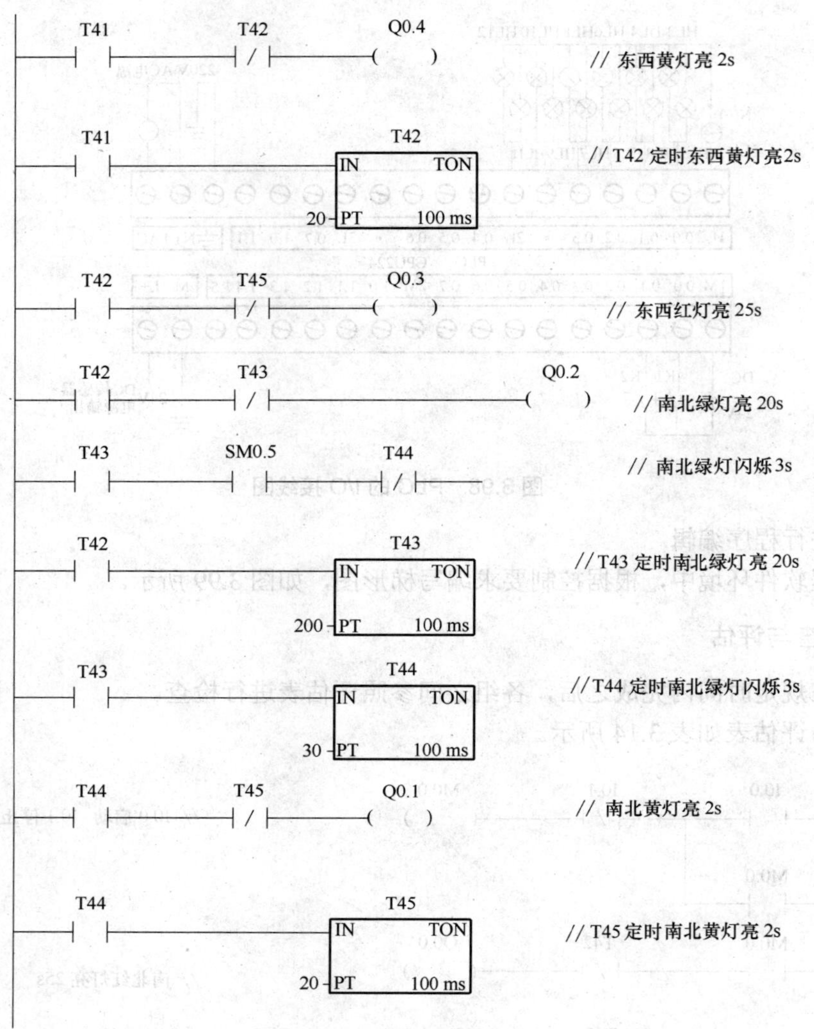

图 3.99　交通灯控制梯形图(续)

表 3.14　检查与评估表

项　目	要　求	分　数	评分标准	得　分
系统电气原理图设计	原理图绘制完整规范	10	不完整规范，每处扣 2 分	
I/O 分配表	准确完整	10	不完整，每处扣 2 分	
程序设计	简洁易读，符合题目要求	20	不正确，每处扣 5 分	
电气线路安装和连接	线路安全简洁，符合工艺要求	30	不规范，每处扣 5 分	
系统调试	系统设计达到题目要求	30	第一次调试不合格扣 10 分 第二次调试不合格扣 10 分	
时间	60 分钟，每超时 5 分钟扣 5 分，不得超过 10 分钟			
安全	检查完毕通电，人为短路扣 20 分			

3.3.3　拓展实训

实训 1　闪光报警设计训练

1．实训名称

闪光报警系统。

2．实训目的

理解定时器特点，利用定时器编写脉冲输出程序。

3．控制要求

当故障发生时，报警指示灯闪烁，报警电铃或蜂鸣器响。操作人员知道故障发生后，按消铃按钮，把电铃关掉，报警指示灯从闪烁变为常亮。故障消失后，报警灯熄灭。另外还应设置试灯、试铃按钮，用于平时检测报警指示灯和电铃的好坏。

4．程序设计

根据控制要求，这里利用 I0.0 作为故障信号；Q0.0 为闪光报警输出；Q0.1 为报警蜂鸣器输出；I0.1 为消铃按钮；I0.2 为试灯、试铃按钮。对应的梯形图程序如图 3.100 所示。

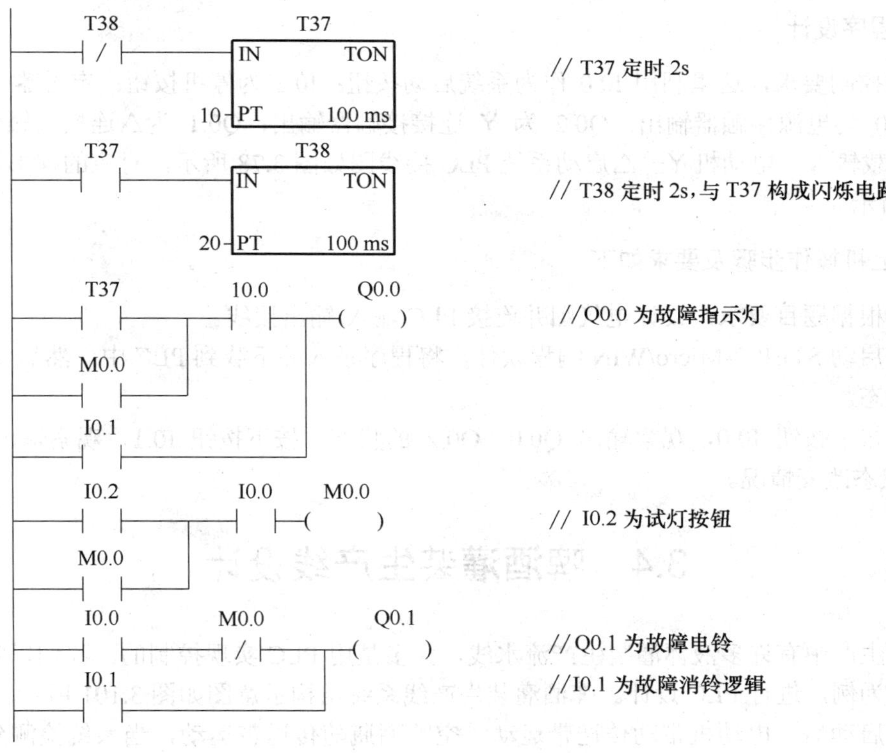

图 3.100　闪光报警梯形图

5．上机操作步骤及要求如下

(1) 根据题目要求，设计电气图并连接 PLC 输入/输出接线。

(2) 启动 STEP 7-Micro/WIN 编程软件，将程序录入并下载到 PLC 中，然后使 PLC 进入运行状态。

(3) 按下按钮 I0.0，观察输出 Q0.0、Q0.1 的状态；松开 I0.0，再观察输出 Q0.0、Q0.1 的状态改变情况。

(4) 采用其他运算指令重新编程，观察运行结果。

实训 2 电动机 Y—△启动系统设计

1．实训名称

电动机 Y—△启动系统。

2．实训目的

理解定时器特点，利用定时器编写时间延时程序。

3．控制要求

按下启动按钮，电动机星形接法启动，经设定的时间间隔后，电动机自动改接为Δ联结方式正常运行；按下停止按钮，电动机停止运行。

4．程序设计

根据控制要求，这里利用 I0.0 作为系统启动按钮；I0.1 为停机按钮；定时器 T37 延时 10s；Q0.0 为电源接触器输出；Q0.2 为 Y 连接接触器输出；Q0.1 为△连接接触器输出；I0.2 为过载输入。电动机 Y—△启动系统 PLC 接线图如图 3.78 所示，对应的梯形图程序如图 3.79 所示。

5．上机操作步骤及要求如下

(1) 根据题目要求，设计电气图并连接 PLC 输入/输出接线。

(2) 启动 STEP 7-Micro/WIN 编程软件，将程序录入并下载到 PLC 中，然后使 PLC 进入运行状态。

(3) 按下按钮 I0.0，观察输出 Q0.0、Q0.2 的状态；按下按钮 I0.1，观察输出 Q0.1、Q0.2 的状态改变情况。

3.4 啤酒灌装生产线设计

工业生产中有许多液体灌装生产流水线，大多是用 PLC 实现控制的。我们以啤酒灌装生产系统为例，进行 PLC 设计。啤酒灌装生产线系统结构示意图如图 3.101 所示。

系统启动后，电动机带动传送带运动，空啤酒瓶随传送带运动，当系统检测到空啤酒瓶到了设定位置后，装酒系统随传送带同速运动，同时开始装酒，在规定时间装酒结束，开始下一个酒瓶装酒过程。当装完规定数量时，开始装箱动作，在规定时间装箱结束。

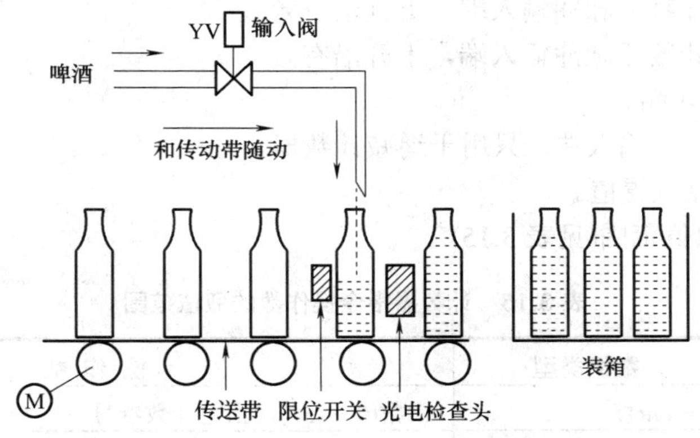

图 3.101　啤酒灌装生产系统结构示意图

3.4.1　计数器指令

实现规定个数的啤酒瓶装箱需要用到计数器指令，本节我们将进行计数器指令的学习。

1．基本概念

计数器用来累计输入脉冲次数。在实际应用中它被用来对产品进行计数或完成复杂的逻辑控制任务。计数器的使用和定时器基本相似，编程时输入计数设定值，计数器累计脉冲输入端信号上升沿的个数。当计数值达到设定值时，计数器发生动作，以便完成计数控制任务。

2．计数器指令说明

S7-200 系列 PLC 的计数器有 3 种：增计数器(CTU)、增/减计数器(CTUD)和减计数器(CTD)。

1)　指令格式

LAD 及 STL 格式如图 3.102 所示。

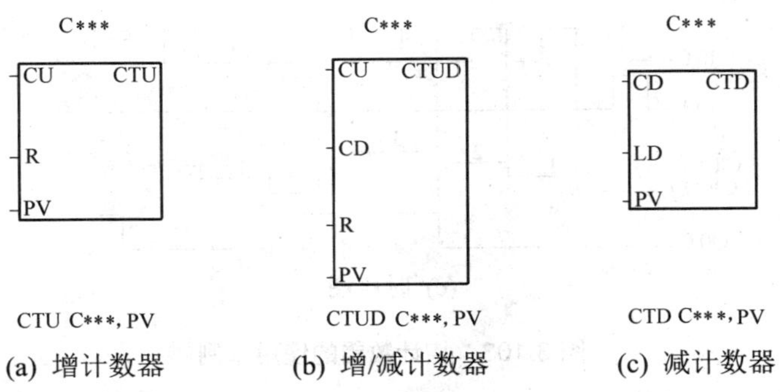

图 3.102　计数器指令

图 3.102 中的有关符号说明如下。

- C***：计数器编号。程序可以通过计数器编号对计数器位或计数器当前值进行访问。

- CU：递增计数器脉冲输入端，上升沿有效。
- CD：递减计数器脉冲输入端，上升沿有效。
- R：复位输入端。
- LD：装载复位输入端，只用于递减计数器。
- PV：计数器预置值。

2) 操作数的取值范围(见表 3.15)

表 3.15 计数器指令操作数的取值范围

输入/输出	数据类型	操 作 数
C***	WORD	常数(0～255)，指定计数器号
CU,CD,LD,R	BOOL	I、Q、V、M、SM、S、T、C、L
PV	INT	IW、QW、VW、MW、SMW、LW、T、C、AC、AIW、*VD、*LD、*AC、常数，规定预置值

3) 功能

(1) 增计数器(CTU)指令

增计数指令(CTU)在每一个输入状态的上升沿时增计数。当计数器的当前值大于等于预置值 PV 时，计数器位 C 置位。当复位端(R)接通或执行复位指令后，计数器复位。当达到最大值 32767 后，计数器停止计数。

例 3.11 增计数器程序举例，如图 3.103 所示。

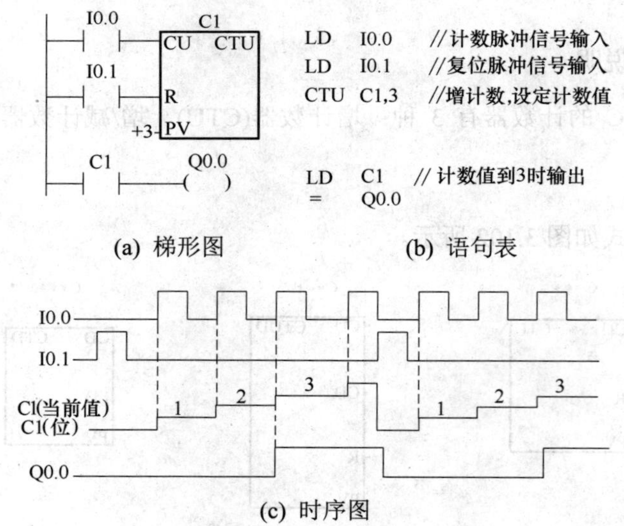

图 3.103 增计数器的使用举例

(2) 减计数器(CTD)指令

减计数指令(CTD)在每一个输入状态的上升沿时减计数。当 C 的当前值等于 0 时，计数器位 C 置位。当装载输入端(LD)接通时，计数器被复位，并将计数器的当前值设为预置值 PV。当计数到 0 时，停止计数，计数器位 C 接通。

例 3.12　减计数器程序举例，如图 3.104 所示。

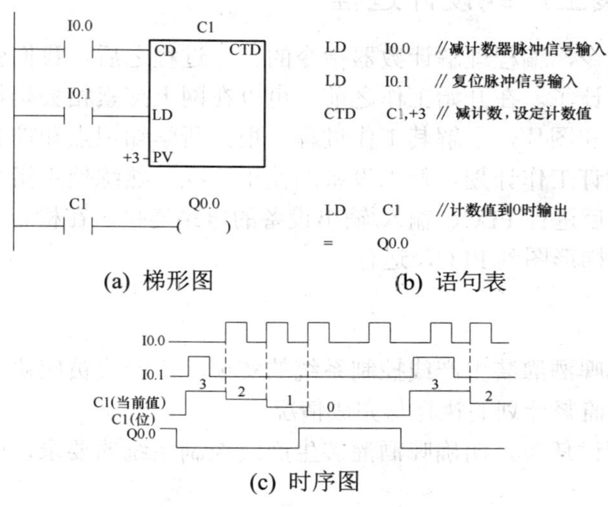

图 3.104　减计数器的使用举例

(3)　增/减计数指令(CTUD)

增/减计数指令(CTUD)在每一个增计数输入控制端上升沿时增计数，在每一个减计数输入控制端上升沿时减计数，当当前值大于或等于预置值时，计数器位 C 接通；否则，计数器位关断。当复位输入端(R)接通或执行复位指令时，计数器复位。当达到预置值 PV 时，CTUD 计数器就停止计数。

例 3.13　增/减计数器程序举例，如图 3.105 所示。

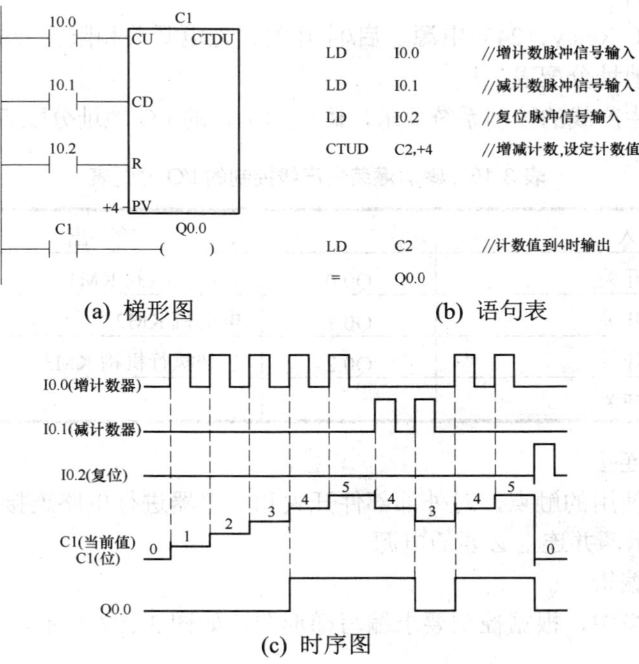

图 3.105　增/减计数器的使用举例

3.4.2 啤酒灌装生产线设计过程

在熟悉计数器指令，编程理解计数器指令的工作过程之后，我们就可以自己进行啤酒灌装生产线的系统设计了。在开始工作之前，可以在网上搜索相关奶粉、药品和饮料等灌装自动生产线的视频和图片，了解其工作过程，根据所学知识点和控制要求，分成几组完成任务，组内成员制订工作计划，熟悉设备的使用情况，熟练使用指令，进行软件编辑和电气原理图设计，然后进行 PLC、输入/输出设备的电路连接，在检查电路正确的情况下，从计算机下载编辑的梯形图到 PLC，运行。

1. 工作过程

为了更好地完成啤酒灌装生产线控制系统的实现，小组成员应协同编制计划，并协作解决难题、相互之间监督计划的执行与完成情况。

- 小组成员研讨任务，明确啤酒灌装生产线控制系统的要求，确定控制系统的实现方案。
- 根据系统实现方案，确定完整详细的工作计划。
- 根据小组成员拟定的工作计划，开展工作。
- 由本组成员进行啤酒灌装生产线控制系统实现的效果检查。
- 由其他组成员或老师进行检查评估。

2. 操作分析

根据既定的工作计划和了解的材料，我们就可以进行设计了。

1) 准备元器件

CPU224 AC/DC/Relay、24V 电源、启/停开关、光电开关和限位开关。

2) 确定 I/O 地址分配表

根据啤酒灌装生产线的控制系统要求，确定本项目的 I/O 地址分配表。如表 3.16 所示。

表 3.16 啤酒灌装生产线控制的 I/O 分配表

输 入		输 出	
I0.0	启动开关	Q0.0	装酒电磁阀 KM1
I0.1	停车开关	Q0.1	电动机 KM2
I0.2	光电开关	Q0.2	包装执行机构 KM3
I0.3	限位开关		

3) 进行电路连接

根据梯形图中使用的触点，对外部部件开关和继电器进行电路连接，啤酒灌装 PLC 的接线如图 3.106 所示，并连上必要的电源。

4) 进行程序编辑

在编程软件环境中，根据控制要求编写梯形图，如图 3.107 所示。

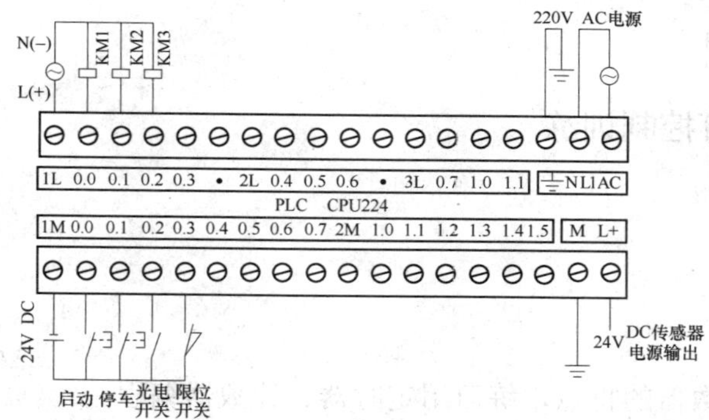

图 3.106　啤酒灌装 PLC 的接线图

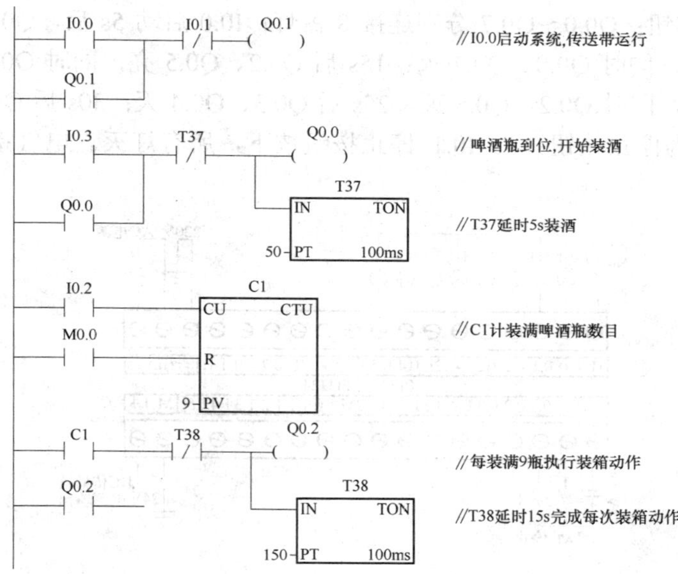

图 3.107　啤酒灌装控制梯形图

3．检查与评估

在规定时间内完成设计任务，各组之间根据评估表进行检查。

检查与评估表如表 3.17 所示。

表 3.17　检查与评估表

项　目	要　求	分　数	评分标准	得　分
系统电气原理图设计	原理图绘制完整规范	10	不完整规范，每处扣 2 分	
I/O 分配表	准确完整	10	不完整，每处扣 2 分	
程序设计	简洁易读，符合题目要求	20	不正确，每处扣 5 分	
电气线路安装和连接	线路安全简洁，符合工艺要求	30	不规范，每处扣 5 分	
系统调试	系统设计达到题目要求	30	第一次调试不合格扣 10 分 第二次调试不合格扣 10 分	
时间	60 分钟，每超时 5 分钟扣 5 分，不得超过 10 分钟			
安全	检查完毕通电，人为短路扣 20 分			

3.4.3 拓展实训

实训 1 组合灯控制训练

1．实训名称

组合灯闪烁。

2．实训目的

理解定时器、计数器的特点，练习用定时器、计数器编程。

3．控制要求

I0.0 为启动按钮；Q0.0～Q0.7 分别连接 8 盏灯；I0.0 启动 5s 后，Q0.0、Q0.7 亮，10s 后 Q0.1、Q0.6 亮，同时 Q0.0、Q0.7 灭；15s 后 Q0.2、Q0.5 亮，同时 Q0.1、Q0.6 灭；20s 后 Q0.3、Q0.4 亮，同时 Q0.2、Q0.5 灭，25s 后 Q0.3、Q0.4 灭；30s 后 Q0.0、Q0.7 又亮，如此循环；I0.1 为停止按钮；当 I0.1 停止按钮按下，所有灯灭。电气接线图如图 3.108 所示。

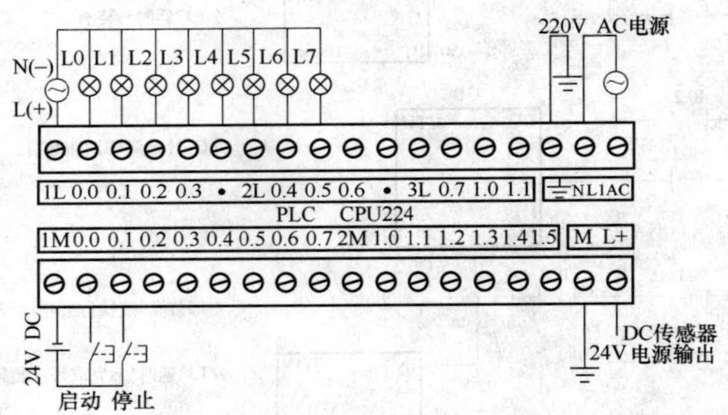

图 3.108 组合灯闪烁 PLC 接线图

4．程序设计

根据控制要求，这里利用 SM0.5 产生 1s 脉冲，增计数器 C1 预置值为 5，当 C1=5 时，Q0.0、Q0.7 输出指示；当 C2=10 时，Q0.1、Q0.6 输出指示；当 C3=15 时，Q0.2、Q0.5 输出指示；当 C4=20 时，Q0.3、Q0.4 输出指示，当 C5=25 时，复位 C1～C5。对应的梯形图程序如图 3.109 所示。

5．上机操作步骤及要求

(1) 根据题目要求，设计电气图并连接 PLC 输入/输出接线。

(2) 启动 STEP 7-Micro/WIN 编程软件，将程序录入并下载到 PLC 中，然后使 PLC 进入运行状态。

(3) 按下按钮 I0.0，观察输出 Q0.0～Q0.7 的状态；按下并松开按钮 I0.1，观察 Q0.0～Q0.7 如何变化。

(4) 将程序中 C5 的初值换为 30，观察输出 Q0.0～Q0.7 的状态将有何变化。

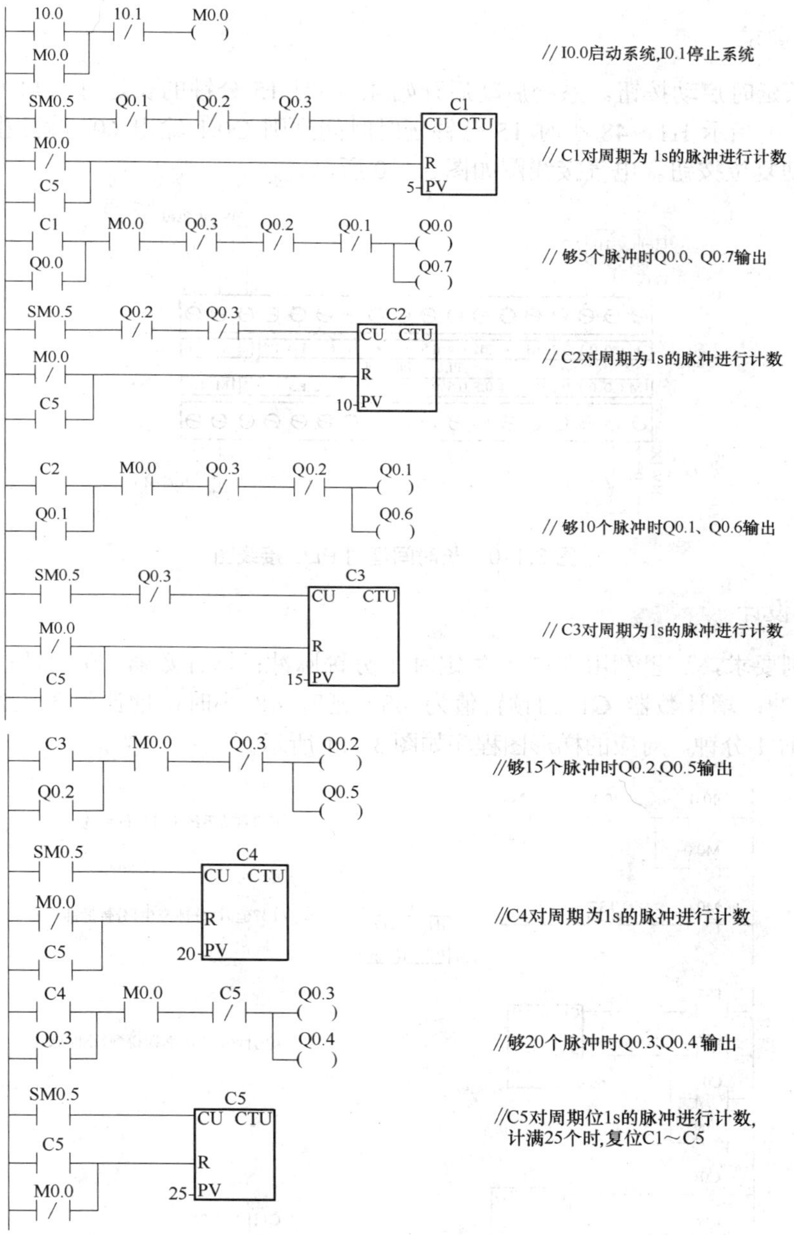
I0.0
I0.1
M0.0
M0.0
// I0.0启动系统,I0.1停止系统
SM0.5
Q0.1
Q0.2
Q0.3
C1
CU CTU
M0.0
R
// C1对周期为 1s的脉冲进行计数
C5
5
PV
C1
M0.0
Q0.3
Q0.2
Q0.1
Q0.0
Q0.0
Q0.7
// 够5个脉冲时Q0.0、Q0.7输出
SM0.5
Q0.2
Q0.3
C2
CU CTU
M0.0
R
// C2对周期为1s的脉冲进行计数
C5
10
PV
C2
M0.0
Q0.3
Q0.2
Q0.1
Q0.1
Q0.6
// 够10个脉冲时Q0.1、Q0.6输出
SM0.5
Q0.3
C3
CU CTU
M0.0
R
// C3对周期为1s的脉冲进行计数
C5
15
PV
C3
M0.0
Q0.3
Q0.2
//够15个脉冲时Q0.2,Q0.5输出
Q0.2
Q0.5
SM0.5
C4
CU CTU
M0.0
R
//C4对周期为1s的脉冲进行计数
C5
20
PV
C4
M0.0
C5
Q0.3
Q0.3
Q0.4
//够20个脉冲时Q0.3,Q0.4 输出
SM0.5
C5
CU CTU
//C5对周期位1s的脉冲进行计数,
计满25个时,复位C1～C5
C5
R
M0.0
25
PV

图 3.109　组合灯控制梯形图

实训 2　长时间延时设计

1．实训名称

长时间延时设计。

2．实训目的

理解计数器的特点，利用定时器、计数器设计长时间延时。

3．控制要求

I0.0 为长延时启动按钮。系统启动后开始 48 小时 15 分钟的长延时，48 小时延时时间到则 Q0.0 输出指示 H1，48 小时 15 分钟延时时间到则 Q0.1 输出 60s 脉冲指示 H2。I0.1 为长延时手动复位按钮。电气接线图如图 3.110 所示。

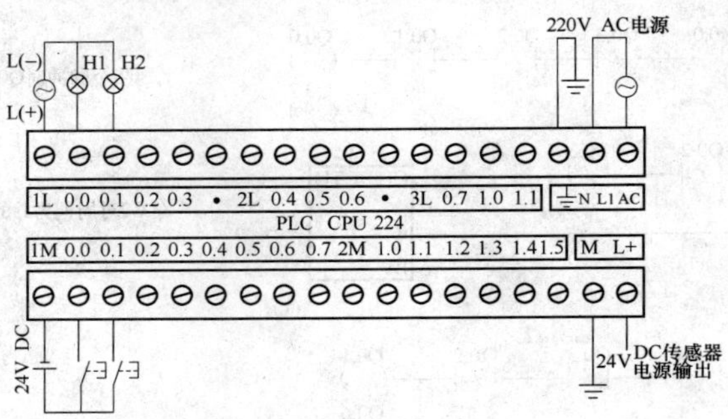

图 3.110 长时间延时 PLC 接线图

4．程序设计

根据控制要求，这里利用 T37 产生定时 1 分钟脉冲；增计数器 C0 的预置值为 60，输出 1 小时脉冲；增计数器 C1 的预置值为 48，延时 48 小时；增计数器 C2 的预置值为 900，T39 延时 1 分钟。对应的梯形图程序如图 3.111 所示。

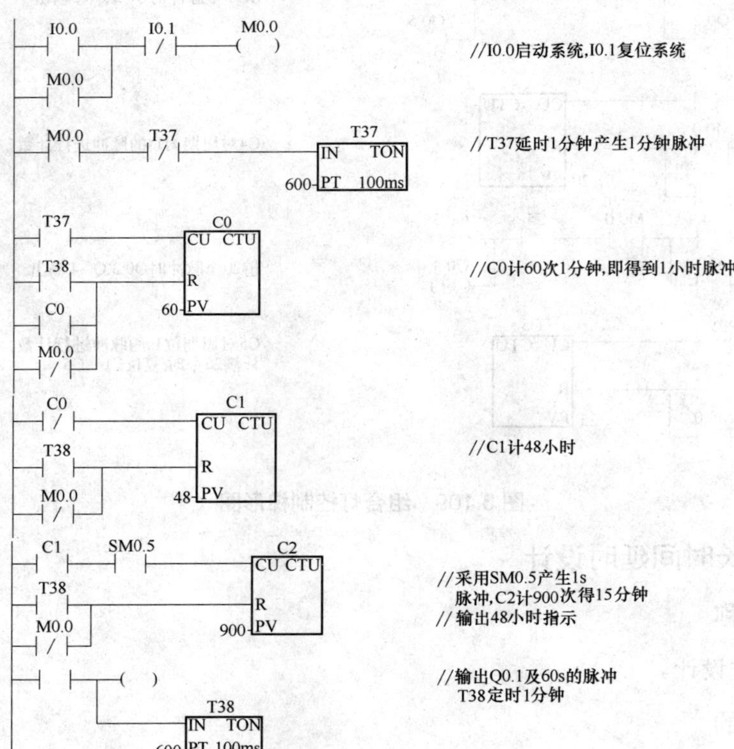

图 3.111 长时间延时梯形图

5．上机操作步骤及要求

(1) 根据题目要求，设计电气图并连接 PLC 输入/输出接线。

(2) 启动 STEP 7-Micro/WIN 编程软件，将程序录入并下载到 PLC 中，然后使 PLC 进入运行状态。

(3) 按下按钮 I0.0，观察输出 Q0.1、Q0.1 的状态；按下并松开按钮 I0.1,观察输出 Q0.1、Q0.2 有无改变。

3.5　两台电动机自动和手动控制系统设计

在实际工程中，经常要用到多台电动机自动和手动的切换，以满足工程的需要。现有两台电动机 M1、M2 工作，有两种工作方式。选择手动工作方式时，分别用两台电动机的启动、停止按钮控制 M1、M2 依次工作；选择自动控制方式时，按下启动按钮则两台电动机隔 5s 启动，按下停止按钮，则两台电动机同时停止。

3.5.1　程序控制指令

两台电动机的启动方式决定程序有两种不同的流向，这就用到了程序控制指令。程序控制指令可以影响程序执行的流向和内容，S7-200 系列 PLC 的程序控制指令包括跳转指令如图 3.112(a)所示、子程序指令如图 3.112(b)所示和中断程序指令如图 3.112(c)所示。

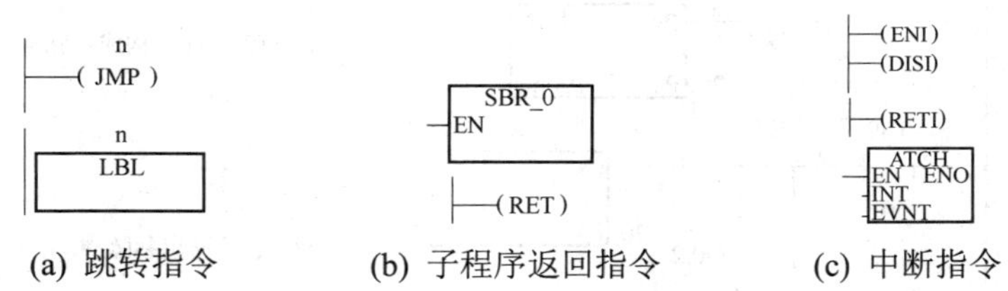

(a) 跳转指令　(b) 子程序返回指令　(c) 中断指令

图 3.112　程序控制指令

1．跳转及标号指令

两台电动机的手动/自动执行方式是通过跳转指令转到不同的程序段上的。

在执行程序时，可能会由于条件的不同，需要产生一些分支，这些分支程序的执行可以用跳转操作来实现。跳转操作是由跳转指令和标号指令两部分构成的。跳转指令使程序流程跳转到指定标号 N 处的程序上分支执行。标号指令的标号 N 指示出程序要跳转的目的地址，CPU 执行完 JMP 指令后，转去 LBLN 指令下的程序。

1) 指令格式

LAD 及 STL 格式如图 3.113 所示。

(a) 跳转指令　(b) 标号指令

图 3.113　跳转指令

2) 功能

跳转指令(JMP)：输入端有效则会使程序跳转到标号处执行。

标号指令(LBL)：指令跳转的目标标号。

3) 数据范围

n=0～225

例 3.14 跳转指令的应用举例，如图 3.114 所示。

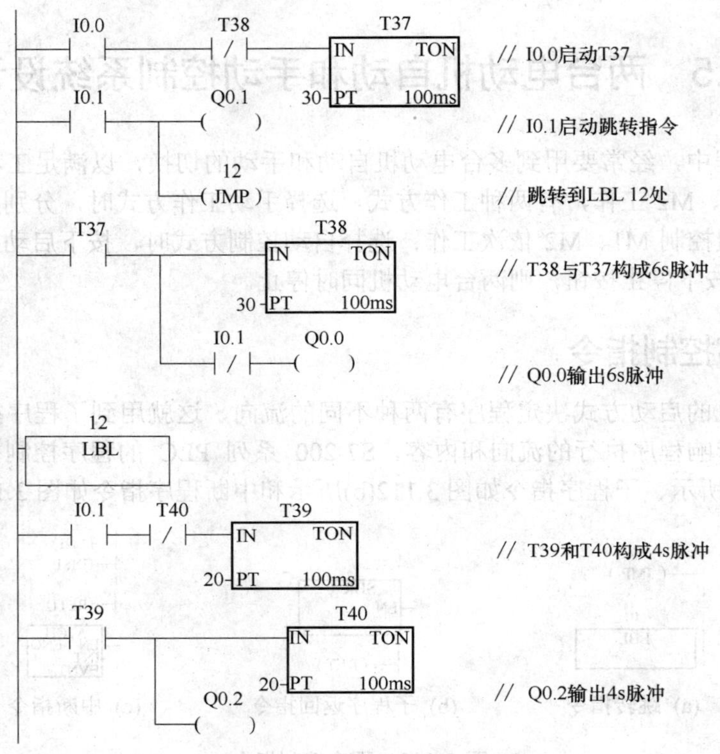

图 3.114 跳转指令应用梯形图

当 I0.0 接通而 I0.1 未通时，T37 和 T38 构成周期为 6s 的脉冲并从 Q0.0 输出。

当 I0.0 接通后 Q0.0 输出亮 3s 灭 3s 的脉冲。若此时接通 I0.1，则 T37、T38 停止计时，Q0.0 保持 I0.1 接通时的状态，而 Q0.1 亮，程序执行 LBL 12 后面的指令，定时器 T39、T40 启动，Q0.2 输出亮 2s 灭 2s 的脉冲。

跳转指令中的“n”与标号指令中的“n”值相同。在跳转发生的扫描周期中，被跳过的程序段停止执行，该程序段设计的各输出器件的状态保持跳转前的状态不变，不响应与程序相关的各种工作条件的变化。

使用跳转指令应注意以下几点。

- 由于跳转指令具有选择程序段的功能，因此在同一程序且位于因跳转而不会被同时执行的程序段中的同一线圈不被视为双线圈。
- 可以有多条跳转指令使用同一标号，但不允许有一个跳转指令对应两个标号的情况，即在同一程序中不允许存在两个相同的标号。

- 可以在主程序、子程序或者中断服务程序中使用跳转指令，与跳转相应的标号必须位于同一段程序中(无论是主程序、子程序还是中断子程序)。可以在状态程序段中使用跳转指令，但相应的标号也必须在同一个 SCR 段中，一般将标号指令设在相关跳转指令之后，这样可以减少程序的执行时间。
- 在跳转条件中引入上升沿或下降沿脉冲指令时，跳转只执行一个扫描周期，但若用特殊辅助继电器 SM0.0 作为跳转指令的工作条件，跳转就成为无条件跳转。

2．子程序指令

子程序指令含子程序调用指令和子程序有条件返回指令。子程序调用指令将程序控制权交给子程序 SBR_N，该子程序执行完后，程序控制权回到子程序调用指令的下一条指令。子程序的优点在于它可以用于将一个大的程序进行分段及分块，使其成为较小的更易管理的程序块。程序调试、检查和维护时，可充分利用这些优势。通过使用较小的子程序块，会使得对一个区域及整个程序进行检查及排除故障变得简单。子程序只在需要时才被调用、执行。这样就可以更有效地使用 PLC，充分利用 CPU 的时间。

1)　子程序建立

可采用下列方法创建子程序：从编辑菜单，选择“插入子程序”命令；从程序编辑器视窗，右击鼠标，并从弹出菜单中选择“插入子程序”命令。只要插入了子程序，程序编辑器底部就会出现一个新标签，标志新的子程序名，此时，可以对新的子程序编程。

2)　指令格式

LAD 及 STL 格式如图 3.115 所示。

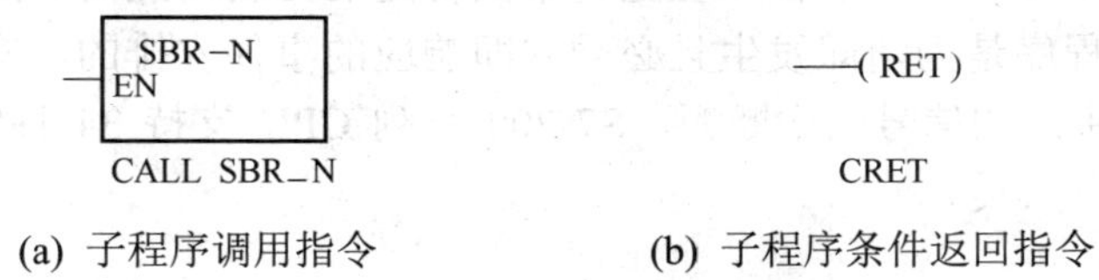

(a) 子程序调用指令　　(b) 子程序条件返回指令

图 3.115　子程序指令

3)　功能

子程序调用指令(CALL)：在使能输入有效时，主程序把程序控制权交给子程序 SBR_N。

子程序条件返回指令(CRET)：在使能输入有效时，结束子程序的执行，返回主程序。

4)　数据范围

N=0～63

5)　子程序的编程步骤

(1)　建立子程序(SBR_N)。

(2)　在子程序(SBR_N)中编写应用程序。

(3)　在主程序或其他子程序或中断程序中编写调用子程序(SBR_N)指令。

6)　子程序的应用

例 3.15　图 3.116 所示为子程序指令的使用举例。

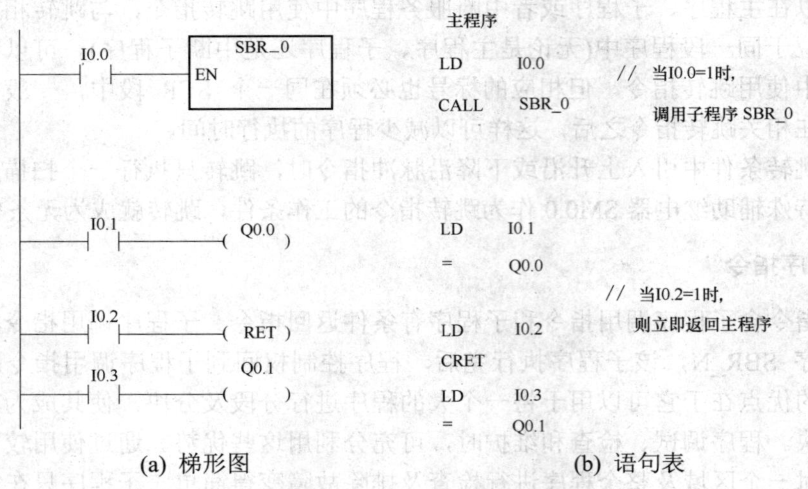

图 3.116 子程序指令的使用

3. 中断程序

中断程序常用来响应主程序正常执行时的外部或内部突发事件，若程序终止正在执行的程序，则会转而执行相应中断源的中断程序。

1) 中断与中断源

中断是计算机特有的工作方式，指在主程序执行过程中，中断主程序的执行去执行中断子程序。和子程序一样，中断子程序也是为某些特定的控制功能而设定的。和普通子程序不同的是，中断子程序是为随即发生且必须立即响应的事件安排的，其响应应小于机器的扫描周期。能引起中断的信号叫中断源，S7-200 系列 CPU 支持 34 种中断源，这 34 种中断事件可分为以下三大类。

(1) 通信口中断

通信口中断含端口 0 及端口 1 用来接收及发送相关中断。PLC 的串行通信口可由梯形图或指令表程序来控制，这种通信口的操作模式称为自由端口模式。在自由端口模式下，可由用户程序设置波特率、字符的位数、奇偶校验及通信协议。接收及发送中断可以简化程序对中断的控制。

(2) I/O 中断

I/O 中断包括上升沿中断及下降沿中断、高速计数器中断和脉冲串输出中断。S7-200 系列 CPU 可用输入 I0.0～I0.3 的上升或下降沿产生中断，并可用这些上升沿或下降沿信号表示某些需要及时响应的故障状态。

高速计数器中断可以是计数器等于预置值时的响应，也可以是计数方向改变时的响应，还可以是外部复位的响应。这些高速计数器事件可以实时地得到快速响应，而与 PLC 的扫描周期无关。

脉冲串输出中断提供了完成指定脉冲数输出的及时响应，其典型应用是步进电机的控制。

(3) 时基中断

时基中断包括定时中断及定时器 T32/96 中断，S7-2000 系列 CPU 可支持两个定时中断。定时中断按周期时间反复执行。周期时间范围为 5～255ms，增量为 1ms。定时中断 0 的周期时间应写入 SMB34 中，定时中断 1 的周期时间应写入 SMB35 中。每当定时器溢出时，定时中断时间把控制权交给响应的中断程序，通常可利用定时中断以固定的时间间隔去控制模拟量输入的采样或者去执行一个 PID 回路。

定时器 T32/96 中断允许及时地响应一个给定的时间间隔。这些中断只支持 1ms 分辨率的延时接通定时器(TON)和延时断开定时器(TOF)T32 和 T96。T32 和 T96 的工作方式与普通定时器相同。中断允许且定时器的当前值等于预置值时，执行被连接的中断程序。

2) 中断优先级及中断列队

由于中断控制是脱离于程序的扫描执行机制的，如果有多个突发时间出现，处理也必须有个顺序，这就是中断优先级。S7-200 系列 PLC 的中断优先组别从大的方面按下列顺序分级：通信(最高级)；I/O(含 HSC 和脉冲列输出)；定时(最低)。在每一级中的不同中断事件又有不同优先权。所有中断事件及优先级如表 3.18 所示。

3) 中断指令类型

(1) 中断连接指令

指令格式：LAD 及 STL 格式如图 3.117 所示。

功能：连接某个中断事件(由中断事件号指定)所要调用的程序段(由中断程序指定)。

数据类型：中断程序号 INT 和中断事件号 EVNT 均为字节型常数。

INT 的数据范围为 0～127。

EVNT 的数据范围为 0～33。

表 3.18 中断事件的优先级顺序

事 件 号	中断描述	优 先 级	优先组中的优先级
8	端口 0：接收字符	通信(最高)	0
9	端口 0：发送完成		0
23	端口 0：接收信息完成		0
24	端口 1：接收信息完成		1
25	端口 1：接收字符		1
26	端口 1：发送完成		1
19	PTO0 完成中断	I/O(中等)	0
20	PTO1 完成中断		1
0	上升沿，I0.0		2
2	上升沿，I0.1		3
4	上升沿，I0.2		4
6	上升沿，I0.3		5
1	下降沿，I0.0		6
3	下降沿，I0.1		7
5	下降沿，I0.2		8
7	下降沿，I0.3		9
12	HSC0 CV=PV(当前值=预置值)		10
27	HSC0 输入方向改变		11

续表

事 件 号	中断描述	优 先 级	优先组中的优先级
28	HSC0 外部复位	I/O(中等)	12
13	HSC1 CV=PV(当前值=预置值)		13
14	HSC1 输入方向改变		14
15	HSC1 外部复位		14
16	HSC2 CV=PV		16
17	HSC2 输入方向改变		17
18	HSC0 外部复位		18
32	HSC3 CV=PV(当前值=预置值)		19
29	HSC4 CV=PV(当前值=预置值)		20
30	HSC4 输入方向改变		21
31	HSC4 外部复位		22
33	HSC5 CV=PV(当前值=预置值)		23
10	定时中断 0	定时(最低)	0
11	定时中断 1		1
21	定时器 T32(CT=PT)中断		2
22	定时器 T96(CT=PT)中断		3

(2) 中断分离指令

指令格式：LAD 及 STL 格式如图 3.118 所示。

功能：切断一个中断事件和所有程序的联系。

数据类型：中断事件号 EVNT 为字节型常数。

EVNT 的数据范围为 0～33。

图 3.117 中断连接指令　　图 3.118 中断分离指令

(3) 开中断及关中断指令

指令格式：LAD 及 STL 格式如图 3.119 所示。

开中断及关中断指令的功能如下。

- 开中断指令(ENI)：中断允许指令，全局性地启动全部中断事件。
- 关中断指令(DISI)：中断禁止指令，全局性地关闭全部中断事件。

(4) 中断返回指令

指令格式：LAD 及 STL 格式如图 3.120 所示。

功能：条件中断返回指令，用于未完全执行完中断程序的情况，当满足一定条件时，提前结束中断程序，返回主程序。

注：中断服务程序执行完毕后会自动返回，而 RETI 是条件中断返回，用在中断程序中间。

图 3.119　开中断及关中断指令　　　　图 3.120　中断返回指令

3.5.2　两台电动机自动和手动控制系统设计过程

熟悉跳转指令的工作过程之后，我们就可以自己进行两台电动机自动和手动控制系统的设计了。根据所学知识点和控制要求，分成几组完成任务，组内成员制订工作计划，熟悉设备的使用情况，熟练使用指令，进行软件编辑和电气原理图设计，然后进行 PLC、输入/输出设备的电路连接，在检查电路正确的情况下，从计算机下载编辑的梯形图到 PLC，运行。

1．工作过程

为了更好地完成两台电动机自动和手动控制系统的实现，小组成员应协同编制计划，并协作解决难题、相互之间监督计划的执行与完成情况。

(1) 小组成员研讨任务，明确两台电动机自动和手动控制系统的要求，确定控制系统的实现方案。

(2) 根据系统实现方案，确定完整详细的工作计划。

(3) 根据小组成员拟定的工作计划，开展工作。

(4) 由本组成员进行两台电动机自动和手动控制系统实现的效果检查。

(5) 由其他组成员或老师进行检查评估。

2．操作分析

根据拟定计划准备元器件，就可以进行系统设计了。

1) 准备元器件

CPU224 AC/DC/Relay、24V 电源、自动/手动方式选择开关 K、启动开关 K1、停止开关 K2、自动/手动转换开关 K3、电机 1 驱动接触器 KM1、电机 2 驱动接触器 KM2、主输出驱动接触器 KM3 和连接线。

2) 确定 I/O 地址分配表

根据电动机自动和手动控制系统要求，确定本项目的 I/O 地址分配表。如表 3.19 所示。

表 3.19　电动机自动/手动控制的 I/O 分配表

输　入		输　出	
I0.0	自动/手动方式选择开关 K	Q0.0	电机 1 驱动接触器 KM1
I0.1	自动启动开关 K1	Q0.1	电机 2 驱动接触器 KM2
I0.2	自动停止开关 K2		
I0.3	M1 手动启动按钮 K3		
I0.4	M1 手动停止按钮 K4		
I0.5	M2 手动启动按钮 K5		
I0.6	M2 手动停止按钮 K6		

3) 进行电路连接

根据梯形图中使用的触点，对外部部件开关和电动机进行电路连接，电动机自动/手动控制系统的电气原理图如图 3.121 所示。

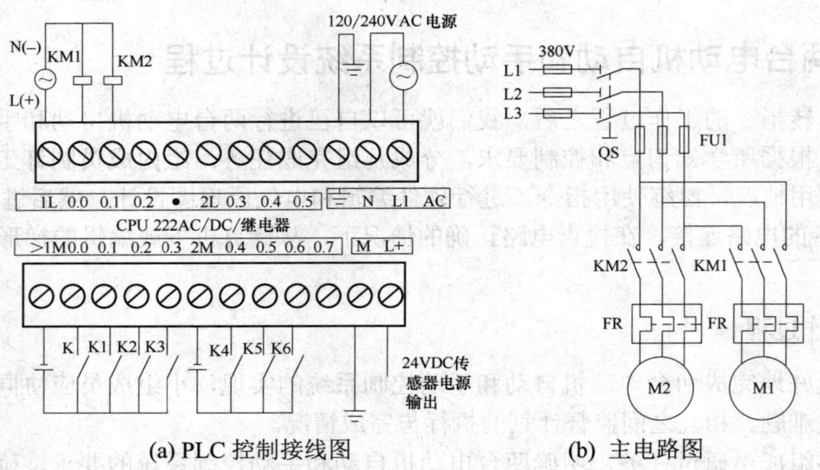

(a) PLC 控制接线图　　(b) 主电路图

图 3.121　电动机自动/手动控制系统的电气原理图

4) 进行程序编辑

在编程软件环境中，根据控制要求编写梯形图，如图 3.122 所示。

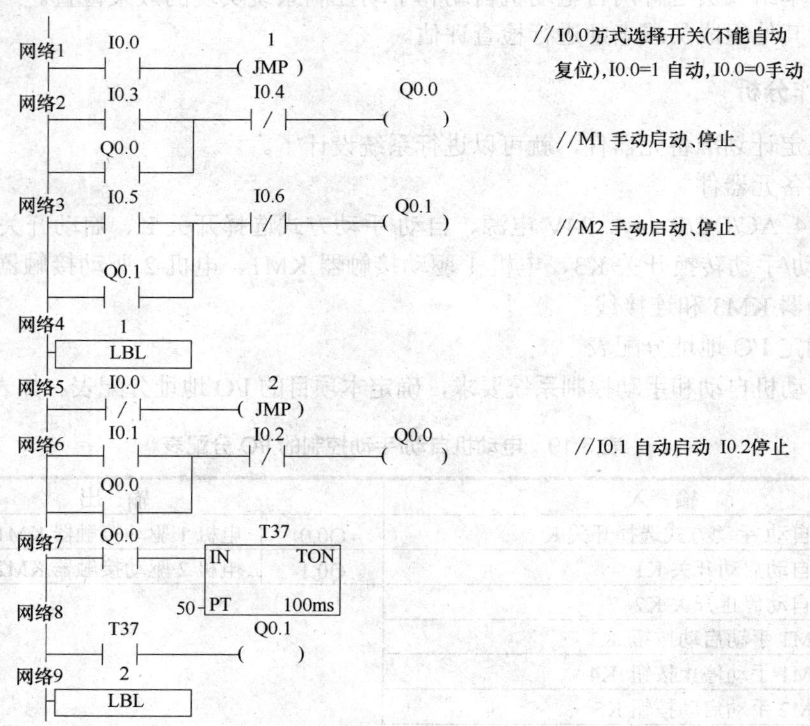

图 3.122　电动机自动/手动控制系统梯形图

5)　设计分析

I0.0 是方式选择开关，不能自动复位。当 I0.0=1 时，处于自动运行方式挡；当 I0.0=0 时，处于手动运行方式挡。

当方式选择开关 K 闭合，I0.0=1 时选择自动操作方式，网络 1 通，程序跳转到网络 4 开始执行，同时网络 5 断开，程序执行 JMP2 和 LBL2 之间的指令。按下自动启动按钮 K1(I0.1)，则电动机 M1 的主接触器线圈 KM1 通电(Q0.0)，使主电路的 KM1 主触点闭合，电动机 M1 转动，同时启动定时器，5s 以后电动机 M2 的主接触器线圈 KM2 通电(Q0.1)，使主电路的 KM2 主触点闭合，电动机 M2 转动。当按下自动停止按钮 K2(I0.2)时，Q0.0 断电，电动机 M1 停止，定时器 T37 复位，电动机 M2 停止。

当方式选择开关 K(I0.0)处于常态，I0.0=0 时选择手动操作方式，JMP1 不起作用，执行 JMP2 指令，程序运行 JMP1 和 LBL1 之间的指令。当分别按下 M1、M2 的启动按钮 K3、K5 时，电动机运行；按下停止按钮 K4、K6 时，电动机各自停止。

3．检查与评估

在规定时间内完成工作，由教师或各组之间根据评估表进行各项目检查。

评估标准如表 3.20 所示。

表 3.20　检查评估表

项　目	要　求	分　数	评分标准	得　分
系统电气原理图设计	原理图绘制完整规范	10	不完整规范，每处扣 2 分	
I/O 分配表	准确完整	10	不完整，每处扣 2 分	
程序设计	简洁易读，符合题目要求	20	不正确，每处扣 5 分	
电气线路安装和连接	线路安全简洁，符合工艺要求	30	不规范每处扣 5 分	
系统调试	系统设计达到题目要求	30	第一次调试不合格扣 10 分 第二次调试不合格扣 10 分	
时间	60 分钟，每超时 5 分钟扣 5 分，不得超过 10 分钟			
安全	检查完毕通电，人为短路扣 20 分			

3.5.3　拓展实训

实训 1　子程序编程训练

1．实训名称

不带参数子程序调用的编程。

2．实训目的

理解子程序调用的方式，掌握子程序编程方法。

3．控制要求

PLC 的 I0.0 输入端子控制主程序中 Q0.0 输出的闪烁信号，当 I0.1 输入接通时，调用子程序，I0.3 控制 Q0.3 输出，I0.2 控制 Q0.2 闪烁，I0.4 输入控制子程序无条件返回。

4．程序设计

根据控制要求，定时器 T37、T38 构成主程序周期为 6s 的 Q0.0 输出，I0.1 接通调用子程序时，用 Q0.1 指示。定时器 T39、T40 构成子程序周期为 4s 的 Q0.2 输出，子程序运行时用 I0.3 控制 Q0.3 输出。对应的梯形图程序如图 3.123 所示。

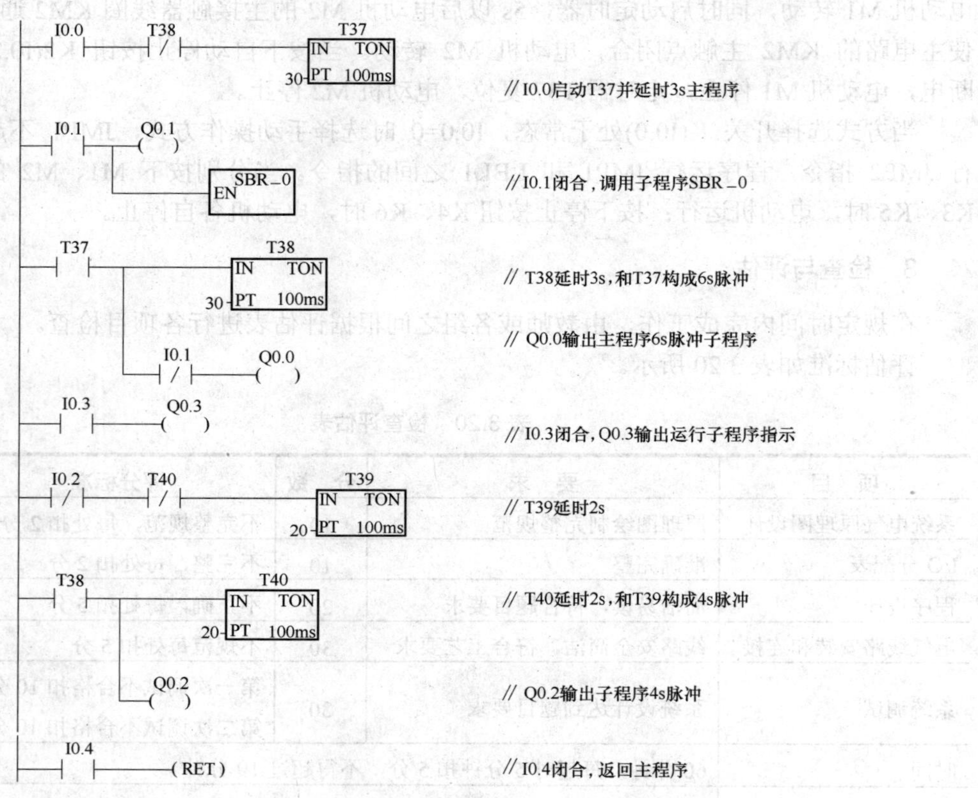

图 3.123　子程序调用梯形图

5．上机操作步骤及要求

(1)　根据题目要求，设计电气图并连接 PLC 输入/输出接线。

(2)　启动 STEP 7-Micro/WIN 编程软件，将程序录入并下载到 PLC 中，然后使 PLC 进入运行状态。

(3)　按下按钮 I0.0，观察输出 Q0.0 的状态；按下按钮 I0.1，观察输出 Q0.0、Q0.1 和 Q0.2 的状态；按下按钮 I0.3，观察输出 Q0.3 的状态；按下按钮 I0.2，观察输出 Q0.2 的状态；松开按钮 I0.1，按下按钮 I0.4，观察输出 Q0.0、Q0.2 和 Q0.3 有无改变。

实训 2　定时器中断程序设计

1．实训名称

彩灯循环点亮。

2．实训目的

理解定时器中断的特点，掌握定时器中断编程的方法。

3．控制要求

采用移位指令和定时器 T96 中断子程序控制 Q0.0～Q0.7 连接的 8 盏彩灯每隔 1s 依次亮灭。设置 T96 定时器的预设值为 1s，并保证系统停止时不会有任何输出。

4．程序设计

编制中断子程序，实现 QB0 的左移控制。对应的梯形图程序如图 3.124 所示。图 3.125 所示为其语句表。

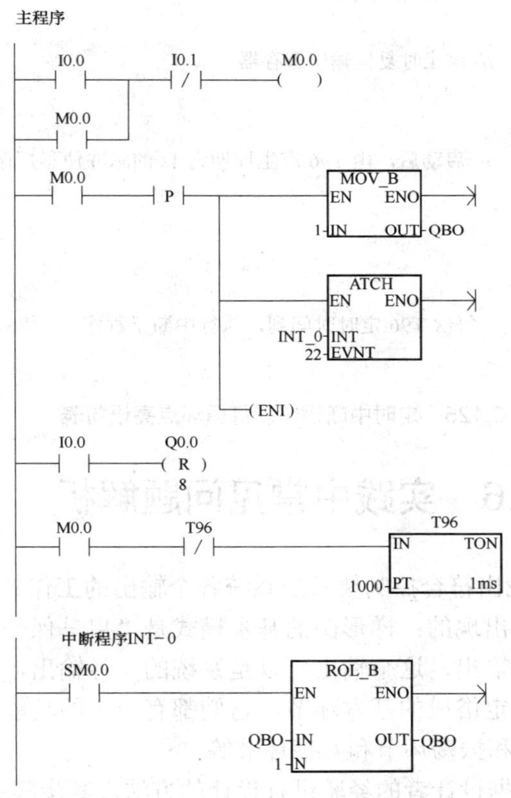

图 3.124　定时中断控制彩灯循环点亮的梯形图程序

5．上机操作步骤及要求

(1) 根据题目要求，设计电气图并连接 PLC 输入/输出接线。

(2) 启动 STEP 7-Micro/WIN 编程软件，将程序录入并下载到 PLC 中，然后使 PLC 进入运行状态。

(3) 按下启动按钮 I0.0，观察彩灯的点亮情况；按下停止按钮 I0.1，观察彩灯的循环过程是否停止。

(4) 若要彩灯向右依次点亮，请思考应如何编程？

```
主程序
网络 1
LD      I0.0              // 设置起停标准 M0.0
O       M0.0
AN      I0.1
=       M0.0
网络 2
LD      M0.0
EU
MOVB    1，QB0            // 系统启动时置初值
ATCH    INT_0，22         // 建立 T96 定时器中断事件与中断服务程序 0 的连接
ENI                       // 全局中断允许
网络 3
LD      I0.0              // 停止时复位输出寄存器
R       Q0.0，8
网络 4
LD      M0.0              // 启动后，由 T96 产生周期为 1s 的脉冲使彩灯循环左移一位
AN      T96
TON     T96，1000
中断子程序 INT_0
网络 1
LD      SM0.0             // 每次 T96 定时时间到，执行中断子程序 0，使 QB0 左移一位
RLB     QB0，1
```

图 3.125　定时中断控制彩灯循环点亮语句表

3.6　实践中常见问题解析

PLC 编程的根本点是找出符合控制要求的系统各个输出的工作条件，这些条件又总是以机内各种器件的逻辑关系出现的；梯形图的基本模式是“启—保—停”，每个“启—保—停”电路一般只针对一个输出，这个输出可以是系统的实际输出，也可以是中间变量；梯形图编程中常使用一些约定俗成的基本环节，它们都有一定的功能，可以像积木一样在许多地方应用，如延时环节和振荡环节和互锁环节等。

“经验”编程方法是依据设计者的经验进行设计的方法，其步骤总结如下。

(1) 在准确了解控制要求后，合理地为控制系统中的事件分配输入输出口，选择必要的机内器件，如定时器、计数器和辅助继电器等。

(2) 对于一些控制要求较简单的输出，可直接写出它们的工作条件，依“启—保—停”电路模式完成相关的梯形图支路。工作条件稍复杂的可借助辅助继电器。

(3) 对于较复杂的控制要求，为了能用“启—保—停”电路模式绘出各输出口的梯形图，要正确分析控制要求，并确定组成总的控制要求的关键点。在空间类逻辑为主的控制中，关键点为影响控制状态的点；在时间类逻辑为主的控制中，关键点为控制状态转换的时间。

(4) 用程序将关键点表达出来，关键点总是要用机内器件来代表的，在安排机内器件时需要考虑并安排好。在绘关键点的梯形图时，可以使用常见的基本环节，如定时器计时环节、振荡环节和分频环节等。

(5) 在完成关键点梯形图的基础上，针对系统的最终输出进行梯形图的编绘。使用关键点器件综合出最终输出的控制要求。

(6) 审查以上的草绘图纸，在此基础上，补充遗漏的功能，更正错误，进行最后的完善。

“经验法”并无一定的章法可循，在设计过程中如发现初步的设计构想不能实现控制要求时，可换个角度试一试。当设计经历多起来时，“经验法”就会得心应手。

本 章 小 结

本章介绍了 S7-200 系列 PLC 编程语言基本操作指令的格式、功能及应用。介绍了触点、线圈等一些基本概念。并通过实训进一步熟悉了这些基本指令的应用。本章要点如下：

(1) 3.1 节以灯的两地控制任务设计为任务导向，重点讲述了 S7-200 系列 PLC 的位逻辑指令的与、或及其串并联指令。在学习中可以结合知识链接的内容熟悉 PLC 系统设计过程，理解控制 PLC 运行的步骤，逐步熟悉编程软件的使用方法。

(2) 3.2 节以自动开关门控制系统设计为任务导向，重点讲述位逻辑指令的置位、复位和边沿脉冲指令。大家要结合拓展实训多练习编程，掌握这些指令的使用方法，并能灵活运用。

(3) 3.3 节以交通灯控制系统设计为任务导向，讲述了定时器指令的分类、工作原理和指令格式。在学习中要理解定时器的工作过程，掌握定时器的编程技巧。

(4) 3.4 节以啤酒灌装生产线设计为导向，讲述了计数器指令的分类、工作原理和指令格式。学习时结合拓展实训多练习编程，掌握计数器的使用方法，在实践中熟悉计数器的工作过程。

(5) 3.5 节以两台电动机自动和手动的控制系统设计为任务导向，讲述了 S7-200 系列 PLC 的程序控制指令，包括跳转指令的使用、子程序的建立和调用过程、中断程序的分类及其建立和调用过程。这些指令是 PLC 工业控制中的常用指令，大家要在实践中理解这类指令对程序运行的控制过程，并能灵活运用。

思考与练习

一、思考题

1. S7-200 系列 PLC 有哪些常用的编程软元件？说明其功能及使用方法。

2. 定时器和计数器各有哪些使用要素？

3. 跳转发生后，CPU 还是否对被跳转指令跨越的程序逐行扫描和逐行执行？被跨越的程序中的输出继电器、时间继电器及计数器的工作状态怎样？

4. 试比较中断子程序和普通子程序的异同点。

5. S7-200 系列可编程控制器有哪些中断源？如何使用？这些中断源所引出的中断在程序中如何表示？

二、实训题

1. 彩灯循环点亮控制。

采用定时器中断的方式实现 Q0.0～Q0.7 输出的依次移位(时间间隔为 1s)。按下启动按钮 I0.0，移位从 Q0.0 开始；按下停止按钮 I0.1，移位停止且清 0。

2. 有 3 台电机 M1、M2 和 M3，按下启动按钮后 M1 启动，1min 后 M2 启动，然后再过 1min 后 M3 启动。按下停止按钮后，逆序停止，即 M3 先停，30s 后 M2 停，再 30s 后 M1 停。

3. 按钮 I0.0 按下后，Q0.0 变为 1 状态并自保持，I0.1 输入 3 个脉冲后(用 C1 计数)，T37 开始定时，5s 后，Q0.0 变为 0 状态，同时 C1 被复位，在可编程序控制器刚开始执行用户程序时，C1 也被复位，时序图如习题图 3.1 所示，请设计出梯形图。

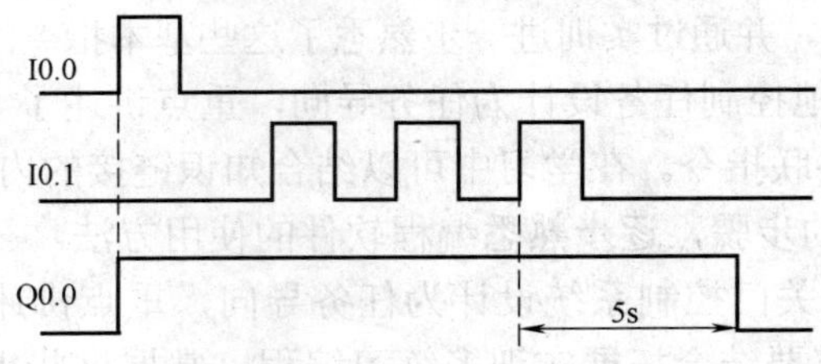

习题图 3.1　时序图

4. 小车两处布料控制系统设计。

如习题图 3.2 所示，小车在 A 处(X4)装料，10s 后右行到 B(X5)处卸料，过 10s 后自动返回至 A 处装料，装完料后向 C 处(X3)卸，卸完后自动返回至 A 处装。对此控制循环进行编程。装料时间为 10s，卸料时间为 10s。

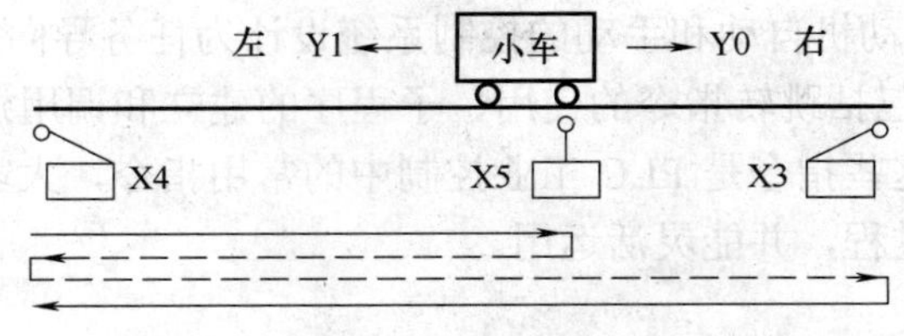

习题图 3.2　小车两处布料控制系统图

第 4 章 彩环控制系统模拟设计

本章要点

- 介绍数据传送指令和移位指令的指令格式和编程方法。
- 介绍高速计数器指令和高速脉冲指令的指令格式和编程方法。
- 介绍步进电机的控制过程。

技能目标

- 会使用数据传送指令和移位指令编程。
- 会使用高速计数器指令和高速脉冲指令编程。
- 了解编码器数据的采集和步进电机的驱动方法。

项目案例导入

本章包括两个项目：彩环信号点亮控制系统和机械手控制系统。通过这两个项目的设计实现过程使学生熟悉数据传送指令、移位指令、高速计数器指令和高速脉冲指令的工作实现过程及其寄存器设置。

4.1 彩环控制系统模拟设计

PLC 可用于霓虹灯、舞台灯光的控制，本项目以彩环模拟实验板进行彩环控制系统的设计。

1. 控制要求

如图 4.1 所示的霓虹灯彩环模拟系统，共有 5 个环，每个彩环有内外两圈彩灯，要求用 PLC 控制灯光的闪耀移位及时序的变化，每个步骤为 0.5 秒，按启动按钮，1 内亮→1 外亮→2 内亮→2 外亮→1 内、1 外、2 内、2 外亮→3 内亮→3 外亮→4 内亮→4 外亮→3 内、3 外、4 内、4 外亮→5 内亮→5 外亮→1 内亮→1 外亮……按照此种顺序循环下去，直至按下停止按钮。

2. 实训目的

- 掌握移位寄存器指令的应用方法。
- 用移位寄存器指令实现彩环循环控制系统。
- 掌握 PLC 的编程技巧和程序调试的方法。

3. 设计条件

S7-200 系列 CPU226 DC/DC/DC 一台、连接线若干、彩环控制系统模板。

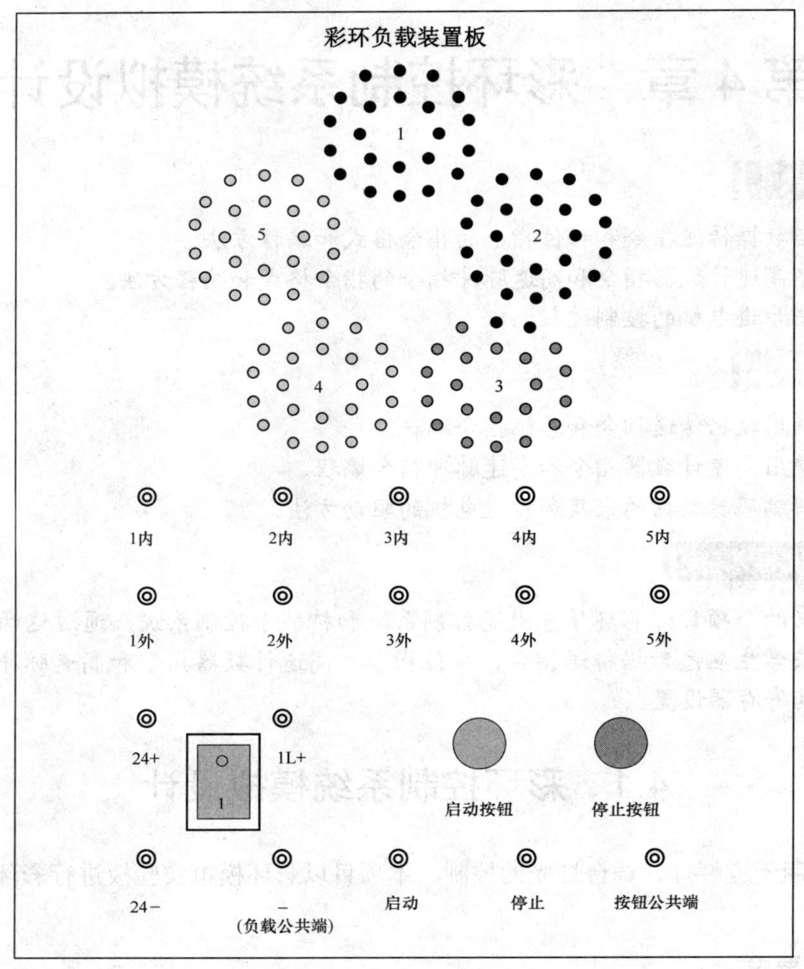

图 4.1　彩环控制模拟板

4．设计内容及要求

- 根据要求设计 PLC 控制电路图。
- 根据电路接线图进行电源的连接；进行输入回路和输出回路的连接。
- 编程设计彩环循环点亮梯形图。
- 正确使用编程软件，进行程序编译、下载和运行。

4.2　基本功能指令

功能指令是 PLC 编程中实现复杂控制的指令，本节将主要介绍数据传送指令和移位指令。

4.2.1　传送指令介绍

传送指令指向 PLC 寄存器传送数据的指令。常用传送类指令包括如下几个。

- MOV_B (Move Byte)：字节传送指令。
- MOV_W(Move Word)：字传送指令。
- MOV_DW (Move Double Word)：双字传送指令。
- MOV_R (Move Real)：实数传送指令。
- BLKMOV_B(Block Move Byte)：字节块传送指令。
- BLKMOV_W(Block Move Word)：字块传送指令。
- BLKMOV_DW(Block Move Double Word)：双字块传送指令。
- SWAP(Swap Byte)：字节交换指令。

我们只详细介绍 MOV 数据传送指令。

数据传送指令 MOV 用来传送单个的字节、字、双字和实数。梯形图指令格式及功能如表 4.1 所示。

表 4.1　字节、字、双字和实数的梯形图指令格式及功能

梯形图	MOV_B EN ENO ????-IN OUT-????	MOV_W EN ENO ????-IN OUT-????	MOV_DW EN ENO ????-IN OUT-????	MOV_R EN ENO ????-IN OUT-????
语句表	MOVB　IN, OUT	MOVW　IN, OUT	MOVD　IN, OUT	MOVR IN, OUT
操作数及数据类型	IN： VB, IB, QB, MB, SB, SMB, LB, AC, 常量 OUT：VB, IB, QB, MB, SB, SMB, LB, AC	IN：VW, IW, QW, MW, SW, SMW, LW, T, C, AIW, AC, 常量 OUT：VW, T, C, IW, QW, SW, MW, SMW, LW, AC, AQW	IN：VD, ID, QD, MD, SD, SMD, LD, HC, AC, 常量 OUT：VD, ID, QD, MD, SD, SMD, LD, AC	IN：VD, ID, QD, MD, SD, SMD, LD, AC, 常量 OUT：VD, ID, QD, MD, SD, SMD, LD, AC
	字节	字、整数	双字、双整数	实数
功　能	使能(enable，也称启用、允许、激活)输入 EN 有效时，即 EN=1 时，将一个输入 IN 的字节、字/整数、双字/双整数或实数送到 OUT 指定的存储器输出。在传送过程中不改变数据的大小。传送后，输入存储器“IN”中的内容不变			

例 4.1　在 I0.0 闭合后产生一个脉冲，把十进制常数 32 送到变量存储器 VB10 中，将变量存储器 VB20 中的内容送到 VB30 中。程序如图 4.2 所示。

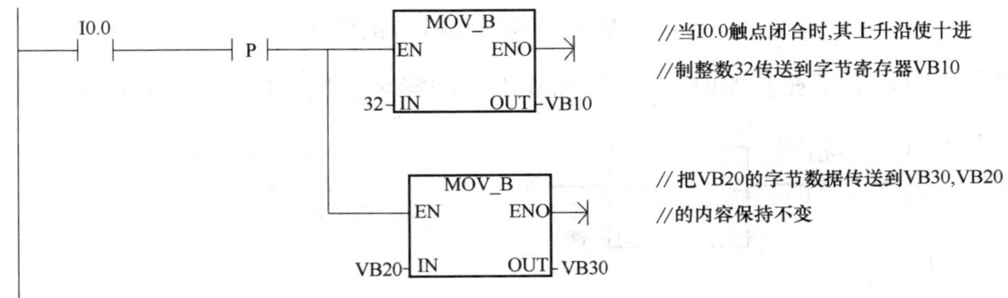

图 4.2　传送指令的梯形图

例 4.2 常用传送指令进行一些程序的初始化、赋初值，梯形图如图 4.3 所示。

1
SM0.1
MOV_B
EN
ENO
2#1010101
IN
OUT
QB0
//当运行程序的第1个扫描周期将输出点Q0.0、Q0.2、Q0.4和Q0.6置为1，此时输出指示灯亮
2
SM0.1
MOV_B
EN
ENO
20
IN
OUT
SMB67
//特殊寄存器SMB67赋初值20，变量寄存器VB100初值为10
MOV_B
EN
ENO
10
IN
OUT
VB100

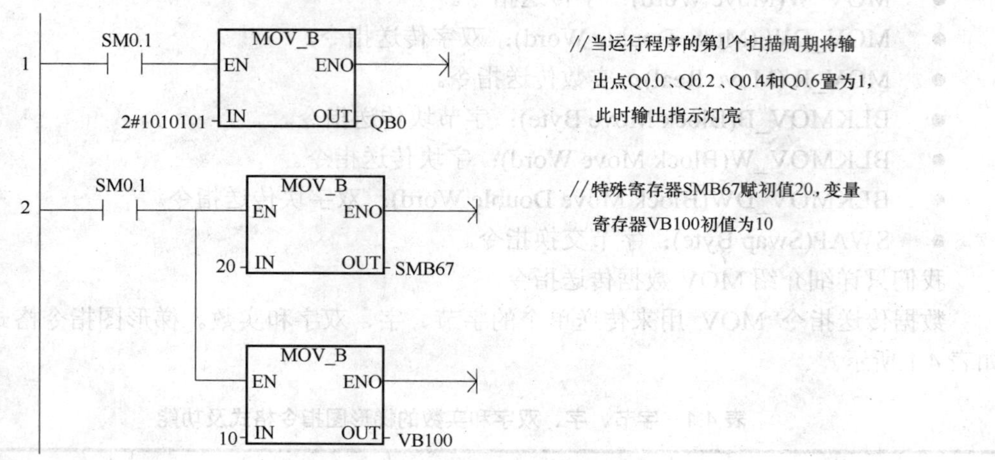

图 4.3 一般程序初始化的梯形图

图 4.3 中的网络 1 也可以用图 4.4 所示的指令来实现，与图 4.3 比较可知用传送指令可以简化程序。

SM0.1
Q0.0
S
1
Q0.1
R
1
Q0.2
S
1
Q0.3
R
0
Q0.4
S
1
Q0.5
R
1
Q0.6
S
1
Q0.7
R
1

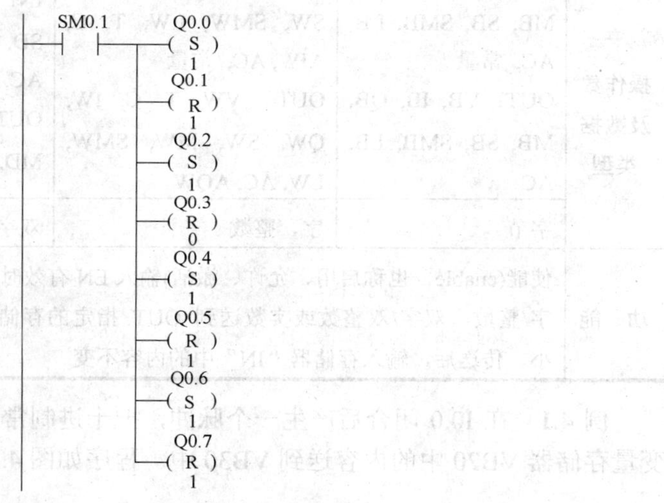

图 4.4 基本指令实现输出点的设置

在本项目中，需要在初始时，点亮 Q0.0 连接的彩环，使用图 4.5 所示的梯形图。

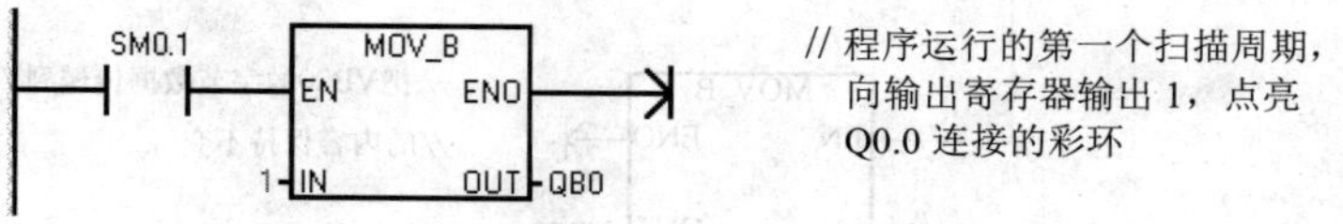

SM0.1
MOV_B
EN
ENO
1
IN
OUT
QB0
// 程序运行的第一个扫描周期，向输出寄存器输出 1，点亮 Q0.0 连接的彩环

图 4.5 点亮 Q0.0 彩环梯形图

4.2.2　移位指令

移位指令分为左、右移位和循环左、右移位及寄存器移位指令三大类。前两类移位指令按移位数据的长度又分字节型、字型和双字型 3 种。

1．左移和右移

左、右移位数据存储单元与 SM1.1(溢出)端相连，移出位被放到特殊标志存储器 SM1.1 位。移位数据存储单元的另一端补 0。移位指令格式如表 4.2 所示。

表 4.2　移位指令格式及功能

梯 形 图	SHL_B: EN ENO; ????-IN OUT-????; ????-N SHR_B: EN ENO; ????-IN OUT-????; ????-N	SHL_W: EN ENO; ????-IN OUT-????; ????-N SHR_W: EN ENO; ????-IN OUT-????; ????-N	SHL_DW: EN ENO; ????-IN OUT-????; ????-N SHR_DW: EN ENO; ????-IN OUT-????; ????-N
语 句 表	SLB　OUT,N SRB　OUT,N	SLW　OUT,N SRW　OUT,N	SLD　OUT,N SRD　OUT,N
操作数及数据类型	IN：VB, IB, QB, MB, SB, SMB, LB, AC，常量。 OUT：VB，IB，QB，MB，SB, SMB, LB, AC。 数据类型：字节	IN：VW，IW，QW，MW，SW，SMW, LW, T, C, AIW, AC,常量。 OUT：VW，IW，QW，MW，SW，SMW, LW, T, C, AC。 数据类型：字	IN：VD, ID, QD, MD, SD, SMD, LD, AC, HC，常量。 OUT：VD，ID，QD，MD，SD, SMD, LD, AC。 数据类型：双字
	N：VB, IB, QB, MB, SB, SMB, LB, AC，常量；数据类型：字节；数据范围：N≤数据类型(B、W、D)对应的位数		
功 能	SHL：字节、字、双字左移 N 位；SHR：字节、字、双字右移 N 位		

1)　左移位指令 SHL (Shift Left Byte, Word, Dword)

使能输入有效时，将输入 IN 的无符号数字节、字或双字中的各位向左移 N 位后(右端补 0)，将结果输出到 OUT 所指定的存储单元中，如果移位次数大于 0，则最后一次移出位保存在“溢出”存储器位 SM1.1 中。如果移位结果为 0，则零标志位 SM1.0 置为 1。

2)　右移位指令 SHR(Shift Right Byte, Word, Dword)

使能输入有效时，将输入 IN 的无符号数字节、字或双字中的各位向右移 N 位后，将结果输出到 OUT 所指定的存储单元中，移出位补 0，最后一次移出位保存在 SM1.1 中。如果移位结果为 0，则零标志位 SM1.0 置为 1。

2．循环左、右移位指令

循环移位 ROL(Rotate Left)和 ROR(Rotate Right)将移位数据存储单元的首尾相连，同时又与溢出标志 SM1.1 连接，SM1.1 用来存放被移出的位。指令格式如表 4.3 所示。

1)　循环左移位指令 ROL(Rotate left Byte, Word, Dword)

表 4.3　循环左、右移位指令格式及功能

梯 形 图	ROL_B EN ENO ????-IN OUT-???? ????-N ROR_B EN ENO ????-IN OUT-???? ????-N	ROL_W EN ENO ????-IN OUT-???? ????-N ROR_W EN ENO ????-IN OUT-???? ????-N	ROL_DW EN ENO ????-IN OUT-???? ????-N ROR_DW EN ENO ????-IN OUT-???? ????-N
操作数及数据类型	IN：VB, IB, QB, MB, SB, SMB, LB, AC，常量。 OUT：VB, IB, QB, MB, SB, SMB, LB, AC。 数据类型：字节	IN：VW, IW, QW, MW, SW, SMW, LW, T, C, AIW, AC，常量。 OUT：VW, IW, QW, MW, SW, SMW, LW, T, C, AC。 数据类型：字	IN：VD, ID, QD, MD, SD, SMD, LD, AC, HC，常量。 OUT：VD, ID, QD, MD, SD, SMD, LD, AC。 数据类型：双字
	N：VB, IB, QB, MB, SB, SMB, LB, AC，常量；数据类型：字节		
功　能	ROL：字节、字和双字循环左移 N 位；ROR：字节、字和双字循环右移 N 位		

使能输入有效时，将 IN 端的输入数据无符号数(字节、字或双字)循环左移 N 位后，将结果输出到 OUT 所指定的存储单元中，移出的最后一位的数值存在溢出标志位 SM1.1 中。当需要移位的数值是零时，零标志位 SM1.0 置为 1。

2)　循环右移位指令 ROR(Rotate right Byte, Word, Dword)

使能输入有效时，将 IN 端输入的无符号数(字节、字或双字)循环右移 N 位后，将结果输出到 OUT 所指定的存储单元中，移出的最后一位的数值送溢出标志位 SM1.1。当需要移位的数值是零时，零标志位 SM1.0 为 1。

例 4.3　将 AC0 中的字循环右移 2 位，将 VB20 中的字节左移 3 位。移位后，AC0 的右端 2 位 00 移入左端 2 位，再将此时最后的 0 进入 SM1.1，VB20 的左端 3 位 101 移出，再在右端补 3 个 0，最后的 1 进入 SM1.1 中。程序及运行结果如图 4.6 所示。

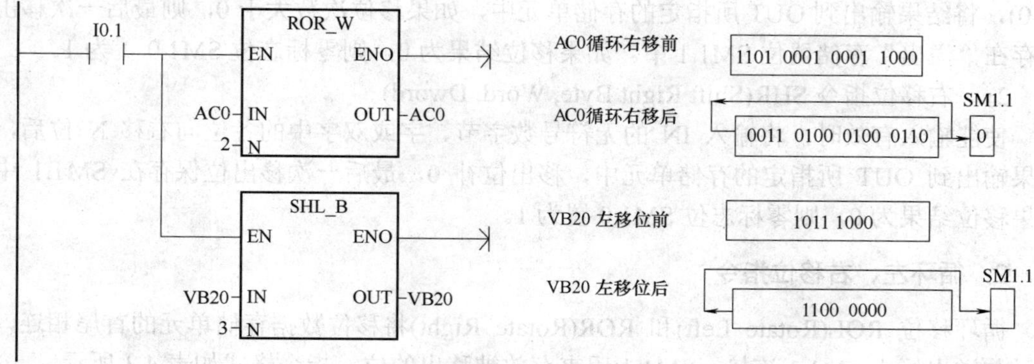

图 4.6　例 4.3 的程序及运行结果

I0.1 闭合后，AC0 的右端 2 位 00 移入左端 2 位，最后的 0 进入 SM1.1，VB20 的左端 3 位 101 移出，右端补 3 个 0，最后的 1 进入 SM1.1 中。

例 4.4　用 I0.0 连接的控制按钮控制接在 Q0.0～Q0.7 上的 8 个彩灯循环移位，从左到右以 0.5s 的速度依次点亮，保持任意时刻只有一个指示灯亮，到达最右端后，再从左到右依次点亮。其时序图如图 4.7 所示。

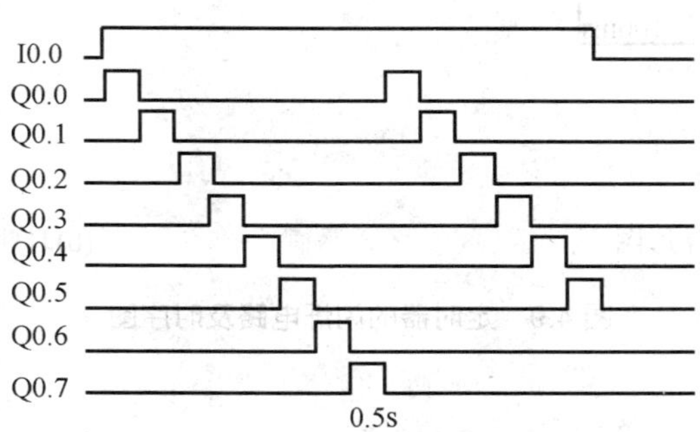

图 4.7　时序图

分析：要实现 8 个彩灯循环移位控制，可以用字节的循环移位指令。根据控制要求，首先应置彩灯的初始状态为 QB0=1，即左边第一盏灯亮；接着灯从左到右以 0.5s 的速度依次点亮，即要求字节 QB0 中的“1”用循环右移位指令，每 0.5s 移动一位，因此须在 ROR-B(循环右移)指令的 EN 端接一个 0.5s 的移位脉冲(可以用定时器指令实现，也可以用 SM0.5(1s 的脉冲)实现，前者可以改变灯亮时间)。

知识链接：闪烁电路

要实现多盏灯依次点亮需要用到 0.5s 的移位脉冲，实现这种功能的电路也称为闪烁电路。

闪烁电路是一个时钟电路，可以是等间隔的间断，也可以是不等间隔的间断，图 4.8 为特殊寄存器 SM0.5 实现的 Q0.0 的每隔 0.5s 闪烁的梯形图和时序图。如果闪烁时间变化就要用定时器，在图 4.9 所示的闪烁电路中，当 I0.0 有效时，T37 产生一个 1s 通 2s 断的闪烁信号，Q0.0 和 T37 一起闪烁，Q0.0 亮的时间由 T38 决定。实际使用时用图 4.10 梯形图所示的闪烁电路，什么时候用到闪烁电路，就把 T37 的常开或常闭触点串联即可。例 4.4 中灯以 0.5s 的速度依次点亮，只产生移位脉冲，如图 4.11 中的梯形图所示。T37 每隔 0.5s 接通一个扫描周期，形成脉冲发生器，来作为 ROR-B 指令的触发脉冲。

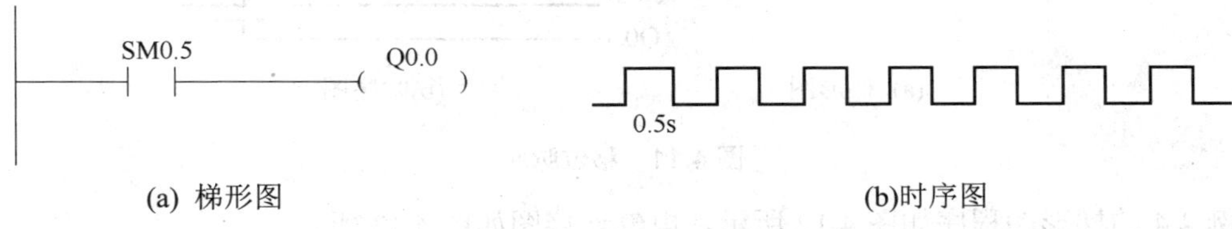

图 4.8　SM0.5 形成的闪烁电路

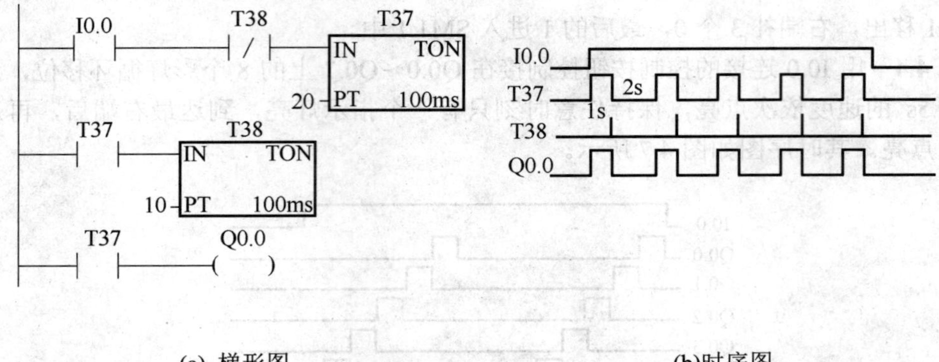

(a) 梯形图　　　　(b)时序图

图 4.9　定时器的闪烁电路及时序图

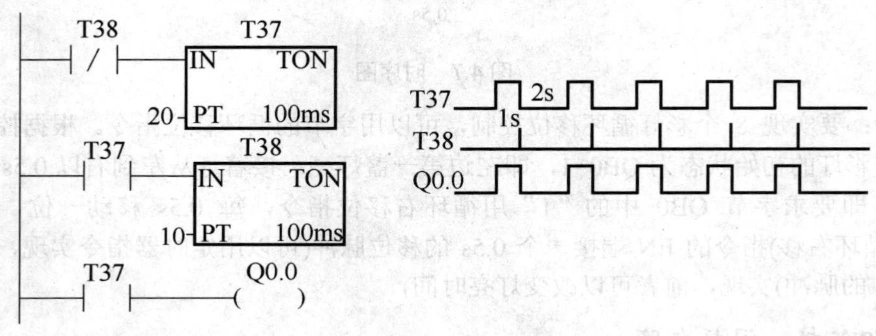

(a) 梯形图　　　　(b)时序图

图 4.10　实用闪烁电路及时序图

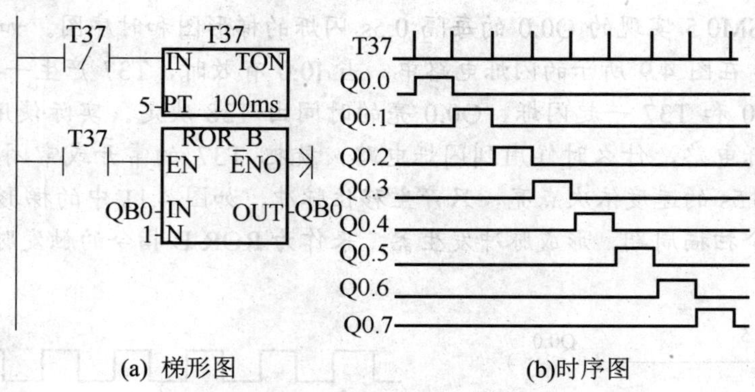

(a) 梯形图　　　　(b)时序图

图 4.11　移位脉冲

例 4.4 的梯形图程序如图 4.12 所示，电气连接图如图 4.13 所示。

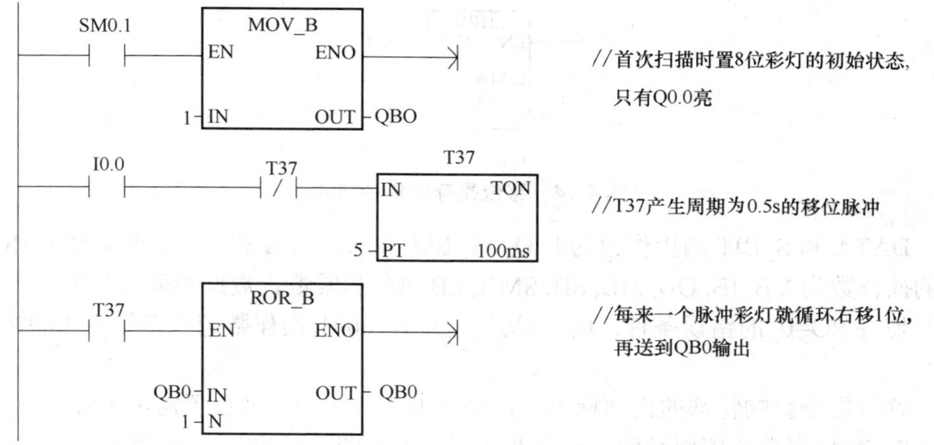

图 4.12　例 4.4 的梯形图

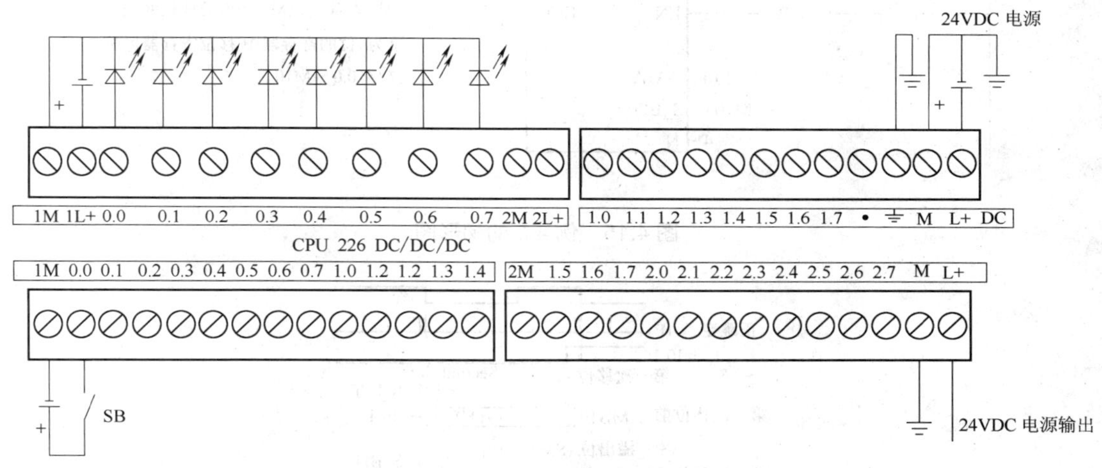

图 4.13　例 4.4 的电气图

3．移位寄存器指令 SHRB(Shift Register Bit)

移位寄存器指令是可以指定移位寄存器的长度和移位方向的移位指令。其指令格式如图 4.14 所示。其指令操作数及数据类型说明如下。

(1)　移位寄存器指令 SHRB 将 DATA 数值移入移位寄存器。梯形图中，EN 为使能输入端，用来连接移位脉冲信号，每次使能有效时，整个移位寄存器移动 1 位。DATA 为数据输入端，连接移入移位寄存器的二进制数值，执行指令时将该位的值移入寄存器中。S_BIT 指定移位寄存器的最低位。N 指定移位寄存器的长度和移位方向，移位寄存器的最大长度为 64 位。N 为正值的表示左移位，输入数据(DATA)移入移位寄存器的最低位(S_BIT)，并移出移位寄存器的最高位，移出的数据被放置在溢出内存位(SM1.1)中；N 为负值时表示右移位，输入数据移入移位寄存器的最高位中，并移出最低位(S_BIT)，移出的数据被放置在溢出内存位(SM1.1)中。

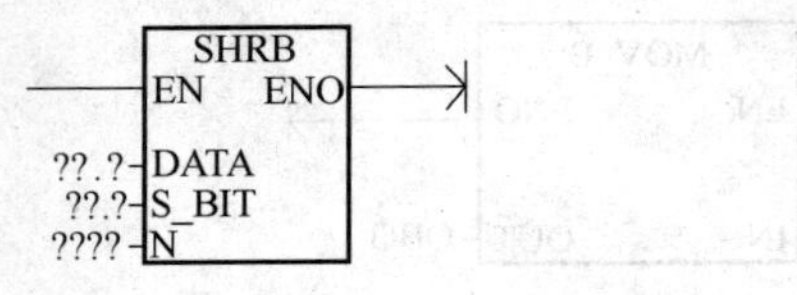

图 4.14　移位寄存器指令格式

(2) DATA 和 S_BIT 的操作数为 I, Q, M, SM, T, C, V, S 和 L。数据类型为 BOOL 变量。N 的操作数为 VB, IB, QB, MB, SB, SMB, LB, AC 和常量。数据类型为字节。

(3) 使 ENO=0 的错误条件：0006(间接地址)，0091(操作数超出范围)，0092(计数区错误)。

(4) 移位指令影响特殊的内部标志位：SM1.1(为移出的位值设置溢出位)。

例 4.5　移位寄存器应用举例。程序及运行结果如图 4.15 和图 4.16 所示。

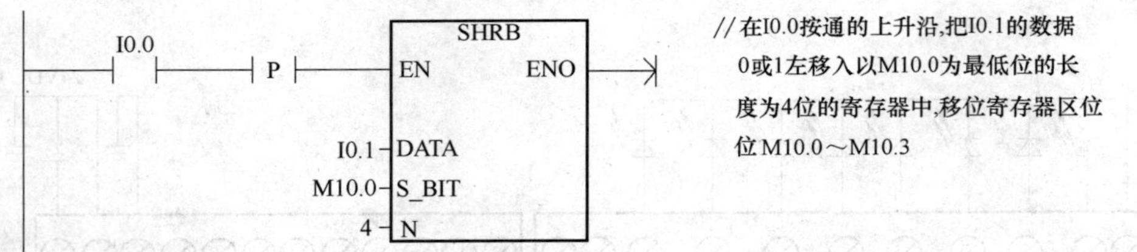

图 4.15　例 4.5 的梯形图

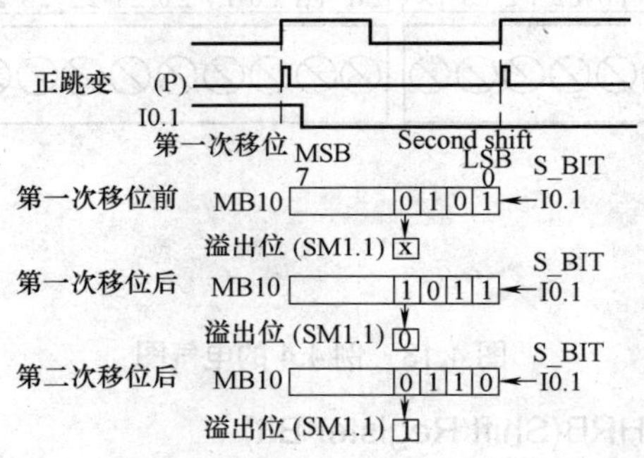

图 4.16　例 4.5 的运行结果

4.3　彩环控制系统模拟设计过程

为了更好地完成彩环灯控制系统的实现，小组成员应协同编制计划，并协作解决难题、相互之间监督计划的执行与完成情况。

4.3.1　工作过程

(1) 小组成员研讨任务，明确彩环控制系统的要求，确定控制系统的实现方案。

(2) 认真学习要用到的初始指令、移位指令，复习定时器指令。
(3) 了解彩环模拟实验板的电路原理。
(4) 根据系统实现方案，制定完整详细的工作计划。
(5) 根据小组成员拟定的工作计划，开展工作。
(6) 由本组成员进行彩灯控制系统实现的效果检查。
(7) 由其他组成员或老师进行评估。

4.3.2 操作分析

进行彩灯系统设计需要进行电气原理设计和程序设计。

1. 了解彩环模拟实验板的电路原理

模拟实验板示意图如图 4.1 所示，其电路原理如图 4.17 所示，每个彩环由 8 个彩色发光二极管组成，作为输出设备，其负载公共端和 PLC 输出端子的公共端 1M 相连，10 个彩环正端分别和 PLC 输出端子 Q0.0～Q1.1 相连。板上的启动按钮和停止按钮作为系统的输入设备，连接 PLC 的输入点，分别控制彩环循环点亮的开始和停止，按钮公共端和输入端子电源的正极相连。

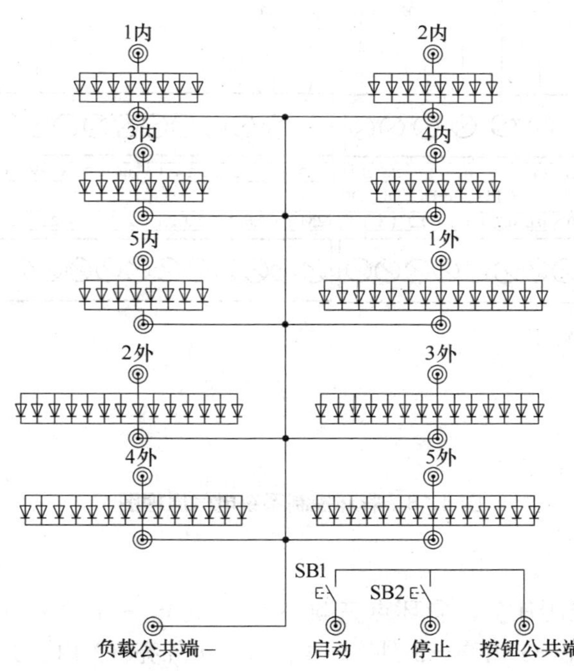

图 4.17　彩环模拟板电路原理图

2. 彩环控制系统电气原理设计

进行 I/O 点分配，启动按钮和停止按钮分别接 PLC 的 I0.0 和 I0.1，因为共有 10 个彩环需占用 Q0.0～Q0.7、Q1.0 和 Q1.1 这 10 个输出接点，分别和彩环实验板的 1 内、1 外、2 内……5 内、5 外端子相连。I/O 点分配见表 4.4，系统电气原理图如图 4.18 所示。

表 4.4　彩环控制系统 I/O 点分配

实验板输入端子名称	PLC 输入接点	实验板输出端子名称	PLC 输出接点
启动按钮 SB1	I0.0	1 内	Q0.0
		1 外	Q0.1
		2 内	Q0.2
		2 外	Q0.3
停止按钮 SB2	I0.1	3 内	Q0.4
		3 外	Q0.5
		4 内	Q0.6
		4 外	Q0.7
		5 内	Q1.0
		5 外	Q1.1

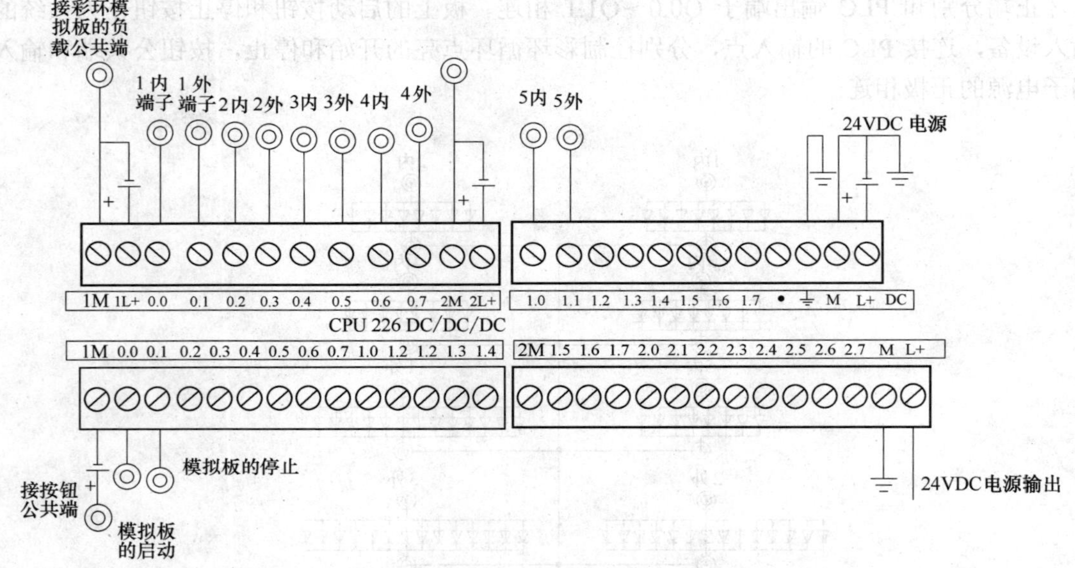

图 4.18　彩环控制系统电气原理图

3．程序设计

设计分析：根据控制任务，彩环点亮顺序为 1 内亮 →1 外亮→2 内亮→2 外亮→1 内、1 外、2 内、2 外亮→3 内亮→3 外亮→4 内亮→4 外亮→3 内、3 外、4 内、4 外亮→5 内亮→5 外亮→1 内亮循环，使彩环闪亮移位，分为 12 步，因此可以指定一个 12 位的移位寄存器(M0.0～M0.7，M1.0～M1.3)，移位寄存器的每一位对应一步。而对于输出，如 1 内(Q0.0)分别在第 1、5 步时被点亮，即其对应的移位寄存器位 M0.0、M0.4 置位为 1 时，Q0.0 置位为 1，所以需要将这些位所对应的常开触点并联后输出 Q0.0，以此类推其他的输出。移位寄存器的 S-BIT 位为 M0.0，由 I0.0 通过传送指令初始时设为 1。循环示意图如图 4.19 所示，参考程序如图 4.20 所示，时序波形如图 4.21 所示。

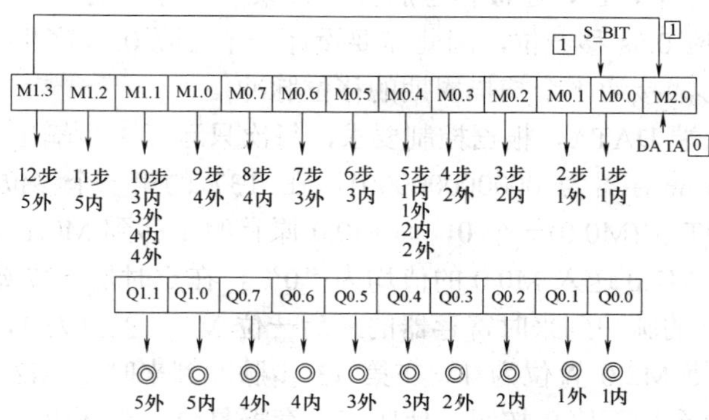

图 4.19　彩环循环示意图

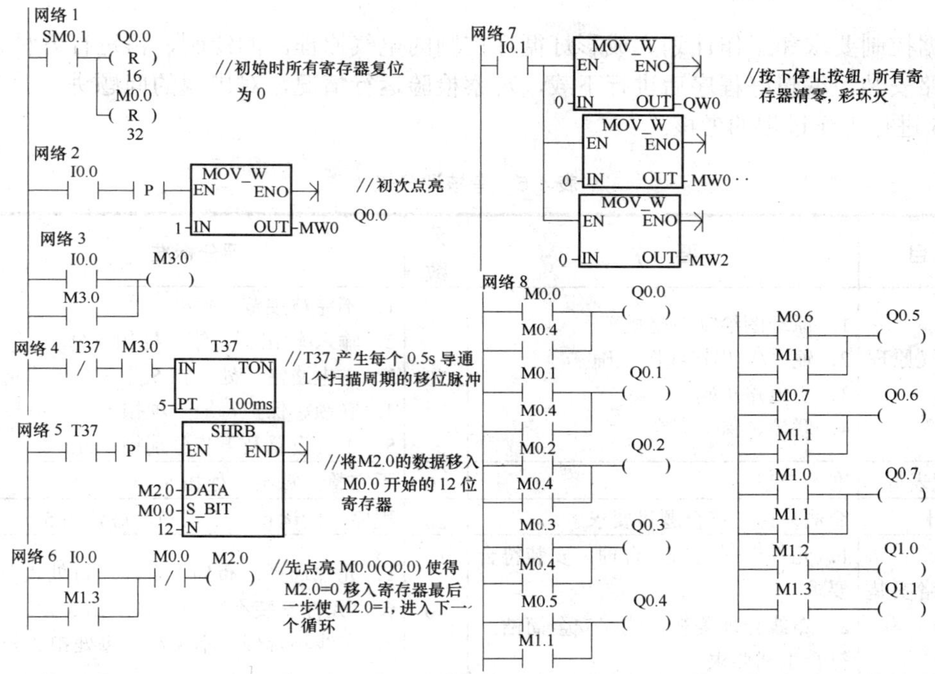

图 4.20　彩环循环梯形图

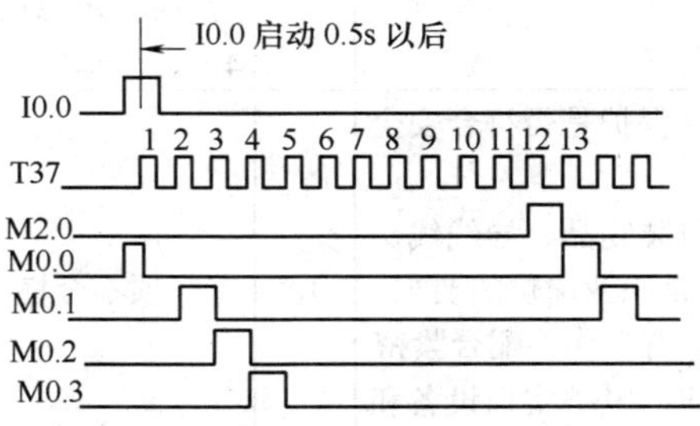

图 4.21　彩环循环波形

在移位寄存器指令中，EN 连接移位脉冲，每来一个脉冲的上升沿，移位寄存器就移动一位。移位寄存器应 0.5s 移一位，因此需要设计一个每隔 0.5s 产生一个脉冲的脉冲发生器(由 T37 定时 0.5s 形成接通 1 个扫描周期的移位脉冲)。

M2.0 为数据输入端 DATA，根据控制要求，每次只运行 1 步输出。在 I0.0 启动的第 1 个循环，M0.0～M1.3 寄存器为 000000000001，在 T37 的第一个移位脉冲到来时由 M2.0 送入移位寄存器 S_BIT 位(M0.0)一个 0，而 M0.0 原有的 1 移到 M0.1 中。第 2 步脉冲至第 12 步的脉冲到来时由 M2.0 送入 M0.0 的值均为“0”，在定时器 T37 延时 0.5s 的移位脉冲驱动下左移。第 12 步的脉冲到来时寄存器的最后一位 M1.3 置位为 1，同时通过与 I0.0 并联的 M1.3 常开触点使 M2.0 置位为 1。在第 13 步脉冲到来时由 M2.0 送入 M0.0 的值为 1，如此循环下去，直至按下停止按钮，使所有寄存器复位，彩环灭。

4.3.3　检查与评估

根据控制要求和工作计划完成彩灯循环控制的电气原理图的绘制，再进行各种设备的电气线路安装，编辑好程序后进行下载，观察检验运行情况，对出现的问题进行改正。根据表 4.5 进行工作过程的考核。

表 4.5　考核评分表

项　目	要　求	分数	评分标准	得分
系统电气原理图设计	1. 原理图绘制完整规范 2. 输入/输出接线图正确 3. 主电路正确 4. 联锁、保护齐全	10	1. 不完整规范，每处扣 2 分 2. 输入/输出图，错一处扣 5 分 3. 主电路错一处，扣 5 分 4. 联锁、保护每缺一项扣 5 分 5. 不会设置及下载分别扣 5 分	
I/O 分配表	准确完整	10	不完整，每错一处扣 5 分	
程序设计	简洁易读，符合题目要求	20	程序不能运行、不正确，每处扣 5 分	
电气线路安装和连接	1. 元件选择、布局合理，安装符合要求 2. 布线合理美观，线路安全简洁，符合工艺要求	30	1. 元件选择．布局不合理，每处扣 3 分，元件安装不牢固，每处扣 3 分 2. 布线不合理、不美观，每处扣 3 分	
系统调试	1. 程序编制实现功能 2. 操作步骤正确 3. 接负载试车成功	20	1. 连线接错一根，扣 10 分 2. 一个功能不实现，扣 10 分 3. 操作步骤错一步，扣 5 分 4. 显示运行不正常，每台扣 5 分	
职业素养与安全意识	1. 现场操作安全保护是否符合安全操作规程 2. 工具摆放、包装物品、导线线头等的处理是否符合职业岗位的要求 3. 是否有分工又有合作，配合紧密 4. 遵守课堂纪律，爱护实训设备和器材，保持实训室的整洁	10	有一项不合格，扣 5 分，扣完为止	
时　间	60 分钟，每超时 5 分钟扣 5 分，不得超过 10 分钟			

4.4　机械手控制系统

随着社会生产的不断进步和人们生活节奏的不断加快，人们对生产效率也不断提出新要求。由于微电子技术和计算机软、硬件技术的迅猛发展和现代控制理论的不断完善，使机械手技术快速发展。本节设计的机械手由气动平行手夹、XY 轴丝杠组、转盘机构和旋转基座等机械部分组成，其外形如图 4.22 所示，主要作用是完成机械部件的搬运、码垛工作，能放置在各种不同的生产线或物流流水线中，使零件搬运、货物运输更快捷、便利。

1．机械手结构

机械手外形结构如图 4.22 所示。

- 机械手抓气动平行手夹的张合由气压通过电磁阀控制，充气时气夹抓紧，放气时气夹松开，能进行零件夹取放置。
- X 轴由步进电机及滚珠丝杠组实现气动平行手夹和手臂的伸出和收缩。
- Y 轴由步进电机及滚珠丝杠组实现气动平行手夹、手臂和 X 轴驱动部件的上升和下降。
- 旋转底盘由直流电机经大的齿轮转动驱动带动机械手、XY 轴丝杠组自由旋转，底盘有旋转编码器检测和控制底盘旋转角度。

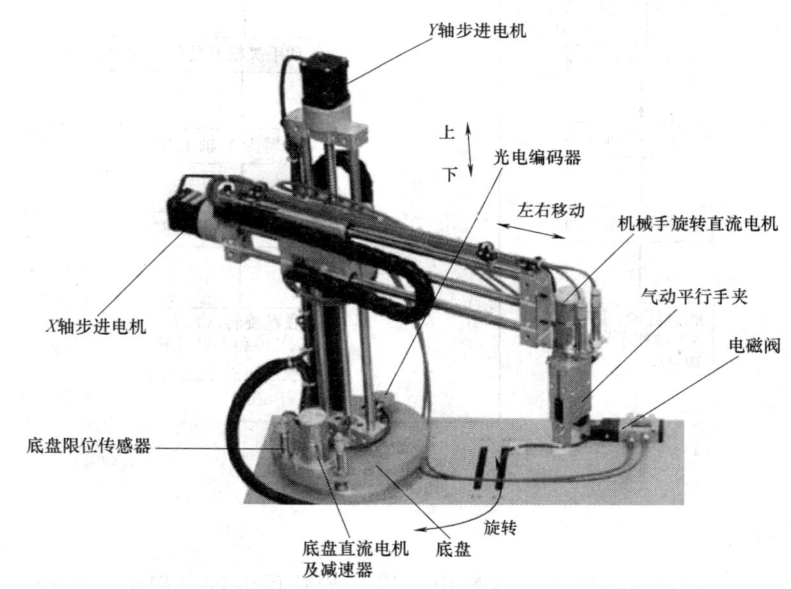

图 4.22　机械手外形及部件

2．控制要求

机械手初始位置如图 4.23 所示，按下搬运开关，驱动机械手抓沿各轴运行，把 A 点的物体夹起，放置到 B 点，然后回到初始位置，循环进行搬运，直到按下停止按钮，执行完本循环后机械手停止。工作流程如图 4.24 所示。

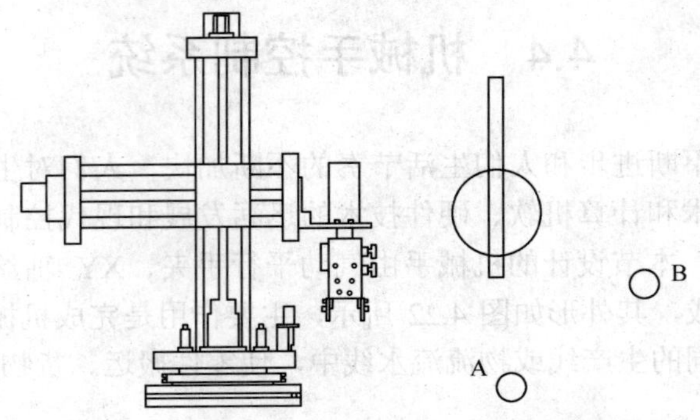

图 4.23　机械手初始位置

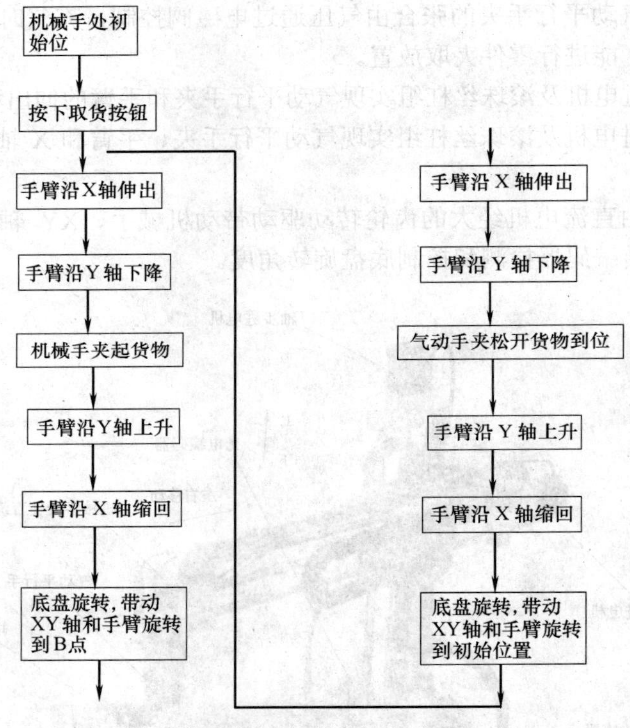

图 4.24　机械手工作流程

3．设计说明

在熟悉系统工作过程的基础上，进行电气设计和软件编程。根据试验台各个功能部件画出电气原理图并进行如下相应的程序设计。

(1) 进行输入输出部件的 I/O 点分配。

(2) 进行 PLC 与传感器电源线、信号线的连接。

(3) 进行 PLC 与电磁阀的连接，编程驱动电磁阀。

(4) 进行 PLC 与步进电机及其驱动器的连接，编程驱动步进电机进行 X、Y 轴定位。

(5) 进行 PLC 与直流电机及编码器的连接与编程，进行底盘旋转定位。

在机械手设计中底盘旋转定位时，要采用编码器控制底盘旋转的角度，而对编码器的输出信号进行采集需要用高速计数器指令进行编程。机械手 X、Y 轴的定位采用步进电机驱动，对步进电机的控制采用高速脉冲指令编程。

4.5　高速计数器指令和高速脉冲指令

高速计数器指令和高速脉冲指令分别从指定输入点输入不受扫描周期影响的脉冲和从输出点输出周期可变的高速脉冲。

4.5.1　高速计数器指令

高速计数器指令包括以下两个。

- HDEF(High speed counter DEFinition)：进行高速计数器定义。
- HSC(High Speed Counter)：激活高速计数器。

第 3 章的计数器指令的计数速度受扫描周期的影响，对比 CPU 扫描频率高的脉冲输入，就不能满足控制要求了。S7-200 系列 PLC 设计了高速计数功能(HSC)，其计数自动进行不受扫描周期的影响，最高计数频率取决于 CPU 的类型，CPU22x 系列最高计数频率为 30kHz。高速计数器在程序中使用时的地址编号用 HC n 来表示(在非正式程序中有时用 HSC n)，HC(HSC)表示编程元件名称为高速计数器，n 为编号。

不同型号的 PLC 主机，高速计数器的数量不同，CPU224 和 CPU226 有 6 个高速计数器，编号为 HC0～HC5。高速计数器对外部输入的高速脉冲进行计数，每个高速计数器使用不同的输入端子，并有不同的工作模式。

4.5.1.1　高速计数器占用输入端子

CPU224 和 CPU226 有 6 个高速计数器，其占用的输入端子如表 4.6 所示。

表 4.6　高速计数器占用的输入端子

高速计数器	使用的输入端子
HSC0	I0.0，　I0.1，　I0.2
HSC1	I0.6，　I0.7，　I1.0，　I1.1
HSC2	I1.2，　I1.3，　I1.4，　I1.5
HSC3	I0.1
HSC4	I0.3，　I0.4，　I0.5
HSC5	I0.4

各高速计数器不同的输入端有专用的功能，包括时钟脉冲端、方向控制端、复位端和启动端。同一个输入端子不能用于两种不同的功能。但是高速计数器当前未使用的输入端子均可用于其他用途。

4.5.1.2　高速计数器的计数方式

每个高速计数器有不同计数方式，根据使用的输入端子功能的不同有不同的工作模式，共有 12 种工作模式，模式 0～模式 2 采用单路脉冲输入的内部方向控制加/减计数；模式 3～模式 5 采用单路脉冲输入的外部方向控制加/减计数；模式 6～模式 8 采用两路脉冲输入控制加/减计数；模式 9～模式 11 采用两路脉冲输入的双相正交计数。

每个高速计数器有相应的特殊寄存器作为控制字节、状态字节、一个 32 位当前值(Current Value，CV)寄存器和一个 32 位预置值(Present Value，PV)寄存器。

6 个高速计数器共有 4 种工作类型 12 种工作模式，其具体工作过程如下：

1．单路脉冲输入的内部方向控制加/减计数(模式 0～2)

该方式只有一个脉冲输入端，通过高速计数器控制字节的第 3 位来控制作加计数或者减计数。该位=1，加计数；该位=0，减计数。内部方向控制的单路加/减计数如图 4.25 所示。

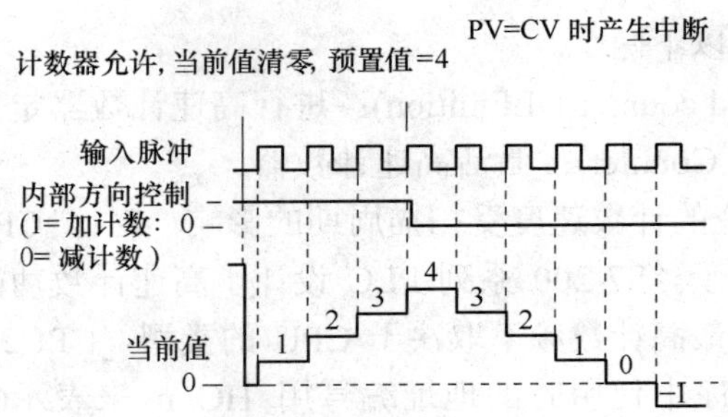

图 4.25　内部方向控制的单路加/减计数

例如，计数器 HSC0 采用此计数方式的模式 1 时，I0.0 为外部输入脉冲，I0.2 为复位端。当其控制字节 SMB37.3=1 时，对输入脉冲加计数，SMB37.3=0 时，对输入脉冲减计数。当前脉冲数(CV)放置在 SMD38 中，预置脉冲数(PV)放在 SMD42 中，当二者相等时产生中断。当 I0.2=1 时，清除计数器当前值并保持清除状态，直至 I0.2=0。机械手的底盘旋转定位可采用 HSC0 的模式 0 或 1。I0.0 接底盘上编码器的输出，底盘旋转时带动编码器一起转动，编码器将旋转角度转化为脉冲。输入 I0.0，使 HSC0 对底盘的旋转角度计数。

2．单路脉冲输入的外部方向控制加/减计数(模式 3～5)

该方式有一个脉冲输入端，有一个方向控制端子，方向输入信号等于 1 时，加计数；方向输入信号等于 0 时，减计数。外部方向控制的单路加/减计数如图 4.26 所示。

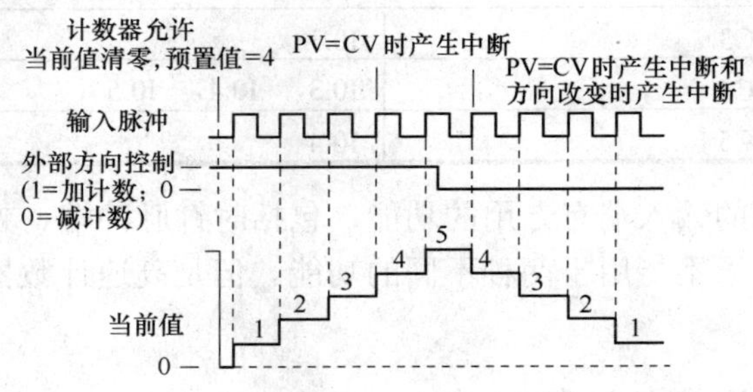

图 4.26　外部方向控制的单路加/减计数

例如，计数器 HSC0 采用此计数方式的模式 3 时，I0.0 为外部输入脉冲，I0.1 为方向控制端子，I0.2 为复位端。当其 I0.1=1 时，对输入脉冲加计数，I0.1=0 时，对输入脉冲减计数。当前脉冲数放置在 SMD38 中，预置脉冲数设置在 SMD42 中，当二者相等时产生中断。机械手的底盘旋转定位也可采用 HSC0 的模式 3。I0.0 接底盘上编码器的输出，用于对底盘的旋转角度计数。

3．两路脉冲输入的单相加/减计数(模式 6～8)

该方式有两个脉冲输入端，一个是加计数脉冲，一个是减计数脉冲，计数值为两个输入端脉冲的代数和，如图 4.27 所示。

4．两路脉冲输入的双相正交计数(模式 9～11)

该方式有两个脉冲输入端，输入的两路脉冲 A 相、B 相，相位互差 90°(正交)，A 相超前 B 相 90°时，加计数；A 相滞后 B 相 90°时，减计数。在这种计数方式下，可选择 1x 模式(单倍频，一个时钟脉冲计一个数)和 4x 模式(四倍频，一个时钟脉冲计四个数)，如图 4.28 和图 4.29 所示。

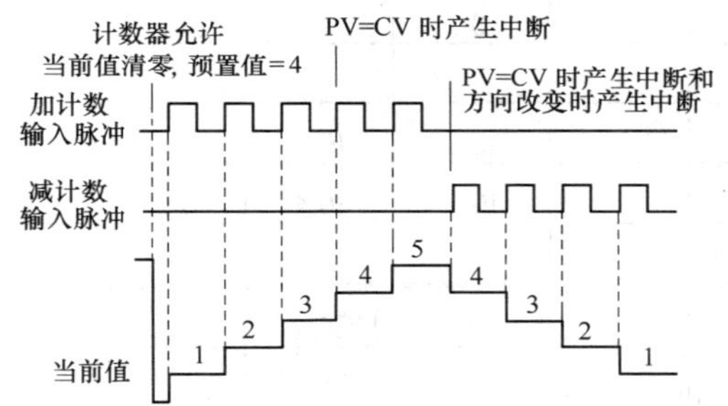

图 4.27　两路脉冲输入的单相加/减计数

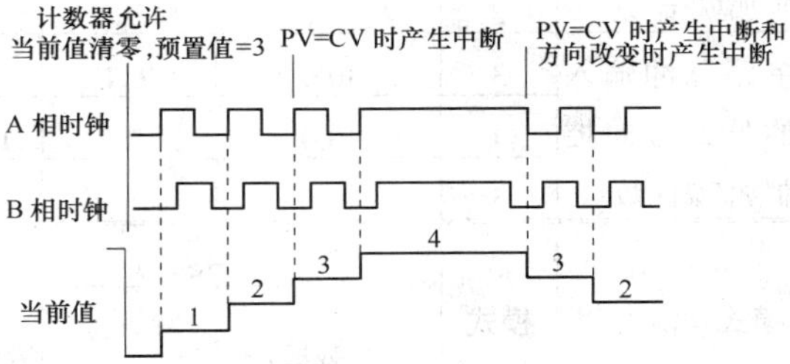

图 4.28　两路脉冲输入的双相正交计数 1x 模式

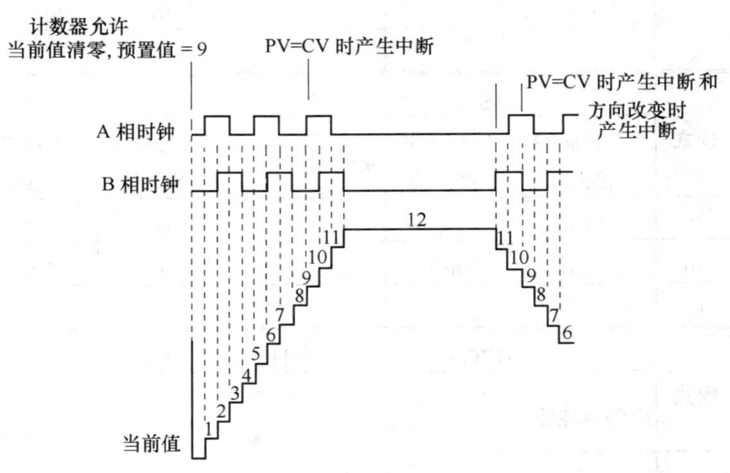

图 4.29　两路脉冲输入的双相正交计数 4x 模式

4.5.1.3　高速计数器的工作模式及模式设置指令

高速计数器的 4 种计数方式根据有无复位输入各有 3 种工作模式，共有 12 种工作模式。HSC0～HSC5 共 6 个高速计数器，每个高速计数器有多种不同的工作模式。并非每种计数器都支持每种工作模式，HSC0 和 HSC4 有模式 0、1、3、4、6、7、9 和 10；HSC1 和 HSC2 有模式 0～模式 11；HSC3 和 HSC5 只有模式 0。HSC0 和 HSC3 又新增了模式 12，把 Q0.0 和 Q0.1 端子分别接到 I0.0 和 I0.1 上，则可以对 Q0.0、Q0.1 输出的高速脉冲进行计数。每种高速计数器所拥有的工作模式和其占有的输入端子的数目有关。高速计数器的工作模式和输入端子的说明如表 4.7 和表 4.8 所示。

表 4.7　高速计数器 HSC0、HSC3、HSC4 和 HSC5 的工作模式和输入端子

模式功能说明	模式	HSC0			HSC3	HSC4			HSC5
		脉冲输入端	方向控制端	复位端	脉冲输入端	脉冲输入端	方向控制端	复位端	脉冲输入端
单路脉冲输入的内部方向控制加/减计数	0	I0.0			I0.1	I0.3			I0.4
	1	I0.0		I0.2		I0.3		I0.5	
	2								
单路脉冲输入的外部方向控制加/减计数	3	I0.0	I0.1			I0.3	I0.4		
	4	I0.0	I0.1	I0.2		I0.3	I0.4	I0.5	
	5								
模式功能说明	模式	HSC0				HSC4			
		加计数脉冲	减计数脉冲	复位端		加计数脉冲	减计数脉冲	复位端	
两路脉冲输入的单相加/减计数	6	I0.0	I0.1			I0.3	I0.4		
	7	I0.0	I0.1	I0.2		I0.3	I0.4	I0.5	
	8								
模式功能说明	模式	HSC0				HSC4			
		A 相脉冲输入端	B 相脉冲输入端	复位端		A 相脉冲输入端	B 相脉冲输入端	复位端	
两路脉冲输入的双相正交计数	9	I0.0	I0.1			I0.3	I0.4		
	10	I0.0	I0.1	I0.2		I0.3	I0.4	I0.5	
	11								
模式功能说明	模式	HSC0			HSC3				
		内部脉冲输入			内部脉冲输入				
内部高速脉冲计数	12	Q0.0			Q0.1				

表 4.8　高速计数器 HSC1、HSC2 的工作模式和输入端子

模式功能说明	模式	HSC1				HSC2			
		脉冲输入端	方向控制端	复位端	启动	脉冲输入端	方向控制端	复位端	启动
单路脉冲输入的内部方向控制加/减计数	0	I0.6				I1.2			
	1	I0.6		I1.0		I1.2		I1.4	
	2	I0.6		I1.0	I1.1	I1.2		I1.4	I1.5
单路脉冲输入的外部方向控制加/减计数	3	I0.6	I0.7			I1.2	I1.3		
	4	I0.6	I0.7	I1.0		I1.2	I1.3	I1.4	
	5	I0.6	I0.7	I1.0	I1.1	I1.2	I1.3	I1.4	I1.5

模式功能说明	模式	HSC1				HSC2			
		加计数脉冲	减计数脉冲	复位端	启动	加计数脉冲	减计数脉冲	复位端	启动
两路脉冲输入的单相加/减计数	6	I0.6	I0.7			I1.2	I1.3		
	7	I0.6	I0.7	I1.0		I1.2	I1.3	I1.4	
	8	I0.6	I0.7	I1.0	I1.1	I1.2	I1.3	I1.4	I1.5

模式功能说明	模式	HSC1				HSC2			
		A 相脉冲输入端	B 相脉冲输入端	复位端	启动	A 相脉冲输入端	B 相脉冲输入端	复位端	启动
两路脉冲输入的双相正交计数	9	I0.6	I0.7			I1.2	I1.3		
	10	I0.6	I0.7	I1.0		I1.2	I1.3	I1.4	
	11	I0.6	I0.7	I1.0	I1.1	I1.2	I1.3	I1.4	I1.5

当复位端有效时，清除计数器当前值，直至复位端解除。

当启动端有效时，允许计数器计数，当启动端无效时，计数器当前值保持，并忽略计数脉冲。

选用某个高速计数器在某种工作方式下工作后，所使用的输入端不是任意选择的，必须按系统指定的输入点输入信号。如 HSC1 在模式 5 下工作，就必须用 I0.6 为脉冲输入端，I0.7 为方向控制端，I1.0 为复位端，I1.1 为启动端。

使用高速计数器定义指令 HDEF 指定高速计数器的工作模式。工作模式的选择即选择了高速计数器的输入脉冲、计数方向、复位和启动功能。每个高速计数器只能用一条“高速计数器定义”指令。HDEF 指令格式如表 4.9 所示。

表 4.9　HDEF 指令格式

梯 形 图	HDEF EN　ENO ????-HSC ????-MODE
语 句 表	HDEF　HSC，MODE
功能说明	高速计数器定义指令 HDEF
操 作 数	HSC：高速计数器的编号，为常量(0～5) MODE：工作模式，为常量(0～11) 数据类型：字节

例 4.6　编程定义 HSC0 为模式 1 单路脉冲输入的内部方向控制加/减计数，梯形图如图 4.30 所示。

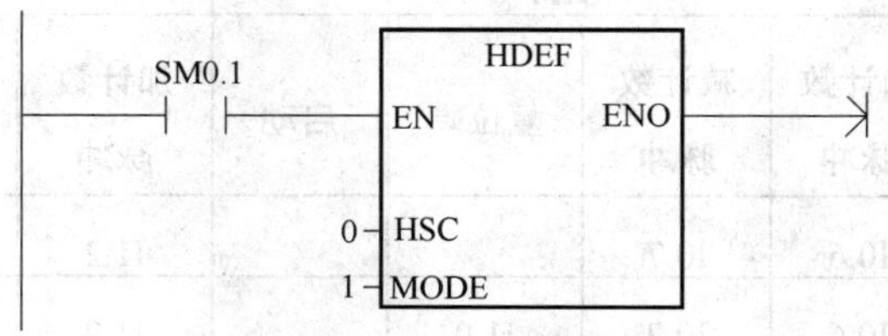

图 4.30　例 4.6 的梯形图

采用第一个扫描周期调用 HDEF 指令，编程定义后，I0.0 即为外部高速脉冲输入端，可接编码器，I0.0 为复位端。

4.5.1.4　高速计数器的特殊寄存器

每个高速计数器都有特殊寄存器作为控制字节、状态字节、当前值寄存器(计数器以此值开始计数)和预置值寄存器。高速计数器的特殊寄存器如表 4.10 所示。

表 4.10　高速计数器的特殊寄存器

高速计数器	状态字节	控制字节	当前值(仅装入)	预置值(仅装入)
HSC0	SMB36	SMB37	SMD38	SMD42
HSC1	SMB46	SMB47	SMD48	SMD52
HSC2	SMB56	SMB57	SMD58	SMD62
HSC3	SMB136	SMB137	SMD138	SMD142
HSC4	SMB146	SMB147	SMD148	SMD152
HSC5	SMB156	SMB157	SMD158	SMD162

1. 控制字节

定义了计数器和工作模式之后，还要设置高速计数器的有关控制字节。每个高速计数器均有一个控制字节，它决定了计数器的计数允许或禁用、方向控制(仅限模式 0、1 和 2)

或对所有其他模式的初始化计数方向，装入当前值和预置值。控制字节每个控制位的说明如表 4.11 所示。

表 4.11　HSC 的控制字节

HSC0	HSC1	HSC2	HSC3	HSC4	HSC5	说　明
SM37.0	SM47.0	SM57.0		SM147.0		复位有效电平控制： 0=复位信号高电平有效；1=低电平有效
	SM47.1	SM57.1				启动有效电平控制：0=启动信号高电平有效；1=低电平有效
SM37.2.	SM47.2	SM57.2		SM147.2		正交计数器计数速率选择： 0=4×计数速率；1=1×计数速率
SM37.3	SM47.3	SM57.3	SM137.3	SM147.3	SM157.3	计数方向控制位： 0＝ 减计数；1＝ 加计数
SM37.4	SM47.4	SM57.4	SM137.4	SM147.4	SM157 .4	向 HSC 写入计数方向： 0＝ 无更新；1＝ 更新计数方向
SM37.5	SM47.5	SM57.5	SM137.5	SM147.5	SM157.5	向 HSC 写入新预置值： 0＝ 无更新；1＝ 更新预置值
SM37.6	SM47.6	SM57.6	SM137.6	SM147.6	SM157.6	向 HSC 写入新当前值： 0＝ 无更新；1＝ 更新当前值
SM37.7	SM47.7	SM57.7	SM137.7	SM147.7	SM157.7	HSC 允许： 0＝ 禁用 HSC；1＝ 启用 HSC

2．状态字节

每个高速计数器都有一个状态字节，状态位表示当前计数方向以及当前值是否大于或等于预置值。每个高速计数器状态字节的状态位如表 4.12 所示。状态字节的 0～4 位不用。监控高速计数器状态的目的是使外部事件产生中断，以完成重要的操作。

表 4.12　高速计数器状态字节的状态位

HSC0	HSC1	HSC2	HSC3	HSC4	HSC5	说　明
SM36.5	SM46.5	SM56.5	SM136.5	SM146.5	SM156.5	当前计数方向状态位： 0＝ 减计数；1＝ 加计数
SM36.6	SM46.6	SM56.6	SM136.6	SM146.6	SM156.6	当前值等于预设值状态位： 0＝ 不相等；1＝ 等于
SM36.7	SM46.7	SM56.7	SM136.7	SM146.7	SM156.7	当前值大于预设值状态位： 0＝ 小于或等于；1＝ 大于

例 4.7　编程定义 HSC0 的工作模式为模式 1(单路脉冲输入的内部方向控制加/减计数)。I0.0 为计数脉冲输入端，I0.2 为复位端，设置 SMB37=16#C8(11001000)(允许计数，更新当前值，不更新预置值，设置计数方向为加计数，复位设置为高电平有效)。其梯形图如图 4.31 所示。

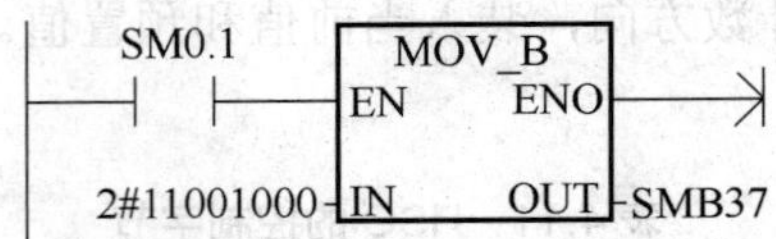

图 4.31　例 4.7 的梯形图

例 4.8　编程定义 HSC1 的工作模式为模式 3(单路脉冲输入的外部方向控制加/减计数)。I0.6 为计数脉冲输入端，I0.7 为方向控制端，I1.0 为复位端，I1.1 为启动端，设置 SMB47=16#F8(允许计数，更新当前值，更新预置值，设置计数方向为加计数，复位设置为高电平有效)。其梯形图如图 4.32 所示。

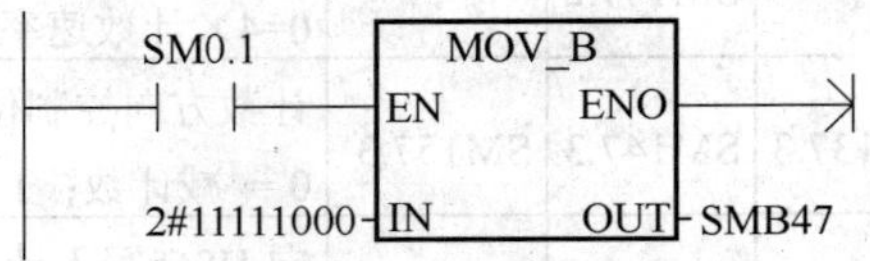

图 4.32　例 4.8 的梯形图

3. 当前值寄存器和预置值寄存器

每个高速计数器都有一个 32 位的当前值 CV 和 32 位的预置值 PV 寄存器，如表 4.10 所示，均为带符号的整数值。初始时，一般将当前值寄存器初值设为零，预置值寄存器为一特定的值。进行一次计数完毕时，要设置高速计数器的新当前值和新预置值，必须设置控制字节令其第五位和第六位为 1，允许更新预置值和当前值，新当前值和新预置值写入相应寄存器中。然后执行 HSC 指令，将新数值传输到高速计数器中。

也可以使用数据类型 HCx(x 为计数器编号 0～5)读取每个高速计数器的当前值。

例 4.9　梯形图 4.33 的功能是读取高速计数器 HSC1 的当前值，送入 VD20，当计数值小于等于 30 个脉冲时，Q0.5 亮，当计数值大于 40 时 Q0.4 亮。

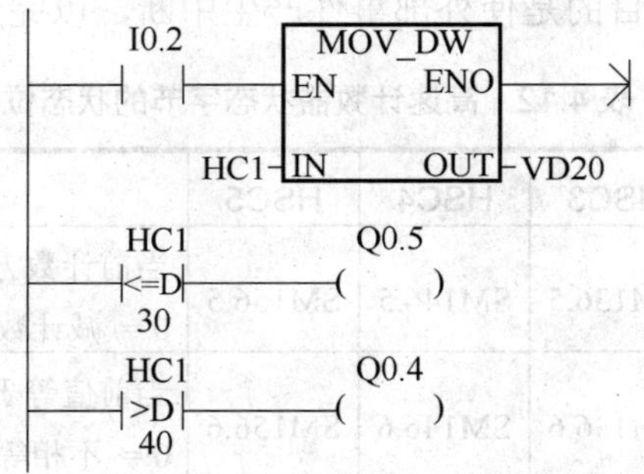

图 4.33　读取计数器当前值

4.5.1.5　高速计数器指令

在 4.5.1 节中已提到高速计数器指令有两条：高速计数器定义指令 HDEF 和高速计数器指令 HSC，下面我们来具体介绍一下这两条指令。

1．高速计数器定义指令 HDEF

该指令指定高速计数器(HSCx)的工作模式。工作模式的选择即选择了高速计数器的输入脉冲、计数方向、复位和启动功能。每个高速计数器只能用一条“高速计数器定义”指令。执行 HDEF 指令后，就不能再改变计数器的设置，除非 CPU 进入停止模式。HDEF 指令格式如表 4.7 所示。

2．高速计数器指令 HSC

该指令根据高速计数器控制位的状态和按照 HDEF 指令指定的工作模式，激活高速计数器。参数 N 指定高速计数器的号码。执行 HSC 指令时，CPU 检查控制字节和有关的当前值和预置值。其格式如表 4.13 所示。

表 4.13　指令 HSC 格式

梯 形 图	HSC 方框：EN ENO，????-N
语 句 表	HSC　N
功　能	高速计数器指令 HSC
操 作 数	N：高速计数器的编号，为常量(0～5) 数据类型：字
	SM4.3(运行时间)，0001(HSC 在 HDEF 之前)，0005(HSC/PLS 同时操作)

4.5.1.6　高速计数器指令的初始化

这里以 HSC0 的模式 1 为例介绍高速计数器指令的初始化的步骤。

例 4.10　控制要求：定义 HSC0 的工作模式为模式 1(单路脉冲输入的内部方向控制加/减计数)，I0.0 为计数脉冲输入端，I0.2 为复位端，设置 SMB37=16＃C8(允许计数，更新当前值，不更新预置值，设置计数方向为加计数，不更新计数方向，复位设置为高电平有效)，启动计数器后，当高速计数器当前值=预置值时，以中断程序实现 Q0.4 亮。

HSC0 计数器模式 1 的初始化的步骤如下。

(1) 用首次扫描时接通一个扫描周期的特殊内部存储器 SM0.1 对高速计数器编程，也可以去调用一个子程序，完成初始化操作。因为若采用子程序，在随后的扫描中，不必再调用这个子程序，这样可以减少扫描时间，使程序结构更好。

(2) 在初始化的程序中，根据希望的控制设置控制字(SMB37、SMB47、SMB137、SMB147 和 SMB157)，此例设置 SMB37=16＃C8，则为：允许计数，写入新当前值，不写入新预置值，初始计数方向为加计数，不更新计数方向，复位设置为高电平有效。用“MOV-B 16＃C8，SMB37”实现。

(3) 执行 HDEF 指令，设置 HSC 的编号(0～5)，设置工作模式(0～11)。此例 HSC 的编号设置为 0，工作模式输入设置为 1，则为单路脉冲输入的内部方向控制加/减计数。用 HDEF 0，1 实现。

(4) 将当前值 0 写入 32 位当前值寄存器(SMD38、SMD48、SMD58、SMD138、

SMD148，SMD158)中。用指令“MOV-D 0，SMD38”实现。

(5) 将预置值=40 写入 32 位预置值寄存器(SMD42，SMD52，SMD62，SMD142，SMD152，SMD162)。若执行指令 MOVD 40，SMD42，则设置预置值为 40。若写入预置值为 16＃00，则高速计数器处于不工作状态。

以下 4 个步骤为可选。

(6) 为了捕捉当前值等于预置值的事件，将条件 CV=PV 中断事件(对于 HSC0 是事件 12)与一个中断程序相联系。

(7) 为了捕捉计数方向的改变，将方向改变的中断事件(对于 HSC0 是事件 27)与一个中断程序相联系。

(8) 为了捕捉外部复位，将外部复位中断事件(对于 HSC0 是事件 28)与一个中断程序相联系。

(9) 执行全局中断允许指令(ENI)允许 HSC 中断。

(10) 执行 HSC 指令使 S7-200 高速计数器激活。

初始化步骤参见梯形图 4.34。

主程序：

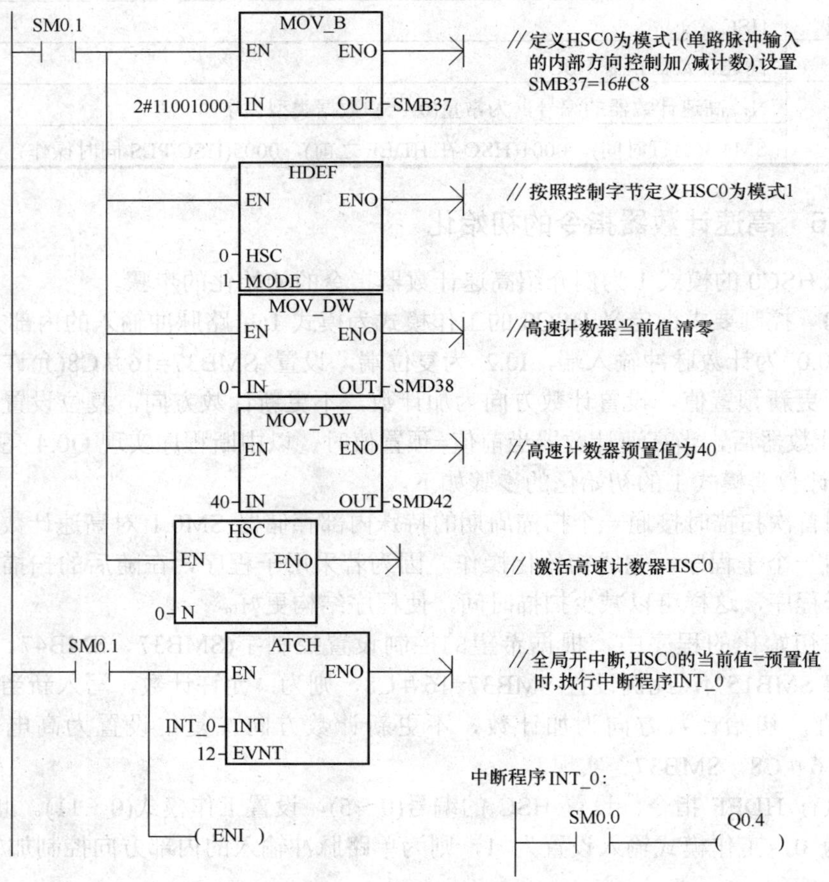

图 4.34 例 4.10 的梯形图

4.5.2　拓展实训——控制机械手底盘旋转 30°

1. 控制要求

按下启动按钮 SB1 控制底盘电机旋转，编码器将底盘的旋转角度转换为脉冲，采集编码器的脉冲数，使底盘旋转 30°，停止 3s 后，再返回原位。原点定位由电感传感器控制。当在任意时刻按下停止按钮 SB2 时，底盘带动机械手返回原位再停止。

2. 实训目的

- 熟悉机械手底盘的控制方法及线路连接。
- 熟悉编码器的信号采集过程。
- 熟悉高速计数器的编程方法。

3. 实训器材

CPU226 DC/DC/DC(晶体管型)，直流电机及减速器(12V、20r/min)，光电编码器、电感传感器、两个继电器和连接线。

4. 实训步骤

分别从硬件电路和梯形图编辑进行实训。

1)　根据控制要求和机械手底盘结构示意图绘制电气原理图

机械手底盘结构示意图如图 4.35 所示。底盘是固定的，直流电机及其减速器带动一小齿轮和大齿轮转动，大齿轮的轴和机械手臂 Y 轴丝杠支架相连，这样能实现从直流电机、小齿轮、大齿轮到机械手臂 Y 轴支架的转动，从而实现机械手移动角度的控制。在底盘上有一个电感传感器称为原点定位传感器，当检测到有金属时，输出高电平 1 信号，它作为机械手臂的原点位置；在大齿轮边缘固定一个小金属块，随大齿轮转动，当金属块转到传感器位置时传感器有输出，其输出信号端连接到 PLC 的输入点。进行 S7-200 控制底盘直流电机的电气原理图设计，如图 4.36 所示。随大齿轮一起转动的还有一个小齿轮，它的轴上连接光电旋转编码器，编码器上有刻着小孔的码盘，码盘随轴一起转动，可以将齿轮的旋转角度转换成脉冲，输入到 PLC 检测，编码器外形和原理图如图 4.37 和图 4.38 所示。

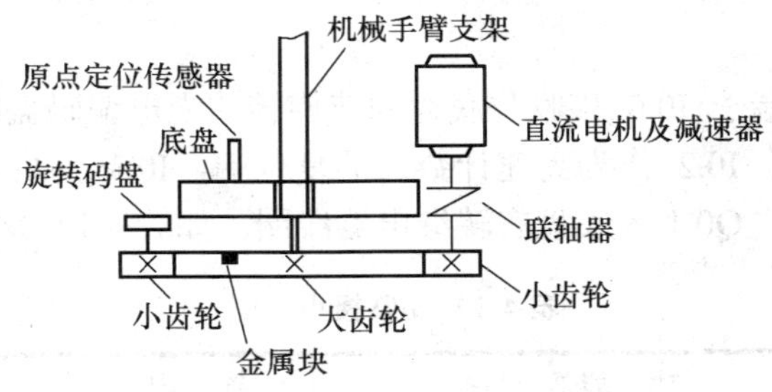

图 4.35　底盘电机结构示意图

为控制直流电机能正反转，需要两个继电器 KA1 和 KA2，KA1 通电时，电机右转，KA2 通电时，电机左转，其线圈由 PLC 输出点控制，常开触点和常闭触点组成互锁电路，分别接入直流电机的电源，电气原理图如图 4.36 所示。PLC 输出控制信号，继电器线圈通电，其常开触点闭合，常闭触点打开，直流电机通电，按照一定方向转动，电机轴上连接的齿轮转动，从而带动 Y 轴丝杠和 Y 上连接的机械手臂一起转动。

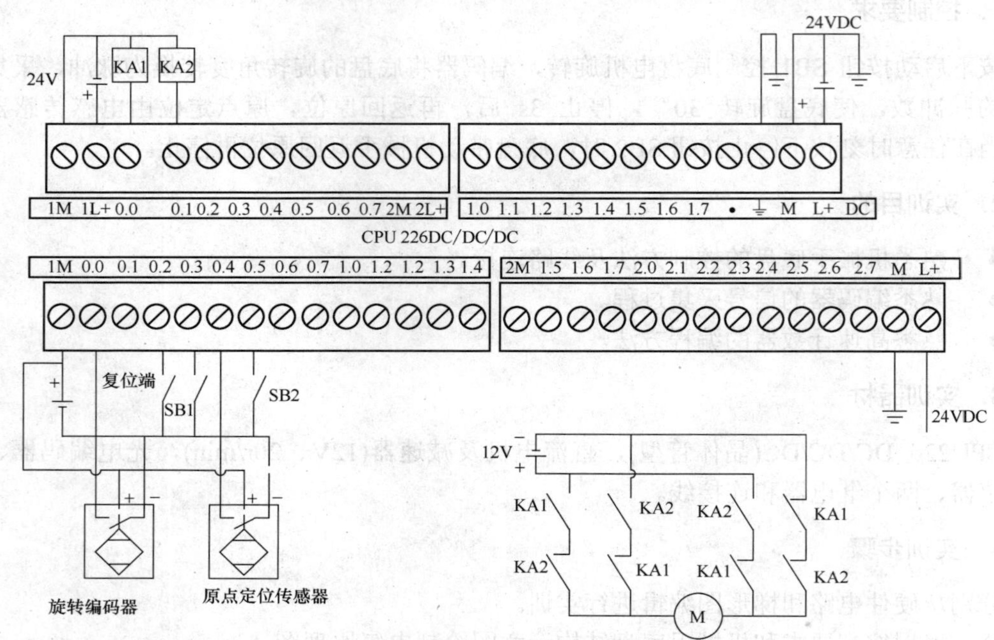

图 4.36　底盘电机旋转电气原理图

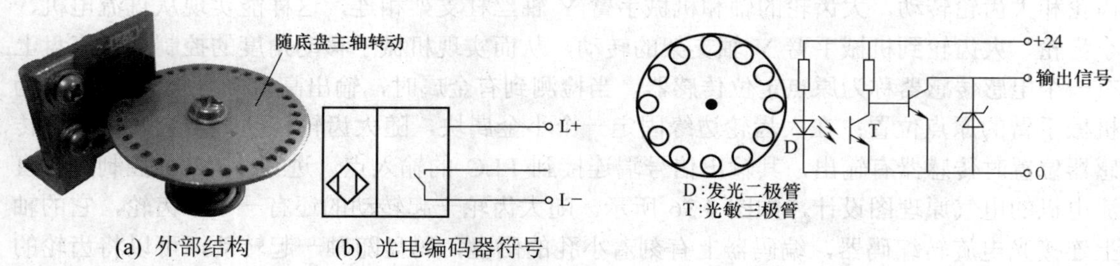

(a) 外部结构　(b) 光电编码器符号

图 4.37　光电编码器外形

图 4.38　光电编码器原理

2)　I/O 接点分配

以 S7-200 的输入端子 I0.0 接收与底盘同速旋转的光电编码盘的输出信号，即作为高速计数器的脉冲输入端，I0.2 作为高速计数器的复位端，I0.3 为启动电机旋转按钮，Q0.0 为底盘左转继电器线圈，Q0.1 为底盘右转继电器线圈。如表 4.14 所示。

表 4.14　I/O 接点分配

输　入	功　能	输　出	功　能
I0.0	光电编码盘的输出信号	Q0.0	逆时针转继电器
I0.2	高速计数器的复位端	Q0.1	顺时针转继电器
I0.3	启动按钮 SB1		
I0.4	停止按钮 SB2		

知识链接　光电旋转编码器

光电编码器是一种通过光电转换将输出轴上的机械几何位移量转换成脉冲或数字量的传感器，它是目前应用最多的传感器。一般的光电编码器主要由光栅盘和光电检测装置组成。光栅盘是在一定直径的圆板上等分地开通若干个长方形孔，光栅盘与电动机同轴，电动机旋转时，光栅盘与电动机同速旋转。经发光二极管等电子元件组成的检测装置检测输出若干脉冲信号，其原理如图 4.38 所示，其右部分的功能相当于光电传感器(关于光电传感器的原理请参见 6.3.1 节中常用传感器的介绍)。光电传感器的发光二极管 D 向光栅盘发出光线，光栅盘随运动轴旋转，当光线照射到光栅孔时，光电传感器的光敏元件 T 就检测不到光线了，传感器输出为 0；当光线照射到非孔位置时，光敏元件就检测到光线，传感器输出为 1。随着光栅盘旋转，光敏元件输出一系列的脉冲，通过计算每秒光电编码器输出脉冲的个数就能反映当前电动机的转速，根据采集到的脉冲数还能控制电机旋转的角度。底盘上的光电编码器外部结构如图 4.37 所示，原理图如图 4.38 所示，输出信号端接 PLC 输入点，属于 NPN 输出形式(关于传感器的输出形式请参见第 6 章)。

3)　程序设计

编程时采用高速计数器 HSC0 的模式 0，梯形图及其注释如图 4.39 所示，其中用 HC0 来读取计数器的当前值进行旋转定位。

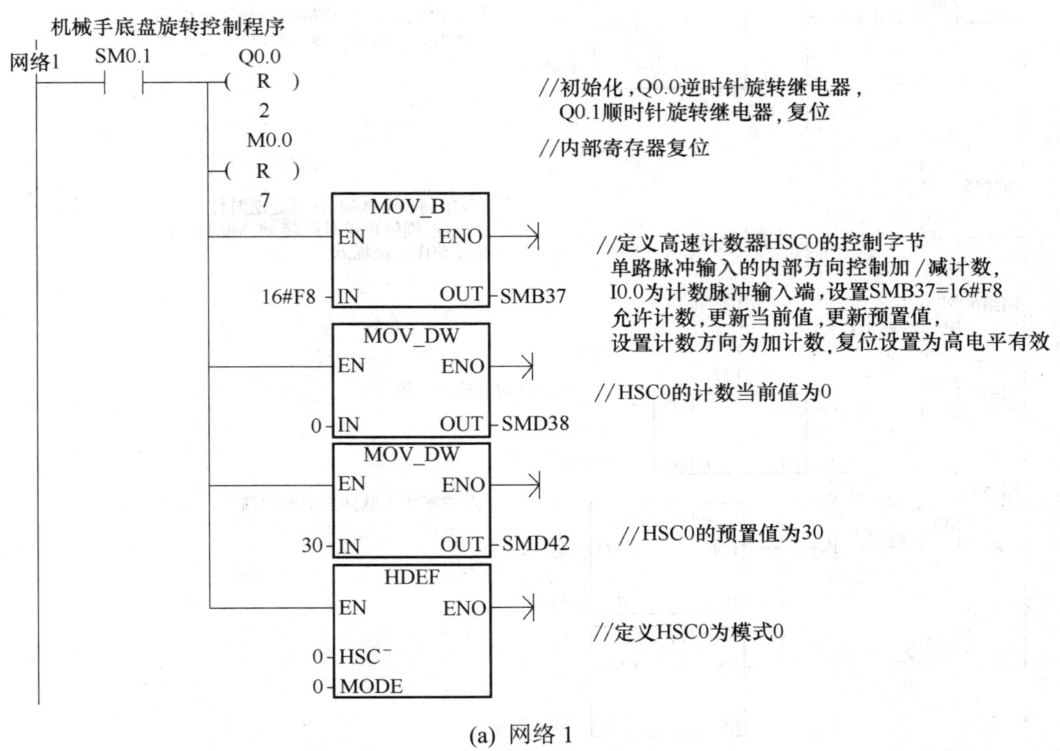

(a) 网络 1

图 4.39　机械手底盘旋转梯形图

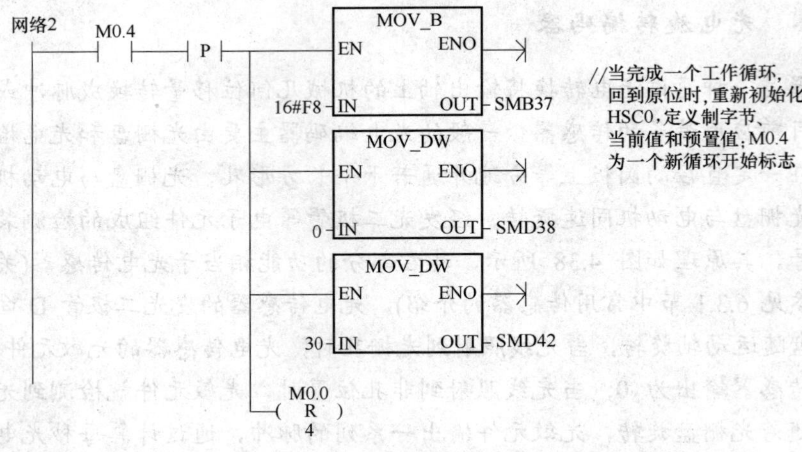

(b) 网络 2

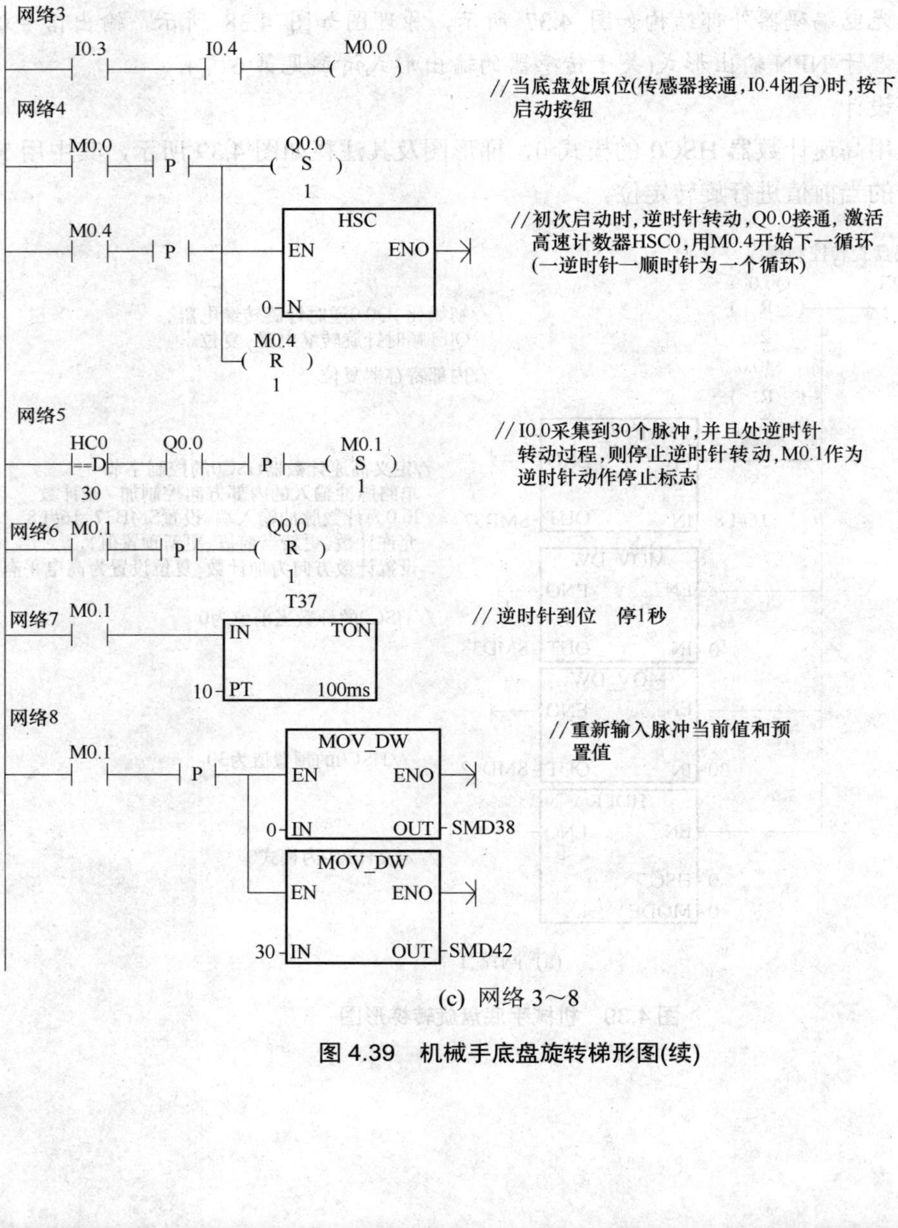

网络3

I0.3　I0.4　M0.0 ( )

//当底盘处原位(传感器接通，I0.4闭合)时，按下启动按钮

网络4

M0.0　P　Q0.0 (S) 1

M0.4　P　HSC: EN　ENO; 0 - N

M0.4 (R) 1

//初次启动时，逆时针转动，Q0.0接通，激活高速计数器HSC0，用M0.4开始下一循环(一逆时针一顺时针为一个循环)

网络5

HC0 ==D 30　Q0.0　P　M0.1 (S) 1

//I0.0采集到30个脉冲，并且处逆时针转动过程，则停止逆时针转动，M0.1作为逆时针动作停止标志

网络6 M0.1　P　Q0.0 (R) 1

网络7 M0.1　T37: IN　TON; 10 - PT　100ms

//逆时针到位　停1秒

网络8

M0.1　P

MOV_DW: EN　ENO; 0 - IN　OUT - SMD38

MOV_DW: EN　ENO; 30 - IN　OUT - SMD42

//重新输入脉冲当前值和预置值

(c) 网络 3～8

图 4.39　机械手底盘旋转梯形图(续)

网络9　T37　M0.1 R 1　M0.2 S 1

//逆时针转动到位，停1秒以后，顺时针转回来，Q0.1接通，激活HSC0

网络10 M0.2　P　Q0.1 S 1

//M0.2内部标志，开始顺时针转动

HSC　EN　ENO　0-N

(d) 网络 9、10

网络11

HC0 ==D 30　Q0.1　P　M0.3 S 1

//顺时针转回原位，用M0.3作为到位标志

网络12

M0.3　P　M0.2 R 1　Q0.1 R 1

//回到原位，则停止顺时针转动，Q0.1复位，启动停1秒定时器

T38　IN　TON　10-PT　100ms

(e) 网络 11、12

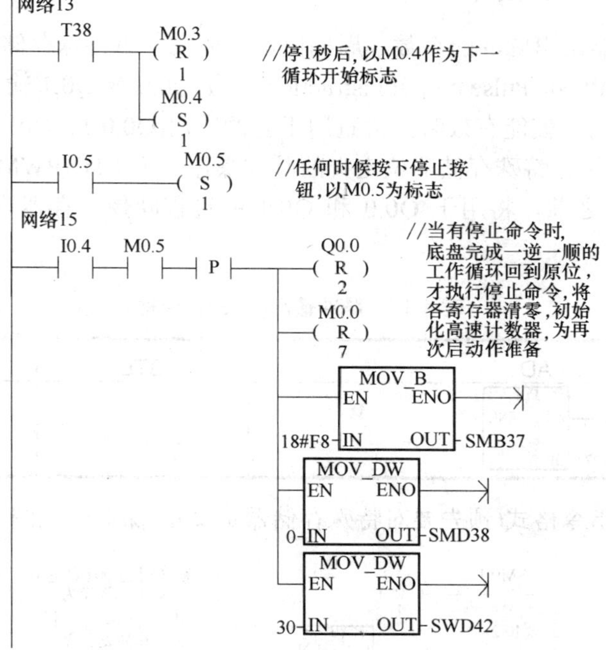

(f) 网络 13～15

图 4.39　机械手底盘旋转梯形图(续)

4.5.3 高速脉冲指令

机械手控制系统的 X、Y 轴方向采用步进电机及其驱动器进行控制，PLC 对步进电机的控制需用高速脉冲指令。

4.5.3.1 高速脉冲指令占用的输出端子

S7-200 有脉冲串输出信号 PTO(Pulse Train Output)、脉宽调制信号 PWM(Pulse Width Modulation)两台高速脉冲发生器，占用输出端子 Q0.0 和 Q0.1，即 S7-200 能从 Q0.0 和 Q0.1 中输出高速脉冲，输出频率可达 20kHz。PTO 脉冲串功能可输出指定个数、指定周期的方波脉冲(占空比 50%)，波形如图 4.40 所示；PWM 功能可输出脉宽变化的脉冲信号，用户可以指定脉冲的周期和脉冲的宽度，波形如图 4.41 所示。若一台发生器指定给数字输出点 Q0.0，另一台发生器则指定给数字输出点 Q0.1。当使用 PTO、PWM 高速脉冲发生器时，将禁止输出点 Q0.0、Q0.1 的正常使用；当不使用 PTO、PWM 高速脉冲发生器时，输出点 Q0.0、Q0.1 恢复正常的使用，即由输出映像寄存器决定其输出状态。高速脉冲输出的功能可用于对电动机进行速度控制及位置控制，它通过控制变频器使电机调速。

图 4.40 PTO 脉冲　　图 4.41 PWM 脉冲

4.5.3.2 脉冲输出指令

每个脉冲发生器发出脉冲的个数、周期值都需要在一组特殊存储器 SM 中定义，然后执行脉冲输出指令(PLS，Pulse output instruction)，使 Q0.0 或 Q0.1 输出高速脉冲。

PLS 指令功能为：使能有效时，检查用于脉冲输出(Q0.0 或 Q0.1)的一组特殊存储器位(SM 存储区)，然后执行特殊存储器位定义的脉冲操作，为 PTO/PWM 发生器编程。在启用 PTO 或 PWM 操作之前，将用于 Q0.0 和 Q0.1 的过程映像寄存器设为 0。其指令格式如表 4.15 所示。

表 4.15 脉冲输出(PLS)指令格式

LAD	STL	操作数及数据类型
PLS EN ENO ???? Q0.X	PLS Q	Q：常量(0 或 1) 数据类型：字

例 4.11 PLS 指令格式(预先要对特殊存储器定义)。梯形图见图 4.42。

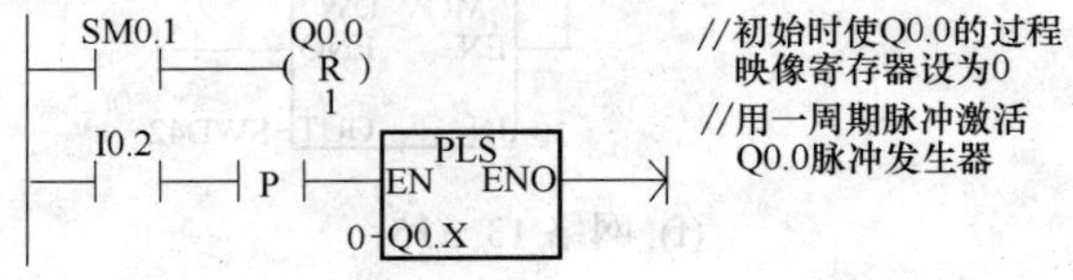

图 4.42 例 4.11 的梯形图

4.5.3.3 用于脉冲输出(Q0.0 或 Q0.1)的特殊存储器

当使用 Q0.0 或 Q0.1 发出高速脉冲时，要用传送指令对一定的特殊存储区进行定义。

1．控制字节和参数的特殊存储器

每个 PTO/PWM 发生器都有一个控制字节(8 位)、一个脉冲计数值(无符号的 32 位数值)、一个周期时间和脉宽值(无符号的 16 位数值)。这些值都放在特定的特殊存储区(SM)中，如表 4.16 所示。执行 PLS 指令时，S7-200 先读这些特殊存储器位，然后执行特殊存储器位定义的脉冲操作，对相应的 PTO/PWM 发生器进行编程。

表 4.16　脉冲输出(Q0.0 或 Q0.1)的特殊存储器

Q0.0 和 Q0.1 对 PTO/PWM 输出的控制字节		
Q0.0	Q0.1	说　明
SM67.0	SM77.0	PTO/PWM 刷新周期值　0：不刷新；　1：刷新
SM67.1	SM77.1	PWM 刷新脉冲宽度值　0：不刷新；　1：刷新
SM67.2	SM77.2	PTO 刷新脉冲计数值　0：不刷新；　1：刷新
SM67.3	SM77.3	PTO/PWM 时基选择　0：1 μs；　1：1ms
SM67.4	SM77.4	PWM 更新方法　0：异步更新；　1：同步更新
SM67.5	SM77.5	PTO 操作　0：单段操作；　1：多段操作
SM67.6	SM77.6	PTO/PWM 模式选择　0：选择 PTO　1：选择 PWM
SM67.7	SM77.7	PTO/PWM 允许　0：禁止；　1：允许
Q0.0 和 Q0.1 对 PTO/PWM 输出的周期值		
Q0.0	Q0.1	说　明
SMW68	SMW78	PTO/PWM 周期时间值(范围：2～65 535)
Q0.0 和 Q0.1 对 PTO/PWM 输出的脉宽值		
Q0.0	Q0.1	说　明
SMW70	SMW80	PWM 脉冲宽度值(范围：0～65 535)
Q0.0 和 Q0.1 对 PTO 脉冲输出的计数值		
Q0.0	Q0.1	说　明
SMD72	SMD82	PTO 脉冲计数值(范围：1～4 294 967 295)
Q0.0 和 Q0.1 对 PTO 脉冲输出的多段操作		
Q0.0	Q0.1	说　明
SMB166	SMB176	段号(仅用于多段 PTO 操作)，指多段流水线 PTO 运行中的段编号
SMW168	SMW178	包络表起始位置，用距离 V0 的字节偏移量表示(仅用于多段 PTO 操作)
Q0.0 和 Q0.1 的状态位		
Q0.0	Q0.1	说　明
SM66.4	SM76.4	PTO 包络由于增量计算错误异常终止　0：无错；　1：异常终止
SM66.5	SM76.5	PTO 包络由于用户命令异常终止　0：无错；　1：异常终止
SM66.6	SM76.6	PTO 流水线溢出　0：无溢出；　1：溢出
SM66.7	SM76.7	PTO 空闲　0：运行中；　1：PTO 空闲

例 4.12 设置控制字节。用 Q0.0 作为高速脉冲 PTO 脉冲串输出，对应的控制字节为 SMB67，输出脉冲操作为 PTO 操作，允许脉冲输出，单段 PTO 脉冲串输出，时基为 ms，设定周期值和脉冲数，则应向 SMB67 中写入 2#10001101，即 16#8D。表 4.17 为 SMB67 的各位定义。

表 4.17 SMB67 各位定义

SM67.7	SM67.6	SM67.5	SM67.4	SM67.3	SM67.2	SM67.1	SM67.0
1	0	0	0	1	1	0	1
PTO 允许	属于 PTO 模式	PTO 单段脉冲操作	默认 0	PTO 脉冲周期时基 ms	PTO 更新脉冲计数值	默认 0	PTO 更新周期值

再向 SMW68 中写入 20，则定义 PTO 脉冲串周期为 20ms；向 SMD72 中写入 PTO 脉冲数为 500。再执行 PLS 指令，激活脉冲发生器。梯形图如图 4.43 所示。此段程序表示：由 Q0.0 发出一段 500 个、周期为 20ms 的 PTO 脉冲。

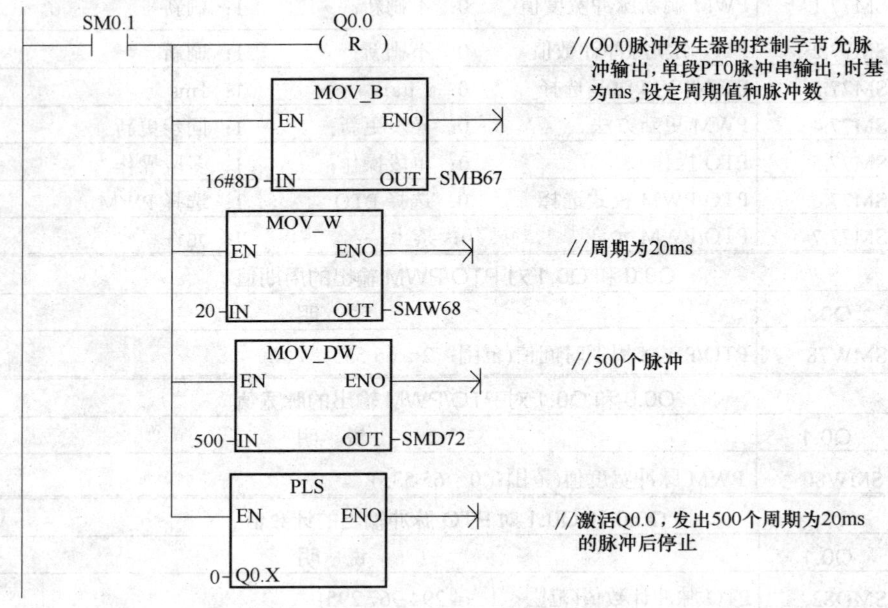

图 4.43 例 4.12 的梯形图

编程下载此段程序并执行后，能够看到 Q0.0 不断闪烁，表示输出 0、1 相间的脉冲。

编程时通过修改脉冲输出(Q0.0 或 Q0.1)的特殊存储器 SM 区，Q0.0 输出脉冲时修改 SMB67、SMW68 和 SMD72，Q0.1 输出脉冲时修改 SMB77、SMW78 和 SMD82，就可以更改 PTO 的输出波形，然后再执行 PLS 指令。常用 PTO/PWM 控制字节数值如表 4.18 所示，根据控制要求将表 4.18 的控制字写入 SMB67(Q0.0 输出脉冲)或 SMB77(Q0.1 输出脉冲)中。

注意：所有控制位、周期、脉冲宽度和脉冲计数值的默认值均为零。如果向控制字节(SM67.7 或 SM77.7)的 PTO/PWM 允许位写入零，然后执行 PLS 指令，将禁止 PTO 或 PWM 波形的生成。

表 4.18　常用 PTO/PWM 控制字节数值

控制字 (16 进制) SM67、SM77	执行 PLS 指令后的结果							
	允许 (**.7)	模式选择 (**.6)	PTO 段操作(**.5)	PWM 更新方法(**.4)	时基 (**.3)	脉冲数 (**.2)	脉冲宽度 (**.1)	周期 (**.0)
16#81	Yes	PTO	单段		1μs/周期			装入
16#84	Yes	PTO	单段		1μs/周期	装入		
16#85	Yes	PTO	单段		1μs/周期	装入		装入
16#89	Yes	PTO	单段		1ms/周期			装入
16#8C	Yes	PTO	单段		1ms/周期	装入		
16#8D	Yes	PTO	单段		1ms/周期	装入		装入
16#A0	Yes	PTO	多段		1μs/周期			
16#A8	Yes	PTO	多段		1ms/周期			
16# D1	Yes	PWM		同步	1μs/周期			装入
16# D2	Yes	PWM		同步	1μs/周期		装入	
16# D3	Yes	PWM		同步	1μs/周期		装入	装入
16# D9	Yes	PWM		同步	1ms/周期		装入	
16# DA	Yes	PWM		同步	1ms/周期		装入	
16# DB	Yes	PWM		同步	1ms/周期		装入	装入

2．状态字节的特殊存储器

除了控制信息外，还有用于 PTO 功能的状态位，如表 4.16 中 Q0.0 和 Q0.1 的状态位。程序运行时，根据运行状态使某些位自动置位。可以通过程序来读取相关位的状态，用此状态作为判断条件，实现相应的操作。SM66.7(Q0.0)和 SM76.7(Q0.1)是 PTO 空闲或运行的标志位，当 Q0.0 和 Q0.1 正在输出脉冲时，SM66.7(Q0.0)和 SM76.7(Q0.1)为 0；当 Q0.0 和 Q0.1 空闲时，SM66.7(Q0.0)和 SM76.7(Q0.1)为 1。利用此标志位可以判断脉冲串是否发送完毕。

4.5.3.4　PTO 的使用

PTO 是可以指定脉冲数和周期的占空比为 50%的高速脉冲串的输出。状态字节中的最高位 SM66.7 和 SM76.7(空闲位)用来指示脉冲串输出是否完成，可在脉冲串完成时启动中断程序，若使用多段操作，则在包络表完成时启动中断程序。

PTO 的参数及使用过程根据其种类不同，编程过程亦有不同。

1．周期和脉冲数

周期范围为 50～65 535μs 或 2～65 535ms，为 16 位无符号数，时基有 μs 和 ms 两种，通过控制字节的第三位选择。注意如下两点。

- 如果周期小于两个时间单位，则周期的默认值为两个时间单位。
- 如果周期设定为奇数微秒或毫秒(例如 75 毫秒)，会引起波形失真。

脉冲计数范围为 1～4 294 967 295，为 32 位无符号数。如果设定脉冲计数为 0，则 CPU 系统默认脉冲计数值为 1。

2. PTO 的种类及特点

PTO 功能可输出单个脉冲串或多个脉冲串，现用脉冲串输出完成时，新的脉冲串输出立即开始，这样就保证了输出脉冲串的连续性。PTO 功能允许多个脉冲串排队，从而形成流水线。流水线分为两种：单段流水线和多段流水线。图 4.44 显示了 PTO 的脉冲种类。

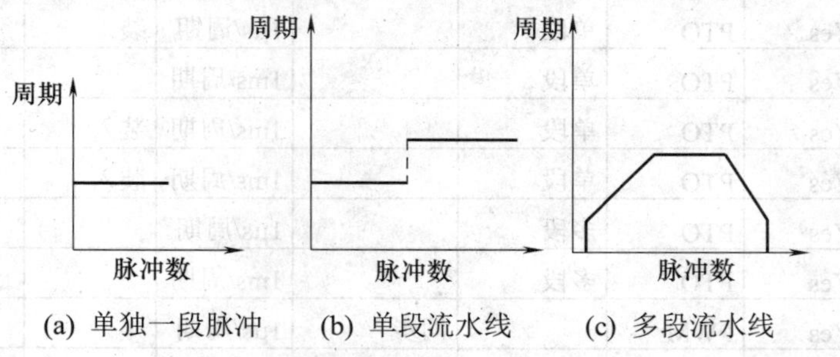

(a) 单独一段脉冲　(b) 单段流水线　(c) 多段流水线

图 4.44　PTO 种类

单段流水线是指流水线中每次只能存储一个脉冲串的控制参数，初始 PTO 段一旦启动，必须按照对第二个波形的要求立即刷新 SM，并再次执行 PLS 指令，第一个脉冲串完成时，第二个波形输出立即开始，重复这一步骤可以实现多个脉冲串的输出。如果不刷新 SM，则执行 PLS 指令后，只输出一段脉冲。如在例 4.12 中，Q0.0 输出在 500 个 20ms 的脉冲之后就不再输出了。

单段流水线中的各段脉冲串可以采用不同的时间基准，但这样有可能会造成脉冲串之间的不平稳过渡。在输出多个高速脉冲时，编程会很复杂。

多段流水线是指流水线能够通过指定脉冲的数量自动增加或减少周期，周期增量值 Δ 为正值会增加周期，周期增量值 Δ 为负值会减少周期，若 Δ 为零，则周期不变。在变量存储区 V 建立一个包络表，包络表中存放每个脉冲串的参数，执行 PLS 指令时，S7-200 系列 PLC 自动按包络表中的顺序及参数进行脉冲串输出。包络表中每段脉冲串的参数占用 8 个字节，由一个 16 位周期值(2 字节)、一个 16 位周期增量值 Δ(2 字节)和一个 32 位脉冲计数值(4 字节)组成。包络表的存储格式如表 4.19 所示。

表 4.19　包络表存储格式

从包络表起始地址的字节偏移	段　号	说　明
VB_n		段数(1 字节，1～255)；数值 0 产生非致命错误，无 PTO 输出
VB_{n+1}	段 1	初始周期(2 字节，2～65 535 个时基单位)
VB_{n+3}	段 1	每个脉冲的周期增量Δ(2 字节，有符号整数：-32 768～32 767 个时基单位)
VB_{n+5}	段 1	脉冲数(4 字节，1～4 294 967 295 个时基单位)

续表

从包络表起始地址的字节偏移	段　号	说　明
VB_{n+9}	段 2	初始周期(2 字节，2～65535 个时基单位)
VB_{n+11}		每个脉冲的周期增量 Δ(2 字节，有符号整数：-32768～32 767 个时基单位)
VB_{n+13}		脉冲数(4 字节，1～4 294 967 295 个时基单位)
VB_{n+17}	段 3	初始周期(2 字节，2～65 535 个时基单位)
VB_{n+19}		每个脉冲的周期增量 Δ(2 字节，有符号整数：-32 768～32 767 个时基单位)
VB_{n+21}		脉冲数(4 字节，1～4 294 967 295 个时基单位)

3. 单段脉冲 PTO 初始化和操作步骤

例 4.12 就是一个单段脉冲输出的例子。

用一个子程序实现 PTO 初始化，首次扫描(SM0.1)时从主程序调用初始化子程序，执行初始化操作。以后的扫描不再调用该子程序，这样减少扫描时间，程序结构更好。也可以不用子程序，如例 4.12 在主程序中用首次扫描行初始化。现在以从 Q0.0 输出高速脉冲为例进行初始化。

初始化的操作步骤如下。

(1) 首次扫描时将输出 Q0.0 复位(置为 0)，并调用完成初始化操作的子程序。

(2) 在初始化子程序中，根据控制要求设置控制字并写入 SMB67 特殊存储器中。如写入 16#85(选择微秒递增)或 16#89(选择毫秒递增)，两个数值表示允许 PTO 功能、选择 PTO 操作、选择单段操作以及选择时基(微秒或毫秒)。

(3) 写入周期值载入 SMW68。

(4) 写入脉冲数值载入 SMD72。

(5) 开中断。如果想在 PTO 完成后立即执行相关功能，则须设置中断，将脉冲串完成事件(中断事件号 19)连接一中断程序。此步骤为可选。

(6) 执行 PLS 指令，使 S7-200 为 PTO/PWM 发生器编程，高速脉冲串由 Q0.0 输出。

(7) 退出子程序。

4. 多段 PTO 初始化和操作步骤

以 Q0.0 输出高速脉冲为例，多段 PTO 初始化操作步骤如下。

首次扫描时将输出 Q0.0 或 Q0.1 复位(置为 0)，并调用完成初始化操作的子程序。

在主程序中调用初始化子程序，在子程序中做如下操作。

(1) 设置控制字节，在初始化子程序中选择多端操作，根据控制要求设置控制字并写入 SMB67 特殊存储器中。如写入 16#A0(选择微秒递增)或 16#A8(选择毫秒递增)中，两个数值表示允许 PTO 功能、选择 PTO 操作、选择多段操作以及选择时基(微秒或毫秒)。

(2) 将包络表的首地址(16 位)写入 SMW168 中。

(3) 在变量存储器 V 中，写入包络表的各参数值。一定要在包络表的起始字节中写入段数。在变量存储器 V 中建立包络表的过程也可以在一个子程序中完成。

(4) 执行 PLS 指令，使 CPU 确认配置。

(5) 退出子程序。

执行 PLS 指令后，CPU 自动从 V 存储区的包络表中读出多个脉冲串的特性，发送脉冲。在包络表中所有的脉冲串必须采用同一时基，在多段流水线执行时，包络表的各段参数不能改变，包括一个字长的起始周期值、周期增量值和双字长的脉冲个数。PTO/PWM 常用于步进电机的控制。

例 4.13 在数控机床中使用步进电机驱动工作台(如图 4.45 所示)实现定位，脉冲当量为 0.1mm/步，移动到位需要 4000 个脉冲，移动过程如图 4.46 所示，列出 PTO 包络表，从 Q0.0 输出多段高速脉冲，进行初始化编程。

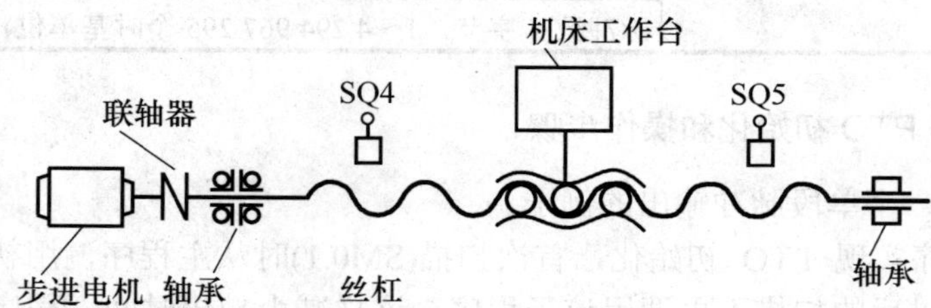

图 4.45 步进电机驱动工作台

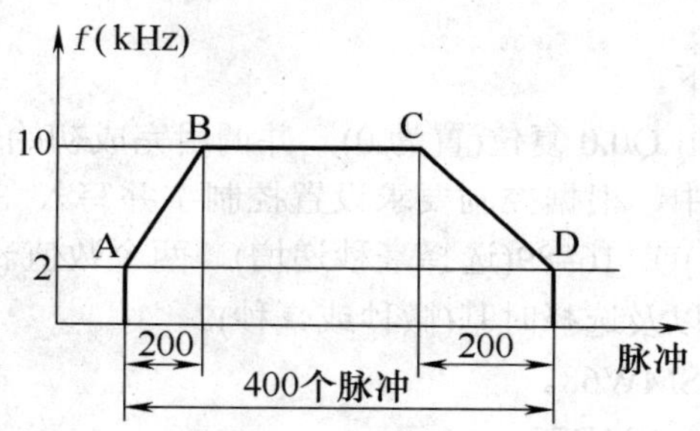

图 4.46 步进电机的控制要求

问题解析：多段脉冲流水线如图 4.46 所示，从 A 点到 B 点为加速过程，从 B 点到 C 点为恒速运行，从 C 点到 D 点为减速过程。

在本例中：流水线可以分为 3 段，需建立 3 段脉冲的包络表。起始和终止脉冲频率为 2kHz，最大脉冲频率为 10kHz，所以起始和终止周期为 1/2kHz=500μs，最大频率的周期为 1/10kHz=100μs。AB 段：加速运行，应在约 200 个脉冲时达到最大脉冲频率；BC 段：恒速运行，约(4000−200−200)=3600 个脉冲；CD 段：减速运行，应在约 200 个脉冲时完成。

某一段每个脉冲的周期增量值 Δ 用以下式子确定。

周期增量值 Δ=(该段结束时的周期时间−该段初始的周期时间)/该段的脉冲数

则 AB 段的周期增量值 Δ=(100−500)/200=−2μs，即步进电机从 500μs 启动，每一个脉冲其周期递减 2μs，共运行 200 个脉冲；BC 段的周期增量值 Δ=0；CD 段的周期增量值 Δ=(500−100)/200=2μs。假设包络表位于从 VB300 开始的 V 存储区中，则包络表如表 4.20 所示。

表 4.20　例 4.13 的包络表

V 变量寄存器地址	段　号	参 数 值	说　明
VB300		3	段数(1 字节)
VW301	AB 段(加速)	500μs	初始周期(2 字节)
VW303		−2μs	加速阶段脉冲的周期增量 Δ(2 字节)
VD305		200	脉冲数(4 字节)
VW309	BC 段(恒速)	100μs	初始周期(2 字节)
VW311		0	恒速阶段脉冲的周期增量 Δ(2 字节)
VD313		3600	脉冲数(4 字节)
VW317	CD 段(减速)	100μs	初始周期(2 字节)
VW319		2μs	减速阶段脉冲的周期增量 Δ(2 字节)
VD321		200	脉冲数(4 字节)

梯形图主程序如图 4.47 所示，多段速控制子程序 SBR-1 如图 4.48 所示，包络表初始化子程序 SBR-0 如图 4.49 所示。

多段速包络表步进电机控制主程序

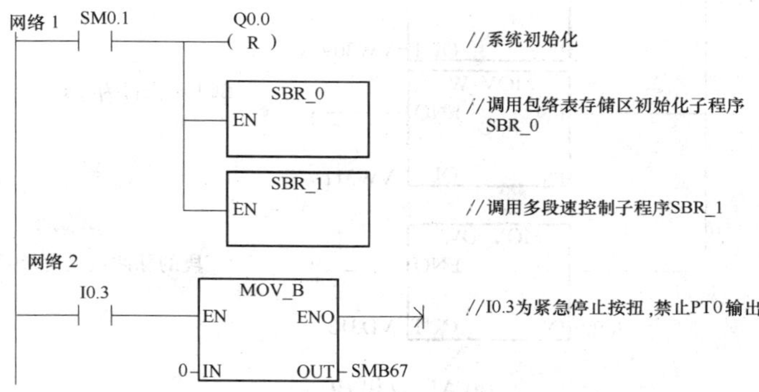

图 4.47　例 4.13 的主程序

多段速步进电机控制子程序 SBR_1：

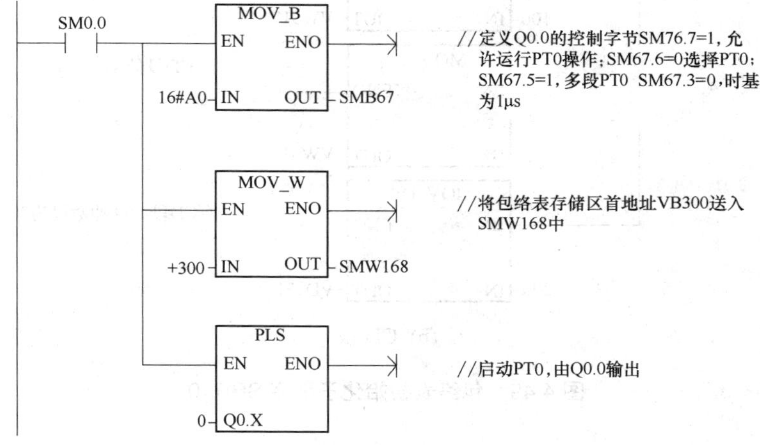

图 4.48　多段速控制子程序 SBR_1

包络表初始化子程序 SBR_0：

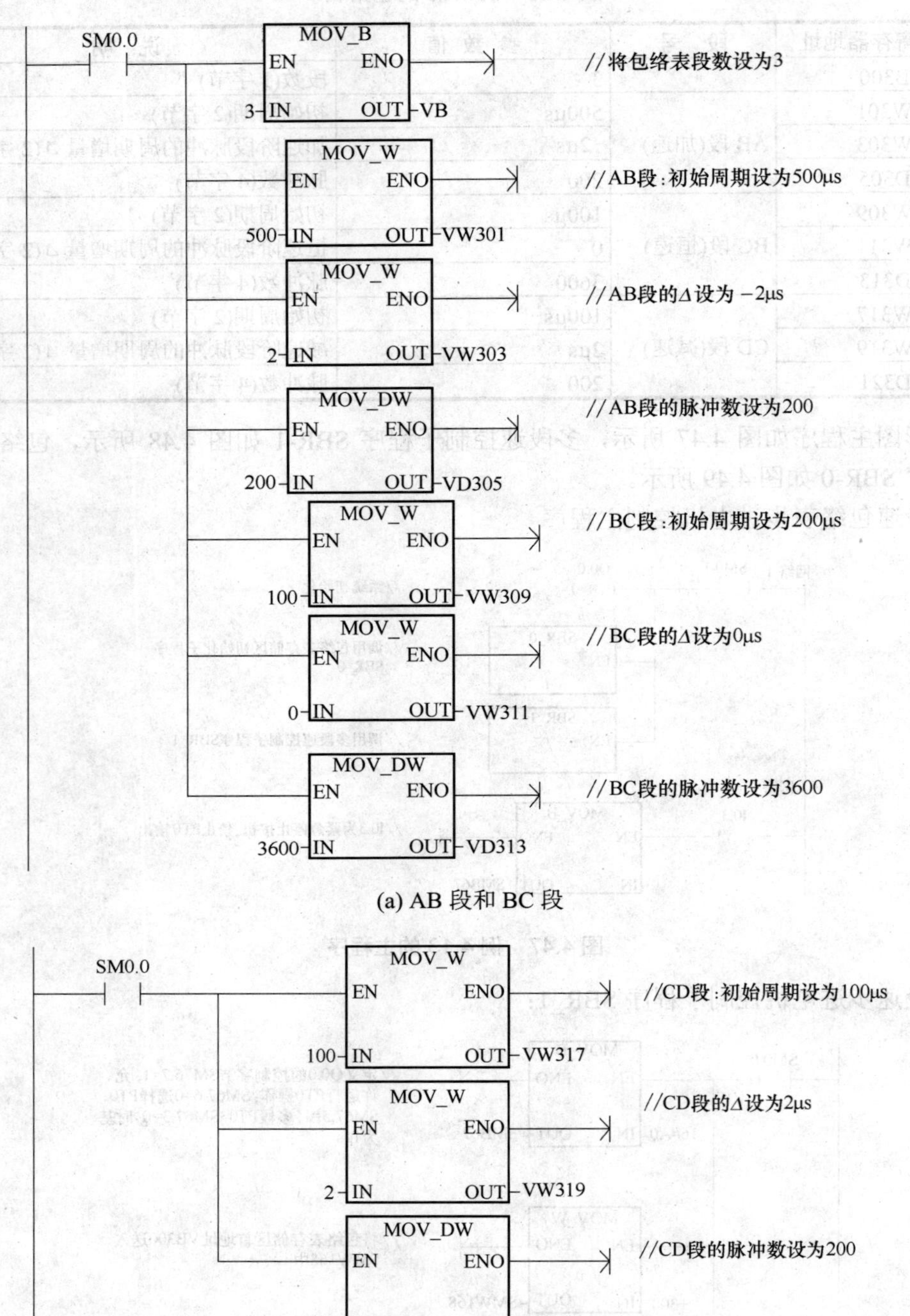

(b) CD 段

图 4.49 包络表初始化子程序 SBR_0

知识链接　步进电机及其驱动器

步进电机作为执行元件，是机电一体化的关键产品之一，广泛应用在各种自动化设备中。PLC 控制系统设计中，高速脉冲指令常用来驱动步进电机，以实现精确定位。

1. 步进电机

步进电机是将电脉冲信号转变为角位移或线位移的开环控制元件。当步进驱动器接收到一个脉冲信号时，它就驱动步进电机按设定的方向转动一个固定的角度(即步进角)。它可以通过控制脉冲个数来控制角位移量，从而达到准确定位的目的；同时也可以通过控制脉冲频率来控制电机转动的速度和加速度，从而达到调速的目的。电机的转速、停止的位置只取决于脉冲信号的频率和脉冲数，而不受负载变化的影响，这一线性关系的存在，加上步进电机只有周期性的误差而无累积误差等特点，使得在速度、位置等控制领域用步进电机来控制变得非常的简单。

比较常用的步进电机包括反应式步进电机(Variable Relulance，VR)、永磁式步进电机(Permanent Magnet，PM)和混合式步进电机(Hybrid，HB)。混合式步进电机是综合了永磁式和反应式的优点而设计的步进电机，它又分为两相、三相和五相，两相步进角一般为 1.8°，三相步进角一般为 1.2°，而五相步进角一般为 0.72°。

机械手系统选用的是森创两相混合式步进电机 42BYG250C 及其驱动器 SH20403，步进电机外形图和线圈如图 4.50 所示。

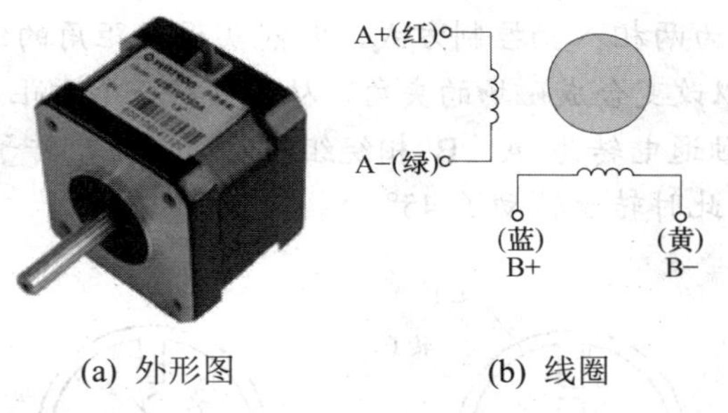

(a) 外形图　　(b) 线圈

图 4.50　42BYG250C 步进电机外形图和线圈

2. 两相步进电机的工作原理

图 4.51 为两相步进电机的工作原理示意图，包括一个永磁转子、线圈绕组和导磁定子，定子有两个绕组 A 和 B。

当 $A\overline{A}$ 相绕组通电后，其定子磁极产生磁场，由于异性相吸，也会将转子吸合到如图 4.51(a)位置的磁极处；当 $A\overline{A}$ 相断电，$B\overline{B}$ 相绕组通电时，转子磁极顺时针转过 90°，被吸引到图(b)的位置；$\overline{A}A$ 相绕组通电，转子磁极顺时针转过 90°，被吸引到图(c)的位置；若绕组在控制脉冲的作用下，通电方向顺序按照 $A\overline{A} \rightarrow B\overline{B} \rightarrow \overline{A}A \rightarrow \overline{B}B \rightarrow A\overline{A}$ 周而复始地进行变化，电机可顺时针转动。当通电顺序为 $A\overline{A} \rightarrow \overline{B}B \rightarrow \overline{A}A \rightarrow B\overline{B} \rightarrow A\overline{A}$ 时，电机可逆时针转动。控制脉冲每作用一次，通电方向就变化一次，使电机转动一步，即 90°，电机每 4 个脉冲转动一圈。脉冲频率越快，电机速度越快。此种控制方式是单相绕组通电，称为两相四拍控制方式。

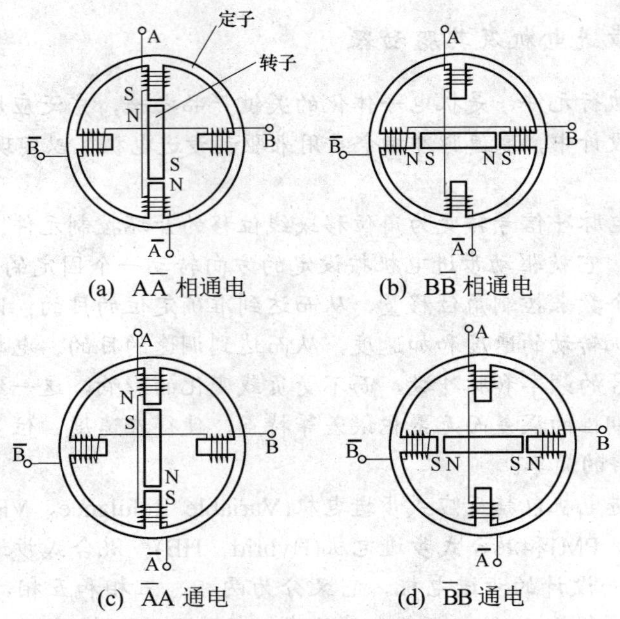

(a) $A\overline{A}$ 相通电　　(b) $B\overline{B}$ 相通电

(c) $\overline{A}A$ 通电　　(d) $\overline{B}B$ 通电

图 4.51　两相步进电机的工作原理示意图

步进电机绕组的通断电状态每改变一次，其转子转过的角度α称为步距角。因此，图 4.51 所示步进电机的步距角α等于 90°。

还有一种通电方式为两相八拍控制方式，它能实现步距角的细分，其原理是通过改变 A、B 相电流的大小，以改变合成磁场的夹角，从而可将一个步距角细分为多步。如图 4.52 所示，当 A 相绕组单独通电转为 A、B 相绕组同时通电时，转子将停在 A、B 相磁极中间，如图 4.52(b)所示，此时转子转动了 45°。

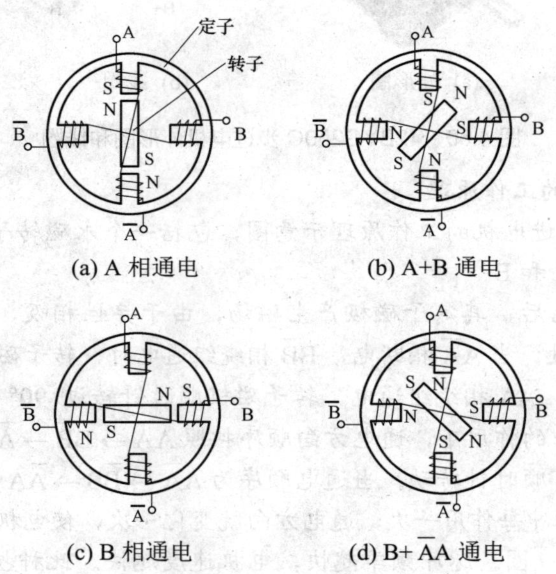

(a) A 相通电　　(b) A+B 通电

(c) B 相通电　　(d) B+ $\overline{A}A$ 通电

图 4.52　两相步进电机的细分

若通电方向顺序按照$A\overline{A} \to A\overline{A}+B\overline{B} \to B\overline{B} \to B\overline{B}+\overline{A}A \to \overline{A}A \to \overline{A}A+\overline{B}B \to \overline{B}B \to \overline{B}B+A\overline{A}$这 8 个状态周而复始地进行变化，则电机顺时针转动；电机每转动一步为 45°，8 个脉冲电机转一周。与四拍通电顺序相比，它的步距角小了一半。

3. 步进电机的一些概念

相数：产生不同对极 N、S 磁场的激磁线圈对数。常用 m 表示。

拍数：完成一个磁场周期性变化所需的脉冲数或导电状态，用 n 表示。以两相步进电机为例，有两相四拍运行和两相八拍运行方式。

步距角：对应一个脉冲信号，电机转子转过的角位移用 α 表示。

步进电机的步距角 α 与定子绕组的相数 m、转子的齿数 z 和通电方式 k 有关，其关系可用下式表示：

$$\alpha=360°/(mzk)$$

k：通电方式系数。相邻两次通电，相的数目相同，k=1；相邻两次通电，相的数目不同 k=2。

对于如图 4.51 所示的两相四拍步进电机，其转子齿数 z=2，k=1，则可求出其步距角如下。

$$\alpha=360°/(mzk)=360°/(2\times2\times1)=90°$$

若按两相八拍通电方式工作，k=2，则步距角为：

$$\alpha=360°/(mzk)= 360°/(2\times2\times2)=45°$$

两相步进电机如图 4.53 所示，转子齿数为 4，当以 A→B→A*→B*→A 的顺序通电时，相数 m=2，转子齿数 z=4，为单拍方式通电 k=1，所以步距角为：

$$\alpha=360°/(mzk)= 360°/(2\times4\times1)=45°$$

当以 A→AB→B→BA*→A*→A*B*→B*→A 的顺序通电时，则步距角为：

$$\alpha=360°/(mzk)= 360°/(2\times4\times2)=22.5°$$。

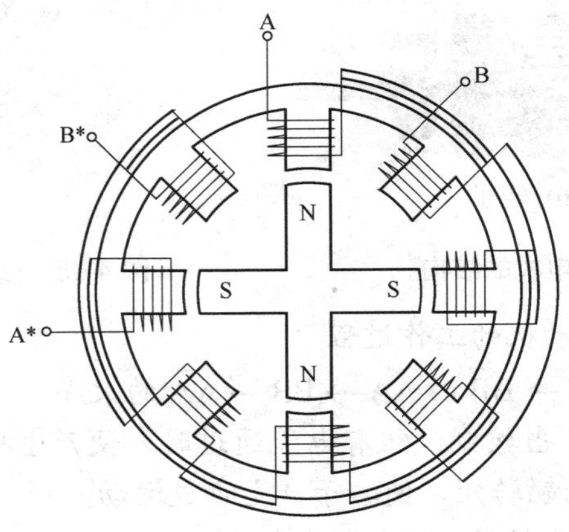

图 4.53　转子齿数=4 的步进电机

计算步距角的另一种方法是 α=360°/(转子齿数 $z\times$运行拍数 N)。这个齿数 z 应为磁极对(一个 N、S 极)齿数。图 4.52 所示的步进电机磁极齿数=1，当四拍通电时 α=360°/(转子磁极齿数 $z\times$运行拍数 N)=360°/(1×4)=90°。八拍时 α=360°/(转子磁极齿数 $z\times$运行拍数 N)=360°/(1×8)=45°。

图 4.53 所示的磁极对齿数=2，当四拍通电时 α=360° /(转子磁极齿数 $z\times$运行拍数 N)=360° /(2×4)=45°。八拍时 α=360° /(转子磁极齿数 $z\times$运行拍数 N)=360° /(2×8)=22.5°。

目前的步进电机多为轴向分级(转子轴向上有一个 N 磁极和一个 S 磁极)，每个磁极齿数为 50，参见图 4.54，其步距角 α=360° /(转子齿数 $z\times$运行拍数 N)，以常规二、四相，转子齿为 50 齿电机为例。四拍运行时步距角为 α=360° /(50×4)=1.8°(俗称整步)，八拍运行时步距角为 α=360° /(50×8)=0.9°(俗称半步)。

4. 两相混合式步进电动机的结构

如图 4.53 所示的步进电动机，它的步距角较大，常常满足不了系统精度的要求，所以大多数采用如图 4.54 所示的定子磁极上带有小齿，转子齿数很多的结构，其步距角可以做得很小。

两相混合式步进电动机的结构图如图 4.54 所示，A、B 两相绕组沿轴向分相，沿着定子圆周有 8 个凸出的磁极，1、3、5、7 磁极属于 A 相绕组，2、4、6、8 磁极属于 B 相绕组，定子每个极面上有 5 个齿，极身上有控制绕组，控制绕组的接线如图 4.55 所示。转子由环形磁钢和两段铁心组成，环形磁钢在转子中部，轴向充磁，两段铁心分别装在磁钢的两端，使得转子轴向分为两个磁极。转子铁心上均匀分布 50 个齿，两段铁心上的小齿相互错开半个齿距，定转子的齿距和齿宽相同。

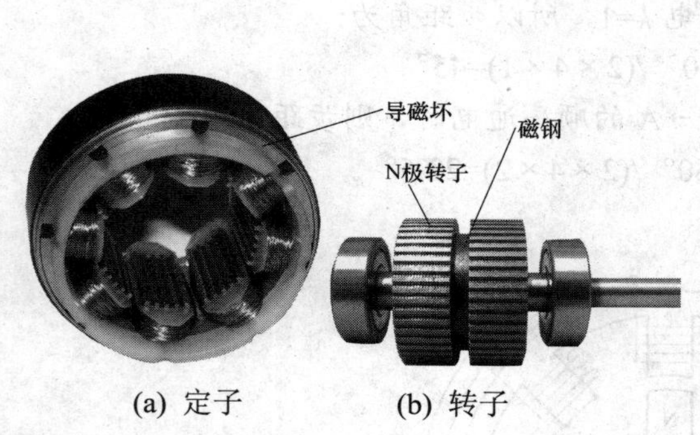

图 4.54 混合式步进电机的结构

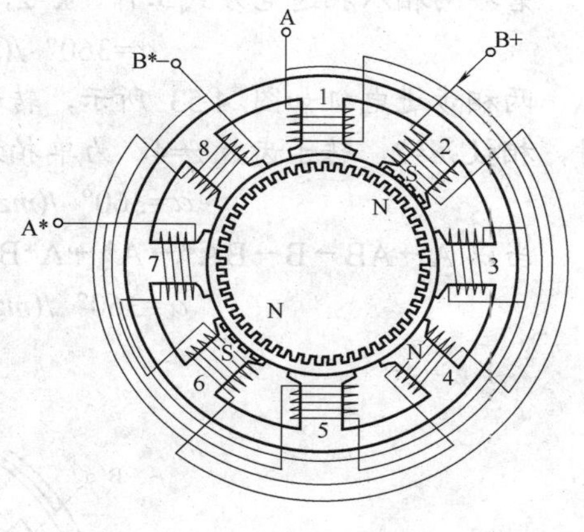

图 4.55 混合式步进电动机绕组接线图

5. 两相混合式步进电动机的工作过程

当两相控制绕组按 $A\overline{A}\rightarrow B\overline{B}\rightarrow \overline{A}A\rightarrow \overline{B}B\rightarrow A\overline{A}$ 的次序轮流通电，每拍只有一相绕组通电，四拍构成一个循环。当控制绕组有电流通过时，便产生磁动势，它与永久磁钢产生的磁动势相互作用，产生电磁转矩，使转子产生步进运动。

当 A 相绕组通电时，在转子 N 极端定子磁极 1 上的绕组产生的 S 磁极吸引转子 N 极，使得磁极 1 下是齿对齿，气隙磁阻最小，磁力线由转子 N 极指向定子磁极 1 的齿面，磁极 5 下也是齿对齿，磁极 3 和 7 下是齿对槽，磁阻最大，图 4.56 为 A 相通电转子 N 极端定转子平衡图。由于两段转子铁芯上的小齿相互错开半个齿距，在转子 S 极端，定子磁极 1'和 5'产生的 S 极磁场，排斥转子 S 极，与转子正好是齿对槽，磁极 3'和 7'齿面产生 N 极磁场，吸引转子 S 极，使得齿对齿，转子的稳定平衡位置如图 4.57 所示。

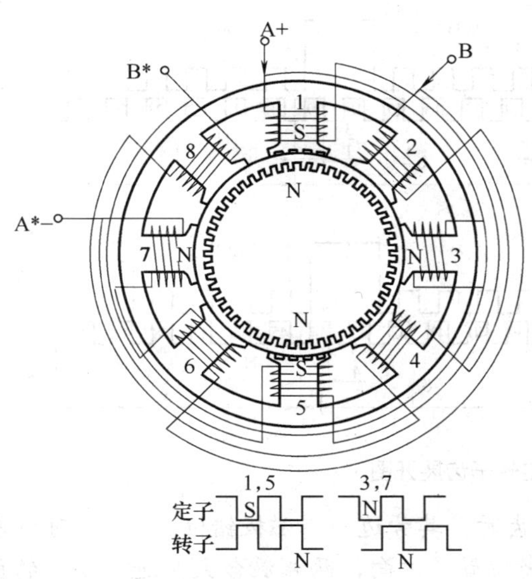

$A\overline{A}$ 相通电转子 N 极剖面定转子平衡位置

图 4.56　A 相通电转子 N 极端定转子平衡图

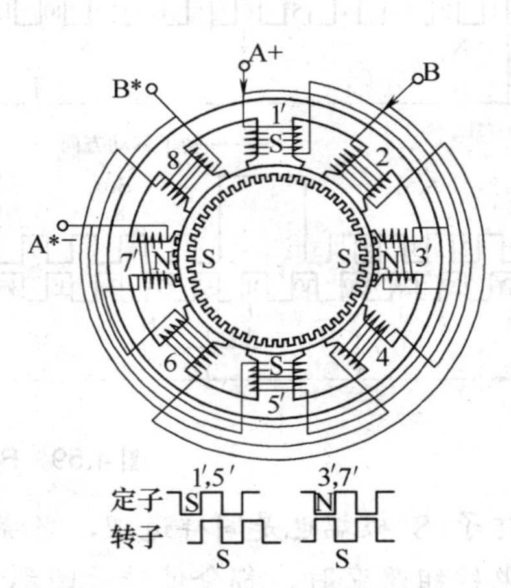

$A\overline{A}$ 相通电转子 S 极剖面定转子平衡位置

图 4.57　A 相通电转子 S 极端定转子平衡图

因转子上共有 50 个齿，其齿距角为 360° /50=7.2° ，定子每个极距所占的齿数为 50/8=6.25 不是整数，因此当定子的 A 相通电时，在转子 N 极，磁极 1 的 5 个齿与转子齿对齿，磁导最大，磁极 1 旁边的 B 相绕组的磁极 2 的 5 个齿和转子齿有 1/4 齿距的错位，即 1.8° ，见图 4.58 中画圆圈的地方，这样 A 相磁极 3 的齿和转子就会错位 3.6° ，实现齿对槽了，同极相斥其磁导最小。磁力线是沿转子 N 端→A(1)S 磁极→导磁环→A(3')N 磁极→转子 S 端→转子 N 端，形成一闭合曲线。当 A 相断电 B 相通电时，磁极 2 产生 N 极性，吸合离它最近的 S 极转子 7 齿，使得转子沿顺时针方向转过 1.8° ，实现磁极 2 和转子齿对齿，平衡位置见图 4.59，此时磁极 3 和转子齿有 1/4 齿距的错位。依此类推，若继续按四拍的顺序通电，转子就按顺时针方向一步一步地转动，每通电一次即每来一个脉冲转子转过 1.8° ，步距角为 1.8° ，转子转过一圈需要 360° /1.8° =200 个脉冲。当改变通电顺序即按 $A\overline{A} \rightarrow \overline{B}B \rightarrow \overline{A}A \rightarrow B\overline{B} \rightarrow A\overline{A}$ 顺序通电，电机按则逆时针方向转动。

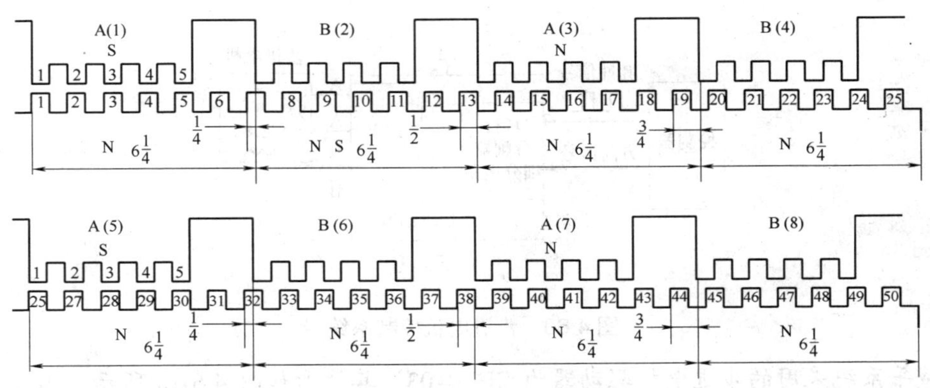

图 4.58　A 相通电时定转子齿展开图

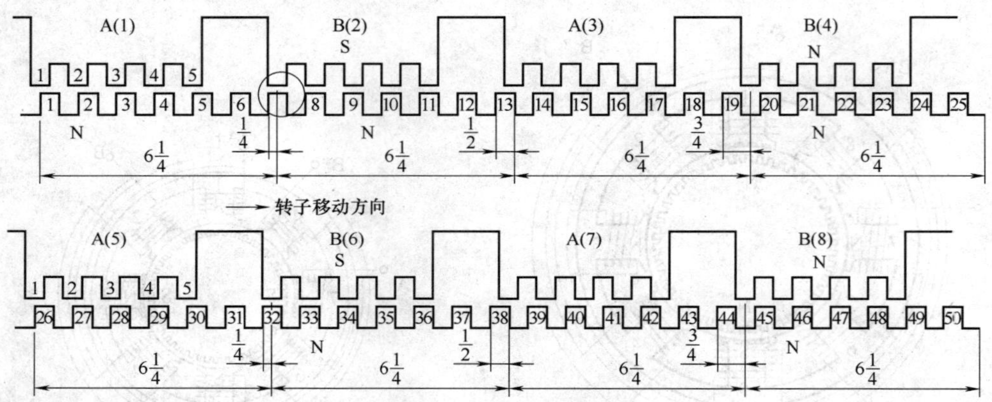

图 4.59　B 相通电定转子齿展开图

在转子 S 极端也是同样道理，当绕组齿对齿时，其旁边一相磁极错位 1.8°。可以看出当通电绕组改变时，都会使转子回到稳定平衡位置的方向，两相混合式步进电动机的稳定平衡位置是定转子异极性的极面下磁导最大，而同极性的极面下磁导最小的位置。

若调整两相绕组中电流分配的比例和方向，使相应的合成转矩在空间处于任意位置上，则循环拍数可为任意值，称为细分通电方式。实质上就是把步距角减小，如前面八拍通电方式已经将单四拍细分了一半，采用细分通电方式可使步进电动机的运行更平稳，定位分辨率更加提高。

机械手系统 X、Y 轴的驱动采用两相混合式步进电机 42BYG250C，步距角为 1.8°，在其轴上连接滚珠丝杠。

6. 步进电机驱动器

步进电机必须有驱动器和控制器才能正常工作。驱动器的作用是对控制脉冲进行环形分配、功率放大，使步进电机绕组按一定顺序通电，控制电机转动。

以两相步进电机为例，当给驱动器一个脉冲信号和一个正方向信号时，驱动器经过环形分配器和功率放大后，给电机绕组通电的顺序为 $A\overline{A} \rightarrow \overline{B}B \rightarrow \overline{A}A \rightarrow \overline{B}B \rightarrow A\overline{A}$，其四个状态周而复始进行变化，电机顺时针转动；若方向信号变为负时，通电顺序就变为 $A\overline{A} \rightarrow \overline{B}B \rightarrow \overline{A}A \rightarrow \overline{B}B \rightarrow A\overline{A}$，电机就逆时针转动。步进电机控制系统见图 4.60。

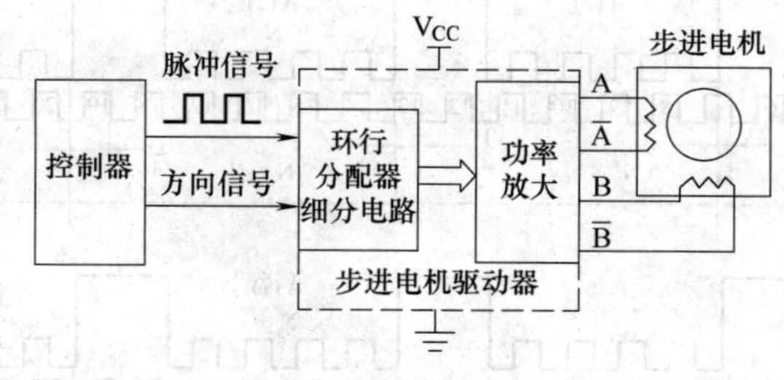

图 4.60　步进电机控制系统

机械手系统采用的步进电机驱动器为 SH20403。其外形如图 4.61(a)所示，由 10～40V 直流供电，通过改变面板上拨动开关的位置能够实现细分，减小步进电机步距角。其外部端子如图 4.61(b)所示，A+、A−、B+、B−端子要连接步进电机的四条引线，DC+、DC−端子接驱动器的工作直流电源，输入接口电路包括公共端(接输入端子电源正极)、脉冲信号输入端(输入一系列脉冲，内部分配以驱动步进电机 A、B 相)、方向信号输入端(可实现步进电机的正、反转)和脱机信号输入端。

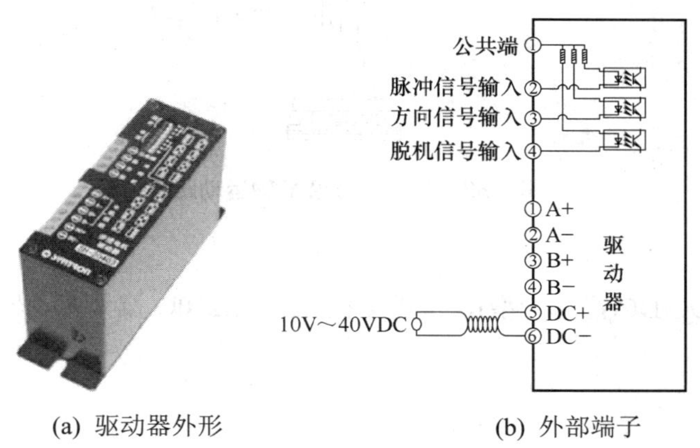

(a) 驱动器外形　　(b) 外部端子

图 4.61　步进电机驱动器 SH20403 及其外部端子

步进电机驱动器输入端子的功能如下。

公共端：驱动器的输入信号采用共阳极接线方式，应将输入信号的电源正极连接到该端子上，为 CP、DIR、FREE 端子提供输入回路电源，将输入的控制信号连接到对应的信号端子上。控制信号低电平有效，此时对应的内部光耦导通，控制信号输入到驱动器中。

脉冲信号输入 CP：共阳极时该脉冲信号下降沿被驱动器解释为一个有效脉冲，并驱动电机运行一步。此端子和 S7-200 的高速脉冲输出端 Q0.0 或 Q0.1 相连，以发出连线高速脉冲驱动步进电机。

方向信号输入 DIR：该端信号的高电平和低电平控制电机的两个转向。共阳极时该端悬空，被等效认为输入高电平。此端子和 S7-200 的输出端 Q0.2 相连.

脱机信号 FREE：此端为低电平有效时，这时电机处于 无力矩状态；此端为高电平或悬空不接时，此功能无效，电机可正常运行。

4.5.4　拓展实训——驱动机械手臂沿 Y 轴上升 10cm

1．控制要求

按下启动按钮 SB1 驱动机械手 Y 轴步进电机，使其连接的滚珠丝杠带动机械手上升 10cm，停 1s，再返回原位。当按下停止按钮 SB2 时，机械手臂返回出发点停止。运动路线如图 4.62 所示。

2．实训目的

- 熟悉机械手步进电机的控制方法及线路连接。
- 熟悉高速脉冲指令的编程方法。

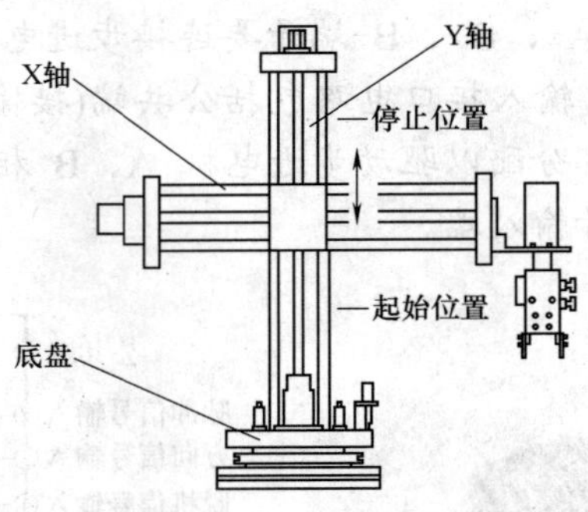

图 4.62　机械手臂沿 Y 轴运动路线

3．实训器材

CPU226 DC/DC/DC(晶体管型)，步进电机 42BYG250C 及其驱动器 SH20403，滚珠丝杠和连接线。

4．实训步骤

1)　进行 I/O 接点分配

步进电机控制 I/O 接点分配见表 4.21。

表 4.21　I/O 接点分配

输　入	功　能	输　出	功　能
I0.1	启动按钮 SB1	Q0.1	步进电机脉冲输入端
I0.2	停止按钮 SB2	Q0.2	步进电机方向控制端

2)　绘制电气原理图

根据控制要求，结合图 4.22 机械手的外部设备结构和图 4.45 的步进电机丝杠传动示意图绘制电气原理图。

由于 S7-200 输出的是高电平信号，而步进电机驱动器的内部电路(图 4.61)使得其输入信号是低电平，所以需对 PLC 输出信号反向使其变成低电平才能和驱动器连接，采用三极管反相器进行反向，电气回路连接如图 4.63 所示。PLC 驱动 Y 轴步进电机电气原理图如图 4.64 所示。

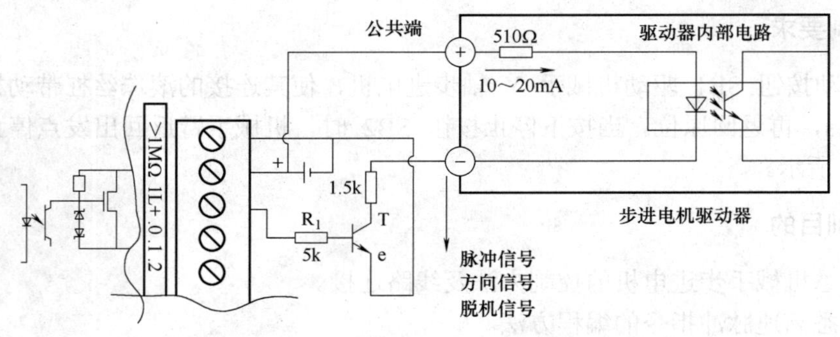

图 4.63　PLC 和驱动器输入端电气回路

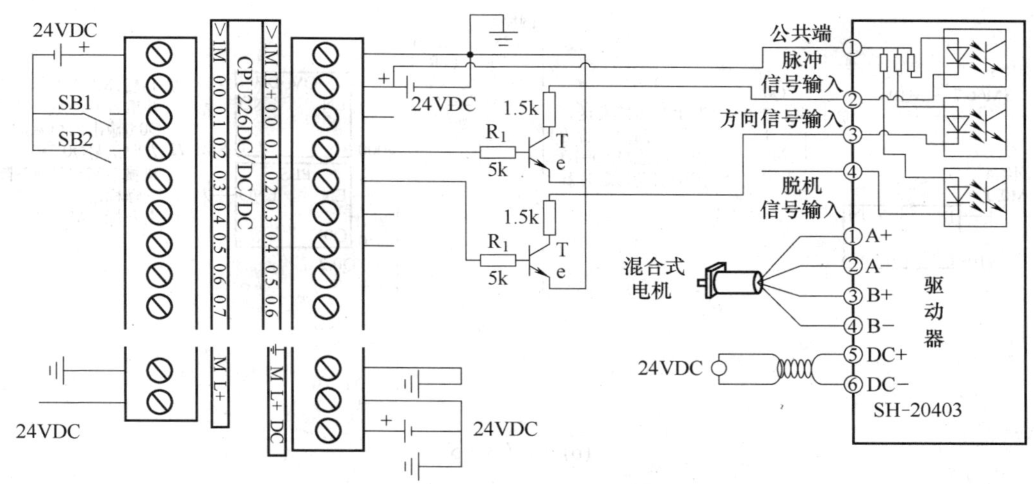

图 4.64　机械手 Y 轴步进电机控制电气原理图

驱动器的共阳端接 PLC 的 24V 电源正极，或单独接电源，PLC 输出点 Q0.1 和 Q0.2 接三极管反相器的基极，三极管的集电极与步进电机驱动器的脉冲信号、方向信号输入端相连，这样电源、PLC 输出点、三极管和驱动器输入点形成回路。当 Q0.1、Q0.2 输出 0 时，三极管截止，集电极输出高电平，电路不导通，驱动器输入点无信号；当 Q0.1、Q0.2 输出 1 时，三极管导通，集电极输出低电平，电路导通，驱动器输入点为低电平，信号进入驱动器，使输入端光电耦合器导通，经内部电路实现步进电机脉冲分配。

3)　程序编写

在编程软件中编写驱动步进电机的程序，编译成功后下载到 PLC，观看运行结果。梯形图见图 4.65。

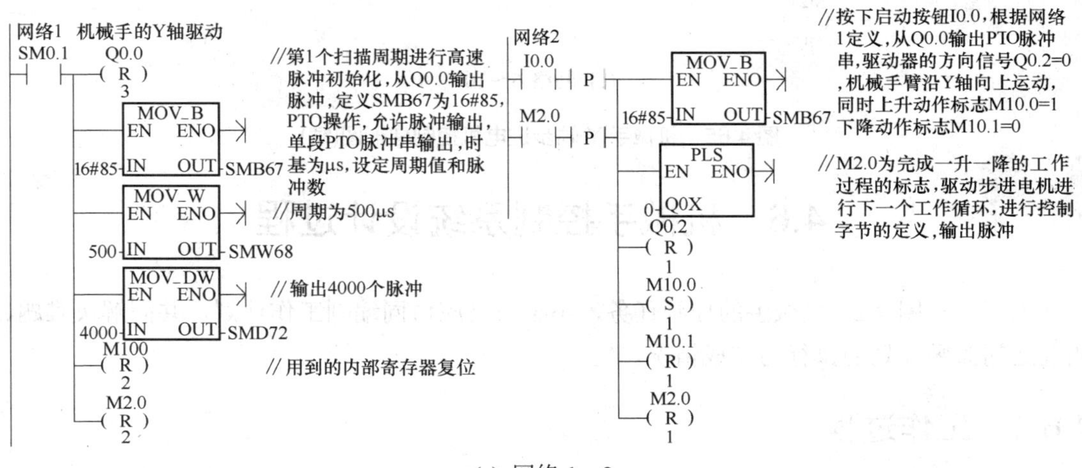

(a) 网络 1、2

图 4.65　机械手 Y 轴步进电机控制梯形图

网络3
SM66.7 M10.0 P Q0.2 (S) 1
M0.0 (S) 1
//当上升脉冲发送，完毕方向信号置为1 内部标志M0.0=1，用于启动1s定时器
网络4
M0.0 T38 IN TON
10-PT 100ms
网络5
T38 M0.0 (R) 1
P MOV_DW EN ENO
4000-IN OUT-SMD72
PLS EN ENO
0-Q0X
Q0.2 (S) 1
M10.1 (S) 1
M10.0 (R)
//1s后，M0.0复位，并重置脉冲数，Q0.0输出PTO脉冲，方向信号Q0.2=1，机械手臂沿Y轴下降，下降标志M10.1=1，上升标志M10.0=0

(b) 网络 3～5

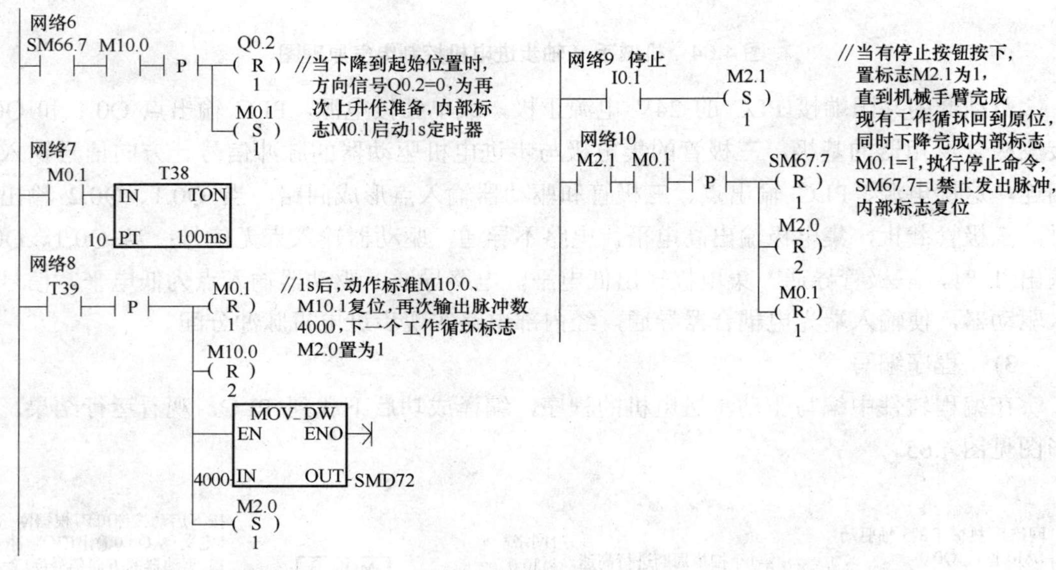

(c) 网络 6～10

图 4.65 机械手 Y 轴步进电机控制梯形图(续)

4.6 机械手控制系统设计过程

为了完成图 4.22 机械手的控制任务，小组成员应协同编制工作计划，共同解决难题、相互之间监督计划的执行与完成情况。

4.6.1 工作过程

(1) 小组成员研讨任务，熟悉机械手结构，明确机械手控制系统的要求，确定控制系统的实现方案。

(2) 认真学习要用到的高速计数器指令和高速脉冲指令。

(3) 了解机械手各个元器件的工作原理。

(4) 对各元件分别进行调试和编程，包括直流电机、编码器部分及其连接的底盘的控制；步进电机驱动器、步进电机及其丝杠的驱动；电磁阀和气动平行手夹的驱动(有关电磁阀内容请参见第 6 章)。

(5) 根据子系统实现过程，制订完整详细的工作计划。

(6) 根据小组成员拟定的工作计划，开展工作。

(7) 由本组成员进行机械手控制系统实现的效果检查。

(8) 由其他组成员或老师进行评估。

4.6.2 操作分析

在高速计数器指令和高速脉冲指令学习的基础上，分别进行底盘指定角度的控制和 X、Y 轴指定长度的定位控制，并且编程进行电磁阀和气动平行手夹的驱动，各子系统调试成功后，再进行总体设计。

4.6.2.1 输入/输出接点分配

机械手系统用到的输入设备有：启动按钮 SB1、停止按钮 SB2 和底盘原点传感器。输出设备有：控制底盘直流电机正反转继电器 KA1、KA2，X、Y 步进电机及其驱动器，电磁阀。I/O 点分配如表 4.22 所示。

表 4.22 机械手 I/O 接点分配

输　入	功　能	输　出	功　能
I0.0	光电编码器输出信号	Q0.0	Y 轴步进电机脉冲输入端
I0.1	启动按钮 SB1	Q0.1	X 轴步进电机脉冲输入端
I0.2	停止按钮 SB2	Q0.2	Y 轴步进电机方向控制端
I0.3	底盘原点传感器输出信号	Q0.3	X 轴步进电机方向控制端
		Q0.4	底盘直流电机正转继电器 KA1
		Q0.5	底盘直流电机反转继电器 KA2
		Q0.6	气动平行手夹电磁阀线圈

4.6.2.2 绘制电气原理图

根据图 4.22 所示的机械手结构图和表 4.22 的 I/O 点分配绘制电气原理图，如图 4.66 所示，其中步进电机驱动器与 PLC 之间的转换器电路如图 4.67 所示，底盘直流电机的正反转控制电路请参见图 4.36。

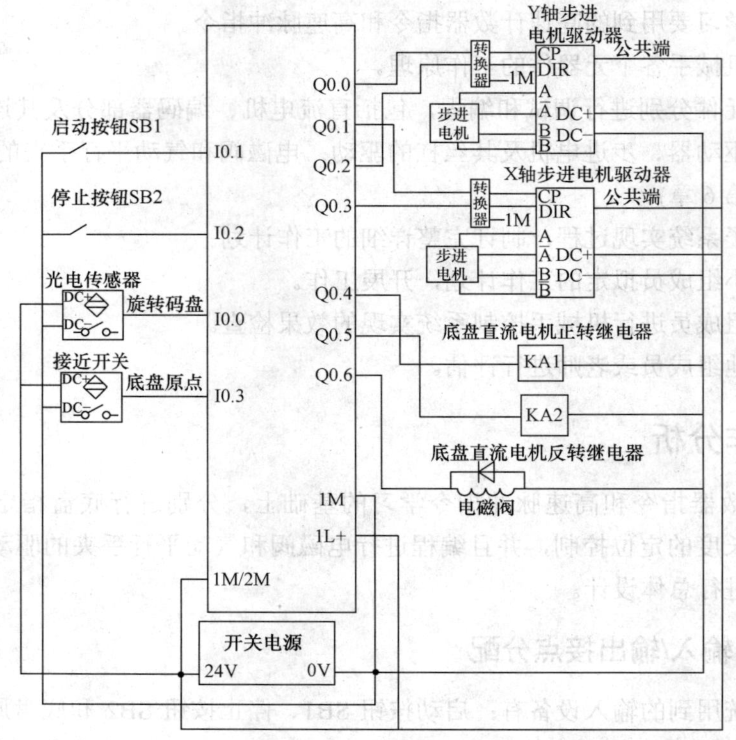

图 4.66　机械手电气原理图

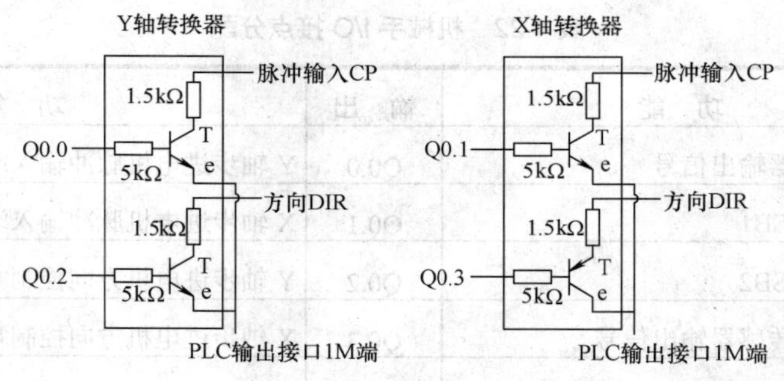

图 4.67　步进电机驱动器与 PLC 之间的转换器电路

4.6.2.3　电磁阀的驱动

机械手的手爪采用气动平行手夹，其外形图如图 4.68 所示，PLC 输出信号控制电磁阀，压缩空气经气压管道进入平行手夹，使平行夹移动夹取货物。关于电磁阀的工作原理和控制电路请参见第 6 章 6.4.2 节中 S7-200 和电磁阀的连接。

根据电气原理图 4.67 编写调试电磁阀部分的梯形图，如图 4.69 所示，将程序下载至 PLC，打开气泵使气路中进入压缩空气，运行程序，按下 SB1 电磁阀通电，压缩空气进入平行夹气缸(也作汽缸)，平行夹动作，松开 SB1，电磁阀断电，平行夹松开。

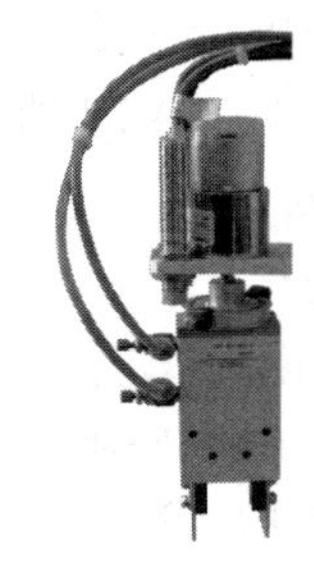

图 4.68　气动平行手夹

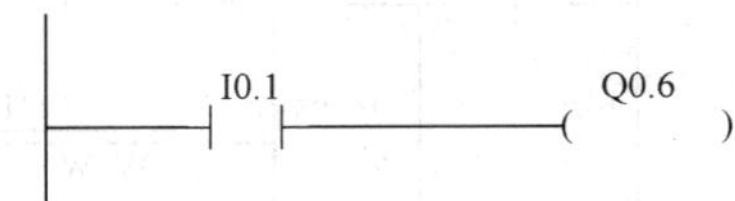

图 4.69　驱动电磁阀梯形图

4.6.2.4　机械手控制系统程序

机械手工作过程见图 4.24，它是按照运行步骤一步步顺序执行的，由于还未接触顺序指令，所以我们按照普通指令实现机械手控制。机械手初始位置如图 4.70 所示，其动作顺序编号如图 4.71 所示。

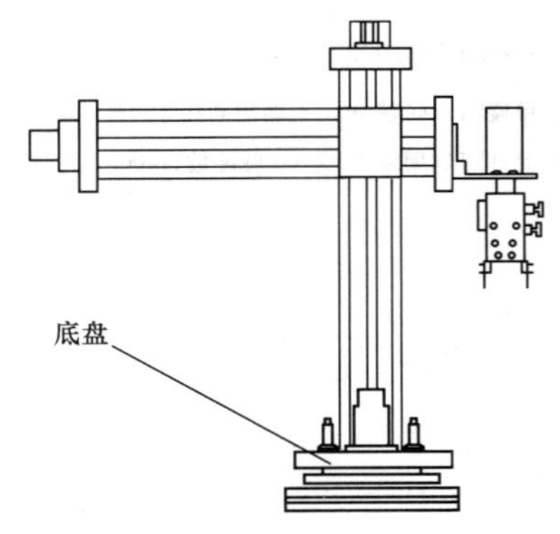

图 4.70　机械手初始位置

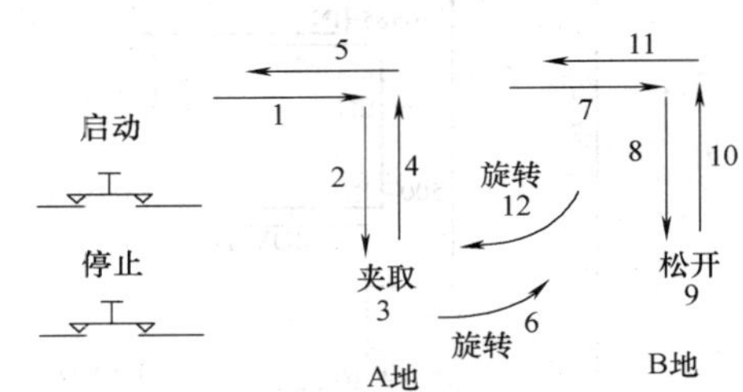

图 4.71　机械手动作顺序

1．内部寄存器设置

当启动按钮按下后，机械手从初始位下降，电磁阀夹取货物旋转到 B 点，电磁阀松开、放下货物，返回 A 点，此为一个循环，继续从 A 点夹取货物运送，直到按下停止按钮为止。在 A 点以动作 1(X 轴伸出)、2(Y 轴下降)、3(气动手爪夹取)、4(Y 轴上升)、5(X 轴收回)、6(底盘逆时针旋转)为动作组 1，旋转到 B 点以动作 7(X 轴伸出)、8(Y 轴下降)、9(气动手爪松开)、10(Y 轴上升)、11(X 轴收回)、12(底盘顺时针旋转)为动作组 2，两组动作有相似性，所以第 1 个动作组以 M20.0 为高速计数器和高速脉冲指令的动作标志，第 2 个动作组以 M20.1 为标志，每个组内的动作 1、2、3、4、5 之间以 M10.0、M10.1、M10.2 和 M10.3 作为结束本动作、驱动下一动作的标志位，电磁阀的驱动以 M20.0 和 M30.0 的串联实现动作组 1 的动作 3(气动手爪夹取)，以 M20.1 和 M30.0 的串联实现动作组 2 的动作 9(气动手爪松开)。

2．程序设计

程序以 SBR0 为高速计数器 HSC0 的初始化子程序，以 SBR1 为 X、Y 轴步进电机驱动的高速脉冲初始化子程序。检测底盘旋转角度的光电编码盘的输出端子接 PLC 的 I0.0，采用 HSC0 的模式 0 对此高速脉冲计数，机械手的梯形图及其注释如图 4.72 所示。

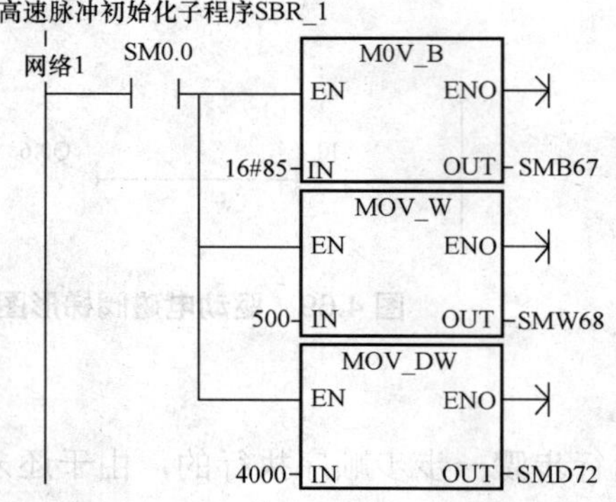

//Q0.0高速脉冲发生器初始化，Y轴步进电机，单段PTO，时基为μs，更新周期和脉冲数，允许PTO，周期为500μs，脉冲数为4000

(a) 高速脉冲初始化子程序

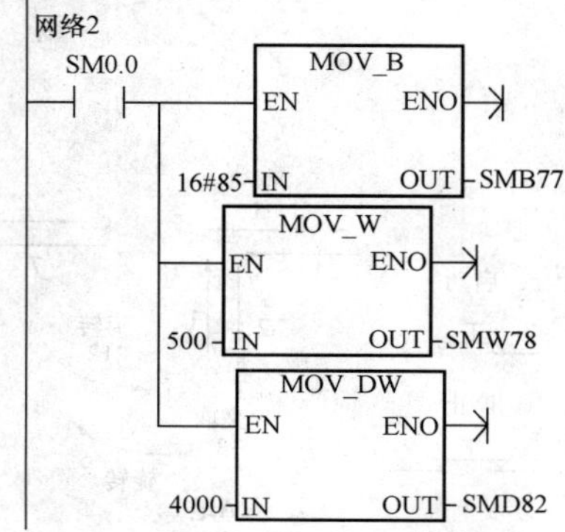

//Q0.1高速脉冲发生器初始化，X轴步进电机，单段PTO，时基为μs，更新周期和脉冲数，数，允许PTO，周期为500μs，脉冲数为4000

(b) 高速脉冲初始化子程序

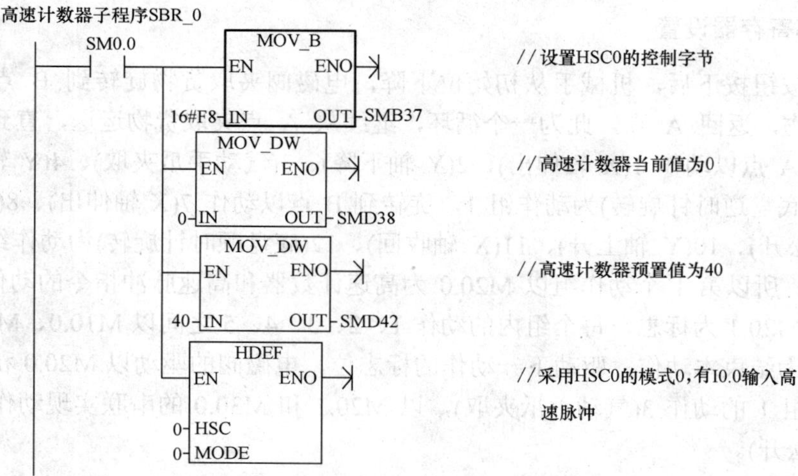

(c) 高速计数器子程序

图 4.72　机械手梯形图

机械手主程序

网络1
SM0.1
Q0.0
R
7
M10.0
R
10
M0.0
R
12
M30.0
R
2
M20.0
R
2

//运行第1个扫描周期寄存器复位

网络2
SM0.1
SBR_0
EN
M1.2　M2.0
P
SBR_1
EN
M20.0
S
1
M20.1
R
1

//调用初始化子程序SBR_0和SBR_1，第1个工作循环的动作组标志M20.0=1

//M1.2为本循环结束，开始下一个循环的标志位

网络3
启动　原点
I0.1　I0.3
P
M0.0
S
1
M2.0　M1.2
M20.0
S
1
M20.1
R
1
M1.2
R
1

//底盘处于原点时按下启动按钮I0.1，M0.0为内部动作标志

//M1.2为下一个循环标志 M20.0为停止标志

(d) 机械手主程序(网络 1～3)

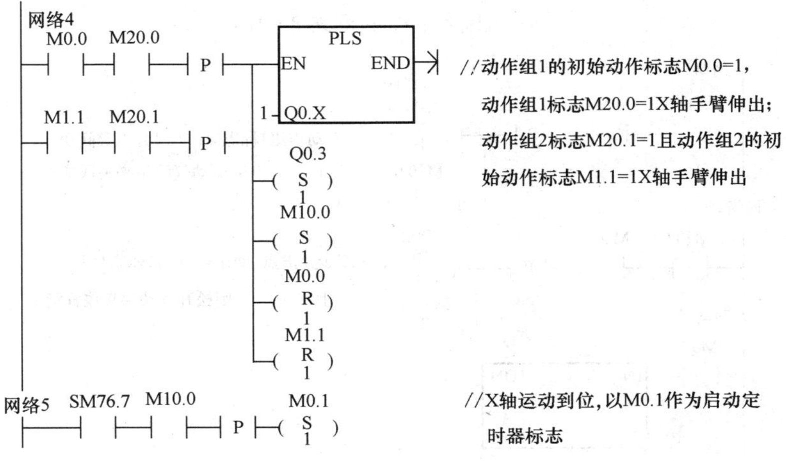

(e) 机械手主程序(网络 4、5)

图 4.72　机械手梯形图(续一)

网络6
M0.1 T37
IN TON
10-PT 100ms

网络7 T37
P
M0.1 R 1
M10.0 R 1
PLS
EN END
0-Q0.X
Q0.2 S 1
M10.1 S 1

//1s定时到，Y轴手臂下降，Y轴动作标志M10.1=1

(f) 机械手主程序(网络 6、7)

网络8
SM66.7 M10.1 P M0.2 S 1

//Y轴移动到位且M10.1=1置位M0.2，启动定时器

网络9
M0.2 T38
IN TON
10 PT 100ms

网络10 T38 P
M30.0 S 1
M0.2 R 1
M10.1 R 1
M0.3 S 1

//1s后启动电磁阀动作标志M30.0

(g) 机械手主程序(网络 8～10)

网络11
M30.0 M20.0 P
电磁阀 Q0.6 S 1
M30.0 R 1

// 动作组1标志M20.0=1且电磁阀动作标志M30.0，驱动气动手夹取货物

网络12
M30.0 M20.1 P
Q0.6 R 1
M30.0 R 1

// 运到B点，动作组2标志M20.1=1且M30.0=1，则松开气动手夹放置货物

网络13
M0.3 T39
IN TON
10 -PT 100ms

(h) 机械手主程序(网络 11～13)

图 4.72 机械手梯形图(续二)

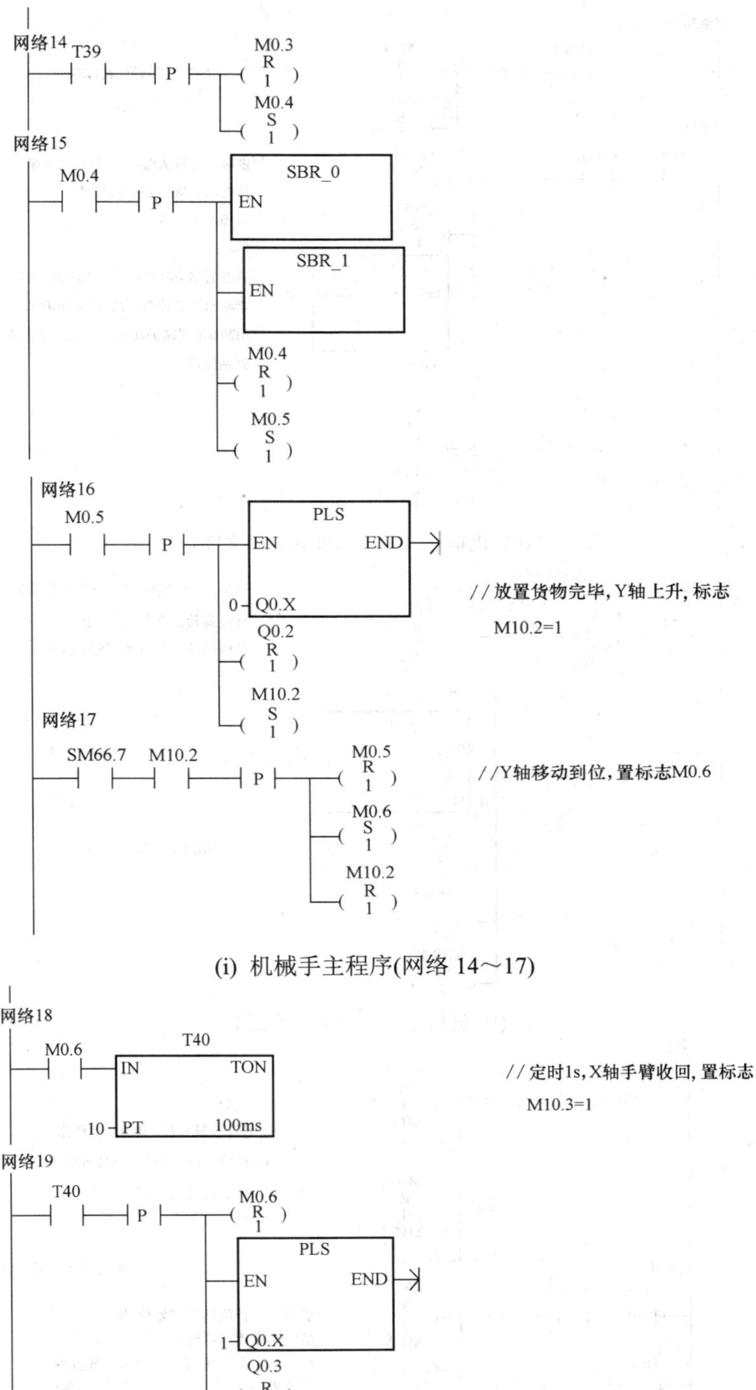

(i) 机械手主程序(网络 14～17)

(j) 机械手主程序(网络 18、19)

图 4.72 机械手梯形图(续三)

网络20

SM76.7 M10.3 P M0.7 S 1 M10.3 R 1

// X轴手臂收回到位，置标志M0.7=1

网络21

M0.7 M20.0 P Q0.4 S 1 Q0.5 R 1 HSC EN END 0 N M0.7 R 1 M10.4 S 1 M10.5 R 1

//逆时针旋转继电器Q0.4=1，底盘带动机械手从A点旋转到B点，置标志M10.4=1

//高速计数器HSC0对I0.0输入的编码盘输出信号计数，置标志M10.4=1；由M20.0保证属于动作组1，执行完毕转到网络23

(k) 机械手主程序(网络 20、21)

网络22

M0.7 M20.1 P M0.7 R 1 Q0.5 S 1 HSC EN END 0 N Q0.4 R 1 M10.5 S 1 M10.4 R 1

//M20.1=1时则属于动作组2，底盘顺时针旋转，Q0.5=1，启动HSC0，I0.0对编码盘信号计数，置标志M10.5

//此网络通时，执行网络24

(l) 机械手主程序(网络 22)

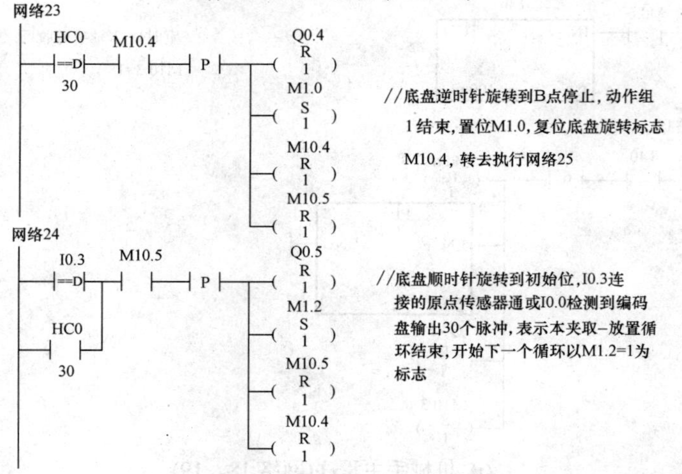

(m) 机械手主程序(网络 23、24)

图 4.72 机械手梯形图(续四)

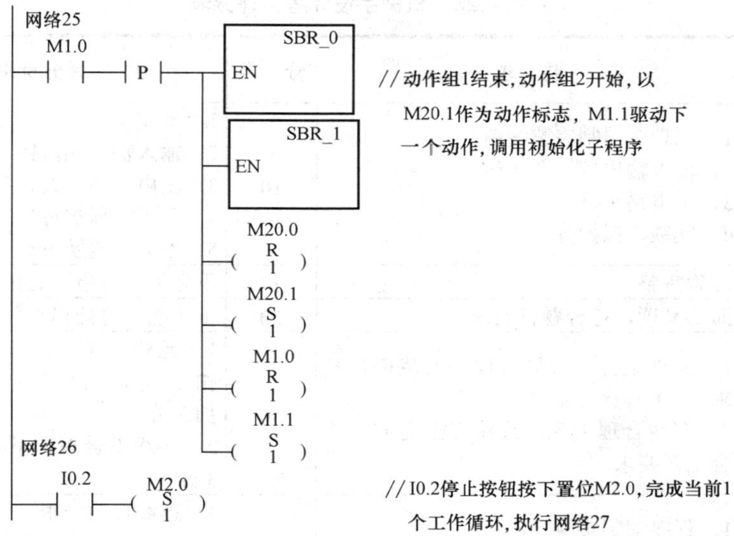

(n) 机械手主程序(网络 25、26)

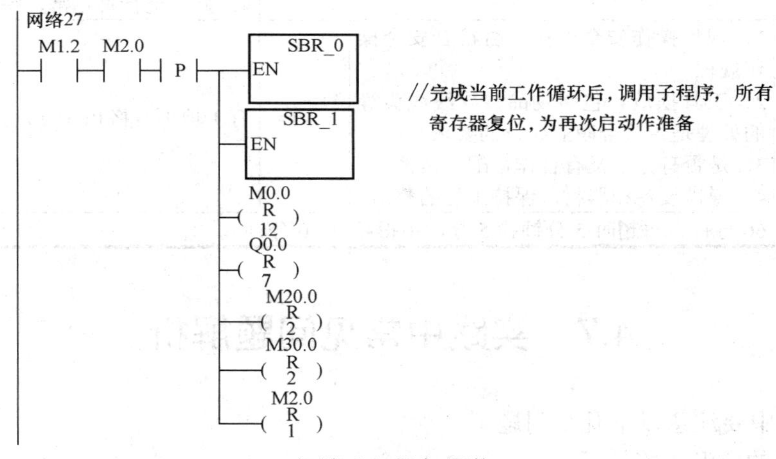

(o) 机械手主程序(网络 27)

图 4.72　机械手梯形图(续五)

4.6.3　检查与评估

根据控制要求和工作计划完成机械手电气原理图的绘制，再进行各种设备的电气线路安装，编辑好程序后进行下载，观察检验运行情况，对出现的问题进行改正。根据表 4.23 进行工作过程的考核。

表 4.23　机械手设计考核评分表

项　目	要　求	分　数	评分标准	得分
系统电气原理图设计	1．原理图绘制完整规范 2．输入输出接线图正确 3．主电路正确 4．联锁、保护齐全	10	1．不完整规范，每处扣 2 分 2．输入输出图，错一处扣 5 分 3．主电路错一处，扣 5 分 4．联锁、保护每缺一项扣 5 分 5．不会设置及下载分别扣 5 分	
I/O 分配表	准确完整	10	不完整，每错一处扣 5 分	
程序设计	简洁易读，符合题目要求	20	不正确，每处扣 5 分	
电气线路安装和连接	1．元件选择、布局合理，安装符合要求 2．布线合理美观，线路安全简洁，符合工艺要求	30	1．元件选择、布局不合理，每处扣 3 分，元件安装不牢固，每处扣 3 分 2．布线不合理、不美观，每处扣 3 分	
系统调试	1．程序编制实现功能 2．操作步骤正确 3．接负载试车成功	20	1．连线接错一根，扣 5 分 2．一个功能不实现，扣 5 分 3．操作步骤错一步，扣 5 分 4．显示运行不正常，每台扣 5 分	
职业素养与安全意识	1．现场操作安全保护是否符合安全操作规程 2．工具摆放、包装物品、导线线头等的处理是否符合职业岗位的要求 3．是否有分工又有合作，配合紧密 4．爱惜设备和器材，保持工位的整洁	10	有 1 项不合格扣 5 分，扣完为止	
时间	60 分钟，每超时 5 分钟扣 5 分，不得超过 10 分钟			

4.7　实践中常见问题解析

操作过程中要注意以下几个问题。

- PLC 的电源不能接反。
- 彩灯模拟实验板的电源和按钮极性要与 PLC 一致不能接错，否则会烧坏电路。
- 机械手底盘旋转控制时继电器线圈和触点的线路不要接错。
- 步进电机驱动部分一定要调节好，频率太小会爬行，频率太大时噪声很大，在保证线路正确的情况下，改变脉冲周期，寻找最佳运行状态。

实践中采用不同值会出现如下情况。

- 当控制字为 16#8D 时，PTO 单脉冲，周期时基为 ms，周期值为 5ms，脉冲数为 400 时，噪声非常大，尖锐，丝杠转动很慢。
- 周期为 10ms，脉冲数不变时，噪声低沉，也很大，速度慢。
- 周期为 20ms，情况也不好。
- 控制字改为 16#85 时，PTO 单脉冲，周期时基为μs，周期值为 5μs，脉冲数为 400 时，出现咯噔的声音，丝杠转动不明显。周期太短。

- 周期值为 20μs，脉冲数为 400 时，还是出现咯噔的声音，丝杠转动不明显。
- 周期值为 100μs，脉冲数为 20000 时，还是有咯噔声，移动不明显。
- 周期值为 500μs，脉冲数为 20000 时，速度很好，移动很快，声音很匀称，脉冲数太多，到达了极限保护位置。
- 周期值为 500μs，脉冲数为 4000 时，移动结果非常理想。
- 程序的调试过程是很复杂和繁琐的，一个触点没设好也会影响整个过程，检查起来又很困难，需要设计者的耐心。

本 章 小 结

本章以彩灯循环模拟和机械手控制系统的工作过程设计为例，介绍了 S7-200 系列 PLC 编程语言功能指令的格式、功能及应用，主要内容包括数据传送指令、移位指令、高速计数器和高速脉冲指令。高速计数器和高速脉冲指令是以步进电机为驱动设备的高级功能指令，主要用于定位或位置控制，使用时应熟悉相关的特殊功能寄存器的设置。

思考与练习

1. 编写实现脉宽调制 PWM 的程序。要求从 PLC 的 Q0.1 输出高速脉冲，脉宽的初始值为 0.5s，周期固定为 5s，其脉宽每周期递增 0.5s，当脉宽达到设定的 4.5s 时，脉宽改为每周期递减 0.5s，直到脉宽减为 0 为止，以上过程重复执行。

2. 编写一高速计数器程序，要求：

(1) 首次扫描时调用一个子程序，完成初始化操作。

(2) 用高速计数器 HSC1 实现加计数，当计数值=200 时，将当前值清 0。

3. 编写 PLC 程序控制步进电机，实现如习题图 4.1 所示一维工作台的快进、工进、快退。要求如下。

(1) 能够实现习题图 4.1 所示的工作循环过程(全自动单周期)。

(2) 实现工作台断电后通电自动复位功能，即任意位置都能够自动返回到零位。

(3) 利用行程开关实现极限位置保护功能(即滑块触到极位开关就停止运行)。

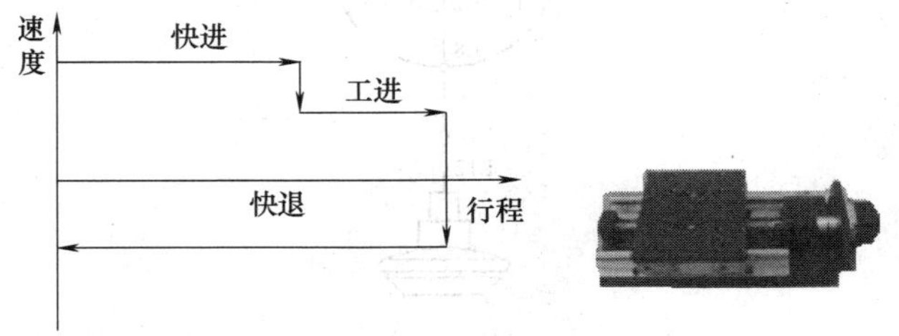

习题图　4.1

根据运动情况填写如下参数表。

运动过程	频 率	脉 冲 数	行 程
快进			
工进			
快退			

4. 已知控制十字工作台的步进电机(如习题图 4.2 所示)为混合式两相步进电机，步距角为 1.8°，要求用 PLC 实现习题图 4.3 所示轨迹的控制，完成 PLC 外部接线图，完成梯形图编程。

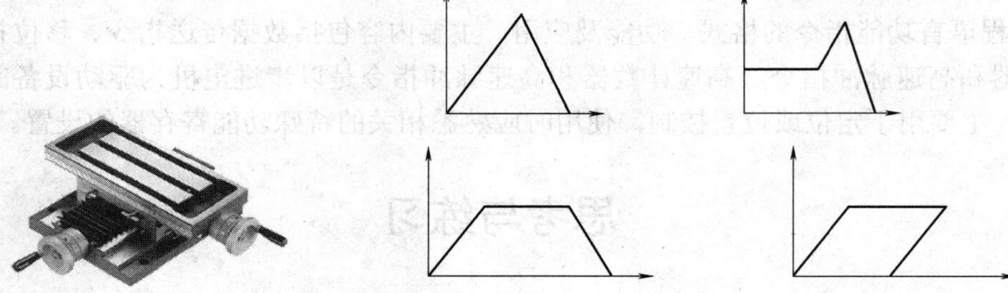

习题图 4.2 十字工作台　　习题图 4.3 运动轨迹

5. 习题图 4.4 所示为天塔的灯光，请进行 PLC 系统设计实现灯光控制，控制要求如下：按启动按钮，使灯按照 L12→L11→L10→L8→L1→L1、L2、L9→L1、L5、L8→L1、L4、L7→L1、L3、L6→L1→L2、L3、L4、L5→L6、L7、L8、L9→L1、L2、L6→L1、L3、L7→L1、L4、L8→L1、L5、L9→L1→L2、L3、L4、L5→L6、L7、L8、L9→L12→L11→L10……的顺序循环下去，直至按下停止按钮。选择 PLC 型号，画出电气原理图，编写程序。

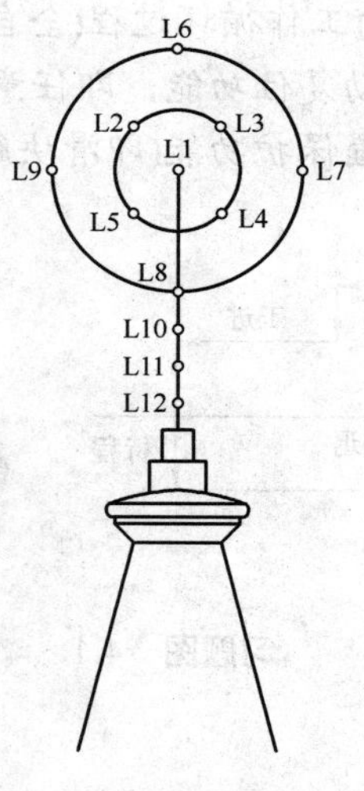

习题图 4.4 天塔之光

第 5 章　运料小车控制系统设计

本章要点

- 介绍 PLC 的顺序控制指令的格式和编程方法。
- 介绍 S7-200 的顺序控制指令的工作过程和设计步骤。

技能目标

- 掌握利用顺序功能图编程语言解决工程中顺序控制问题的方法和技巧。
- 具备分析系统工艺流程并能据此绘制顺序功能图的能力。
- 独立解决课后习题将能掌握一般的顺序控制工程系统的设计方法。

项目案例导入

通过对运料小车的控制系统设计，掌握顺序控制的思想及解决问题的方法。

5.1　运料小车控制系统设计

运料小车在自动化生产中得到广泛应用，用于在一定轨道上自动装载、卸下货物。其系统示意图如图 5.1 所示。

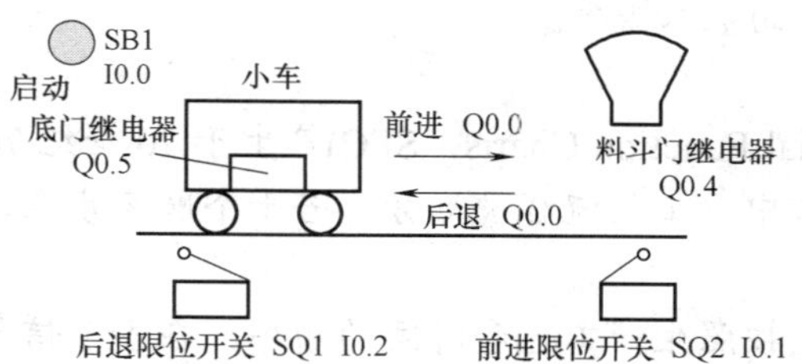

图 5.1　小车运料系统示意图

1．控制要求

运料小车的运行过程如图 5.1 所示。小车原位在左(SQ1)，当按下启动按钮 SB1 后，小车前进。当运行至料斗下方(SQ2)时，料斗打开给小车加料，延时 8s 后料斗关闭。小车后退返回至 SQ1 处，打开小车底门卸料，6s 后卸料完毕，如此循环下去。

要求控制送料小车的运行，并具有以下几种运行方式。

- 手动操作：用各自的控制按钮，一一对应地接通或断开各负载的工作方式。
- 单周期操作：按下启动按钮，小车往复运行一次后，停在后端等待下次启动。
- 连续操作：按下启动按钮，小车自动连续往复运动。

2．设计目的

了解顺序功能图的编程思想，学会利用顺序功能图编程方法解决顺控问题。

3．设计条件

S7-200 系列 PLC 一台，限位开关 2 个，接触器 2 个，电磁开关 2 个，连接线若干，开关按钮、直流电机 3 个。

4．设计内容及要求

根据题目要求，设计硬件电路，绘出顺序功能图并编写相应梯形图程序。

知识链接　顺序设计法和顺序功能图

我们先来分析小车运料系统的自动控制过程。

初始位置 SQ1 $\xrightarrow{\text{SB被按下}}$ 接触器 Q0.0 接通以使小车前行(工序 1) $\xrightarrow{\text{到达料斗下方（SQ2通）}}$ 接触器 Q0.0 断开(小车停止前进)并打开料斗门 Q0.4(小车装料)(工序 2) $\xrightarrow{\text{8s到}}$ 料斗门电磁开关 Q0.4 断开并接通接触器 Q0.1(小车后退)(工序 3) $\xrightarrow{\text{到达卸料处（SQ1通）}}$ 接触器 Q0.1 断开(小车停止后退)并打开小车底门 Q0.5(小车卸料)(工序 4) $\xrightarrow{\text{6s到}}$ 小车底门卸料开关 Q0.5 断开，根据选择的工作方式，选择循环方向，等待 SB 按下或接通接触器 Q0.0(小车前行)(工序 1) $\longrightarrow$ ……如此循环。

可以看到，小车在一个周期内共有 4 个工序，控制系统是按照一定的顺序，在满足一定的条件后使小车从前一个工序进入后一个工序的，如此循环控制，小车便按照工艺流程自动运行。显然，这是一个按照一定的顺序来控制的问题，简称为顺控问题，这类问题在工程中非常常见。对于这类顺控问题，我们除了可以使用前面所介绍的基本指令外，还可以使用 PLC 的另外一种编程语言：顺序功能图。

下面介绍顺序设计法的基本概念。

1．顺序设计法

顺序功能图(Sequential Function Charts，SFC)产生于 20 世纪 70 年代，主要用来编制顺序控制程序。在这种语言中，工艺流程被划分为若干个顺序步骤，可以非常清晰地表述顺序控制过程。

所谓顺序控制，就是按照生产工艺和时间的顺序，在各个信号的作用下，根据内部状态和时间的顺序，在生产过程中各个执行机构自动有序地进行操作。

为了说明顺序控制方法，现将前述的小车运料控制系统的各个工作步骤用工序表示，并依据工作顺序连接成图 5.2。图 5.2 清晰地表示出小车运料控制系统可以分解成 4 个工序，各工序之间通过一定的转换条件相关联。分解成的这些工序，在顺序控制中，我们称之为“步”，当步被激活时(已满足一定的转换条件)，步所代表的动作或命令将被执行，这样一步一步地按照顺序，执行机构就顺序前进，这种用来表示顺控问题的方法，即称为顺序设计法。在这种顺序控制法中，各步的任务明确而具体，工序间的转换条件直观，整个工序图很容易理解，可读性很强，能清晰地反映整个控制过程，运用这种方法，可以大大提高设计效率。

如果将图 5.2 中的工序换成步，并用位存储器 S 表示，便能得到小车运料系统的自动控制顺序功能图，如图 5.3 所示。所谓顺序功能图，就是描述控制系统的控制过程、功能和特性的一种图形，是设计 PLC 顺序控制程序的有力工具。

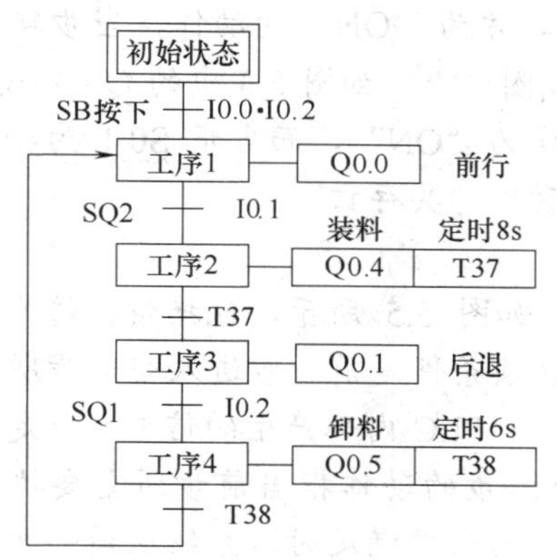

图 5.2　小车运料系统自动过程工序图

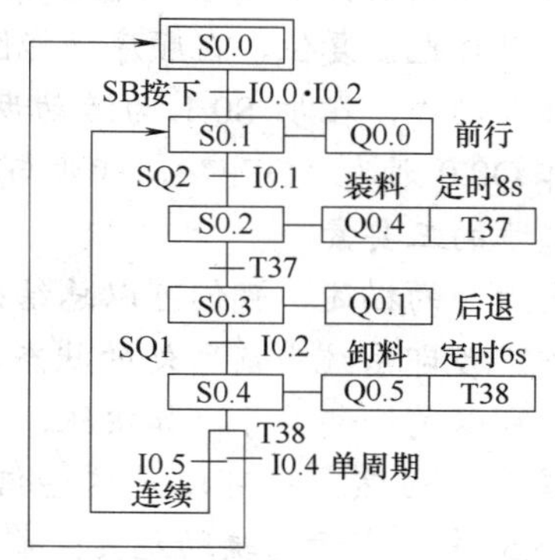

图 5.3　小车运料系统自动控制顺序功能图

在图 5.3 中，用“S□.□”标志的方框表示“步”，方框间的连线表示步之间的联系，方框间连线上的短横线表示步转移的条件，方框右侧引出的类似于梯形图支路的符号组织表示该步的任务。

2. 步的相关概念

如上所述顺序功能图的基本元素就是“步”，步是根据输出量的状态变化来划分的，在一步之内，各输出量的状态不变，但相邻两步输出量总的状态是不同的，正确地将控制系统分解成合理的步是顺序功能图设计的关键。

为进一步理解 SFC，现在介绍有关步的相关概念。

1)　初始步

与系统的初始状态相对应的步称为初始步，如图 5.3 中 S0.0，初始状态一般是系统等待启动命令的相对静止的状态。初始步用双线方框表示，每一个 SFC 至少要有一个初始步。

2)　活动步

当系统处于某一步所在的阶段时，该步处于活动状态，称该步为“活动步”，也称为“当前步”。步处于活动状态时，执行相应的非存储型动作；不处于活动状态时则停止执行。

3)　步的动作

可以将一个控制系统分为被控系统和施控系统，例如在数控车床系统中，数控装置是施控系统，而车床是被控系统。对于被控系统，在某一步中要完成某些“动作”(action)；对于施控系统，在某一步中则要向被控系统发出某些“命令”(command)。为了叙述方便，下面将命令或动作统称为动作，并用矩形框中的文字或符号表示，该矩形框与它所在的步对应的方框相连。

步的动作主要有存储型和非存储型两种类型，其中存储型动作是指那些需要在若干个步中都应为“ON”的动作，在顺序功能图中，可以根据需要用置位指令 S 来置“ON”，用复位指令 R 来复位，拓展实训 5.4.1 中图 5.22 的工作状态指示灯 Q0.6，在开始按钮被按下时即被置“ON”，在整个工作过程中一直为“ON”，直到停止按钮被按下才被复位，所以指示灯被点亮和熄灭这个动作即为存储型动作，在状态转移图中的实现存储型动作方法如图 5.4 所示。

非存储型动作是指那些只在步处于活动步状态时才为“ON”的动作，当步转为非活动步时，动作也被复位，在顺序功能图中，直接用线圈输出。如图 5.3 中的 Q0.0～Q0.3 均为非存储型动作，在步 S0.1 为活动步时，动作 Q0.0 为“ON”，而当步 S0.1 为非活动步时，动作 Q0.0 则为“OFF”，即步与它的非存储型动作“共存亡”。

4) 步的三要素

通过上面的描述，我们可以总结出步的三要素，如图 5.5 所示，包括步、转换条件及步的动作。步即系统当前所处的状态，即活动步；转换条件是前一步进入当前步所需的条件信号，可以是外部信号，如按钮、开关等，也可以是 PLC 内部产生的信号，如定时器等提供的信号，当然，也可以是这些信号的逻辑组合；步的动作指当前步所需要执行的命令。图 5.5 中还有步的辅助元素：前一步和后一步。当条件满足时，系统从前一步转换到当前步，当当前步完成所需的动作后，系统再从当前步转换到后一步，

则后一步变成了当前步。

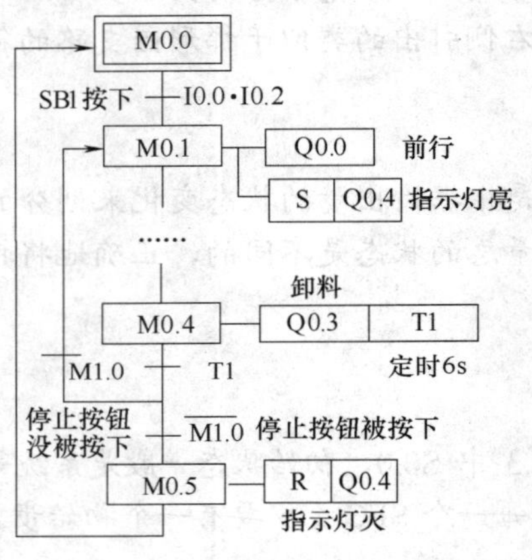

图 5.4　存储型动作图

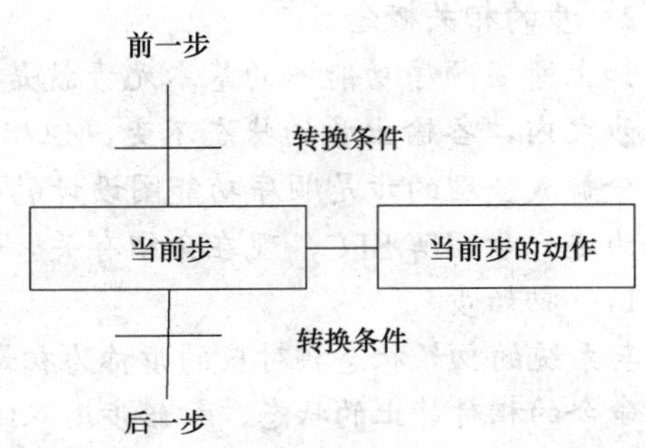

图 5.5　步的三要素

5.2　S7-200 系列 PLC 的顺序控制继电器指令

用顺序设计法设计 PLC 系统主要有两个步骤：首先是根据工艺流程画出顺序功能图(SFC)，之后再根据顺序功能图编写相应的顺序控制梯形图程序。

下面介绍顺序控制继电器指令格式和使用方法。

5.2.1　顺序控制继电器指令

现在我们来介绍顺序控制继电器(SCR)指令，S7-200 系列 PLC 中的顺序控制继电器 S 存储器区(S0.0～S31.7，BOOL 型)专门用于编制顺序控制程序，顺序指令如表 5.1 所示。SCR 指令可以使程序更加结构化，它直接针对应用，使编程和调试更加便捷。它将程序划分成若干个 SCR 段，每个 SCR 段起始于装载顺控继电器(Load Sequence Control Relay，LSCR)指令，结束于顺序控制继电器结束(Sequence Control Relay End，SCRB)指令，一个 SCR 段对应于顺序功能图中的一步。

装载顺控继电器指令 LSCR(对应梯形图为 SCR)标志着一个 SCR 段(即顺序功能图中的

步)的开始，操作数 S_bit 为顺序控制继电器 S 的地址，S_bit 为 ON 时，执行对应的 SCR 段中的程序，为 OFF 时则不执行。

表 5.1　顺序控制继电器(SCR)指令

梯形图指令	语句表指令	描　述
??.? SCR	LSCR S_bit	SCR 程序段开始
??.? (SCRT)	SCRT S_bit	SCR 转换
(SCRE)	SCRE	SCR 程序段结束

顺序控制继电器结束指令 SCRE 标志着一个 SCR 段的结束。

顺序控制继电器传输(Sequence Control Relay Transition，SCRT)指令用来将程序控制权从一个激活的 SCR 段传递到另一个 SCR 段。执行 SCRT 指令可以使当前激活的程序段的 S 位复位，同时使下一个要执行的程序段的 S 位置位。

顺序控制继电器条件结束(Conditional Sequence Control Relay End，CSCRE)指令可以使程序退出一个激活的 SCR 段，而不执行 CSCRE 与 SCRE 之间的指令。CSCRE 指令不影响任何 S 位。

5.2.2　顺序控制指令的使用方法

图 5.3 给出了小车运料系统的顺序功能图，从图中可以看出，绘制顺序功能图是一件很容易的事情，只需要将系统的工艺流程分析清楚，按照 SFC 的绘制原则很容易即可得到正确的顺序功能图。

下面的实例可以说明顺控指令的使用方法。

例 5.1　有简易运料小车如图 5.6 所示，初始位置在左边，有后退限位开关 I0.2 为 1 状态，按下启动按钮 I0.0 后，小车前进，碰到限位开关 I0.1 时停下，3s 后后退。碰到 I0.2 后，返回初始步，等待再次启动。分析可知一个工作周期分为前进、暂停和后退 3 步，以及启动初始步，分别以启动按钮、限位开关和定时器为各步转换条件。电气图和梯形图如图 5.7、图 5.8 所示。

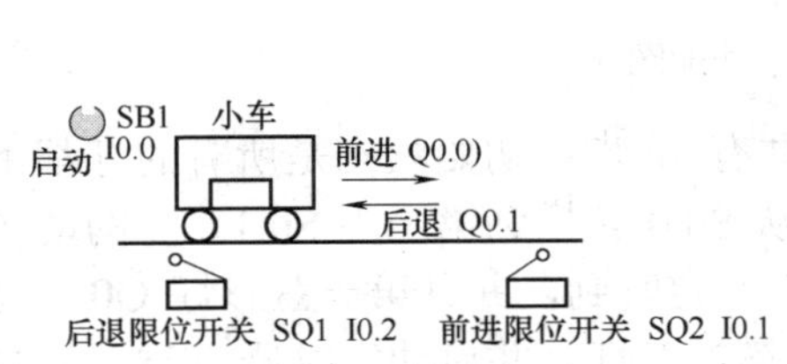

图 5.6　简易运料小车

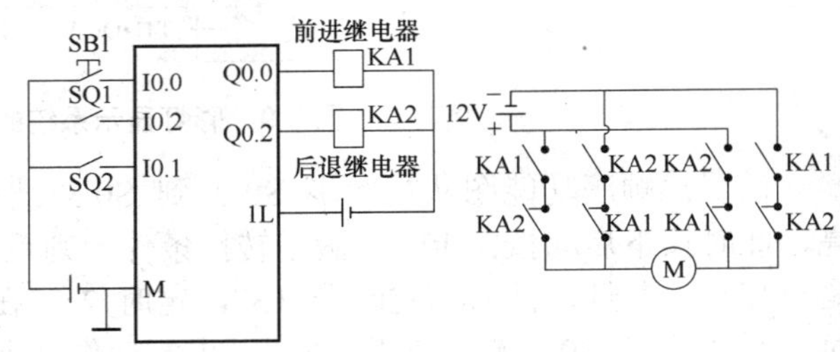

图 5.7　电气图

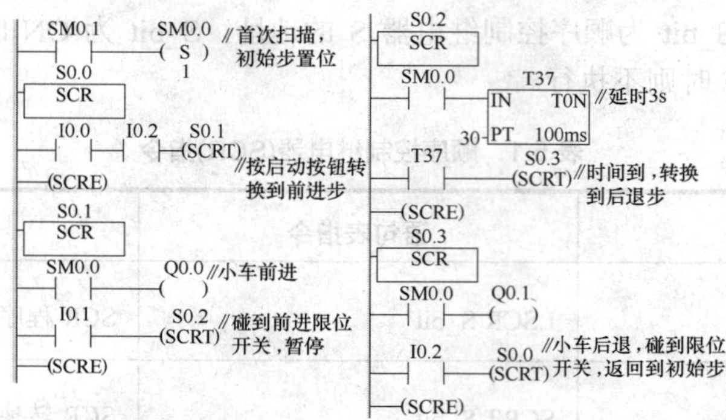

图 5.8　梯形图

为说明顺控指令的使用方法，我们再看一个彩灯循环点亮系统。在第四章中，我们曾经用梯形图设计过彩灯循环点亮系统，现在我们再来看一下运用顺序设计法如何解决这样的问题。

例 5.2　设彩灯显示系统共有 5 个彩灯，输出分别为 Q0.0、Q0.1、Q0.2、Q0.3、Q0.4，开关按钮接 I0.0，当 I0.0 打开时，彩灯依次顺序点亮：Q0.0 亮 2s→Q0.1 亮 2s→Q0.2 亮 2s→Q0.3 亮 2s→Q0.4 亮 2s→Q0.1 亮 2s……，如此循环，当一盏灯亮时，则前一盏灯灭。试画出顺序功能图。

分析：在按下启动按钮 I0.0 后，彩灯系统开始工作，其工作周期包括：第一盏灯亮；2s 时间到，第二盏灯亮；2s 时间到，第三盏灯亮；2s 时间到，第四盏灯亮；2s 时间到，第五盏灯亮，共五个过程。所以顺序功能图应该包括 5 个工序步，加上初始步，则共有 6 步。

图 5.9 所示为彩灯显示系统的顺序功能图。

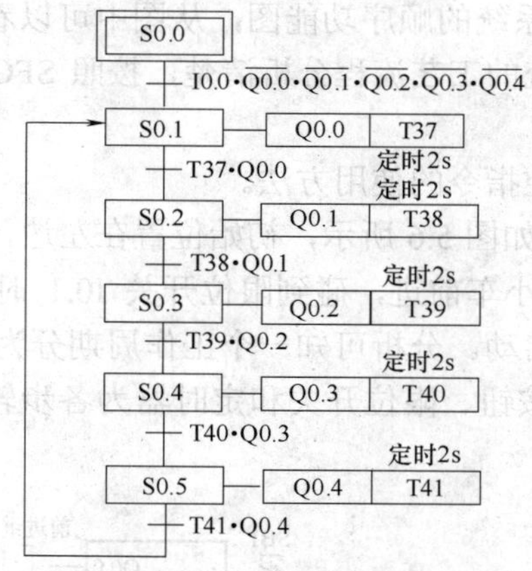

图 5.9　彩灯显示系统的顺序功能图

说明：顺序功能图从初始步 S0.0 到 S0.5 结束共有 6 步。初始状态是所有的灯都不亮，此时按下启动按钮 I0.0，满足转换条件，则系统从 S0.0 转换到第一步 S0.1，步的动作是点亮第一盏灯，并启动定时器 T37，定时 2s；在 T37 定时到，并且第一盏彩灯 Q0.0 亮时，系统从步 S0.1 转换到步 S0.2，步的动作是点亮第二盏灯，并启动定时器 T38，定时 2s。以此类推，直至第五盏灯亮，并且当定时时间 T41 到时，一个周期结束，系统再次回到第一步 S0.1，使第一盏灯亮，如此循环。当系统从步 S0.1 转换到步 S0.2 时，第一盏彩灯即熄灭，即彩灯点亮和步被激活同步，当步为非活动步时，灯也跟着熄灭，所以本系统中彩灯点亮这一动作为一非存储型动作，直接线圈输出即可。

根据顺序功能图，利用顺控指令很容易编写出彩灯循环系统的 SCR 梯形图程序，如图 5.10 所示。

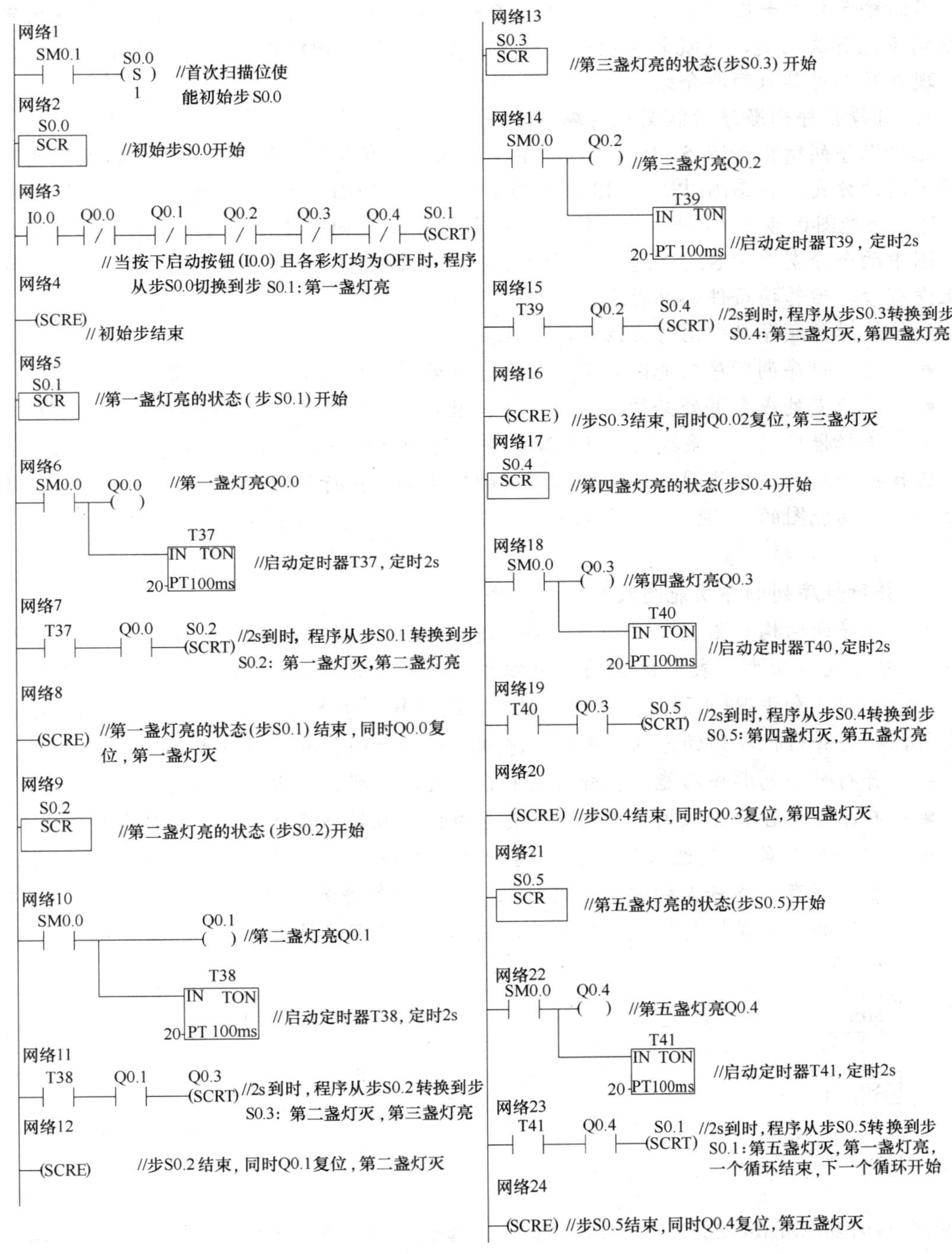

图 5.10　彩灯系统梯形图程序

知识链接　选择序列与并行序列顺序功能图及其编程方法

前面介绍的小车运料系统和彩灯控制系统均为比较简单的顺控问题，其顺序功能图从初始步到结束步既没有分支，也没有选择，此种流程图比较简单，称为单序列流程图结构，其结构示意图如图 5.11(a)所示。实际工程中遇到的问题可能要复杂得多，仅仅用单序列结构不能解决问题，这就需要使用顺序功能图的另外两种结构，即选择性结构和并行结构。现在我们对其做简要介绍。

1. 选择性序列顺序功能图及其编程方法

选择性序列结构如图 5.11(b)、(c)所示，流程图中有分支，系统会根据转换条件的不同选择不同的分支。在图(b)中，当 I0.0 为 ON 时，功能图由步 S1.0 转到步 S1.1，当 I0.1 为 ON 时，功能图由步 S1.0 转到步 S1.4，I0.0 和 I0.1 不能同时为 1，选择序列的结束称为合并，图中两个分支在步 S1.3 前合并。图 5.11(c)是选择性分支的一种特殊情况，即某一条分支上没有步，但转换条件仍然存在，这种情况我们称为跳步。

设计选择性顺序功能图时应注意以下几点。

- 选择性序列顺序功能图在分支处和合并处以单横线引出多个分支。
- 在分支处或合并处必须有转移条件，且转移条件必须写在分支线或合并线以内。
- 选择性序列中，系统仅根据转换条件执行其中的一个分支，其余分支将不被执行。

选择性序列顺序功能图编程时根据不同的转换条件执行不同的 SCRT 指令，图 5.11(b)所示的顺序功能图的 SCR 梯形图程序如图 5.12 所示。若 I0.0 为 ON，则执行—(SCRT)（S1.1）；若 I0.1 为 ON，则执行(SCRT)（S1.4）。

2. 并行性序列顺序功能图及其编程方法

并行性序列结构如图 5.11(d)所示，在步 S3.0 之后，当转换条件 m=1 时，步 S3.1 和步 S3.3 同时变成活动步，表示系统的几个独立部分同时工作的情况；在步 S3.5 之前，当 q=1，且步 S3.2 和步 S3.4 同时为活动步时，系统才转到步 S3.5，这时步 S3.2 和步 S3.4 同时失效，称为并行性序列的合并。并行性序列顺序功能图具有如下特点。

- 并行性序列顺序功能图在分支处和合并处以双横线引出多个分支。
- 在分支处各分支必须具有相同的转移条件，且转移条件必须写在分支线的上方。
- 在合并处各分支也必须具有相同的转移条件，且转移条件必须写在分支线的下方，只有当各分支的运行全部结束，且转换条件满足时，系统才会合并，即先执行完的分支保持动作，然后等待，直到全部流程都执行完毕，系统才向下运行。

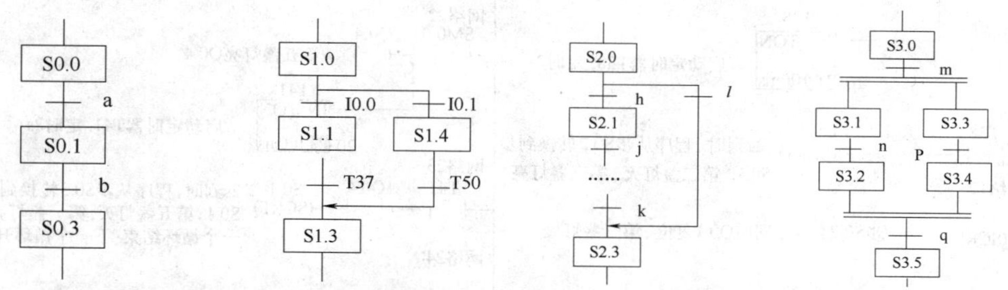

(a) 单序列顺序功能图 (b) 选择性序列顺序功能图 (c) 选择性序列顺序功能图 (d) 并行性序列顺序功能图

图 5.11　单序列、选择性、并行性序列顺序功能图结构示意图

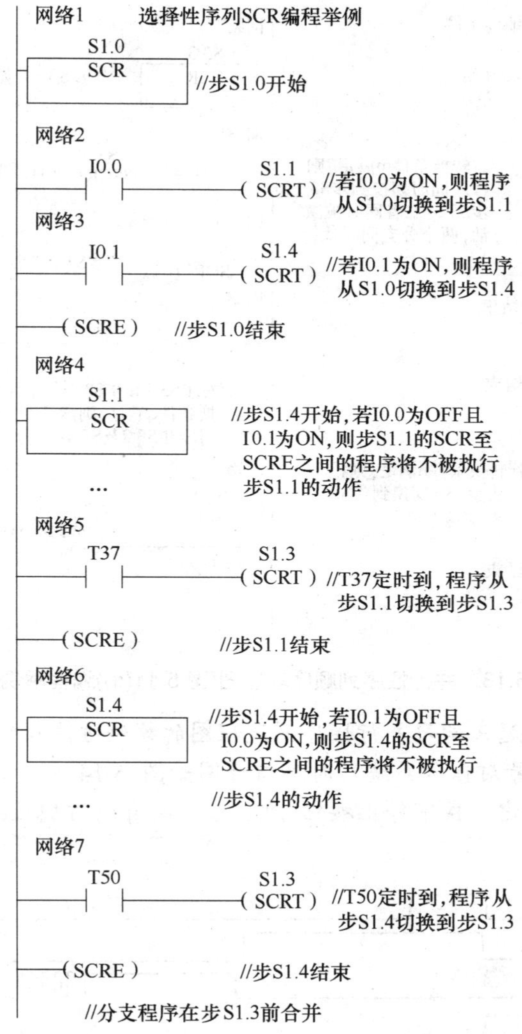

图 5.12　选择性序列顺序功能图(图 5.11(b))编程举例

并行性序列顺序功能图编程时，在分支处在同一转换条件下，所有分支必须同时激活。图 5.11(d)所示顺序功能图的 SCR 梯形图程序如图 5.13 所示。

在步 S3.0 之后有一个并行性序列的分支，当步 S3.0 是活动步，且转换条件 m 满足时，步 S3.1 和步 S3.3 同时变成活动步，这是用 S3.0 对应的 SCR 段中转换条件 m 的常开触点同时驱动指令“SCRT S3.1”和“SCRT S3.3”来实现的，同时，步 S3.0 变为不活动步。

在步 S3.5 之前有一个并行性序列分支的合并，当转换条件 q 所有的前级步 S3.2 和步 S3.4 均为活动步，且转换条件 q 满足时，将会发生从 S3.2 和 S3.4 到步 S3.5 的转换，所以将 S3.2 和 S3.4 的常开触点和转换条件 q 的常开触点串联，以此来控制 S3.5 的置位和 S3.2、S3.4 的复位，使步 S3.5 变为活动步，步 S3.2 和步 S3.4 变为不活动步。

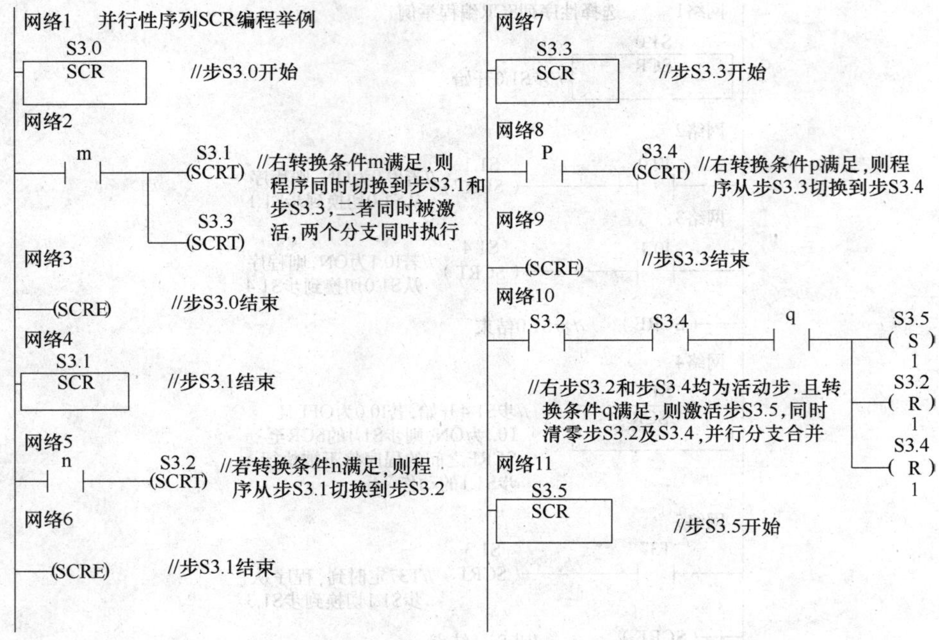

图 5.13 并行性序列顺序功能图(图 5.11(d))编程举例

现在我们通过一个例题来学习并行性序列流程图的绘制方法及编程方法。

例 5.3 有一交通信号灯信号系统，时序信号图如图 5.14 所示，按下启动按钮 I0.0，交通灯将按照时序要求变化，按下停止按钮 I0.1 后，所有的灯熄灭。请设计顺序功能图并编制梯形图程序。

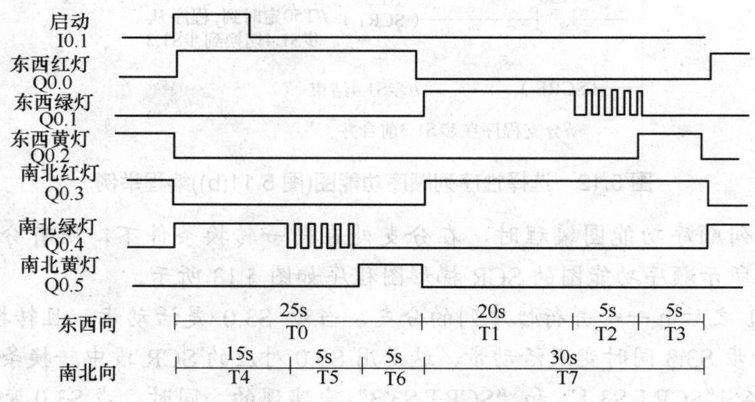

图 5.14 交通信号灯时序图

分析：当启动按钮被按下，则东西方向信号灯的一个周期包括：红灯(Q0.0)亮 25s→绿灯(Q0.1)亮 20s→绿灯(Q0.1)闪亮 5 次、周期为 1s—>黄灯(Q0.2)亮 5s……如此循环，所以一个周期共包括 4 个状态，则在顺序功能图中有 4 步；南北方向信号灯的一个周期包括：绿灯(Q0.4)亮 15s→绿灯亮(Q0.4)闪亮 5 次、周期为 1s→黄灯(Q0.5)亮 5s→红灯(Q0.3)亮 5s→……，如此循环，一个周期共有 4 个状态，则在顺序功能图中有 4 步。进一步分析，东西方向的信号灯和南北方向的信号灯是同时进行的，所以在绘制顺序功能图时，可以用并行序列来表示它们的情况，其顺序功能图如图 5.15 所示几点说明如下。

- 虚设步：当按下启动按钮 I0.0 后，S0.1 和 S1.1 同时变为活动步，东西方向红灯亮、南北方向绿灯亮，55s 后东西方向和南北方向均结束一个周期，两个分支合并。按时序要求，东西方向应回到步 S0.1、南北方向应回到步 S1.1，以继续循环，这样就造成了直接从并行序列的合并处转换到分支处的现象。在这种情况下，我们一般在二者之间增加一步 S1.6，这一步没有任何动作，进入该步后，将马上转移到下一步，这样的步我们称为虚设步。
- 等待步：步 S0.5 和 S1.5 是等待步，它们用来同时结束各个并行序列。只要步 S0.5 和 S1.5 都是活动步，就会发生步 S0.5 和 S1.5 向步 S1.6 的转换，并行序列合并。
- 状态标志 M1.0：根据题目要求，在按下启动按钮 I0.0 后，系统启动工作，再按下停止按钮 I0.1 后，系统结束工作。为了标记系统是否处于工作状态，我们运用了一个状态标志位 M1.0，当系统工作时 M1.0 为 1，当系统不工作时 M1.0 为 0。M1.0 通过起保停电路受控于 I0.0 和 I0.1，如图 5.15 所示。
- 在顺序功能图的最后一步(虚设步)后有一个选择性分支，当 M1.0 为 1 时，系统转向 S0.1 和 S1.1，信号灯继续工作；当 I0.1 被按下后，M1.0 被复位，则系统转向 S0.0，回到初始状态，所有的信号灯全部熄灭。

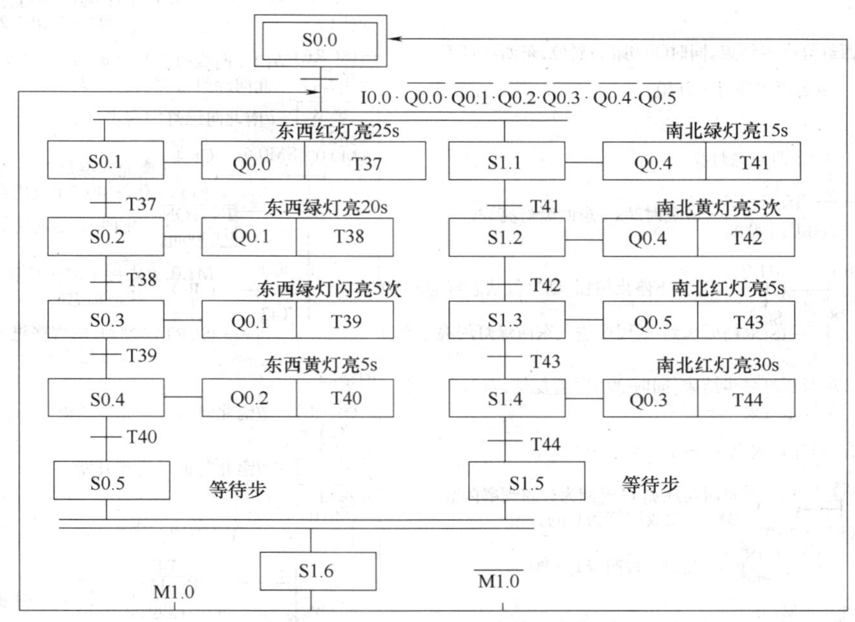

图 5.15　交通灯系统顺序功能图

与图 5.15 对应的梯形图程序如图 5.16 所示，在启动按钮被按下并且所有交通灯都无输出时，通过置位指令 S 将状态标志 M1.0 置为 1，此后，系统开始工作，在任意一步中，如果停止按钮被按下，状态标志 M1.0 均会被复位，则当一个循环周期结束，程序运行到虚设步 S1.6 时，将会因为 M1.0 被复位而转到 S0.0 初始状态，所有信号灯均熄灭，即在按下停止按钮后，系统要在完成一个循环后才停止工作。

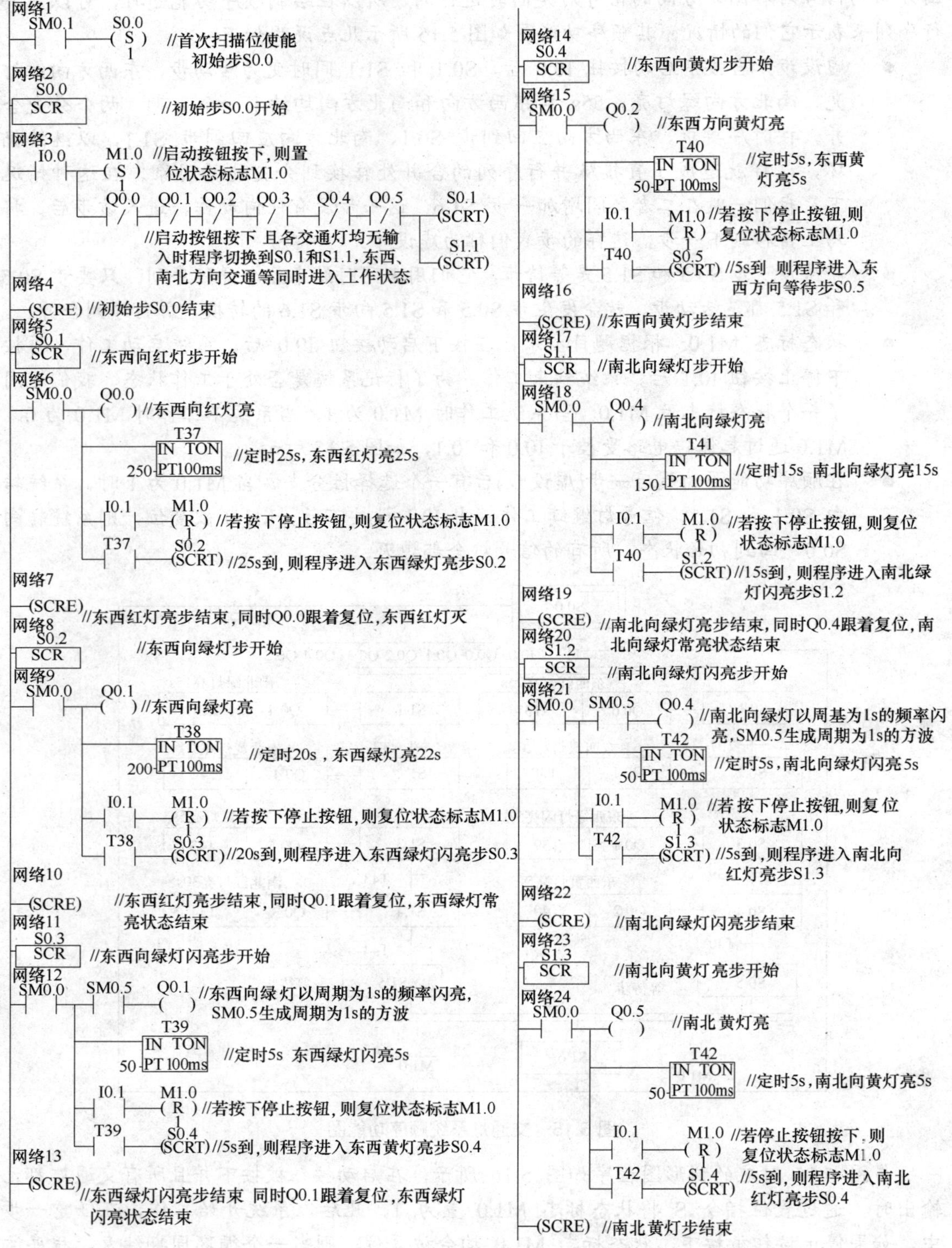

图 5.16 交通灯系统梯形图程序

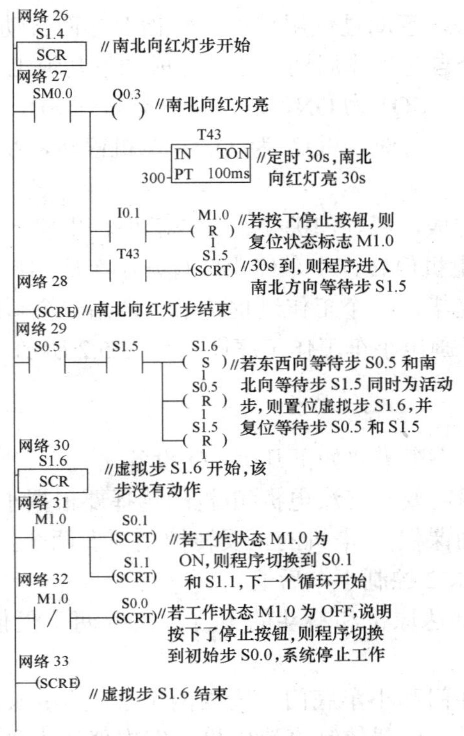

图 5.16　交通灯系统梯形图程序(续)

5.3　运料小车控制系统设计过程

进行控制系统设计时，为了更好地完成小车控制系统的实现，小组成员应协同编制计划，并协作解决难题、相互之间监督计划的执行与完成情况。

5.3.1　工作过程

- 小组成员研讨任务，明确运料小车控制系统的要求，确定控制系统的实现方案。
- 认真学习顺序控制指令，理解每个步的执行情况和转换过程。
- 根据系统实现方案，确定完整详细的工作计划。
- 根据小组成员拟定的工作计划，开展工作。
- 电路接好，编程完成，试车运行。
- 由其他组成员或老师进行评估。

5.3.2　操作分析

在利用 S7-200 来设计运料小车控制系统时，分为如下 6 个步骤。

1. 深入了解和分析小车运料控制系统的控制要求，画出工序图

根据 5.1 节提出的小车运动系统的功能要求，小车运料分为手动和自动过程，这两种

工程的实现需要用跳转指令，手动过程用普通逻辑指令，而自动过程的单周期和循环工程使用顺序控制指令，在一个自动工作周期大致可分成如下几道工序。

(1) 小车在初始位置处，SQ1 为 ON，若按下开始按钮 SB，则小车前行，电机正转。

(2) 当小车运行至料斗下方时，SQ2 为 ON，电机停转，小车停止，打开料斗门，延时 8s。

(3) 8s 时间到，装料完成，料斗门关闭，小车后退，电机反转。

(4) 返回至 SQ1 处，电机停转，小车停止，打开小车底门卸料，延时 6s。

(5) 6s 定时到，卸料完毕，一个工作过程结束，开始一个新的工作周期。

根据小车的工作过程，画出小车工作工序图，如图 5.2 所示。

2. 确定 I/O 设备

根据小车的功能要求，小车需要如下几个 I/O 设备。

- 小车的前行和后退需要一交流电机(电机的选择要根据小车的最大载荷确定，详细请参考电机与拖动课程)，电机的正反转控制需要两个接触器 KM1、KM2，KM1 控制小车前行，KM2 控制小车后退。
- 为检测小车是否到达原位和料斗的下方，需要两个限位开关：SQ1 控制原位，SQ2 控制料斗处。
- 为打开和关闭料斗门和小车底门，需要两个继电器：KA1 控制料斗门，KA2 控制小车底门。通过继电器控制直流电机，继电器通电则电机得电，门打开；继电器断电，则电机失电，门依靠弹簧装置关闭。
- 启动按钮 SB1；用于工作方式选择的开关 SA。

由以上分析可知，系统需如下 I/O 设备：限位开关 2 个：SQ1(原位)、SQ2(装料位置)；交流接触器 2 个：KM1(控制小车前行)、KM2(控制小车后退)；继电器 2 个：KA1(控制料斗门开关)、KA2(控制小车底门开关)；启动按钮 1 个：SB1；方式选择开关 SA。

3. 分配 I/O 点地址并绘制硬件连线图

根据小车系统需要，给每个 I/O 设备分配一个地址，如表 5.2 所示。

表 5.2 下车运料系统 I/O 点地址分配表

输入			输出		
符 号	点 地 址	功能描述	符 号	点 地 址	功 能
SB1	I0.0	启动按钮	KM1	Q0.0	控制小车前行
SQ1	I0.2	后限位	KM2	Q0.1	控制小车后退
SQ2	I0.1	前限位、装料位置	KA1	Q0.4	控制料斗门开关
工作方式 SA	I0.3	手动	KA2	Q0.5	控制小车底门开关
	I0.4	单周期			
	I0.5	连续循环			
SB2	I0.6	手动向前			
SB3	I0.7	手动向后			
SB4	I1.1	料斗门打开			
SB5	I1.2	底门打开			

根据系统对 I/O 点数的要求，选择 PLC 型号：系统需要 10 个输入点，4 个输出点，所以选择 CPU226 即可满足要求，且还有一定的余量，以备系统扩展；因为输出设备既有交流器件又有直流器件，所以选用继电器输出类型。

根据 I/O 分配表，PLC 的 I/O 硬件连线图和电机控制电气图如图 5.17 所示。其中小车前行和后退电机为交流电机，其接触器使用交流接触器，所以接到公共端 L1 上，控制料斗门和小车底门的电机为直流电机，其继电器用直流继电器，所以接到公共端 L2 上。料斗门电机和小车底门电机也可以直接连接到 PLC 输出点 Q0.4 和 Q0.5 上，而不用继电器。

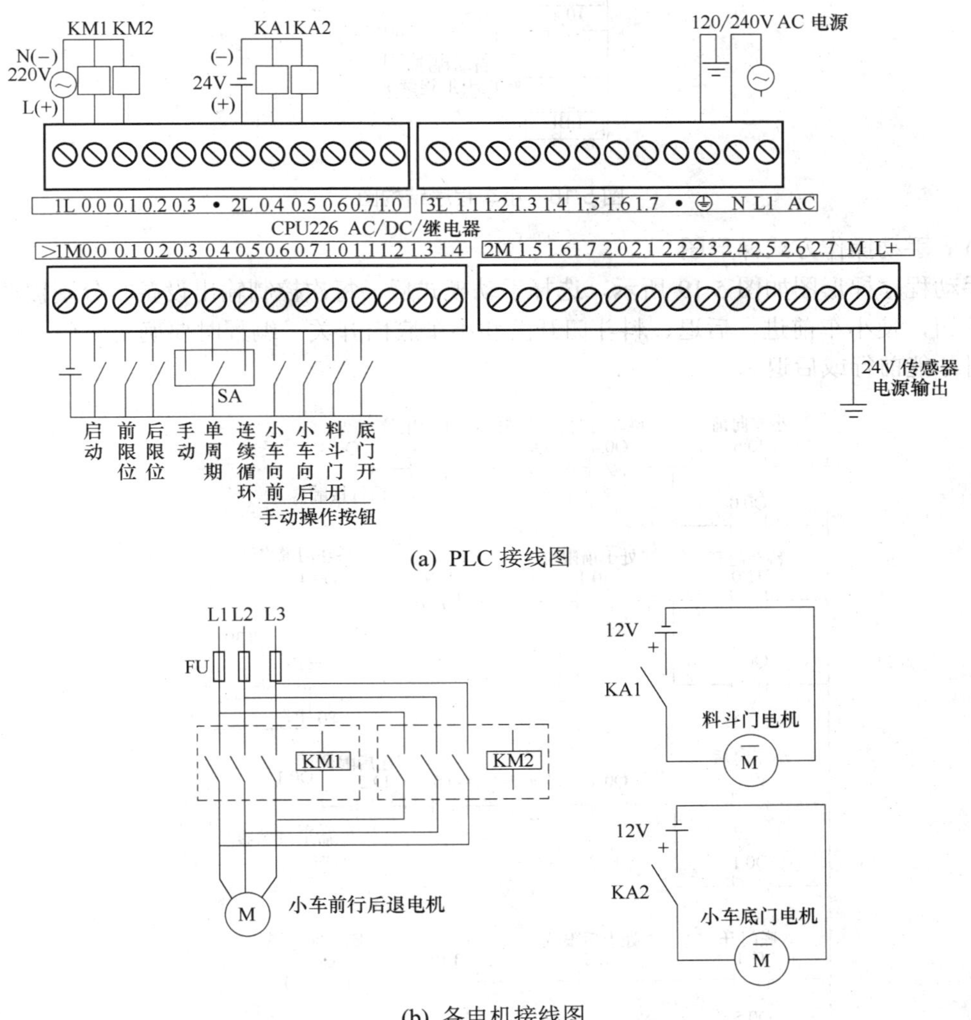

(a) PLC 接线图

(b) 各电机接线图

图 5.17　小车运料系统硬件连线图

4．绘制顺序功能图并编写梯形图程序

根据控制要求，小车运行过程分为手动、单周期和连续循环三种工作方式，单周期和连续循环模式采用顺序控制指令，手动操作采用普通逻辑指令，编程时采用跳转指令分别

指向不同工种方式，程序结构如图 5.18 所示。当选择手动模式时，I0.3 输入映像寄存器置位为 1，I0.4、I0.5 输入映像寄存器置位为 0。I0.3 常闭触点断开，I0.4、I0.5 常闭触点均为闭合状态，执行手动程序，跳过自动程序。方式选择开关接通单周期或连续操作方式时，I0.3 触点闭合，I0.4、I0.5 触点断开，使程序跳过手动程序而选择执行自动程序。

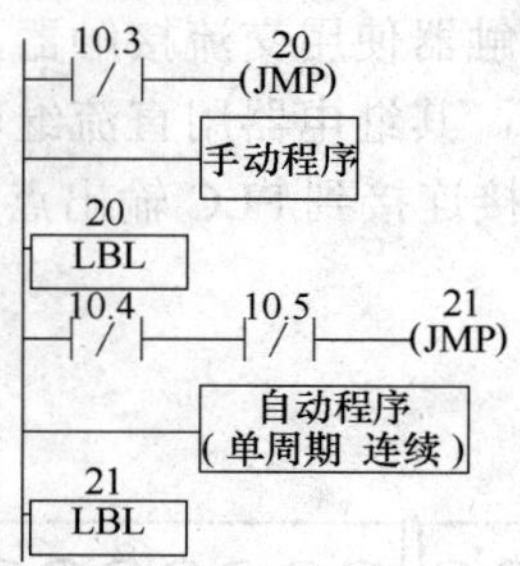

图 5.18 小车程序结构图

1) 手动操作方式梯形图

手动程序梯形图如图 5.19 所示，选择手动模式后，每次控制输出设备时分别按动手动控制按钮，使小车前进、后退、料斗门开关和小车底门开关。编程时要确定底门、料斗门未开时才能前行或后退。

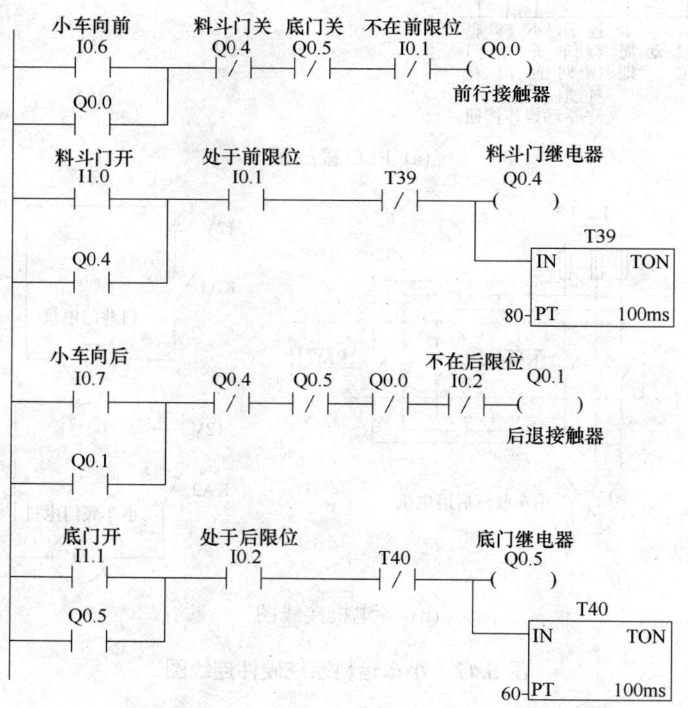

图 5.19 小车手动控制方式梯形图

2) 自动操作方式梯形图

根据小车工序流程绘制顺序功能图，如图 5.3 所示，然后再根据顺序功能图编写 SCR

梯形图程序如图 5.20 所示。在网络 15 中小车完成一个工作过程回到后限位开关处时，根据方式选择开关 I0.4、I0.5 决定单周期还是连续运料。

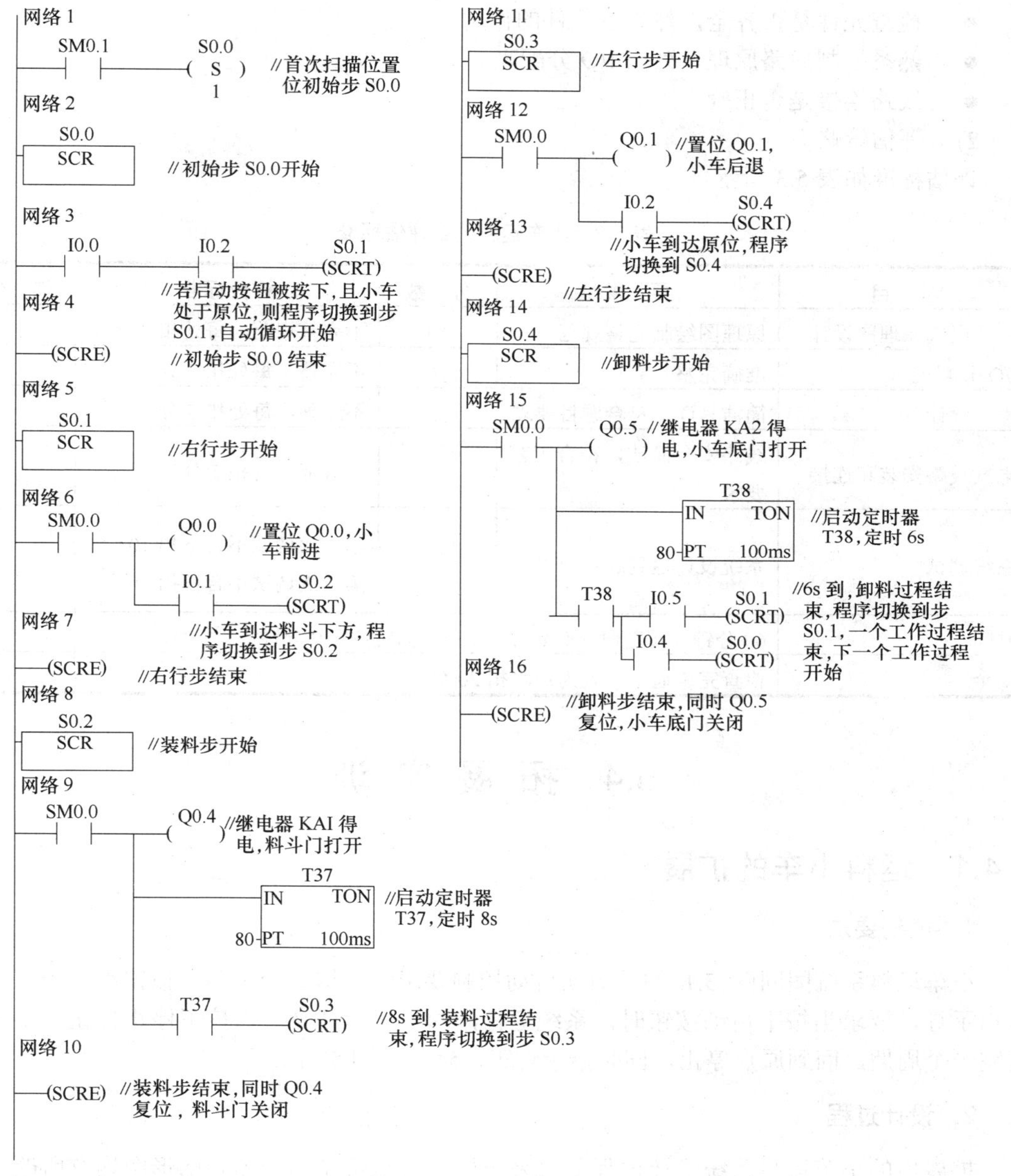

图 5.20　小车运料系统自动控制 SCR 梯形图程序

5．下载程序到 PLC 中并调试

将此梯形图输入到编辑软件 STEP7-Micro/WIN 中，下载程序并调试，直到系统按照要求运转为止。

6．检查与评估

1)　检查内容

- 检查元件是否齐全，熟悉各元件的作用。
- 熟悉控制线路原理，列出 I/O 分配表。
- 线路连接是否正确。

2)　评估策略

评估标准如表 5.3 所示。

表 5.3　小车运料系统评估标准

项　目	要　求	分　数	评分标准	得　分
系统电气原理图设计	原理图绘制完整规范	10	不完整规范，每处扣 2 分	
I/O 分配表	准确完整	10	不完整，每处扣 2 分	
程序设计	简洁易读，符合题目要求	20	不正确，每处扣 5 分	
电气线路安装和连接	线路安全简洁，符合工艺要求	30	不规范每处扣 5 分	
系统调试	系统设计达到题目要求	30	第一次调试不合格扣 10 分 第二次调试不合格扣 10 分	
时间	60 分钟，每超时 5 分钟扣 5 分，不得超过 10 分钟			
安全	检查完毕通电，人为短路扣 20 分			

5.4　拓 展 实 训

5.4.1　运料小车的扩展

1．控制要求

小车运料系统图同图 5.1 的单周期自动控制要求，但增加一个停止按钮和一个工作状态指示灯，要求当按下启动按钮时，系统运行，同时指示灯亮，当按下停止按钮时小车执行完一个周期，回到原点停止，同时指示灯灭，结构如图 5.21 所示。

2．设计过程

扩展后的小车运料系统设计过程和原来一样，只是顺序功能图和梯形图均有所改变。图 5.22 是其顺序功能图，在步 S0.5 前面是个选择序列，根据停止按钮有没有被按下，选择执行不同的分支。当按下开始按钮后，工作状态标志位 M1.0 被置为 1，则程序从 S0.4 转向 S0.1 继续循环；当停止按钮后，工作状态标志位 M1.0 被清零，则程序从 S0.4 转向 S0.5，使指示灯熄灭，并转向初始步 S0.0，小车停止运行，直到再次按下启动按钮。

在整个工作过程中，指示灯一直亮，所以是一个存储型动作，用 S 置 1，用 R 清零。另外，在小车回到原位之前，任何一个工序中按下停止按钮，小车不会马上停止，而是回到原点后再停止，这是因为虽然停止按钮使工作状态标志 M1.0 清零了，但程序并没有马上处理这一事件，而是等到 S0.4 结束后，即一个周期结束后才对 M1.0 做了响应，使其停止在原位。

SCR 梯形图程序如图 5.23 所示。

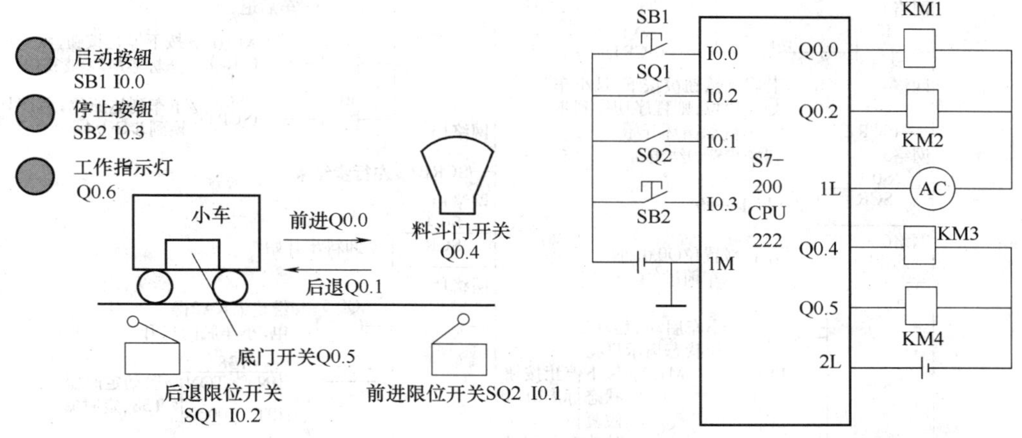

图 5.21　扩展小车运料系统示意图和硬件连线图

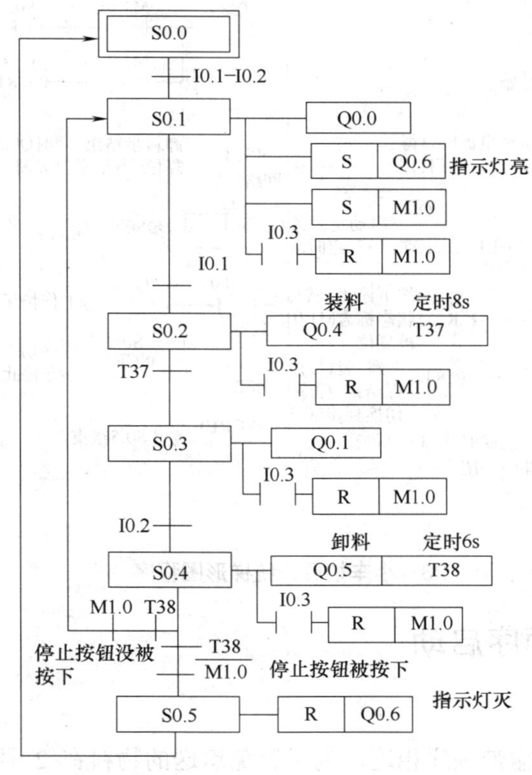

图 5.22　扩展小车运料系统梯形图

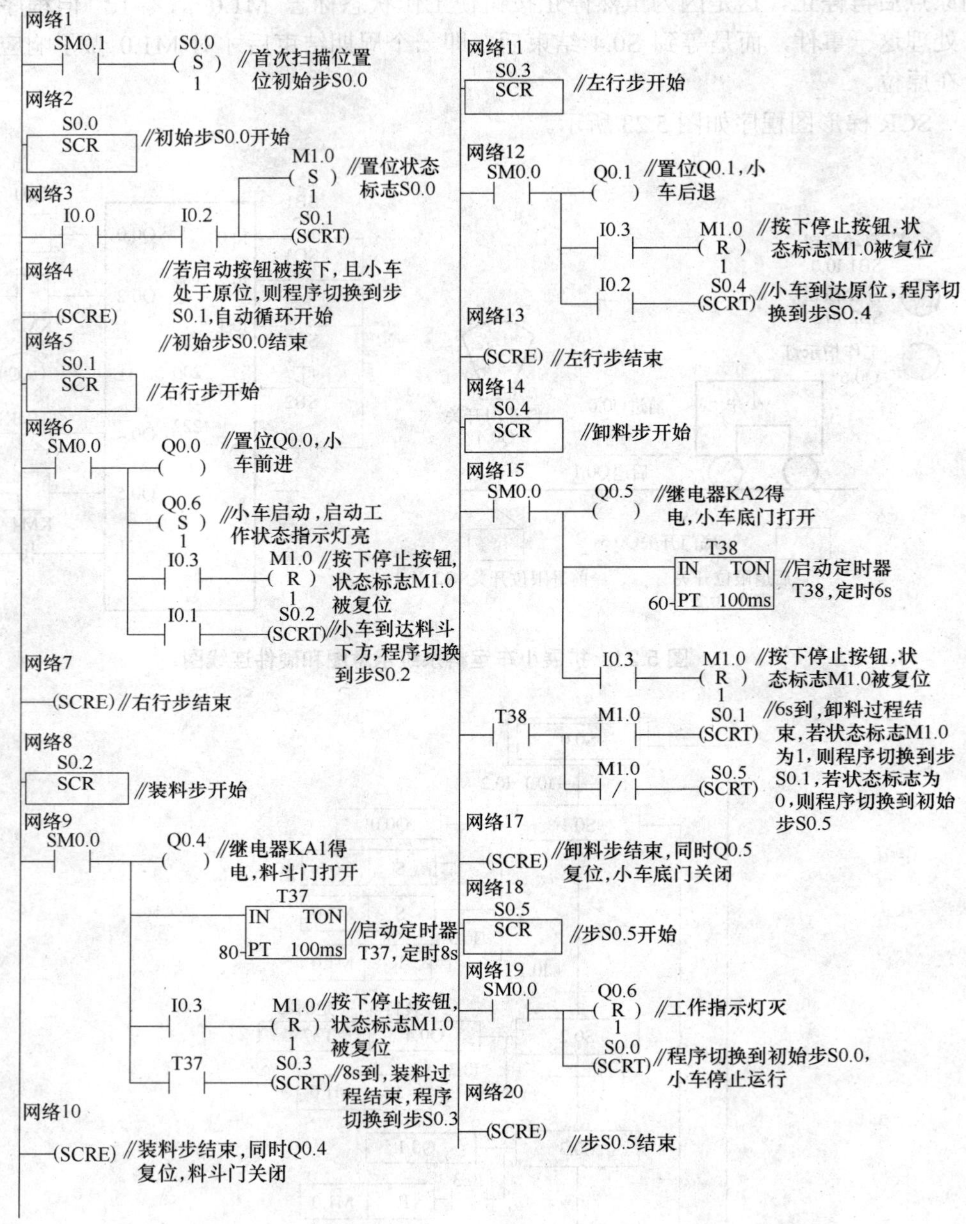

图 5.23　小车扩展系统梯形图程序

5.4.2　三台电动机顺序启动

1. 控制要求

如图 5.24 中的 3 条运输带顺序相连，为了避免运送的物料在 2 号和 3 号运输带上堆积，按下启动按钮 I0.0，3 号运输带先运行，5s 后 2 号运输带自动启动，再过 5s 后 1 号运输带自动启动。停机的顺序与启动的顺序刚好相反，即按了停止按钮 I0.0 后，先停 1 号运输带，5s 后停 2 号运输带，再过 5s 停 3 号运输带。在顺序启动 3 条运输带的过程中，若操作人员如果发现异常情况，可以由启动改为停车。按下停止按钮 SB2 后，将已经启动的运输带停车，仍采用后启动的运输带先停车的原则。画出系统顺序功能图，并编写梯形图程序。

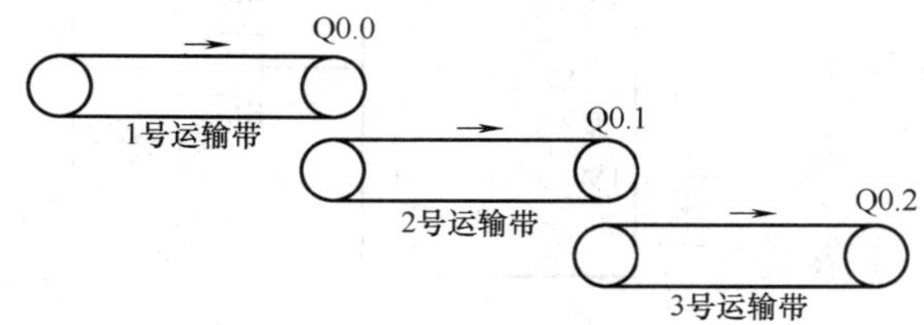

图 5.24　运输带控制系统安装示意图

2．工序分析

显然这也是一个典型的顺序控制问题，使用顺序功能图能够很容易解决这个问题。在初始步 S0.0 下，当启动按钮 I0.0 按下后，进入步 S0.1，启动运输带 3，同时启动定时器 T0 开始定时，5s 后，程序从步 S0.1 转换到步 S0.2，启动运输带 2，同时启动定时器 T1 开始定时，5s 后，程序从 S0.2 转换到 S0.3，启动运输带 1，至此，三条运输带已全部启动。若按下停止按钮则程序从 S0.3 转换到 S0.4，停止运输带 1，同时启动定时器 T2，5s 后，程序从 S0.4 步转换到 S0.5，停止运输带 2，同时启动定时器 T3，5s 后，程序从 S0.5 转换到 S0.6，停止运输带 1，同时启动 T4，5s 后，程序从 S0.6 转换到 S0.0，回到初始步。在整个运行周期中，共有 7 步。设计时需注意，各个运输带启动后就回一直运行，直到停止按钮被按下为止，所以运输带启动这一动作是一个存储型动作，置 ON 时应用 S，清零时用 R，而不能直接使用线圈驱动。

3．选择 I/O 设备

根据本系统的功能，需用到如下 I/O 设备：启动按钮 SB1、停止按钮 SB2，控制运输带 1 所需的交流接触器 KS1、控制运输带 2 所需的交流接触器 KS2、控制运输带 3 所需的交流接触器 KS3。

4．分配 I/O 点地址并画出硬件连线图

选择 S7-200 型号的 PLC，I/O 点地址分配如表 5.4 所示。

表 5.4　运输带控制系统 I/O 点地址分配表

输　入			输　出		
符　号	点 地 址	功能描述	符　号	点 地 址	功　能
SB1	I0.0	启动按钮	KM1	Q0.1	控制运输带 1
SB2	I0.1	停止按钮	KM2	Q0.2	控制运输带 2
			KM3	Q0.3	控制运输带 3

根据 I/O 分配表，可以绘制出系统的硬件电路图，如图 5.25 所示。

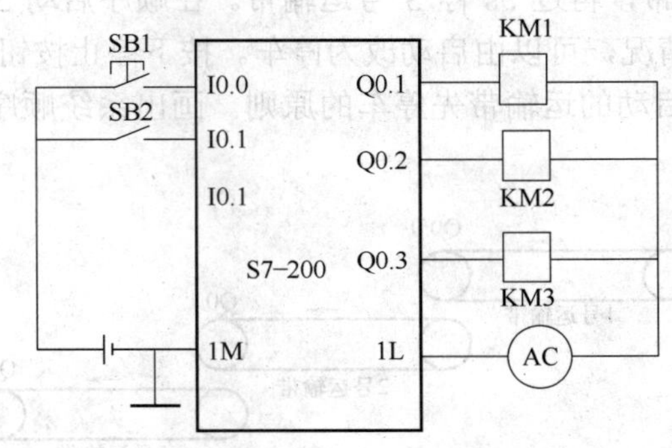

图 5.25　运输带控制系统硬件连线图

5．编写程序、调试

首先根据工序要求绘制出顺序功能图，如图 5.26 所示，再根据顺序功能图编写梯形图程序如图 5.27 所示，在步 S0.2 和步 S0.3 前面分别有一个选择分支，主要是用于在启动过程中紧急停车，如已启动运输带 3，停止按钮被按下，若 I0.1 满足条件，程序将从 S0.1 转向 S0.6，将运输带 3 停车。将此梯形图输入到 STEP 7-Micro/WIN 编程软件中，下载程序并调试，直到运输带按照要求运转为止。

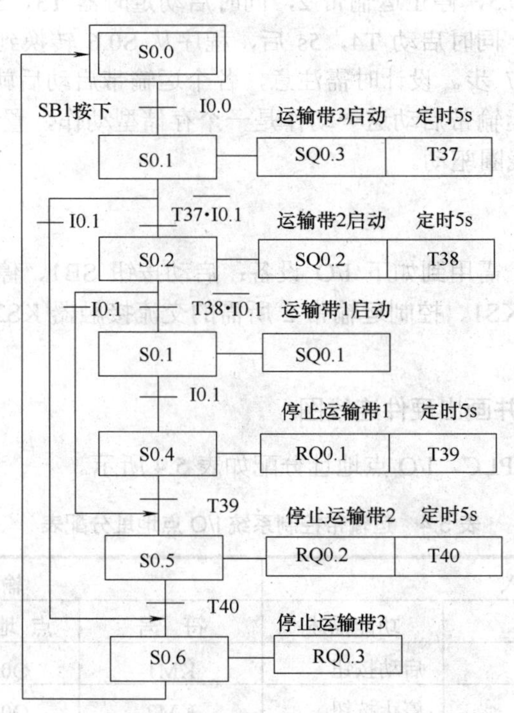

图 5.26　运输带系统顺序功能图

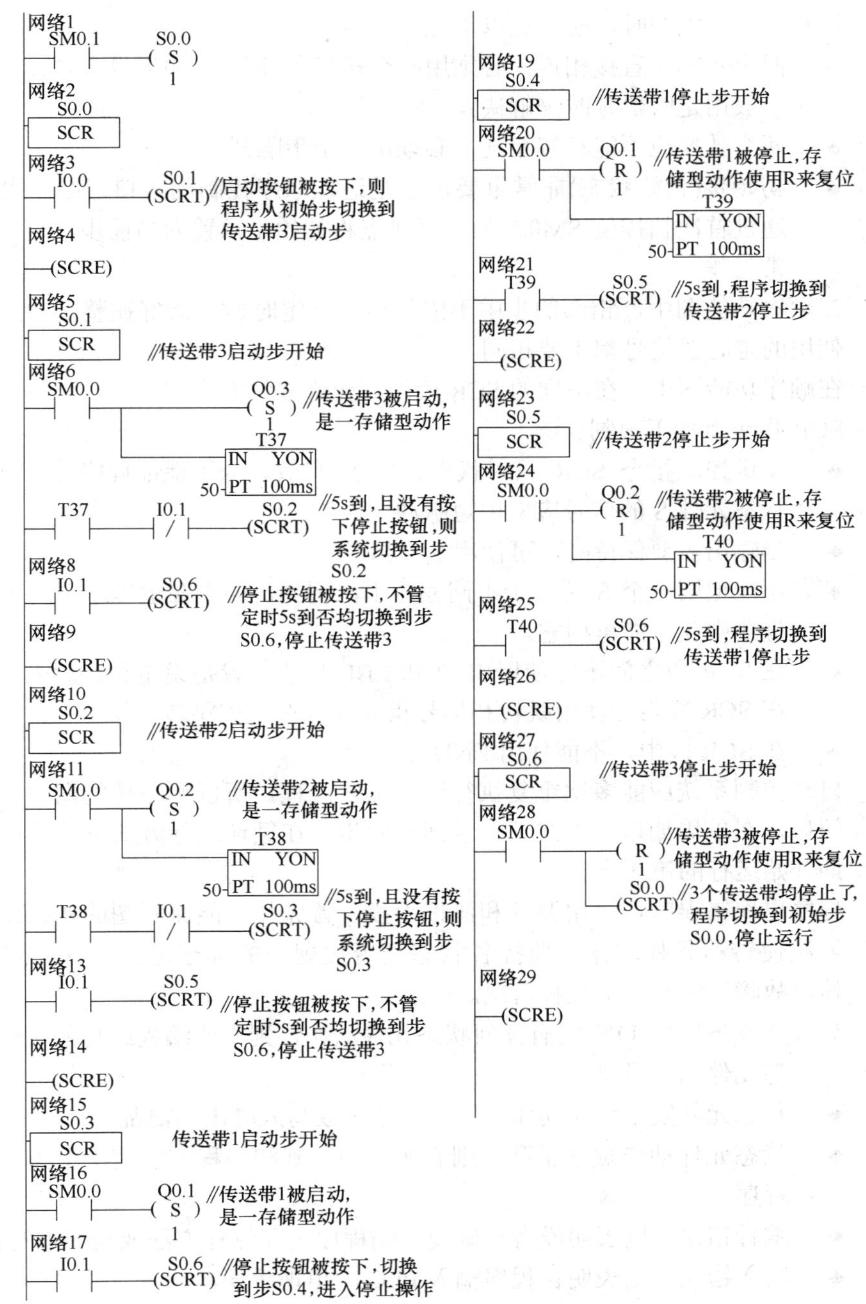

图 5.27　运输带系统梯形图

5.5　实践中常见问题解析

- 利用顺序设计法解决工程顺控问题时，关键是要对系统的工作过程分析清楚，编写出正确的顺序功能图，按照顺序功能图编写程序相对较简单。

- 编写顺序功能图时，应注意以下几点。
  - ◆ 两个步不能直接相连，必须用一个转换条件隔开(如果没有具体的转换条件，一般用定时器延时来解决)。
  - ◆ 两个转换也不能直接相连，必须用一个步隔开。
  - ◆ 初始步(初始状态)非常重要，它是进入顺序控制的入口，必不可少，一般要通过首次扫描位 SM0.1 的常开触点将初始步预置为当前步，否则系统不能正常工作。
- 在顺序功能图中，相邻的步中不能使用同一定时器，最好在整个顺序功能图中，使用的定时器编号都不要相同。
- 在顺序功能图中，在不同的 SCR 段中，允许双线圈出现。
- SCR 指令有如下限制。
  - ◆ 步进控制指令 SCR 只对状态元件 S 有效。为了保证程序的可靠运行，驱动状态元件 S 的信号应采用短脉冲。
  - ◆ 当输出需要保持时，可使用 S/R 指令。
  - ◆ 不能把同一个 S 位用于不同程序中，例如，如果在主程序中用了 S0.1，在子程序中就不能再用它。
  - ◆ 在 SCR 段之间不能使用 JMP 和 LBL 指令，就是说不允许跳入、跳出。可以在 SCR 段附近使用跳转和标号指令或者在段内跳转。
  - ◆ 在 SCR 段中，不能使用 END 指令。
- 自动控制系统应能多次重复执行同一工艺过程，所以顺序功能图中一般应是一个闭环，在单周期运行方式下，返回初始步，在循环运行方式下，返回下一工作周期开始运行的第一步。
- 程序出现错误时，运用监控和测试手段，首先使功能流程图的初始化状态激活，依次使转移条件动作，监控各状态能否按规定的顺序进行转移。若不能正常转移，故障可能有以下几种情况。
  - ◆ 转移条件为 ON 没有任何状态元件动作，则表明编程或写入时转移条件或状态元件的编号错误。
  - ◆ 状态元件发生跳跃动作，则表明编程或写入时出现混乱。
  - ◆ 状态元件动作顺序错乱，则表明编程原则和编程方法使用不当，应严格检查程序。
  - ◆ 编程错误，则表明没有正确使用编程原则和编程方法或程序书写错误。
  - ◆ 写入错误，则表明在程序输入 PLC 时出现手误。

本 章 小 结

本章通过小车运料控制系统引出 PLC 系统设计的一种重要编程语言顺序功能图，介绍了其设计思想及相关概念，通过实例学习了顺序功能图的绘制方法和 SCR 梯形图的编程方法。通过本章的学习，应该可以掌握利用单流程序列、选择性序列和并行性序列顺序功能图来解决工程中一般的顺序控制问题，会编写各种结构的 SCR 梯形图程序。有余力的同学还可以通过大量的实际训练来掌握复杂系统的顺序功能图设计方法。

思考与练习

1. 在初始状态时，3 个容器都是空的，所有的阀门均关闭，搅拌器未运行，如习题图 5.1 所示，按下启动按钮 I0.0，Q0.0 和 Q0.1 变为 ON，阀 1 和阀 2 打开，液体 A 和液体 B 分别流入上面两个容器。当某个容器中的液体到达上液位开关时，对应的进料电磁阀关闭，放料电磁阀(阀 3 或阀 4)打开，液体放到下面的容器。分别经过定时器 T37、T38 的延时后，液体放完，阀 3 和阀 4 关闭。它们均关闭后，搅拌器开始搅拌。120s 后搅拌器停机，Q0.5 变为 ON，开始放混合液。经过 10s 延时后，混合液放完，Q0.5 变为 OFF，放料阀关闭。循环工作三次后，系统停止运行，返回初始步，试画出系统的顺序功能图，并编写 SCR 梯形图程序。

2. 习题图 5.2 是某剪板机的示意图，开始时压钳和剪刀在上限位置，限位开关 I0.0 和 I0.1 为 ON。按下启动按钮 I1.0，工作过程如下：首先板料右行(Q0.0 为 ON)至限位开关 I0.3 动作，然后压钳下行(Q0.1 为 ON)，压紧板料后，压力继电器 I0.4 为 ON，压钳保持压紧，剪刀开始下行(Q0.2 为 ON)。剪断板料后，I0.2 变为 ON，压钳和剪刀同时上行(Q0.3 和 Q0.4 为 ON，Q0.2 为 OFF)，它们在分别碰到限位开关 I0.0 和 I0.1 后，分别停止上行，都停止后，又开始下一周期的工作，剪完 3 块板料后停止工作，并回到初始状态。试用顺序控制指令完成编程。

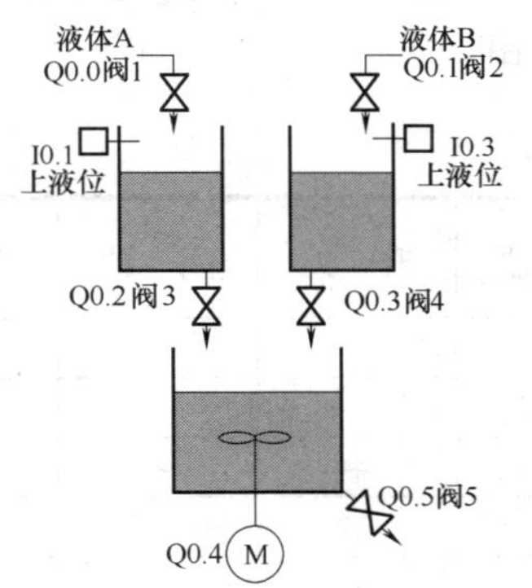

习题图 5.1　系统工作示意图

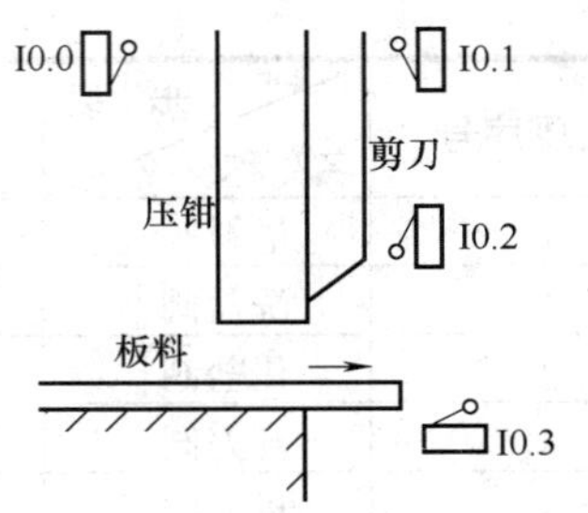

习题图 5.2　某剪板机示意图

3. 某生产线工作示意图如习题图 5.3 所示，该生产线有自动输送工件至工作站的功能，生产线分三个工作站，工件在每个工作站的加工时间为 2min。生产线由电动机驱动运输带输送，工件由入口进入，并自动输送到运输带上，若工件输送到工作站 1，限位开关 SQ1 检测出工件已到位，则电动机停转，运输带停止传送，工件在工作站 1 加工 2min，电动机再运行，运输带将工件输送到工作站 2，然后再输送到工作站 3，最后送到搬运车。写出顺序功能图并编写 SCR 梯形图程序。

4. 某一冷加工自动线有一钻孔动力头，如习题图 5.4 所示。动力头的加工过程如下：

(1) 动力头在原位，加上启动信号(SB)接通电磁阀 YV1，动力头快进；

(2) 动力头碰到限位开关 SQ1 后，接通电磁阀 YV1、YV2，动力头由快进转为工进；

(3) 动力头碰到限位开关 SQ2 后，开始延时，时间是 10s;

(4) 当延时时间到，接通电磁阀 YV3，动力头快退;

(5) 动力头回原位后，停止。

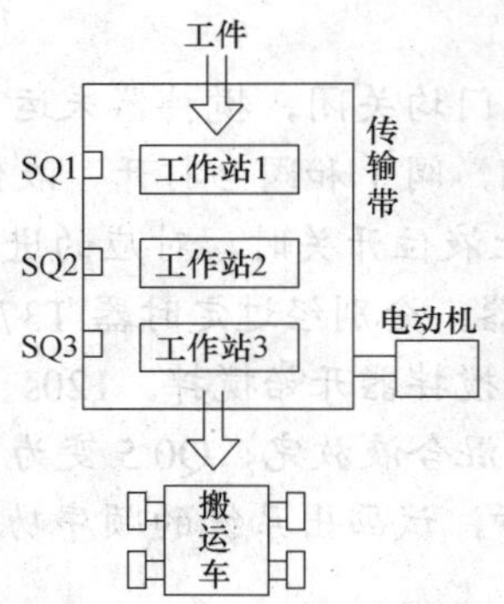

习题图 5.3 某生产线工作示意图

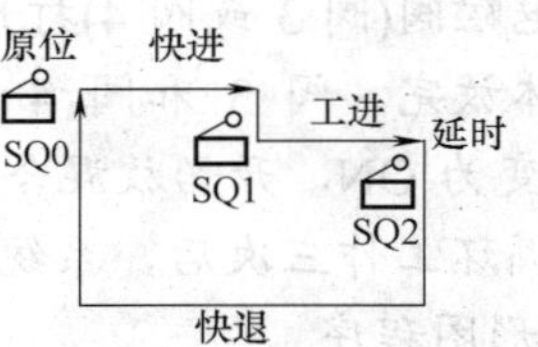

习题图 5.4 某冷加工工作示意图

试编写 SCR 梯形图程序。

5. 在氯碱生产中，碱液的蒸发、浓缩过程往往伴有盐的结晶，因此，要采取措施对盐碱进行分离。分离过程为一个顺序循环工作过程，共分 6 个工序，靠进料阀、洗盐阀、化盐阀、升刀阀、母液阀和熟盐水阀 6 个电磁阀完成上述过程，各阀的动作如习题表 5.1 所示。当系统启动时，首先进料，5s 后甩料，延时 5s 后洗盐，5s 后升刀，再延时 5s 后间歇，间歇时间为 5s，之后重复进料、甩料、洗盐、升刀、间歇工序，重复 8 次后进行洗盐，20s 后再进料，这样为一个周期。请设计其状态转移图。

习题表 5.1 电磁阀的动作表

电磁阀序号	步骤 名称	进 料	甩 料	洗 盐	升 刀	间 歇	清 洗
1	进料阀	+	−	−	−	−	−
2	洗盐阀	−	−	+	−	−	+
3	化盐阀	−	−	−	+	−	−
4	升刀阀	−	−	−	+	−	−
5	母液阀	+	+	+	+	+	−
6	熟盐水阀	−	−	−	−	−	+

6. 某注塑机，用于热塑性塑料的成型加工。它借助于 8 个电磁阀 YV1～YV8 完成注塑各工序。若注塑模在原点 SQ1 动作，按下启动按钮 SB，通过 YV1、YV3 将模子关闭，限位开关 SQ2 动作后表示模子关闭完成，此时由 YV2、YV8 控制射台前进，准备射入热塑料；限位开关 SQ3 动作后表示射台到位，YV3、YV7 动作开始注塑，延时 10s 后 YV7、YV8 动作进行保压，保压 5s 后，由 YV1、YV7 执行预塑，等加料限位开关 SQ4 动作后由 YV6 执行射台的后退；限位开关 SQ5 动作后停止后退，由 YV2、YV4 执行开模；限位开关 SQ6 动作后开模完成，YV3、YV5 动作使顶杆前进，将塑料件顶出；顶杆终止限位开关 SQ7 动作后，YV4、YV5 使顶杆后退；限位开关 SQ8 动作后，动作结束，完成一个工作循环，等待下一次启动。请编制出此注塑机的控制程序。

第6章　材料分拣和平面仓储系统设计

本章要点

- PLC通过变频器控制交流电机的方法。
- 常用开关型传感器以及采集外部传感器信号的方法。
- 对电磁阀、步进电机、直流电机常用输出设备的控制方法。
- 两个PLC的通信设计方法。

技能目标

- 掌握常用开关型传感器：电感传感器、电容传感器和光电传感器，熟练将传感器与PLC进行连接。
- 了解电磁阀的工作原理，会搭建PLC控制的气压传动系统，熟悉平面仓储和材料分拣系统中的气路实现过程。
- 熟悉PLC通过变频器控制交流电机的参数设置方法和线路连接。
- 能通过指令进行两个S7-200之间的数据通信。
- 能利用步进电机实现外部设备的定位控制。

项目案例导入

本章基于材料分拣和平面仓储系统实验台介绍传感器的信息采集、电磁阀的动作原理、变频器的运行和两个PLC之间的信息传递。

由于本项目涉及的外部器件较多，因此我们在各节分别介绍了常用外部设备的基础知识，使读者能在一本书里了解多学科的知识，实现用PLC进行外部设备的控制。

6.1　传送带系统设计

PLC控制变频器调速广泛用于工业控制中，本项目是以S7-200控制松下VF0变频器来实现传输带的运转速度控制的。

1．控制要求

变频器和传送带系统如图6.1所示，利用PLC控制变频器的启动和停止。按下启动按钮，2s后，变频器驱动电机使传送带运行，先正转运行10s，然后反转运行10s后停止。

2．实训目的

- 掌握变频器的参数设置方法。
- 熟悉PLC控制变频器的控制原理和编程方法。
- 掌握PLC控制变频器的接线方法和程序调试过程。

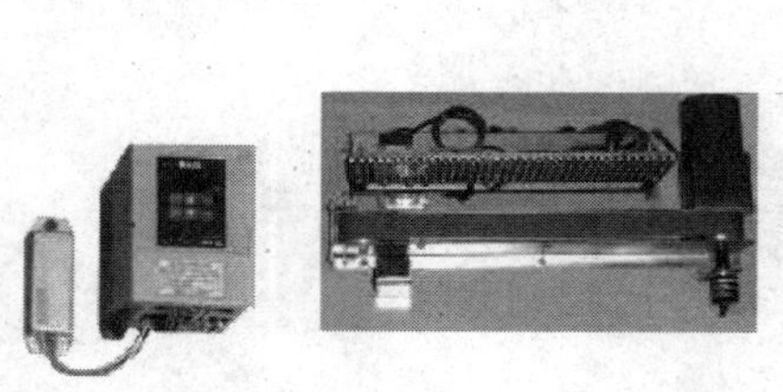
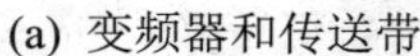

(a) 变频器和传送带

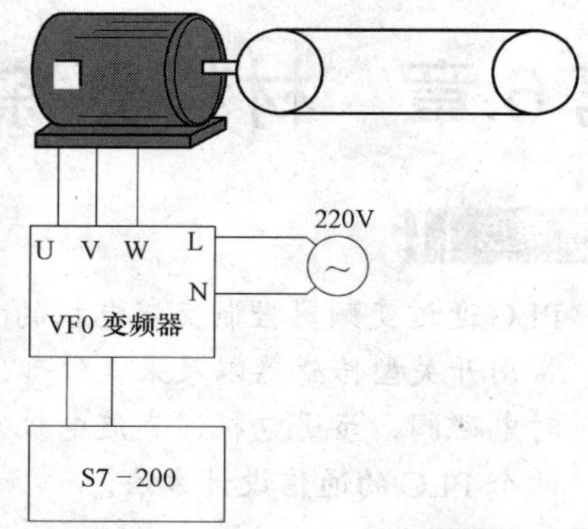

(b) PLC、变频器和电动机的连接示意图

图 6.1　PLC、变频器及其传送带系统

3．设计条件

S7-200 系列 CPU226 DC/DC/DC 一台、连接线若干、松下 VF0 变频器、220V 交流电机、联轴器和传送带。

4．设计内容及要求

- 根据要求设计 PLC 控制电路图。
- 根据电路接线图进行电源的连接和变频器控制回路的连接。
- 设计驱动电动机传送带的梯形图。
- 正确使用编程软件，进行程序编译、下载和运行。

变频器的类型很多，生产变频器的厂家也很多，系统选用松下小型通用变频器 VF0。

6.1.1　材料分拣与平面仓储实验台介绍

材料分拣和平面仓储 PLC 控制系统实训台是集机、电、气于一体的工业模拟设备，是包含 PLC、传感器、变频器、步进电机和气动元件等设备的综合应用系统。本章各节内容均以现成的实验设备为设计依据，读者可对照设备进行学习并亲自动手操作。

1．系统结构及功能

材料分拣和平面仓储的结构外观图如图 6.2 所示，主要由控制单元、材料分拣系统和平面仓储系统等组成。

1)　控制单元

控制单元由电源模块、2 台西门子 S7-200 系列 PLC 组成。PLC 采用 CPU 226 DC/DC/DC 即直流供电，直流数字量输入。数字量输出点是晶体管直流电路。电源单元选用开关电源，主要作用是为系统提供直流 24V 的电源。2 台 PLC 主要是用于分别控制平面仓储小系统和材料分拣小系统，然后通过 PLC 网络实现 PLC 之间的相互通信，完成系统的统一动作。PLC 之间的网络通信选用 PPI 电缆。

2)　材料分拣系统

材料分拣系统由传送带单元、气动机械手单元、传感器单元、变频器单元、交流电动机、井式出料塔和气动推料机构等组成，如图 6.3 所示。其中变频器、交流电机与 PLC 组成位置速度控制系统。传感器组由电容传感器、电感传感器、颜色传感器和光电传感器组成，可以识别货物的颜色、材质、数量等属性。

图 6.2　系统总外观图

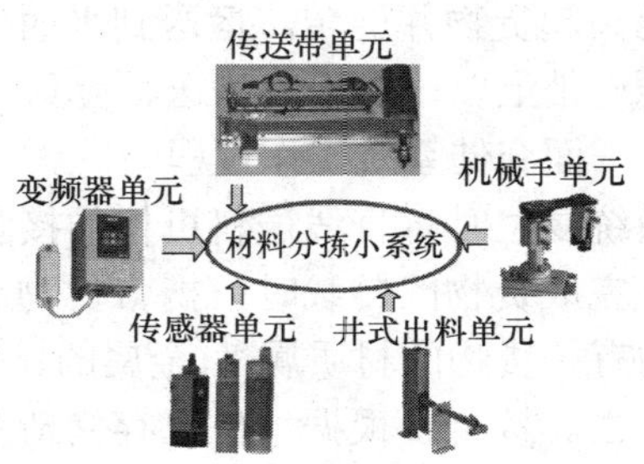

图 6.3　材料分拣系统

气动机械手由升降机构、旋转机构、夹紧机构和安装支架等部件组成。

3)　平面仓储系统

平面仓储小系统由平面仓储系统、步进电动机单元、气动单元和传感器单元等组成。其结构外观图如图 6.4 所示。

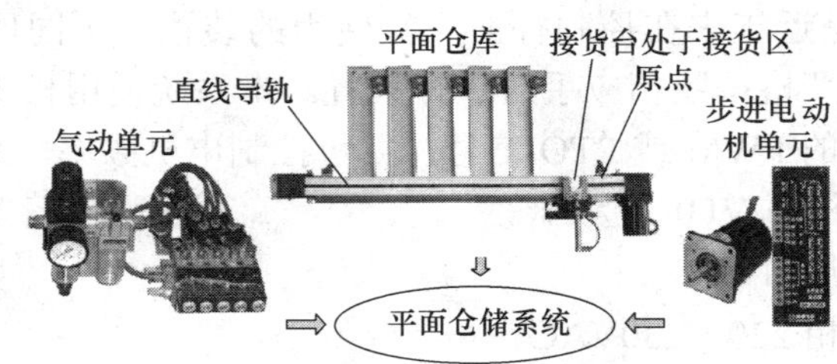

图 6.4　平面仓储系统

货物放在直线送料导轨的载货台上，直线导轨上总共有 10 个运动工位，分为原点、接货区、仓位 1 区、2 区、3 区、4 区、5 区、6 区、7 区和 8 区。

直线导轨上的载货台接到货物后，在步进电机带驱动下沿导轨运行，根据仓位已存储的情况和从分拣系统传来的材质信息运行到相应仓位的入口，气动单元操纵送料杆把货物推入库。

2. 系统工作过程

在实现各输入/输出设备的控制之前先要了解系统的工作过程，并对一系列动作进行分解。

整个系统由材料分拣系统和平面仓储系统组成，其工作过程也分为两个。

1)　材料分拣系统工作过程

按照货物的流向，材料分拣系统的工作过程如下。

货物出库 ⟶ 传送货物 ⟶ 货物定位 ⟶ 检测货物 ⟶ 搬运货物

货物由井式出料塔进入到传送带上去，传送带在交流电机带动下运行，交流电机由变频器控制，传送过程中系统进行材质检测，共有黄色铁块、黄色塑料块、蓝色铁块和蓝色塑料块四种货物。色彩传感器检测颜色(黄色、蓝色)，当货料的颜色为黄色时，传感器有信号输出；电感传感器检测铁块，当货料的材质为铁块时，电感传感器有信号输出。利用这二者的组合就能知道是四种货物的哪一种，将数据存储起来，货物到达传送带末端，机械手单元夹起货物并旋转，运送到平面仓储系统的直线导轨上。在这个过程中货物陆续出井，在传送带上以一定速度传送、检测、搬运。

2) 平面仓储系统工作过程

当系统复位时，直线送料机构的接货台位于原点；当机械手旋转到位后，接货台位于接货区。完成货物的转载时，携带货物，在步进电机驱动下沿导轨运行，根据从上一个系统传来的有关货物的材质属性(金属的、塑料的)、颜色(蓝色、黄色)等货物的标识送入不同的仓位中去。接货台根据仓位已存储情况定位到指定仓位，再由气动单元控制推动杆将货物推入仓库。

本章后续有关变频器、传感器和电磁阀的控制均以材料分拣与平面入库实验系统为操作平台。

6.1.2 松下 VF0 变频器基础

变频器(frequency changer)是一种将固定频率的交流电变换为频率连续可调的交流电的电气设备。变频器是近年来在控制行业广泛使用的装置。不同厂家的变频器基本原理是相似的，在使用时要严格按照相应手册进行设置。本系统使用松下电工小型通用变频器VF0，可直接接收 PLC 的 PWM 或 PTO 信号，并可控制电机频率，系统选用容量为 0.4kW 单相 220 伏供电的日本松下 VF0 变频器。

变频器主要技术参数如下。

- 电源电压：单相 220～230VAC。
- 额定功率：0.4kW。
- 额定输出电压：3 相 200～230VAC。
- 输入频率：50/60Hz。
- 输出频率：0.5～250Hz。

1. VF0 变频器操作面板

松下 VF0 变频器外形如图 6.5 所示，面板分布及其操作面板上的各按键名称如图 6.6 所示，各按键功能如表 6.1 所示。

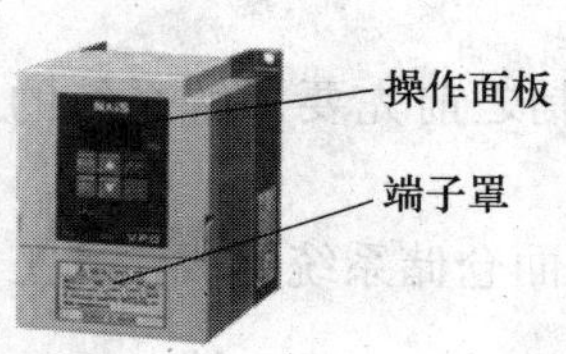

图 6.5　VF0 变频器外形

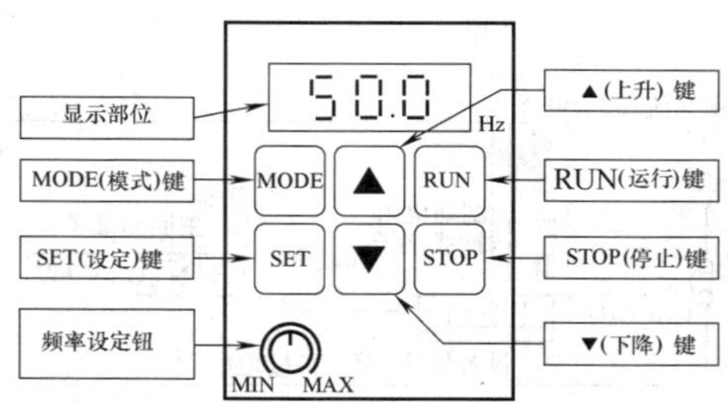

图 6.6　VF0 变频器操作面板

表 6.1　VF0 变频器操作面板各按键功能说明

面板组成部分	功能说明
显示部位	显示输出频率、电流、线速度、异常内容、设定功能时的数据及其参数
RUN(运行)键	使变频器运行的键，使得 U、V、W 端子连接的电机根据控制要求转动
STOP(停止)键	使变频器运行停止的键
MODE(模式)键	切换“输出频率·电流显示”、“频率设定·监控”、“旋转方向设定”和“功能设定”等各种模式以及将数据显示切换为模式显示所用的键
SET(设定)键	切换模式和数据显示以及存储数据所用键。在“输出频率·电流显示模式”下进行频率显示和电流显示的切换
▲(上升)键	在改变数据或输出频率以及利用操作板使其正转运行时，用于设定正转方向
▼(下降)键	在改变数据或输出频率以及利用操作板使其反转运行时，用于设定反转方向
频率设定钮	用操作板设定运行频率而使用的旋钮

各按键在不同的模式下，有不同的功能，具体使用方法请参见实训 6.1.3。

2．变频器外部端子

去掉前部端子罩后，底部显现变频器的端子排列，其端子结构如图 6.7 所示。其中制动电阻器端子要连接随变频器配置的制动电阻器。

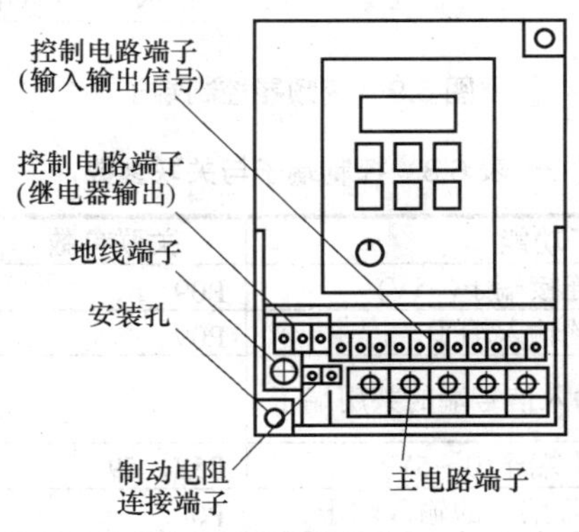

图 6.7　VF0 变频器端子结构

1)　主电路配线

变频器通过主电路端子与外部电源和电动机相连。主电路配线方法如图 6.8 所示，其功能说明如表 6.2 所示。

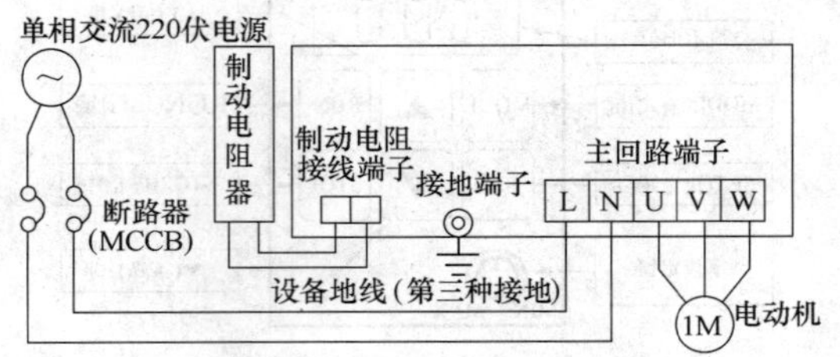

图 6.8 VF0 变频器主电路配线

表 6.2 变频器主回路端子功能说明

端子符号	端子名称	功能说明
L、N	单相 220V 交流电源输入端子	连接 220V 交流电源
U、V、W	变频器主回路输出端子	连接三相电动机
制动电阻端子	制动电阻接线端子	连接随变频器包装配置的制动电阻器

其中 L、N 主回路电源输入端子经接触器或断路器与电源相连，电源为交流单相 220V 交流电源。

2) 控制电路端子

为主回路提供通断信号的端子为控制端子。变频器具有多种控制端子。不同变频器的控制端子并不相同，VF0 变频器控制端子有运行控制端子和控制回路端子，如图 6.9 所示。控制端子的功能设置和参数的选择相关联，参数如表 6.3 所示。

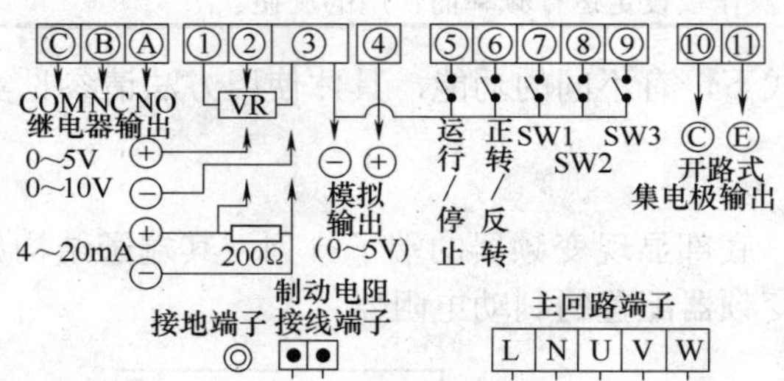

图 6.9 变频器控制端子

表 6.3 控制端子与关联参数

端子符号	端子功能	关联参数	备 注
1	频率设定用电位器连接端子(+5V)	P09	
2	频率设定模拟信号的输入端子	P09	输入模拟电压、电流来设定频率，电压为 5V、10V，20mA 对应于最大频率
3	(1)、(2)、(4)~(9)输入信号端的共用端子		
4	多功能模拟信号输出端子(0~5V)	P58，59	
5	运行/停止、正转运行信号的输入端子	P08	
6	正转/反转、反转运行信号的输入端子	P08	
7	多功能控制信号 SW1 的输入端子	P19，20， 21	
8	多功能控制信号 SW2 的输入端子 PWM 控制时的频率切换用输入端子	P19，20，21 P22，23，24	

续表

端子符号	端子功能	关联参数	备　注
9	多功能控制信号 SW3 的输入端子 PWM 控制时的 PWM 信号输入端子	P19，20，21 P22，23，24	
10	开路式集电极输出端子(C：集电极)	P25	
11	开路式集电极输出端子(E：发射极)	P25	
A	继电器接点输出端子(NO：出厂配置)	P26	
B	继电器接点输出端子 (NC：出厂配置)	P26	
C	继电器接点输出端子(COM)	P26	

VF0 变频器端子配线图如图 6.10 所示，5、6、7、8、9 端子可以由外部开关控制或接 PLC 的输出点控制。变频器内部提供回路电源，它的控制端子属于无源端子。

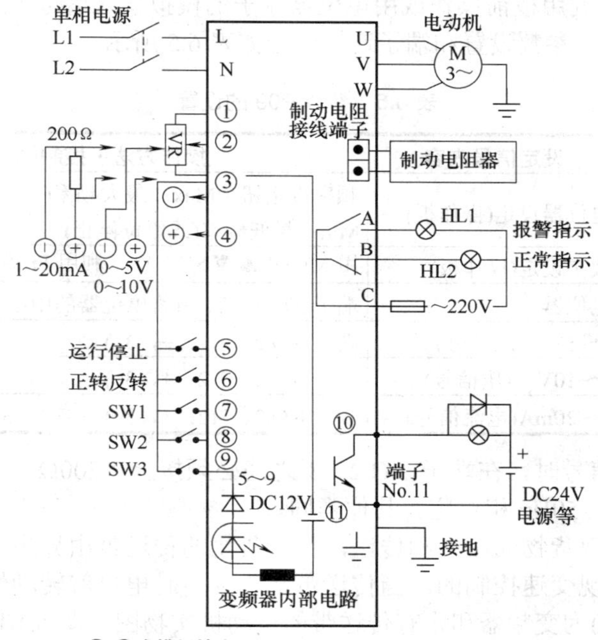

图 6.10　VF0 变频器端子配线图

3．变频器的参数

变频器的运行是和各种参数的设置相关的，VF0 变频器共有 70 个参数，这里只介绍几个常用参数，其他参数说明请参见 VF0 变频器的使用说明书。

1)　选择运行指令(参数 P08)

功能：可选择操作面板或用外控操作的输入信号来进行运行/停止和正转/反转动作，既可以用操作面板启动变频器 U、V、W 连接的三相电机停止或运行、正转或反转，也可以在 5、6 端子连接外部控制开关启动、停止电机和使电机正转、反转。参数值为 0～5，参数设置如表 6.4 所示。当设置 P08=2 时，将外部按钮的一端连接控制端子 5，另一端连接公共端子 3，按下按钮时，内部电路接通，变频器主电路连接的电机运行，断开按钮，电机停止。

表 6.4　参数 P08 的设置

设定数据	面板外控	操作板复位功能	操作方法 · 控制端子连接图
0	面板	有	运行：RUN；停止：STOP；正转/反转：用 dr 模式设定
1			正转运行：▲RUN；反转运行：▼RUN；停止运行：STOP
2	外控	无	3 共用端子 5 ON:运行.OFF: 停止 6 ON:反转.OFF: 正转
4		有	
3	外控	无	3 共用端子 5 ON:正转运行.OFF: 停止 6 ON:反转运行.OFF:停止
5		有	

2)　频率设定信息(参数 P09)

参数 P09 可选择利用板前操作或用电位器端子的模拟输入信号来进行频率设定信号的操作。参数值为 0～5，参数设置和端子连接信号如表 6.5 所示。

表 6.5　参数 P09 的设置

设定数据	面板外控	设定信号内容	操作方法 · 控制端子连接图
0	面板	电位器设定(操作板)	频率设定钮　Max：最大频率(参照 P03、15) Min：最低频率(或零位停止)
1		数字设定(操作板)	用 MODE▲▼SET 键、利用 Fr 模式进行设定
2	外控	电位器	端子 NO.1、2、3(将电位器的中心引线接到 2 上)
3		0～5V(电压信号)	端子 NO.2、3(2：+，3-)
4		0～10V(电压信号)	端子 NO.2、3(2：+，3-)
5		4～20mA(电流信号)	端子 NO.2、3(2：+，3-)，在 2～3 之间连接 200Ω

使用 4～20mA 信号时，在端子 NO.2、3 之间必须接上“200Ω”电阻。0～5V 电压值和电机运行频率 0.5～250Hz 相对应。其他类同。

材料分拣系统实现货物的出库和传送，传送货物的传送带由异步电动机驱动，而电动机是通过变频器来实现变速控制的。当传送带上货物多时电机就转动快些，货物少时电机就转动慢些。图 6.1(a)为变频器和带有传送带的电动机实物图，图 6.1(b)为 PLC、变频器和电动机的连接示意图，PLC 的输出点控制变频器，再由变频器驱动电机，使得电机主轴实现带传动。电动机为 220V 交流电机。

6.1.3　拓展实训

我们先学习通过变频器直接控制交流电机的操作方法。

1. 实训内容

(1) 按照变频器基本接线图 6.11(b)接线，变频器 L、N 端接工频 220V 电源，U、V 和 W 端接三相异步电动机的三个端子，检查无误后接通电源。

(2) 进行参数设置，利用变频器面板 RUN 直接控制电动机的正转、反转运行。

2. 实训目的

- 熟悉 VF0 变频器的操作面板，图 6.11 为变频器面板和电机接线图。

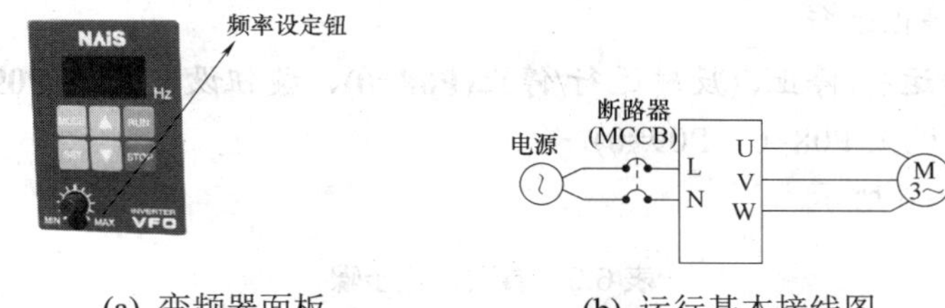

(a) 变频器面板　　　　(b) 运行基本接线图

图 6.11　变频器面板和运行基本接线图

- 熟悉 VF0 的参数设置方法。

知识点链接

1. VF0 变频器的工作模式

变频器有以下 4 种工作模式。

- 上电初始，进入“输出频率 · 电流显示模式”，显示屏显示当前运行频率或准备运行状态 000，按下 SET 键，进入电流显示模式。
- 按 1 次 MODE 键，进入“频率设定 · 监控模式”，显示屏显示 Fr。按 SET 键后，可用▲▼键改变频率，再按 SET 键确定。
- 按两次 MODE 键，进入“旋转方向设定模式”，显示屏显示 Dr，当参数 P08=0 时，面板上 RUN 为电机运行命令，可以在 Dr 模式下按 SET 键设置正转或反转。显示 [L — F] F 表示正转，[L — R] R 表示反转，L 表示面板操作。
- 按 3 次 MODE 键，进入“功能设定模式”，显示屏显示 P× ×各种参数，此时可以进行参数设置。本次实训中使 P08=0 或 1，P09=0 或 1。

2. 设定频率

参数 P09 用于变频器输出频率的设定，对于操作面板，有两种设定方法：电位器设定方式和数字设定方式。

(1) 电位器设定方式(将参数 P09=0，出厂时设定)

旋转操作板上的频率设定按钮的角度进行设定，Min 位置是停止(又称零位螺栓止动，在这个位置即使变频器处于运行状态，电动机也不运转)，Max 的位置是最大设定频率。

(2) 数字设定方式(参数 P09=1)

按下操作板上的 MODE 键选择频率设定模式(Fr)，按下 SET 键之后显示出当前频率，用▲上升键或▼下降键设定新的频率，按下 SET 键进行设定确定保存。

3. 正转/反转功能

(1) 正转运行/反转运行方式(参数 P08=1)

按下操作板上的▲键(正转)或▼键(反转)来选择旋转方向，按下 RUN 键，则开始运行。按下 STOP 键为停止运行。

(2) 运行/停止 · 旋转方向模式设定方式(参数 P08=0)

最初按两次 MODE 键使其变为旋转方向设定模式 dr 模式，用 SET 键显示旋转方向的数据，用▲上升键或▼下降键改变旋转方向，用 SET 键进行确定。面板上 RUN 为电机运行命令，STOP 为停止命令(出厂时已设定为正转状态)。然后按下 RUN 键使其开始运行，按下 STOP 键使其停止运行。

4. 电机的正转运行/停止、反转运行/停止(P08=0)、旋钮设定频率(P09=0)

1) 参数设置(设置 P08=0，P09=0)

操作步骤如表 6.6 所示。

表 6.6 参数设置步骤

步骤号	操 作	显示结果	解 释	步骤号	操 作	显示结果	解 释
1	电源 ON	0 0 0	变频器接通电源	8	按▲上升键或▼下降键	0 0	使 P09 数据为 0
2	按 3 次 MODE	P 0 1	进入功能设定模式，初始显示参数 P01	9	按 SET 键确定	P 1 0	确定 P09=0，顺序显示 P10
3	按 7 次▲键	P 0 8	参数为 P08	10	按 3 次 MODE 键	0 0 0	返回准备运行状态
4	按 SET 键	0 2	显示 P08 的数据	11	按 2 次 MODE	0 d r	进入旋转方向设定模式
5	按▲上升键或▼下降键	0 0	使数据为 0，P08=0	12	按 SET 键	L -- F	L 表示面板控制，F 表示正转，▲改变为 r 反转
6	按 SET 键确定	P 0 9	确定 P08=0，顺序显示 P09	13	按 SET 键	L -- F	确定为正转
7	按 SET 键	0 1	显示 P09 的数据	14	按 3 次 MODE 键	0 0 0	返回准备运行状态

2) 正转运行(RUN 运行，STOP 停止)

使电机正转运行和停止的操作步骤如表 6.7 所示。

表 6.7 正转运行操作步骤

步骤号	操 作	显示结果	解 释
1	按 RUN 运行键	0 0 0	频率设定按钮在 Min，电机并不运行
2	慢慢向右旋转	3 0. 0	电机开始运行，频率显示变化，待显示 30.0 表示电机运行频率为 30Hz
3	按 STOP 键	0 0 0	电机减速，约 2.5 秒后停止

3)　反转运行

使电机反转运行和停止如表 6.8 所示。

表 6.8　反转运行操作步骤

步骤号	操　作	显示结果	解　释	步骤号	操　作	显示结果	解　释
1	按 2 次 MODE	0 d r	进入旋转方向设定模式	5	按 RUN 运行键	0 0 0	频率设定按钮在 Min，电机并不运行
2	按 SET 键	L -- F	L 表示面板控制，F 表示正转，▲改变为 r 反转	6	慢慢向右旋转	3 0. 0	电机开始反转运行，频率显示变化，待显示 30.0 表示电机运行频率为 30Hz
3	▲键	L -- r	设定为反转	7	按 STOP 键	0 0 0	电机减速，约 2.5s 后停止
4	按 SET 键确定	0 0 0	返回准备运行状态				

4)　电机的正转运行/停止、反转运行/停止(P08=0)、数字设定频率(P09=1)

(1)　参数设定步骤(P08=0，P09=1)

使参数 P08=0，P09=1 的步骤如表 6.9 所示。

表 6.9　P08=0，P09=1 操作步骤

步骤号	操　作	显示结果	解　释	步骤号	操　作	显示结果	解　释
1	电源 ON	0 0 0	变频器接通电源	7	按 3 次 MODE 键	0 0 0	返回准备运行状态
2	按 3 次 MODE	P 0 1	进入功能设定模式，初始显示参数 P01	8	按 MODE	0 F r	进入数字频率设定模式
3	按 8 次▲键	P 0 9	参数为 P09	9	按 SET 键设置	0 0. 5	设定频率值
4	按 SET 键	0 0	显示 P09 的数据	10	按▲上升键或▼下降键	2 5. 0	使数据为 25Hz
5	按▲上升键	0 0	使 P09 数据为 1，为数字方式设定频率	11	按 SET 键确定	0 0 0	返回初始值，准备运行
6	按 SET 键确定	P 1 0	确定 P09=0，顺序显示 P10				

(2)　正转运行 RUN/停止 STOP

操作步骤如表 6.10 所示。

表 6.10　正转运行 RUN/停止 STOP 操作步骤

步骤号	操　作	显示结果	解　释
1	按 RUN 键	2 5. 0	因为 P08=0，旋转方向模式 dr 为正转 F，电动机开始正转，2.5 秒后达 25Hz
2	按 STOP	0 0 0	2.5 秒后电动机停止

(3) 反转运行

根据反转运行的操作步骤表(表 6.8)中的步骤 1、2、3、4 改变旋转方向为反转，重复本训练(2)的表 6.10，使电动机在设定频率下反转运行。

6.1.4　S7-200 控制变频器及其传送带系统设计实现过程

1．工作工程

为了完成 PLC 对变频器及其传送带的控制过程，小组成员应协同编制计划，并协作解决难题、相互之间监督计划的执行与完成情况。

- 小组成员研讨任务，明确变频器系统的要求，确定控制系统的实现方案。
- 根据系统实现方案，确定完整详细的工作计划。
- 根据小组成员拟定的工作计划，开展工作。
- 由本组成员进行效果检查。
- 由其他组成员或老师进行检查评估。

2．操作分析

1)　根据控制要求进行 S7-200 控制变频器的电气原理图设计

接点分配：以 S7-200 的输入端子 I0.0 接外部开关用以启动程序，在程序中启动变频器。Q0.0 接变频器的 NO.5 端子，控制变频器使电机启动或停止；Q0.1 接变频器 NO.6 端子，控制变频器使电机正转或反转。

知识点解析

由于 S7-200 的输出点为源性，向外输出信号，如图 6.12(a)所示，输出电压需 24V，而 VF0 变频器内部有电源，其控制端子需要无电压接点信号，如图 6.12(b)所示，PLC 输出端子不能和变频器控制端子直接相连，需用继电器进行转接。PLC 输出端子接继电器 KA1 和 KA2 的线圈，变频器的 NO.5 和 NO.6 端子连接继电器常开触点。

S7-200 控制变频器的 I/O 接点分配如表 6.11 所示，电气原理图如图 6.13 所示。当变频器的 NO.5 和 NO.6 外接的开关闭合时，将执行相应的功能(其具体功能还是由 P08 和 P09 决定)。

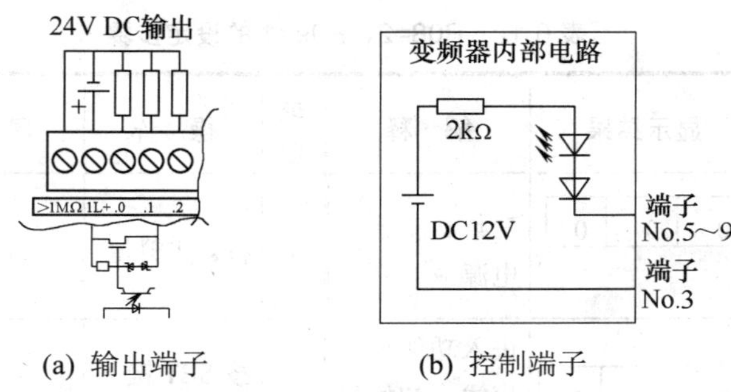

(a) 输出端子　　(b) 控制端子

图 6.12　CPU226 输出端子和 VF0 的控制端子

表 6.11　I/O 接点分配

输　入		输　出		
PLC 端子	注　释	PLC 端子	变频器接口	注　释
I0.0	系统启动按钮 SB	Q0.0	NO.5	控制变频器启动
		Q0.1	NO.6	控制变频器正/反转

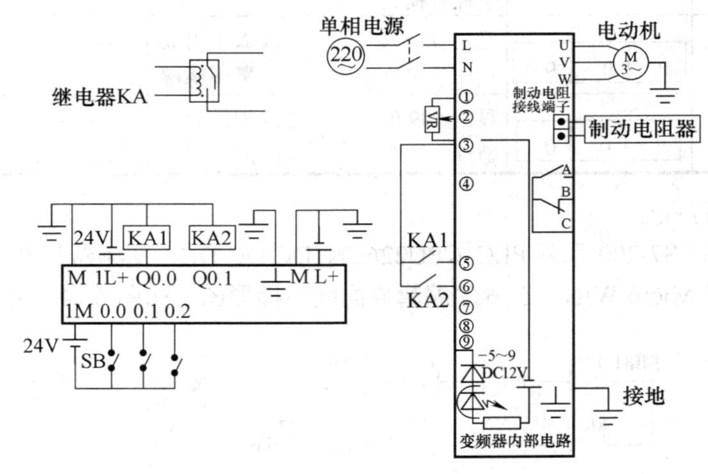

图 6.13　PLC 控制变频器电气原理图

2)　变频器参数设置

根据运行要求和端子连接，在运行前需设置变频器参数 P08，根据表 6.7 和表 6.8，设置运行指令参数 P08=2，变频器 NO.5 端子用于控制电动机的运行(开关 ON)、停止(开关 OFF)；变频器 NO.6 端子控制电动机正转(OFF)、反转(ON)。设置频率设定信息参数 P09=1，即用数字面板设定电动机运行频率，使频率为 30Hz。

P08、P09 参数设定的步骤如表 6.12 所示。

表 6.12　P08=2、P09=1 的设定步骤

步 骤	操 作	显示结果	解 释	步骤	操 作	显示结果	解 释
1	电源 ON	0 0 0	变频器接通电源	8	按▲上升键	0 1	使 P09 数据为 1，为数字方式设定频率
2	按 3 次 MODE 键	P 0 1	进入功能设定模式，初始显示参数 P01	9	按 SET 键确定	P 1 0	确定 P09=1，顺序显示 P10
3	按 7 次▲键	P 0 8	参数为 P08	10	按 3 次 MODE 键	0 0 0	返回准备运行状态
4	按 SET 键	0 0	显示 P08 的数据	11	按 MODE 键	0 F r	进入数字频率设定模式
5	按▲上升键	0 2	使 P08 数据为 2，为外部端子控制模式	12	按 SET 键设置	0 0. 5	设定频率值
6	按 SET 键确定	P 0 9	确定 P08=2，顺序显示 P09	13	按▲上升键或▼下降键	2 5. 0	使数据为 25Hz
7	按 SET 键	0 0	显示 P09 的数据	14	按 SET 键确定	0 0 0	返回准备运行状态

3)　编写运行程序

确定计算机和 S7-200 系列 PLC CPU226CN DC/DC/DC、变频器与 PLC 连接好，打开编程软件 STEP 7-Micro/WIN，在程序编辑界面编写梯形图，如图 6.14 所示。

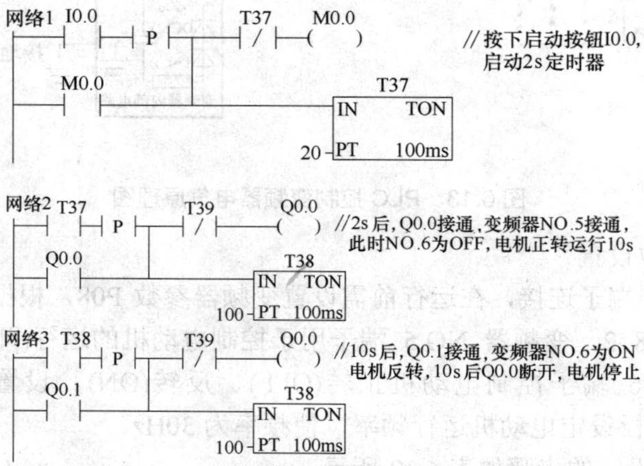

图 6.14　PLC 控制变频器梯形图

编译无误后下载运行，按动 I0.0 连接的外部开关 SB 启动程序，启动电动机。观察可发现电动机延时 2s 后正转，10s 后反转，反转 10s，然后停止。

3. 检查与评估

在规定时间内完成设计任务，各组之间根据评估表进行检查。

评估标准如表 6.13 所示。

表 6.13 检查评估表

项 目	要 求	分 数	评分标准	得 分
系统电气原理图设计	原理图绘制完整规范、变频器连接正确	10	不完整规范，每处扣 2 分	
I/O 分配表	准确完整	10	不完整，每处扣 2 分	
程序设计	简洁易读，符合题目要求	20	不正确，每处扣 5 分	
电气线路安装和连接	线路安全简洁，符合工艺要求	30	不规范每处扣 5 分	
系统调试	系统设计达到题目要求	30	第一次调试不合格扣 10 分 第二次调试不合格扣 10 分	
时间	60 分钟，每超时 5 分钟扣 5 分，不得超过 10 分钟			
安全	检查完毕通电，人为短路扣 20 分			

6.2 基于 S7-200 系列 PLC 的货物分拣系统设计

传感器在 PLC 系统中应用非常广泛，类型繁多，本书只介绍开关型传感器。在材料分拣和平面仓储系统中，涉及的传感器从功能上分为：电感式接近传感器、电容接近传感器、色标传感器、光电传感器、行程开关和电磁传感器等。电感式接近传感器、电容接近传感器和色标传感器属于传送带单元。电感传感器用于检测货物是否为金属铁材质，电容传感器用于检测货物是否为塑料材质或铝质，色标传感器用于检测货物的颜色。在料井中有光电传感器，它属于反射式，用于检测井中有无货物；传送带末端有对射式光电传感器，用于检测货物是否到位。行程开关属于按键开关，用于检测仓库中货物存储情况。电磁传感器安装于气压缸中，检测气压缸中活塞的运行位置。

1. 控制要求

按下 PLC 启动按钮，变频器驱动传送带运动，携带货物经过传感器检测范围，有黄色铁块、黄色塑料块、蓝色铁块和蓝色塑料块 4 种货物，用传感器进行检测后，对于每种货物用不同的指示灯表示出来，以进行货物分类。

2．设计目的

- 了解常用开关型传感器的工作原理。
- 熟悉 PLC 和传感器的接线方法。
- 熟悉 PLC 与变频器的连接与控制过程。
- 掌握 PLC 采集传感器信号的编程方法和程序调试过程。

3．设计条件

S7-200 系列 CPU226 DC/DC/DC 一台，连接线若干，松下 VF0 变频器，220V 交流电机，联轴器和传送带，电感传感器、色标传感器、电容传感器和光电传感器。

4．设计内容及要求

- 根据要求设计 PLC 控制电路图。
- 根据电路接线图进行电源的连接、变频器控制回路的连接还有传感器与 PLC 的连接。
- 编程设计出采集传感器信号和驱动电动机传送带运行的梯形图。
- 正确使用编程软件，进行程序编译、下载和运行。

6.2.1 常用传感器介绍

传感器是工业自动化控制中采集外部信息的通道，在工业控制中占有重要的地位。

知识链接　常用传感器基础

传感器种类很多，按照输出信号的性质分类，可分为开关型(二值型)、数字型和模拟型。

1. 开关型

开关型传感器的二值就是“1”和“0”或开(ON)和关(OFF)。这种“1”和“0”数字信号可直接传送到微机进行处理，使用方便。

2. 数字型

数字型传感器有计数型和代码型两大类。其中计数型又称脉冲数字型，它可以是任何一种脉冲发生器，所发出的脉冲数与输入量成正比，加上计数器就可对输入量进行计数，如可用来检测通过输送带上的产品个数，也可用来检测执行机构的位移量。执行机构每移动一定距离或转动一定角度就会发生一个脉冲信号，例如增量式光电码盘和检测光栅就是如此。脉冲输出端可接到 PLC 输入端子作为高速脉冲进行计数。

代码型传感器又称编码器，它输出的信号是数字代码，每一代码相当于一个一定的输入量之值。

3. 模拟型

模拟型传感器的输出是与输入物理量变化相对应的连续变化的电量。输入与输出可以是线性的也可以是非线性的。当与 S7-200 系列 PLC 相连时必须使用模拟模块，如 EM231 和 EM235。

在材料分拣和平面仓储系统中主要使用开关型和数字型传感器，关于传感器的详细信息可参看传感器专业书籍。

在本系统中使用的传感器有开关型的电感式接近传感、电容式接近传感、色标传感器、光电传感器和舌簧磁性开关。

接近传感器是一种具有感知物体接近能力的器件。它利用不同传感器对所接近的不同物理性质的物体具有的敏感特性达到识别物体接近并输出开关信号的目的，因此，通常又把接近传感器称为接近开关。

1．电感式接近传感器

电感式接近传感器利用电磁感应的原理，其外形图和原理图如图 6.15 所示，它由线圈 1、铁心 2 和衔铁 3 三部分组成，在铁心和衔铁之间留有空气隙 δ。被测物与衔铁相连，当被测物移动时通过衔铁引起空气隙变化，改变磁路的磁阻，使线圈的电感量变化。电感量的变化通过测量电路转换为电压、电流或频率的变化，从而实现对被测物位移的检测。

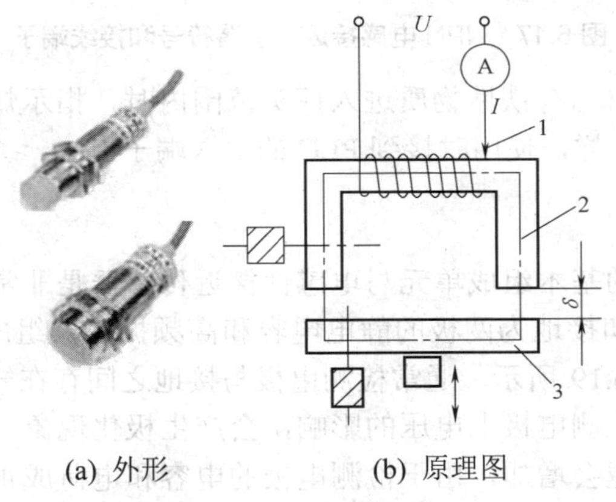

图 6.15　电感式接近传感器外形和原理图

系统中使用的电感式接近传感器也称为电感式接近开关。电感式接近开关属于一种有开关量输出的位置传感器，利用涡流感知物体接近，它由 LC 高频振荡电路、整形检波电路、信号处理电路及输出电路组成，如图 6.16 所示。感知敏感元件为检测线圈，它是振荡电路的一个组成部分，在检测线圈的工作面上存在一个交变磁场。金属物体在接近这个能产生电磁场的振荡感应探头时，会产生涡流而吸收振荡能量，使振荡减弱直至停振。振荡与停振这两种状态被后级放大电路处理并转换成开关信号，使开关通或断，由此识别出有无金属物体接近，达到非接触式之检测目的。这种接近开关所能检测的物体必须是金属物体。

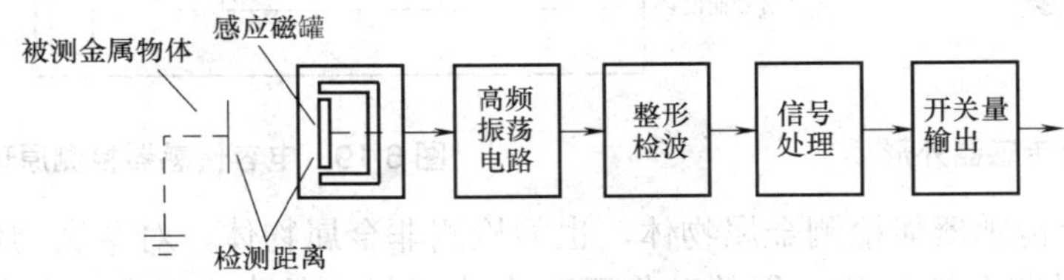

图 6.16　电感传感器检测电路

开关型传感器的输出方式有三线式 NPN 或 PNP、两线式 NPN 或 PNP。系统使用三线式 NPN 电感接近传感器，其符号和接线端子方式如图 6.17 所示。

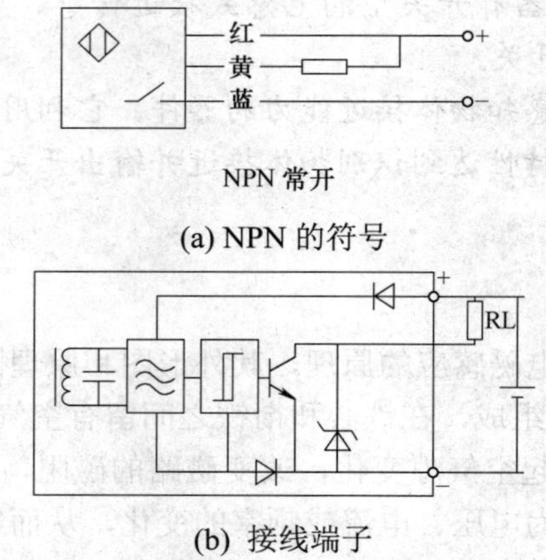

(a) NPN 的符号

(b) 接线端子

图 6.17　NPN 电感接近传感器符号和接线端子

传感器上有指示灯，当有铁性物质进入探头范围内时，指示灯亮，输出信号端输出开关信号，就像开关闭合一样，使用时接到 PLC 的输入端子上。

2. 电容接近传感器

电容性接近传感器的基本组成单元与电感性接近传感器是非常相似的，但是它的检测组件是由一个以检测端和接地为两极的静电电容和高频振荡器组成，其外形如图 6.18 所示，基本工作原理如图 6.19 所示。通常检测电极与接地之间存在一定的电容量，当检测对象接近检测电极时，受检测电极上电压的影响，会产生极化现象。检测对象越接近检测电极，检测电极上的电荷越会增加，由于检测电极的电容和电荷成正比，则检测电极的电容也会随之增加，从而使振荡电路的振荡减弱，甚至停止振荡。振荡电路的振荡与停振这两种状态的变化被检测电路转换为开关信号向外输出。

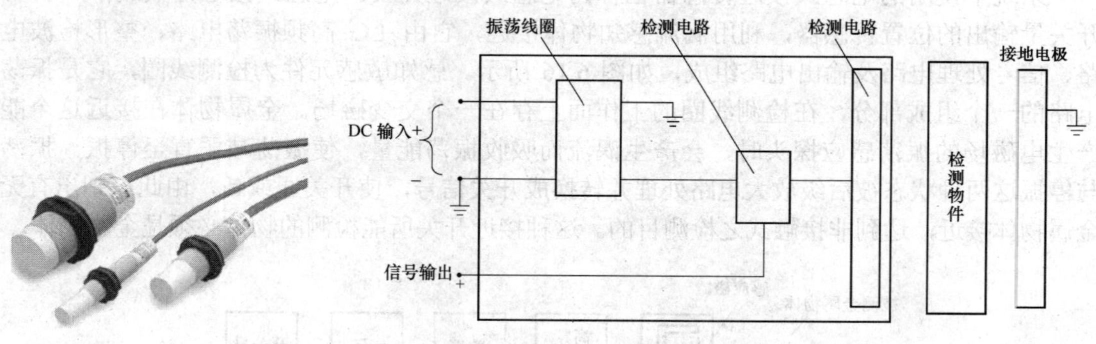

图 6.18　电容传感器外形　　图 6.19　电容传感器检测原理

电容性接近传感器能检测金属物体，也能检测非金属物体，对金属物体可以获得最大的动作距离，对非金属物体获得的动作距离取决于材料的介电常数，材料的介电常数越大，可获得的动作距离越大。

电容传感器上有指示灯，使用时根据检测材料调整传感器高度。同样高度时，对铁质等金属材料的反应会快些，而像塑料这样的非金属导体会慢些，但总会有输出，只要指示灯亮就说明能检测到，不过它只能检测有材料，却不能分辨类别。电容接近式传感器的输出形式分 NPN 和 PNP 型，其符号和接线端子与电感传感器相同。

3. 色标传感器

色标传感器广泛应用在工业自动控制系统中，用来辨别颜色、检测色标，是通过检测色标对光束的反射或吸收量与周围材料相比的不同而实现检测的。不同颜色的物体对相同颜色的入射光具有不同的反射率，发光强度不变的同一色光，根据接收到的反射光信号的强弱，可辨别不同的色谱，或辨别物体的有无。色标光电传感器采用光发射接收原理，发出调制光，接收被检测物体的反射光，并根据接收光信号的强弱来区分不同物体的色谱、颜色，或判别物体的存在与否。色标传感器实际上是一种反向装置，光源垂直于目标物体安装，而接收器与物体成锐角方向安装，让它只检测来自目标物体的散射光。

色标传感器的工作原理图如图 6.20 所示。光源 L 发出调制脉冲光，光电接收元件 G 接收物体的反射光信号，并转换为电信号，然后经检波放大、滤波放大、比较放大、驱动输出高低电平(开关)信号。

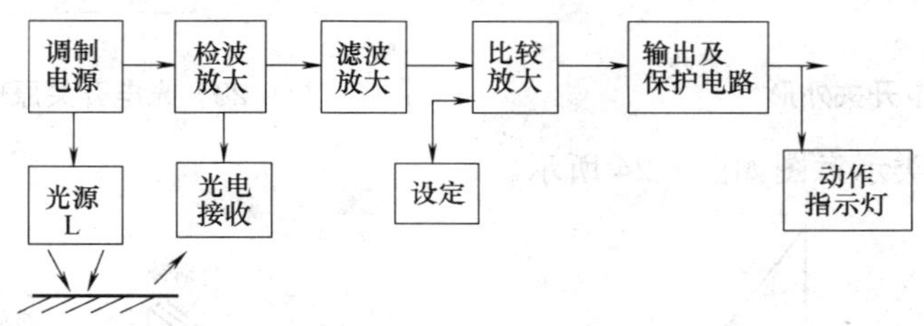

图 6.20　色标传感器工作原理图

传感器输出形式分 NPN 三线、PNP 三线两种，系统选用欧姆龙公司 E3S VS14E 型的色标传感器，用 NPN 输出，其表面有灵敏度旋钮。根据传感器特性参数，在相同光源下，黄色物体其反射率是最高的，为了使传感器能分辨黄色和蓝色物体，可调整其灵敏度旋钮，使其黄色时输出灯亮，蓝色时输出灯不亮。其外形图如图 6.21 所示。

图 6.21　色标传感器外形

4. 光电传感器

光电传感器是使用广泛的传感器，它利用光敏元件对光线的敏感特性驱动输出电路发出信号，包括模拟式光电传感器和开关式光电传感器两种。模拟式光电传感器输出量为连续变化的光电流。开关式光电传感器的输出信号对应于有光和无光这两种状态，即输出特性是变化的开关信号 1 和 0。工业控制中常用开关式光电传感器，一般由发射探头、接收探头和检测电路组成，它把发射端和接收端之间光的强弱变化转化为电流的变化以达到探测的目的，也称为光电开关。系统中选用光电开关控制 PLC 输入点，其外形如图 6.22 所示。

光电开关检测原理：发射器发出的光束投射在物体上，被物体阻断或部分反射，发射的光源一般来源于半导体光源、发光二极管等，多数光电开关选用的是波长接近于可见光的红外线光波，接收器根据接收的光线强度作出判断及反应，接收器由光电二极管或光电三极管及其后续检测电路组成。当接收到光线时，光电开关有输出，被称为“亮通”；当光线被阻断或低于一定数值时，光电开关也有输出，被称为“暗通”。光电开关动作的光强值由许多因素决定，包括目标的反射能力及光电开关的灵敏度。所有光电开关都采用调制光， 以便有效地消除环境光的影响。其原理图如图 6.23 所示。

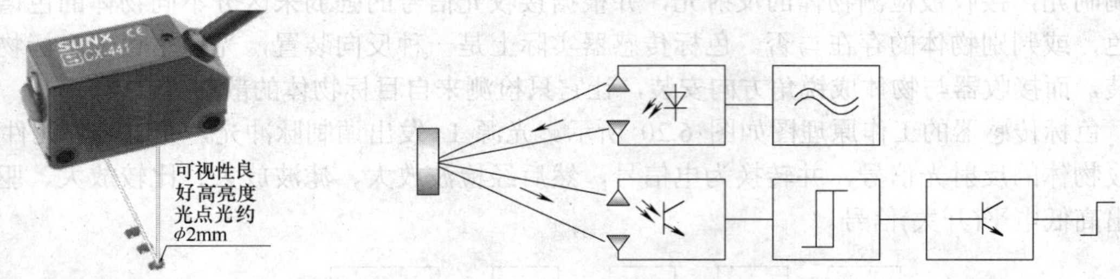

图 6.22 常用光电开关外形　　　　图 6.23 光电开关原理图

光电开关的分类示意图如图 6.24 所示。

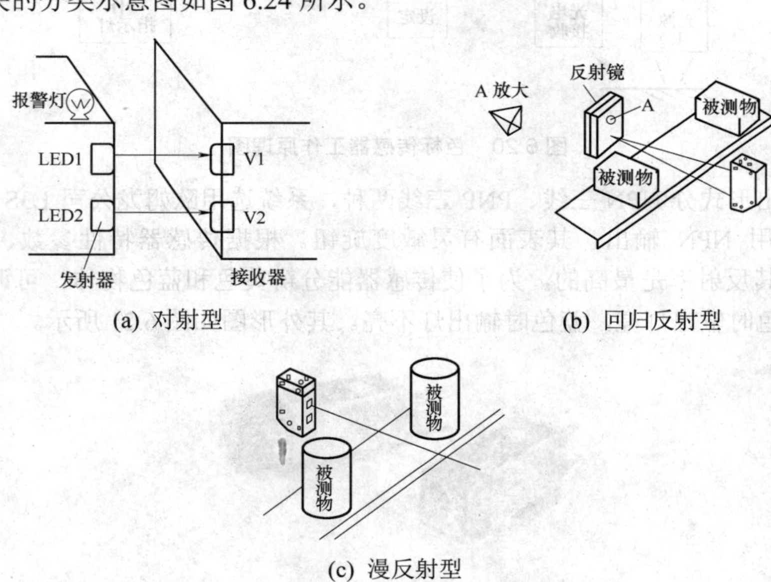

(a) 对射型　　(b) 回归反射型

(c) 漫反射型

图 6.24 光电开关的分类及应用

1) 对射式光电开关

它包含了在结构上相互分离且光轴相对放置的发射器和接收器，发射器发出的光线直接进入接收器，当被检测物体经过发射器和接收器之间且阻断光线时，光电开关就产生了开关信号。当检测物体为不透明时，对射式光电开关是最可靠的检测装置。

2)　回归反射(镜反射)型光电开关

把发光器和收光器装入同一个装置内，在它的前方装一块反光板，利用反射原理完成光电控制作用的称为回归反射式(或反射镜反射式)光电开关。在正常情况下，发光器发出的光被反光板反射回来再被收光器收到，一旦光路被检测物挡住，接收器器收不到光时，光电开关就动作，输出一个开关控制信号。

3)　漫反射式光电开关

它是一种集发射器和接收器于一体的传感器，它的检测头里装有一个发光器和一个接收器，但前方没有反光板。在正常情况下发光器发出的光接收器是收不到的，当有被检测物体经过时，物体将光电开关发射器发射的足够量的光线反射到接收器，于是光电开关就产生了开关信号。当被检测物体的表面光亮或其反光率极高时，漫反射式的光电开关是首选的检测模式。

光电开产输出状态分常开和常闭两种。当无检测物体时，常开型的光电开关所接通的负载由于光电开关内部的输出晶体管的截止而不工作；当检测到物体时，晶体管导通，负载得电工作。

光电开关输出形式分 NPN 二线、NPN 三线、NPN 四线、PNP 二线、PNP 三线、PNP 四线及直流 NPN/PNP/常开/常闭多功能等几种常用的输出形式。

材料分拣系统的井式出料塔底部有欧姆龙 EY 420 漫反射式光电传感器，用于检测是否有货，启动传送带。选用 SUNX 的 CX-23P 对射式光电传感器作为传送带末端货物检测传感器，货物到达时，停止传送带。它们均属于 NPN 输出形式的传感器，其输出信号接线方式如图 6.17 所示。

5．气缸用磁感应式接近开关

在气动控制系统中，为了检测井式出料塔的推料气缸的运行位置，并给 PLC 发出货物已经进入轨道的信号，则采用舌簧管来实现。这是一种磁感应式接近开关，它固定在气缸外部，可以穿过金属检测。带有磁环的气缸活塞移动到一定位置，舌簧开关进入磁场，两簧片由于被磁化而相互吸引，触点闭合发出电信号，活塞移开，舌簧开关离开磁场，舌片失磁，触点自动脱开。其原理图和在气缸的安装如图 6.25 所示。开关内部电路：按正向接线，红端接电源正，黑端接电源负，开关吸合时，指示灯(发光二极管)点亮。

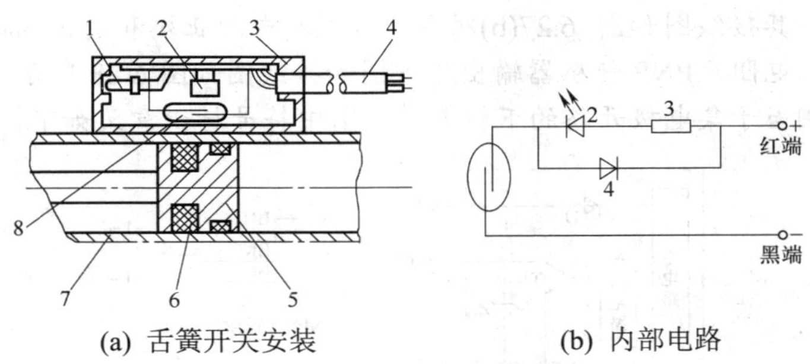

(a) 舌簧开关安装　　　　　　(b) 内部电路

图 6.25　舌簧开关安装和内部电路

1—动作指示灯；2—保护电路；3—开关外壳；4—导线；5—活塞；6—磁环(永久磁铁)；7—缸筒；8—舌簧磁性开关

磁性开关与 PLC 连接电路原理如图 6.26 所示，PLC 的公共端 1M 接电源正端，属源型接法，舌簧开关红端(正端)接 PLC 输入端子 I0.0，黑端(负端)接电源负极。当气缸活塞的磁环到达舌簧开关所在位置时，簧片闭合，PLC 输入点接通，内部寄存器置为 1。

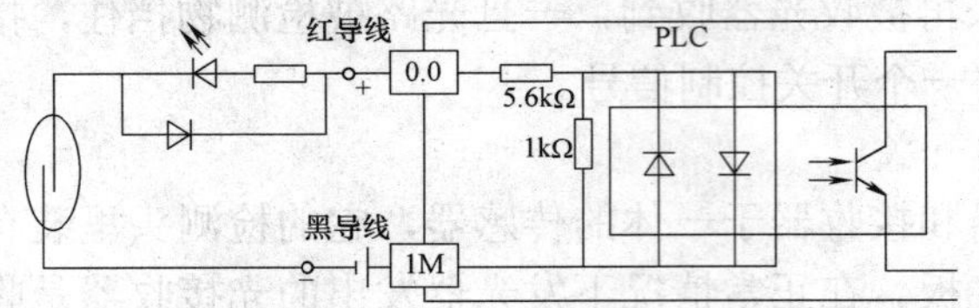

图 6.26　磁性开关与 PLC 连接电路原理

6.2.2　基于 S7-200 系列 PLC 的货物分拣系统设计过程

项目解析

根据题目要求，系统需要对货物的颜色和材质进行检测。颜色检测能够区分黄色和蓝色，材质检测能够区分铁块和塑料块。调整色标传感器的旋钮，使它在检测黄色时输出信号灯亮，蓝色时不亮。电感传感器在检测到铁质时有输出信号，检测塑料时没有输出信号，利用两种传感器的组合进行分类。利用传送带传送货物，为了表征不同的货物，使 PLC 的 4 个输出端口对应于响应一种类型的货物。当货物通过传送带经过检测区时，系统判断货物属性，当货物到达指定接货区后，PLC 不同的指示灯亮，表明不同的货物，蓝色铁质使 Q0.2 亮、蓝色塑料使 Q0.3 亮、黄色铁质使 Q0.4 亮、黄色塑料使 Q0.5 亮。

传感器作为 PLC 系统的输入设备，通过采集现场信号以控制 PLC。在进行设计过程之前我们要先了解工业控制中使用的传感器的输出形式。

知识链接　开关型传感器输出形式

电感式、电容式、光电式及色标等开关型传感器的输出形式包括 NPN 和 PNP 的常开、常闭形式。当无检测物体时，常开型的接近开关所接通的负载，由于接近开关内部的输出晶体管的截止而不工作，当检测到物体时，内部电路使晶体管导通，负载得电工作。对三线式 NPN 传感器，其原理图如图 6.27(a)所示，三根线分别为正、负电源和晶体管的集电极开路输出，其接线图如图 6.27(b)所示。负载在电源正端和输出端之间，相当于集电极开路输出的上拉电阻。PNP 传感器输出原理图和接线图如图 6.28 所示，负载在输出端和电源负端之间，相当于集电极开路的下拉电阻。图中符号标识意义如下。

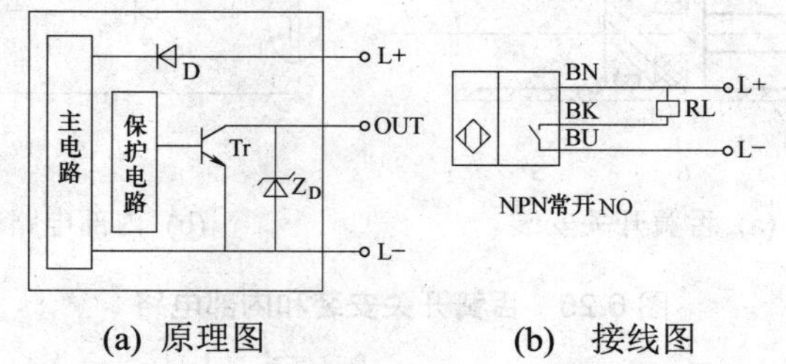

(a) 原理图　　(b) 接线图

图 6.27　NPN 传感器集电极开路输出和接线符号

D—保护二极管；Z_D—浪涌电流吸收二极管；Tr—PNP/NPN 输出晶体管

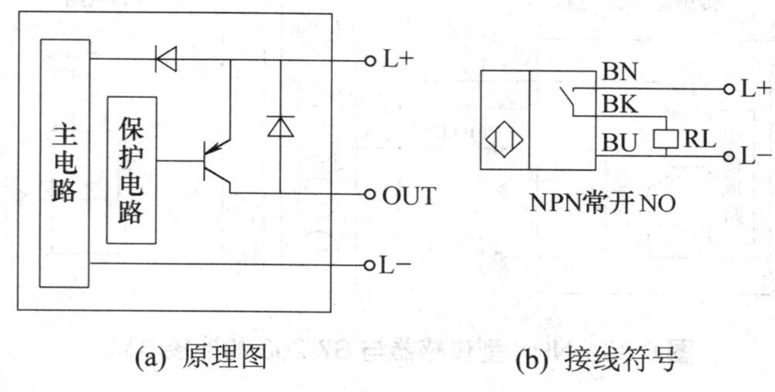

(a) 原理图　　(b) 接线符号

图 6.28　PNP 传感器集电极开路输出原理和符号

在将传感器和 PLC 相连时要考虑传感器的输出信号和 PLC 的输入类型。

不同 PLC 的输入接口电路不太相同，一般分为漏型和源型两种。S7-200 的输入接口电路如图 6.29 所示，其内部光耦合电路有两个方向相反的二极管。公共端 M 接电源正端或负端均可。若公共端 M 接 24V 电源的负端，则电流由外部输入元件流入 PLC 输入点，则此接点内部的光电耦合器导通，这种连接方式称为漏型，如图 6.29(a)所示。当公共端 M 接 24V 电源的正端，则电流由 PLC 内部输入接点流入外部输入元件，则此接点内部的光电耦合器导通，这种连接方式称为源型，如图 6.29(b)所示。

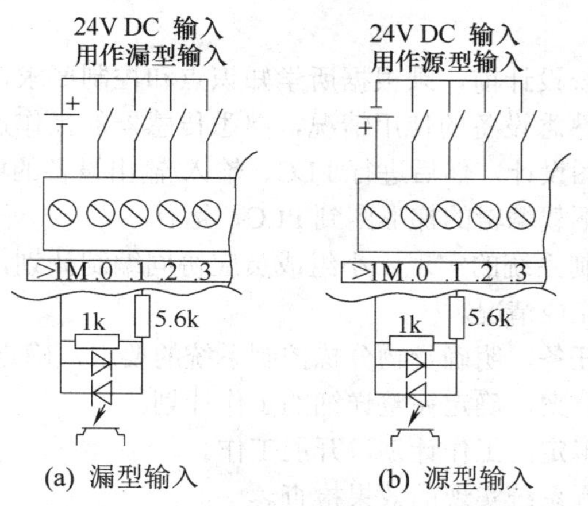

(a) 漏型输入　　(b) 源型输入

图 6.29　S7-200 的漏型输入和源型输入

当把 NPN 型的接近传感器接入 S7-200PLC 时，5.6k 的这个电阻相当于 NPN 的三极管的上拉电阻。所以这时公共端 1M 必须接电源正极而不能接负极，即 PLC 应为源型接入，这样当有物体接近时电流流向为：电源正极(M)→光耦二极管→5.6kΩ电阻→接近传感器 NPN 管→电源负极。NPN 接近传感器和 S7-200 的连接原理如图 6.30 所示。当使用的传感器是 PNP 输出形式时，S7-200 的输入公共端 M 接电源负极，其连接电路如图 6.31 所示。

系统所用的电感传感器、电容传感器和色标传感器均为 24V、NPN 输出形式。

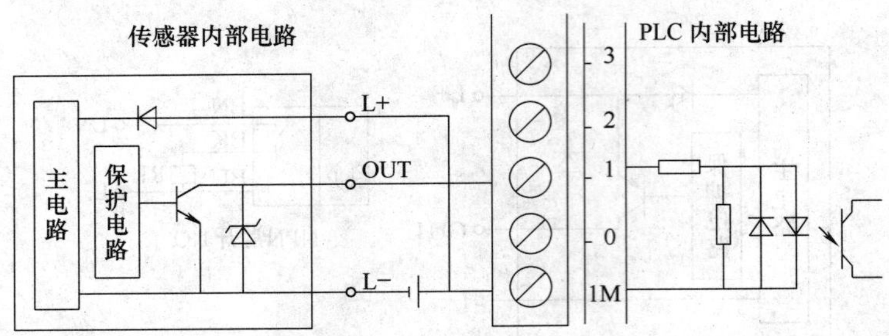

图 6.30　NPN 型传感器与 S7-200 的连接电路

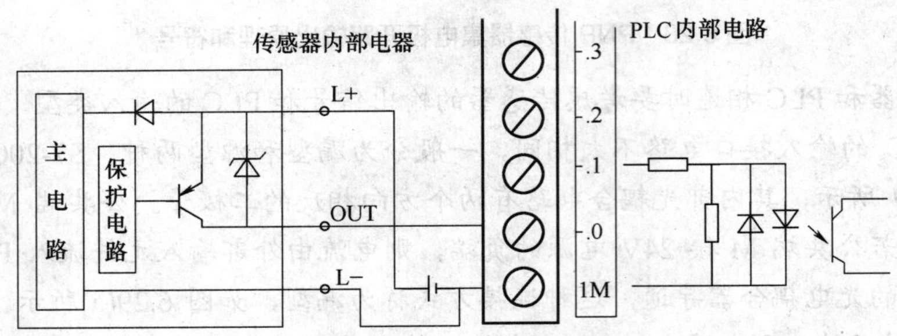

图 6.31　PNP 型传感器与 S7-200 的连接电路

1. 工作过程

在进行货物分拣系统设计前，须根据所学知识点和控制要求，分成几组完成任务，组内成员制订工作计划，熟悉设备的使用情况，熟悉传感器的工作过程，熟练使用指令，进行软件编辑和电气原理图设计，然后进行 PLC、输入/输出设备的电路连接，在检查电路正确的情况下，从计算机下载编辑的梯形图到 PLC，运行。

为了更好地完成控制系统的实现，小组成员应协同编制计划，并协作解决难题、相互之间监督计划的执行与完成情况。

(1) 小组成员研讨任务，明确货物分拣控制系统的要求，确定控制系统的实现方案。

(2) 根据系统实现方案，确定完整详细的工作计划。

(3) 根据小组成员拟定的工作计划，开展工作。

(4) 由本组成员进行系统实现的效果检查。

(5) 由其他组成员或老师进行评估。

2. 实训器材

CPU226CN DC/DC/DC(晶体管型)，VF0 变频器(0.4kW)、三相交流电动机、继电器、型号为 BLJ18A，百斯特公司生产的电感传感器、欧姆龙 E2K-X8ME1 电容传感器、欧姆龙 E3S-VS1E4 色标传感器，均为 24V 直流供电，NPN 输出类型。

3. 操作分析

(1) 进行 I/O 接点分配，绘制电气原理图，根据原理图接线。传感器安装图如图 6.32 所示，I/O 接点分配如表 6.14 所示，电气原理图如图 6.33 所示。

图 6.32　传感器外形及安装位置

表 6.14　货物检测 I/O 接点分配

输　入		输　出		
PLC 端子	注　释	PLC 端子	变频器接口	注　释
I0.0	启动按钮 SB1	Q0.0	NO.5	控制变频器启动
I0.1	停止按钮 SB2	Q0.1	NO.6	控制变频器正/反转
I0.2	接电感传感器信号端子	Q0.2		蓝色铁质
I0.3	接电容传感器信号端子	Q0.3		蓝色塑料
I0.4	接光电色标传感器信号端子	Q0.4		黄色铁质
I0.5	传送带末端光电传感器	Q0.5		黄色塑料

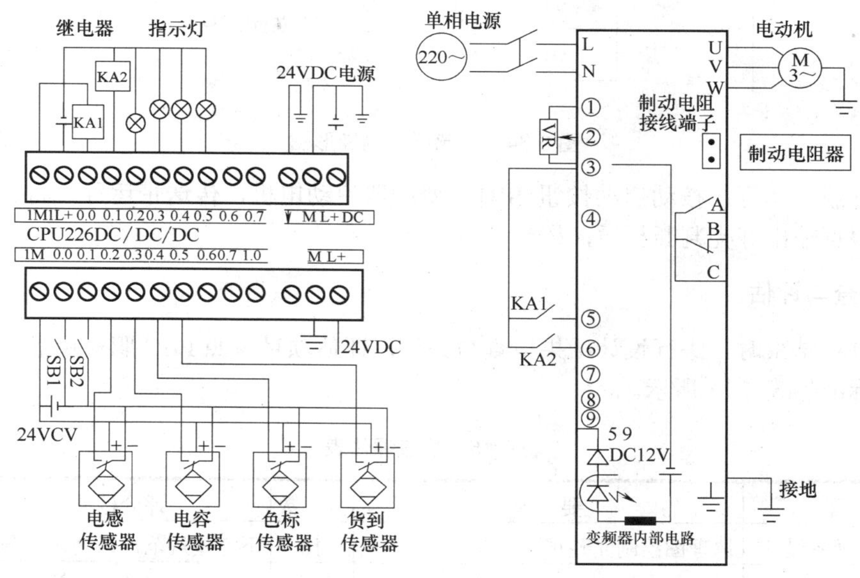

图 6.33　传感器与 PLC 连接电气原理图

(2)　按照 6.1.3 节所讲的操作步骤进行变频器参数设置，或按照表 6.12 的设置方法，设置 P08=2。变频器 NO.5 端子用于控制电动机的运行和停止，连接 PLC 的 Q0.0；变频器 NO.6 端子控制电动机的正转运行和反转运行，连接 PLC 的 Q0.1；参数 P09=1，进入 Fr 模式，运行频率设置为 20Hz。

(3)　编写程序。

提示：根据电感传感器和色标传感器组合判断四类材料，参考程序梯形图如图 6.34 所示。

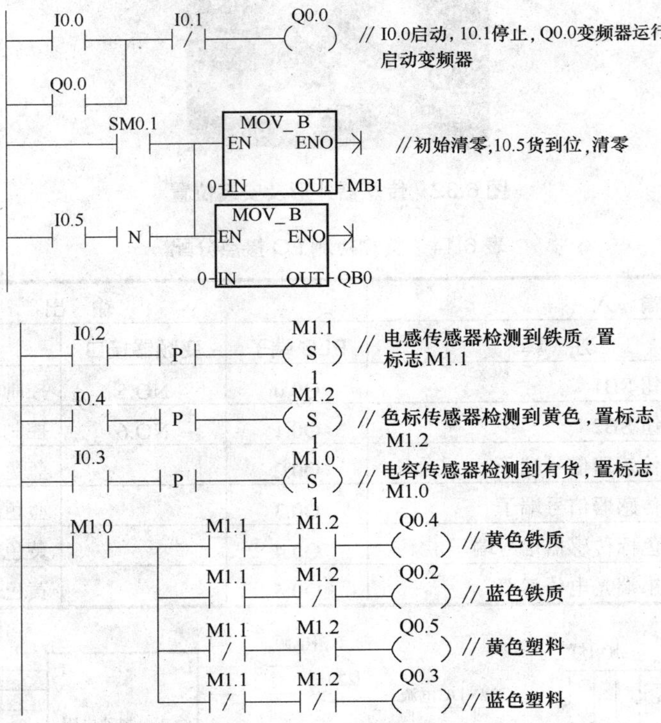

图 6.34 传感器检测梯形图

(4) 下载、运行：按动启动按钮 SB1，变频器启动电机，传送带运行，将材料放到传送带上，根据输出灯亮判断材质，核对是否正确。

4. 检查与评估

工作过程结束时，进行设计结果检查与评估，评估项目参照 PLC 职业标准。

评估标准如表 6.15 所示。

表 6.15 检查评估表

项 目	要 求	分 数	评分标准	得 分
系统电气原理图设计	原理图绘制完整规范	10	不完整规范，每处扣 2 分	
I/O 分配表	准确完整	10	不完整，每处扣 2 分	
程序设计	简洁易读，符合题目要求	20	不正确，每处扣 5 分	
电气线路安装和连接	线路安全简洁，符合工艺要求	30	不规范每处扣 5 分	
系统调试	系统设计达到题目要求，分类正确	30	第一次调试不合格扣 10 分 第二次调试不合格扣 10 分	
时间	60 分钟，每超时 5 分钟扣 5 分，不得超过 10 分钟			
安全	检查完毕通电，人为短路扣 20 分			

6.3　S7-200 系列 PLC 的气压驱动系统设计

气动传动简称气动，是指以压缩空气为工作介质来传递动力和控制信号，控制和驱动各种机械和设备，以实现生产过程的机械化、自动化。

在气压传动系统中，由气泵作为气压发生装置将具有压力的空气通过电磁阀(控制元件)和气路送入相应的气缸(执行元件)，从而驱动机械机构。在材料分拣系统中，气源出来的气体经过二联件处理后进入到汇流板，通过相应的电磁换向阀可进入各个气动执行元件，分别驱动井式出料气缸的推料动作、机械手升降气缸的上升下降运动、旋转气缸的回转动作及平行夹抓料和松料动作。整个气动系统的 3 个气缸全部采用出气节流调速；电磁阀采用 3 个二位五通阀和 1 个二位二通阀。系统选用集装式电磁换向阀，将所有电磁换向阀由汇流板集装在一起，以减小占用空间，其外形如图 6.35(a)所示。

知识链接　实验台气压系统介绍

在本系统中的气动单元有以下三个。

1. 井式出料塔

井式出料塔的外形如图 6.35(b)所示，功能部件是出料气缸，其功能是将井中货物推到传送带上。在气缸上有舌簧磁感应接近开关，以检测气缸活塞杆是否推到位，发出信号给 PLC 进行下一个动作。

2. 气动机械手

气动机械手的外形如图 6.36(a)所示，其功能是将传送带上的货物放到平面仓储系统的接货台上。它包括上升气缸、旋转气缸、平行气动手爪。气动手爪抓取传送带上的货物，升降气缸将手爪提升，旋转气缸旋转 180°，气动手爪到达平面仓库的接货台上方，升降气缸下降，气动手爪松开货物，落在接货台上。

机械手的平行夹是气动手指气缸，能实现各种抓取功能，是现代气动机械手的关键部件。平行气动手指气缸如图 6.36(b)所示，平行手指通过两个活塞工作。每个活塞由一个滚轮和一个双曲柄与气动手指相连，形成一个特殊的驱动单元。这样，气动手指总是轴向对心移动，每个手指是不能单独移动的。

(a) 汇流板

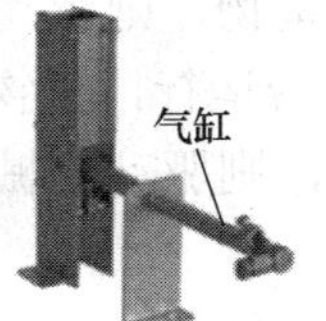

(b) 井式出料塔

图 6.35　汇流板和井式出料塔

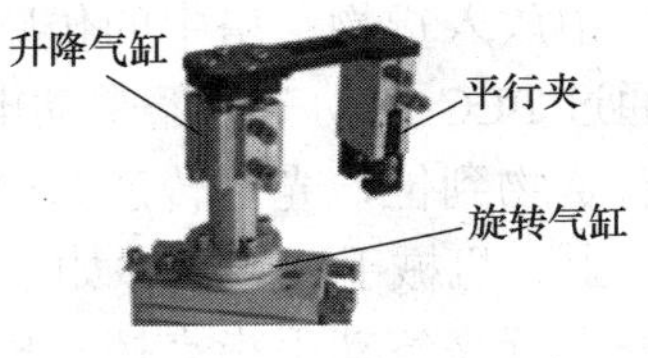

(a) 机械手

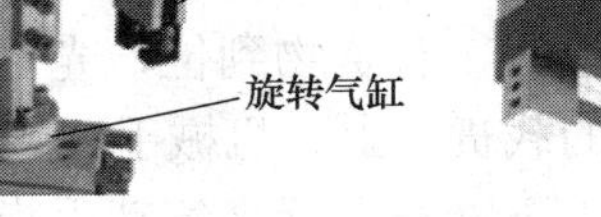

(b) 气动平行夹

图 6.36　气动平行夹和机械手

3. 直线导轨单元

直线导轨单元的外形如图 6.37 所示，它属于平面仓储系统，功能部件为推料手，接货台接到货物，根据程序运行状态由步进电机驱动，移动到相应仓库入口，气缸推动推料手，把货物推入平面仓库。接货台通过带式传动由步进电机驱动在滑动轨道上移动。

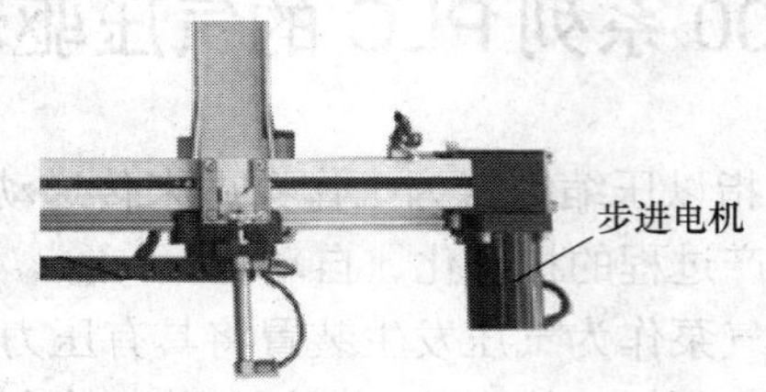

图 6.37 直线导轨单元

气压系统原理图如图 6.38 所示。电磁阀都采用两位五通电磁阀，受 PLC 控制，电磁阀不通电时，气缸处于原位，电磁阀通电时气路通，气缸动作。

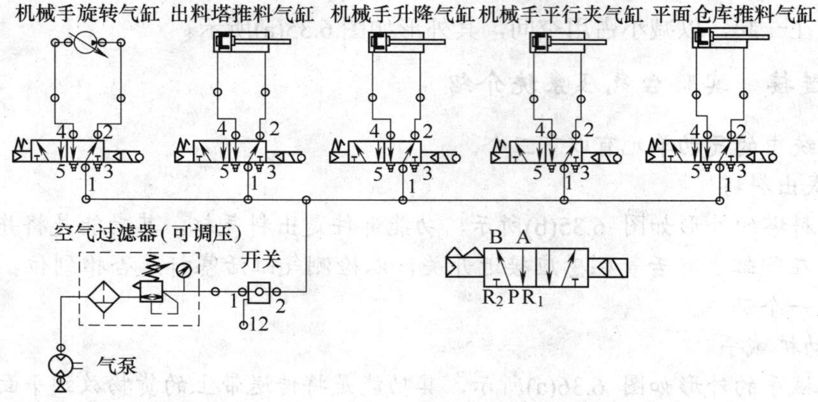

图 6.38 气压系统控制原理图

各个气缸的动作由相应的电磁阀控制，电磁阀的线圈作为输出设备连接在 PLC 的输出点上，PLC 根据程序控制电磁阀的接通和断开，从而控制气缸动作，完成工件的运送和存储。

本节只介绍 PLC 对电磁阀的控制。

1. 控制要求

在井式出料塔中放入货物，塔中的传感器检测到货物，则驱动出料塔气缸将货物推到传送带上，同时通过 PLC 启动变频器带动电机和传送带运行，货物随传送带移动。当进入传送带末端时，有货物到位，光电传感器检测到货物，则驱动机械手夹持货物，送到平面仓储系统的载货台上，机械手移动顺序如下。

机械手下降→平行夹气动手指夹持→机械手上升→旋转→下降→松开货物→机械手复位，等待下一个货物

2. 设计目的

- 熟悉 S7-200 和电磁阀的线路连接。
- 熟悉变频器与 PLC 的连接，熟悉变频器参数设置的工作过程。

- 了解气路的连接、安装过程。
- 进行机械手各气缸驱动的编程。

6.3.1　电磁阀介绍

在使用电磁阀前先了解一下电磁阀的结构和原理。

1. 电磁阀内部结构和工作原理

在气动回路中，电磁换向阀的作用是控制气流通道的通、断或改变压缩空气的流动方向。其结构由电磁部件和阀体组成。电磁部件由固定铁芯、动铁芯和线圈等部件组成；阀体部分由滑阀芯、滑阀套和弹簧底座等组成。当电磁线圈通电时，静铁芯对动铁芯产生电磁吸力使阀芯切换以改变气流方向。

电磁阀的分类有很多种，其中从电气控制方面来说有单线圈电磁阀和双线圈电磁阀两种。前者有一个电磁线圈，称为单电控，和单作用气动执行元件连接，单控阀初始位置是固定的，只能控制一个方向；后者有两个电磁线圈，称为双电控，和双作用气动执行元件连接。系统采用五个常开型单电控两位五通电磁阀来控制气缸的单个方向运动，实现气缸的伸出、缩回运动，其型号为SANWO SVK 0120，0.15～0.5MPa。其外形和符号如图 6.39 所示，结构原理如图 6.40 所示。

图 6.39　单线圈两位五通电磁阀

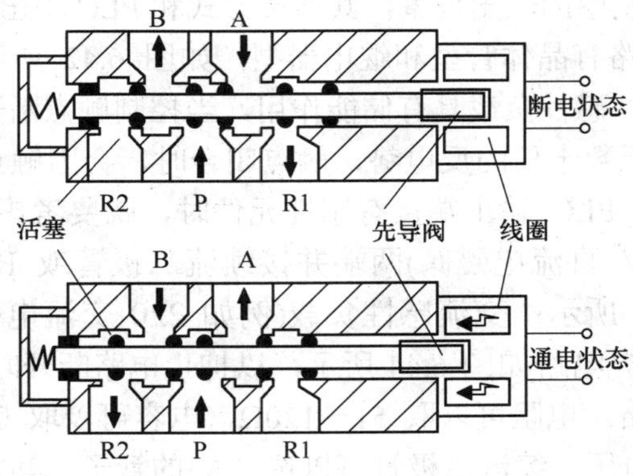

图 6.40　单线圈两位五通电磁阀的断电和通电

其中，P 口是输入口，连接气源，A、B 口表示阀与执行元件气缸连接的气口，R1、R2 为排气口，安装消声器。当电磁阀线圈未通电时，复位弹簧使阀芯处左侧位，电磁阀 P 和 B 进气、A 和 R1 排气，控制气缸的活塞则上升，如图 6.41 的两位五通电磁阀控制气缸原理图标，此时电磁阀状态处于常态位。当线圈通电时，线圈产生磁场，静动铁心吸合，使阀芯移动处右侧位，P 和 A 进气，B 和 R2 排气，气体进入气缸上腔，推动活塞下移。

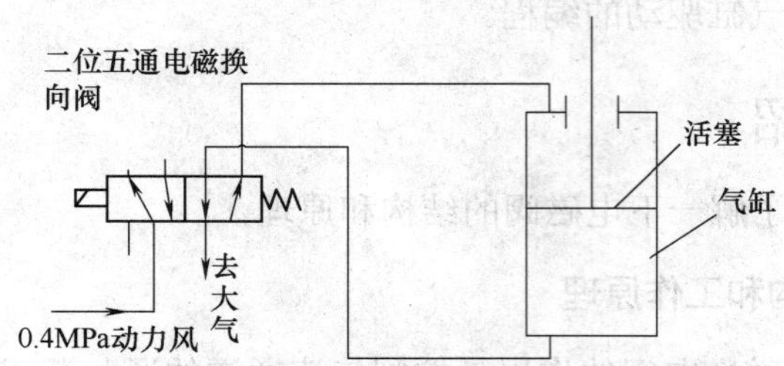

图 6.41　两位五通电磁阀控制气缸原理

知识链接　电磁阀的“通”与“位”的含义

“通”和“位”是换向阀的重要概念。不同的“通”和“位”构成了不同类型的换向阀。通常所说的“二位阀”和“三位阀”是指换向阀的阀芯有两个或三个不同的工作位置，在图形符号上即是方框的个数，对于电磁阀来说是带电或失电，对于所控制的阀来说就是打开或关闭。电磁阀阀芯在线圈电磁力驱动下滑动，阀芯在不同的位置时，电磁阀的通路也就不同。阀芯的工作位置有几个，该电磁阀就叫几位电磁阀。所谓“三通阀”、“四通阀”是指换向阀的阀体上有三个、四个各不相通且可与系统中不同油(气)管相连的接口，不同油(气)道之间只能通过阀芯移位时阀口的开关来沟通。有几个通路口，该电磁阀就叫几通电磁阀。阀芯未受到操纵力时所处的位置称常态位。三位电磁阀图形符号中的中位是三位阀的常态位。利用弹簧复位的二位阀则以靠近弹簧方框内的通路状态为其常态位。常通型是指阀的控制口未加控制信号(即零位)时，P 口和 A 口相通。反之，常断型阀在零位时，P 口和 A 口是断开的。

2. S7-200 驱动电磁阀的方法

电磁阀作为 PLC 控制中的输出设备，其连接方式和 PLC 输出接口有关。

PLC 的输出接口电路有晶体管型和继电器型，如图 6.42 所示。电磁阀的控制线圈对 PLC 来说属于感性负载，感性负载具有储能作用，当控制触点断开时，感性负载会产生电弧高于电源电压数倍甚至数十倍的反电势，触点闭合时，会因触点的抖动而产生电弧，它们都会对系统产生干扰。PLC 输出端接有感性元件时，就要考虑接入相应的保护电路。直流感性负载(例如 24V 直流电磁阀)两端并接续流二极管或 RC 浪涌吸收电路，直流负载保护电路如图 6.43 所示；交流感性负载(例如 220 交流电磁阀)两端并接 RC 浪涌吸收电路，交流负载保护电路如图 6.44 所示，以抑止电路断开时产生的电弧对 PLC 的影响，保护 PLC 输出电路。电阻可以取 51～120Ω，电容可以取 0.1～0.47μF，电容的额定电压应大于电源的峰值电压。续流二极管可以选 1A 的管子，其额定电压应大于电源电压的 3 倍。

如果 PLC 输出端控制的负载电流超过最大限额而动作又频繁时，可先外接继电器，然后由继电器驱动负载。如图 6.45 通过继电器转接的输出电路。在图 6.13 的 PLC 与 VF0 变频器的电气原理图中，由于变频器输入点需要无电压接点，也是通过继电器由输出点转接的。

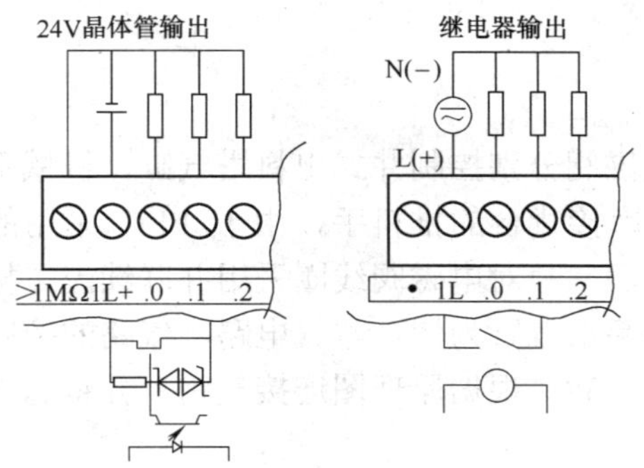

图 6.42　PLC 输出接口电路

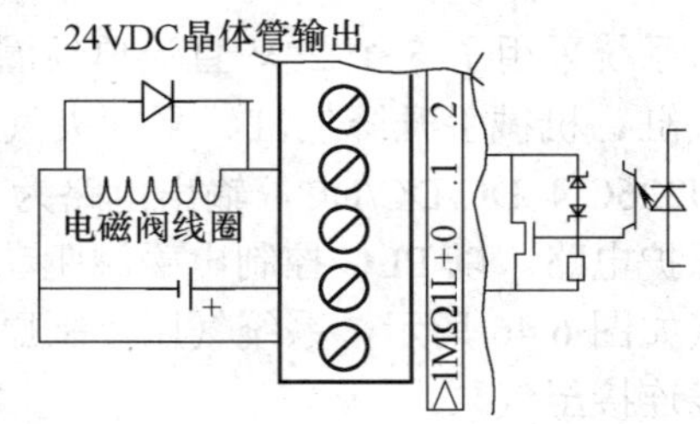

图 6.43　直流感性负载保护电路

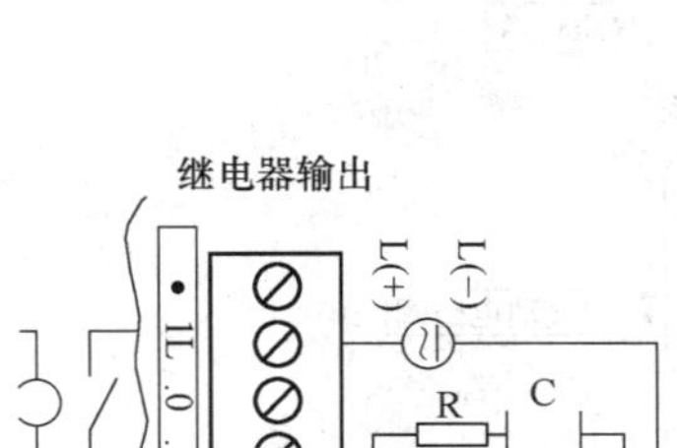

图 6.44　交流感性负载阻容保护电路

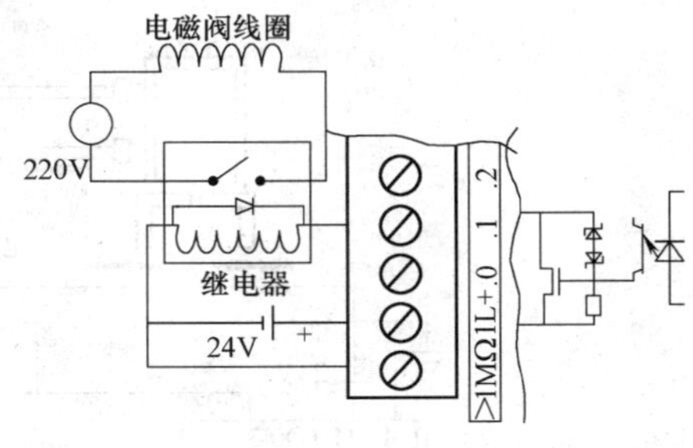

图 6.45　继电器转接的感性负载

6.3.2　S7-200 系列 PLC 的气压驱动系统设计过程

在进行气压驱动系统设计前，须根据所学电磁阀的知识和控制要求，分成几组完成任务，组内成员制订工作计划，熟悉电磁阀使用情况，熟练使用指令，进行软件编辑和电气原理图设计，然后进行 PLC、输入/输出设备的电路连接，在检查电路正确的情况下，从计算机下载编辑的梯形图到 PLC，运行。

1．工作过程

为了更好地完成气压驱动系统的实现，小组成员应协同编制计划，并协作解决难题、相互之间监督计划的执行与完成情况。

- 小组成员研讨任务，明确气压驱动系统的要求，确定控制系统的实现方案。
- 根据系统实现方案，确定完整详细的工作计划。
- 根据小组成员拟定的工作计划，开展工作。
- 由本组成员进行控制系统实现的效果检查。
- 由其他组成员或老师进行评估。

2．实训器材

CPU226CN DC/DC/DC(晶体管型)，VF0 变频器(0.4kW)、三相交流电动机、继电器、百斯特公司生产的型号为 BLJ18A 的电感传感器、电容传感器连接线、色标传感器、光电传感器、机械手、推料气缸和电磁阀。

3. 操作分析

1) 气路设计

系统采用了 5 个 24V 直流单线圈两位五通电磁阀分别控制井式出料塔气缸、机械手旋转气缸、机械手升降气缸、平行夹气动手爪和入库接货台的推料手，由于 PLC 采用的是 CPU226CN DC/DC/DC，输出电路为 24V 直流电源，故对电磁阀线圈采用并联续流二极管以保护电路。以 PLC 控制电磁阀驱动平行夹气动手爪气缸为例，电气电路、气路的控制与连接如图 6.46 所示，系统气压控制原理图参见图 6.38。根据原理图连接气路，并将总气路管线连接至气泵。

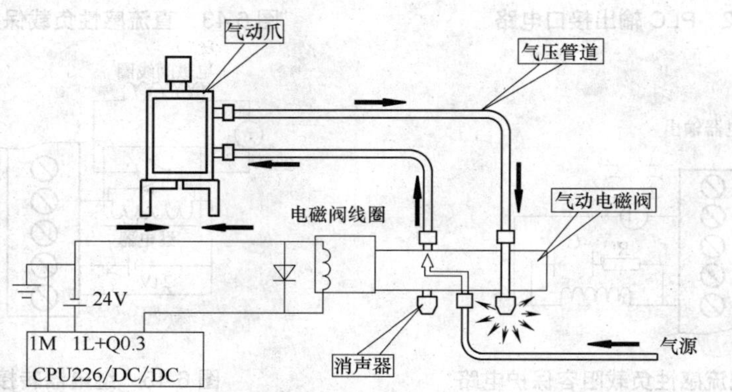

图 6.46 气动手爪的电气、气路控制

气动手爪是一种变型气缸。它可以用来抓取物体，实现机械手的各种动作。在自动化系统中，气动手爪常应用在搬运、传送工件机构中抓取、拾放物体。气动手爪的电磁阀由 PLC 的输出触点 Q0.3 控制，当 Q0.3 有输出信号时，电磁阀动作，气体进入平行夹气缸，使手爪向内动作夹取货物。

2) 进行 I/O 接点分配

I/O 接点分配如表 6.16 所示，绘制电气原理图，如图 6.47 所示，根据原理图将各个设备连接，将电磁阀的接线端子分别接至 PLC 的输出点和电源地端。设备结构分布图如图 6.48 所示。根据机械手的工作过程，设置机械手电磁阀动作顺序表，如表 6.17 所示。

表 6.16 PLC 控制电磁阀 I/O 分配表

输 入		输 出	
SB1 启动按钮	I0.0	井式出料塔气缸电磁阀 KF1	Q0.0
SB2 停止按钮	I0.1	机械手平行夹电磁阀 KF2	Q0.1
塔中有货传感器	I0.2	升降气缸电磁阀 KF3	Q0.2
传送带上货物到位传感器	I0.3	旋转气缸电磁阀 KF4	Q0.3
		载货台入库气缸电磁阀 KF5	Q0.4
出料塔气缸到位舍簧磁性开关	I0.4	变频器运行/停止 NO.5	Q0.5
		变频器正转/反转 NO.6	Q0.6

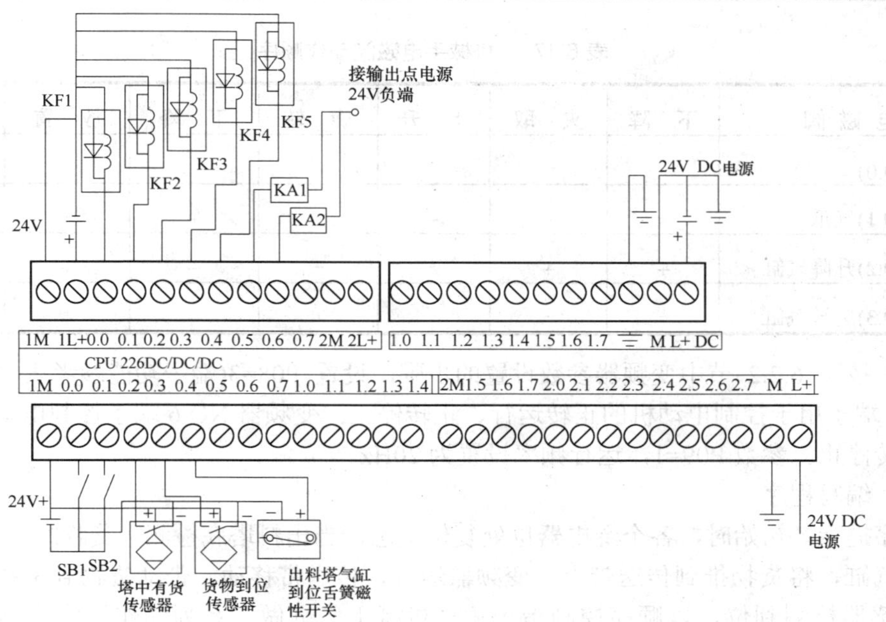

(a) PLC 接线图

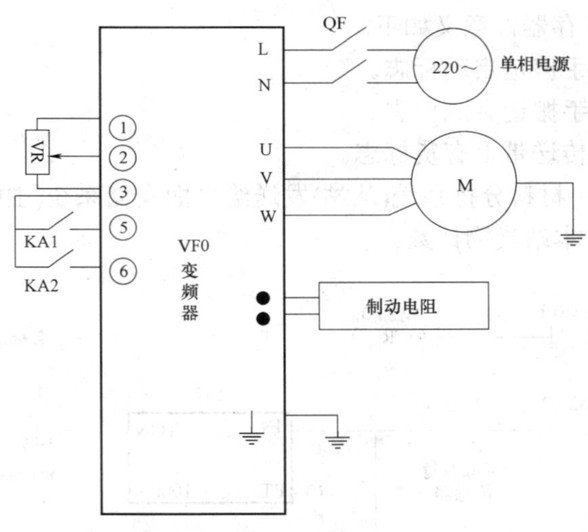

(b) 变频器接线图

图 6.47　PLC 气压控制电气原理图

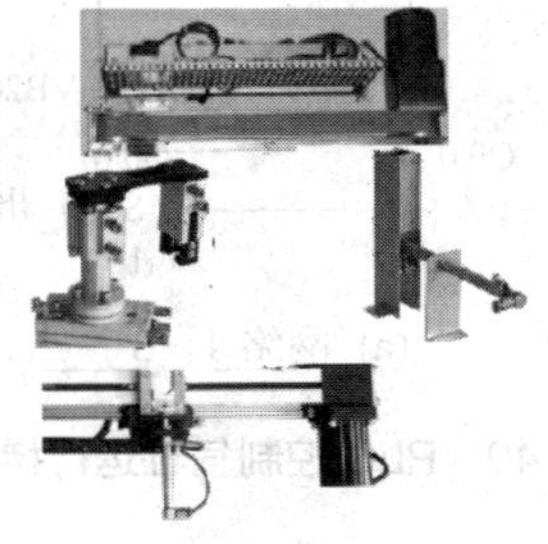

图 6.48　PLC 气压控制设备分布图

表 6.17　机械手电磁阀动作顺序

电 磁 阀	下 降	夹 取	上 升	旋 转	下 降	放 置	复 位
KF1(Q0.0)							
KF2(Q0.1)气爪	−	+	+	+	+	−	−
KF3(Q0.2)升降气缸	+	+	−	−	+	+	−
KF4(Q0.3)旋转气缸	−	−	−	+	+	+	−

3)　按照 6.2.2 节中变频器参数设置的步骤，设置 P08=3(端子功能参考表 6.4)，变频器 NO.5 端子用于控制电动机的正转运行、正转停止；变频器 NO.6 端子控制电动机反转运行、反转停止。参数 P09=1，运行频率设置为 20Hz。

4)　编写程序

程序提示：初始时，各个继电器位处复位状态，当出料塔底检测到货物时，延时 1s 驱动推料气缸，将货物推到传送带上，变频器运行，传送带移动，带动货物到末端，有货到光电传感器检测到位，以顺序控制指令驱动机械手气缸做一系列动作，将货物移到下一站。梯形图如图 6.49 所示。

用到的内部寄存器位意义如下。

- M20.0：手搬运启动标志。
- M20.1：手搬运完成标志。
- M20.2：传送带上有货标志。
- VB1000：材料分拣系统(从站)发送给平面仓储系统(主站)的搬运完毕标志。
- VB200：本站货物计数。

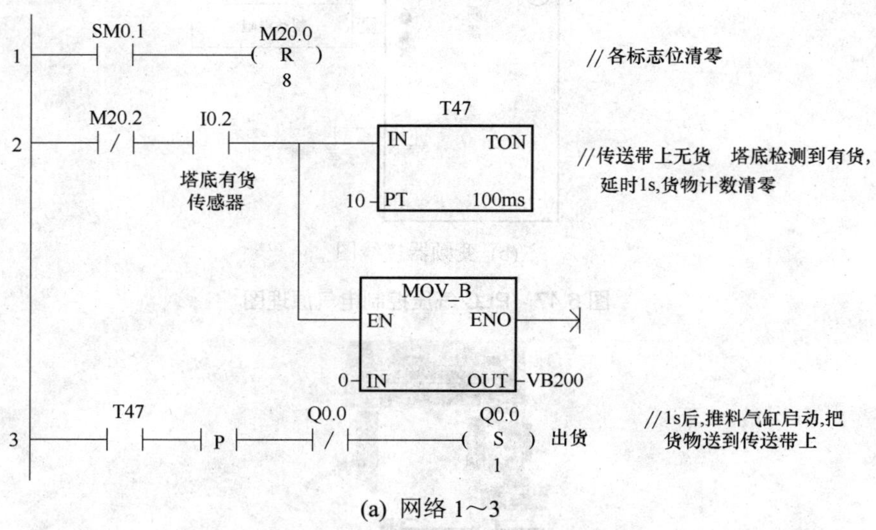

(a) 网络 1～3

图 6.49　PLC 控制气缸运行梯形图

4 Q0.0 T48 IN TON 20 PT 100ms

//气缸复位,置位传送带有货标志

T48 Q0.0 (R) 1

M20.0 (S) 1

机械手搬运启动,货物计时器加1

5 M20.2 Q0.0 / Q0.5 ( )

// 传送带有货,变频器启动

6 I0.3 P M20.0 (S)

传送带末端货物到位传感器

MOV_B EN ENO 0 IN OUT VB1000

//货物到达传送带末端，M20.0为1,VB1000发送给主站的货物搬运标志清零

MOV_B EN ENO 1 IN OUT VB200

//货物计数器加1

(b) 网络 4～6

7 M20.0 S0.0 (S) 1

//启动机械手开始搬运货物

8 S0.0 SCR

9 S0.0 Q0.2 升降 (S) 1

MOV_B EN ENO 1 IN OUT VB1000

10 Q0.2 升降 下降 T40 IN TON 15 PT 100ms

T40 S0.1 (SCRT) //下降1s后,启动下一个步骤

11 (SCRE)

12 S0.1 SCR

13 S0.1 Q0.2 (S) 1 //保持下降

Q0.1 (S) //夹持气缸夹持

14 Q0.1 T41 IN TON 15 PT 100ms

T41 Q0.2 (R) 1

S0.2 (SCRT)

15 (SCRE)

(c) 网络 7～15

图 6.49 PLC 控制气缸运行梯形图(续一)

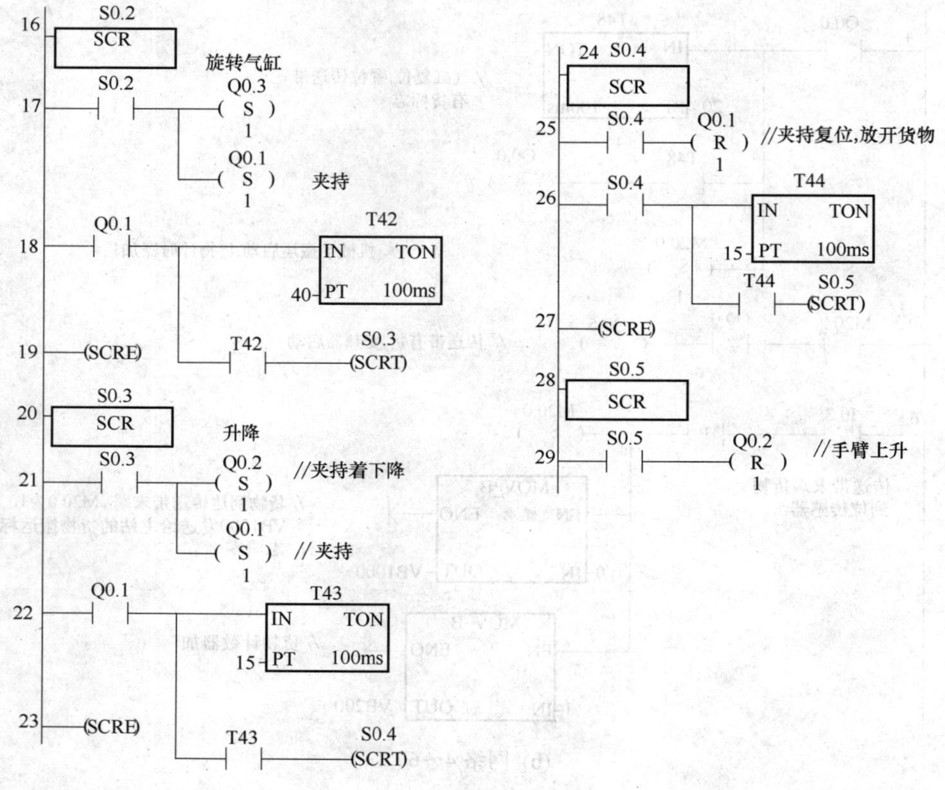

(d) 网络 16～29

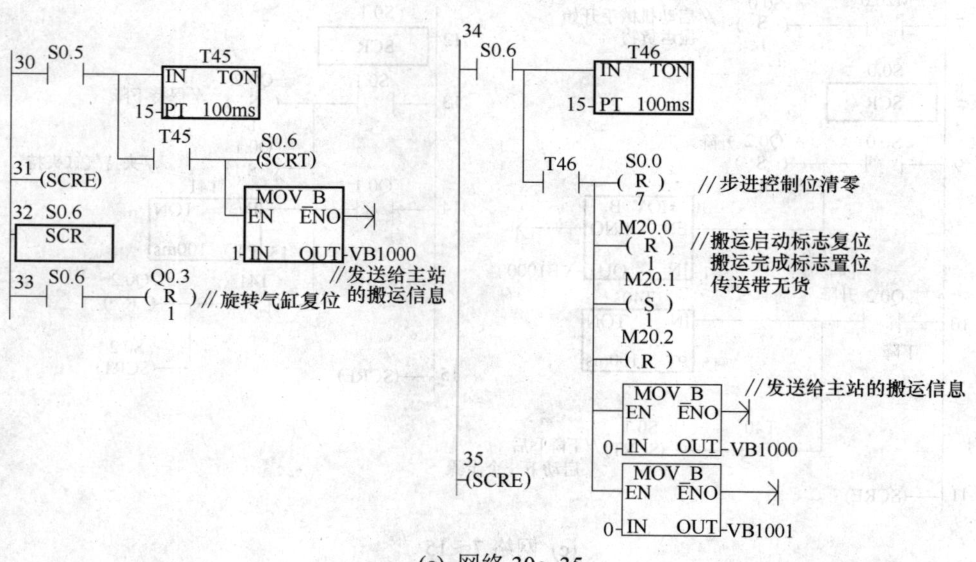

(e) 网络 30～35

图 6.49 PLC 控制气缸运行梯形图(续二)

5) 程序运行

电路连接好，确定无误，将气路连接好，气泵接通电源，进入空气，有气压后开启电源，井式塔中放入货物，查看系统的运行情况。

6) 程序拓展

本实训参考程序只是基本运行的一部分，电气原理图中的元件没有都用到，在学习时可以再扩展编程。

拓展训练控制要求如下。

- 以 SB1 启动系统，同时启动变频器，当塔中有货时，变频器停止，货物送到传送带上，变频器重新启动。
- 推料气缸的到位开关用于控制推料气缸电磁阀的通、断电。

4．检查与评估

工作过程结束时，进行设计结果检查与评估，评估项目参照 PLC 职业标准。

评估标准见表 6.18。

表 6.18　检查评估表

项　目	要　求	分　数	评分标准	得　分
系统电气原理图设计、气路设计	原理图绘制完整规范	10	不完整规范，每处扣 2 分	
I/O 分配表	准确完整	10	不完整，每处扣 2 分	
程序设计	简洁易读，符合题目要求	20	不正确，每处扣 5 分	
电气线路安装和连接	线路安全简洁，符合工艺要求	30	不规范每处扣 5 分	
系统调试	系统设计达到题目要求，分类正确	30	第一次调试不合格扣 10 分 第二次调试不合格扣 10 分	
时间	60 分钟，每超时 5 分钟扣 5 分，不得超过 10 分钟			
安全	检查完毕通电，人为短路扣 20 分			

6.4　两台 PLC 的通信系统设计

本系统分为两个单元：材料分拣和平面仓储单元，分别由两个 CPU226CN DC/DC/DC 进行控制。CPU226CN 有两个通信端口：PORT0 和 PORT1，可以和计算机(含有 STEP 7-Micro/WIN)通信，和其他 PLC 主、从站通信，或者自动控制智能设备通信。有关详细 PLC 网络通信的内容请参见第 8 章。

1．控制要求

在材料分拣中的传感器进行检测时，做出分类标志：蓝色铁质标志位、蓝色塑料标志位、黄色铁质标志位、黄色塑料标志位和机械手搬运完成标志，将这些标志传递给平面仓储系统作为启动步进电机进行载货和分配货物入库的依据。

将材料分拣系统设为 4#从站，平面仓储系统设为 3#主站，在 4#从站中置数据区 VB1000=1(模拟传送货物完毕的信号)，VB1001=1、2(模拟货物类别，入 1、2 号库)，在主站中采集从站的 VB1000 和 VB1001 的数据，将其放在主站的 VB1007 和 VB1008 中，根据数据使主站的 Q0.1(模拟入库开始)和 Q0.2(模拟入库结束)亮，并置标志 VB1017=1(模拟入库完毕，等待接货)传送给 4#从站 VB1010。

2. 实训目的

- 熟悉 S7-200 之间通信线路连接。
- 熟悉 PLC 通信参数设置工作过程。

6.4.1 网络通信指令

西门子 S7-200 系列 PLC 之间或者 PLC 与 PC 之间的通信有很多种方式：自由口，点对点接口(Point to Point Interface，PPI)方式，多点接口(Multi-Point，MPI)方式和过程现场总线(Profibus)方式。PPI 协议是专门为 S7-200 开发的通信协议。S7-200 系列 CPU 的通信口(Port0、Port1)支持 PPI 通信协议，S7-200 系列 CPU 之间的 PPI 网络通信只需要两条简单的指令，它们是网络读(NetRead，NetR)和网络写(NetWrite，NetW)指令。

在网络读写通信中，只有主站需要调用 NetR/NetW 指令，从站只需编程处理数据缓冲区(取用或准备数据)。PPI 网络上的所有通信站点有各自不同的网络地址，否则通信不会正常进行。

可以用以下两种方法编程实现 PPI 网络的读写通信。

- 使用 NETR/NETW 指令，编程实现。
- 使用 STEP 7-Micro/WIN 中的 Instruction Wizard(指令向导)中的 NETR/NETW 向导完成通信区设置。

本节采用 NetR/NetW 网络读写指令。网络读写编程大致有如下几个步骤。

(1) 规划本地和远程通信站的数据缓冲区。
(2) 在控制字 SMB30(或 SMB130)中将通信口设置为 PPI 主站。
(3) 装入远程站(通信对象)地址。
(4) 装入远程站相应的数据缓冲区(无论是要读入的或者是写出的)地址。
(5) 装入数据字节数。
(6) 执行网络读写(NetR/NetW)指令。

网络读写指令

1) 指令格式

网络读 NETR(Network Read)指令和网络写 NERW(Network Write)指令的格式如图 6.50 所示。NETR 通过 PLC 的 PORT 口(PORT 参数指定为 0 或 1)从其他 PLC 中指定地址(TBL 参数指定)的数据区读取最多 16 字节信息存入本 CPU 的指定地址的数据区。NERW 通过 PLC 的 Port 口将本 CPU 的指定地址的数据区向其他 PLC 中指定地址的数据区写入最多 16 字节信息。默认时，CPU 工作在 PPI 从站模式，用程序通过特殊寄存器 SMB30 定义 Port0、特殊寄存器 SMB130 定义 Port1 为主站模式，就可以应用网络读写指令对另一台

S7-200 进行读写操作。

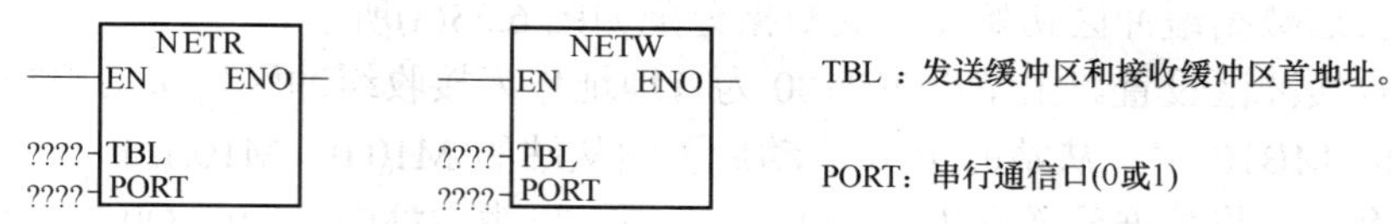

图 6.50　网络读写指令格式

网络读写指令只在 PPI 主站进行编程，读写前需进行发送缓冲区和接受缓冲区的初始化。指令中 TBL 参数定义的发送/接收缓冲区数据格式如图 6.51 所示。

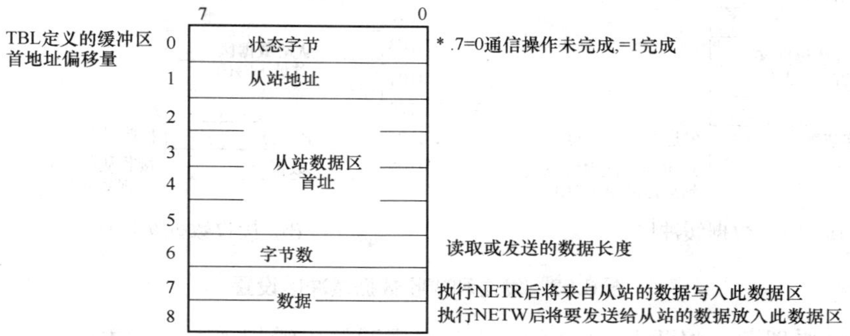

图 6.51　发送/接收缓冲区数据格式

2)　PPI 通信主站定义

S7-200 系列 PLC 使用特殊寄存器字节 SMB30(对 Port0，端口 0)和 SMB130(对 Port1，端口 1)定义通信端口。寄存器各控制位定义如图 6.52 所示。

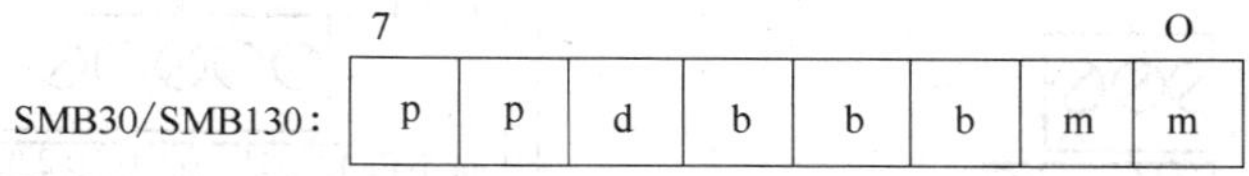

图 6.52　寄存器各控制位定义

控制字节的最低两位 mm 用来决定相应通信口的工作模式。其中，

- mm=00：PPI 从站模式(默认设置为从站模式)。
- mm=01：PPI 自由口模式。
- mm=10：PPI 主站模式。

只要向 SMB30 或 SMB130 中写入数值 2(二进制 10)，就可以将通信口 0 或 1 设置为 PPI 主站模式。

例 6.1　设有 1 台 CPU226 为 3#主站，1 台 CPU224 为 4#从站，主站的 I0.0 启动从站连接的电机 Y—△启动控制电路，I0.1 停止电机运行。从站的启动按钮 I0.0 启动主站的红绿黄 3 盏灯使其每隔 1s 依次点亮并循环，I0.1 停止灯亮。进行电气图设计和网络通信编程。

分析：

(1) 发送缓冲区设置。主站以 VB110 为首地址作为发送缓冲区。主站控制从站的数据存储在主站的 VB117 中，主站 I0.0 启动后影响本站的 V117.0、V117.1 和 V117.2，执行网络写指令后 V117 的数据传递给从站的 MB11，再由从站的 Q0.0、Q0.1 和 Q0.2 输出。需要进行主站发送数据缓冲区初始化，其数据分配如图 6.53(a)所示。

(2) 接收缓冲区设置。主站以 VB100 为首地址作为接收缓冲区。从站控制主站的数据存储在从站的 MB10 中，从站的 I0.0 启动后影响从站的 M10.0、M10.1 和 M10.2，主站执行网络读指令后，将数据传递到主站的 VB107 中，再由主站的 Q0.0、Q0.1 和 Q0.2 输出。需要进行主站接收数据缓冲区的初始化，其数据分配如图 6.53(b)所示。

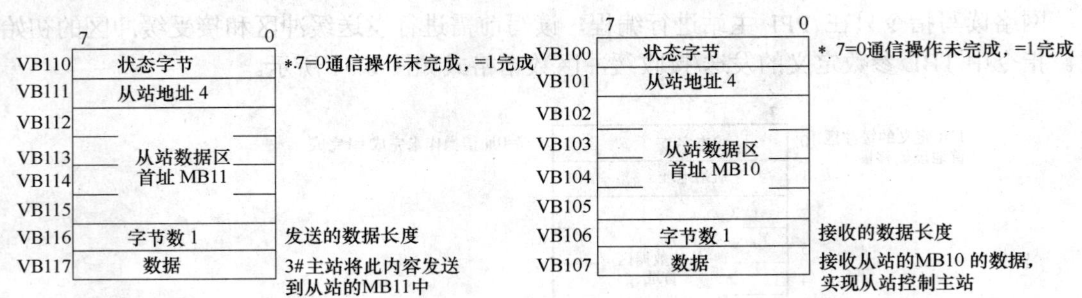

图 6.53 发送和接收数据缓冲区设置

(3) 电气原理图。将两台 PLC 的 Port0 口用通信电缆相连，作为主站的 CPU226 输出连接 3 盏灯，从站的输出连接控制电动机的接触器，连接电源和启动、停止按钮。控制电气原理图如图 6.54 所示，从站电动机主电路如图 6.55 所示。

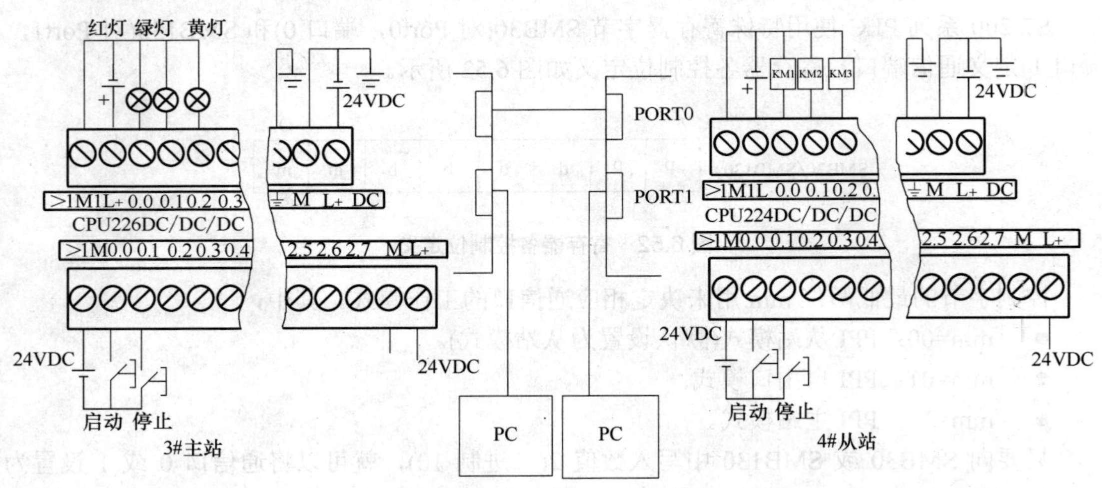

图 6.54 电气原理图

(4) 通信设置。主站 PLC 与 PC 机通信成功后，在其 STEP 7-Micro/WIN 编程界面里，单击“系统块”的“通信端口”命令，将其 PPI 网络中的端口 0 的 PLC 地址置为 3，波特率置为 9.6kbps，然后单击“确认”按钮。下载系统块到 PLC 中。

从站 PLC 与 PC 机通信成功后，在其 STEP 7-Micro/WIN 编程界面中单击“系统块”的“通信端口”命令，将其 PPI 网络中的端口 0 的 PLC 地址置为 4，波特率置为 9.6kbps，单击“确认”按钮。下载系统块到 PLC 中。

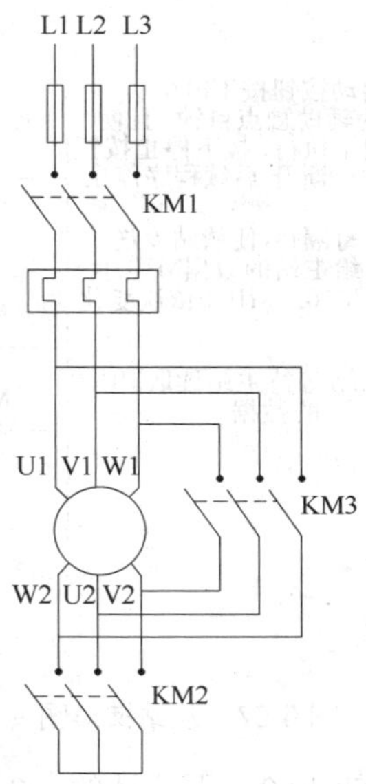

图 6.55　从站电动机控制主电路

(5) 编程。分别对主站 PLC 和从站 PLC 进行编程，下载，并进入运行操作。主站梯形图如图 6.56 所示，从站梯形图如图 6.57 所示。

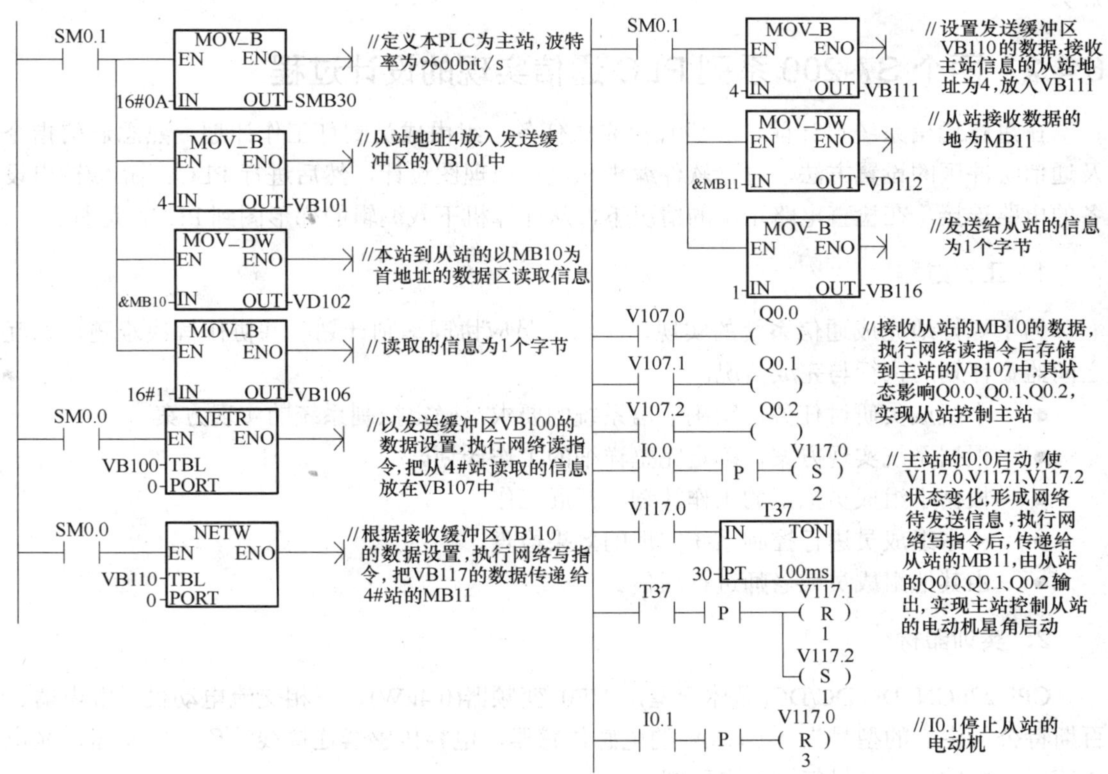

图 6.56　主站梯图形

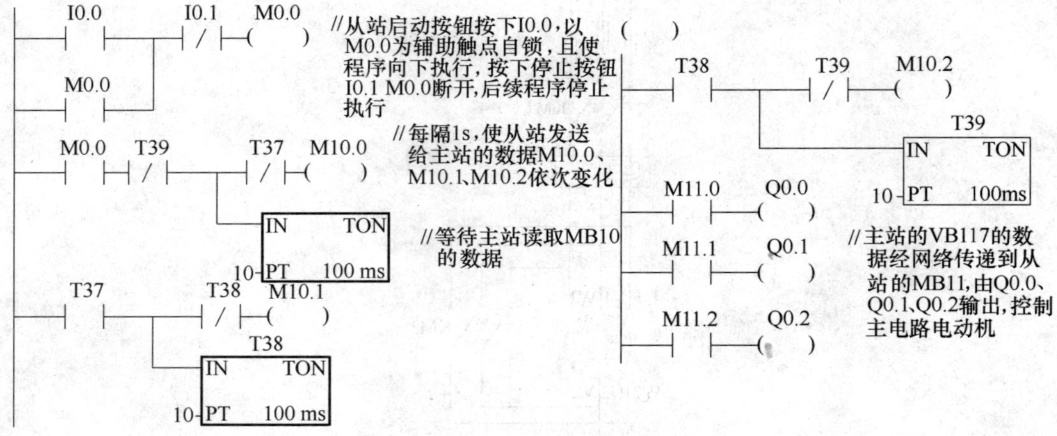

图 6.57　从站梯形图

(6) 执行。按下主站的启动按钮 I0.0，则从站的 Q0.0、Q0.1 接通，使从站电动机的主电路接触器 KM1、KM2 接通，电动机星形启动，3s 后 KM2 断开，KM3 接通，电动机角形运行。按下停止按钮 I0.1，3 个接触器均断开，电动机停止。按下从站的启动按钮 I0.0，主站的 Q0.0、Q0.1 和 Q0.2 连接的灯依次亮灭并循环，按下停止按钮 I0.1，主站的 3 盏灯灭。

6.4.2　两个 S7-200 系列 PLC 通信实现的设计过程

在进行通信系统设计前，分成几组完成任务，组内成员制订工作计划，熟悉通信指令及通信缓冲区的设置方法，进行软件编辑和电气原理图设计，然后进行 PLC、输入/输出设备的电路连接，在检查电路正确的情况下，从计算机下载编辑的梯形图到 PLC，运行。

1．工作过程

为了更好地完成通信系统的实现，小组成员应协同编制计划，并协作解决难题、相互之间监督计划的执行与完成情况。

- 小组成员研讨任务，明确通信系统的要求，确定控制系统的实现方案。
- 根据系统实现方案，确定完整详细的工作计划。
- 根据小组成员拟定的工作计划，开展工作。
- 由本组成员进行控制系统实现的效果检查。
- 由其他组成员或老师进行评估。

2．实训器材

CPU226CN DC/DC/DC(晶体管型)，VF0 变频器(0.4kW)、三相交流电动机、继电器、百斯特公司生产的型号为 BLJ18A 的电感传感器、电容传感器连接线、色标传感器、光电传感器、机械手、推料气缸和电磁阀。

3．操作分析

1)　线路连接

用双绞线将两个 PLC 的 Port0 口相连，实现 PLC 之间的通信，其 Port1 口用 PPI 电缆分别与带有 STEP 7-Micro/WIN 编程软件的计算机相连，以实现编程和监控。两个 S7-200 的通信连接如图 6.58 所示。

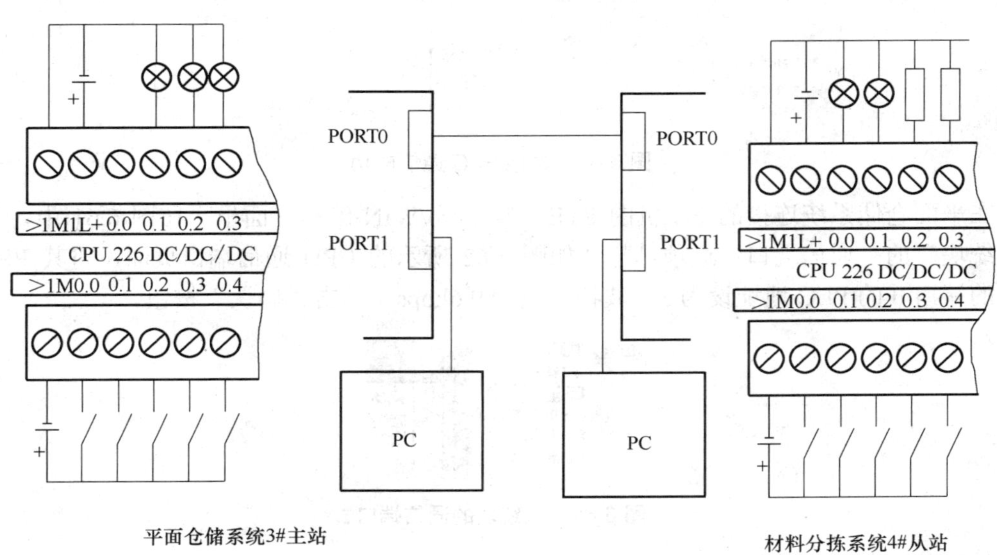

图 6.58　两个 S7-200 的通信连接

2)　地址设置

采用网络读写指令进行两个 S7-200 的通信。

为了通信，将平面仓储系统设为 3#主站，材料分拣系统设为 4#从站，在主站中进行网络编程。

按照图 6.58 连接好两个 PLC 和 PC 机。分别在两个本地编程 PC 机上，在项目里的通信栏目里双击“通信”命令，在图 6.59 中，双击“双击刷新”命令，测试能否本地通信。若测试成功，则显示如图 6.60 所示的本地 CPU 型号、站号和 PPI 通信波特率。编程机地址为 0，PLC 地址为 2。

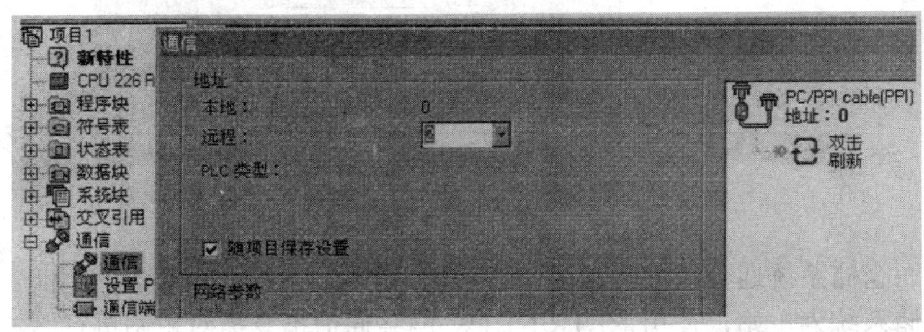

图 6.59　本地 PLC 通信

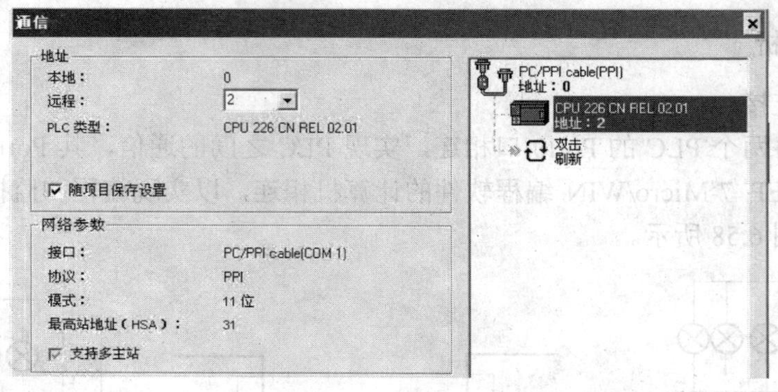

图 6.60　本地 PLC 通信成功

在平面仓储系统连接的 PC 机的 STEP 7-Micro/WIN 编程界面里，在图 6.61 中，单击“系统块”的“通信端口”选项，打开如图 6.62 所示的 CPU 通信端口页面，将其 PPI 网络中的端口 0 的 PLC 地址设为 3，波特率设为 9.6kbps，单击“确认”按钮。

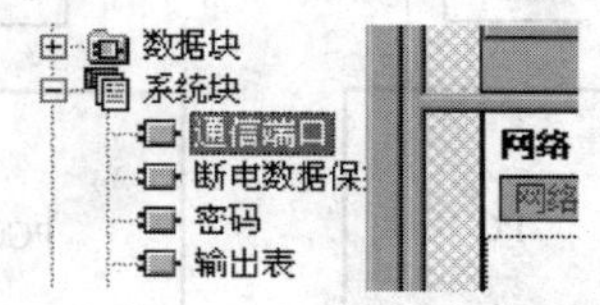

图 6.61　系统块的通信端口

然后从菜单栏中选择“文件”→“下载”命令，把设置好的系统块下载到 CPU 中。在材料分拣系统中同样打开图 6.62 所示的页面，将其端口 0 地址设为 4，单击“确认”按钮，下载系统块。

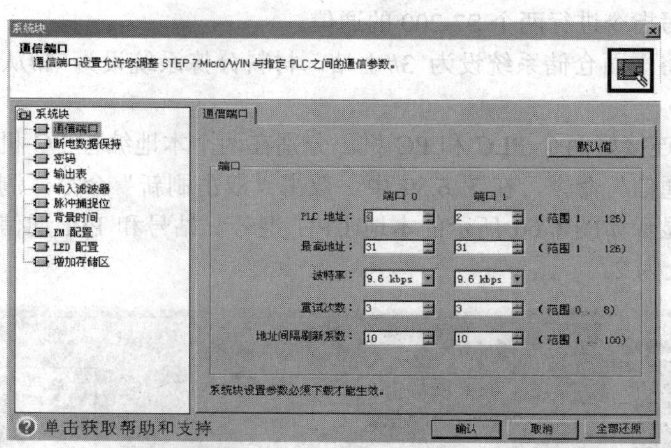

图 6.62　设置端口 0 的地址、波特率

3)　平面仓储系统通信缓冲区设置

平面仓储系统为主站，使用 NETR/NETW 网络通信指令需对主站进行缓冲区设置，材料分拣系统为从站，只设置数据区。

主站接收缓冲区首地址为 VB1000，初始清零，要通信的从站地址 4 放在 VB1001

中，从从站的以 VB1000 为首地址的数据区获得数据，从站地址放在主站的 VD1002 中，传送字节数据长度放在 VB1006 中，真正的数据从 VB1007 开始。接收缓冲区数据分配如图 6.63 所示。

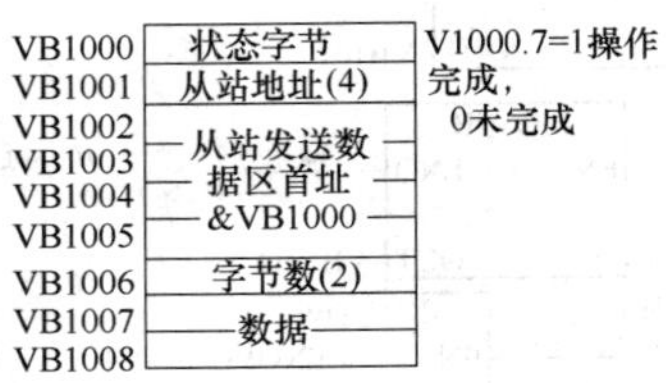

图 6.63　主站接收缓冲区

主站发送缓冲区首地址为 VB1010，其数据设置如图 6.64 所示。

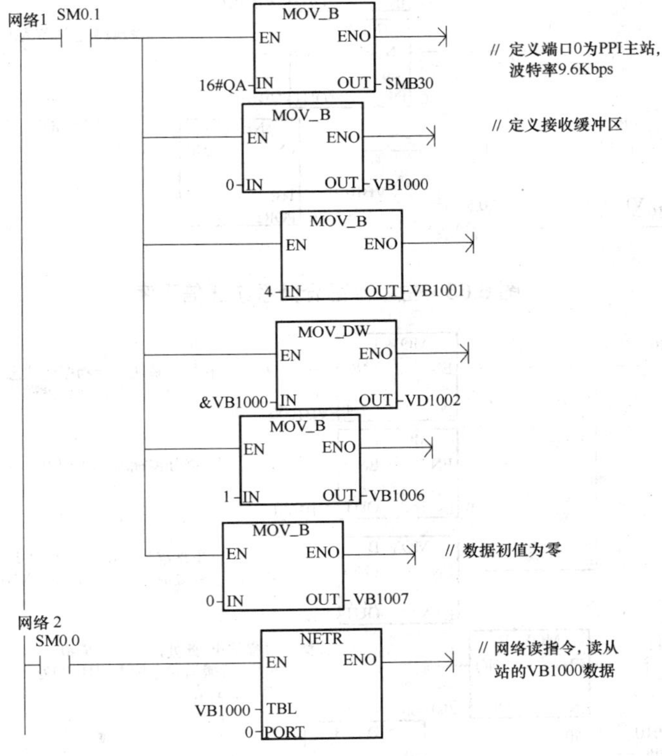

图 6.64　主站发送缓冲区

4)　程序编写

程序设计时要先对接收缓冲区和发送缓冲区进行初始化，然后进行数据传输，下面分别进行主、从站通信编程。

(1)　主站平面仓储系统通信程序

梯形图如图 6.65 所示。

(2)　从站材料分拣系统通信程序

梯形图如图 6.66 所示。

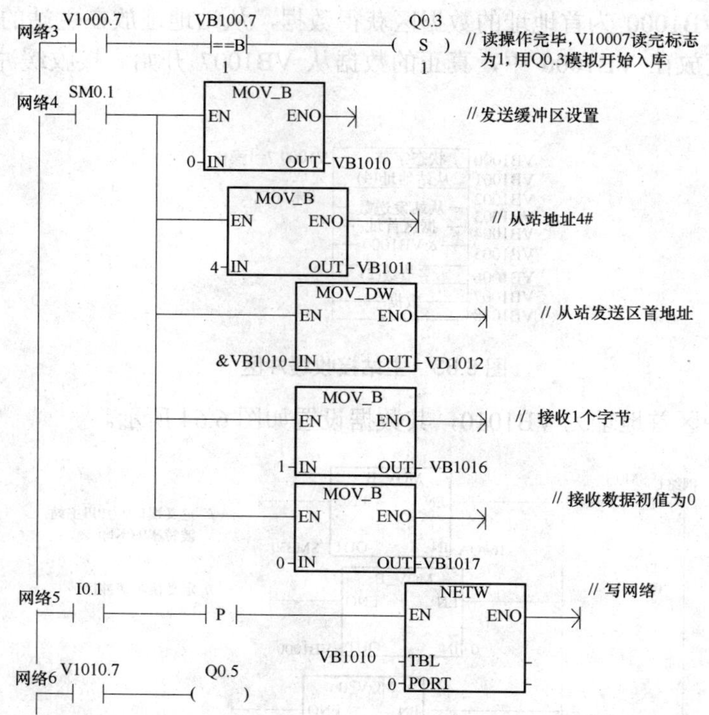

图 6.65 主站平面仓储系统通信程序

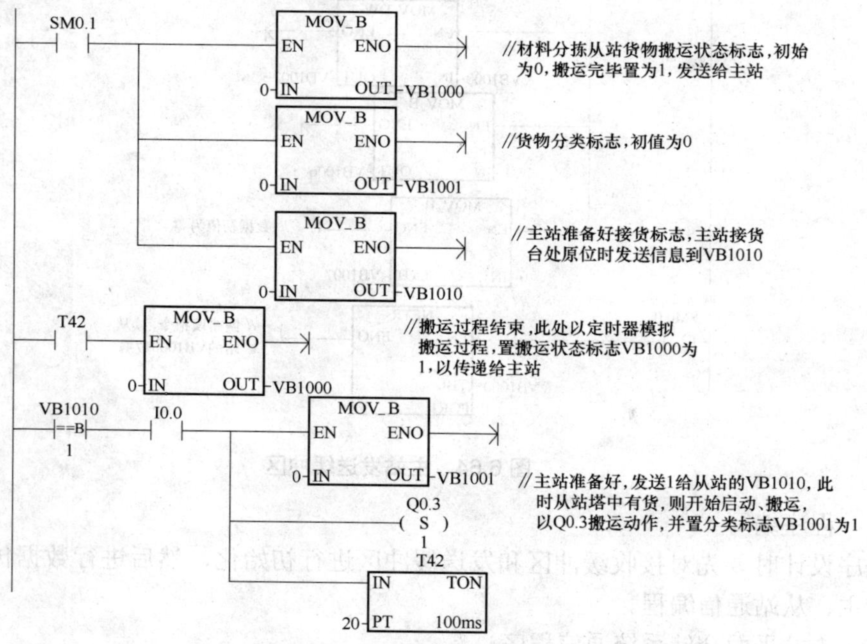

图 6.66 从站材料分拣系统通信程序梯形图

5) 运行

将两个 PLC 编程线和网络线分别连接好，程序编译通过后下载，运行，在状态表中输入要监测的寄存器。图 6.67 是平面仓储 3#主站监测的寄存器的初始值，图 6.68 是材料分拣系统 4#从站状态表监测的初始值。按下启动开关，运行程序，执行网络读写指令后的寄存器数据如图 6.69 和图 6.70 所示。

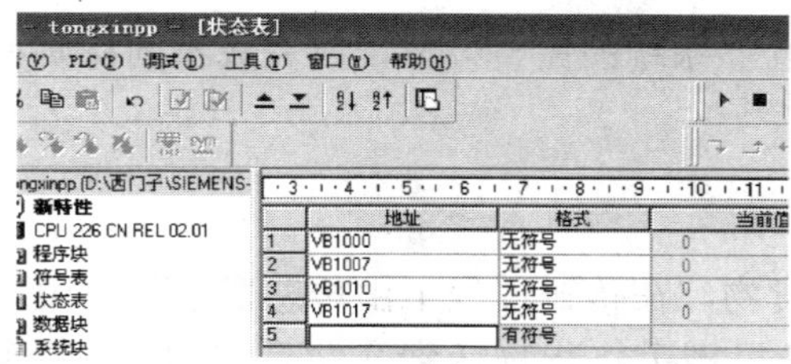

图 6.67　主站 3#平面仓储状态表监测初始值

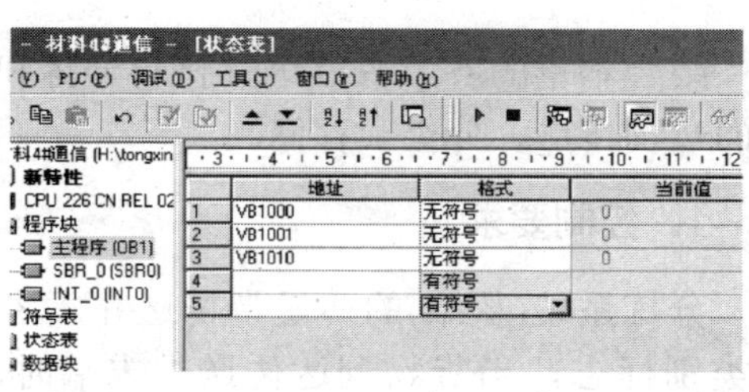

图 6.68　从站 4#材料分拣状态表监测初始值

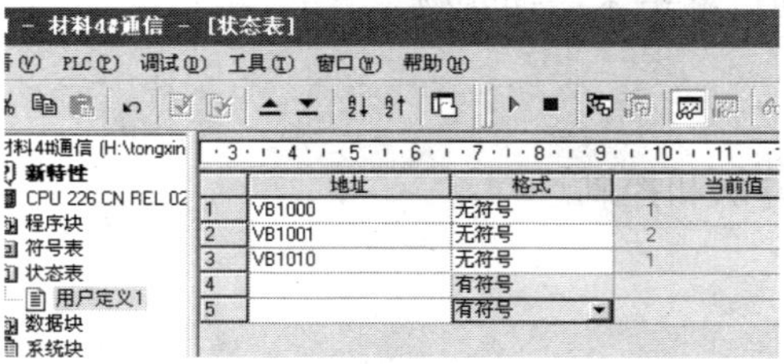

图 6.69　从站 4#材料分拣运行后状态表监测值

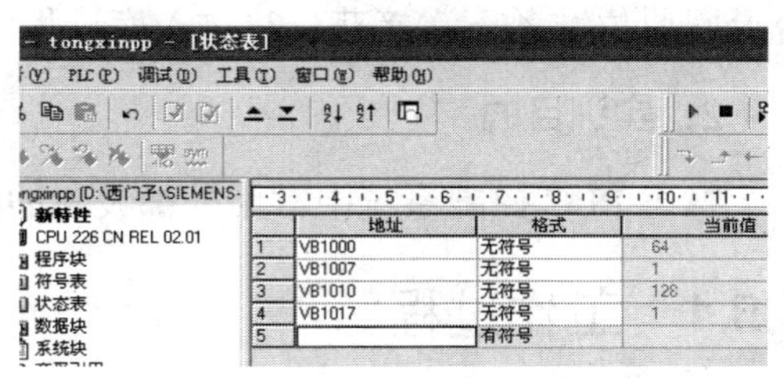

图 6.70　主站 3#平面仓储运行后状态表监测值

图 6.68 中 VB1000 是 4#材料分拣系统(从站)发送给平面仓储系统(主站)的货物搬运完毕标志；VB1001 是材料分拣传感器检测后的货物分类标志，作为平面仓储系统入库的依据；VB1010 是从主站发送来的接货台准备好标志。

图 6.70 中，VB1000 和 VB1010 是 NetR 和 NetW 执行的状态字节，VB1007 是接收的从站的 VB1000 信息，VB1017 是要发给从站的 VB1010 的信息。

4．检查与评估

工作过程结束时，进行设计结果检查与评估，评估项目参照 PLC 职业标准。

评估标准如表 6.19 所示。

表 6.19　检查评估表

项　目	要　求	分　数	评分标准	得　分
系统电气原理图设计	原理图绘制完整规范	10	不完整规范，每处扣 2 分	
I/O 分配表、通信区分配	准确完整、通信区分配正确	10	不完整，每处扣 2 分	
程序设计	简洁易读，符合题目要求	20	不正确，每处扣 5 分	
电气线路安装和连接、通信参数设置	线路安全简洁，符合工艺要求，参数设置正确	30	不规范每处扣 5 分	
系统调试	系统设计达到题目要求，信息传递正确	30	第一次调试不合格扣 10 分 第二次调试不合格扣 10 分	
时间	60 分钟，每超时 5 分钟扣 5 分，不得超过 10 分钟			
安全	检查完毕通电，人为短路扣 20 分			

6.5 拓展实训——材料分拣和平面仓储系统设计

结合本章的各节内容进行材料分拣和平面仓储系统的完整设计，以完成不同材质和颜色的货物传送、分类和存储。

1．控制要求

分拣系统(从站)的传送带传送井式塔中的货物，在传输过程中由传感器进行分类，记录类别标志，当货物到达传送带末端时，气动机械手将货物运到仓储系统(主站)的接货台，主站根据通信得到的分拣系统的分类标志将货物运送到不同的仓库。货物入库后接货台返回原位准备下次接获。货物入库过程中气动机械手不运送货物。

2．实训目的

熟悉 PLC 控制系统中常用外部设备的接线方法和控制过程。

6.5.1 工作过程

材料分拣和平面仓储系统项目复杂、内容繁多，在实现工作过程中，需要准备多种设备知识包括变频器、传感器、电磁阀和气压气路等，一组中的成员可以分担不同部分同时进行调试，也可以分阶段共同对相同内容进行调试，最后汇总。

按照第 6 章各部分内容进行工作安排。

(1) 准备好设备元件，熟悉各元件的工作过程。

(2) 对各元件分别进行调试和编程，包括变频器部分、传感器部分、气动控制部分、两个 PLC 的通信部分和步进电机运行部分，确保子过程能够顺利实现。

(3) 平面仓储系统的载货台在轨道上运行，其外形图如图 6.71 所示，在各个库入口的移动是由步进电机经带式驱动的，关于步进电机的内容请详见 4.5 节，步进电机由步进电机驱动器驱动，通过同步轮和同步带带动滑动溜板沿直线导轨作往复直线运动。从而带动固定在滑动溜板上的载货台装置作往复直线运动。载货台在原位接到货物后，根据材料分拣传递的标志确定入库编号，在进行本系统调试时，先给步进电机 1000 个脉冲，测量移动的距离，确定每个库入口与原位的距离，换算出从原位到各库入口需要的脉冲数，每次到达库入口，将货物推入库道后，以相同脉冲数返回原位，等待下一次接货，确保每次都从原位出发。把这部分调试成功。系统选用的驱动器为 SH-20403，步进电机为 52BYG250C。

(4) 分析系统控制要求，列出 I/O 分配表，进行系统总体的电气原理图设计和元件设备的线路连接。

(5) 对系统的子过程部分分别进行编程调试，检测其运行情况，确保电气的正确，发现问题可以有针对性地解决。

(6) 在子过程调试成功的基础上，各部分进行有机结合，把各子过程统一为一个有机整体，实现系统的控制要求。

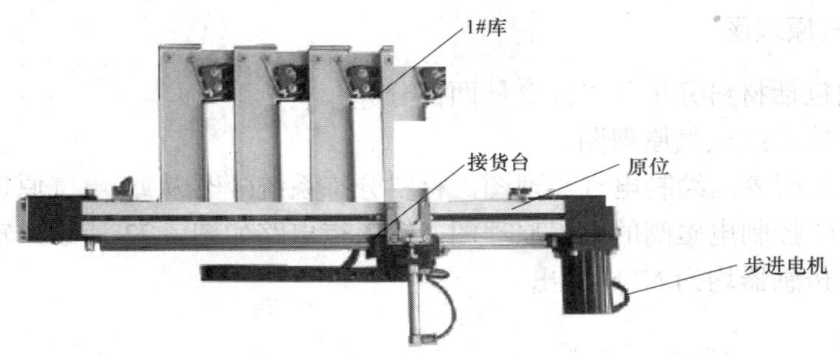

图 6.71　平面仓储系统的载货台

6.5.2　操作分析

1．进行输入/输出接点分配

认真学习 6.2～6.5 各节的内容，熟悉变频器、传感器和电磁阀的电气连接方法和两台 PLC 的通信方法，进行输入/输出接点分配，并绘制电气原理图。

系统用到的输入设备有：材料分拣系统的启动按钮 SB1、停止按钮 SB2、电感传感器、电容传感器、色标传感器、井式出料塔底部的有货检测开关、出料塔推料气缸上的舌簧磁性开关和传送带末端货物到位开关，平面仓储系统有接货台原位开关。

系统输出设备有：变频器及三相异步电机、5 个电磁阀、步进电机及其驱动器。

I/O 点分配如表 6.20 所示。

表 6.20　材料分拣和平面仓储 I/O 分配表

材料分拣系统(4 号从站)				
输　入			输　出	
启动按钮 SB1	I0.0		出料塔气缸电磁阀 KF1	Q0.0
停止按钮 SB2	I0.1		气动手爪电磁阀 KF2	Q0.1
电感传感器	I0.5	分辨铁质	机械手升降气缸电磁阀 KF3	Q0.2
电容传感器	I0.6	分辨尼龙	旋转气缸电磁阀 KF4	Q0.3
色标传感器	I0.7	分辨蓝色和黄色	变频器控制端子 NO.5	Q0.5
出料塔底部有货传感器	I0.2		变频器控制端子 NO.6	Q0.6
出料塔气缸舌簧开关	I0.4			
传送带末端到位开关	I0.3			
平面仓储系统(3 号主站)				
输　入			输　出	
接货台原位	I0.0		步进电机脉冲	Q0.1
1#库满检测	I0.1(SB1)		步进电机方向	Q0.2
2#库满检测	I0.2(SB2)		接货台货物入库电磁阀	Q0.3
3#库满检测	I0.3(SB3)			
4#库满检测	I0.4(SB4)			
限位	I1.1			

2. 绘制电气原理图

电气原理图包括材料分拣和平面仓储两部分。

(1) 材料分拣系统电气原理图。

根据 I/O 点分配表，绘制电气原理图，材料分拣系统(4 号从站)电气原理图的输出点参见图 6.47 的 PLC 控制电磁阀的电气原理图，输入点电路如图 6.72 所示，输入点电源采用漏型接法，所用传感器均为 NPN 输出。

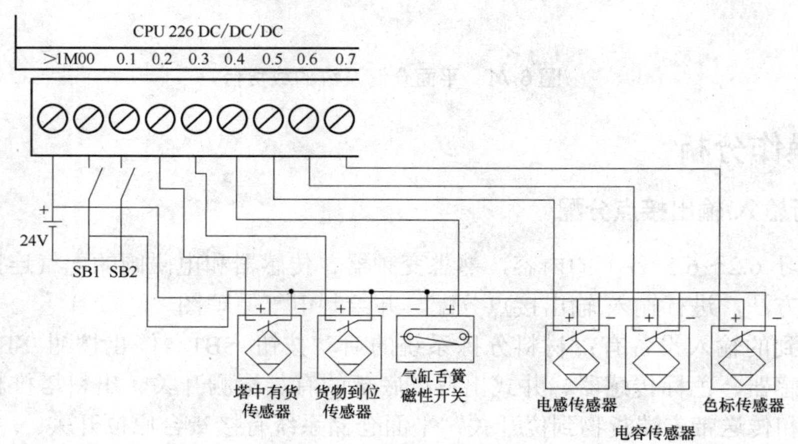

图 6.72　材料分拣系统输入点电气原理图

(2) 平面仓储系统电气原理图如图 6.66 所示，平面仓储系统的平面入库采用两相混合式步进电机 57BYG250C 和两相混合式步进电机驱动器 SH-20403，驱动器控制信号输入方式采取共阳接法，PLC 输出回路的 24V 电源正端接到步进电机驱动器 SH-20403 的公共端，以给驱动器内部回路供电，单脉冲方式。

关于步进电机及其驱动器的介绍请参见 4.5.2 知识链接相关内容。

由于 S7-200 输出的是高电平信号，而驱动器内部电路使得其输入信号是低电平，故需对 PLC 输出信号反向变成低电平才能和步进电机驱动器连接，采用三极管反相器进行反向，回路连接如图 6.73 所示，平面仓储系统电气原理图如图 6.74 所示。

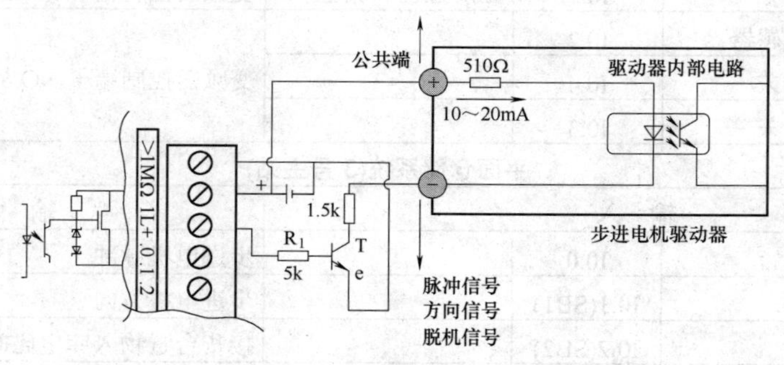

图 6.73　PLC 输出端与步进电机驱动器的电气回路

驱动器的共阳端接 PLC 的 24V 电源正极，或单独接电源，PLC 输出点 Q0.1 和 Q0.2

接三极管反相器的基极，三极管的集电极与步进电机驱动器的脉冲信号、方向信号输入端相连，这样电源、PLC 输出点、三极管和驱动器输入点形成回路。当 Q0.1、Q0.2 输出 0 时，三极管截止，集电极输出高电平，电路不导通，驱动器输入点无信号；当 Q0.1、Q0.2 输出 1 时，三极管导通，集电极输出低电平，电路导通，驱动器输入点为低电平。

PLC 的输出点 Q0.3 作为平面仓储接货台入库推料气缸的电磁阀驱动线圈。

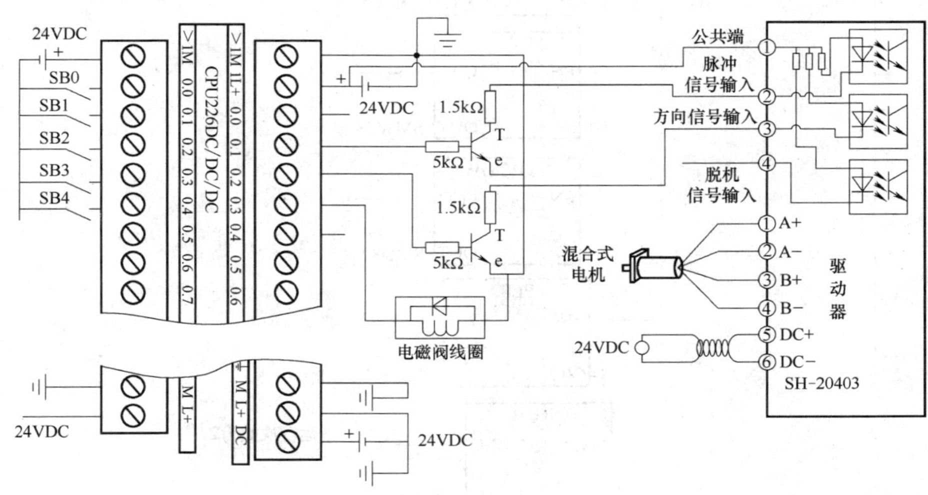

图 6.74　平面仓储系统电气原理图

3．平面仓储系统程序

平面仓储系统作为主站，进行网络读写编程，其发送缓冲区和接收缓冲区内存分配如图 6.63 和图 6.64 所示。

初始时，步进电机停在接货原位，当接货后，以一定脉冲数移到相应入库口，气缸推料入库，完毕气缸复位，步进电机按照原脉冲数返回。步进电机入库程序如图 6.75 所示。

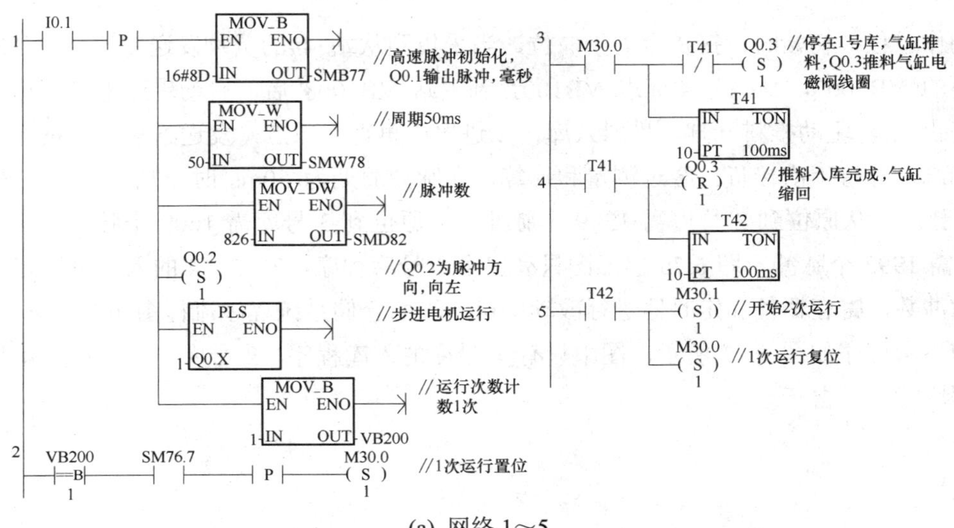

(a) 网络 1～5

图 6.75　步进电机入库程序

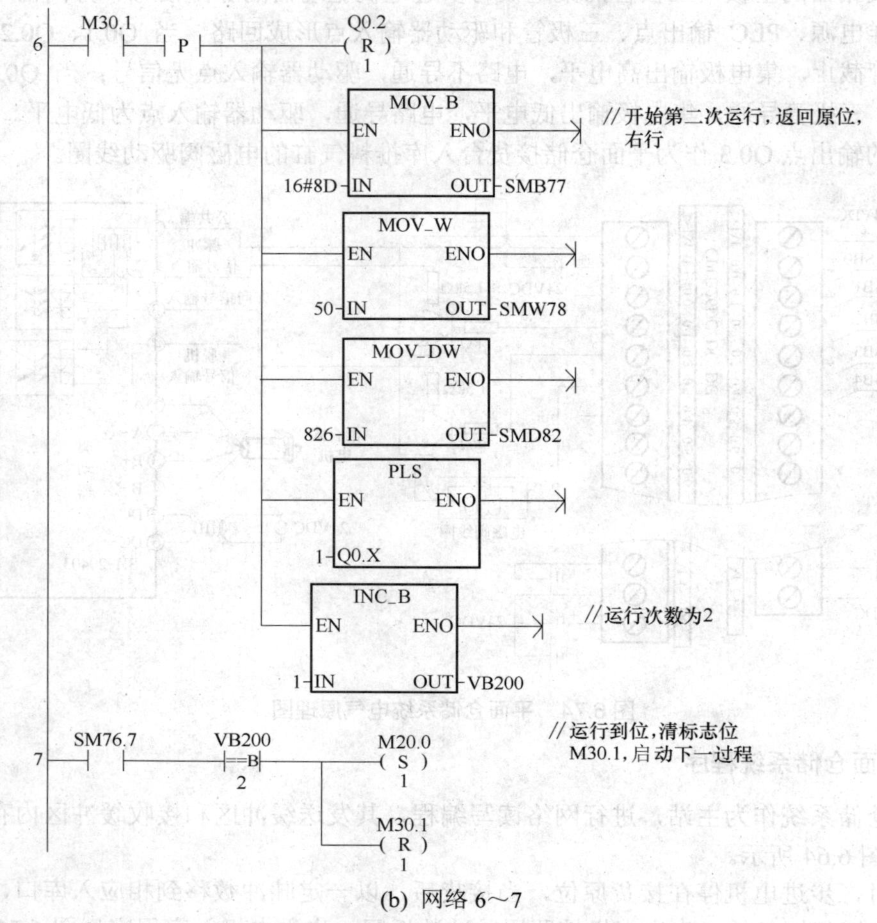

(b) 网络 6～7

图 6.75　步进电机入库程序(续)

动作过程：初始时，接货台处于原位，当采集到从站 4#的货物发送完毕标志 VB1000 到主站的 VB1007，4#的分类标志 VB1001 到主站 VB1008 后，启动步进电机到相应库入口，停止 2s，驱动推料气缸，推料入库，步进电机再返回原点，发送给从站送货完毕准备接货标志，等待下次接货。经过测量和计算，在脉冲周期为 50ms 时，从原位到 1 号库需 826 个脉冲，从原位到 2 号库需 1209 个脉冲，从原位到 3 号库需 1609 个脉冲，从原位到 4 号库需 1992 个脉冲。图 6.75 梯形图只列出了 1 号库程序，2、3、4 的入库过程相似，只要把脉冲数、寄存器位和定时器进行改动即可。平面仓储系统程序流程图如图 6.76 所示，梯形图参考程序如图 6.77 所示，图中只有 1 号库的入库程序，2 号库、3 号库和 4 号库的入库程序读者可自行编写。

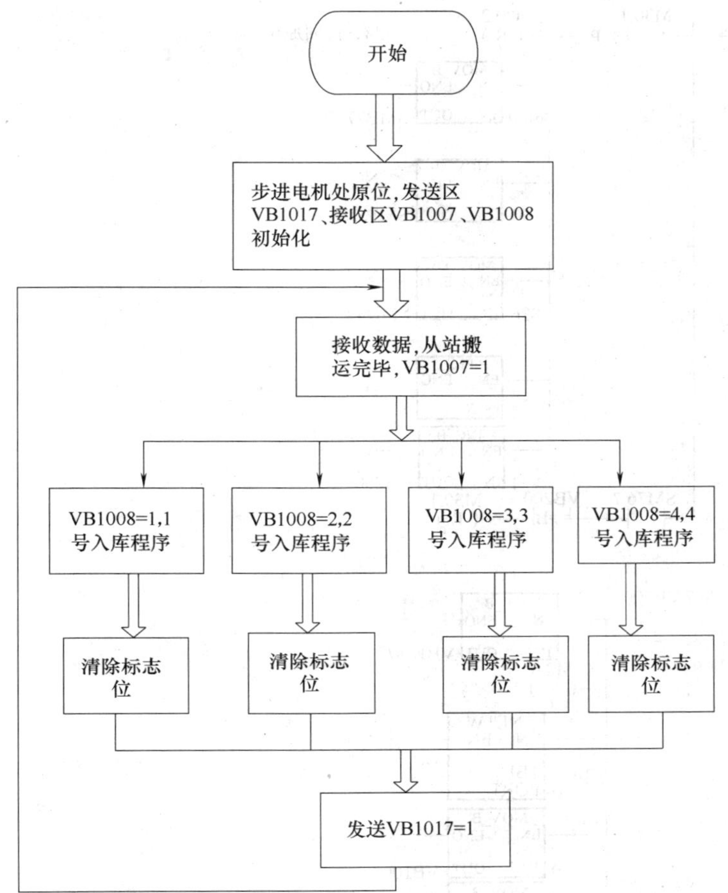

图 6.76 平面仓储系统流程图

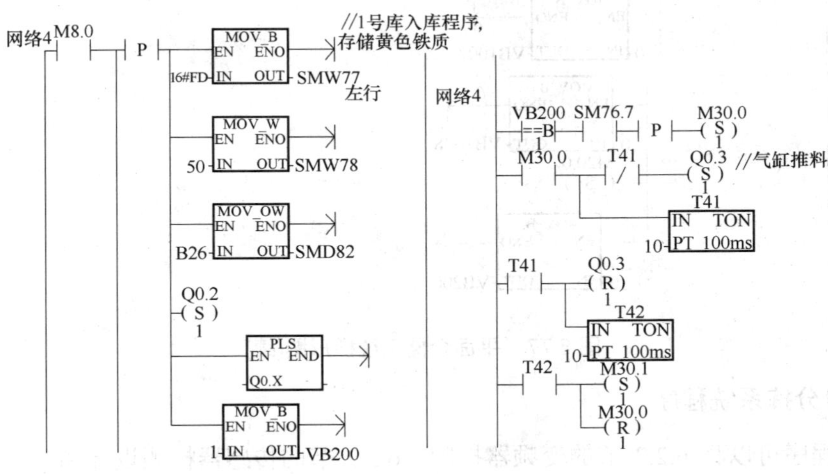

图 6.77 平面仓储系统梯形图

网络4 M30.1 P Q0.2 (R) 1 //右行、回原位

MOV_B EN ENO 16#8D IN OUT SMB77

MOV_W EN ENO 50 IN OUT SMW78

MOV_DW EN ENO 826 IN OUT SMD82

PLS EN ENO 1 Q0.X

INC_B EN ENO 1 IN OUT VB200

SM76.7 VB200 ==B 2 M30.1 (R) 1

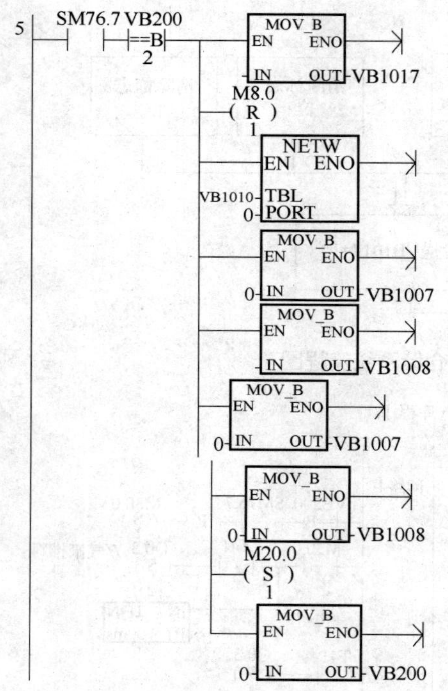

图 6.77 平面仓储系统梯形图(续)

4. 材料分拣系统程序

此部分程序可以将 6.2.2 节的变频器控制、6.3.2 节的传感器检测设计和 6.4.2 节的实训 PLC 控制气缸综合起来。执行过程为：初始时，检查接收区 VB1010 的数据，若为 1，表示平面仓储系统准备好，接货台处于原位，则执行本系统程序，否则等待。梯形图如图 6.78 所示。

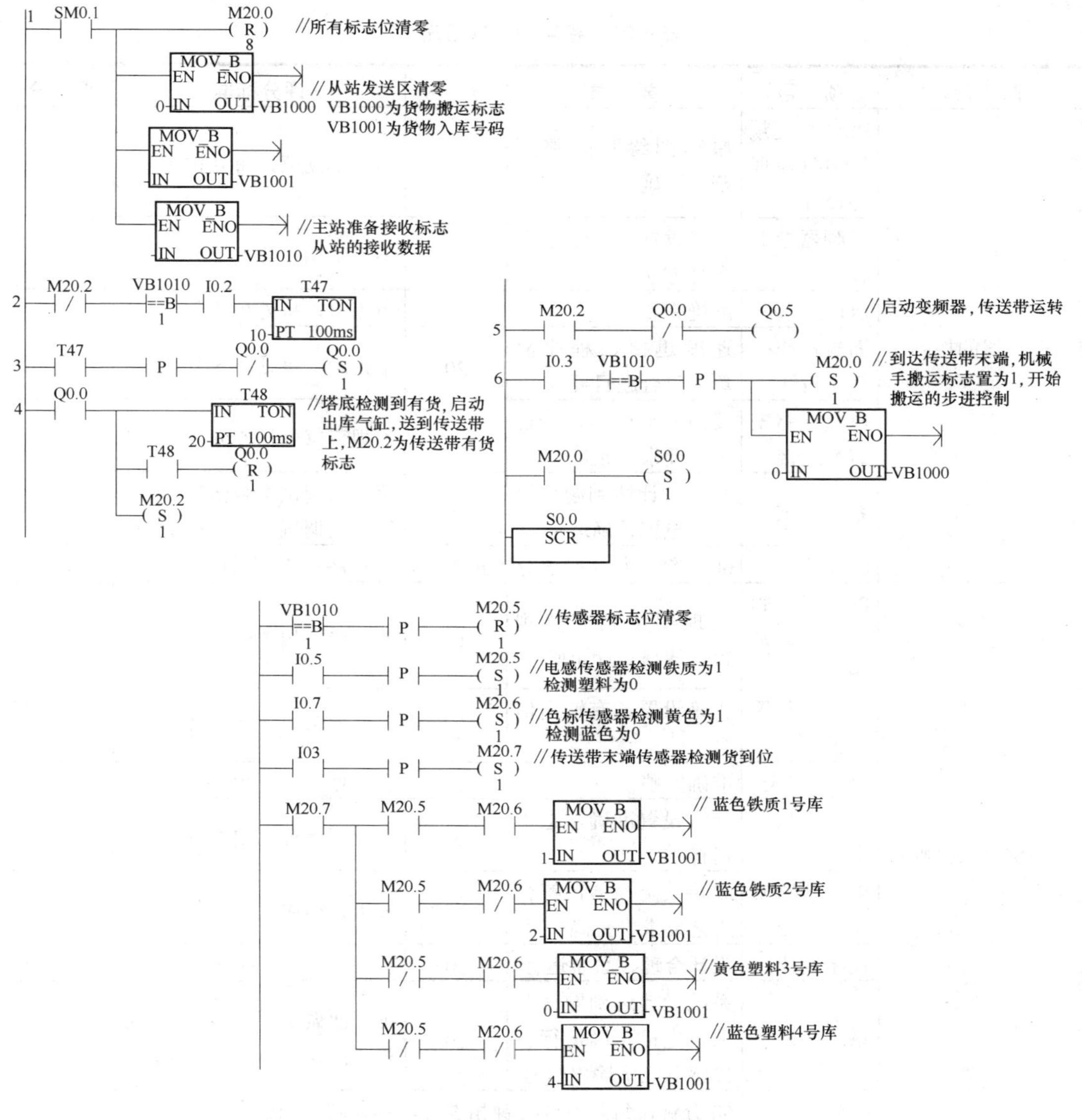

图 6.78　材料分拣系统梯形图

机械手搬运步进控制过程请参见 6.3.2 节的实训 PLC 控制气缸的运行梯形图(见图 6.49)。

5．运行

准备好所有元件和连接线，严格按照电气原理图接线，按照 6.1.4、6.2.2、6.3.2、6.4.2 节子项目实训调试各个过程，分析梯形图，进行程序编写并下载，观察运行情况。平面仓储系统梯形图的周期太大，速度慢，可以用小些。为准确定位，脉冲数也要改动。

6．检查与评估

本章 PLC 系统的设计比较复杂，在进行设计时要分阶段进行，并分阶段进行检查，以确保设计工作正确、顺利地进行。检查项目如表 6.21 所示。

表 6.21　检查评估项目表

<table>
<tr><th>阶　段</th><th>项　目</th><th>要　求</th><th>分　数</th><th>评分标准</th><th>得　分</th></tr>
<tr><td rowspan="7">1．变频器的控制</td><td>PLC 与变频器电气原理图设计</td><td>原理图绘制完整规范、正确</td><td>10</td><td>不完整规范，每处扣 2 分</td><td></td></tr>
<tr><td>变频器参数设置</td><td>正确设置、并运行多种方法</td><td>10</td><td>不正确扣 5 分</td><td></td></tr>
<tr><td>I/O 分配表</td><td>准确完整</td><td>10</td><td>不完整，每处扣 2 分</td><td></td></tr>
<tr><td>面板操作、程序设计</td><td>速度迅捷、程序简单，符合题目要求</td><td>20</td><td>不正确，每处扣 5 分</td><td></td></tr>
<tr><td>电气线路安装和连接</td><td>线路安全简洁，符合工艺要求、正确</td><td>20</td><td>不规范每处扣 5 分</td><td></td></tr>
<tr><td>系统调试</td><td>系统设计达到题目要求、电机正确运行</td><td>30</td><td>第一次调试不合格扣 10 分
第二次调试不合格扣 10 分</td><td></td></tr>
<tr><td>时间</td><td colspan="4">60 分钟，每超时 5 分钟扣 5 分，不得超过 10 分钟</td></tr>
<tr><td rowspan="8">2．传感器的控制</td><td>PLC 与传感器电气原理图设计</td><td>原理图绘制完整规范、线路设计正确</td><td>10</td><td>不正确，扣 5 分</td><td></td></tr>
<tr><td>传感器位置设置</td><td>正确设置、有输出信号</td><td>5</td><td>指示灯不亮，扣 2 分</td><td></td></tr>
<tr><td>I/O 分配表</td><td>准确完整</td><td>10</td><td>有 1 处错误，扣 2 分</td><td></td></tr>
<tr><td>变频器按要求运行</td><td>参数设置准确，电机运行</td><td>5</td><td>电机不运行，扣 5 分</td><td></td></tr>
<tr><td>电气线路安装和连接</td><td>线路安全简洁，符合工艺要求、正确</td><td>30</td><td>有 1 处错误，扣 5 分</td><td></td></tr>
<tr><td>程序设计</td><td>设计合理、系统运行</td><td>20</td><td>有 1 处错误，扣 5 分</td><td></td></tr>
<tr><td>系统调试</td><td>系统设计达到题目要求、电机正确运行、传感器准确输出信号</td><td>20</td><td>第一次调试不合格扣 10 分
第二次调试不合格扣 10 分</td><td></td></tr>
<tr><td>时间</td><td colspan="4">60 分钟，每超时 5 分钟扣 5 分，不得超过 10 分钟</td></tr>
<tr><td rowspan="5">3．电磁阀的控制</td><td>PLC 与电磁阀电气原理图设计</td><td>原理图绘制完整规范、电磁阀连接正确</td><td>10</td><td>不正确，扣 5 分</td><td></td></tr>
<tr><td>气路设计与连接</td><td>气缸和电磁阀接口正确连接、气路通畅</td><td>20</td><td>气路不通，扣 5 分</td><td></td></tr>
<tr><td>I/O 分配表</td><td>准确完整</td><td>10</td><td>有 1 处错误，扣 2 分</td><td></td></tr>
<tr><td>变频器按要求运行</td><td>参数设置准确，电机运行</td><td>5</td><td>电机不运行，扣 5 分</td><td></td></tr>
<tr><td>电气线路安装和连接</td><td>线路安全简洁，符合工艺要求、电磁阀连接正确</td><td>20</td><td>有 1 处错误，扣 5 分</td><td></td></tr>
</table>

续表

阶　段	项　目	要　求	分　数	评分标准	得　分
3．电磁阀的控制	程序设计	设计合理，与 I/O 分配表一致	15	有 1 处错误，扣 5 分	
	系统调试	系统设计达到题目要求、电机正确运行、气缸依次运行	20	第一次调试不合格扣 10 分 第二次调试不合格扣 10 分	
	时间	60 分钟，每超时 5 分钟扣 5 分，不得超过 10 分钟			
4．平面仓储系统步进电机控制	PLC 与步进电机及驱动器电气原理图设计	原理图绘制完整规范、线路设计正确	10	不正确，扣 5 分	
	I/O 分配表	准确完整	10	有 1 处错误，扣 2 分	
	电气线路安装和连接	线路安全简洁，符合工艺要求、驱动器接线正确	10	有 1 处错误，扣 5 分	
	程序设计	设计合理、步进电机准确定位运行	20	有 1 处错误，扣 5 分	
	系统调试	系统设计达到题目要求、步进电机按要求准确定位	20	第一次调试不合格扣 10 分 第二次调试不合格扣 10 分	
	时间	60 分钟，每超时 5 分钟扣 5 分，不得超过 10 分钟			
5．材料分拣系统设计	PLC 与输入输出设备电气原理图设计	原理图绘制完整规范、线路设计正确	20	不正确，扣 5 分	
	I/O 分配表	准确完整	10	有 1 处错误，扣 2 分	
	变频器按要求运行	参数设置准确，电机运行	5	电机不运行，扣 5 分	
	电气线路安装和连接	线路安全简洁，符合工艺要求、正确	30	有 1 处错误，扣 5 分	
	程序设计	设计合理、系统运行	20	有 1 处错误，扣 5 分	
	系统调试	系统设计达到题目要求、电机正确运行	15	第一次调试不合格扣 10 分 第二次调试不合格扣 10 分	
	时间	60 分钟，每超时 5 分钟扣 5 分，不得超过 10 分钟			

6.6　实践中常见问题解析

本章主要以材料分拣和平面仓储实验台为学习平台使学习者了解传感器、变频器、电磁阀和继电器的电气连接及其控制过程。涉及的设备较多，使用过程中会遇到许多问题，需认真接线，仔细调试。

(1) 对于 PLC，根据具体型号了解其接线端子，最好能自己连线，对每个项目能准确画出电气图。我们在实验中常有学生把实验台上的输入端子和输出端子相连，还搞不清输入端子是用于采集外部输入设备，而输出端子是用于驱动外部负载。对 PLC 的电路熟悉过程和熟练编程只能是实践。

(2) 对于传感器应了解其基本原理，了解所使用传感器的输出形式是 NPN 的还是 PNP 的，以此决定传感器和 PLC 的连接方法。使用过程中注意传感器的电源端和地端，可以单独使用电源，也可以使用 PLC 上的传感器电源。

(3) 变频器型号有很多，其应用在 PLC 领域非常广泛，不同变频器与 PLC 的连接基本相似，实践中注意阅读变频器的使用说明书，决定所驱动电机的功率，了解其主端子和控制端子，熟悉参数的设置过程。实践中先进行面板操作，使电机转动起来，再通过 PLC 控制。

(4) 对于电磁阀的驱动，应先有基本的气压或液压知识，根据具体要求设计气路，其电磁阀受 PLC 控制，从而控制气路的通断，注意连接保护电路，以免损坏 PLC。有条件的可以购置电磁阀和小型气缸熟悉气压的自动控制。

(5) 系统调试成功通过与电路连接、正确编程都有关系，对于本章的学习内容既要熟悉电气连接，也要熟练使用指令。

本 章 小 结

材料分拣系统和平面仓储系统的设计涉及 PLC 自动控制领域常用的输入/输出设备，是 PLC 学习者了解工业现场 PLC 应用方面的一个小小窗口。

(1) 6.1 节以传送带系统设计为任务导向，介绍松下小型变频器 VF0 的基本操作，介绍 PLC 通过变频器控制交流电机运行的电气接线盒编程方法。

(2) 6.2 节以基于 S7-200 系列 PLC 的货物分拣系统设计为任务导向，介绍 PLC 控制系统中常用开关式传感器的基本知识，介绍 PLC 与开关式传感器的连接方法，并通过编程实现货物分拣过程。

(3) 6.3 节以 S7-200 系列 PLC 的气压驱动系统设计为任务导向，介绍 PLC 对电磁阀的驱动方法，通过电气控制和编程实现材料分拣系统气压机械手的货物搬运过程。

(4) 6.4 节以两台 PLC 的通信系统设计为任务导向，介绍了 S7-200 系列 PLC 的网络通信指令及两台 PLC 通信电气连接方法，通过编程实现材料分拣系统和平面仓储系统的通信。

(5) 6.5 节在本章其他各节基础上完成材料分拣系统和平面仓储系统的总体设计，以进行各节内容的整合，使学习者具备较完整的 PLC 工业控制系统知识。

本章内容繁多，涉及实际设备，若无设备，教师在教学时可事先选择相应设备，讲解基本使用、输出形式及与 PLC 的接线，让学生练习编程和电气原理图的绘制。如果没有步进电机和驱动器，也可以只编程，输出脉冲。

思考与练习

1. 行程开关控制液压缸的顺序驱动如习题图 6.1 所示，两个双线圈三位四通电磁阀分别控制两个液压缸，K1、K2、K3 和 K4 为行程开关，液压缸实现如下动作顺序。

(1) 1#缸(左)活塞从初始位右行，电磁铁 1YA 通电，碰到行程开关 K2 时停止，同时 2#缸从初始位动作右行，3YA 通电，碰到行程开关 K4 时停止。

(2) 1#缸左行(3 路线)，电磁铁 2YA 通电，碰到 K1 停止，同时 2#缸左行(4 路线)，4YA 通电，碰到 K3 时停止。

(3) 1#缸右行(1 路线)，碰到 K2 时停止，然后 2#缸右行(2 路线)，碰到 K4 时停止。

(4) 重复(2)、(3)过程。

要求用 S7-200 实现控制过程，绘制电气原理图，进行 I/O 分配，编写运行程序。

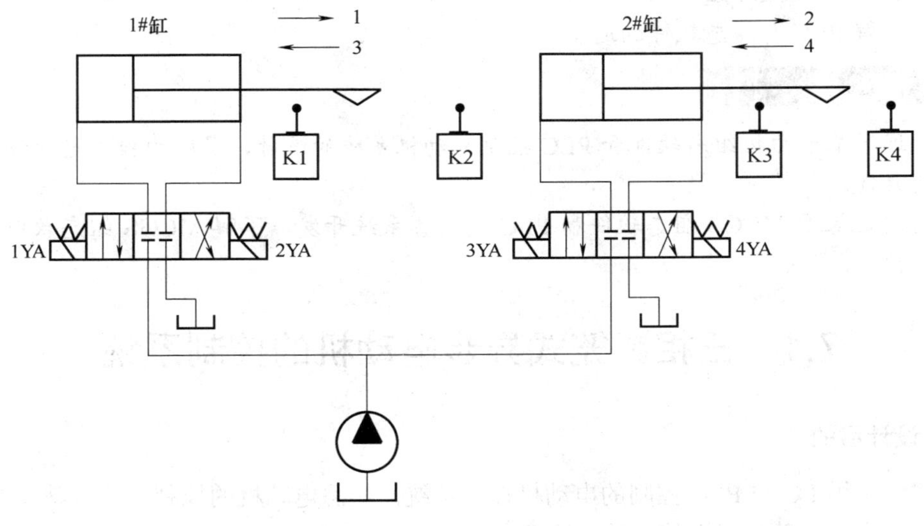

习题图 6.1

补充说明：行程开关符号为 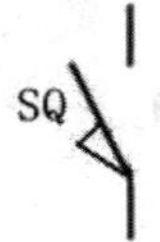

2. 三线式 NPN 型传感器是怎样与 S7-200 进行连接的？PNP 型传感器怎样和 S7-200 进行连接？当 S7-200 的负载为感性负载时应注意什么？

第 7 章　PLC 和工业组态软件

本章要点

- 懂得通过 PLC 控制电动机正反点动、正反连续转的方法。
- 认识工业组态软件。
- 学会力控组态软件、MCGS 组态软件的二次开发。

技能目标

- 了解电动机的控制。
- 会使用力控组态软件。
- 会使用 MCGS 组态软件。
- 了解 PLC 与组态软件的通信。

项目案例导入

- 通过基于力控组态软件和 PLC 控制电动机系统的设计，了解力控组态软件的二次开发。
- 通过基于 MCGS 组态软件和 PLC 的抢答系统开发，了解 MCGS 组态软件的二次开发。

7.1　三相鼠笼式异步电动机的控制系统

1．设计目的

构建一个用 PC 与 PLC 控制的电动机控制系统，熟悉电动机的控制方法；熟悉 PLC 控制电动机的方法；熟悉组态软件的二次开发。

2．设计条件

PC 机一台、力控组态软件一套、S7-200 系列 PLC 一台、三相鼠笼式异步电动机一台、接触器、空气开关和按钮等低压电器若干。

3．设计要求

- 用 PLC 实现电动机的控制。
- 通过组态软件和 PLC 实现电动机的控制。

我们先进行通过 PLC 直接控制电动机的系统设计。

7.1.1　PLC 控制电动机系统

用 PLC 控制鼠笼时异步电动机与继电器接触器控制有很大的不同。图 7.1 是电动机控制系统的主电路，与继电器接触器控制的主电路基本一样。图 7.2 是 PLC 控制系统的接线图。表 7.1 是 PLC 的 I/O 点地址分配表。

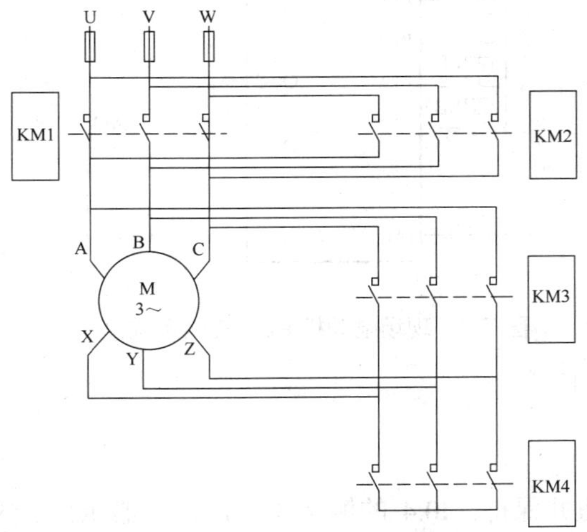

图 7.1 电动机控制系统主电路

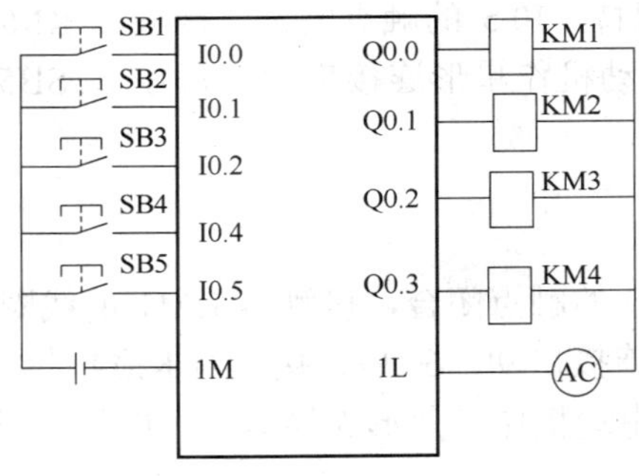

图 7.2 电动机 PLC 控制系统接线图

表 7.1 电动机 PLC 控制系统 I/O 点地址分配表

输入			输出		
符 号	点 地 址	功能描述	符 号	点 地 址	功 能
SB1	I0.0	正向启动	KM1	Q0.0	正转主电路控制
SB2	I0.1	反向启动	KM2	Q0.1	反转主电路控制
SB3	I0.2	停止按钮	KM3	Q0.2	三角形接线控制
SB4	I0.4	正向点动	KM4	Q0.3	星形接线控制
SB5	I0.5	反向点动			

从主电路我们看到，接触器 KM1 与 KM2 不能同时闭合，它们用于电动机的正反转控制；接触器 KM3 与 KM4 控制电动机的三角形接法和星形接法，也不能同时闭合。程序通过互锁保证它们分别接通，工业现场一般会按照图 7.3 接线，例如接触器 KM1 的常开触点会与接触器 KM2 的常闭触点串联，除了软件互锁之外，硬件也互锁，保证系统安全可靠。

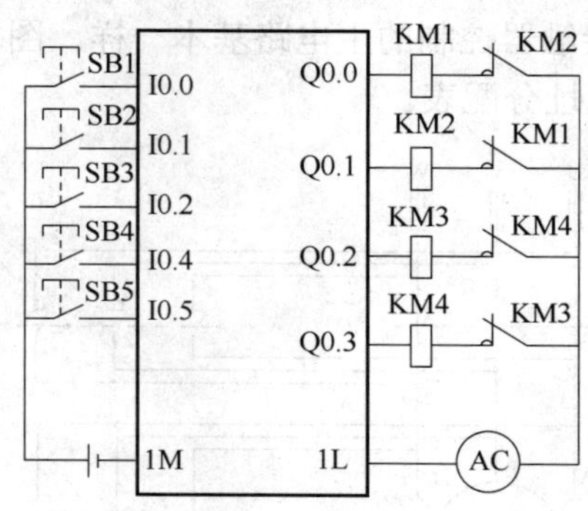

图 7.3　现场电动机 PLC 控制系统接线图

系统的控制要求如下。

1．点动控制

(1)　按下 SB4 按钮并保持，I0.4 的触点闭合，接触器 KM4 的线圈得电，0.1s 后，接触器 KM1 的线圈得电，电动机作星形连接启动。每按下 SB4 一次，电动机正向点动一次；松开 SB4，电机停止。

(2)　按下 SB5 按钮并保持，I0.5 的触点闭合，接触器 KM4 的线圈得电，0.1s 后，接触器 KM2 的线圈得电，电动机作星形连接启动。每按下 SB5 一次，电动机反向点动一次；松开 SB5，电机停止。

2．连续运动控制

(1)　按下按钮 SB1，I0.0 的触点闭合，接触器 KM1 的线圈得电，1s 后，接触器 KM4 的线圈得电，电动机作星形连接启动，6s 后，接触器 KM4 的线圈失电，KM4 失电 0.5s 后接触器 KM3 的线圈得电，电动机作三角形连接运行，电动机正转。按下 SB3 按钮，电动机停止。

(2)　按下按钮 SB2，I0.1 的触点闭合，接触器 KM2 的线圈得电，1s 后，接触器 KM4 的线圈得电，电动机作星形连接启动，6s 后，接触器 KM4 的线圈失电，KM4 失电 0.5s 后接触器 KM3 的线圈得电，电动机作三角形连接运行，电动机反转。按下 SB3 按钮，电动机停止。

(3)　电动机正转时，反转按钮 SB2 不起作用；电动机反转时，正转按钮 SB1 不起作用。

电动机 PLC 控制系统的程序如图 7.4 所示。

下面列出了在图 7.4 的程序里中间位变量为 1 时的意义。

- M20.0：检测到至少按下一次 SB1，同时，SB3 一直没有按下。
- M20.1：在 M20.0 为 1 之后的 1～6s 之间接通 KM4，前提条件是 KM3 处于断开状态。
- M20.2：6s 过后 0.5s，接通 KM3。在 6s 的时候，KM4 已经断开，如果 KM4 实际上没有断开，则不能接通 KM3。
- M20.3：检测到至少一次按下 SB2，同时，SB3 一直没有按下。这时要接通 KM2，但是如果 KM1 接通，则不能接通 KM2。

- M20.4：在接通 KM2 之后的 1～6s 中，接通 KM4，这时要确保 KM3 未接通；否则，不会接通 KM4。
- M20.5：检测到 SB4 按下并保持，同时，SB3 一直未按下，这时要接通 KM4。但如果 KM3 处于接通状态，则 KM4 不会接通。松开 SB4，KM4、KM1 断开。
- M20.6：KM4 接通 0.1s 之后，如果 SB3 断开，则接通 KM1。电动机作星形连法正向转动。
- M20.7：检测到 SB5 按下并保持，同时，SB3 一直未按下，这时要接通 KM4。但如果 KM3 处于接通状态，则 KM4 不会接通。松开 SB5，KM4、KM2 断开。
- M21.0：KM4 接通 0.1s 之后，如果 SB3 断开，则接通 KM2。电动机作星形连法反向转动。

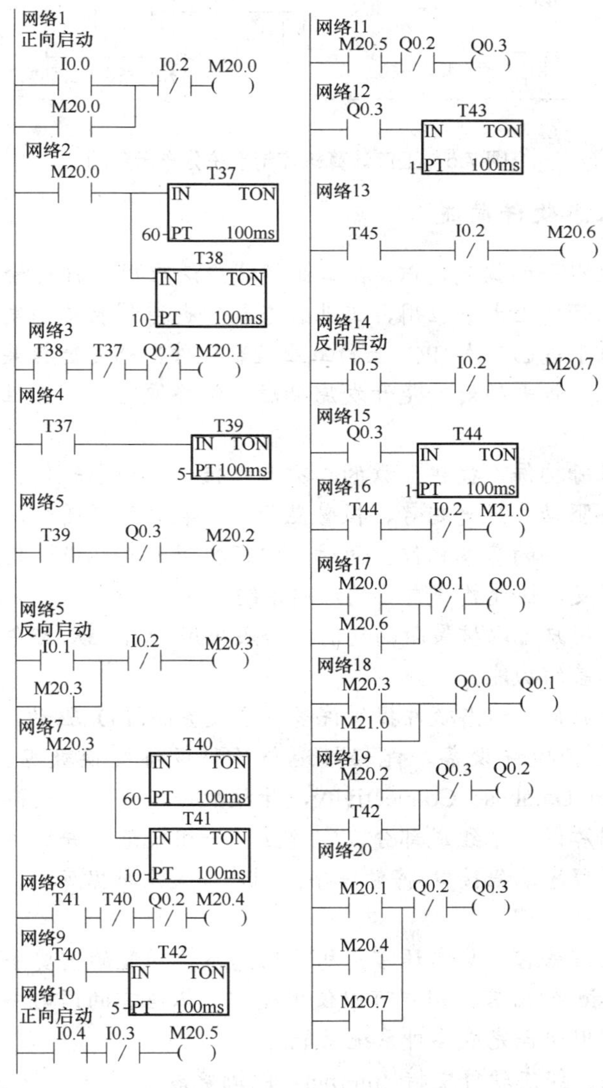

图 7.4　电动机 PLC 控制系统梯形图程序

7.1.2 PLC 与组态软件控制电动机系统

用 PLC 控制电动机相较于传统的继电器控制系统，显著地减少了硬连线，增强了控制系统的灵活性和可靠性。目前的计算机控制系统中，PLC 一般安装在工业现场，操作室离工业现场有一定距离。操作室接近商业办公环境，远离噪声和其他工业危险因素，有利于操作人员长期工作，主要包含工业 PC 机(IPC)。IPC 通过数据通信远距离控制 PLC，在 IPC 上运行工业组态控制软件，操作人员通过操纵该工业组态控制软件监控整个系统的运行，如图 7.5 所示。

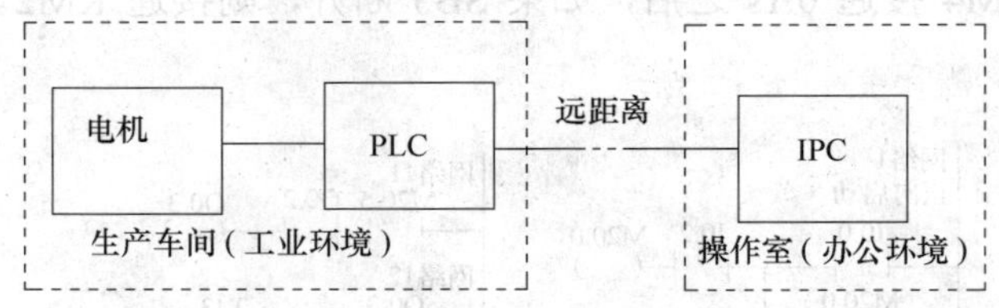

图 7.5 工厂计算机控制系统分布示意图

知识链接 组态软件简述

随着工业自动化水平的提高，PC 在工业领域广泛应用，种类繁多的智能控制设备和过程监控装置在工业领域上大量应用，工业组态软件也得到长足的发展。在自动化工程项目中，人们不再着眼于自己开发 PC 上的工业控制软件，而是选择某种工业组态软件，去构建自己的应用系统。带来的好处是开发周期短、价格便宜、可靠性有保障。组态软件具有以下特点。

- 有完备的基础构件，提供开放的二次开发接口。组态软件具有实时数据库、网络通信、设备驱动、历史趋势、报警显示、报表打印、图形库和图形绘制能力等工业控制软件需要的基本构件。同时，它还提供开发环境。用户可以在这个开发环境中二次开发，快速构建自己的应用系统。
- 可扩展性。用户可以扩展新的功能，一般应用 ActiveX 组件技术，实现原有组态软件没有涵盖的功能。
- 通用性和开放性。组态软件提供许多底层设备的 I/O 驱动，能与多种通信协议互联，支持各种硬件设备，能轻松地与多种设备交换数据。组态软件可以通过 ODBC(Open Database Connectivity，开放数据库互连，是微软公司开放服务结构中有关数据库的一个组成部分，它建立了一组规范，并提供了一组对数据库访问的标准应用程序编程接口)将数据导出到外部关系数据库中，以供其他的业务系统调用。
- 具有脚本编程语言。脚本语言是扩充组态系统功能的重要手段。组态软件内置了类似 C/Basic 的语言，用户可以使用类似高级语言的语句书写脚本，使用系统提供的函数调用组合完成各种系统功能。
- 支持互联网。组态软件支持 Internet，以浏览器方式通过 Internet 对工业现场的监控，实现对现场控制系统的全世界范围内的远程监视控。

组态软件建立在多任务多线程的 Windows 操作系统之上，具备完善的图形显示、网络通信、实时多任务、安全与加密等功能。组态软件提供二次开发环境，大大方便了用户构建工业控制应用系统，节省开发时间和开发成本。组态软件经过长期的验证与应用实践，其软件构件的基本功能和可靠性得到了充分的保证。组态软件已经作为自动化计算机控制系统的标准配件纳入预算。

目前，国内市场上常见的组态软件有 iFix、intouch、wincc、tracemode、力控、组态王和 MCGS 软件等。

使用组态软件构建应用系统的过程，也是一个软件过程，要遵循软件过程的一般规范。软件过程中最重要的过程是软件需求获取，正确地获得软件需求是软件项目成功的关键。

1. 软件需求获取

用组态软件开发一个应用系统时，我们应首先明确该应用系统的功能。尽管在组态软件上进行二次开发比起常规意义上的在 VB 或者 VC 环境下开发软件要容易一些，但是，软件过程与常规软件开发的软件过程的步骤是相同的。软件过程包括需求获取、需求分析、设计、实现、测试、发布和维护等阶段。其中，最重要的是软件需求的获取，它关系到计算机自动化系统的设计和功能实现。应用系统的功能要通过需求获取和需求分析得到并加以文档化。作为开发方，编写需求文档很关键。软件需求是用户所需要的一个程序或软件系统的工作说明，是从程序或者软件系统以外能发现的程序或者系统所应具有的满足用户要求的特性和品质。软件需求是指明必须实现什么的规格说明，它描述了程序或者软件系统的行为、特性或属性，是在开发过程中对系统的约束，也是测试和交付使用的依据，对软件的维护和修改也要依据该文档。复杂的程序一般被称作软件系统或者应用系统。真正的需求实际上在用户的脑海中，但一般情况下，用户并不能描述自己的需要。同时工业软件还受到生产领域和工艺过程及设备的限制，而一般说来开发人员缺乏这方面的知识。这就需要软件开发方的系统分析人员根据用户自己的语言描述整理出相关的需求，再进一步和用户反复核对。系统分析员和用户需要确保在描述需求的名词上的理解达成共识、没有歧义。获取用户软件需求是软件开发方软件系统分析员的重要工作。

对于工业应用软件，问题域的范围比较固定，开发方对工业控制行业一般都具有深刻的理解，这对做好软件需求获取工作非常有利。在进行需求获取和需求分析时，对软件系统功能的界定与用户需要密切沟通，特别是对画面的呈现、颜色的使用、操作的安排、数据的提取等方面要重视用户的意见。在与用户沟通时，要使用符合用户习惯的语言表达，不使用专业术语。当用户使用其行业业务术语时，应明确该业务术语的含义。要了解用户的业务与目标，观察用户的工作，观察原有系统(如果有)的工作过程。编写软件需求规格说明，语义清晰并与用户理解上没有歧义。提出建议改进用户业务并提出能实现的新特性。明确取舍、质量与限制，满足用户可实现的需求。在与用户沟通时，要求用户讲解其业务，准确而详细地说出需求，对一些需求的取舍和限制及时地作出决定。划分各个需求的优先级，清楚需求的可行性及成本评估，对需求规格说明书或者软件进行评审，及时报告需求的变更。在与用户的沟通中，要相互尊重、同心同德、合作共赢，避免文人相轻、人踩人等社会陋习。

在获取用户需求时，要避免由于工作上的缺陷造成需求缺陷。工作缺陷包括：没有足够多的用户参加，获取的需求是片面的；用户需求不断增加；需求模棱两可；不必要的特性；过于精简的规格说明等。

详细的需求包括面向操作人员、面向设备和面向其他软件系统的接口。需求开发的最终成果是对将要开发的软件达成一致协议。这在问题及其最终解决方案之间架设起了桥梁，开发方和用户就能依此探索出这些需求的多种解决方案。需求获取、分析，编写需求规格说明和验证并不遵循固定的顺序，这些活动是相互隔开的、增量的和反复的。

2. 应用组态软件建立应用系统的一般过程

应用组态软件建立应用系统的一般过程大致分为以下 4 个步骤。

1) 定义外部设备和实时数据库

包括设备的定义和报警、变量的定义等。组态软件把那些需要交换数据的设备或者程序都作为外部设备。外部设备包括 PLC、智能模块、板卡、仪表和变频器等，这些下位设备一般通过串行口与上位的 PC 机交换数据。一些 Windows 应用程序作为外部设备，一般通过 DDE(Dynamic Data Exchange)或者 OPC(OLE for Process Control，另外，OLE 是指 Object Linking and Embedding，对象连接与嵌入，简称 OLE 技术)与组态软件交换数据。外部设备还可以是联网的其他计算机。在大多数情况下，外部设备是指下位设备。

定义了外部设备之后，组态软件通过定义 I/O 变量与外部设备建立联系。实时数据库是组态软件最核心的部分。在组态软件运行时，工业现场的生产状况要以动画的形式反映在屏幕上，操作人员在计算机上发布的指令也要迅速传给现场，这些输入输出都是以实时数据库为中间环节的。实时数据库是联系上位 PC 与外部设备的桥梁。在实时数据库中存放的是变量的当前值。

组态软件支持许多外部设备。所谓支持，就是内嵌通信程序或驱动程序并能与外部设备交换数据。组态软件的线程不断地在实时数据库与外部设备之间进行通信，完成数据交换的工作。

2) 设计图形界面

用组态软件在上位 PC 上实现工艺流程图的实时监测、数据处理。工业过程监视画面一般包括实时流程图界面、实时曲线、历史曲线、报表和报警等。监控软件由各种监视画面和操作界面组成。操作界面用来对系统输入参数，执行开关、响应、切换和打印等操作。

3) 建立动画连接

在组态软件开发环境上制作的界面都是静态的，而实时数据库中的变量与现场状况会同步变化。通过动画连接，实时数据库中变量的变化可以使静态界面发生动画效果。动画连接就是建立界面的图形变化要素与实时数据库中变量的对应关系。这样，工业现场的数据，比如温度、压力和流量等，当它们发生变化时，会通过外部设备和上位 PC 机的通信接口及通信程序，到达实时数据库，引起对应的 I/O 变量的数值变化。如果定义了界面的一个图形变化要素，比如百分填充(与这些变量相关)，我们会看到百分填充在同步变化。动画连接的引入是设计人机接口的一次突破，它把工程人员从重复的图形编程中解放出来，为工程人员提供了标准的工业控制图形界面，并且可以用脚本语言来增强图形界面的功能。图形对象与变量之间有丰富的连接类型，给工程人员设计图形界面提供了极大的方便。图形对象可以按动画连接的要求改变颜色、尺寸、位置和填充百分数等。一个图形对象可以同时定义多个连接，把这些动画连接组合起来，应用程序呈现出令人满意的动画效果。

4)　运行和调试

组态软件一般由开发环境和运行环境组成。在开发环境下制作应用系统，生成人机界面，配置运行参数。在开发环境下可以随时转入运行环境，方便应用系统调试。

现在我们来构建由组态软件与 PLC 控制的电动机系统。

1．建立新工程

运行力控组态软件，在工程管理器中单击“新建”命令，在“新建工程”窗口中输入项目名称，单击“确定”按钮，如图 7.6 所示。再单击“开发”命令，进入组态开发界面，如图 7.7 所示。

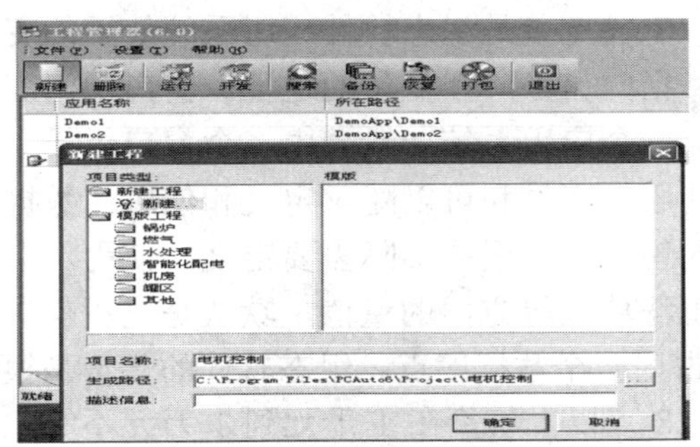

图 7.6　新建工程

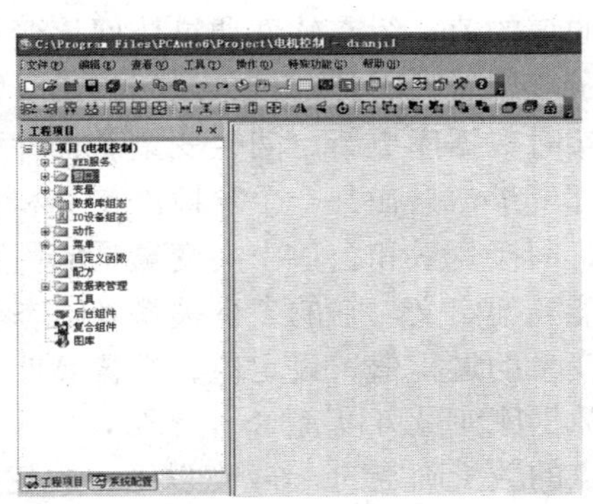

图 7.7　组态开发界面

2．定义外部设备

在图 7.7 右侧工程项目窗口中的“变量”栏下，单击“IO 设备组态”项目，在 PLC 项中找到西门子，选择 S7-200(PPI)项目并完成对该设备的配置，出现如图 7.8 所示的窗口。

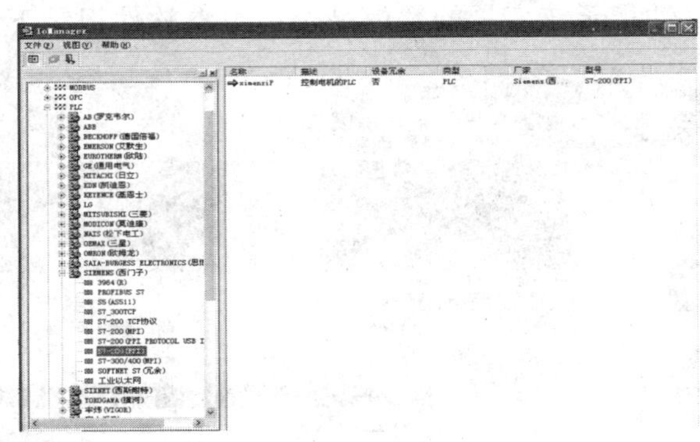

图 7.8　定义外部设备

在配置外部设备中，根据 PC 连接 PLC 的情况，选择串口 0，数据格式是八位数据位、一位停止位和偶校验，波特率为 9600Baud，设备地址为 2。PLC 设备地址要预先使用西门子 STEP 7-Micro/WIN 与 PLC 通信时探知或设置。

3．定义变量

在工程项目窗口中先单击“变量”，在打开的变量栏中单击“数据库变量”项目，弹出“变量管理”窗口，在“变量管理”窗口中单击“添加变量”命令，弹出“变量定义”窗口。在“变量定义”窗口分别填写变量名、说明、类型、类别、参数、安全区、安全级别、初始值、最小值和最大值的信息，选择记录/不记录、读写/只读属性，单击“确认”按钮完成一个变量的定义过程，如图 7.9 所示。组态软件通过变量名访问该变量，“说明”项可以用中文写，以备开发人员记住和查询该变量，“类型”有实型、整型、离散型和字符型 4 种。实型指该变量的取值可以是特定范围的一切实数；整型是指该变量的取值在特定的整数范围；离散型指该变量的取值为 1 或者 0 两个值；字符型说明该变量不是数值，而是字符符号。“类别”有数据库变量、中间变量、间接变量和窗口中间变量四种。数据库变量会在实时数据库中，被 IO 线程不断更新。一般数据库变量会对应外部设备的一个通道的值，组态软件通过访问该变量就等于访问了某个外部设备的一个通道。这样就建立了应用软件与外部设备之间的实时联系。中间变量是组态软件应用系统使用的变量，不被实时数据库更新。间接变量是指针变量，指向另外一个变量的地址。窗口中间变量类似局部变量，只在某一个窗口内定义和有效。一个应用系统一般会由多个窗口组成。中间变量、间接变量和窗口中间变量是应用系统使用的变量和可以随意定义和使用；数据库变量不能随便定义，它的多少关系到组态软件的售价，要根据实际需要定义和使用。参数是指该变量的过程值、设定值、报警高低限和工程单位等方面的量值，默认是过程值(PV)。一个数据库变量可以有 8 个参数，每个参数占用一个数据库点。组态软件的售价是根据数据库点的数量确定的。64 点以下一般免费，128 点以上售价在 1 千元到 1 万元不等。中间变量、间接变量和窗口中间变量没有“参数”这项。力控组态软件对数据安全做了特别处理，在定义变量的时候可以指定其安全区，在用户配置时，授予用户访问哪些数据区的权力。安全级别定义了哪个级别的用户可以访问该变量。从低到高有四种级别：操作工、班长、工程师和系统管理员。级别高的用户可以访问级别低的用户的数据。初始值是该变量定义后被赋予的数值。最大、最小值指定该变量的实际取值范围。读写属性指示该变量是否可以被改变。记录属性指示该变量的数值是否被组态软件记录下来。

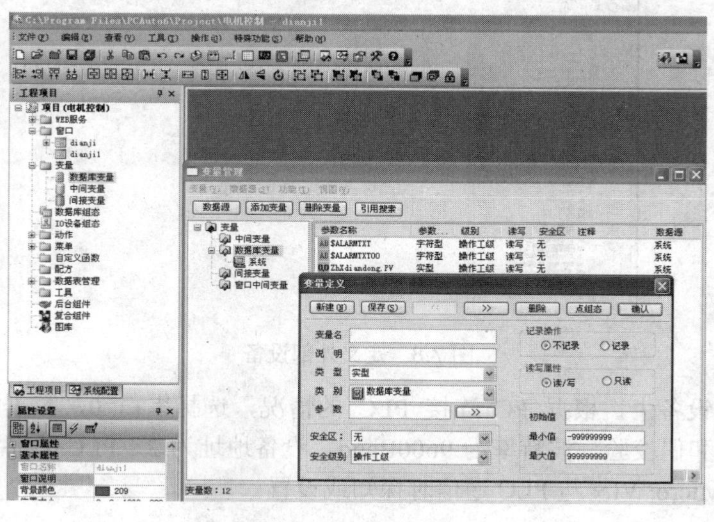

图 7.9　定义新变量

电动机 PLC 与组态软件控制系统定义了 8 个数据库变量。各变量的名称与意义如表 7.2 所示。

表 7.2 电动机 PLC 与组态软件控制系统中的变量

变量名称	数据类型	数据类别	读写属性	意 义
ZhXqidong	离散型	数据库变量	读写	正向启动按钮，按下为 1，松开为 0
FXqidong	离散型	数据库变量	读写	反向启动按钮，按下为 1，松开为 0
TZhanniu	离散型	数据库变量	读写	停止按钮，按下为 1，松开为 0
ZhXdiandong	离散型	数据库变量	读写	正向点动按钮，按下为 1，松开为 0
FXdiandong	离散型	数据库变量	读写	反向点动按钮
ZhXxiangquan	离散型	数据库变量	读写	正向转动接触器控制线圈
FXxianquan	离散型	数据库变量	读写	反向转动接触器控制线圈
SJXxianqun	离散型	数据库变量	读写	电机三角形接线接触器控制线圈
XXxianquan	离散型	数据库变量	读写	电机形接线接触器控制线圈

4．数据库组态

在工程项目窗口中的“变量”菜单中单击“数据库组态”项目，如图 7.7 的组态开发界面所示，将出现如图 7.10 所示的窗口。单击第 1 栏“ZhXqidong”，会出现“修改：区域 0—数字 I/O 点”对话框，切换到“数据连接”选项卡，对该数据库变量进行连接。有“增加”、“修改”和“删除”操作。数据连接是将组态软件中的数据库变量点与外部设备通道进行绑定的过程。两者之间建立一对一的联系。对于只有可读可写读写属性的数据库变量，两者之间的一方有任何变化，都会立即改变另外一方的值，以保证两方的数值是相等的。这个过程是通过通信程序来实现的。对于读写属性是只读的数据库变量，绑定的外部设备通道的数值如果有变化，该数据库变量将及时改变。

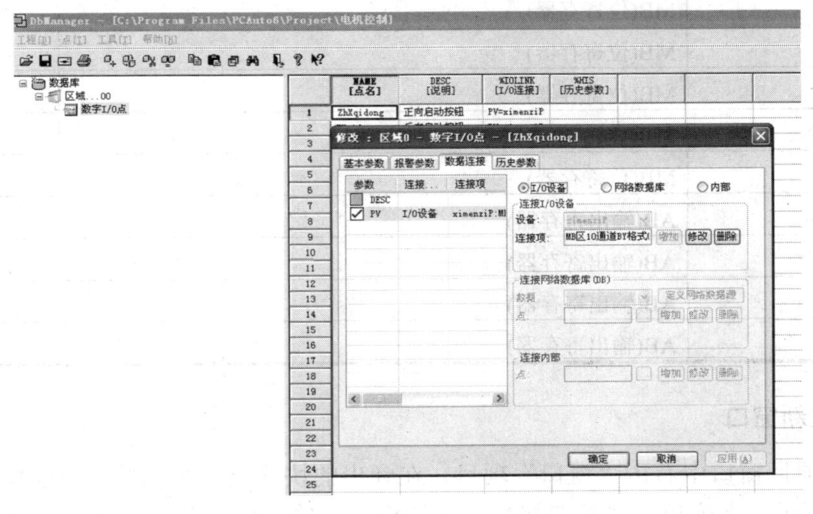

图 7.10 数据库组态

在如图 7.11 所示的“修改：区域 O—数字 I/O 点”窗口中单击“增加”或者“修改”按钮，会出现“西门子 S7-200 PPI 组点联接”对话框，如图 7.11 所示。因为在设备栏中只有我们唯一定义的“S7-200 PPI 设备”，所以，系统会自动弹出该设备的组点窗口。第一项是“I/O 类型”，有 EB(输入寄存器)、AB(输出寄存器)、MB(位寄存器)、SM(特殊位寄存器)、VS(内存变量)、T(定时器)、Z(计数器)和 S(状态寄存器)等类型。此处我们选 MB(位寄存器)类型。第二项是“地址”，我们写 10。第三项是“数据格式”，我们选缺省项。然后再选上按位存取，第 0 位。此时，ZhXqidong 变量就与 S7200 系列 PLC 中的 M10.0 位完成了绑定或者说数据连接。其他变量的数据连接相似。表 7.3 给出了数据连接的结果。

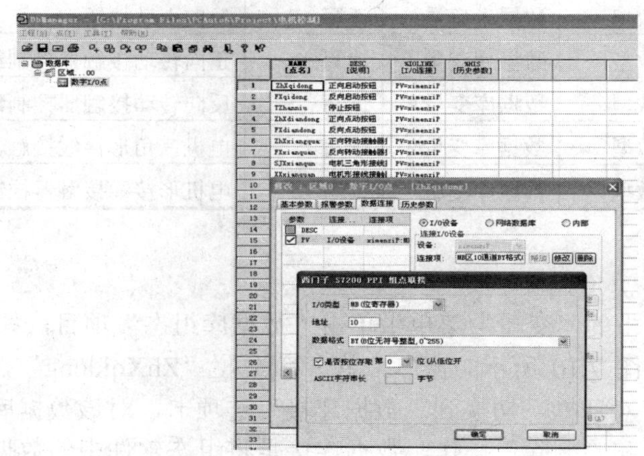

图 7.11　数据库组态中的数据连接

表 7.3　数据连接表

组态软件中的变量	“西门子 S7200 PPI 组点连接”窗口的 I/O 类型	PLC 中的位
ZhXqidong	MB(位寄存器)	M10.0
FXqidong	MB(位寄存器)	M10.1
TZhanniu	MB(位寄存器)	M10.2
ZhXdiandong	MB(位寄存器)	M10.4
FXdiandong	MB(位寄存器)	M10.5
ZhXxiangquan	AB(输出寄存器)	Q0.0
FXxianquan	AB(输出寄存器)	Q0.1
SJXxianqun	AB(输出寄存器)	Q0.2
XXxianquan	AB(输出寄存器)	Q0.3

5. 建立新窗口

在工程项目窗口中右击“窗口”项目，在弹出的快捷菜单中选择“新建窗口”命令，如图 7.12 所示。在弹出的“窗口属性”对话框中，输入窗口名字，命名为“dianjian”。单击“背景色”按钮，在出现的调色板中选择其中的一种颜色作为窗口的背景色，其他选项根据实际情况确定。窗口属性设置的界面如图 7.13 所示。

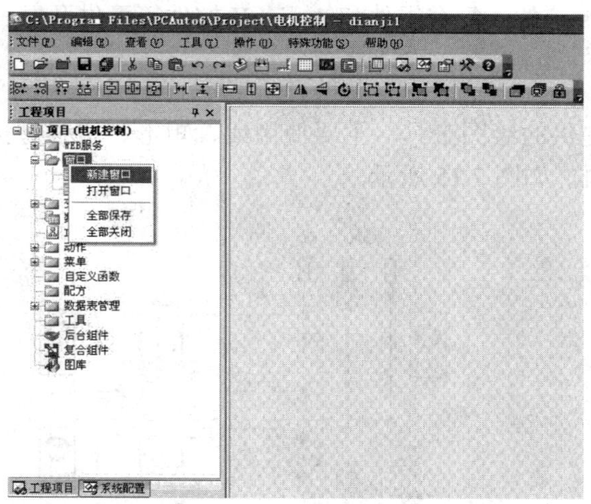

图 7.12　新建窗口

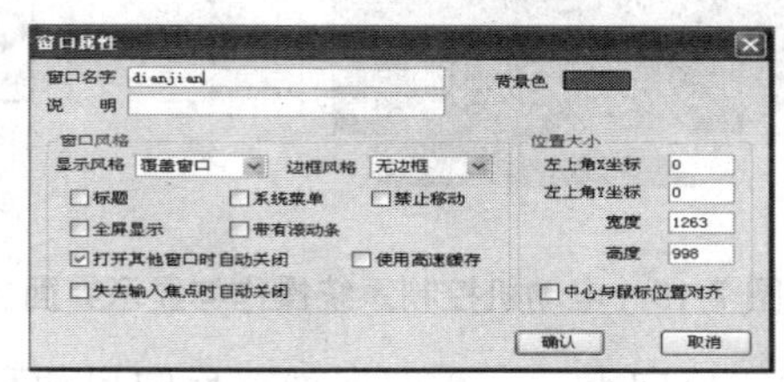

图 7.13　窗口属性设置

6．使用图形工具箱

力控组态软件提供了强大的绘图能力和丰富的图形构件。在“工具”菜单中可以拉出文字表示的文本、线、矩形和椭圆等各种图元和图库、立体棒图、温控曲线、专家报表和复合组件等。也可以在工具箱图标中拉出工具箱窗口，如图 7.14 所示。

图 7.14　力控组态软件工具箱

基本图元包括文本、线、多折线、垂直/水平线、矩形、圆角矩形、椭圆、多变形、切、饼、立体管道、刻度条、增强形按钮、空心矩形、空心圆角矩形和空心椭圆等。

常用组件有选择、位图、趋势曲线、报警、事件、历史报表、专家报表、X-Y 曲线和温控曲线等。

另外还有 Windows 控件、复合组件和 ActiveX 控件等可供开发者选用。

7. 界面制作

根据图形工具箱提供的绘图工具，主要使用线、矩形、增强型按钮等绘制出电动机控制系统操作与显示界面，如图 7.15 所示。

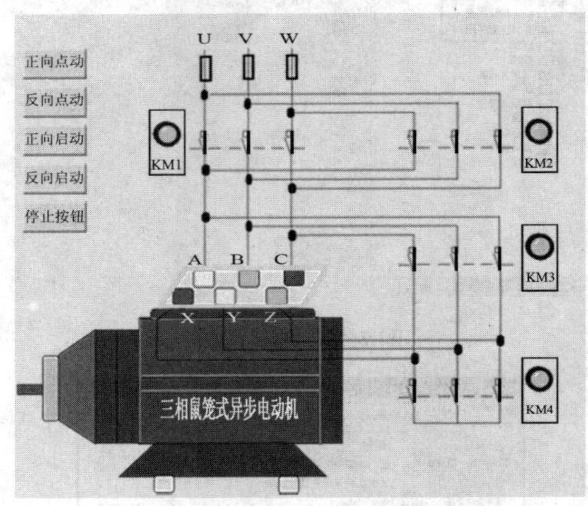

图 7.15 电动机控制系统操作与显示界面

5 个按钮用于正向点动、反向点动、正向启动、反向启动和停止操作。四个指示灯指示 4 个接触器 KM1、KM2、KM3、KM4 是否合上，为绿时表示断开，为红时表示合上。接触器主触头处，当断开时用黑色斜线显示断开、红色直连线隐藏；当接通时，用红色直连线显示、黑色斜线隐藏。三相异步电动机的三对接线头 A-Y，B-Z，C-X 分别用黄、绿、红色柱头表示。电源连线当有电流流过时用红色显示，否则，用黑色显示。

有些图元可以看成一个整体，比如表示接触器断开的三条斜线，我们把它们打作智能单元格。方法是：按住 Shift 键，鼠标分别选中这三条斜线，右击鼠标，在弹出的快捷菜单中选择“组合拆分”子菜单中的“打成智能单元(M)”命令。

8. 动画连接

通过动画连接，实现操作和显示界面的动画呈现。比如对于接触器指示灯，把它的颜色与一个变量或者表达式建立连接，当这个变量为 0 或者表达式为假时，显示一种颜色；否则，显示另外一种颜色。双击 KM1 接触器的指示灯，出现“电子管式指示灯”对话框，如图 7.16 所示。ZhXxianquan.PV 是数据库点，在数据连接时，已将它同外部设备 PLC 中 Q0.0 绑定一起。这意味着 Q0.0 为 0 时，KM1 的指示灯显示为绿色；当 Q0.0 为 1 时，KM1 的指示灯显示为红色。点击颜色框，会弹出调色板，我们选择需要的颜色。其他三个接触器指示灯分别同 FXxianquan.PV、SJXxianquan. PV 和 XXxianquan.PV 相连接。

在操作与显示界面中的每一条电源连接线，当有电流通过时，显示为红色，当没有电流流过时，显示为黑色。我们把每条连接线作动画连接，如图 7.17 所示。双击 W 相连接线。在“动画连接”对话框中的“颜色变化”栏中选中“条件”单选按钮，会弹出“颜色

变化”对话框供我们设置。我们在“表达式”文本框中填入“ZhXxianquan.PV || FXxianquan.PV”，表示这条线不管是电机正转还是反转，它的颜色变化都是相同的。当电机转动时，显示为红色；否则，显示为黑色。单击颜色框，会弹出调色板，我们在调色板上选择需要的颜色。其他电源连接线也是这样进行动画连接的。(由于红绿线在黑白打印时分辨不开，图片作了一些处理，在图中用加粗黑线表示红线。)

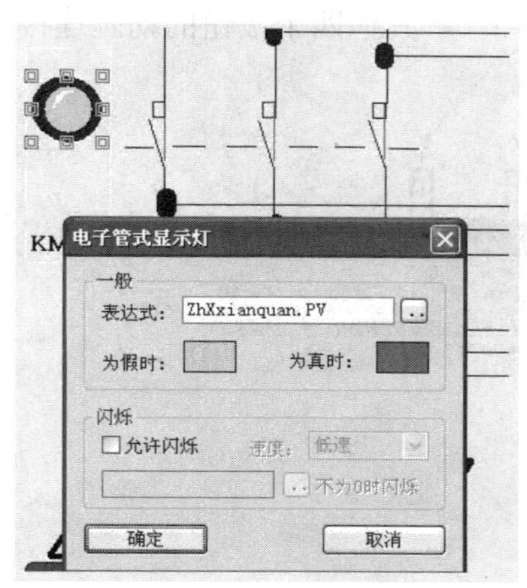

图 7.16 动画连接：接触器指示灯颜色显示

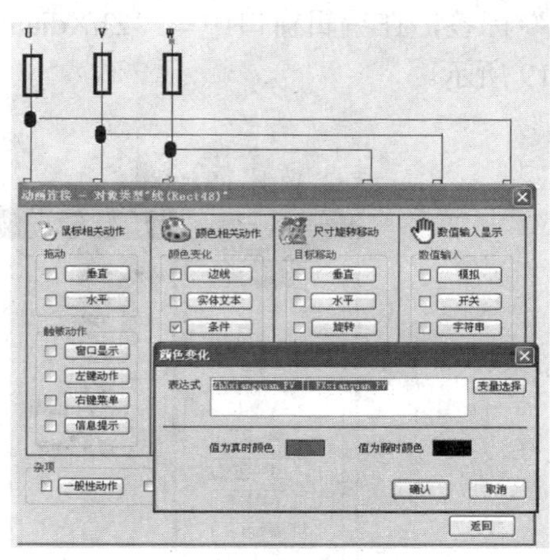

图 7.17 动画连接：连接线颜色变化

接触器 KM2 主触点断开时用三条斜线示意，接通时用三条红线显示。我们可以把这三斜线和三红线分别看作一个整体，打作智能单元格。接触器接通时三红线显示、三斜线隐藏；接触器断开时三斜线显示、三红线隐藏。如图 7.18 所示，双击三斜线智能单元格，在“动画连接”对话框中选中“隐藏”单选按钮，在弹出的“可见性定义”对话框中的“表达式”文本框中，输入“FXxianquan.PV”，在“何时隐藏”选项区域选中“表达式为真”单选按钮，表示当 KM2 接通时，三斜线智能单元格隐藏。在三红线智能单元格的“何时隐藏”选项区域选中“表达式为假”单选按钮，表示当 KM2 断开时，三斜线智能单元格隐藏。接触器 KM1、KM3 和 KM4 的主触头也照这样设置。

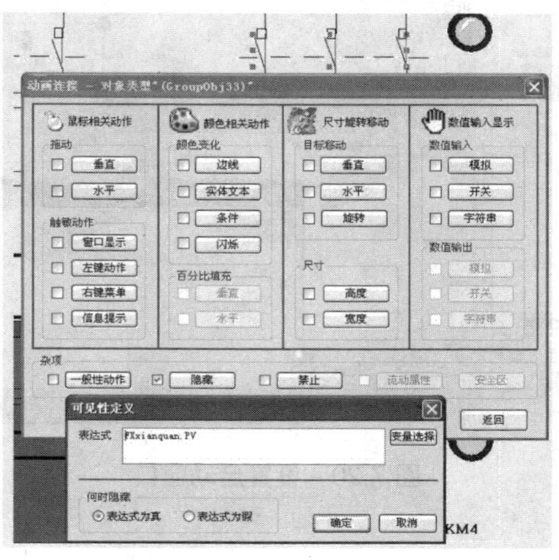

图 7.18 动画连接：接触器主触点隐藏

五个按钮的动画连接是发出动作，即要改变实时数据库中点的数值，当外部设备的相应通道数据跟着变化时，相当于外部设备响应了按钮的动作。实时数据库中点的数据数值改变一般要通过写脚本来完成。双击“正向点动”按钮，在“动画连接”对话框中的“鼠标相关动作文件”选项栏选中“左键动作”单选按钮，在弹出的“脚本编辑器”窗口中写下脚本程序。单击“按下鼠标”标签，在编辑窗口中写“ZhXdiandong.PV =1”；单击“释放鼠标”标签，在编辑窗口中写“ZhXdiandong.PV =0”。其他四个按钮的动画连接相似，如图 7.19 所示。

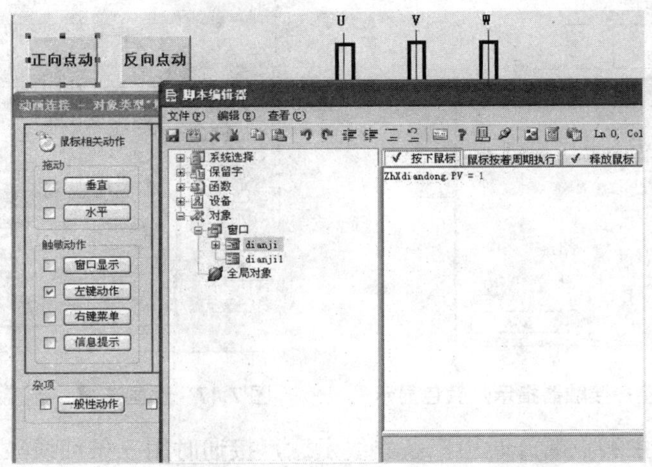

图 7.19　动画连接：按钮动作

组态开发时，我们会不断地运行程序，看看它在运行时的效果。我们可指定运行时的启动窗口，当选择“文件”菜单下的“进入运行”命令时，系统会自动打开该窗口，如图 7.20 所示，在“系统配置”窗口中配置初始启动窗口。

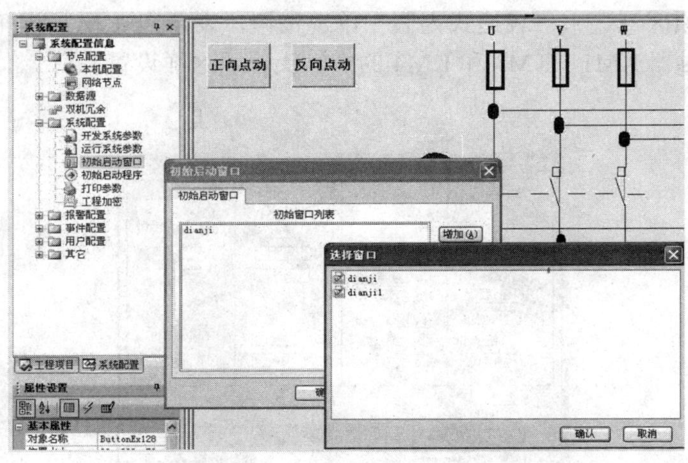

图 7.20　设置启动窗口

9. 运行调试

最后修改完善后的运行画面如图 7.21 所示。单击“正向点动”按钮并保持一秒，接触器 KM1、KM4 接通，电动机作星形连接正向转动，同时，操作与显示画面如图 7.22 所示。释放鼠标后，电机停止。

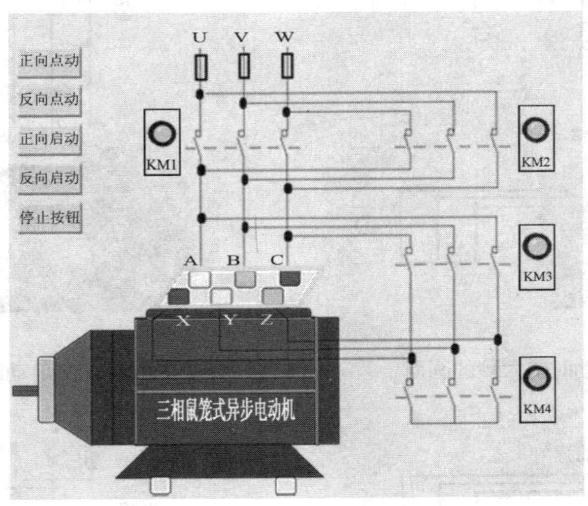

图 7.21　电动机 PLC 与组态软件控制系统运行时的操作与显示画面

单击“反向点动”命令并保持一秒，接触器 KM2、KM4 接通，电动机作星形连接反向转动，同时，操作与显示画面如图 7.23 所示。释放鼠标后，电机停止。

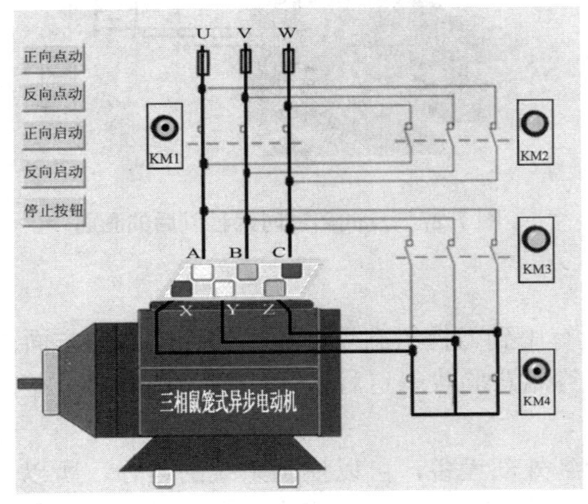

图 7.22　正向点动时的画面

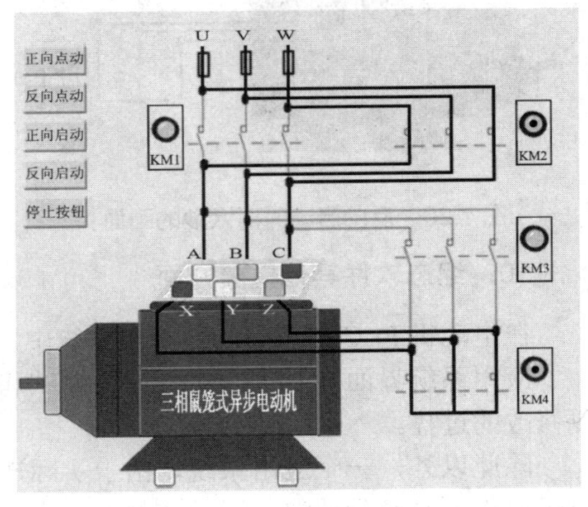

图 7.23　反向点动时的画面

单击“正向启动”命令并短暂保持然后释放，接触器 KM1、KM4 接通，电动机作星形连接正向转动，同时，操作与显示画面如图 7.24 所示；6 秒钟后，KM4 断开，再半秒后，KM3 接通，电动机作三角形连接正向转动并一直保持，直到按下“停止按钮”为止，操作与显示画面如图 7.25 所示。

单击“反向启动”按钮并短暂保持然后释放，接触器 KM2、KM4 接通，电动机作星形连接反向转动，同时，操作与显示画面如图 7.26 所示；6 秒钟后，KM4 断开，再半秒后，KM3 接通，电动机作三角形连接反向转动并一直保持，直到按下“停止按钮”为止，操作与显示画面如图 7.27 所示。

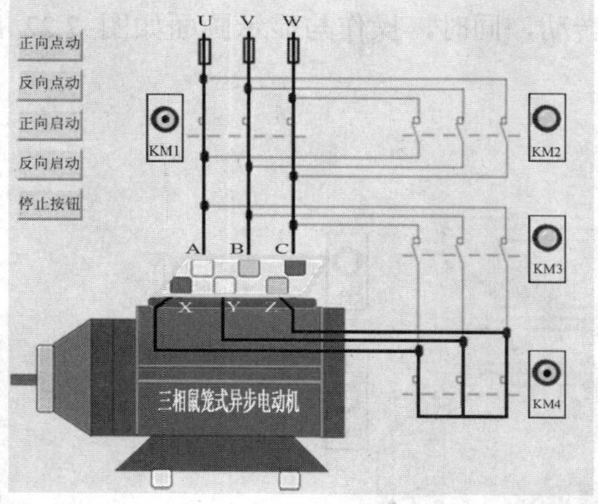

图 7.24　正向启动时前六秒的画面

图 7.25　正向启动时六秒以后的画面

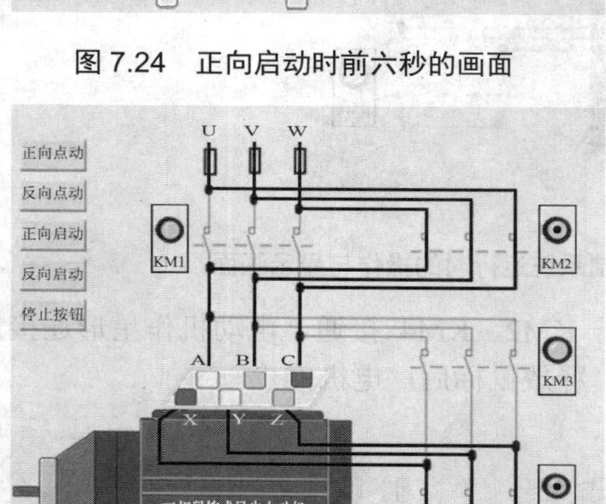

图 7.26　反向启动时前六秒的画面

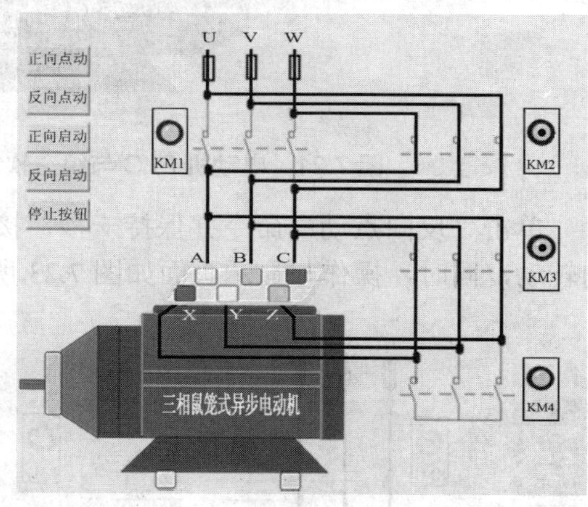

图 7.27　反向启动时六秒以后的画面

10．组态软件其他重要方面

在电动机 PLC 与组态软件控制系统中，没有用到力控组态软件提供的许多重要方面。

应用系统界面开发完后，要经过调试和最终用户验收等过程，所以这当中会有一些反复修改的过程。

除此以外，一个应用系统，由于实际连接到外部设备，可以控制系统的运行，所以，对于操作人员必须授权，不是谁都可以进入操作界面的。在进入应用系统的开始，必须通过操作员界面，验证其是否被合法授权。因此，首先要在开发环境下配置用户，设置他们的访问权限。在用户登录时，验证其使用的合法性。对大部分系统配备登录界面是必需的。

另外还需要系统配置。系统配置包括开发系统参数、运行系统参数、初始启动窗口、初始启动程序、打印参数和工程加密的配置等。

报警配置和事件配置允许应用系统将报警或事件记录到数据库或者数据文件中，还允许系统事先定义报警形式，比如记录、打印、弹出报警框和系统报警窗口等。

11．制作运行包

打开工程管理器，单击“电机控制”命令，在菜单栏中单击“打包”按钮，如图 7.28

所示。

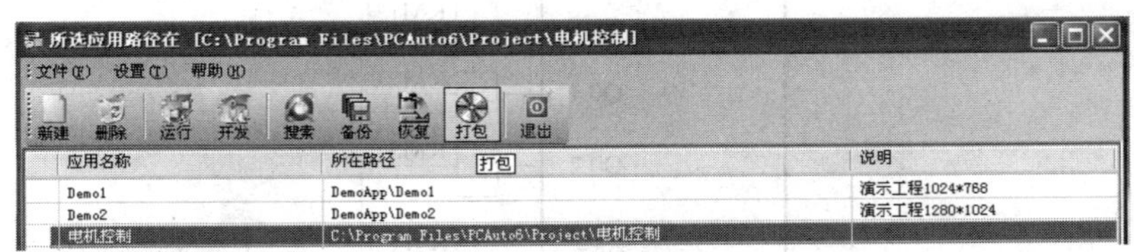

图 7.28　制作运行包单击“打包”按钮

单击“打包”按钮后，会弹出如图 7.29 所示的生成安装包设置对话框，填写完成后，单击“开始”按钮，系统开始制作安装包，完成后退出该窗口。到安装包存放下的目录下，可以看到如图 7.30 所示的内容。

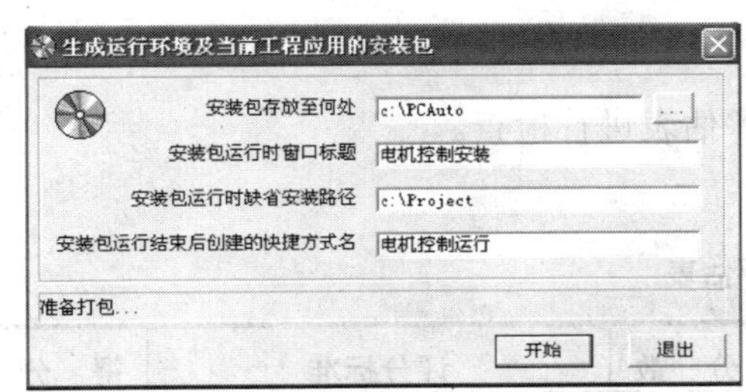

图 7.29　生成安装包设置

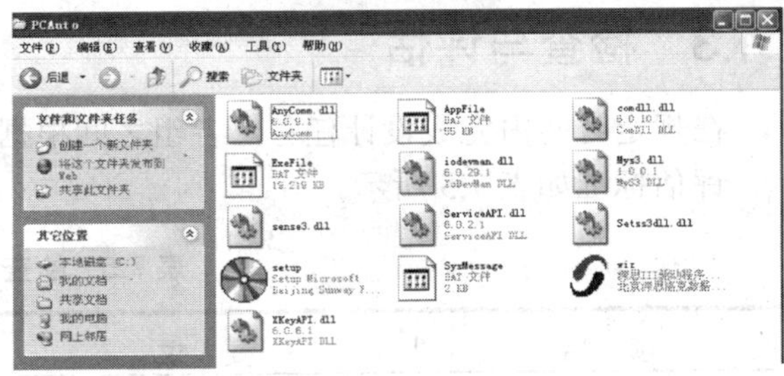

图 7.30　安装包目录的内容

在需要安装的计算机上运行安装包目录下的 setup 文件，将生成电机控制应用系统工程运行文件。在安装的计算机上需要注意必须两点：第一，PC 上是 Windows 操作系统；第二，不能安装有力控组态的软件环境，如果有，一定要卸载干净。装上加密狗，电机控制系统会正常运行；否则只能持续运行一个小时。购买力控组态软件时，会得到加密狗。加密狗插接在计算机的并行端口上。

12．PLC 中的程序

在图 7.2 所示的电动机 PLC 控制系统的程序中，PLC 根据外部按钮输入进行控制，而在电动机 PLC 与组态软件控制系统中，PLC 不再根据外部输入按钮控制电动机，所以，不能用 I 点位的触点，对应的变量改变如表 7.4 所示，只需要在图 7.4 所示的程序中根据表 7.4 用右列对应触点替换左列触点即可。图 7.31 是 PLC 与组态软件控制系统的外部接线图。外部接线图也可以参照图 7.3 加上硬件互锁。

表 7.4　电动机 PLC 与组态软件控制系统中 PLC 程序变量替换表

电动机 PLC 控制系统中的变量	电动机 PLC 与组态软件控制系统中的变量
I0.0	M10.0
I01	M10.1
I02	M10.2
I0.4	M10.4
I0.5	M10.5

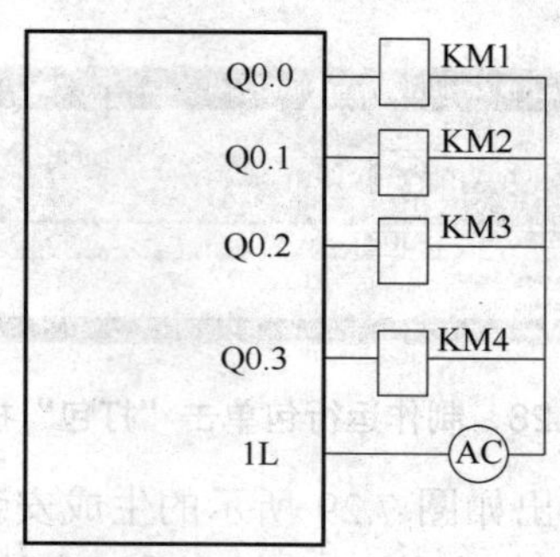

图 7.31　电动机 PLC 与组态软件控制系统接线图

7.1.3　检查与评估

在规定时间内完成设计任务，各组之间根据评估表进行检查。

评估标准如表 7.5 所示。

表 7.5　检查评估表

项　目	要　求	分　数	评分标准	得　分
系统电气原理图设计	原理图绘制完整规范	10	不完整规范每处扣 2 分	
I/O 分配表	准确完整	10	不完整每处扣 2 分	
PLC 程序设计	简洁易读	20	不正确每处扣 5 分	
力控组态软件设计	符合控制要求	30	不正确每处扣 5 分	
系统调试	系统设计达到题目要求	30	调试不合格扣 10 分	
时间	60 分钟，每超时 5 分钟扣 5 分，不得超过 10 分钟			
安全	检查完毕通电，人为短路扣 20 分			

7.2　基于 PLC 和 MCGS 组态软件的抢答系统的设计与实现

1．设计目的

构建一个用 MCGS 组态软件与 PLC 组成的抢答系统，进一步熟悉 PLC 系统的构建方法；熟悉使用 MCGS 组态软件开发应用系统的过程。

2．设计条件

PC 机一台、MCGS 组态软件一套、S7-200 系列 PLC 一台、低压按钮若干。

3．设计要求

- 用 PLC 实现抢答器。

- 用 MCGS 组态软件设计抢答界面。
- 通过 MCGS 组态软件和 PLC 实现抢答系统。

知识链接　MCGS 组态软件简述

MCGS 是一套用于快速构造和生成计算机监控系统的组态软件，它能够在基于 Microsoft 的各种 32 位 Windows 平台上运行，通过对现场数据的采集处理，以动画显示、报警处理、流程控制和报表输出等多种方式向用户提供解决实际问题的方案，在工业控制领域有着广泛的应用，为用户创建理想的工业过程自动化监控系统提供了完整的解决方案和快捷的开发平台。

1. MCGS 的整体结构

MCGS 软件系统包括组态环境和运行环境两个部分，组态环境相当于一套完整的工具软件，用户可以利用它设计和开发自己的应用系统。用户组态生成的结果是一个数据库文件，即组态结果数据库。运行环境是一个独立的运行系统，它按照组态结果数据库中用户指定的方式进行各种处理，完成用户组态设计的目标和功能，组态环境和运行环境互相独立，又密切相关，如图 7.32 所示。

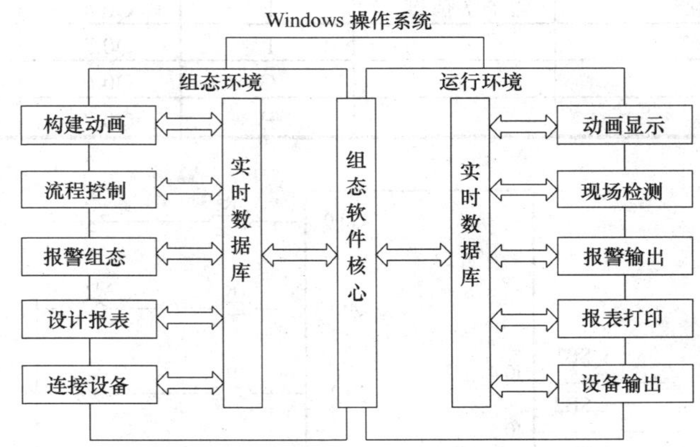

图 7.32　MCGS 组态组态环境和运行环境的关系

2. MCGS 的组成

MCGS 软件系统由主控窗口、设备窗口、用户窗口、实时数据库和运行策略组成，每一部分分别进行组态，完成不同的工作。

主控窗口：是工程的主窗口，负责调度和管理这些窗口的打开或关闭。

设备窗口：是连接和驱动外部设备的工作环境。在设备窗口，可以配置数据采集和输出的设备，可以注册设备驱动程序，还可以定义数据变量用于连接和驱动外部设备。

用户窗口：主要用于设置工程中人机交互的界面，如系统流程图、曲线图和动画等。

实时数据库：是工程各个部分数据交换和处理的中心，它将 MCGS 工程的各个部分连成有机的整体。

运行策略：主要完成工程运行流程的控制，如编写控制程序、选用各种功能构件等。

3. MCGS 的功能及优点

简单灵活的可视化操作界面；完善的安全机制；强大的网络功能；多样化的报警功

能；实时数据库为用户分部组态提供了极大方便；支持多种硬件设备，实现“设备无关”；方便控制复杂的运行流程；实现对工控系统的分布式控制和管理。

7.2.1 用 PLC 实现抢答器

PLC 可以周期性扫描输入端口，更新过程映像寄存器。调整扫描周期时间，使 PLC 能分辨 50ms 的输入差距。这样，我们可以用 PLC 来实现抢答器。表 7.6 是 I/O 分配表，图 7.33 是 PLC 的接线图。在分配表和接线图中，A、B、C、D、E、F、G、H 是八段数码管的八个段脚。

表 7.6 抢答器中 PLC 的 I/O 分配表

输入			输出		
符 号	点 地 址	功能描述	符 号	点 地 址	功能描述
SD	I0.0	启动按钮	A	Q0.1	驱动八段码 A
	I0.1	选手 4 按键	B	Q0.1	驱动八段码 B
	I0.2	选手 5 按键	C	Q0.2	驱动八段码 C
	I0.4	选手 6 按键	D	Q0.3	驱动八段码 D
	I0.5	选手 7 按键	E	Q0.4	驱动八段码 E
			F	Q0.5	驱动八段码 F
			G	Q0.6	驱动八段码 G
			H	Q0.7	驱动八段码 H

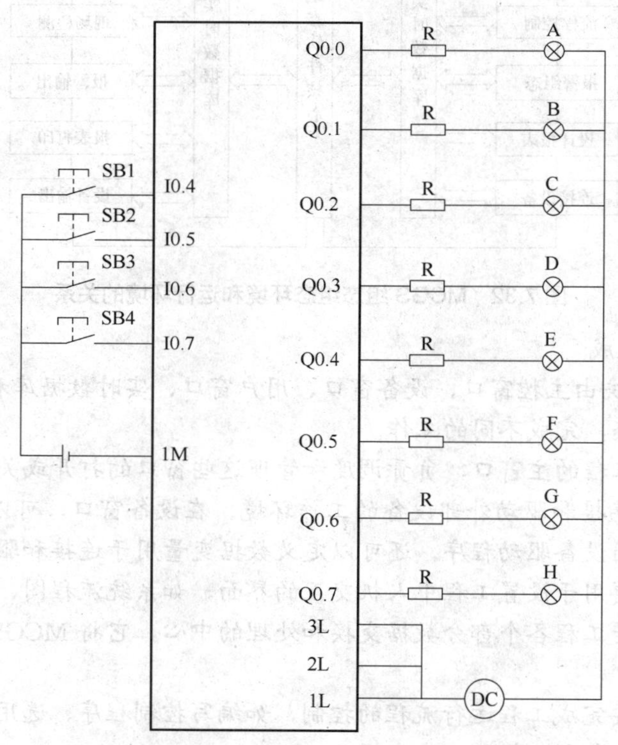

图 7.33 抢答系统中 PLC 接线图

I0.4、I0.5、I0.6 和 I0.7 为 4 个抢答按钮，可以有四位选手同时参与抢答。PLC 的工作过程是：当开始命令时，显示 3s 抢答倒计时“3”、“2”、“1”、“0”，显示 0 时开始抢答。PLC 显示抢答者编号，分别显示“4”、“5”、“6”、“7”。若在抢答倒计时 3s 内有人抢答，则显示抢答者标号的同时亮警示灯(小数点位亮)，若允许抢答 5s 后，无人抢答，视作放弃，抢答器显示 8，此时任何选手再抢答无效，不予显示。PLC 接到复位命令后再次启动抢答器，开始下一轮抢答。

用 I0.0 作为开始命令的输入点。当 I0.0 检测到高电平时，PLC 开始抢答过程。

用 I0.1 作为复位命令的输入点。当 I0.0 检测到高电平时，PLC 启动抢答器。

图 7.34 是 PLC 程序流程图。

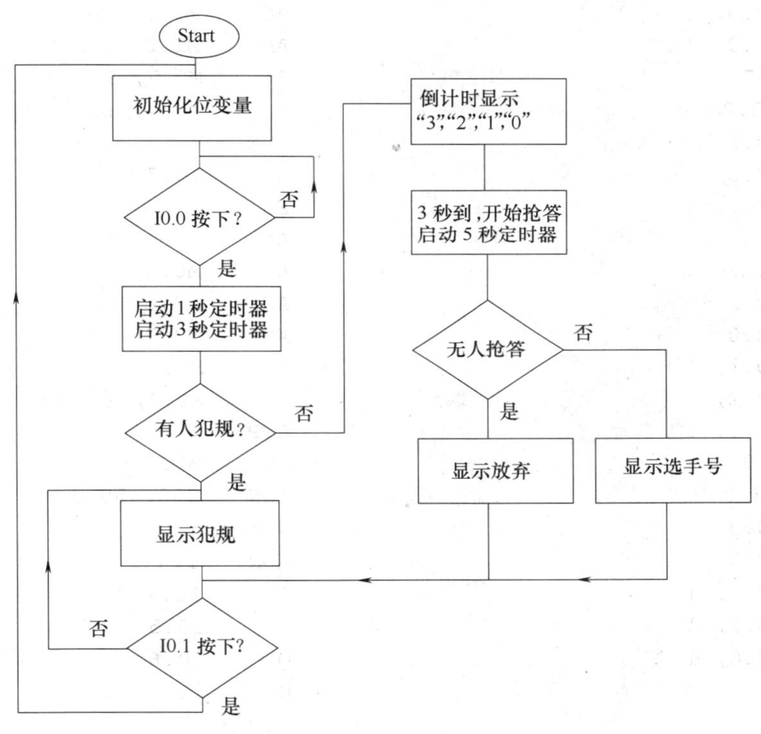

图 7.34　抢答器 PLC 程序流程图

下面是抢答器 PLC 语句表程序。

```
ORGANIZATION_BLOCK 主程序:OB1
TITLE=程序注释
BEGIN
Network 1 // 网络标题
// 网络注释
LD     SM0.1
R      M0.0, 30
Network 2
LD     SM0.0
AN     M2.1
TON    T37, 10
Network 3
LD     T37
=      M2.0
=      M2.1
Network 4
```

```
LD    SM0.1
S     M0.0, 1
Network 5
LD    SM0.0
AN    I0.1
A     I0.0
TON   T40, 30
Network 6
LDN   M3.0
A     I0.0
A     M0.0
A     M2.0
S     M0.1, 1
R     M0.0, 1
R     M2.0, 1
Network 7
LDN   M3.0
A     M0.1
A     M2.0
S     M0.2, 1
Network 8
LDN   M3.0
A     M0.2
A     M2.0
S     M0.3, 1
R     M0.2, 1
R     M2.0, 1
Network 9
LDN   M3.0
A     M0.3
A     M2.0
S     M0.4, 1
R     M0.3, 1
R     M2.0, 1
Network 10
LDN   M3.0
A     M0.4
A     T40
LPS
A     I0.4
EU
AN    T50
AN    M0.6
AN    M0.7
AN    M1.0
S     M0.5, 1
R     M0.4, 1
LRD
A     I0.5
EU
AN    T50
AN    M0.5
AN    M0.7
AN    M1.0
S     M0.6, 1
R     M0.4, 1
LRD
A     I0.6
EU
AN    T50
AN    M0.5
AN    M0.6
AN    M1.0
S     M0.7, 1
R     M0.4, 1
LRD
A     I0.7
EU
AN    T50
AN    M0.5
AN    M0.6
AN    M0.7
S     M1.0, 1
R     M0.4, 1
LPP
AN    M1.2
TON   T50, 50
Network 11
LDN   T40
LD    I0.4
O     I0.5
O     I0.6
O     I0.7
ALD
LPS
S     M3.0, 1
A     I0.4
AN    M0.6
AN    M0.7
AN    M1.0
S     M0.5, 1
R     M0.1, 1
LRD
A     I0.5
AN    M0.5
AN    M0.7
AN    M1.0
```

```
S       M0.6, 1
R       M0.1, 1
LRD
A       I0.6
AN      M0.5
AN      M0.6
AN      M1.0
S       M0.7, 1
R       M0.1, 1
LPP
A       I0.7
AN      M0.5
AN      M0.6
AN      M0.7
S       M1.0, 1
R       M0.1, 1
Network 12
LD      T50
AN      M0.5
AN      M0.6
AN      M0.7
AN      M1.0
S       M1.1, 1
R       M1.2, 1
Network 13
LD      M3.0
O       M0.5
O       M0.6
O       M0.7
O       M1.0
O       M1.1
A       I0.1
R       M0.0, 30
S       M0.0, 1
Network 14
LD      M0.1
O       M0.2
O       M0.4
O       M0.6
O       M0.7
O       M1.0
=       Q0.0
Network 15
LD      M0.1
O       M0.2
O       M0.3
O       M0.4
O       M0.5
O       M1.0
=       Q0.1
Network 16
LD      M0.1
O       M0.3
O       M0.4
O       M0.5
O       M0.6
O       M0.7
O       M1.0
=       Q0.2
Network 17
LD      M0.1
O       M0.2
O       M0.4
O       M0.6
O       M0.7
=       Q0.3
Network 18
LD      M0.2
O       M0.4
O       M0.7
=       Q0.4
Network 19
LD      M0.4
O       M0.5
O       M0.6
O       M0.7
=       Q0.5
Network 20
LD      M0.1
O       M0.2
O       M0.5
O       M0.6
O       M0.7
O       M1.1
=       Q0.6
Network 21
LD      M3.0
=       Q0.7
END_ORGANIZATION_BLOCK
```

上面的 PLC 语句表程序是从梯形图程序导出的。习惯梯形图的读者可以通过 STEP 7-Micro/WIN 编程软件变化回梯形图程序。程序中位变量为 1 时的意义说明如下。

- M0.0：表示初始状态，抢答器可以工作。
- M0.1：倒计时显示“3”。
- M0.2：倒计时显示“2”。
- M0.3：倒计时显示“1”。
- M0.4：倒计时显示“0”，表示选手可以抢答。
- M0.5：选手 4 按下抢答按钮 I0.4。
- M0.6：选手 5 按下抢答按钮 I0.5。
- M0.7：选手 6 按下抢答按钮 I0.6。
- M1.0：选手 7 按下抢答按钮 I0.7。
- M1.1：指示所有选手在规定的 5s 时间内没有抢答，表示所有选手放弃此题。
- M2.0：主持人按下 I0.0 后有 3s 倒计时。M2.0 等于 1 指示又过了 1s。
- M2.1：同 M2.0，用于控制 1s 定时器 T37 工作。
- M3.0：主持人按下 I0.0 后有 3s 倒计时。3s 满后选手可以抢答；未满 3s 选手抢答算犯规。M3.0 等于 1 时表示选手没有犯规。

7.2.2 用 MCGS 组态软件构建抢答器上位系统

MCGS 是另一款国产组态软件，我们用它来开发一个抢答器系统。

由于在组态软件上很容易实现与 PLC 交换数据，同时，在组态软件上开发人机界面也很便捷，所以我们用它来开发抢答器的上位系统，但该上位系统不能脱离组态软件的环境独立运行，因此，还不是一个独立的系统。可以把它作为软件原型。所谓软件原型，是一种演示软件，用来就软件系统需求与用户实现有效沟通。

PLC 和 MCGS 组态软件的抢答器系统要实现的任务如下。

- 判断抢答与犯规。
- 播放题目与答案。
- 为 4 位参赛选手统计得分。

系统由 PLC 完成判断抢答与犯规的工作，由 MCGS 组态软件完成播放题目与答案、为每位选手统计得分等界面性工作。系统工作情况描述如下：组态软件显示欢迎画面，由闪亮转动的红绿彩灯围绕的分数排行榜显示各选手的初始分数为 0。主持人进行翻页操作，显示“百科知识抢答大赛”画面、抢答题目。选手读题后，主持人用鼠标按下启动按钮，PLC 开始倒计时，PLC 控制数码管依次显示“3”、“2”、“1”、“0”。倒计时结束，各选手开始抢答，数码管上显示最先按下抢答按钮的选手标号，由对应的选手对 PC 屏幕上的问题作出选择。回答后，主持人翻转下一页，显示题目答案，若回答正确，则按下“答对”按钮，为相应选手分数加 10 分，若回答错误，则按下“答错”按钮，为相应选手得分减 5 分。若在此过程中，由于主持人操作不当，造成翻页出错，加减分数出错，可分别由“前后翻页”按钮和“取消”按钮，返回上一状态，保证大赛正常进行。若倒计时未结束时有选手按下抢答按钮，即为犯规行为，系统将亮起犯规指示灯和犯规选手的抢答指示灯，并自动给犯规选手的分数扣除 5 分。犯规选手继续答题。

用 MCGS 与 PLC 设计抢答系统大致可以分为下面几个步骤：变量与设备定义、界面设计、属性设置与脚本程序、调试与运行和制作运行环境。

首先，在 MCGS 组态环境下，新建一个工程。双击 MCGS 组态环境，进入组态开发系统，在“文件”菜单中选择“新建工程”命令，系统弹出工作台窗口，如图 7.35 所示。

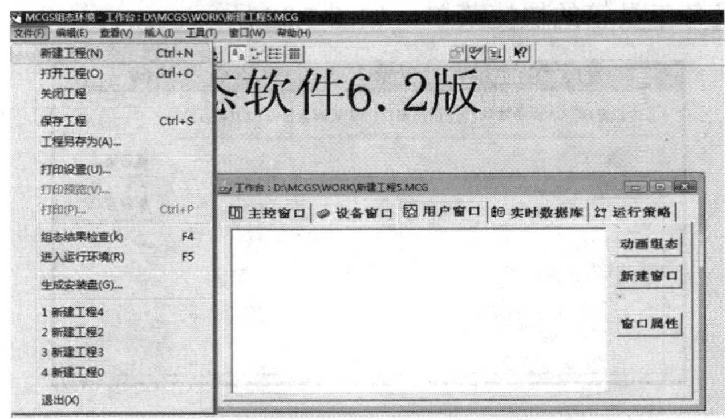

图 7.35　MCG 点击新建工程

1. 变量与设备定义

在工作台窗口中，切换到“实时数据库”选项卡，通过“新增对象”命令定义数据变量。各个变量的类型与意义如表 7.7 所示。

表 7.7　抢答器系统组态软件中的变量表

变 量 名	类　型	意　义
Daan	字符型	指示图片文件目录
Fangqizhishideng	开关型	指示选手均放弃
fenshu4	数值型	选手 4 的分数
fenshu5	数值型	选手 5 的分数
fenshu6	数值型	选手 6 的分数
fenshu7	数值型	选手 7 的分数
fenshu4old	数值型	选手 4 答题前的分数
fenshu5old	数值型	选手 5 答题前的分数
fenshu6old	数值型	选手 6 答题前的分数
fenshu7old	数值型	选手 7 答题前的分数
Xinti	数值型	指示是新题还是本题答案
qidongkaiguan	开关型	控制比赛开始
ti	数值型	指示十道抢答题的当前题号
xuanshou4	开关型	指示选手 4 抢答
xuanshou5	开关型	指示选手 5 抢答
xuanshou6	开关型	指示选手 6 抢答
xuanshou7	开关型	指示选手 7 抢答
fuweikaiguan	开关型	使 PLC 复位
qiangdazhishideng	开关型	指示有选手抢答犯规
AB	数值型	控制选手得分自动计算

在工作台窗口中单击菜单栏上的“设备窗口”，出现如图 7.36 所示的窗口。在此窗口内双击“设备窗口”图标，出现设备组态的空白窗口，如图 7.37 所示。在设备组态窗口内鼠标右击，弹出含设备工具箱的快捷菜单，如图 7.38 所示。

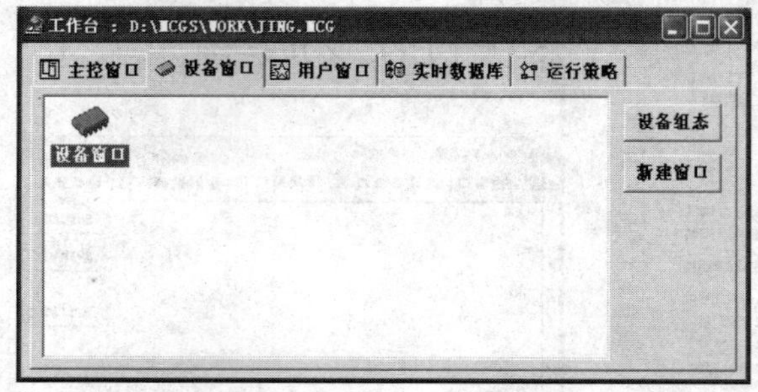

图 7.36　单击“设备窗口”

图 7.37　MCGS 设备组态窗口

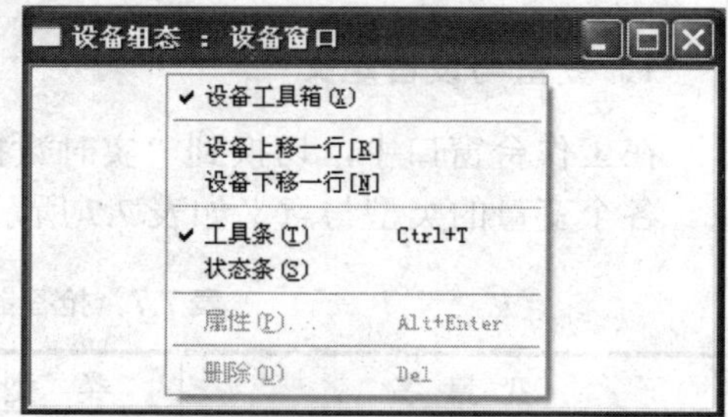

图 7.38　工具箱子菜单

选择“设备工具箱”命令，弹出“设备工具箱”窗口，如图 7.39 所示。如果“设备工具箱”窗口中无设备或者没有需要的设备，可以单击“设备管理”按钮，在弹出的如图 7.40 所示的“设备管理”对话框中为设备工具箱增加所需要的设备。方法为在“设备管理”窗口的可选设备列表栏中单击“通用串口父设备”后再单击增加按钮，则通用串口父设备增列在选中设备列表栏中，如图 7.41 所示，依同样的方法，将西门子 S7200PPI 增列在选中设备列表栏中。单击“确定”按钮退出，这会在设备工具箱窗口中增加通用串口父设备图标和西门子 S7200PPI 图标。

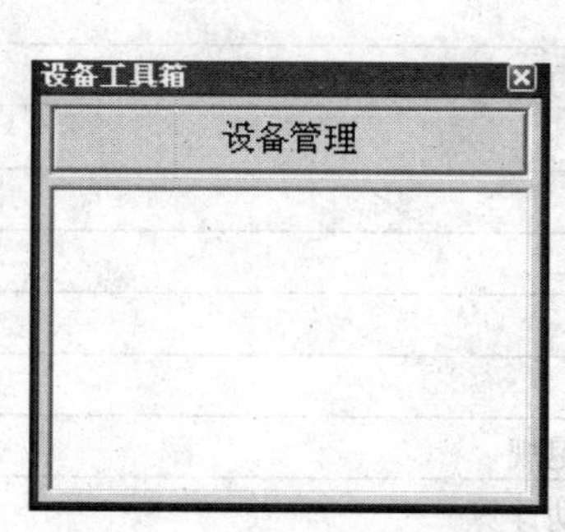

图 7.39　工具箱窗口

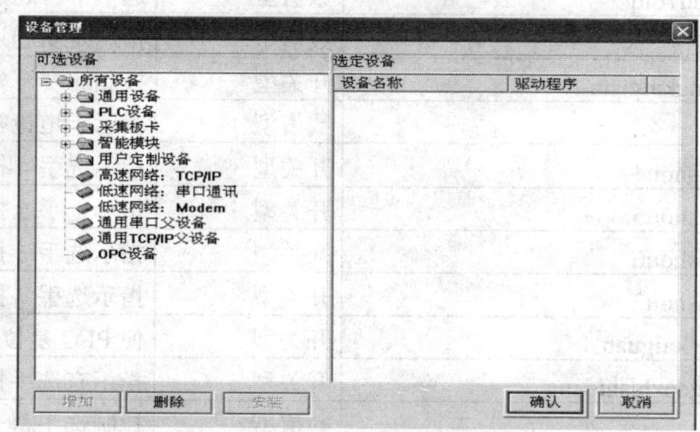

图 7.40　“设备管理”对话框

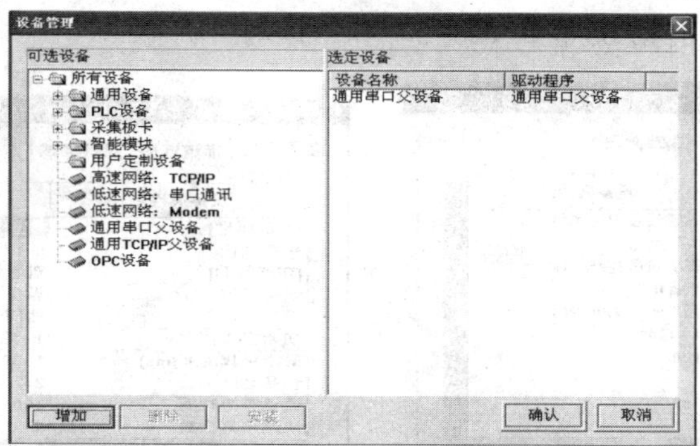

图 7.41　在“设备管理”对话框中增加选定设备

在工具箱窗口中依次双击通用串口父设备和西门子_S7200PPI 图标，设备组态窗口会如图 7.42 所示。

图 7.42　定义好了的设备

在设备组态窗口，双击“通用串口父设备”图标，出现通用串行设备属性编辑界面，如图 7.43 所示。在此编辑窗口，把对串行口的设置参数输入进去。串行口的设置参数是：串行口 0，波特率是 9600，数据位是 8 位，停止位是 1 位，偶校验。

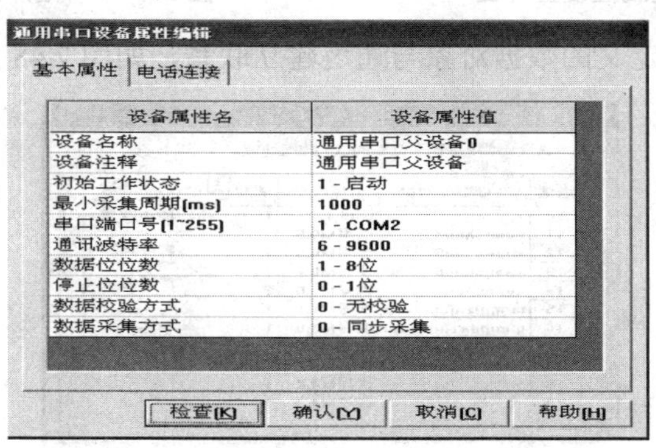

图 7.43　通用串口设备属性编辑界面

在设备组态窗口，双击“设备 0_[西门子_S7200PPI]”图标，出现设备属性设置界面，如图 7.44 所示。在基本属性中，对 PLC 地址的设置需要预先知道其地址，这可以通过西门子的软件 STEP 7-Micro/WIN 探知或改变。在基本属性中增加 8 个通道。做法为：在图 7.44 中选择“设置设备内部属性”后，旁边出现按钮，如图 7.45 所示，单击该按钮，出现西门子_S7200PPI 通道属性设置界面，如图 7.46 所示。先单击“全部删除”按钮，删除默认的设备通道，然后单击“增加通道”按钮，出现“增加通道”对话框，如图 7.47 所示。在“增加通道”对话框中，选择寄存器类型为“M 寄存器”，数据类型、寄存器地址和操作方式分别设置为“通道的第 05 位”、“0”和“读写”。

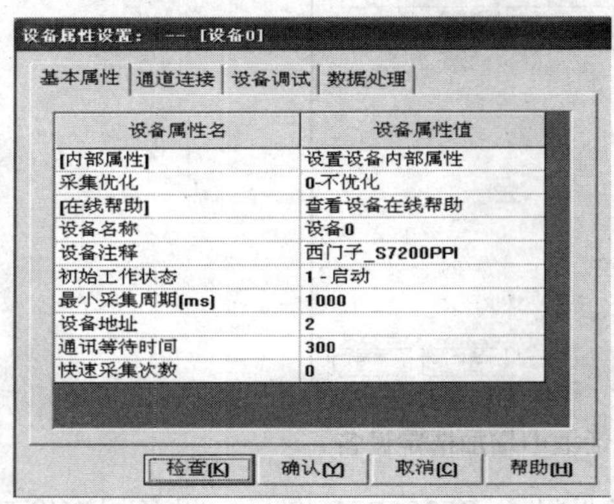

图 7.44 设备属性设置界面

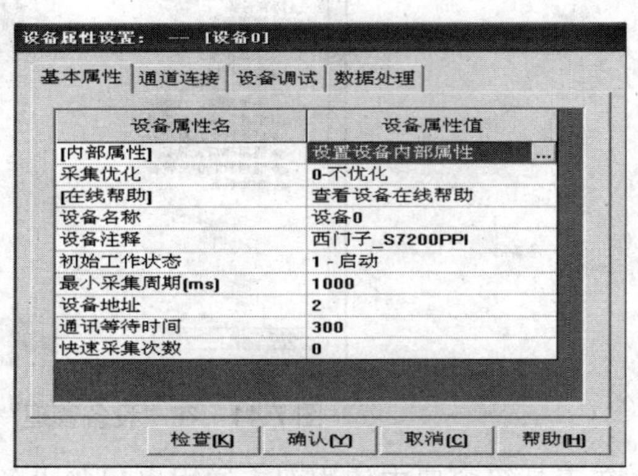

图 7.45 设备属性设置界面进入内部属性

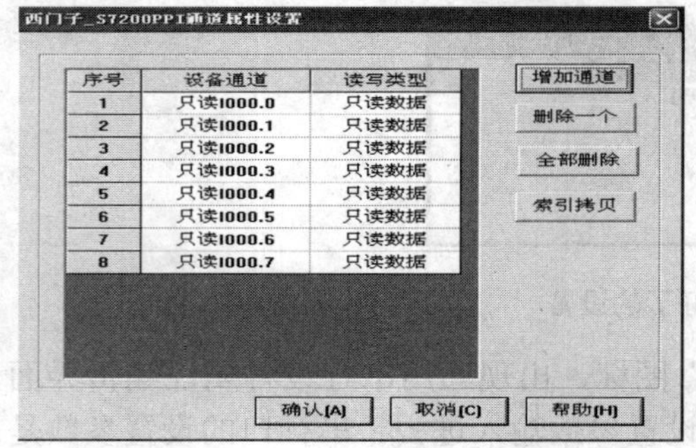

图 7.46 通道属性设置界面

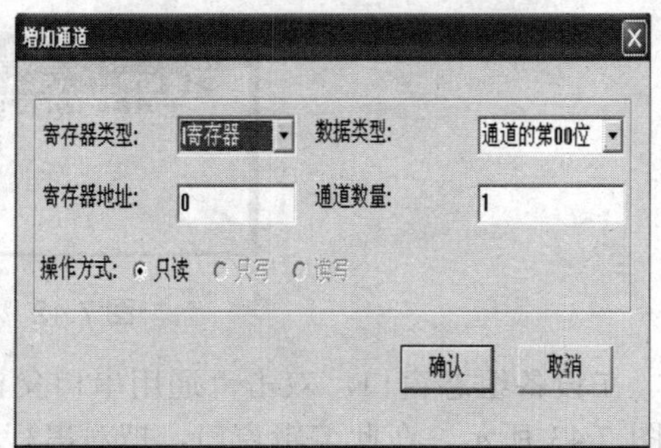

图 7.47 “增加通道”对话框

在通道连接中，将定义的数据对象与通道建立联系，如图 7.48 所示。

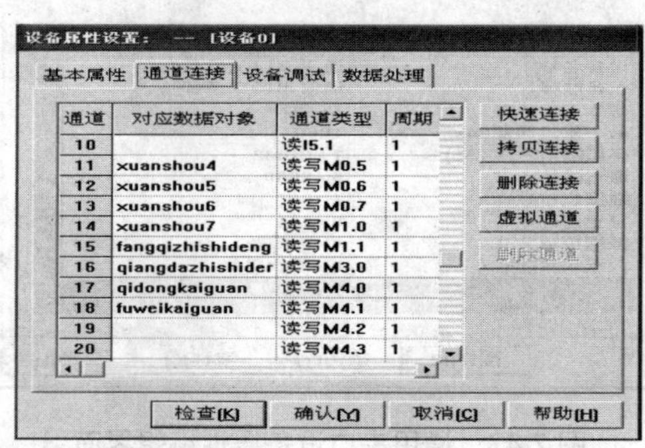

图 7.48 通道连接

(1) 串行父设备的设置参数是：串行口 0，波特率为 9600，数据位是 8 位，停止位是 1 位，偶校验。

(2) 西门子 S7-200PPI 设备的设置：在基本属性中增加八个通道，选择寄存器类型是 M 寄存器。寄存器地址和数据类型分别设置。S7-200 的地址通过 STEP 7-Micro/Win 软件发现或设置。

2．界面设计

在工作台用户窗口中，双击窗口 0，进入创建界面，绘制如图 7.49 所示的界面。

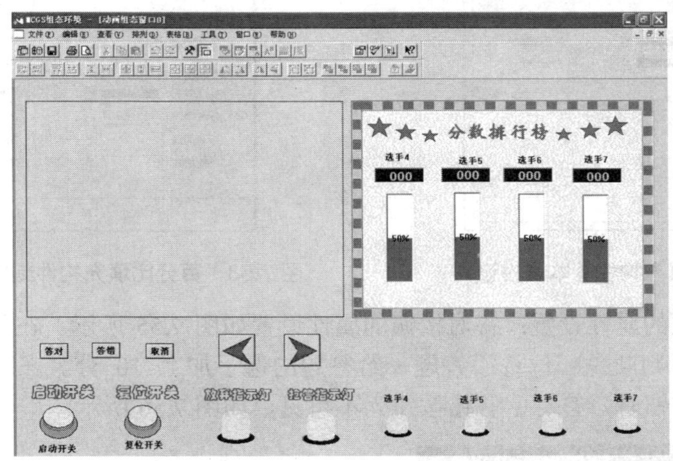

图 7.49　设计抢答系统操作与显示界面

在图 7.49 中，自上而下，从左到右，图形构件或对象依次为：文件播放、分数排行榜、答对按钮、答错按钮、取消按钮、播放文件向前翻页按钮、播放文件向后翻页按钮、启动开关、复位开关、放弃指示灯、抢答指示灯和选手 4 至选手 7 的抢答指示灯。分数排行榜中，依次为，选手 4 至选手 7 的得分显示框，和相应分数的柱形显示图，四周环绕为红绿彩灯。

3．对象的属性设置与脚本程序

我们分别对图 7.49 的各个对象进行属性设置和脚本编程。

(1) 文件播放的属性设置：文件播放的属性设置如图 7.50 所示。选择文件类型为 JPG 图像文件。因为 10 道题目和答案已经被制作为 JPG 图像文件。连接变量为 daan。daan 为字符型变量，指示播放文件的路径和文件名。

(2) 分数排行榜的属性设置：分数排行榜的属性设置如图 7.51 所示，外围四周红绿彩灯的设置，应用流动块实现。

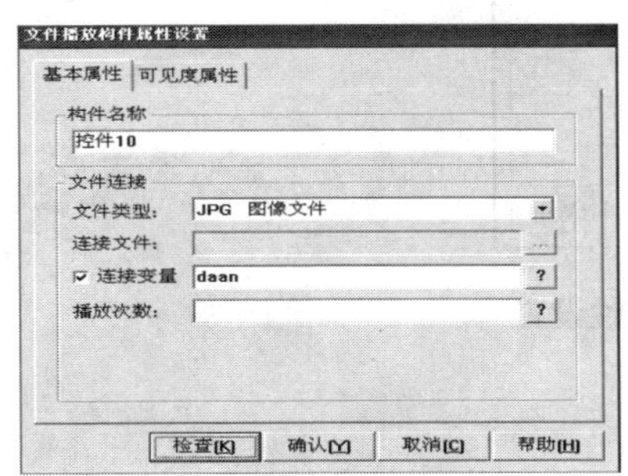

图 7.50　文件播放可见度属性设置

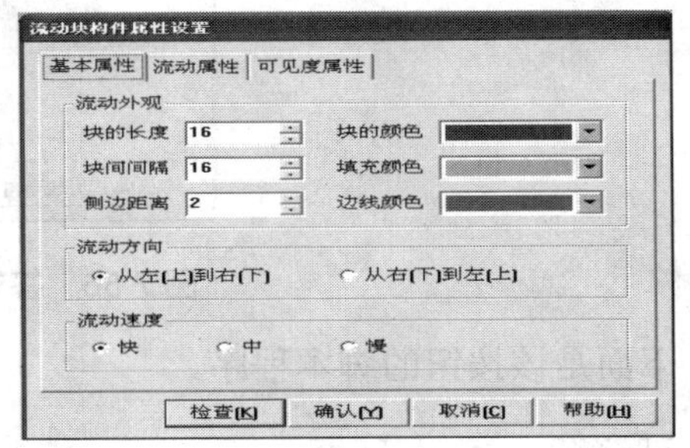

图 7.51　流动块构建属性设置

用百分比填充构件作选手分数柱形图。选手分数柱形图设置，以选手 4 为例，分别设置其基本属性、刻度与标注属性、操作属性，如图 7.52～图 7.54 所示。

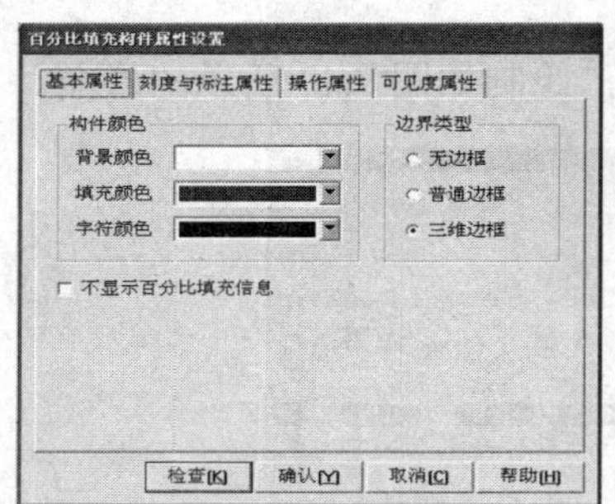

图 7.52　百分比填充构件基本属性设置

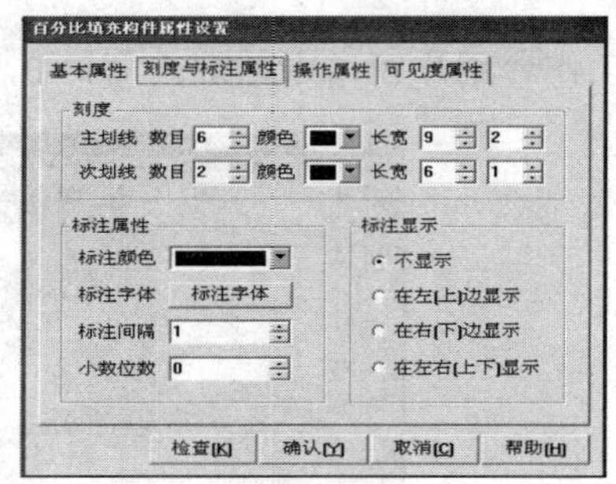

图 7.53　百分比填充构件刻度与标注属性设置

(3) 答对按钮的属性设置：答对按钮的属性设置如图 7.55 所示。在其脚本程序中，先保存现有分数，再判断是哪位选手答题，给答题的选手加上 10 分。在可见度属性中，当按下答对、答错按钮时，答对、答错按钮为不可见，如图 7.56 所示。

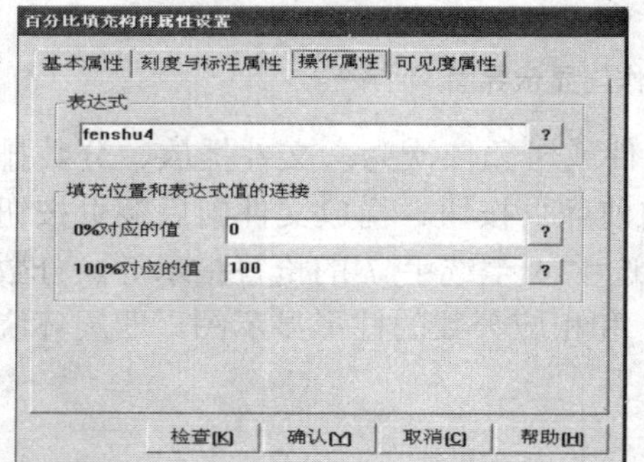

图 7.54　百分比填充构件操作属性设置

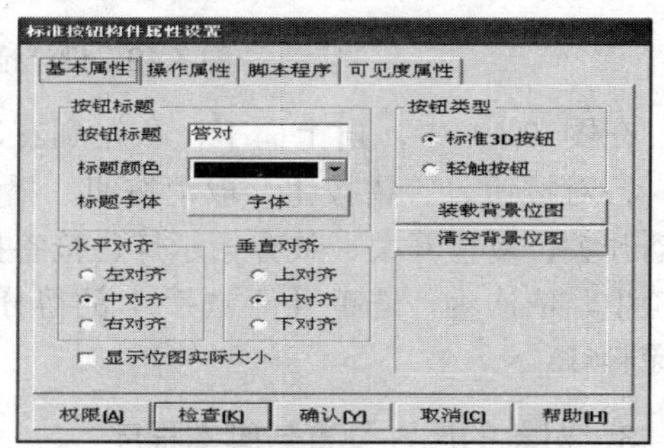

图 7.55　答对按钮属性设置

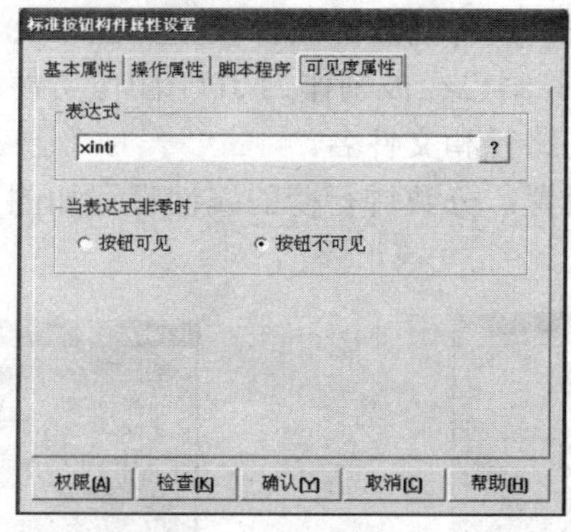

图 7.56　答对按钮可见度属性设置

下面是该按钮的脚本程序。

```
if xinti = 0 then
    fenshu4old.value=fenshu4.value
    fenshu5old.value=fenshu5.value
    fenshu6old.value=fenshu6.value
```

```
        fenshu7old.value=fenshu7.value
    if xuanshou4=1  then
        fenshu4.value=fenshu4.value+10
    endif
    if xuanshou5=1  then
        fenshu5.value=fenshu5.value+10
    endif
    if xuanshou6=1  then
        fenshu6.value=fenshu6.value+10
    endif
    if xuanshou7=1  then
        fenshu7.value=fenshu7.value+10
    endif
    xinti = 1
    endif
```

(4) 答错按钮的属性设置：答错按钮的属性设置如图 7.57 所示。与答对按钮基本一样，只是在其脚本程序中，答题选手的总分扣去 10 分。

该按钮的脚本程序与“答对”按钮相似。

(5) 取消按钮的属性设置：取消按钮的属性设置如图 7.58 所示。在其脚本程序中，每位选手的分数恢复到按下答对、答错按钮之前的分数。同时，使得答对、答错按钮重新显示出来。

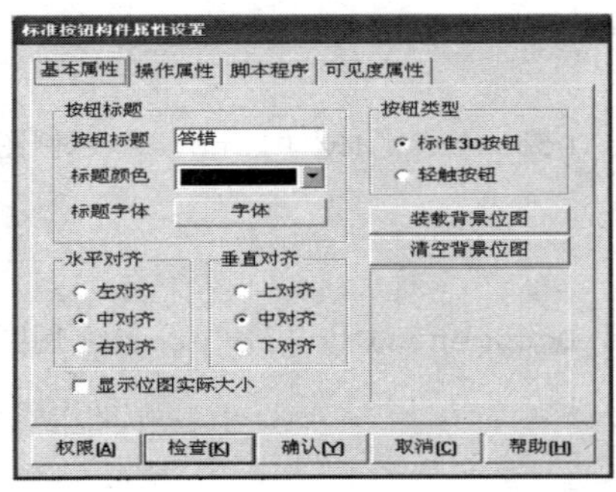

图 7.57　答错按钮基本属性设置

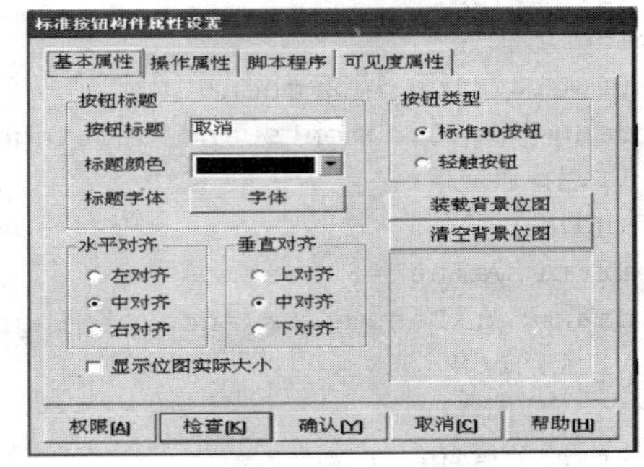

图 7.58　取消按钮基本属性设置

下面是“取消”按钮的脚本程序。

```
fenshu5.value=fenshu5old.value
fenshu4.value=fenshu4old.value
fenshu6.value=fenshu6old.value
fenshu7.value=fenshu7old.value
xinti = 0
```

(6) 播放文件向前翻页按钮的属性设置：播放文件向前翻页按钮的属性设置如图 7.59 所示。在动画连接栏，双击“连接表达式”右边的>按钮，对属性进行设置，如图 7.60 所示。

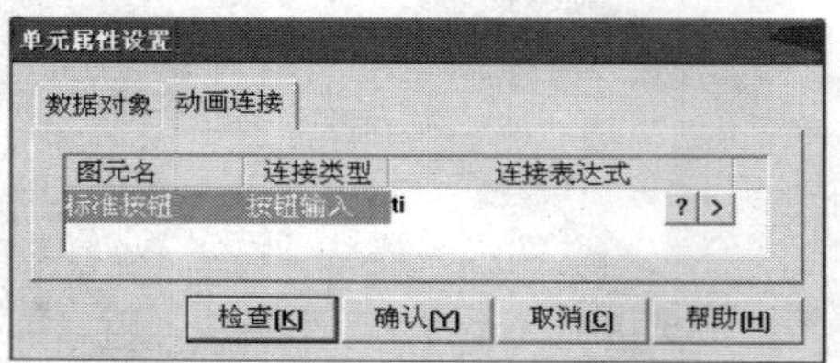

图 7.59　播放文件向前翻页按钮属性设置

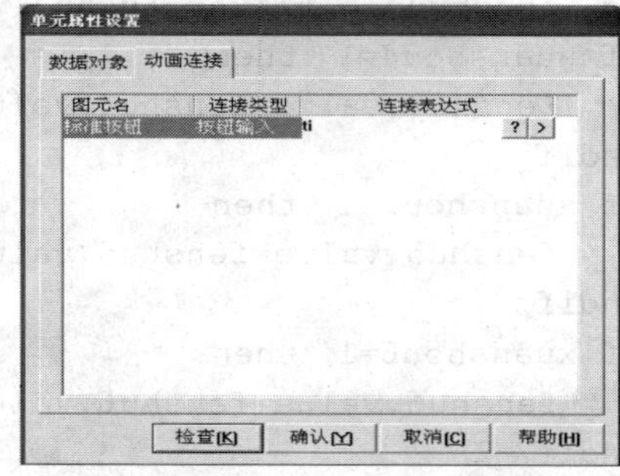

图 7.60　播放文件向前按钮动画连接

播放文件向前翻页按钮的脚本程序如下。

```
if ti.Value > 0 then
ti.Value = ti.Value-1
endif
if ti.Value = 0 then
daan="C:\Documents and Settings\All Users\Documents\My Pictures\示例图片
\1112.jpg"
endif
if ti.Value = 1 then
daan="C:\Documents and Settings\All Users\Documents\My Pictures\示例图片
\1111.jpg"
endif
if ti.Value = 2 then
daan="C:\Documents and Settings\All Users\Documents\My Pictures\示例图片
\1.jpg"
endif
if ti.Value =3 then
daan="C:\Documents and Settings\All Users\Documents\My Pictures\示例图片
\1.1.jpg"
endif
if ti.Value = 4 then
daan="C:\Documents and Settings\All Users\Documents\My Pictures\示例图片
\2.jpg"
endif
if ti.Value = 5 then
daan="C:\Documents and Settings\All Users\Documents\My Pictures\示例图片
\2.2.jpg"
endif
if ti.Value = 6 then
daan="C:\Documents and Settings\All Users\Documents\My Pictures\示例图片
\3.jpg"
endif
if ti.Value = 7 then
daan="C:\Documents and Settings\All Users\Documents\My Pictures\示例图片
\3.2.jpg"
endif
```

```
if ti.Value = 8 then
daan="C:\Documents and Settings\All Users\Documents\My Pictures\示例图片
\4.jpg"
endif
if ti.Value = 9 then
daan="C:\Documents and Settings\All Users\Documents\My Pictures\示例图片
\4.2.jpg"
endif
if ti.Value = 10 then
daan="C:\Documents and Settings\All Users\Documents\My Pictures\示例图片
\5.jpg"
endif
if ti.Value = 11 then
daan="C:\Documents and Settings\All Users\Documents\My Pictures\示例图片
\5.2.jpg"
endif
if ti.Value = 12 then
daan="C:\Documents and Settings\All Users\Documents\My Pictures\示例图片
\6.jpg"
endif
if ti.Value = 13 then
daan="C:\Documents and Settings\All Users\Documents\My Pictures\示例图片
\6.2.jpg"
endif
if ti.Value = 14 then
daan="C:\Documents and Settings\All Users\Documents\My Pictures\示例图片
\7.jpg"
endif
if ti.Value = 15 then
daan="C:\Documents and Settings\All Users\Documents\My Pictures\示例图片
\7.2.jpg"
endif
if ti.Value = 16 then
daan="C:\Documents and Settings\All Users\Documents\My Pictures\示例图片
\8.jpg"
endif

if ti.Value = 17 then
daan="C:\Documents and Settings\All Users\Documents\My Pictures\示例图片
\8.2.jpg"
endif
if ti.Value = 18 then
daan="C:\Documents and Settings\All Users\Documents\My Pictures\示例图片
\9.jpg"
endif
if ti.Value = 19 then
daan="C:\Documents and Settings\All Users\Documents\My Pictures\示例图片
\9.2.jpg"
endif
if ti.Value =20 then
```

```
daan="C:\Documents and Settings\All Users\Documents\My Pictures\示例图片
\10.jpg"
endif
if ti.Value = 21 then
daan="C:\Documents and Settings\All Users\Documents\My Pictures\示例图片
\10.2.jpg"
endif
if ti.Value = 22 then
daan="C:\Documents and Settings\All Users\Documents\My Pictures\示例图片
\2222.jpg"
endif
```

题目和答案已经被制作成 JPG 文件，只要按顺序播放就可以了。

(7) 播放文件向后翻页按钮的属性设置：播放文件向后翻页按钮的属性设置与向前翻页按钮的属性设置相似。

(8) 启动开关的属性设置：双击启动开关，出现“单元属性设置”对话框，如图 7.61 所示。单击“动画连接”标签后，对话框如图 7.62 所示，双击“连接表达式”右边的 > 按钮，会出现“动画组件属性设置”对话框，再切换到“属性设置”选项卡，如图 7.63 所示，选中“填充颜色”和“按钮动作”。切换到“填充颜色”选项卡，如图 7.64 所示，让 qidongkaiguan 为 0 时，启动开关按钮颜色为绿色，qidongkaiguan 为 1 时，启动开关按钮颜色为红色；切换到“按钮动作”选项卡，如图 7.65 所示，因为按启动开关按钮时，对数据对象 qidongkaiguan 取反操作，原来为 0，按下后为 1，原来为 1，按下后为 0。单击“确定”按钮，保存并退出“动画组态属性设置”对话框。再单击“确定”按钮，保存并退出“单元属性设置”对话框。

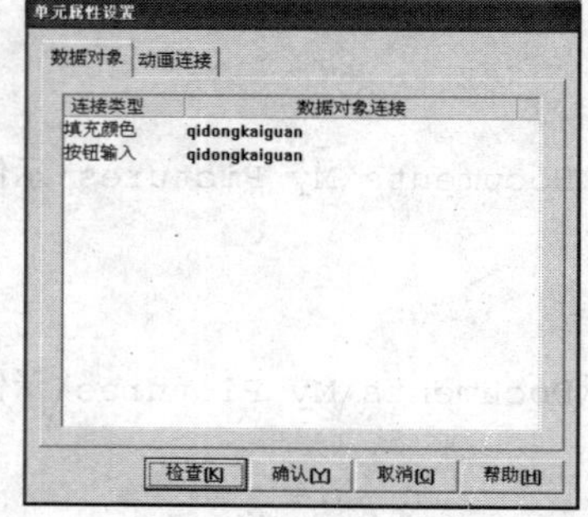

图 7.61　启动开关属性设置

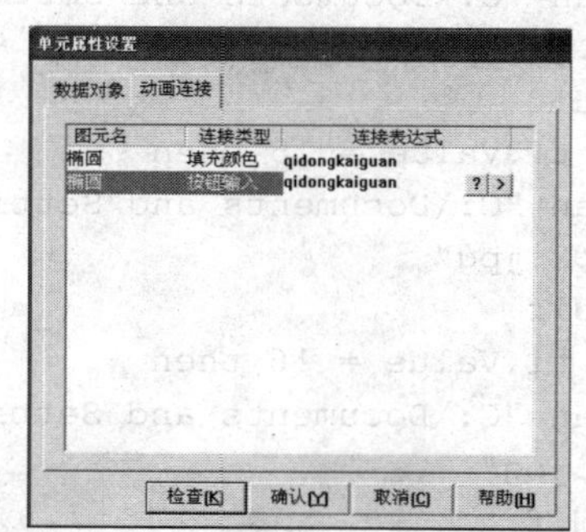

图 7.62　单元属性设置：动画连接

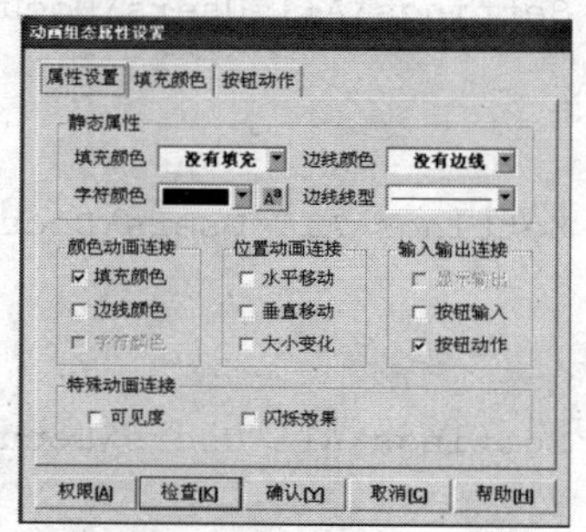

图 7.63　动画组态属性设置

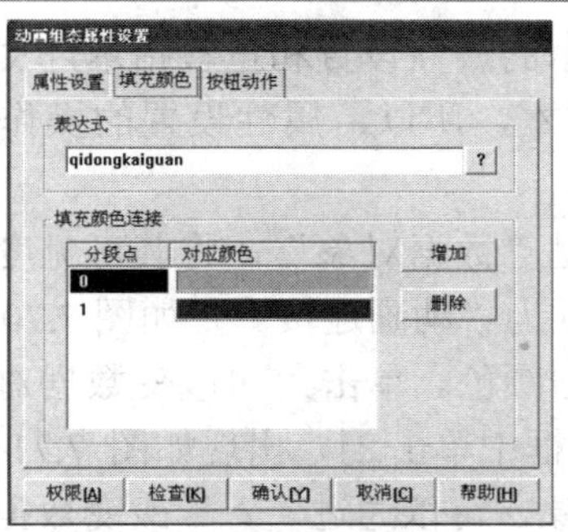

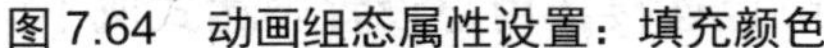

图 7.64　动画组态属性设置：填充颜色

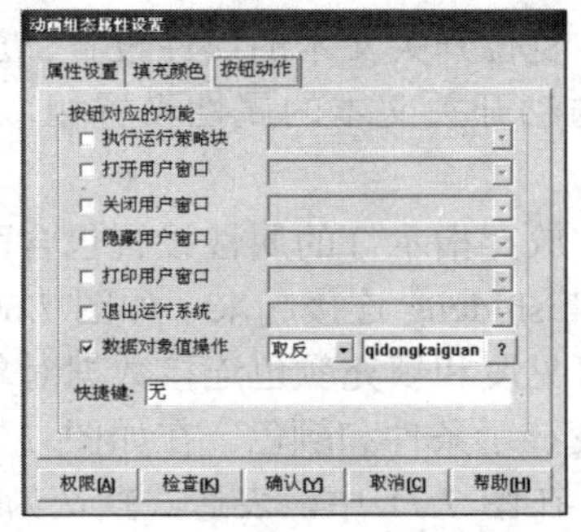

图 7.65　动画组态属性设置：按钮动作

(9) 复位开关的属性设置：复位开关的属性设置同启动开关的属性设置相似。

(10) 启动开关文本的属性设置：运行时该文本以文字形式显示启动开关的状态。当 qidongkaiguan 为 0 时，显示“停止”；当 qidongkaiguan 为 1 时，显示“启动”。因此，启动文本属性设置的方法为：在图 7.66 所示的窗口中右键单击启动开关下的“启动开关文本”，在弹出的快捷菜单中选择“属性”命令，弹出一属性设置对话框，如图 7.67 所示，选中“显示输出”复选框后，上方“属性设置”按钮旁多出“显示输出”按钮。单击“显示输出”，出现如图 7.68 所示的对话框。在表达式组合框中关联“qidongkaiguan”变量，输出值类型选中“开关量输出”单选按钮，开时信息文本框中输入“启动”，关时信息文本框中输入“停止”，单击“确认”按钮退出。

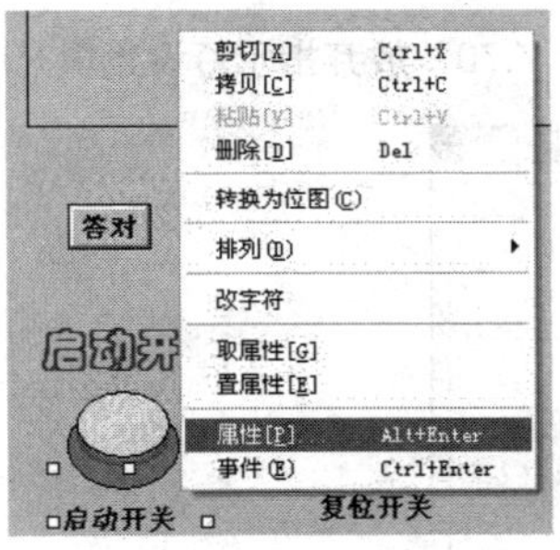

图 7.66　“启动开关”指示文本属性设置

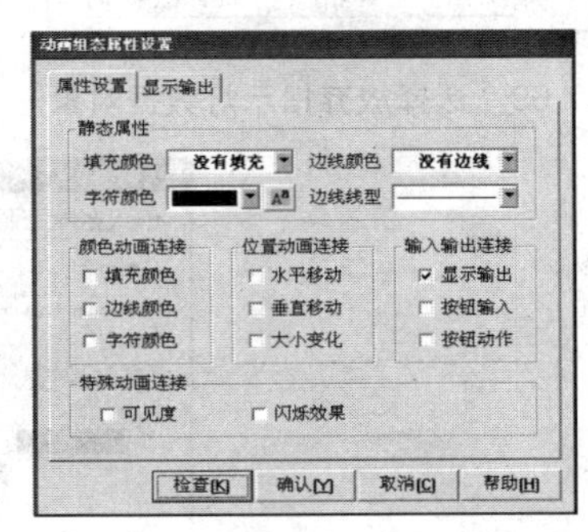

图 7.67　“启动开关”文本属性设置

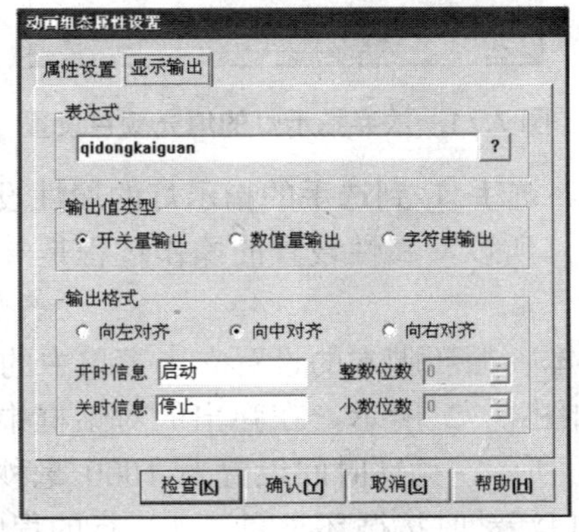

图 7.68　“启动开关”文本显示输出设置

(11) 复位开关文本的属性设置、放弃指示灯文本的属性设置和抢答指示灯文本的属性设置启与动开关文本的属性设置相似，因为都是文本，所以，属性设置的操作过程是一样的。

(12) 放弃指示灯的属性设置包含两项。第一项是“数据对象”，将其可见度与数据对象 fanqizhishideng 连接起来，如图 7.69 所示。第二项为“动画连接”，如图 7.70 所示，可分别对可见度和填充颜色连接数据对象和显示条件与颜色。单击?可改变数据对象，单击>可改变显示条件和颜色。在如图 7.70 所示的对话框中单击>，出现如图 7.71 所示的对话框中。在图 7.71 中，表达式默认为连接的数据对象，可以通过“？”改变数据对象，也可以对数据对象作四则运算构成一个表达式，填充颜色连接让用户设置表达式取不同的值时，放弃指示灯显示何种颜色。

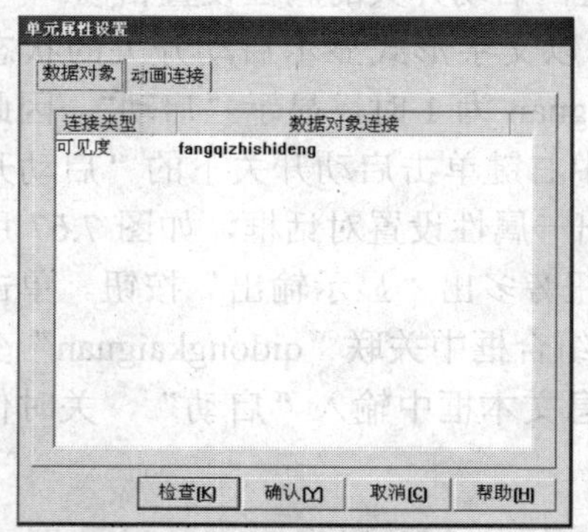

图 7.69　选择放弃指示灯数据对象

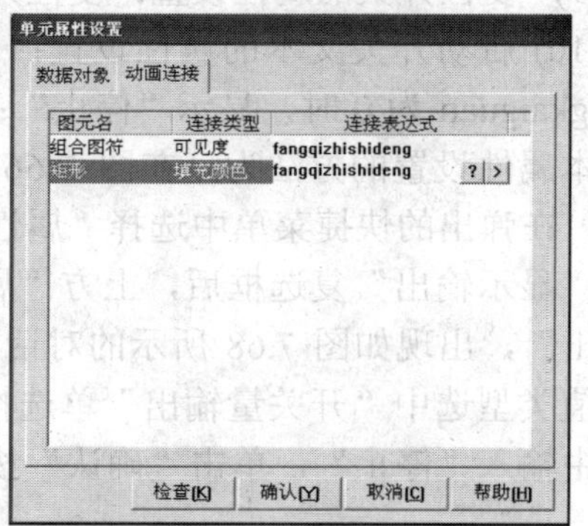

图 7.70　放弃指示灯设置填充颜色

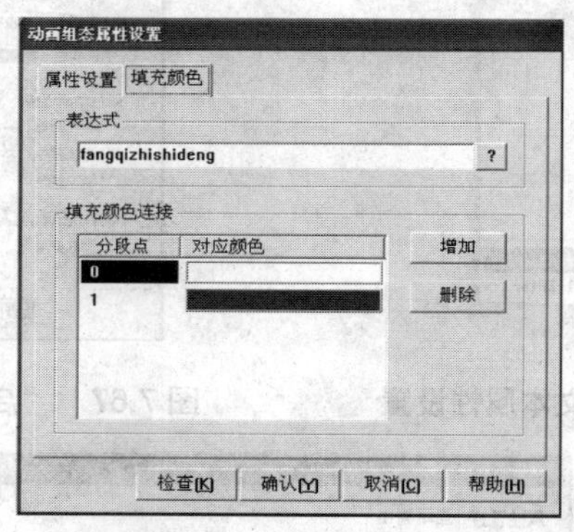

图 7.71　放弃指示灯的填充颜色设置

(13) 抢答指示灯的属性、选手 1 到选手的指示灯的属性设置同放弃指示灯的属性设置相似。因为都是指示灯构件，所以，属性设置的操作过程是一样的。不同之处在于连接的数据对象不同。

(14) 用户窗口中启动脚本、循环脚本的设置右击窗口中的绿色部分，在弹出的快捷菜单中选择“属性”命令，如图 7.72 所示，在弹出的对话框中设置启动脚本如图 7.73 所示，设置循环脚本如图 7.74 所示，循环时间设置为 1000 毫秒。启动脚本是窗口一出现时运行的程序，循环脚本是窗口活动时按循环时间调动运行的程序。

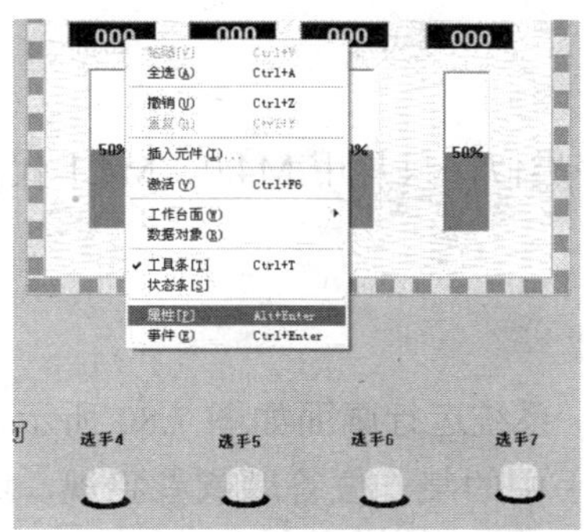

图 7.72 进入窗口属性设置

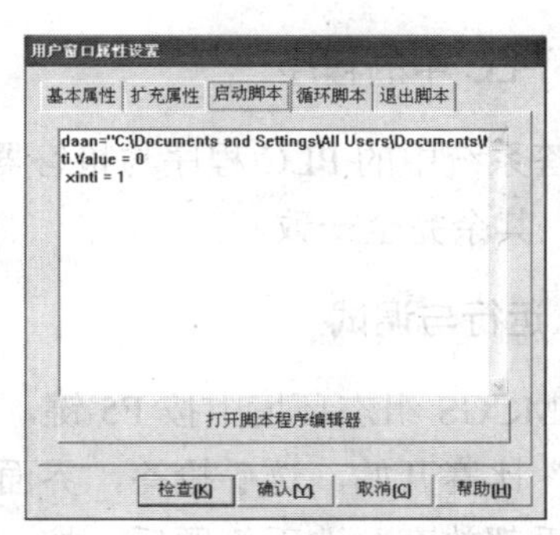

图 7.73 窗口属性设置启动脚本

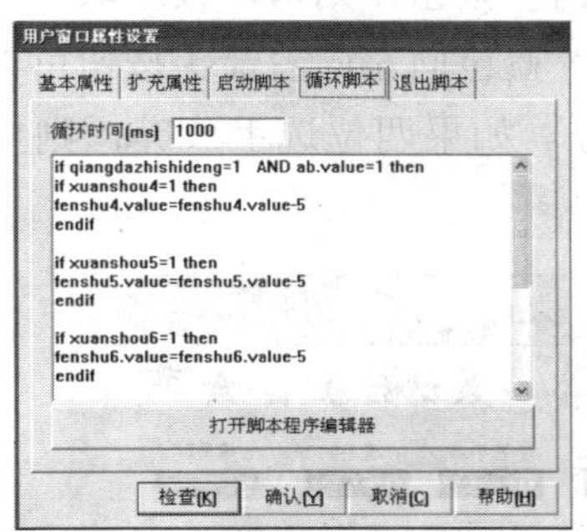

图 7.74 窗口属性设置循环脚本

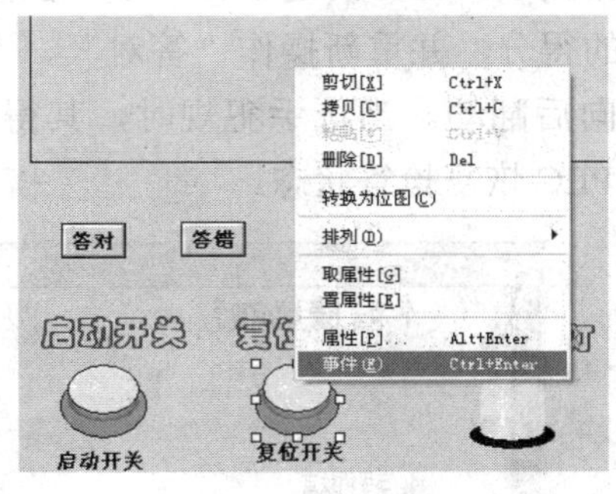

图 7.75 进入窗口事件设置

(15) 复位开关的事件设置。

右键单击复位开关，在弹出的快捷菜单中选择“事件”命令，如图 7.75 所示。弹出的事件对话框如图 7.76 所示。分别选择 MouseDown 和 MouseUp 事件进行脚本编程。出现如图 7.77 所示的对话框，单击“事件连接脚本”按钮，出现如图 7.78、图 7.79 所示的编程窗口。

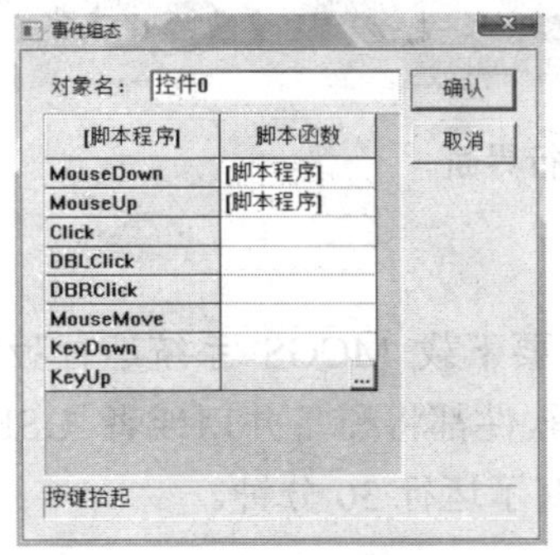

图 7.76 选择事件脚本编程

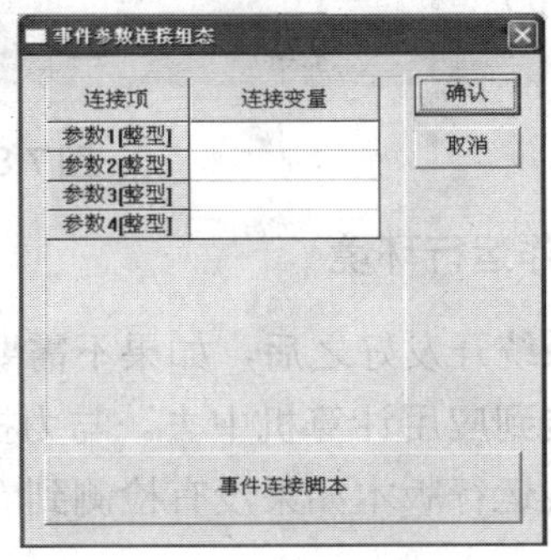

图 7.77 事件参数连接组态对话框

图 7.78 复位按钮的 MouseDown 事件脚本

图 7.79 复位按钮的 MouseUp 事件脚本

4．PLC 中的程序

抢答系统中的 PLC 程序与抢答器中的 PLC 程序类似，只是用 M4.0、M4.1 代替了 I0.0 和 I0.1，其余完全一致。

5．运行与调试

在 MCGS 组态环境中按 F5 键，进入运行环境，系统运行画面如图 7.80 所示，按“启动开关”比赛开始。选手抢答，界面将显示四位选手中的某一位答题或者犯规，或者显示四位选手都放弃。选手答题后，按“答对”或者“答错”按钮，系统为该选手刷新得分；如果操作失误，比如，选手答对了，但操作按了“答错”按钮，则可以按“取消”按钮恢复选手的得分，并重新操作“答对”、“答错”按钮。蓝色向左向右箭头按钮可以使题目向前或向后翻动。当选手犯规时，其得分被自动扣分。如果四位选手放弃，则按复位按钮，让 PLC 恢复抢答状态。

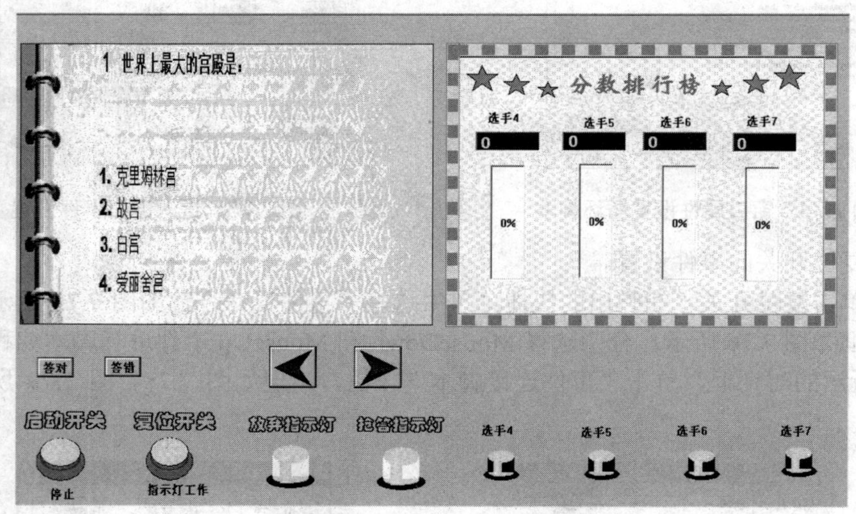

图 7.80　应用系统运行界面

6．制作运行环境

应用系统开发好之后，如果不需要组态环境，要下载 MCGS 系统运行版本，连同应用系统安装到应用计算机中去。与力控一样，正版软件都将配备并口或者 USB 看门狗。MCGS 系统运行版本如果没有检测到看门狗，只能演示运行 30 分钟。

7.2.3　检查与评估

在规定时间内完成设计任务，各组之间根据评估表进行检查。

评估标准如表 7.8 所示。

表 7.8 检查评估表

项 目	要 求	分 数	评分标准	得 分
系统电气原理图设计	原理图绘制完整规范	10	不完整规范每处扣 2 分	
I/O 分配表	准确完整	10	不完整每处扣 2 分	
PLC 程序设计	简洁符合控制要求	20	不正确每处扣 5 分	
组态系统设计	简洁符合系统要求	30	不正确每处扣 5 分	
系统调试	系统设计达到题目要求	30	调试不合格扣 10 分	
时间	60 分钟，每超时 5 分钟扣 5 分，不得超过 10 分钟			
安全	检查完毕通电，人为短路扣 20 分			

7.3 拓展实训——电动机的计算机控制系统

1．控制要求

综合电动机的 PLC 控制系统和 PLC 与力控组态软件控制电动机的系统，构建一个电动机的计算机控制系统。系统要求当 PLC 控制台上的选择开关打到“手动”时，电动机由 PLC 控制台上的按钮控制；当 PLC 控制台上的选择开关打到“自动”时，电动机由操作室中的组态软件的按钮控制。组态软件在手动时控制按钮不起作用，但能实时显示电动机的状态。修改 PLC 程序和组态软件，完成以上要求。

考虑到在 PLC 操作台上，需要四个指示灯指示 PLC 的输出状态。如果 Q0.0 为 1，驱动指示电机正转；如果 Q0.1 为 1，指示电机反转；如果 Q0.2、Q0.3 为 1，指示电机三角形、星形连接。因此可以把指示灯分别与 KM1、KM2、KM3、KM4 的常开辅助触点串联、与控制电源接成回路；电路中还应有电源指示灯和急停开关，直接连接到电源端，这六项与 PLC 没有控制关系。

图 7.81 是计算机控制系统的 PLC 接线图。表 7.9 是 PLC 的 I/O 分配表。

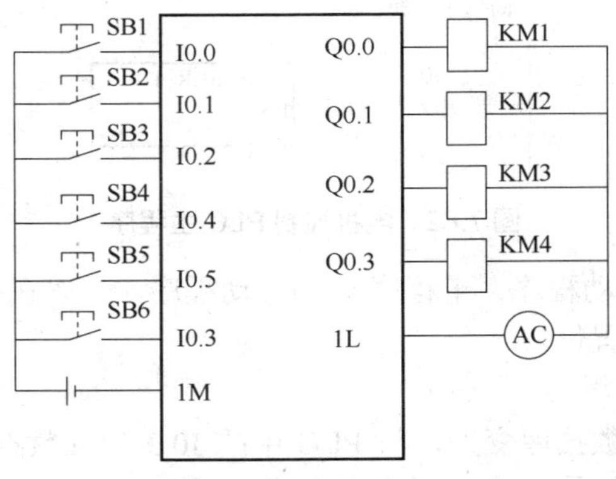

图 7.81 电动机计算机控制系统 PLC 接线图

表 7.9 电动机计算机控制系统 PLC 的 I/O 点地址分配

输入			输出		
符 号	点 地 址	功能描述	符 号	点 地 址	功 能
SB1	I0.0	正向启动	KM1	Q0.0	正转主电路控制
SB2	I0.1	反向启动	KM2	Q0.1	反转主电路控制
SB3	I0.2	停止按钮	KM3	Q0.2	三角形接线控制
SB4	I0.4	正向点动	KM4	Q0.3	星形接线控制
SB5	I0.5	反向点动			
SB6	I0.3	手动/自动			

2．设计目的

熟悉 PLC 和力控组态软件编程，能构建实际系统。

3．设计要点

- PLC 手动、自动的转换。
- 组态软件中增加变量、增加图形构件和脚本编程的方法。

4．设计过程

设计过程如下。

1) PLC 中的程序

图 7.82 所示为主程序的梯形图。

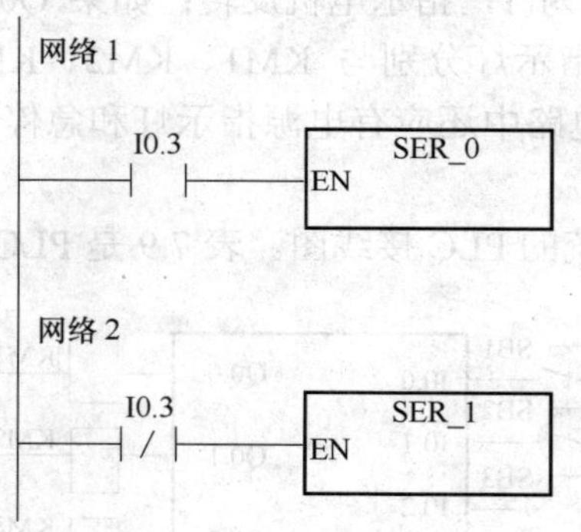

图 7.82 电机控制 PLC 主程序

其中，子程序 0 为手动程序，子程序 1 为自动程序。一般在手动、自动切换过程中还要考虑一些变量的复位与置位。

2) 组态软件

组态软件中增加一个数据库变量，与 PLC 中的 I0.3 建立数据连接。当 I0.3 为 0 时，系统处于手动状态，组态软件中的 5 个按钮隐藏，并用一文本显示“手动”状态；当 I0.3 为 1 时，系统处于自动状态，即由组态软件控制的状态，组态软件与 7.1.2 节的完全一致。

7.4　常见问题解析

1．PC 如何与 PLC 相连?

PLC 中有两个 RS-485 端口：端口 0 与端口 1。可以用任何一个端口通过 PPI 电缆与 PC 相连。在 PPI 电缆的中间标明“RS232”的一端接 PC 的串行口，标明“RS485”的一端接 PLC 的端口。

2．力控组态软件中配置 PLC 的设备地址

PLC 中有两个 RS-485 端口。两个端口的地址是分别设置的，可以用 STEP 7-Micro/WIN 软件分别设置，下载系统数据给 PLC 后地址设置生效。 与 PC 相连的端口设置地址即为在力控组态软件中配置 PLC 的设备地址。

可以在 PC 上先运行 STEP 7-Micro/WIN 软件，然后通过该软件找出 PLC 的地址。

3．在 MCGS 组态软件中配置数据格式

在图 7.36 中打开“通用串行父设备”的属性，设置其数据格式为数据位 8 位，停止位 1 位，偶校验。波特率为 9600。否则，PLC 与组态软件会不能正常通信。

4．在 MCGS 中测试与 PLC 的数据通信状态

如图 7.83 所示，单击“设备调试”标签，切换到“设备调试”选项卡。如果“通讯状态标志”为“0”，表示 PLC 已能与 MCGS 通信。如果为“-1”，表示双方通信失败。这个测试可以在定义好设备后就进行。

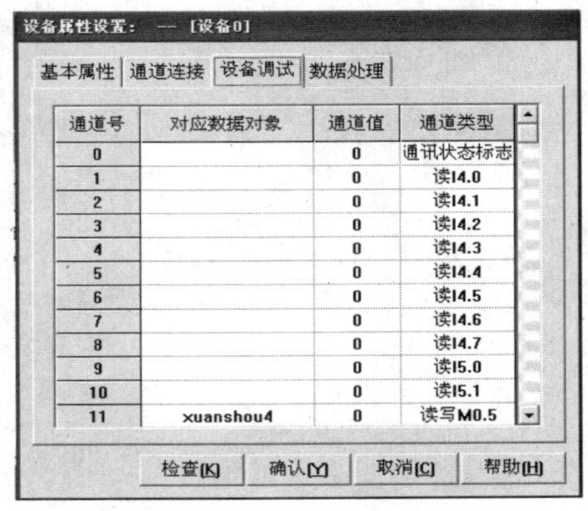

图 7.83　MCGS 的设备调试

本 章 小 结

本章主要讲述了三个方面的问题：一是用 PLC 实现控制电动机，二是用 PLC 与力控组态软件实现控制电动机系统，三是通过 MCGS 组态软件和 PLC 构建一个抢答系统。通

过这一章的学习，要了解计算机控制系统中 PLC 作为下位控制设备的重要地位，了解组态软件及其作用，还要了解上位 PC 如何与下位 PLC 共同作用。

思考与练习

1. 组态软件的作用是什么？
2. PLC 与组态软件数据交换是通过什么来实现的？
3. 如何实现运行在一台 PC 机上的组态软件同时控制 32 台 PLC？

第 8 章　PLC 的串行通信

本章要点

- 了解串行通信。
- 了解 S7-200 系列 PLC 的串行通信网络。

技能目标

- 掌握 RS-232、RS-485 的连线方法、参数设置。
- 会编写两个 S7-200 系列 PLC 之间的数据通信程序。

项目案例导入

通过基于 IC 卡结算的冷热咖啡自动售货机的前期开发，了解一台 PC 连接两台 S7-200 系列 PLC 组成的网络，了解串行 PPI 通信网络，了解 S7-200 系列 PLC 之间的通信，掌握串行主从通信的基本方法，了解一台 PLC 与 IC 卡读写器的连接，掌握 S7-200 自由端口通信的编程方法。

自动化项目中常常包括若干个独立的 PLC 站。PLC 站之间传递一些连锁信号、PLC 与其他控制设备之间传递数据，都需要用到 PLC 的通信功能。PLC 的通信功能可以实现 PLC 之间、PLC 与其他设备之间的联网。PLC 的联网提高了系统的控制功能和范围，实现了多个设备之间的数据共享和协调控制，实现了系统的分散控制与集中管理，增加了系统的数据监控与数据管理的水平。

S7-200 系列 PLC 是小型 PLC 系统，适合最大输入、输出 100 点左右的控制应用。S7-200 系列 PLC 可以通过通信模块扩展不同的通信网络接口，如通过 CPI243-2 模块扩展 ASI(执行器与传感器接口)通信网络主接口；通过 EM277 模块扩展现场总线 PROFIBUS-DP 从站接口；通过 CP243-1 模块扩展以太网接口。S7-200 系列 PLC 内置两个串行 RS485 接口，因而无需扩展模块就可方便地组成串行通信网络。

第 6 章中已经用到串行通信的内容，这一章我们将讲述 PLC 的串行通信以及串行通信网络。

在开发基于 IC 卡结算的冷热咖啡自动售货机的过程中，我们借助于组态软件和 PLC，完成产品的概念设计和控制流程的算法与控制分析。在最后成型的产品中，51 单片机嵌入系统代替了 PLC 与 PC。组态软件与 PLC 在基于 IC 卡结算的冷热咖啡自动售货机开发的前期应用，缩短了开发周期，节约了开发成本。

8.1　咖啡自动售货机系统

1．设计目的

构建一个用 PC、组态软件与 PLC 控制的冷热咖啡自动售货机，熟悉 PLC 的串行通信与串行网络；熟悉 PLC 的自由端口编程。

2．设计条件

PC 机一台、力控组态软件一套，S7-200 系列 PLC 两台，WM-161 IC 卡读写器一台，PPI 电缆两根，双绞线一根。

3．设计要求

- 用 PC，PLC 组成 PPI 串行网络。
- 实现两台 PLC 的主从通信。
- 实现 PLC 与 WM-161 IC 卡读写器的自由端口通信。

我们首先应用力控组态软件和 S7-200 系列 PLC，开发基于组态软件与 PLC 控制的冷热咖啡自动售货机。用软件搭建出所要生产的产品的模型，进行仿真检验。在模拟的过程中，及早地发现潜在的设计问题。计算机和应用软件辅助产品开发，使得传统的产品开发过程大大缩短，节约了开发时间和成本。

通过组态软件建立虚拟的冷热咖啡售货机，一方面可以提供冷热咖啡售货机产品外形、产品工艺和产品性能等，为该产品开发决策提供可见的原型，有利于在产品开发决策过程中统一相关焦点、无歧义地讨论与分析；另一方面，可使得概念产品朝实质化开发的过程发展。这是因为冷热咖啡售货机的控制过程由 PLC 完成，在 PLC 上完成对步进电机的控制、对加热、制冷过程的控制、对纸杯出杯过程的控制算法已经与实际产品的过程控制算法完全一致。通过组态软件模拟出实际产品的各种工作状况，充分分析产品的可行性、可靠性、性能品质与改进等。由于不用先做出实物或实物模型，这大大缩短了实际产品的开发时间，提高了产品开发的效率与效益。

之所以选择组态软件构造产品软件原型，是基于组态软件的两个特点：第一，组态软件有很强的构造画面的能力；第二，组态软件可以轻松地驱动 PLC 等工业外设。

图 8.1 是咖啡自动售货机的组态画面。我们有两个版本。第一个版本不连接 PLC，动画显示未来产品的外形和工作过程，用来在产品设计时供相关人员讨论分析，最终界定冷热咖啡自动售货机的工作流程和产品外形，动画由组态软件脚本程序驱动。这个版本只关注冷热咖啡自动售货机的外形和功能以及工作流程，并不涉及对机械设备的控制，因此用动画模拟演示说明。第二个版本连接两台 PLC。WM-161 IC 卡读写器与其中一台 PLC 通信，其连接图见图 8.2。这个版本涉及真实的控制，组态画面的出杯和出咖啡与实际控制同步。图 8.3 组态画面中的“维护”窗口完成实时曲线、设置参数的功能。实时曲线有热咖啡温度曲线、冷咖啡温度曲线；设置参数包括热咖啡设置温度、冷咖啡设置温度、P 调节参数、I 调节参数、D 调节参数、杯子垂直距离脉冲设置和杯子(热、冷)水平距离脉冲设置等。第二个版本可以充分监控自动售货机的工作状况，提取性能参数，为真实产品提供设计参数。真实的产品是以最低的硬件成本组成控制器，取代一台 PC 和两台 PLC，图 8.4 是真实的成型产品连接图。

基于力控组态软件控制的冷热咖啡自动售货机用到的主要设备有：一台 PC、两台 PLC，这三台设备组成一个 RS-485 网络。各个主要设备的功能描述如下：PC 上运行组态系统，一台 PLC 控制制冷设备、显示一位数码(用于显示内部状态)与 IC 卡读写器通信；另外一台 PLC 控制加热器、步进电机和电磁阀。步进电机驱动纸杯出杯和还原，驱动杯托到选定的出咖啡口并还原，电磁阀完成咖啡出料口的打开与闭合。制冷设备和加热器用于给咖啡制冷和加热。它们由 PLC 控制，设定的温度和控制参数在组态系统中输入。基于力控组态软件控制的冷热咖啡自动售货机系统涉及若干串行通信的问题，一是两台 PLC 与 PC 构成的串行网络；二是两台 PLC 之间的通信；三是一台 PLC 与 IC 卡读写器之间的通信。我们将分三节具体讲述。

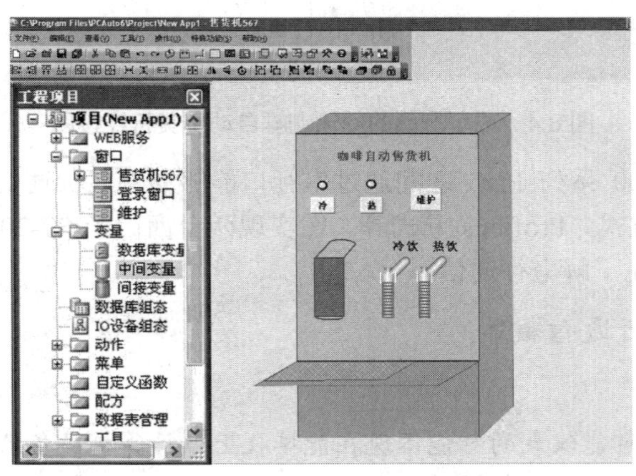

图 8.1　冷热咖啡售货机软件模型图

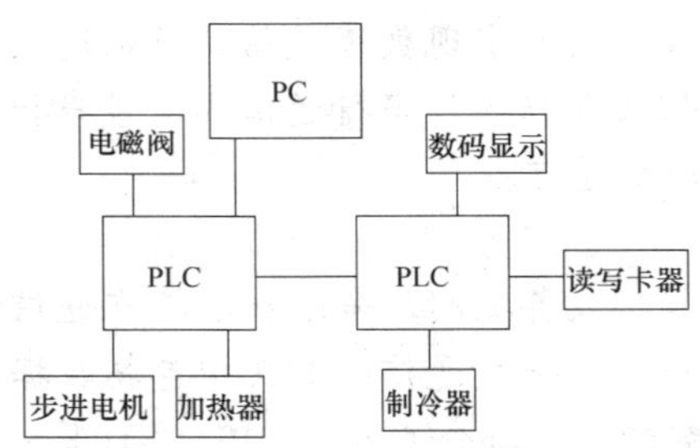

图 8.2　基于力控组态软件控制的冷热咖啡自动售货机连接结构

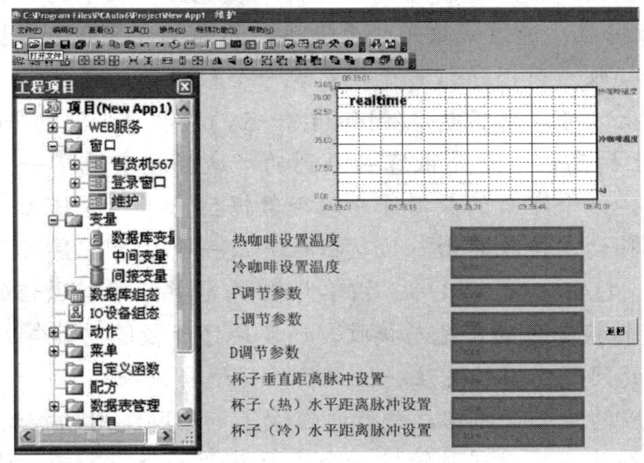

图 8.3　维护界面

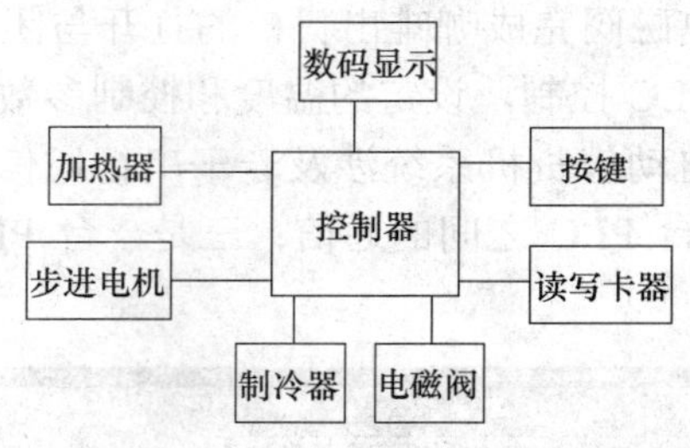

图 8.4　成型产品的冷热咖啡自动售货机连接图

两台西门子 S7-200 系列 PLC 之间通过串行口能够支持多种通信协议及方式：自由端口、PPI 方式、MPI 方式、Profibus 方式等。在实现两台西门子 S7-200 系列 PLC 之间的数据通信之前，我们要先了解串行通信。

知识链接　串行通信概述

1. 串行通信

包括 PLC 在内的智能仪表的智能体现在能接收上位计算机设备给它的命令与数据，并能正确理解这些命令与数据，作出正确的动作与反应。智能仪表是如何接收上位计算机设备的命令与数据的呢？这就涉及数据交换的问题。什么是数据交换？数据交换是如何进行的？数据交换首先要在两台设备之间实现数据通信。数据通信包括并行通信和串行通信。常用的是串行通信。串行通信又包括异步串行通信和同步串行通信。同步串行通信现在用得很少，我们主要学习异步串行通信。

2. 串行通信的定义

串行通信是指在两台计算机设备之间，命令和数据在通信线路上按数据位一位一位传送的过程。通信线路至少为一根。串行通信的定义中包括数据、数据位、通信线路和传送等概念，我们来逐个解释。智能设备都含 CPU，CPU 是计算机的核心部件，所以，智能设备都能称为计算机设备。一切信息都是数据，声音、图像和命令等信息最后都会转化成数据。在计算机内部，数据是按二进制形式存放的，表现为一长串的“0”、“1”系列，每个 0 或 1 就是一个数据位。通信线路是两台设备之间的相连导线。数据传送是指数据位在通信线路上的发送和接收。数据通信首先要实现一个数据位的传送。一个数据位是如何传送的呢？在通信线路上，可以用高电平(例如 1.8～5V)表示 1，低电平(例如 0～0.7V)表示 0。而控制通信线路上的高低电平是很容易办到的，这样就实现了一位数据位的传送。数据的计量单位是字节。一个字节的数据等于八个数据位。串行通信由一系列位传送构成。传送是数据位的电性移动，接收时由八位数据位并成一个字节。鼠标与计算机的连接是典型的串行通信的例子。UART 是 CPU 芯片(单片机)内的异步串行通信的功能部件，它实现字节与数据位的并/串转换与位的传送与接收，还实现字节校验功能等。UART 使得软件只需关注字节层次以上的问题，不必关注一位一位的传送与接收。

与串行通信相对应的是并行通信，并行通信除了一些联络用的控制线之外，还有 8 根或者 16 根数据线，因此，可以同时传输一个字节或者一个字。并行通信需要的传输线的根数多，传输距离短，传输的速度快，典型的应用比如有打印机与计算机之间的数据传输。

通信中的两台设备，一台在发送数据，另外一台在接收数据。两台设备之间数据只能从一台发送给另外一台，这种通信称为单工通信；任何一台可以发送数据给另外一台的通信称为双工通信。双工通信中任何一台可以同时发送和接收数据的通信方式称为全双工通信；而接受和发送不能同时进行的通信方式称为半双工通信。

3. 数据格式

在传送时，一个字节的数据构成的数据位形式就是数据格式。在串行通信时，计算机硬件会根据程序设定在数据位前后自动加上起始位、校验位和停止位。数据格式指含几位起始位，几位数据位，是什么样的校验位，有几位停止位。起始位标识一个字节数据通信的开始，接收方做好接收数据的准备，一般由一位构成；数据位就是要发送的一个字节的数据，一般有 8 位或 7 位；校验位可以没有，也可以是奇校验或者偶校验，由一位构成；接送方根据校验位可以知道该字节数据在传送过程中是否出错了；停止位通知接收方该字节传送结束，一般由一位、一位半或二位构成。接收方和发送方必须有相同的数据格式，数据通信才能正确进行。在设备端，数据是一个字节一个字节通信的，但在通信线路上，一个字节会传送几位呢？第一位是起始位，接着是数据位，然后是校验位和停止位，根据设定的不同，一个 8 位的字节的数据在通信线路上传送时可能是 11 位，也可能是 10 位，在没有校验位时是 10 位。

起始位、数据位、校验位和停止位构成数据格式。起始位、停止位由硬件自动插入，方便接受部件的工作。校验位由硬件针对数据位自动计算。数据位就是设备端要交换的一个字节的数据。典型的数据格式八不校一是指有 8 个数据位，没有校验位。

4. 波特率

比特率是表征数据位传送速率的单位，是指每秒钟传送的数据位的个数。一个是数据位的个数，一个是时间，这两者相除等于比特率。数据位的位数是个没有单位的量。是指在通信线路上的数据位的位数。在设备端，发送的数据按字节计量，但在通信线路上，一个字节的 8 位数据根据数据格式的不同可以是 10 位也可以是 11 位，一定会比 8 位多。时间计量采用标准单位秒。数据位的个数如何计算呢？要根据发送的总字数和通信双方事先约定好的数据格式来计算。如果数据位的个数计算无误，那么，比特率一定是准确的。发送的总的数据位个数除以发送的总的时间就得到比特率。比特率的单位是 bps，即每秒位。9600bps，19200bps 等是常见的波特率。

习惯上用波特率来表征数据的传送速率。波特率是指数据信号对载波的调制速率，它用单位时间内载波调制状态改变的次数来表示，其单位是波特(Baud)。波特率与比特率的关系是比特率=波特率×单个调制状态对应的二进制位数。对于两相调制(单个调制状态对应 1 个二进制位)的信号，比特率等于波特率。

5. 流量控制

流量控制是通信中的一方通知另一方停止或者继续进行通信的机制。停止通信机制是指当接受方对收到的数据来不及处理的时候，为了避免数据覆盖或者出错，通知发送方暂时停止发送数据，同时，发送方能够响应这一要求。继续通信机制是指当接受方愿意接受数据时，通知发送方可以发送数据，同时，发送方能够响应这一要求。这种机制是怎么实现的呢？一般有两种办法：一种是通过硬件的办法，另外一种是通过软件的办法。硬件的办法要配有若干根导线在通信双方之间相连，通过线路上的电平状态去通知对方；同时，另一方要监测导线上的电平及其变化。软件的办法是发送特殊字节给对方，这两个字节之所以特殊，是因为在传输的数据中不会有它们。因此，使用软件流量控制的通信中对报文的要求一般是数据中只用 ASCII 码，控制字符不出现在报文数据块中。早期的调制解调器(Modem)使用硬件的方法，而智能调制解调器多使用软件流量控制的办法。停止通信机制和继续通信机制这两者会配合使用。流量控制机制使得通信双方都有主动权。RS-232 的硬件流量控制方式要用到 CTS/RTS 两根线，软件流量控制方式要用到 XON/XOFF 两个特殊字符(16#11，16#13)。

6. 通信协议

通信协议是通信双方预先约定的对数据报文的处理与理解的规则，使得双方都能理解对方的意思或者意图。在通信建立之前，双方程序都应该明确知道使用什么样的通信协议。通信协议可以使用已经有的标准协议，也可以自己创立，通信双方的程序必须能够支持。意思意图就是命令或者指令。规则是数据或数据块根据不同的值及其组合构成不同的意思意图。通信协议的作用是什么呢？就是传送命令和数据。通信协议最重要的成分就是规则。有了规则，数据或者数据块就会成为有意义的符号，如同一种语言，从而在通信双方之间传送命令或数据。预先约定是基础，只有预先约定，双方的通信才能进行和继续下去；意思意图是目标和目的；规则是核心，是通信协议的灵魂。协议的种类有很多，比如，在计算机网络通信中，用到的 TCP/IP 协议。

7. 串行通信的应用

许多智能仪表、工业设备和计算机外部设备等都支持串行通信。目前的仪表或者工业设备中很少不用计算机芯片实现的。RS-232 线路一般有两路，一路用于发送，一路用于接收。标准的 RS-232 在 15 米以内，标准 RS-485 在 1000 米左右。

8. 串行通信的接口标准

1) RS-232

RS-232 接口是目前最常用的一种串行通信接口。它是在 1970 年由美国电子工业协会联合贝尔系统公司、调制解调器厂家及计算机终端生产厂家共同制定的用于串行通信的标准。该标准采用 DB25 连接器，对连接器的每个引脚的信号加以规定，还对各种信号的电平加以规定。目前的 RS-232 接口常见的是 9 脚 DB9 连接器。DB9 各管脚的说明如表 8.1 所示。图 8.5 是九针串口接口示意图。

表 8.1 DB9 管脚的说明

管脚	名称	说明
1	CD	载波检测
2	RXD	数据接收线
3	TXD	数据发送线
4	DTR	告知数据终端处于待命状态
5	SG	接地线
6	DSR	告知本机在待命状态
7	RTS	要求发送数据
8	CTS	回应对方发送的 RTS 的发送许可，告诉对方可以发送
9	RI	振铃指示

在实际应用中，电子工程师在设计计算机与外围设备的通信时，通常在 DB9 的基础上再进行简化，只用其中的 2、3、5 三个管脚进行通信，这三个管脚分别是接收线、发送线和地线，在一般情况下即可满足通信的要求。计算机和外部通信的接线方法如图 8.6 所示，注意，这时候，这两个设备的接收、发送引脚的定义是一样的。如果一台设备的接收、发送引脚为 2、3，另外一台设备的接收、发送引脚为 3、2，那么，这两台设备之间要直接连线，即 2 连 2，3 连 3，5 连 5。

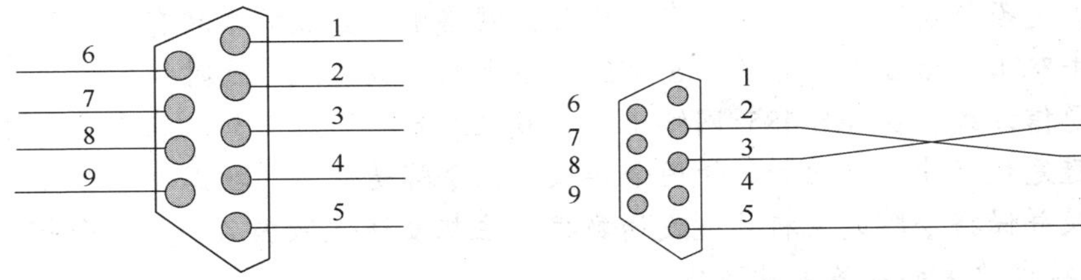

图 8.5　九针串行接口

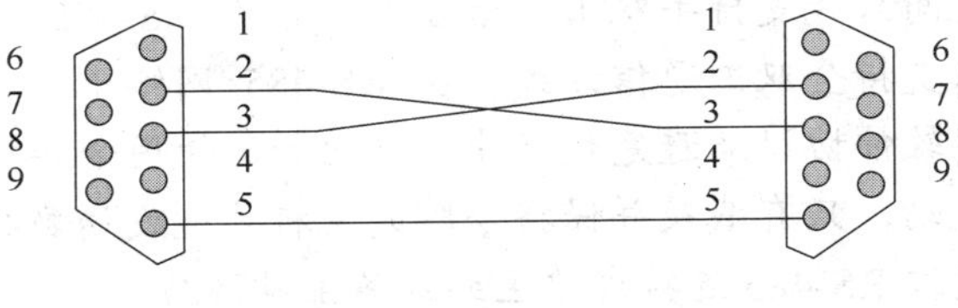

图 8.6　两台 RS232 设备之间的连线

2)　RS-485

RS-485 支持 32 个节点，可以构成网络。网络拓扑采用终端匹配的总线型结构，不支持环型或星型网络。在构建网络时，采用一条双绞线电缆作总线，将各个节点串接起来，从总线到每个节点的引出线应尽量短，使引出线中的反射信号对总线的影响最低。应在总线电缆的开始和末端并接 120Ω的电阻(见图 8.7)。需要一条低阻信号地线，将接口的工作地线连接起来，使共模干扰电压被短路，这条地线可以是屏蔽双绞线的屏蔽层，也可以是专门的一条线。

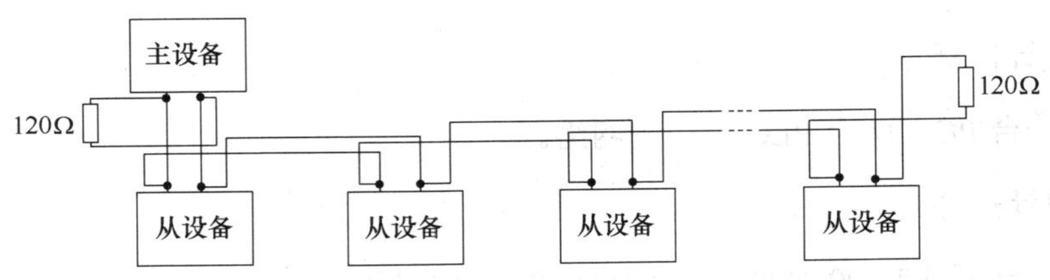

图 8.7　RS-485 网络接线示意图

RS-485 采用平衡发送和差分接收，因此具有抑制共模干扰的能力。加上总线收发器具有高灵敏度，能检测低至 200mV 的电压，故传输信号能在千米以外得到恢复。RS-485 采用半双工工作方式，任何时候只能有一点处于发送状态，因此，发送电路须由使能信号加以控制。RS-485 用于多点互连时非常方便，可以省掉许多信号线。使用 RS-485 可以联网构成分布式系统，其最多允许并联 32 台驱动器和 32 台接收器。RS-485 与 RS-422 一样，其最大传输距离约为 1219 米，最大传输速率为 10Mb/s。平衡双绞线的长度与传输速率成反比，在 100kb/s 速率以下，才可能使用规定最长的电缆长度。只有在很短的距离下才能获得最高速率传输。一般 100 米长双绞线的最大传输速率仅为 1Mb/s。RS-485 需要两个终接电阻，其阻值要求等于传输电缆的特性阻抗。在短距离传输时可不需终接电阻，即一般在 300 米以下不需终接电阻。终接电阻接在传输总线的两端。台式计算机带有 RS-232 接口，与 RS-485 网络通信要借助 232 转 485 的设备。有专门的 232-485 的转换模块供我们选用。

9. RS-485 网络中的主站和从站

RS-485 网络中的一般有一个主站，32 个以下从站。从站数据与驱动能力有关，但最多不超过 128 个。图 8.7 是 RS-485 网络的连接示意图。

在 RS-485 网络中的主站主动发送数据，从站被动接受数据并返回响应。每个从站有唯一一个地址，在联网前设定。在主站发送的数据报文中带有接收从站的地址，从站根据地址来判断该数据是否是发送给自己的。在 RS-485 网络中，当数据线只有一对时，主从站之间只能支持半双工通信方式。有的 RS-485 网络有两对数据线，这时候，主从站之间可以支持全双工通信方式。在 RS-485 网络中，一般主站只有一个，如果需要多个主站，需要软件协议来避免数据冲突，比如，使用令牌技术。令牌是特殊的数据块，在网络中有序流动，只有截获并保持令牌的主机才能发送数据，主机发送完数据后会释放令牌。PLC 中通过 RS-485 连接成单主站或多主站网络。

10. 串行通信小结

在串行通信中，RS-232 用于两台设备之间的数据通信，而 RS-485 用于多台设备之间的数据通信。数据格式和波特率是串行通信的基本属性，双方只有使用相同的数据格式和波特率，通信才能进行下去。流量控制使得接收方也能主动控制通信的进行。通信协议赋予串行通信以明确的意义，使在通信双方之间可以传送命令或者指令。串行通信广泛地应用于工业设备的数据通信之中。

8.2 PC 与两台 PLC 组成的串行通信网络

1. 设计目标

构建一台 PC、两台 PLC 组成的网络。

2. 设计条件

PC 机一台、S7-200 系列 PLC 两台，PPI 电缆两根。

3. 设计要求

- 用 PC，PLC 组成 PPI 串行网络。
- 在咖啡售货机中 PC 机通过 PPI 电缆与两台 PLC 进行通信，以读取 IC 卡的数据，控制纸杯到达出料口，控制开启咖啡通道，控制对咖啡加热和制冷等。

4. 操作步骤

1) 网络连接

用 PPI 电缆将 PC 串口与 2#PLC 的 Port1 相连，用双绞线将两个 PLC 的 Port1 口相连，实现一个 RS-485 网络。PC 上的 STEP 7-Micro/WIN 编程软件，可分别对这两台 PLC 编程和监控。如图 8.8 所示。

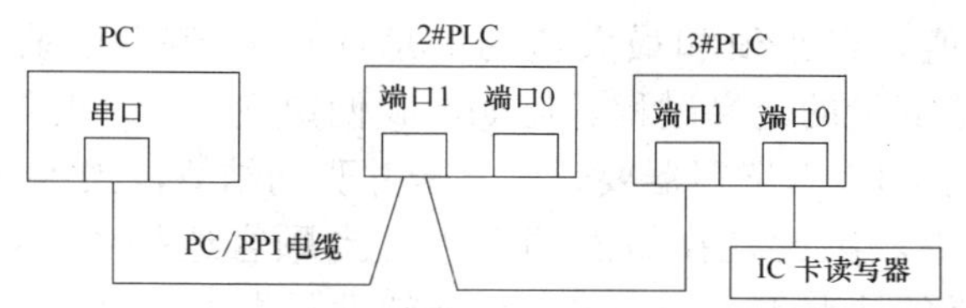

图 8.8　一台 PC 两台 S7-200 组成的串行网络

2)　地址设置

在联网之前，通过 PC 上的 STEP 7-Micro/WIN 软件分别设置这两台 PLC 的端口 1 地址。两台 PLC 的地址不能相同，数据格式设置要一致。按照图 8.8 连接好线路后，用 STEP 7-Micro/WIN 软件能够访问到这两台 PLC。如图 8.9 所示。

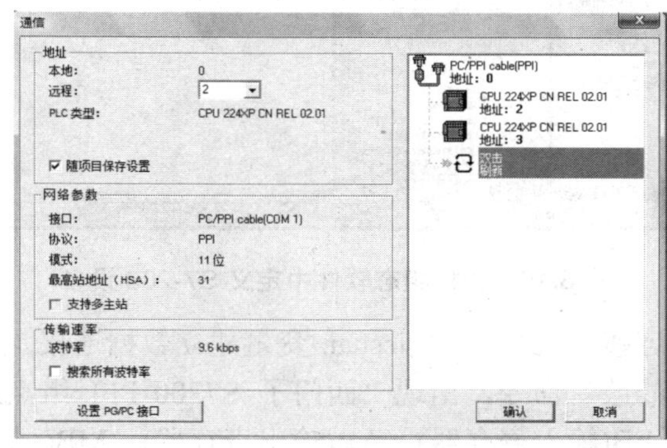

图 8.9　STEP 7-Micro/WIN 能访问到两台 S7-200

3)　PC 上的组态软件与 2#PLC、3#PLC 相连

在这个网络中，PC 是主站，2#PLC 和 3#PLC 是从站。PC 中的组态软件通过 PPI 协议与这两台 PLC 通信。力控组态软件支持许多 I/O 设备，包括西门子 S7-200(PPI)，通过选择两个 S7-200(PPI)驱动设备，并且设置与 PLC 相同的数据格式，力控组态软件能够很容易地与这两台 PLC 通信，建立一个基于 RS-485 的 PPI 单主机网络。在组态软件中定义一些变量，运用组态软件中的数据连接功能，这些变量关联两台 PLC 中的一些量，这样，PC 上的组态软件只需通过访问它本身定义的那些变量就可以访问 PLC 中那些被关联的量，从而可以控制这两台 PLC 了。组态软件的变量和 PLC 中被关联的量在组态软件的实时数据库中定义。组态软件的实时数据库负责组态软件与两台 PLC 之间的数据通信”改为：组态软件中的实时数据库的数据更新是建立在组态软件与两台 PLC 之间的数据通信基础上的，在数据连接后，组态软件中有一线程完成数据通信的工作。组态软件的数据连接步骤如下。

第一步，在力控组态软件中，先定义设备。分别定义两个设备，对应 2#PLC 和 3#PLC。在工程项目窗口中的“变量”栏，单击“IO 设备组态”选项，在 PLC 项中找到西门子，选择 S7-200(PPI)选项并完成对该设备的配置，完成后出现如图 8.10 所示的窗口。

第二步，定义数据库变量。在工程项目窗口中的“变量”栏中，单击“数据库变量”选项，弹出“变量管理”窗口，在“变量管理”窗口中单击“添加变量”命令，弹出“变量定义”窗口。在“变量定义”窗口中分别填写变量名、说明、类型、类别、参数、安全区、安全级别、初始值、最小值和最大值的信息选择记录/不记录，读写/只读属性，按“确认”按钮完成一个变量的定义过程。比如，我们定义了一个变量，名称是 jiesuan，作用是当这个变量为 1 时，IC 卡读写器要开始寻卡并驱动结算，当为 0 时，冷热咖啡自动售货机处于等待顾客之中。因此，在组态画面中，当顾客选择“冷咖啡”或者“热咖啡”后，系统判断设备正常的情况下，该变量被组态软件置为 1。

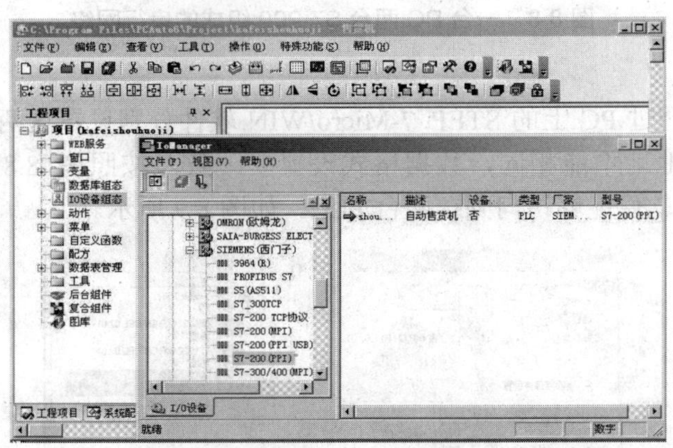

图 8.10　力控组态软件中定义 S7-200 设备

第三步，建立数据连接。比如，对 jiesuan 变量建立数据连接。在“数字 I/O 点”窗口中单击“增加”或者“修改”命令，出现“西门子 S7200 PPI 组点连接”窗口。第一项是“I/O 类型”，一共有 EB(输入寄存器)、AB(输出寄存器)、MB(位寄存器)、SM(特殊位寄存器)、VS(内存变量)、T(定时器)、Z(计数器)和 S(状态寄存器)等。我们选 MB(位寄存器)。第二项是“地址”，我们写 11。第三项是“数据格式”，我们选默认项。然后再选上按位存取，第 3 位。此时，jiesuan 变量就与 3# PLC 中的 M11.3 位完成了绑定或者说数据连接。其他变量的数据连接相似。

5．软件编程

组态软件一般通过脚本程序，实现操作界面。

每台 PLC 分别编制各自的控制程序。

8.3　两台 S7-200 系列 PLC 通信

1．设计目的

构建两台 PLC 的串行网络。

2．设计条件

PC 一台、S7-200 系列 PLC 两台、PPI 电缆一根。

3．设计要求

实现两台 PLC 的主从通信，描述如下。

在基于力控组态软件控制的冷热咖啡自动售货机系统中，PC 和两台 S7-200 系列 PLC 组成串行网络，PC 是主站，两台 PLC 是从站。我们在向真实产品过渡时，会先去掉 PC，将一台 PLC 作为主站，另外一台 PLC 作为从站，如图 8.11 所示。两台 PLC 之间要进行串行通信。控制 IC 卡读写器的 PLC 从站要告诉控制步进电机的 PLC 主站：已经结算，可以提供咖啡了。这时，控制步进电机的 PLC 主站会去驱动步进电机和电磁阀。我们把控制 IC 卡读写器的 PLC 从站的地址设置为 3，简称为 3#PLC，把控制步进电机的 PLC 主站的地址设定为 2，简称为 2#PLC。

网络读写指令用于两台 S7-200 之间的通信。网络读指令 NetR 初始化通信操作，通过通信口接收远程设备的数据并保存在表中。网络写指令 NetW 初始化通信操作，通过指定的端口向远程设备写入表中的数据。

两台 S7-200 系列 PLC 通过通信口 Port1 连成串行网络，2# S7-200 与 3#S7-200 通过网络读(NetR)和网络写(NetW)指令传送数据。

在网络读写通信中，只有主站需要调用 NetR/NetW 指令，从站只需取用或准备数据。

2#PLC 主站要读 3#PLC 中的 M10.4、M10.5 和 M10.7，写 3#PLC 中的 VB184、VB185、VB186 和 M11.3、M11.7。我们用指令向导来实现 2#PLC 和 3#PLC 的数据通信。

执行菜单命令“工具”→“指令向导”，在出现的如图 8.12 所示的对话框的第一页选择 NETR/NETW 选项。

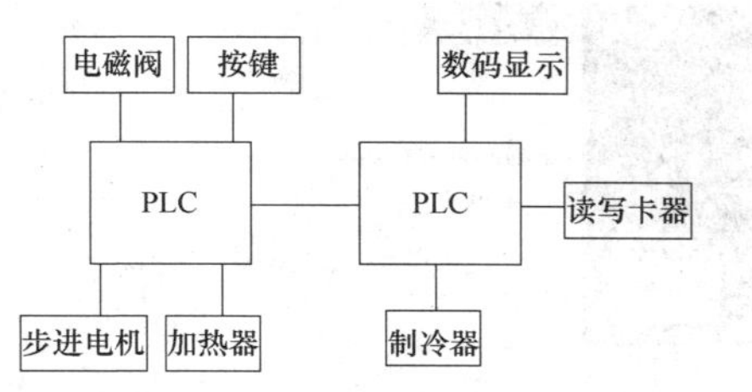

图 8.11　向真实产品过渡的连接图

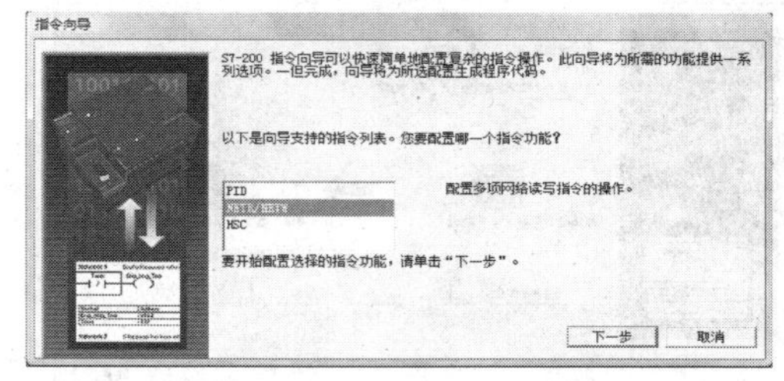

图 8.12　选择网络读写

单击图 8.12 所示对话框中的“下一步”按钮，在弹出的对话框中设置网络操作的项数为 3，如图 8.13 所示。单击“下一步”按钮，在弹出的对话框中选择使用 PLC 的通信端口 1，选择默认的子程序名称为“NET_EXE”，如图 8.14 所示。

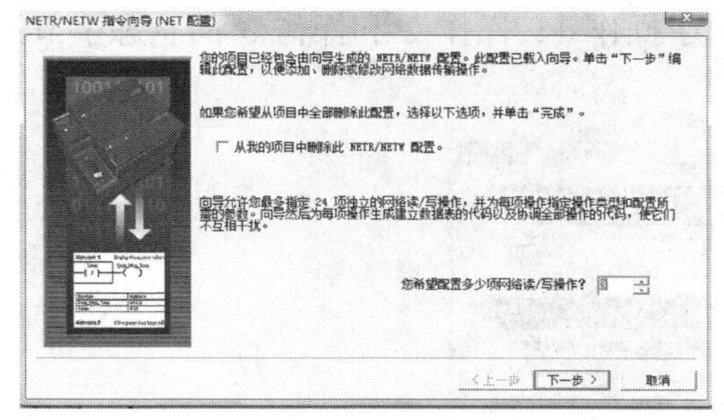

图 8.13　选择网络读写项数

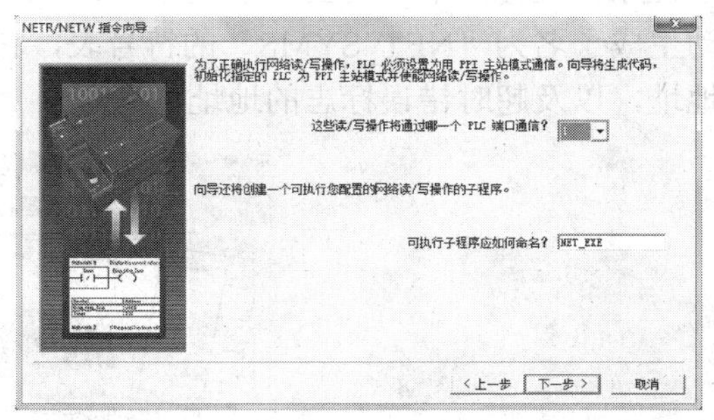

图 8.14　选择端口 1

单击图 8.14 所示对话框中的“下一步”按钮，在弹出的对话框中设置操作 1 为“NETR”，要读出的字节数为 1，从 3#PLC 中读取 MB10，并存储在本地 2#PLC 中的

MB10 中，如图 8.15 所示。

单击“下一项操作〉”按钮，设置操作 2 为“NETW”，要写的字节数为 3，将本地 2#PLC 的 VB10、VB11 和 VB12 写入远程的 3#PLC 中的 VB184、VB185 和 VB186，如图 8.16 所示。

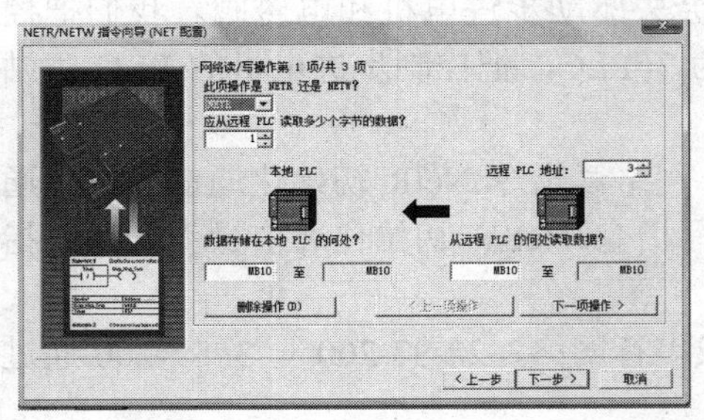

图 8.15　第 1 项网络读写操作

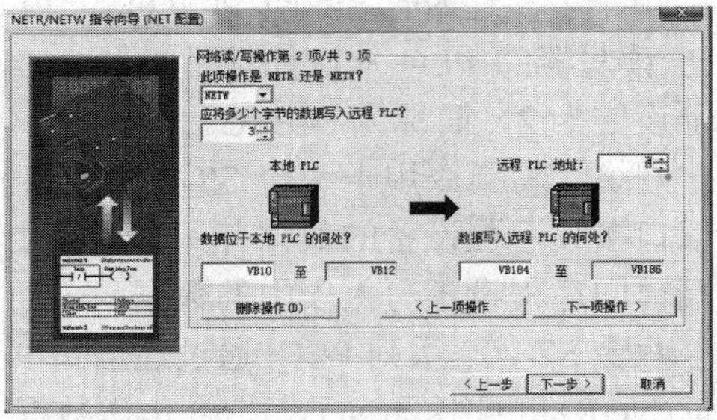

图 8.16　第 2 项网络读写操作

单击“下一项操作〉”按钮，设置操作 3 为“NETW”，如图 8.17 所示。单击“下一步”按钮，在弹出的对话框中设置子程序使用的 V 存储区的起始地址，如图 8.18 所示。由于子程序使用了这些存储地址，程序的其他部分要避免使用它们。

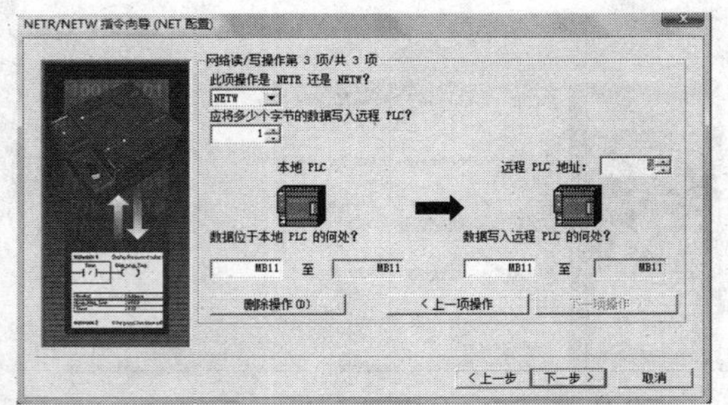

图 8.17　第 3 项网络读写操作

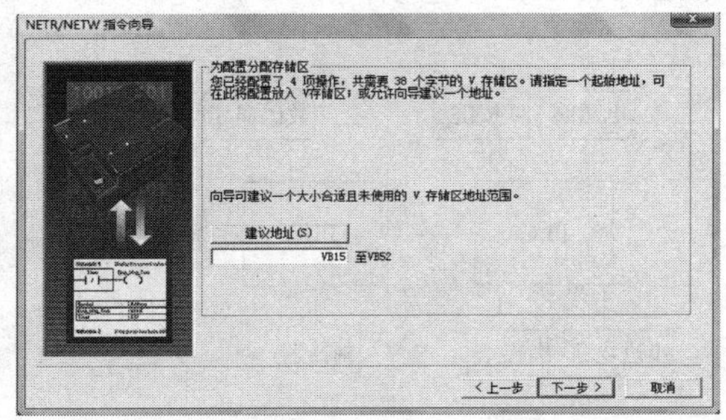

图 8.18　子程序用到的存储区间

单击图 8.18 所示对话框中的“下一步”按钮，会弹出如图 8.19 所示的对话框，单击“完成”按钮，设置便完成了。向导中的设置完成后，在编程软件指令树最下面的“调用子程序”文件夹中将会出现子程序 NET_EXE。在指令树的文件夹“\符号表\向导”中，自动生成了名为“NET_SYMS”的符号表，它给出了操作 1、操作 2 和操作 3 的状态字节的地址，以及超时错误标志的地址。

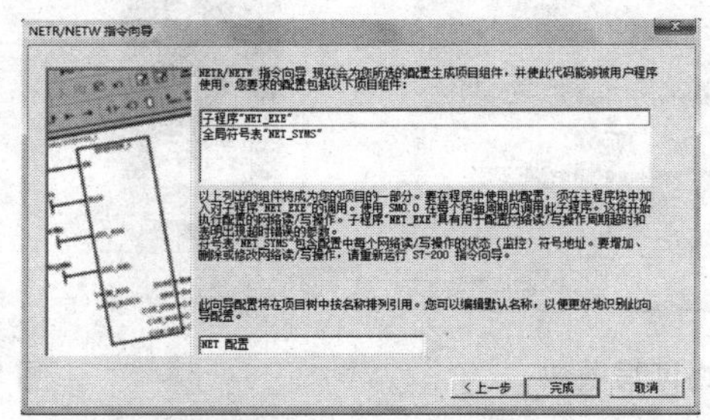

图 8.19　向导建立网络读写子程序完成

在主程序中调用子程序 NET_EXE，该子程序便会执行用户在 NetR/NetW 向导中设置的网络读写功能。

2#PLC 的主程序中要不断调用该通信子程序。梯形图程序如图 8.20 所示。NET_EXE 中通信超时可以设置为 1～32767 之间的数，是以秒为单位的定时器。时间为 0，表示不设置超时定时器。M1.1 为 0 时表示无错误，为 1 时表示有错误；M1.0 为 1 时表示完成一次网络读写。

由于 2#PLC 中的 MB10、MB11 对应 3#PLC 中的 MB10、MB11，但主站对从站的 MB11 写，对从站中的 MB10 读，因此，主站对本站的 MB10 只读，对 MB11 可读可写。如果对本站的 MB10 进行写操作，通信子程序会很快将从站中的 MB10 覆盖主站中的 MB10。3#PLC 也如此，对本地 MB11 最好只作读操作。2#PLC 通过置 M11.3 通知 3#PLC 去读 IC 卡并结算，当 3#PLC 完成 IC 卡结算或者发现余额不足时，会置 MB10 中的相关位。2#PLC 读到这些位为 1 后，要把 M11.3 复位，以备下一次通知 3#PLC 读卡结算。PLC 主程序中的语句如图 8.21 所示。

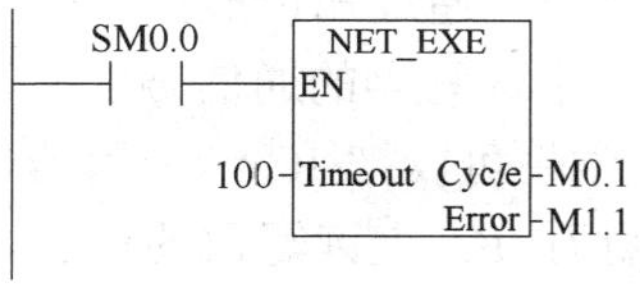

SM0.0
NET_EXE
EN
100 Timeout　Cycle M0.1
Error M1.1

图 8.20　PLC 主程序中调用网络读写子程序

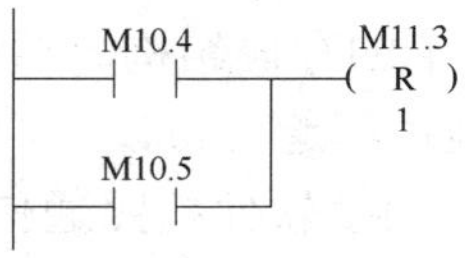

M10.4
M11.3
(R)
1
M10.5

图 8.21　PLC 主程序中的语句

2#PLC 通过置 M11.7 通知 3#PLC 去改变消费金额。当 3#PLC 完成改变后，会置位 M10.7。2#PLC 读到 M10.7 为 1 后，要把 M11.7 复位，以备下一次通知 3#PLC 改变消费金额。此主程序中的语句如图 8.22 所示。

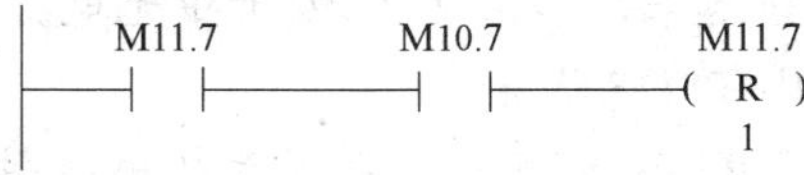

图 8.22　PLC 主程序中的语句

8.4　S7-200 系列 PLC 与 IC 卡读写器自由端口通信

1．设计目的

构建 PLC 与 IC 卡读写器通信，熟悉 PLC 的自由端口编程。

2．设计条件

PC 机一台、S7-200 系列 PLC 一台，WM-161 IC 卡读写器一台，PPI 电缆两根。

3．设计要求

实现 PLC 与 WM-161 IC 卡读写器的自由端口通信。

自由端口通信方式是 S7-200 系列 PLC 很重要的功能。在自由端口模式下，S7-200 系列 PLC 可以与任何通信协议公开的其他串行设备进行通信。它还可以根据用户自己定义的协议来扩大通信范围，用来连接其他设备，使控制系统配置更加灵活、方便。

这样，任何具有串行通信接口并且其通信协议可以公开得到的外设，例如，打印机、变频器和条形码阅读器等都可与 S7-200 系列 PLC 进行数据通信。

S7-200 系列 PLC 只有在 RUN 方式下才支持自由端口，这时可以用相关的通信指令读写其他设备的数据；当它处于 STOP 方式时，自由端口被禁止，通信口自动切换到支持 PPI 协议上。

基于 IC 卡结算和 PLC 控制的冷热咖啡自动售货机工作过程描述如下：顾客选择冷热咖啡按钮，自动售货机提示顾客刷卡。PLC 访问 IC 卡读写器，当顾客刷卡成功后，PLC 控制弹出纸杯和滴出咖啡。PLC 对 IC 卡读写器的控制要完成以下任务：第一，读卡，将寻到的卡的数据读过来，看看所剩金额是否足以支付消费；第二，如果所剩金额足够，则减去支付金额并把新的金额数据写卡。总之，PLC 使用 IC 卡读写器的通信协议，读出和写入数据。

本节涉及非接触式 IC 卡和 IC 卡读写器的通信协议。这些知识放在知识链接中。目前，非接触式 IC 卡广泛使用于很多领域，比如公交一卡通。通过知识链接的阅读，能使读者掌握 IC 卡的存储结构。通过知识链接中对具体的 IC 卡读写器的通信协议的学习，同学们能轻松地理解通信协议。如果有该款 IC 卡读写器，学生可以把 IC 卡读写器与 PC 相连，通过串口助手软件按照通信协议手动发送数据帧，看看 IC 卡读写器的反应，感性地理解好通信协议。

知识链接　非接触式 IC 卡

1. 概述

非接触式 IC 卡又称射频卡，是世界上最近几年发展起来的一项新技术，它成功地将射频识别技术和 IC 卡技术结合起来，解决了无源(卡中无电源)和免接触这一难题。与接触式 IC 卡相比较，非接触式卡具有以下优点。

- 可靠性高。非接触式 IC 卡与读写器之间无机械接触，避免了由于接触读写而产生的各种故障。
- 操作方便快捷。由于非接触通信，读写器在 10cm 范围内就可以对卡片操作，所以不必插拔卡，非常方便用户使用。非接触式卡使用时没有方向性，卡片可以从任意方向掠过读写器表面，即可完成操作。
- 防冲突。非接触式卡中有快速防冲突机制，能防止卡片之间出现数据干扰，因此，读写器可以“同时”处理多张非接触式 IC 卡。这提高了应用的并行性，无形中提高了系统工作速度。
- 可以适合于多种应用。非接触式卡的存储结构特点使它一卡多用，能应用于不同的系统，用户可根据不同的应用设定不同的密码和访问条件。
- 加密性能好。非接触式卡的序列号是唯一的，制造厂家在产品出厂前已将此序列号固化，不可再更改。非接触式卡与读写器之间采用双向验证机制，即读写器验证 IC 卡的合法性，同时 IC 卡也验证读写器的合法性。非接触式卡在处理前要与读写器进行三次相互认证，而且在通信过程中所有的数据都加密。此外，卡中各个扇区都有自己的操作密码和访问条件。读写器内存密码，安全性进一步增强，产品具有开发商自定的特性。

2. M1 和 MPro 卡简介

M1 和 MPro 卡的主要指标如下。

- 容量为 8K 位(MPro 为 32K 位)EEPROM。
- 分为 16 个扇区(MPro 为 40 扇区)，每个扇区为 4 块(MPro 后 8 个区为 16 块)，每块 16 个字节，以块为存取单位。
- 每个扇区有独立的一组密码及访问控制。
- 每张卡有唯一序列号，为 32 位。
- 具有防冲突机制，支持多卡操作。
- 无电源，自带天线，内含加密控制逻辑和通信逻辑电路。
- 数据保存期为 10 年，可改写 10 万次，读无限次。
- 工作温度：-20～50℃。
- 工作频率：13.56MHz。
- 通信速率：106kbps。
- 读写距离：10mm 以内(与读写器有关)。

3. 存储结构

M1 卡分为 16 个扇区，每个扇区由 4 块(块 0、块 1、块 2 和块 3)组成，我们也将 16 个扇区的 64 个块按绝对地址编号为 0～63，存储结构如图 8.23 所示。

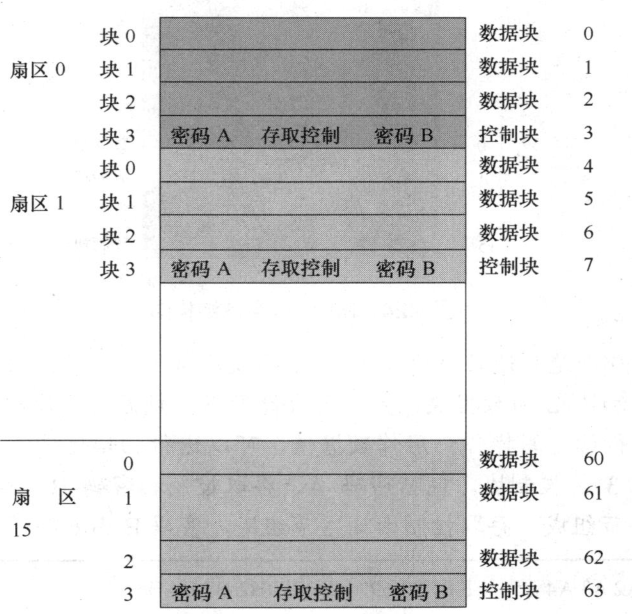

图 8.23　M1 卡存储结构图

MPro 卡分为 40 个扇区，前 32 个区的每个扇区由 4 块(块 0、块 1、块 2 和块 3)组成，后 8 个区的每个区为 16 块。存储结构如图 8.24 所示。

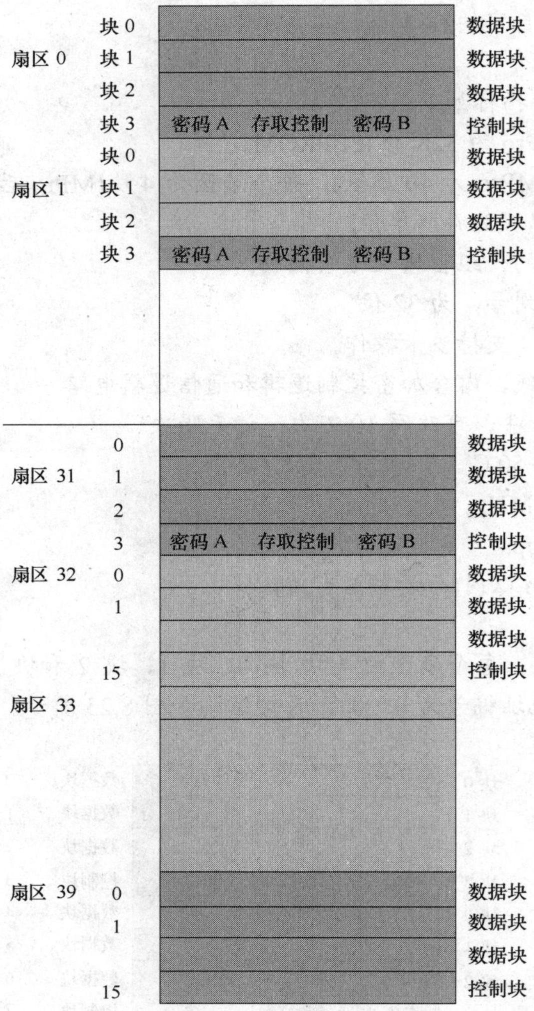

扇区	块	内容	类型	编号
	块 0		数据块	0
扇区 0	块 1		数据块	1
	块 2		数据块	2
	块 3	密码 A　存取控制　密码 B	控制块	3
	块 0		数据块	4
扇区 1	块 1		数据块	5
	块 2		数据块	6
	块 3	密码 A　存取控制　密码 B	控制块	7
	0		数据块	
扇区 31	1		数据块	
	2		数据块	
	3	密码 A　存取控制　密码 B	控制块	
扇区 32	0		数据块	
	1		数据块	
			数据块	
	15		控制块	
扇区 33				
扇区 39	0		数据块	
	1		数据块	
			数据块	
	15		控制块	

图 8.24　MPro 卡存储结构图

第 0 扇区的块 0(即绝对地址 0 块)，它用于存放厂商代码，已经固化，不可更改。每个扇区的块 0、块 1 和块 2 为数据块，可用于存储数据。数据块可作两种应用：用作一般的数据保存，可以进行读、写操作；用作数据值，可以进行初始化值、加值、减值和读值操作。每个扇区的块 3 为控制块，包括密码 A、存取控制和密码 B。具体结构如图 8.25 所示。密码 A 由 6 字节组成，存取控制由 4 字节组成，密码 B 由 6 字节组成。

A0 A1 A2 A3 A4 A5　FF 07 80 69　B0 B1 B2 B3 B4 B5

图 8.25　IC 卡各扇区控制块结构图

每个扇区的密码和存取控制都是独立的，可以根据实际需要设定各自的密码及存取控制。存取控制为 4 个字节，共 32 位，扇区中的每个块(包括数据块和控制块)的存取条件是由密码和存取控制共同决定的，在存取控制中每个块都有相应的三个控制位，定义如下。

块 0:　C10　C20　C30

块 1:　C11　C21　C31

块 2:　C12　C22　C32

块 3:　C13　C23　C33

三个控制位以正和反两种形式存在于存取控制字节中，决定了该块的访问权限。如进行减值操作必须验证 Key A，进行加值操作必须验证 Key B 等。三个控制位在存取控制字节中的位置，以块 0 为例，对块 0 的控制如表 8.2 所示，C10_b 表示 C10 取反，其他类推。

表 8.2　IC 卡对块 0 的控制

位	7	6	5	4	3	2	1	0
字节 6				C20_b				C10_b
字节 7				C10				C30_b
字节 8				C30				C20
字节 9								

4 字节存取控制，其中字节 9 为备用字节，结构如表 8.3 所示。

表 8.3　IC 卡控制字节

位	7	6	5	4	3	2	1	0
字节 6	C23_b	C22_b	C21_b	C20_b	C13_b	C12_b	C11_b	C10_b
字节 7	C13	C12	C11	C10	C33_b	C32_b	C31_b	C30_b
字节 8	C33	C32	C31	C30	C23	C22	C21	C20
字节 9								

(注：_b 表示取反)

数据块(块 0、块 1 和块 2)的存取控制如表 8.4 所示。

表 8.4　IC 卡数据块控制字节

存取控制位			存取条件				应　用
C1	C2	C3	读	写	递　增	递减、传递、恢复	
0	0	0	Key A|B	Key A|B	Key A|B	Key A|B	Transport configuration
0	1	0	Key A|B	never	never	never	Read/write block
1	0	0	Key A|B	Key B	never	never	Read/write block
1	1	0	Key A|B	Key B	Key B	Key A|B	Value block
0	0	1	Key A|B	never	never	Key A|B	Value block
0	1	1	Key B	Key B	never	never	Read/write block
1	0	1	Key B	never	never	never	Read/write block
1	1	1	never	never	never	never	Read/write block

KeyA|B 表示密码 A 或密码 B，never 表示任何条件下都不能实现。例如：当块 0 的存取控制位 C10 C20 C30= 1 0 0 时，表示验证密码 A 或密码 B 正确后可读； 验证密码 B 正确后可写；不能进行加值、减值操作。

控制块块 3 的存取控制与数据块(块 0、1 和 2)不同，它的存取控制如表 8.5 所示。例如：当块 3 的存取控制位 C13 C23 C33= 0 0 1 时，表示密码 A：不可读，验证密码 A 或密码 B 正确后，可写(更改)。存取控制：验证密码 A 或密码 B 正确后，可读、可写。密码 B：验证密码 A 或密码 B 正确后，可读、可写。

表 8.5　IC 卡控制块控制字节

存取控制位			存取条件						说　明
			Key A		Access bits		Key B		
C1	C2	C3	read	write	Read	write	read	write	密码 B 可被读取
0	0	0	never	Key A	Key A	never	Key A	Key A	密码 B 可被读取
0	1	0	never	never	Key A	never	Key A	never	
1	0	0	never	Key B	Key A|B	never	never	Key B	
1	1	0	never	never	Key A|B	never	never	never	密码 B 可被读取、传递、配置
0	0	1	never	Key A	Key A	Key A	Key A	Key A	
0	1	1	never	Key B	Key A|B	Key B	never	Key B	
1	0	1	never	never	Key A|B	Key B	never	never	
1	1	1	never	never	Key A|B	never	never	never	

新卡片中的控制字为“FF 07 80 69”，其定义中说明对数据块，密码 A 或者 B 都可以读写。对控制块，密码 A 可用密码 B 来写，但不可读；密码 B 可用密码 A 来读写。对控制字，用密码 A 可读写，新卡中的默认密码的 6 个字节都是十六进制数“FF”。

4. 卡片

卡片的电气部分只由一个天线和 ASIC 组成。

天线：卡片的天线是只有几组绕线的线圈，很适于封装到 IS0 卡片中。

ASIC：卡片的 ASIC 由一个高速(106kbps)的 RF 接口，一个控制单元和一个 8K 位(或 32K 位)EEPROM 组成。

知识链接　非接触式 IC 卡读写器 WM-16 及其通信协议

1. 读卡器的工作过程

可以给读卡器事先设定一个块(默认是块 2)，当卡片靠近时，读卡器主动验证这个区及读出这个块的数据，等待计算机来读取缺省块数据，当计算机取走时，读卡器并不关闭这张卡，这时计算机可以发命令直接读写此卡的其他块，直到计算机发关卡的命令，读卡器又回到开始时的寻卡读指定块的状态；读卡器的蜂鸣器由计算机控制发声，16H 读卡器的显示屏显示内容由计算机发出；读卡器设定的块和寻卡方式可以由计算机设定，并断电不保存。

2. 计算机程序的工作过程

计算机向读写器连接的 RS-232 口发送命令来控制读写器的读写操作和显示蜂鸣，当读写器读到卡时，可以通过读卡器对卡进行读写操作，操作完成后，一定要关闭卡片。

3. 其他说明

寻卡模式位说明：如果以 00 模式寻卡，再执行关闭指令后，卡片必须离开感应区再进入感应区才能寻卡成功，如果以 01 模式寻卡，那么在执行了关卡指令后，即使卡片未离开感应区也能寻卡成功；有很多命令中有关卡参数是为了快一点，可以少执行一条关卡命令；在每一个命令执行后，在执行下一个命令前应有不少于 10ms 的延时；对卡片控制区的读写与数据读写相同，只是控制方式不同，同时要注意一定不要写错或记住所写内容，否则有可能会无法再对该区进行操作；在刚开始编程时，为了不写错卡片造成不能读写的坏区，在对卡片密码区进行读写之前将要写入密码区的 16 个字节先写入一个数据块，再读出，如果写入正确，说明写入操作正确，就可以对密码区进行写操作了；读写器取到卡号与密码无关，也就是不用验证密码就可以通过读数据记录得到卡号；无论直接通过串口发命令还是使用动态库的函数发命令，在发完一个命令后最好延时 10ms 至 50ms，再发下一个命令；如果读写数据多，可以用直接串口方式编程。

4. 接口规格

使用计算机对读写器进行控制，计算机为主机，读写器为从机。通信方法为 232 异步通信，波特率为 9600bps，控制字方式是 1 位开始位，8 个数据位，一个停止位，无奇偶校验。

5. 通信协议格式

通信协议格式为：|开始标志|读写器地址|信息长度 | 命令和参数/从机返回|校验|。开始标志为两个字节，主机给读写器：AAH 和 FFH；读写器给主机：BBH 和 FFH。读写器地址为 1 个字节，固定值 01H。广播地址为 FFH。信息长度表示命令和参数的总字节数，不包括开始标志、地址和校验的长度。校验为 1 个字节，是开始标志、地址、信息长度、命令和参数中所有字节的异或值。

6. 读写器 WM-16 的通信协议

IC 卡读写器 WM-161 是个智能终端设备，有一个 RS232 串行接口，通过该串行接口，给它发送命令。发送的命令数据要遵从一定的格式，这就是通信协议。下面是各个命令的数据格式。

1)　通信测试 0XA1

返回机号及寻卡方式，默认的块号。

[功能]：测试与计算机通信是否正常(测试读写器是否上电)。

[命令]：A1H。

[参数]：无。

读写器送回：寻卡方式，读卡块号。

若命令校验出错，送回 33H。

例如主机：AA　FF　01　01　A1　F4(校验)

读写器：　BB　FF　01　02　00　02　44

　　　　　　　　　机号　长度　方式　块号　校验

2)　清读写器状态到上电时的状态

[命令]：A3H。

[参数]：无。

[功能]：设置读写器寻卡方式，读卡块号，数据区密码到上电时的状态，数据区密码在上电时为 FF FF FF FF FF FF。

读写器返回：成功标志 55H；若命令校验出错，送回 33H。

例如主机：AA　FF　01　01　A3　F6(校验)

读写器：BB　FF　01　01　55　11

3)　设置寻卡方式、缺省块号及其密码

[命令]：A4H。

[功能]：设置默认块，将 IC 卡上缺省块的块号、寻卡方式、读写密码告诉 IC 卡读写器。

[参数]：有以下 3 个。

寻卡方式：0 或 1。

缺省块号：0～63(S50)/0～255(S70)。

数据区密码：6 Bytes。

读写器送回：成功标志 55H；若命令校验出错，送回 33H。

例如主机：AA　FF　01　09　A4　00(寻卡方式)01(缺省块号)FF FF FF FF FE FE(六字节密码) F8(校验)

读写器：BB　FF　01　01　55　11(校验)

BB　FF　01　01　33　7F

4)　显示命令(内有蜂鸣器控制)

下载液晶 LCD 的显示内容到读写器。

[功能]：下载 LCD 的显示内容，并由参数控制是否响一声。

[命令]：A5H。

[参数]：00(为 00 表示不响，为 01 表示显示后响一声) X1 X2，…，X32 (最多显示 16 个汉字)。

读写器送回：成功读写器返回 55h，错误返回 33h。

例如主机：AA　FF　01　08　A5　01(00：不响；01：响一声) B8 B8 B7 B7 B9 B9(显示的字符) F8(校验)

读写器：BB　FF　01　01　55　18(校验)

BB　FF　01　01　33　7E

5)　蜂鸣器控制(时长、间隔、次数)

[功能]：使读卡器蜂鸣器响，响的次数(范围为 1～5)时长及间隔(范围均为 0.1～1s)可由上位机设置。

[命令]：A6H。

[参数]：响声次数(比如为 3 时，表示响 3 次)，时长(若为 4 表示 0.4 秒)和间隔(比如为 4 时，表示响声的间隔为 0.4 秒)。

注：由于该条命令执行时间长，所以为了让上位机轮询速度，读卡器不给上位机返回命令。

例如主机：AA FF 01 04 A6 02(响声次数) 02(时长) 02(间隔) F4(校验) 表示响两声，并

且间隔和时长都为 0.2 秒

6)　读数据记录

[功能]：在读卡器已经读好缺省块号的数据后，上位机从读卡器读该数据记录，并决定是否关卡。

[命令]：A7H。

[参数]：是否需要关卡标志：0(不需要关卡)或者 1(需要关卡)

读卡器送回：是否已经下载过的标志(该字节若为 00，表示还没下载，若为 1，表示已经下载)、缺省的块号，以及从读卡器里读取的一条记录，共 4 个字节(卡号)+16 字节数据，如果读卡器此时没有刷卡记录可以送给主机，发送寻到的卡号(4 个字节)和 77h 给主机；如果寻卡失败，那么 4 字节的卡号为 0 0 0 0。

例如主机：AA FF 01 02(长度) A7 00(是否关卡)F1(校验)不需关卡过程。

读写器寻到卡，且读到数据，返回：

BB　FF　01　16　00　02(块号) 82　98　A2　9D(卡号)00　00　00　00　00　00　00　00　00　00　00　00　00　00　00　00(16 字节数据)　74

寻到卡密码验证没通过或已读数据未关卡，返回：

BB　FF　01　07　00　02　82　98　A2　9D(卡号)　77　12 (有 4 字节卡号)

未寻到卡，返回：

BB　FF　01　07　00　02　00　00　00　00　77　37 (卡号位置全为 00)

7)　读指定数据块

[功能]：从卡上读取指定块的数据。

[命令]：A8H。

[参数]：有以下 4 个参数。

所要读块号：0～63(S50)/0～255(S70)。

访问的密码：　M1…M6。

验证密码：0－密码 A，1－密码 B。

是否需要关卡的标志：0(不需要关卡)或者 1(需要关卡)

读卡器送回：4 个字节(卡号)+16 字节数据，如果读卡器此时读卡失败，发送 33H 给主机。

例如主机：AA FF 01 0A(长度)A8 01(块号) M1～M6(六字节密码)00 (00：密码 A，01：密码 B)01(需要关卡)F7(校验)需要关卡

读写器返回：BB　FF　01　14　00　22　34　55(卡号)X1 X2 X3 X4…X16(十六字节的数据)校验或者 BB　FF　01　01(长度) 33 77(校验)。

8)　写数据

[功能]：往卡上默认指定块写数据。

[命令]：A9H。

[参数]：有以下 3 个参数。

所要写入的卡号：4 字节。

所要写入的数据：16 字节。

是否需要关卡的标志：0(不需要关卡)或者 1(需要关卡)。

读卡器送回：返回 01、成功标志 55H、当前寻卡方式，如果读卡器此时写卡失败，发送 33H 给主机。

例如主机：AA FF 01 16(长度) A9 C1 C2 C3 C4(卡号)X1…X16(十六字节的数据) 01(表示需要关卡)校验。

读写器：BB FF 01 02 01(寻卡方式)55 13(校验)或者 BB FF 01 01(长度) 33 77(校验)。

9) 写指定数据块

[功能]：往卡上指定块的写数据。

[命令]：AAH。

[参数]：有以下 6 个参数。

所要写卡的卡号：4 字节。

所要写入的块号：0～63(S50)/0～255(S70)。

访问该块需要的密码：6 字节。

验证密码：0 - 密码 A，1 - 密码 B。

所要写入的数据：16 字节。

是否需要关卡的标志：0(不需要关卡)或者 1(需要关卡)。

读卡器送回：返回 01、成功标志 55H、当前寻卡方式，如果读卡器此时写卡失败，发送 33H 给主机。

例如主机：AA FF 01 1E(长度) AA C1 C2 C3 C4(卡号) 03(块号)M1-M6(密码) 00(00：密码 A，01：密码 B) X1-X16(十六字节的数据)01(需要关卡)校验

AA FF 01 1E AA 04 BF 4E 58 08 FF FF FF FF FF FF 00 11 22 11 22 34 34 11 EE 11 EE 34 34 55 55 66 66 01 47

读写器返回：BB FF 01 02 01(寻卡方式)55 13(校验)或者 BB FF 01 01(长度)33 77(校验)。

10) 关卡

[功能]：关掉 M1 卡片，这个命令不仅仅是关卡，还让读卡电路恢复到主动寻卡状态。

[命令]：ABH。

[参数]：无。

读写器送回：返回 01、成功标志 55H、当前寻卡方式，如果接收命令失败，发送 33H 给主机。

例如主机：AA FF 01 01(长度)AB FE (校验)

AA FF 01 01 AB FE

读写器返回：BB FF 01 02 55 00(寻卡方式)13(校验)或者 BB FF 01 01(长度)33 77(校验)。

11) 查询卡机状态

[功能]：查询该读写器是否已经下载过块号和密码，以及寻卡方式。

[命令]：ACH。

[参数]：无。

读卡器送回：返回 01、是否已经下载过的标志(该字节若为 00，表示还没下载；若为 1，表示已经下载)、已下载密码块号状态，当前寻卡方式，如果接收命令失败，发送 33H 给主机。

例如主机：AA FF 01 01(长度)AC F9(校验)

读写器返回：BB FF 01 03 01(已下载)03(块号)00(寻卡方式)44(校验)或者 BB FF 01 01(长度)33 77(校验)。

12) 继电器控制

[功能]：对继电器进行动合控制。

[命令]：ADH。

[参数]：一个字节，02 为一个继电器动，01 为另一个继电器动，03 为两个继电器都动。

例如主机：AA FF 01 02 AD 02(参数)02(校验)

(说明：上电时这 4 个 IO 脚的初始状态为低)

注：以上所有数据都为十六进制表示，其中 BCC 为命令字符串，本字节之前的所有字节的异或校验和；块号统一编址从 0～63，对应到每个区要计算一下，如第五区的第 3 个块应是(5−1)×4+3−1=18。

1．程序流程

通过 IC 卡读写器访问 IC 卡的程序流程如下。

- 测试通信正确。
- 读写器清卡。
- 设置缺省块。
- 读卡上缺省块的数据。
- 给 IC 卡读写器蜂鸣器控制。
- 判断数据中的金额是否能支付消费。
- 写入新数据。
- 关卡。

测试通信正确是为了确保 IC 卡与 PLC 正确连接上。读写器清卡使得卡读写器处于刚上电时的状态。设置缺省块让卡读写器记住要访问的块号和密码，这样，PLC 就不需要在每次访问 IC 卡时都要指定绝对块号和对应的密码。读卡上缺省块的数据，当 IC 卡寻到卡时，会读出卡上的缺省块数据并保存，而当 PLC 发送该条指令到读写器的时候，读写器会把读到的数据上传。当 PLC 接收到 IC 卡读写器上传的数据时，可以判断 IC 卡的缺省块的数据被读出来了，这时候给 IC 卡读写器以蜂鸣器控制，以提示刷卡人。通过缺省块的数据，判断卡中余额是否足够支付消费，如果不够，给 IC 卡读写器以蜂鸣器控制，以提示刷卡人。如果余额足够，减去本次消费，将新的余额数据写入缺省块。关卡是为了下次寻卡。关卡操作告诉 IC 卡读写器本次读写结束。

在 PLC 控制 IC 卡读写程序中，程序流程只用后面 5 步。图 8.26 是 PLC 控制 IC 卡读写器的流程图。

2．卡和卡读写器的预先处理

在使用前，要把 S7-200 接上 IC 卡读写器 WM-161，但不能直接连接；对新卡要进行充值处理。

1) WM-16 IC 卡读写器与 PLC 的连接

WM-16IC 卡读写器带一个九孔 RS-232 串行口，可直接与 PC 串行口相连，PLC 的

PPI 电缆也直接与 PC 串口相连，因此，PLC 通过 PPI 电缆与 WM-16IC 卡读写器相连要通过一个九针对九针的反接转换头，如图 8.6 所示。

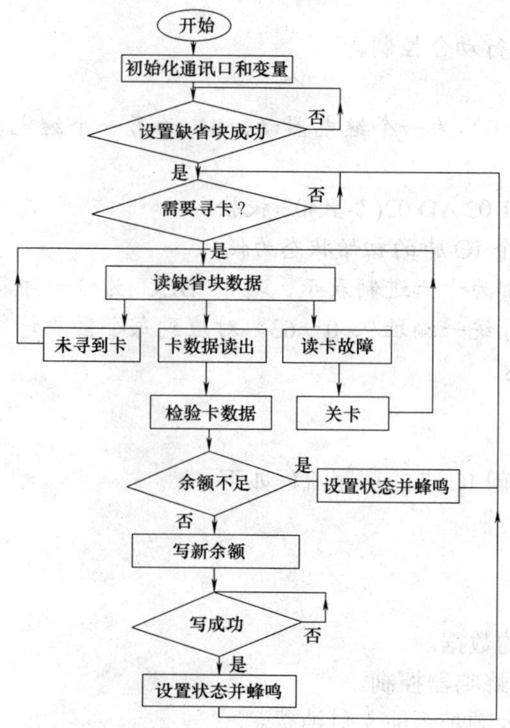

图 8.26　PLC 与 IC 卡通信程序流程图

WM-16 IC 卡读写器的默认通信格式是八位数据位，一位停止位，无校验位，PLC 默认通信格式是八位数据位，一位停止位，偶校验位，因此，程序在初始化的时候将 PLC 的通信格式改为八位数据位，一位停止位，无校验位。

2)　IC 卡的预先处理

使用 M1 卡的第一扇区。金额数据放在第一扇区的第 0 数据块即绝对块地址为 4 的数据块中。十六个字节数据块中的前三个字节代表金额；前二个字节为金额的整数部分，第三个字节代表小数部分，分别由 BCD 表示。比如，金额为 1234.56 元，那么，卡上表示的三个字节分别是 16#12、16#34 和 16#56。

发卡时，对 IC 卡写控制字和密码。控制字为 7F 07 88 69，表示该扇区的第 0，第 1，第 2 数据块可用密码 A 或 B 读写。控制块的密码 A 由密码 B 来写，不可读，密码 B 由密码 B 来写，不可读。控制字用密码 A 或 B 都可读，由密码 B 可写。

密码 A，密码 B 由六个字节组成，加上上面的四个控制字，在发卡时要写入该扇区的控制块中。例如，我们决定了密码 A 是十六进制数 12 12 23 23 34 34，密码 B 是十六进制数 fe fe ed ed dc dc ，根据协议，我们要先读出卡号，比如卡号是 82 1e a5 58 ，要将下面的帧发给 WM-16 IC 卡读写器。

AA FF 01 1E AA　82 1E A5 58 07 FF FF FF FF FF FF 00 12 12 23 23 34 34　7F　07 88 69 FE FE ED ED DC DC 01 1E

在上面的数据帧中，我们用到新卡的默认密码 FF FF FF FF FF FF。

得到卡号的办法是用任意密码去读 IC 卡缺省块，读写器返回密码不正确，但返回正确的卡号。每张 IC 卡的卡号是唯一的。

3)　IC 卡读写器的预处理

将 1 扇区 1 数据块作为缺省块，并把密码写入 IC 卡读写器中。先查询 IC 卡读写器的状态，查询该读写器是否已经下载过块号、密码以及寻卡方式。一般来说，由 IC 卡读写器记住密码，可以增加保密性能。当然，对 IC 卡读写器的管理也就显得很重要了。

3. PLC 编程

表 8.6 和表 8.7 列出了程序用到的变量，程序流程图如图 8.26 所示。

表 8.6　用到的位变量及其表示的意义

位变量名	表示的意义
M10.0=1	接收中断完成
M10.1=1	返回报文的 BCC 正确并返回成功(返回十六进制数 55)
M10.2=1	返回报文的 BCC 不正确或者返回失败(返回十六进制数 33)
M10.4=1	IC 卡结算成功，返回给 2#PLC
M10.5=1	IC 卡结算余额不足，返回给 2#PLC
M10.6=1	辅助发送数据用，保证报文只发送一次
M10.7=1	通知 2#PLC，已经改变了消费金额
M2.0=1	读 IC 卡缺省块数据
M2.1=1	IC 卡结算成功，二声蜂鸣，提示用户
M2.2=1	IC 卡结算余额不足，一声蜂鸣，提示用户
M2.3=1	对 IC 卡读写器发写新余额数据报文
M2.4=1	读缺省数据块时，IC 卡读写器故障
M2.5=1	对 IC 卡读写器设置缺省块
M2.6=1	读出 IC 卡数据后，分析验算金额数据
M11.3=1	需要寻卡，由 2#PLC 设置改位
M11.7=1	联网的 2#PLC 通知重新计算消费金额

表 8.7　用到的缓冲区变量及其作用

缓冲区变量	作　用
VB100～VB159	接收数据缓冲区，60 个字节
VB200～VB259	发送数据缓冲区，60 个字节
VB170～VB173	保存每次读出的卡号，供写数据时用，共 4 个字节
VB174～VB176	保存每次读出的金额数据，共 3 个字节
VW0	在子程序中作循环变量用
VB184～VB186	消费金额存放的 BCD，由 2#PLC 传过来
VW190	存放消费金额的整数部分

续表

缓冲区变量	作　用
VW192	存放消费金额的小数部分
VB194～VB196	存放新金额的 BCD
VW180	存放卡上金额的整数部分
VW182	存放卡上金额的小数部分
VB199	存放发送报文的 BCC 校验码
VB99	存放需要重发报文的标志

PLC 的端口 0 与 IC 卡读写器 WM-16 之间进行通信，采用主从方式，PLC 为主机，IC 卡读写器为从机。它们之间是半双工通信，从机只有在收到主机的读写命令后才发送数据。PLC 控制软件采用语句表编制。

系统由一个主程序、5 个子程序和两个中断服务程序组成。

1) PLC 主程序

PLC 在第一次扫描时执行初始化子程序，对通信端口 0 进行初始化，程序如下。

```
LD      SM0.1
MOVB    16#09, SMB30   //无校验、传送字符有效数据是 8 位、波特率 9600baud、自由口协议
MOVB    16#44,  SMB87
MOVB    16#BB,  SMB88
MOVW    20,  SMW92
```

PLC 中特殊存储器 SMB30 和 SMB130 是自由端口控制寄存器，SMB30 控制 0 端口，SMB130 控制 1 端口。图 8.27 所示为 SMB30 和 SMB130 中各位的意义。pp 为奇偶校验选择，其中，00 和 11 均为无校验、01 为偶校验、10 为奇校验；d 为有效位数，0 为传送字符有效数据是 8 位，1 为有效数据是 7 位；bbb 表示波特率，000 为 38400baud、001 为 19200baud、010 为 9600baud、011 为 4800baud、100 为 2400baud、101 为 1200baud、110 为 600baud、111 为 300baud；mm 为协议选择位，00 为 PPI 协议从站模式、01 为自由口协议、10 为 PPI 协议主站模式、11 为保留，默认设置为 PPI 协议从站模式。

p	p	d	b	b	b	m	m

图 8.27　PLC 端口控制寄存器各位示意

IC 卡读写器 WM-16 默认的数据格式是 8 位数据位，没有校验位，波特率为 9600。所以，SMB30 要设置为 16#09。

SMB87 用于端口 0 的接收信息控制。图 8.28 所示为该字节各位的意义。

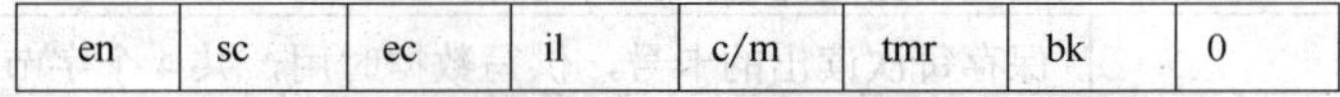

图 8.28　S7-200 中 SMB87 各位示意

en 为 0 时禁止接收数据报文，为 1 时可以接受数据报文。当 RCV 指令执行时，会检测 en 位，当 en 为 0 时，RCV 指令中止数据的接收。sc 为 0 时忽略 SMB88，为 1 时，PLC 接收到 SMB88 定义的字符时，开始把接收到的字符存入接收缓冲区。ec 为 0 时，忽

略 SMB89，为 1 时，PLC 把 SMB89 定义的字符作为接收报文的结束字符，当 PLC 接收的字符等于 SMB89 中的字符时，PLC 接收数据结束。il 为 0 时忽略 SMW90，不检测端口的空闲状态，为 1 时，根据 SMW90 中的值检测通信的空闲状态。c/m 为 0 时，定时器对每个接受字符作超时检测，为 1 时定时器对数据报文作超时检测。tmr 为 0 时忽略 SMW92，为 1 时，当定时器时间超过 SMW92 中的值，PLC 将停止接收数据。bk 为 0 时忽略停止条件，为 1 时用停止条件探测数据报文的开始。

仔细研究 IC 卡读写器的通信协议，用 16#44 设置 SMB87。当 PLC 给 IC 卡读写器发送一条数据报文后，IC 卡读写器返回给 PLC 的数据报文是固定的，或者不返回数据报文、或者返回成功、或者返回失败，我们可以知道最长报文的长度，等返回的报文不是最长的那个报文时，通过超时机制，让 PLC 产生接收完成中断，告诉 PLC 程序及时去处理接收到的数据报文。

SMB88 设置接收报文的首个字符。当 PLC 收到这个字符后开始接收数据报文，没有收到该字符前，接收到的字节丢弃。根据通信协议，IC 卡返回给 PLC 的数据报文均以 16#bb 开始，因此，把该字节设置为 16#bb。

SMW92 设置定时器超时时间。每接收到一个字节，定时器复位清零。当接收的任何字节之间的时间超过该设置值，PLC 会超时。根据 SMB87 中的设置，将产生接收完成中断。

SMW94 设置接收报文的字节数。当 PLC 收到的字节等于该设置数时，将产生接收完成中断。

下面语句设置与发送完成中断事件对应的中断服务程序和与接收完成中断事件对应的中断服务程序。23 表示接收完成事件，与中断服务程序 INT_0 绑定。9 表示接收完成事件，与中断服务程序 INT_1 绑定。ENI 用来开中断。S7-200 中的中断事件见表 3.17。

```
LD     SM0.1
ATCH   INT_0,23
ATCH   INT_1,9
ENI
```

指令 ATCH 用来指定中断事件的中断服务程序。“ATCH　INT_0，23”指令指定 23 号中断事件的中断服务程序是 INT_0。

PLC 在第一次扫描时，还初始化一些位变量。PLC 一上电，对 IC 卡读写器 WM-161 设置缺省块的命令。我们用到 IC 卡第二个区中的第一个数据块，即绝对地址是 4 的块。金额数据写在该块当中。这样，每次只要驱动 IC 卡读写器读写缺省块数据即可，避免每次读写都要发送密码。应该指出，不应该由上位机器来设置缺省块，应该选择能够保存每个扇区密码并且也能够保存缺省块设置的 IC 卡读写器。这样，在 IC 卡和 IC 卡读写器投入使用前由 IC 卡使用单位一次性写入密码，可以避免由上位机器(在这里，比如 PLC)保存 IC 卡密码所带来的安全隐患。WM-16 这款读写器不能保存密码，下电后也会丢失缺省块的设置。在实际应用中，不要选用该款读写器。

主程序在第一次扫描时还要对一些变量进行初始化，程序如下：

```
LD   SM0.1
R    M2.0,8
R    M10.0,8
```

```
S    M2.5,1
S    M10.6,1
```

程序对 M2.5 和 M10.6 置 1 。指令 R 是复位指令，“R M2.0，8”指令对从 M2.0 开始的 8 个位地址即 M2.0、M2.1、M2.2、M2.3、M2.4、M2.5、M2.6 和 M2.7 置 0。指令 S 是置位指令，“S　M2.5,1”指令对从 M2.5 开始的 1 个位地址即 M2.5 置 1。

PLC 对 IC 卡读写器发送设置缺省块的数据报文。程序如下：

```
LD     M2.5
A      M10.6
MOVB   14,    VB200
MOVB   16#AA,VB201
MOVB   16#FF,VB202
MOVB   16#1,VB203
MOVB   16#09,VB204
MOVB   16#A4,VB205
MOVB   16#1,VB206
MOVB   16#04,VB207
MOVB   16#12,VB208
MOVB   16#12,VB209
MOVB   16#23,VB210
MOVB   16#23,VB211
MOVB   16#34,VB212
MOVB   16#34,VB213
MOVB   16#FC,VB214
R      SM87.7,1
RCV    VB100,0
XMT    VB200,0
CALL   SBR_1
R      M10.6,1
```

其中，VB200 存放要发送的数据报文的长度，VB201～VB207 按照通信协议依次填写对应的数据，VB208 到 VB213 这六个字节是 IC 卡第二扇区的密码，在 IC 卡发卡时已经写入到每一个 IC 卡了。这里的漏洞是作为支付用的 IC 卡，密码是非常重要的，不应该由 PLC 这类的驱动 IC 卡读写器的上位机器知道。但是，根据通信协议，PLC 又必须知道 IC 卡的密码。解决这个问题最好的办法是 IC 卡读写器能保存 IC 卡的密码，不需要上位机器告诉它。这样，可由发卡单位统一管理。VB214 存放的是 BCC 校验码，可由手工计算得到，由于这个报文每个字节是预先知道的，所以，我们可以直接手工计算好后填入校验码，不需要调用计算校验码的程序计算得到，这样做可以减少 PLC 的运算时间。由于我们采用半双工的通信方式，在发送数据报文时，不允许接收数据，因此，我们关闭 PLC 的接收数据功能，用“R　SM87.7，1”指令关闭接收。“RCV　VB100，0”指令通过端口 0 接收数据，接收到的数据放在从 VB100 开始的连续区域内。RCV 会首先检查 SM87.7 位，当这位为 0 时，RCV 会中止端口 0 的数据接收。“XMT　VB200，0”指令的意思是让 PLC 的端口 0 发送数据，数据长度放在 VB200 单元中，数据本身从 VB201 开始。由于长度放在一个字节单元中，所以，最大发送长度是 255 字节。位 M10.6 用来保证该报文只发送一次。子程序 SBR_1 是清接收数据缓冲区。

A 表示串联常开触点。“A　M10.6”指令表示如果 M10.6 为 1 则执行网络中“A　M10.6”之后的语句。CALL 调用指定的子程序。在一个项目中，最多可以有 64 个子程序。子程序可以调用子程序，但调用深度不超过 8 层。中断服务程序中的子程序不允许调用其他子程序。

创建一个子程序的方法是在 STEP7-Micro/WIN 软件的“编辑”菜单中执行“插入”→“子程序”命令。

下面的程序用来发送读缺省块数据报文。

```
LD     M2.0
A      M10.6
MOVB   7, VB200
MOVB   16#AA, VB201
MOVB   16#FF, VB202
MOVB   16#1, VB203
MOVB   16#02, VB204
MOVB   16#A7, VB205
MOVB   16#1, VB206
MOVB   16#F0, VB207
R      SM87.7, 1
RCV    VB100, 0
XMT    VB200, 0
CALL   SBR_1
R      M10.6,1
```

下面的程序用来发送 IC 卡正常读出并正确结算后的蜂鸣提示报文。

```
LD     M2.1
A      M10.6
MOVB   9, VB200
MOVB   16#AA, VB201
MOVB   16#FF, VB202
MOVB   16#1, VB203
MOVB   16#04, VB204
MOVB   16#A6, VB205
MOVB   16#02, VB206
MOVB   16#02, VB207
MOVB   16#02, VB208
MOVB   16#F4, VB209
R      SM87.7, 1
RCV    VB100, 0
XMT    VB200, 0
R      M10.6, 1
R      M2.1, 1
S      M10.4, 1
```

下面的程序用来发送 IC 卡正常读出并余额不足、长鸣提示用户的报文。

```
LD     M2.2
A      M10.6
```

```
MOVB  9, VB200
MOVB   16#AA, VB201
MOVB   16#FF, VB202
MOVB   16#1, VB203
MOVB   16#04, VB204
MOVB   16#A6, VB205
MOVB   16#1, VB206
MOVB   16#06, VB207
MOVB   16#0, VB208
MOVB   16#F1, VB209
R     SM87.7, 1
RCV    VB100, 0
XMT    VB200, 0
R      M2.2, 1
R      M10.6, 1
```

下面的程序用来发送写 IC 卡新余额的报文。卡号放在 VB170、VB171、VB172 和 VB173 单元内，在读 IC 卡后 PLC 接收到的数据中已经将读到的卡号和金额数据保存在缓冲区变量内。VB194、VB195 和 VB196 存放新余额的 BCD 码。在发送这段程序前，子程序已经把新余额的 BCD 码存放在 VB194、VB195 和 Vb196 中。

```
LD     M2.3
A      M10.6
MOVB   27, VB200
MOVB   16#AA, VB201
MOVB   16#FF, VB202
MOVB   16#1, VB203
MOVB   16#16, VB204
MOVB   16#A9, VB205
MOVB   VB170, VB206
MOVB   VB171, VB207
MOVB   VB172, VB208
MOVB   VB173, VB209
MOVB   VB194, VB210
MOVB   VB195, VB211
MOVB   VB196, VB212
FILL   0, VW213, 7
MOVB   16#1, VB226
CALL   SBR_2
MOVB   VB199, VB227
LD     M2.3
A      M10.6
R      SM87.7, 1
RCV    VB100, 0
XMT    VB200, 0
CALL   SBR_1
R      M10.6,1
```

一个块有 16 个数据，我们只用了前 3 个字节，其余 13 个字节写 0，用“FILL 0, VW213，7”指令会对从 VW213 开始的 7 个字 14 个字节填充 0。子程序 SBR_1 计算发送数据报文的 BCC 校验码。由于金额数据是变化的，我们只能动态计算。

下面的程序用来发送关卡数据报文。读 IC 卡故障时，我们作关卡处理。实际上每次读写 IC 卡后都必须关卡，否则，IC 卡读写器不再寻卡，下一次读写操作就不能正常进行。我们在读写数据报文中已经在相关字节中选择了关卡。

```
LD     M2.4
A      M10.6
MOVB   6, VB200
MOVB   16#AA, VB201
MOVB   16#FF, VB202
MOVB   16#1, VB203
MOVB   16#1, VB204
MOVB   16#AB, VB205
MOVB   16#FE, VB206
R      SM87.7, 1
RCV    VB100, 0
XMT    VB200, 0
CALL   SBR_1
R      M10.6, 1
```

在发送完成中断程序中会开放 PLC 接收数据。当 PLC 接收完数据后，产生接收完成中断。在接收完成中断程序中，我们只置位 M10.0 为 1。因此，在主程序中，当我们判断到 M10.0 为 1 后，我们要调用子程序 SBR_0 去分析验证接收到的数据报文。下面的程序可以实现这点。

```
LD     M10.0
CALL   SBR_0
R      M10.0, 1
```

子程序 SBR_0 根据下发的报文分析 IC 卡发送回来的数据报文，当返回数据报文的 BCC 正确并返回成功(返回十六进制数 55)时，置 M10.1 为 1；返回数据报文的 BCC 不正确或者返回失败(返回十六进制数 33)时，置 M10.2 为 1。下面程序是在发送设置缺省数据块报文后，当返回成功后的处理。清除 M2.5 和 M10.1 位，等待 2#PLC 发送指令，去读写 IC 卡。

```
LD     M2.5
A      M10.1
R      M2.5, 1
R      M10.1, 1
```

下面的程序是在发送设置缺省数据块报文后，当返回失败后的处理。清除 M2.5 位，保存标志到 VB99 中，准备重发。

```
LD     M2.5
A      M10.2
R      M2.5, 1
MOVB   2#100000, VB99
```

下面的程序是当某个数据报文发送后，IC 卡读写器返回失败后，重新发送那个报文，直到返回成功为止。程序从 VB99 中取得标志，发给 MB2。标志中只有一位为 1，这样，MB2 只有一位为 1，这会驱动某一数据报文的发送。

```
LD      M10.2
MOVB    VB99, MB2
R       M10.2, 1
S       M10.6,1
```

下面的程序是在发送读缺省数据块报文后，当返回失败后的处理。

```
LD      M2.0
A       M10.2
R       M2.0, 1
MOVB    2#100000, VB99
```

下面的程序是在发送写新余额数据报文后，当返回失败后的处理。

```
LD      M2.3
A       M10.2
R       M2.3, 1
MOVB    2#100000, VB99
```

下面的程序是在发送关卡数据报文后，当返回失败后的处理。

```
LD      M2.4
A       M10.2
R       M2.4, 1
MOVB    2#100000, VB99
```

下面的程序是在发送读缺省数据块报文后，当返回成功后的处理。调用子程序 SBR_4 分析 IC 卡读写器返回的数据。

```
LD      M2.0
A       M10.1
R       M10.1, 1
CALL    SBR_4
S       M10.6, 1
```

下面的程序是在发送写新余额数据报文后，当返回成功后的处理。清除 M2.3、M10.1 位，置 M2.1 和 M10.6 位，让 PLC 给 IC 卡发送蜂鸣数据报文，提示用户结算成功。

```
LD      M2.3
A       M10.1
R       M2.3, 1
R       M10.1, 1
S       M2.1, 1
S       M10.6, 1
```

下面的程序是在发送关卡数据报文后，当返回成功后的处理。置 M2.0 位，让 PLC 给 IC 卡读写器重发读缺省块数据报文。

```
LD      M2.4
A       M10.1
```

```
R      M2.4, 1
R      M10.1, 1
S      M2.0, 1
S      M10.6, 1
```

下面的程序是读出 IC 卡数据后，调用子程序 SBR_3 分析验算金额数据。

```
LD     M2.6
CALL   SBR_3
R      M2.6, 1
```

下面的程序是当 M11.3 被置为 1 后，清除所有工作位，置 M2.0 和 M10.6，从而驱动 PLC 去发送数据报文，读写 IC 卡数据，完成 IC 卡结算工作。M11.3 的置 1 是由 2#PLC 通过网络实现的。

```
LD     M11.3
EU
R      M10.0, 8
R      M2.0, 8
S      M2.0, 1
S      M10.6, 1
```

EU 指令是上升沿检测指令。当检测到 M11.3 从 0 变化到 1 时，执行之后的语句。否则，执行下一个网络。

下面的程序是当 M10.7 被置为 1 后，要对消费金额重新计算。消费金额是由 2#PLC 通过网络改变的。由 VB184、VB185 和 VB186 三个字节以 BCD 码表示。

```
LD     M11.7
EU
R      M10.0,  8
R      M2.0,  8
MOVB   VB184,  VB190
MOVB   VB185,  VB191
BCDI   VW190
MOVB   0,  VB192
MOVB   VB186,  VB193
BCDI   VW192
S       M10.7, 1
```

BCDI 指令将 BCD 码转换成整数。假如 VW192 中的内容是十六进制数 1234，"BCDI　VW192"指令使得 VW192 中的内容转换成为十进制数 1234。

2)　PLC 中的中断服务程序

创建一个中断服务程序的方法是在 STEP 7-Micro/WIN 软件的"编辑"菜单中执行"插入"→"中断程序"命令。

下面是接收完成中断服务的程序。

```
LD     SM0.0
S      M10.0, 1
```

程序只置位 M10.0 即退出。若主程序判断到 M10.0 为 1 后，就去处理接收到的数据报文。

下面是发送完成中断服务的程序。

```
LD     M2.5
MOVB    6, SMB94
S      SM87.7, 1
RCV    VB100, 0

LD     M2.0
MOVB    27, SMB94
S      SM87.7, 1
RCV    VB100, 0
LD     M2.3
MOVB    7, SMB94
S      SM87.7, 1
RCV    VB100, 0

LD     M2.4
MOVB    7, SMB94
S      SM87.7, 1
RCV    VB100, 0
```

该中断服务程序由四个网络组成，分别对应在发送完设置缺省块、读数据记录、写数据和关卡数据报文后，程序要做的事情。第一，设置将要接收数据报文的长度；第二，允许 PLC 接收数据，置位 SM87.7；第三，RCV 开始接收数据报文。当 PLC 接收到的数据的字节数等于设置的长度时，接收停止，产生接收完成中断；或者，虽然接收到的数据数没有到设置的值，但接收超时，也会产生接收完成中断。

3) PLC 中的子程序

PLC 中一共有 5 个子程序。下面是子程序 SBR_0。子程序 SBR_0 计算接收缓冲区数据的校验和并把校验和存放到 VB99 单元。子程序中的循环体用到 VW0 作循环计数变量。接收的数据报文长度存放在 VB100 中，数据从 VB101 单元开始存放。

程序先验算校验码，对接收到的数据，包括校验码在内，全部进行异或运算，如果结果是 0，表示校验和正确；否则，表示校验和错误。校验结果放在累加器 AC0 中，AC1 存放数据单元的地址，作为指针用。VW0 为循环变量，“For VW0 1，VW99 指令表示循环变量 VW0 从 1 递增到某个数，这个数已存在 VW99 里。

PLC 中提供了四个 32 位累加器，AC0～AC3，可以按字节。字和双字存取。由指令决定存取长度。例如，在下面的程序中，“MOVB VB101，AC0”指令中的 AC0 按字节存取；“MOVD &VB102，AC1”指令中的 AC1 按双字存取，将 VB102 的地址存入 AC1 中。S7-200 的内存地址由 4 个字节表示。

子程序 SBR_0 的代码如下。

```
LD     SM0.0
R      M10.1, 1
R      M10.2, 1

MOVB   VB101, AC0
```

```
MOVD   &VB102,  AC1
MOVB    0, VB99
FOR    VW0, 1, VW99

LD     SM0.0
XORB    *AC1, AC0
+D     1,  AC1

NEXT

LDB=   AC0, 0
A      M2.0
S      M10.1, 1
JMP    1

LDB=   AC0, 0
A      M2.3
AB=    VB100, 7
AB=    VB106, 16#55
S      M10.1, 1
JMP    1

LDB=   AC0, 0
A      M2.4
AB=    VB100, 7
AB=    VB105, 16#55
S      M10.1, 1
JMP    1

LDB=   AC0, 0
A      M2.5
AB=    VB105, 16#55
S      M10.1, 1
JMP    1

LDB=   AC0, 0
A      M2.3
AB=    VB100, 6
AB=    VB106, 16#33
S      M10.7, 1

LD     SM0.0
S      M10.2, 1

LBL    1
```

循环语句与 Basic 语言类似。FOR 语句表示循环的开始，NEXT 语句表示循环的结束，它们必须配套使用。在 FOR 和 NEXT 之间是循环体。FOR 语句中的逻辑条件满足时，反复执行循环体。FOR 语句中用到循环次数计数、起始值和结束值，它们均为整数。“FOR　VW0，1，VW99”表示从 1 到 VW99 中的内容开始计数，计数值存在 VW0 中，每遇到 NEXT 一次计数值就增 1，当计数值大于 VW99 中的内容时，退出循环体。XORB 是按字节异或指令。“XORB　*AC1，AC0”表示 AC0 中的数与*AC1 中的数按字节作异或运算，结果放回 AC0 中。*AC1 指向一个内存单元，该内存单元的地址值是 AC1 中的数。加减乘除运算指令与数学中的加减乘除运算符号一致，在符号后面添加类型限制。“+D 1，AC1”表示一个双字类型的加法，1 和 AC1 中的数相加，结果放回 AC1 中。LDB=语句用于一个网络的起始，比较两个数按字节是否相等，如果相等则将执行下面的语句，否则跳到下一个网络。“LDB= AC0，0”比较 AC0 按字节是否等于 0。JMP 是跳转指令，与单片机汇编程序中的跳转语句相似。“JMP 1”表示跳转到标号为 1 的地方。LBL 是标号语句，LBL 1 表示将该处标号为 1。AB=是串联按字节比较是否相等语句，表示在同一个语句表网络中如果满足前面语句的条件，再插入按字节比较是否相等的条件。

下面的程序是子程序 SBR_1。子程序 SBR_1 用来对接收数据缓冲区清 0。

```
LD     SM0.0
FILL   0, VW100, 30
R      M10.0, 0
```

FILL 是内存填充语句。“FILL 0，VW100，30”表示将 0 填充到从 VW100 开始的 30 个字单元中。

下面的程序是子程序 SBR_2。子程序 SBR_2 计算发送余额数据报文的校验和，结果放在 VB199 单元。循环变量用 VW0 单元。发送的数据报文从 VB201 开始存放，VB200 存放数据报文的长度。

```
LD     SM0.0
R      M10.1, 1
MOVB   VB201, AC0
MOVD   &VB202, AC1
FOR    VW0, 1, 25

LD     SM0.0
XORB   *AC1, AC0
+D     1, AC1

NEXT

LD     SM0.0
MOVB   AC0, VB199
```

下面的程序是子程序 SBR_3。子程序 SBR_3 检验卡上数据是否足以支付消费。先把金额的 BCD 码转换成整数，再比较它们的大小。金额的 BCD 码由三个字节表示，前两个字节表示整数部分，第三个字节表示小数部分。整数部分直接用 BCDI 转化成整数；小数部分转换成整数后放 VM182。

IC 卡上读出的金额数据存放在 VB174、VB175 和 VB176 单元，先把 VB174、VB175 的数据放进 VB180、VB181 中，用 BCDI 指令转化成整数重新放进 VW180 中；小数部分转换成整数后放进 VW180 中。消费金额的整数部分放进 VW190；小数部分放进 VW192 中。

先对整数部分比较，当 VW190 大于 VW180，表示金额不足；当 VW190 等于 VW180 时再比较，如果 VW192 大于 VW182，则金额不足。当金额足的时候，如果 VW192 大于 VW182，则让 VW182 加 100，让 VW180 减 1。含义是整数部分减去 1 元，给小数部分当 100 分使。

金额不足时置位 M2.2；金额足时置位 M2.3。

```
LD      SM0.0
MOVB    VB174,VB180
MOVB    VB175,VB181
BCDI    VW180
MOVB    0,VB182
MOVB    VB176,VB183
BCDI    VW182
R       M2.2,1

LDW>    VW190,VW180
JMP     1

LDW=    VW190,VW180
AW>     VW192,VW182
JMP     1

LDW>    VW192,VW182
+I      100, VW182
-I      1, VW180

LD      SM0.0
-I      VW192,VW182
-I      VW190,VW180
IBCD    VW182
IBCD    VW180
MOVB    VB180,VB194
MOVB    VB181,VB195
MOVB    VB183,VB196
JMP     2

LBL     1

LD      SM0.0
S       M2.2,1
S       M10.6,1
S       M10.5,1
JMP     3

LBL     2

LD      SM0.0
S       M2.3,1
S       M10.6,1
LBL     3
```

LDW>语句与 LDB=语句都是比较语句，它们是按字比较是否相等，用于一个语句表网络的开始。

下面的程序是子程序 SBR_4。读缺省块数据记录数据报文发送后、IC 卡读写器返回了数据报文，子程序 SBR_4 根据返回的数据报文，判断情况。有三种情况：第一，未寻到卡；第二寻到卡并读出数据；第三，寻卡故障。

对于第一种情况，返回的数据报文如下。

BB FF 01 07 00 02 00 00 00 00 77 37

卡号位置全为 00。

对于第二种情况，返回的数据报文与如下数据类似。

BB FF 01 16 00 02 82 98 A2 9D 00 00 00 00 00 00 00 00 00 00 00 00 00 00 00 00 74;

对于第三种情况，返回的数据报文类似于如下数据。

BB FF 01 07 00 02 82 98 A2 9D 77 12

有 4 字节卡号。

```
LDB=   VB100, 27
S      M2.6, 1
R      M2.0, 1
MOVB   VB107, VB170
MOVB   VB108, VB171
MOVB   VB109, VB172
MOVB   VB110, VB173
MOVB   VB111, VB174
MOVB   VB112, VB175
MOVB   VB113, VB176
JMP    1
LDB=   VB107, 0
AB=    VB108, 0
AB=    VB109, 0
AB=    VB110, 0
JMP    1
LD     SM0.0
S      M2.4, 1
R      M2.0, 1

LBL    1
```

第一种情况直接返回，由于此前 M2.0 置为 1，所以，PLC 会继续发送读缺省块数据记录数据报文。

第二种情况置位 M2.6，并将卡号放进 VB170、VB171、VB172 和 VB173 单元中，金额数据放进 VB174、VB175 和 VB176 单元。

第三种情况置位 M2.4。表示寻卡故障，主程序判断该位为 1 后会关卡并重新读卡。如图 8.26 所示的流程图。

知识链接　S7-200 系列 PLC 的串行通信协议

西门子公司工业通信网络的通信协议包括通用协议和公司专用协议。协议定义了两类设备：主站和从站。主站可以对网络上任一设备进行初始化申请，从站只能响应来自主站的申请，从站不能初始化本身。S7-200 系列 PLC 支持多种通信协议。协议支持一个网络中的 127 个地址(0～126)，最多有 32 个主站。运行 STEP 7-Micro/WIN 软件的计算机的默认地址为 0，人机界面(HMI，例如文本显示器 TD200 和触摸屏)的默认地址为 1，其他 S7-200 系列 PLC 的默认地址为 2。在一个网络中，如果有多台 S7-200 系列 PLC，就要给它们分配不同的地址，通过 STEP 7-Micro/WIN 软件分别予以设置。

1. PPI 协议

PPI(Point to Point)是主从协议，网络中的 S7-200 系列 PLC 一般都是从站。如果在程序中使能了 PPI 主站模式，一些 S7-200 系列 PLC 在 RUN 模式下可以作为主站，可以使用网络读写(NetR/NetW)指令读写其他 PLC 中的数据，还可以作为从站响应来自其他主站的通信申请。

对于任何一个从站可以有多少主站与它通信，PPI 协议没有限制，但在 PPI 网络中，最多只能有 32 个主站。

2. MPI 协议

MPI 协议是西门子公司的专用协议，用于连接西门子公司的 PLC、编程器和操作员界面等产品，最多可有 32 个连接节点，最长距离为 100 米。

MPI 协议支持主-主通信和主-从通信。S7-200 系列 PLC 在 MPI 网络中只能作从站。

3. PROFIBUS 协议

PROFIBUS 是一种国际化、开放式、不依赖于设备生产商的现场总线标准，广泛适用于制造业自动化、工业过程自动化和楼宇、交通电力等其他领域自动化。

PROFIBUS 由三个兼容部分组成，即 PROFIBUS-DP(Decentralized Periphery)、PROFIBUS-PA(Process Automation)和 PROFIBUS-FMS (Fieldbus Message Specification)。

PROFIBUS-DP 是一种高速低成本通信，用于设备级控制系统与分散式 I/O 的通信。使用 PROFIBUS-DP 可取代 24V DC 或 4～20mA 信号传输。

PROFIBUS-PA 专为过程自动化设计，可使传感器和执行机构连在一根总线上，并有本征安全规范。在特定的测试条件(包括正常操作与特定故障状况)中产生的火花或热效应不足以引起爆炸的电路就是本质安全的；在控制领域爆炸性环境使用的系统，如果含有的设备都是本质安全的，那么，这个系统就具有本征安全性。

PROFIBUS-FMS 用于车间级监控网络，是一个令牌结构的多主机网络。

PROFIBUS 是一种用于工厂自动化车间级监控和现场设备层数据通信与控制的现场总线技术。可实现现场设备层到车间级监控的分散式数字控制和现场通信网络，从而为实现工厂综合自动化和现场设备智能化提供了可行的解决方案。

RS-485 传输是 PROFIBUS 最常用的一种传输技术。

4. 自由端口协议

自由端口方式允许程序控制 S7-200 的通信端口，这就可以让 S7-200 支持用户定义的协议或者某种智能设备的通信协议，从而实现 S7-200 与这种智能设备的数据连接。

5. MODBUS RTU 协议

MODBUS RTU 是基于串行口的一种开放的通信协议，广泛应用于现场设备、仪器仪表，它的报文简单，开发成本较低。S7-200 内置程序并不支持 MODBUS RTU 协议，因此，在使用 MODBUS RTU 协议之前，需要先安装西门子的指令库。主站发送数据请求报文到从站，从站返回响应报文。不同数据区的交换是通过功能码来控制的。

MODBUS RTU 通信协议是一个主-从协议，采用请求-响应方式。主站发出带有从站地址的请求报文，所有从站都可以接收到报文，但只有具有该地址的从站才响应主站请求并发出响应报文。

6. USS 协议

USS 协议用于 S7-200 与西门子变频器之间的通信。通信网络由 PLC 和变频器内置的 RS-485 通信接口和通信线组成。一台 S7-200 最多可以监控 31 台变频器。PLC 作为主站，变频器作为从站。主站发动通信请求，从站只有在收到主站的请求时才能向主站发送数据。

在使用 USS 协议之前，需要先安装西门子的指令库。

4. 检查与评估

在规定时间内完成设计任务，各组之间根据评估表进行检查。检查评估表如表 8.8 所示。

表 8.8 检查评估表

项 目	要 求	分 数	评分标准	得 分
通信连接	连接正确	10	不规范，每处扣 2 分	
子程序创建	准确完整	10	不对每处扣 2 分	
程序流程图	简单可行	30	酌情扣分	
程序设计	简洁易读，符合题目要求	50	不正确，每处扣 5 分	

8.5 拓展实训——基于 S7-200 的门禁系统

1. 设计目的

构建一个用 PC、组态软件、PLC 控制的门禁系统，熟悉 PLC 的串行通信与串行网络；熟悉 PLC 的自由端口编程。

2. 设计条件

PC 机一台、力控组态软件一套，S7-200 系列 PLC 一台，电动门模型一套、WM-161 IC 卡读写器一台，PPI 电缆一根。

3. 设计要求

- 用 PC、PLC 组成 PPI 串行网络。
- 实现 PLC 与 WM-161 IC 卡读写器的自由端口通信。

用一台 S7-200 控制电动门，同时，S7-200 的端口 0 与一台 IC 卡读写器通信，端口 1 与一台 PC 机相连。PC 上运行力控组态软件，组态软件与 Access 数据库交互。在数据库中设置允许进入的卡号记录。

S7-200 控制 IC 卡读写器，读出卡号后传送给组态软件，组态软件检查数据库中的卡号记录，如果数据库中存在该卡号记录则允许其进入，通过 PLC 控制电动门打开，并记录进入日期、时间等；否则，不允许门打开。

在课程设计中，PLC 的端口 1 使用 PPI 协议与力控组态软件通信；端口 0 使用自由端口协议与 IC 卡读写器通信。连接示意图见图 8.29。

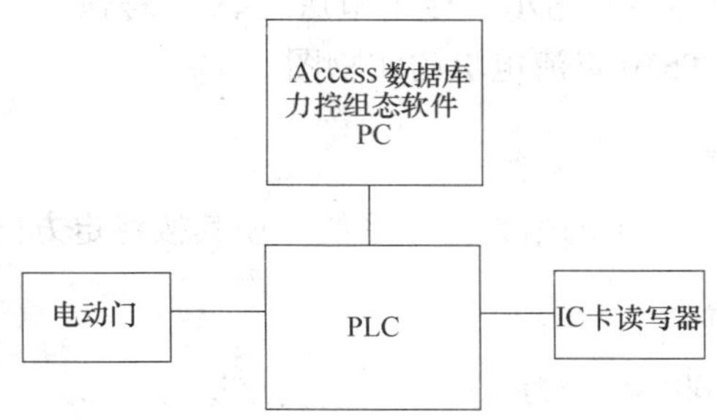

图 8.29　基于 PLC 的门禁系统连接图

8.5.1　电动门部分

1．行程开关

行程开关又称限位开关，用于控制机械设备的行程及限位保护。在实际生产中，将行程开关安装在预先安排的位置，当安装于生产机械运动部件上的模块撞击行程开关时，行程开关的触点动作，实现电路的切换。因此，行程开关是一种根据运动部件的行程位置而切换电路的电器，它的作用原理与按钮类似。本次课程设计需要用到两个限位开关，当门关闭时，需要一个限位开关控制电机停止转动；当门打开时，需另一个限位开关控制电机，使门开到最大限度后停止。

2．电机驱动板

输入直流 24V 电压，输出可调电压 0～12V，控制直流电机。通过两路输入电压控制输出的正负极，从而控制电机的正反转。图 8.30 是一款直流电机驱动板实物图。

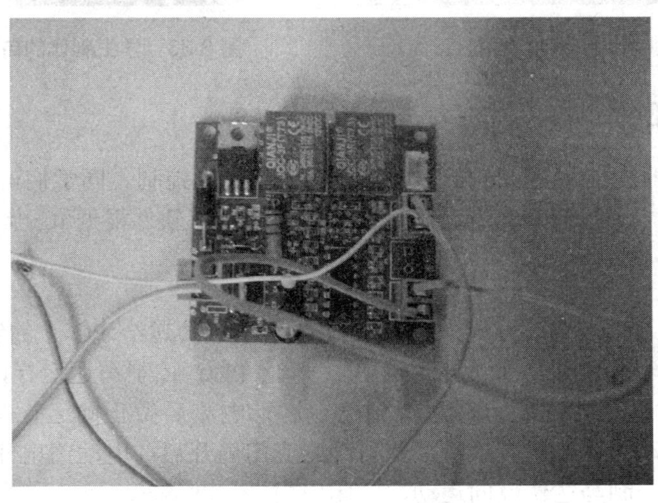

图 8.30　电机驱动板

3．直流电机

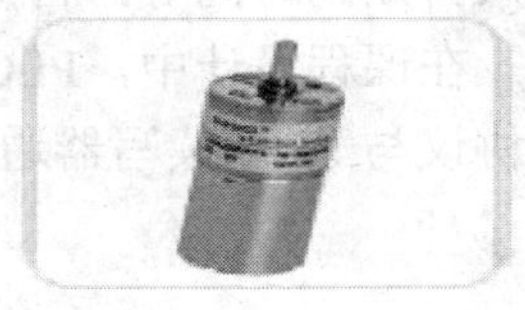
图 8.31　直流电机

提供开门与关门的主动力，控制门扇加速与减速运行。采用直流电机。电机型号为 ZYT520。使用电压 24V，转速 3500 转/分。图 8.31 是 ZYT520 直流电机的实物图。

4．电动门扇行进轨道

就像火车的铁轨，约束门扇的吊具走轮系统，使其按特定方向行进。

5．门扇吊具走轮系统

用于吊挂活动门扇，同时在动力牵引下带动门扇运行。

6．同步皮带

用于传输马达所产的动力，牵引自动感应门扇吊具走轮系统。

7．下部导向系统

下部导向系统是电动门扇下部的导向与定位装置，防止门扇在运行时出现前后门体摆动的现象。

自动门组装完成后的模型如图 8.32 和图 8.33 所示。

图 8.32　学生制作的自动门模型(正面)

图 8.33　学生制作的自动门模型(反面)

8.5.2　PLC 部分

对 IC 卡读写器的控制见 8.4 节下面描述对电动门的控制。同学们可以在基于 PLC 控制的自动门基础上，去掉检测人进出的传感器，改由组态软件根据 IC 卡卡号控制。

1．工作流程

当有人刷卡进入时，将信号传给 PLC，PLC 将卡号传送给 PC 上的组态软件。组态软件查询数据库中的卡号记录。如果卡号存在，则让 PLC 控制马达运行，同时监控马达转数，以便控制马达的运行速度。马达得到一定运行电流后做正向运行，将动力传给同步带，再由同步带将动力传给吊具系统，使自动感应门扇开启；电动门扇开启后由 PLC 作出判断，如需关门，控制马达作反向运动，关闭门扇。

2. 程序流程图

程序流程图如图 8.34 所示，初始时，电动门关闭。

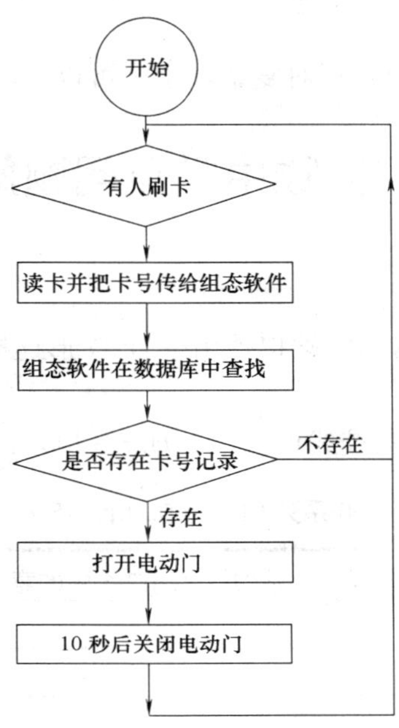

图 8.34 基于 PLC 控制的门禁系统控制流程图

3. PLC 的 I/O 连接图与配置表

基于 PLC 控制的门禁系统的连接图如图 8.35 所示，I/O 配置表如表 8.9 所示。

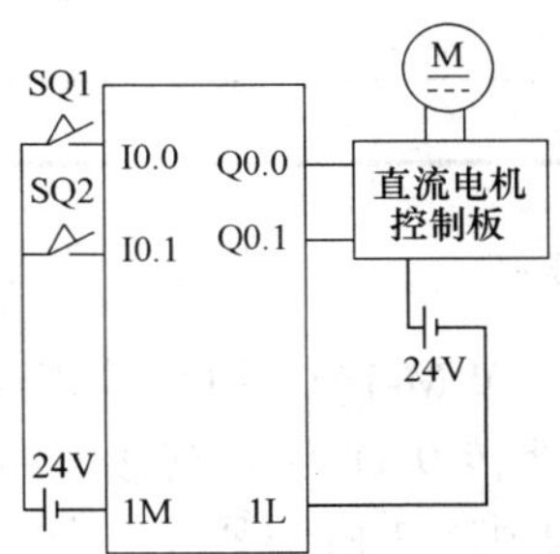

图 8.35 基于 PLC 控制的门禁系统 PLC 连接图

表 8.9 基于 PLC 的门禁系统 I/O 点地址分配表

输 入			输 出		
符 号	点 地 址	功能描述	符 号	点 地 址	功 能
SQ1	I0.0	限位开关 1		Q0.0	直流电机开门控制
SQ2	I0.1	限位开关 2		Q0.1	直流电机关门控制

8.5.3 力控组态软件部分

力控组态软件与 PLC 的连接请参见第 7 章。力控组态软件与 Access 数据库的交互请参见力控组态软件的联机帮助。

力控组态软件与 Access 的交互相对复杂，学生可以在教师的指导下完成这部分工作。

8.6 实践中常见问题解析

1. 两台 PLC 如何连线

S7-200 系列 PLC 的两个 RS-485 端口使用 9 针 D 形连接器，如图 8.5 所示，其管脚定义见表 8.10。

两台 S7-200 系列 PLC 使用双绞线连接，3 脚连 3 脚，8 脚连 8 脚。

表 8.10 S7-200 系列 PLC 端口九针 RS-485 管脚定义

管 脚	端口 0、端口 1 中的意义
1	逻辑地
2	逻辑地
3	RS-485 信号 B
4	RTS
5	逻辑地
6	+5V
7	+24V
8	RS-485 信号 A
9	10-位协议选择

2. PLC 与 WM-161 如何连接

PLC 使用 PPI 电缆与 PC 相连，WM-161 与 PC 直连。因此，PPI 电缆与 WM-161 不能直连，必须做一个 9 针 D 形连接器转 9 针 D 形连接器的转换装置，使得两个 9 针连接器的 5 脚相连，一个 9 针连接器的 2 脚、3 脚与另外一个 9 针连接器的 3 脚、2 脚相连，参见表 8.1。两台 RS-232 设备相连的原则是两台设备的接收端、发送端分别连接对方的发送端与接受端。通过 PPI 电缆，可以把 PLC 当成一台 RS-232 设备。PPI 电缆实际上是一条 RS-485 与 RS-232 的转换电缆。

3. 手动发送数据帧给 WM-161 让其蜂鸣

WM-161 直接与 PC 的串口相连。在 PC 上运行串口助手软件，配置好数据格式和波特率，使用 16 进制数发送和接受。发送时使用手动发送。如图 8.36 所示。

例如在发送框中输入 AA FF 01 04 A6 02 02 02 F4

按“手动发送”按钮，则 WM-161 会响两声，并且间隔时长都为 0.2 秒。

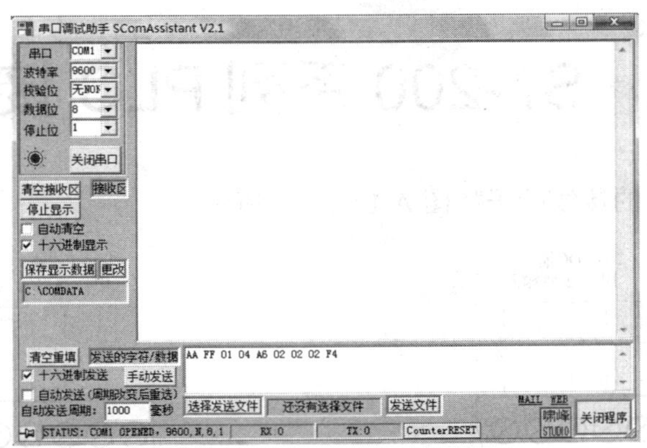

图 8.36　使用串口调试助手向 IC 卡读写器手动发送数据帧

串口调试助手软件可以在网上下载。

4．如何将 PLC 语句表程序转换成梯形图程序

在 STEP 7-Micro/WIN 软件的“检视(V)”菜单中选择“梯形图”命令，则可以把语句表程序转换成梯形图程序；同样，如果选择“语句表”命令，也可以把梯形图程序转换成语句表程序。

5．如何将 PLC 程序从 STEP 7-Micro/WIN 软件中导出导入

在 STEP 7-Micro/WIN 软件的“文件(F)”菜单中选择“导出”命令，则可以把 PLC 程序导出为指定目录下的指定文件名的文件，后缀是 awl；同样，如果选择“导入”命令，也可以将 awl 文件转换成 STEP 7-Micro/WIN 中的当前程序。awl 可以由文本编辑器(例如 NodePad)打开。

本 章 小 结

本章以自动售货机的开发模型机为例，讲述了 S7-200 串行通信与串行通信网络，介绍了串行通信的基本概念。本章就如何构建 S7-200 的 PPI 网络、如何实现 S7-200 之间的主从通信展开了演示，本章还通过 S7-200 与 IC 卡读写器 WM-161 的自由端口的通信，介绍了 S7-200 自由端口通信的设置，介绍了如何根据具体的通信协议实现一个较复杂的通信程序。

思考与练习

1. S7-200 系列 PLC 有几个串行端口？
2. 什么是串行通信数据格式？
3. 什么是通信协议？通信协议的作用是什么？
4. S7-200 系列 PLC 支持何种通信协议？
5. S7-200 系列 PLC 支持自由端口协议有什么意义？

附录 A　S7-200 系列 PLC 接线端子

S7-200 系列 PLC 的接线端子如图 A.1～A.12 所示。

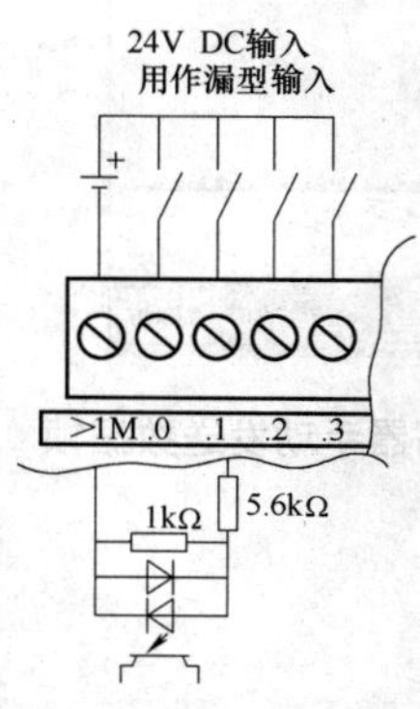

图 A.1　漏型输入接法

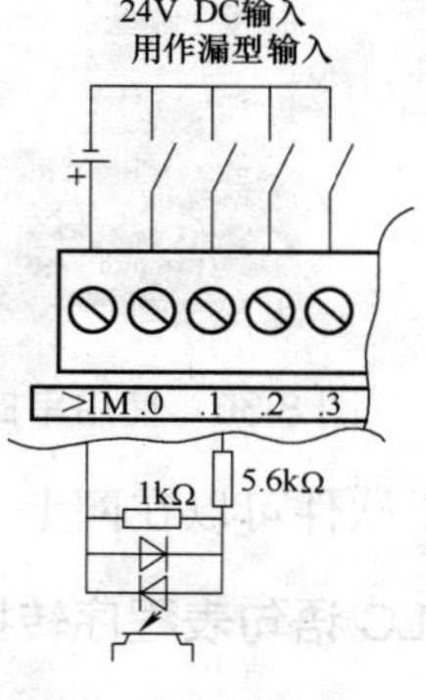

图 A.2　源型输入接法

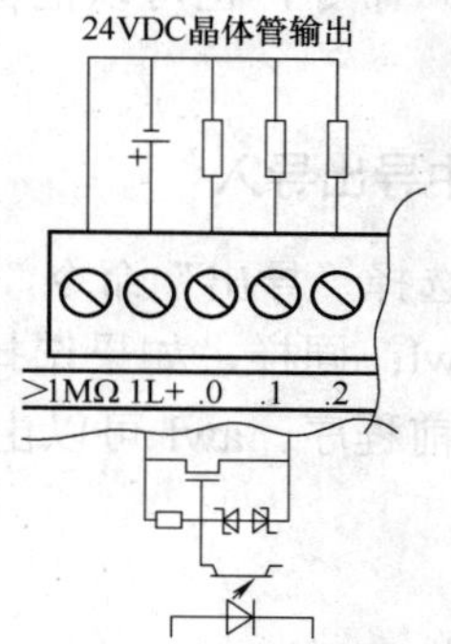

图 A.3　晶体管输出接口

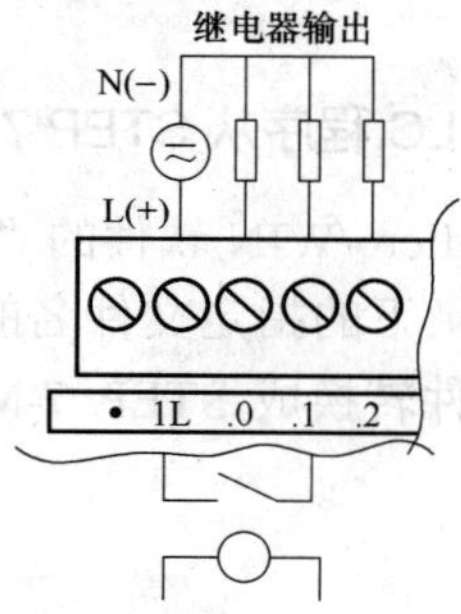

图 A.4　继电器输出接口

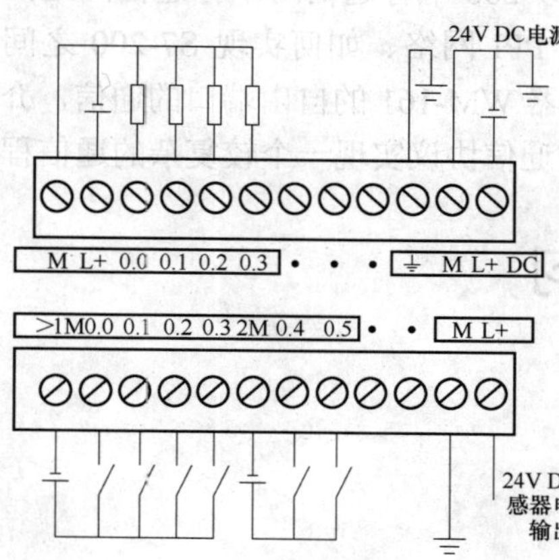

图 A.5　CPU221 DC/DC/DC 输入/输出端子

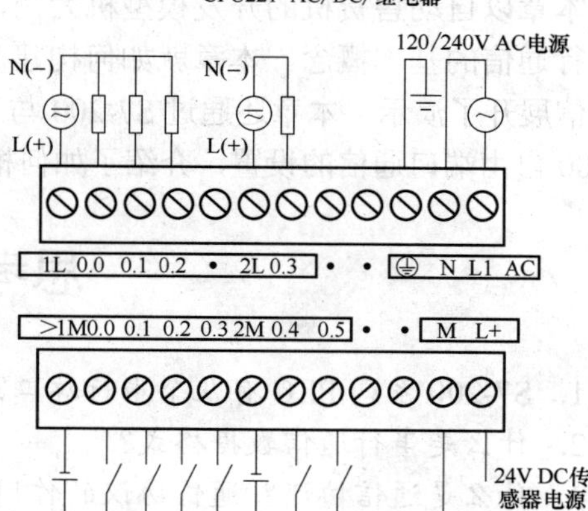

图 A.6　CPU221 AC/DC/继电器输入/输出端子

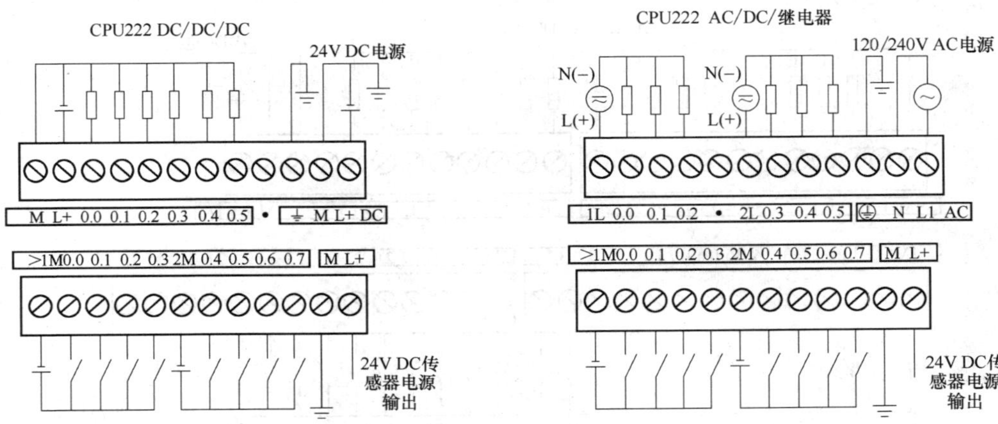

图 A.7　CPU222 DC/DC/DC 输入/输出端子　　图 A.8　CPU222 AC/DC/继电器输入/输出端子

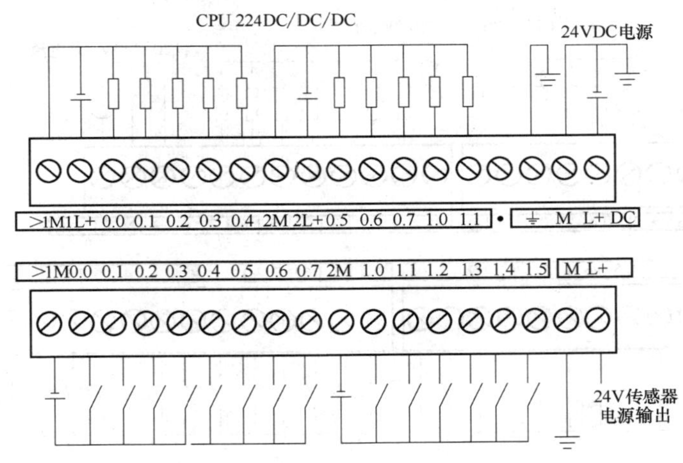

图 A.9　CPU224 DC/DC/DC 输入/输出端子

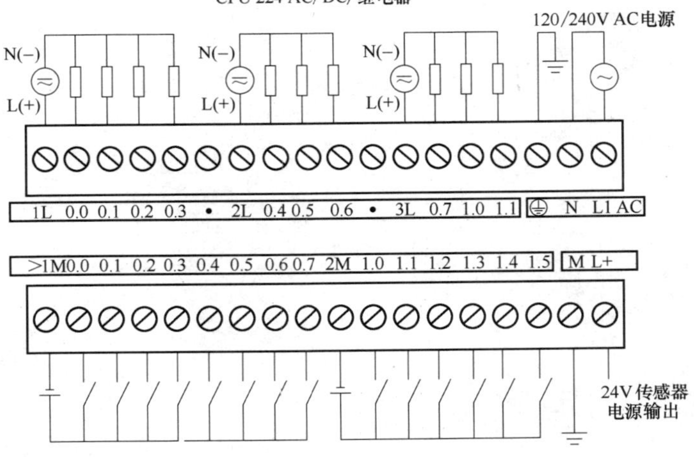

图 A.10　CPU221 AC/DC/继电器输入/输出端子

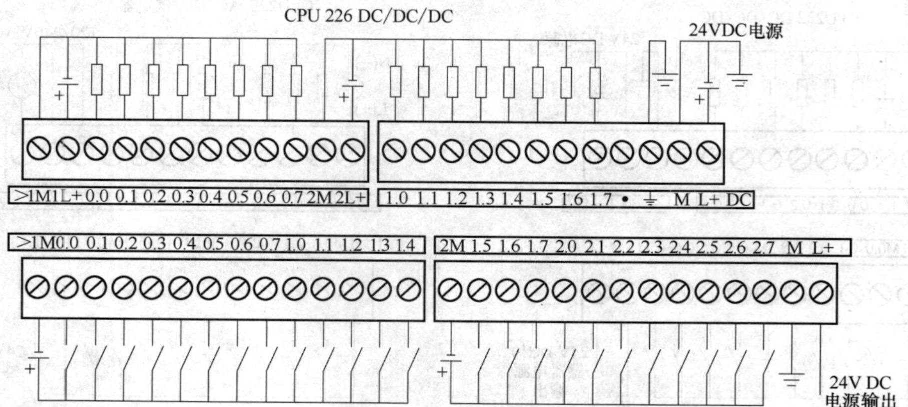

图 A.11 CPU226 DC/DC/DC 输入/输出端子

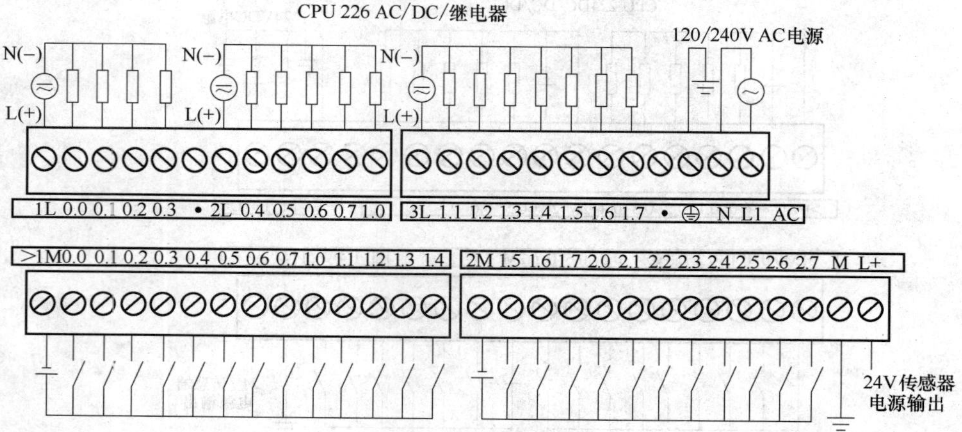

图 A.12 CPU226 AC/DC 继电器输入/输出端子

附录B　S7-200 特殊存储器 SM 标志位

特殊存储器的标志位提供了 S7-200 的运行状态和控制功能，用以在用户程序和 CPU 之间传递信息。其标志可以是位、字节、字或双字。

1．SMB 0-29(预定义 S7-200 只读内存)

1)　SMB0 系统状态位

特殊内存字节 0(SM0.0～SM0.7)提供八个位，在每次扫描循环结尾处由 S7-200 系列 CPU 更新。程序可以读取这些位的状态，然后根据位值作出决定。

- SM0.0：该位总是打开。
- SM0.1：首次扫描循环时该位打开，一种用途是调用初始化子例行程序。
- SM0.2：如果保留性数据丢失，该位为一次扫描循环打开。该位可用作错误内存位或激活特殊启动顺序的机制。
- SM0.3：从电源开启条件进入 RUN(运行)模式时，该位接通 1 个扫描周期。
- SM0.4：该位提供时钟脉冲，该脉冲在 1 分钟的周期时间内 OFF(关闭)30 秒，ON(打开)30 秒。
- SM0.5：该位提供时钟脉冲，该脉冲在 1 秒钟的周期时间内 OFF(关闭)0.5 秒，ON(打开)0.5 秒。
- SM0.6：该位是扫描循环时钟，为一次扫描打开，然后为下一次扫描关闭。该位可用作扫描计数器输入。
- SM0.7：该位表示“模式”开关的当前位置(关闭=“终止”位置，打开=“运行”位置)。开关位于 RUN(运行)位置时，可以使用该位启用自由端口模式，可使用转换至“终止”位置的方法重新启用带 PC 编程设备的正常通讯。

2)　SMB1 指令执行状态位

特殊内存字节 1(SM1.0 ～SM1.7)为各种不同的指令提供执行状态，例如表格和数学运算。这些位在执行时由指令设置和重新设置。程序可以读取位值。

- SM1.0：当操作结果为零时，某些指令的执行打开该位。
- SM1.1：当溢出结果或检测到非法数字数值时，某些指令的执行打开该位。
- SM1.2：数学操作产生负结果时，该位打开。
- SM1.3：尝试除以零时，该位打开。
- SM1.4：当执行 ATT(Add to Table)指令时，若试图超出表范围，该位置 1。
- SM1.5：LIFO 或 FIFO 指令尝试从空表读取时，该位打开。
- SM1.6：尝试将非 BCD 数值转换为二进制数值时，该位打开。
- SM1.7：当 ASCII 数值无法转换成有效的十六进制数值时，该位打开。

3)　SMB2 自由端口接收字符

特殊内存字节 2 是自由端口接收字符缓冲器。在自由端口模式中从端口 0 或端口 1 接收的每个字符均被置于该位置，易于程序存取。

4) SMB3 自由端口奇偶校验错误

SMB3 用于自由端口模式，包含在接收字符中检测到奇偶错误时设置的奇偶错误位。当检测到奇偶错误时，打开 SM3.0。在程序接收和读取存储在 SMB2 中的讯息字符数值之前，使用该位测试自由端口讯息字符是否有传输错误。

- SM3.0：该位表示在端口 0 和端口 1 中出现奇偶校验错误。(0=无错；1=错误)
- SM3.1～SM3.7 保留待用。

5) SMB4

中断队列溢出、运行时间程序错误、中断启用、自由端口传输器闲置、数值强制特殊内存字节 4(SM4.0～SM4.7)包含中断队列溢出位和一个显示中断是启用还是禁用的位(SM4.4)。这些位表示中断发生速率比可处理速率更快。其他位表示意义如下。

- SM4.0：通讯中断队列溢出时，该位为 1。
- SM4.1：输入中断队列溢出时，该位为 1。
- SM4.2：定时中断队列溢出时，该位为 1。
- SM4.3：检测到运行时间编程错误时，该位为 1。
- SM4.4：反映全局中断启用状态。启用中断时，该位为 1。
- SM4.5：传输器闲置(端口 0)时，该位为 1。
- SM4.6：传输器闲置(端口 1)时，该位为 1。
- SM4.7：当任何内存位置被强制时该位为 1。

6) SMB5 I/O 错误状态位

- SM5.0：当有 I/O 错误时，该位置 1。
- SM5.1：当 I/O 总线上连接了过多数字量 I/O 点时，该位为 1。
- SM5.2：当 I/O 总线上连接了过多模拟量 I/O 点时，该位为 1。
- SM5.4～SM5.7：保留待用。

7) SMB6 CPU 代码寄存器

特殊内存字节 6 是 CPU 标识寄存器。SM6.4～SM6.7 识别 PLC 的类型。SM6.0～SM6.3 目前未定义为将来使用保留。

- SM6.7～SM6.4=0000 为 CPU212/CPU222
- SM6.7～SM6.4=0010 为 CPU214/CPU224
- SM6.7～SM6.4=0110 为 CPU221
- SM6.7～SM6.4=1000 为 CPU215
- SM6.7～SM6.4=0001 为 CPU216/CPU226/CPU226XM

8) SMB8～SMB21 I/O 模块代码和错误寄存器

SMB8 至 SMB21 以成对字节组织，用于扩充模块 0 至 6。每对偶数字节是模块标识寄存器。这些字节识别模块类型、I/O 类型以及输入和输出次数。每对奇数字节是模块错误寄存器。这些字节提供该模块在 I/O 中检测到的任何错误。

9) SMW22～SMW26 扫描时间

详见系统手册。

10) SMB28～SMB29 模拟电位器调整

SMB28 和 SMB29 包含与模拟电位器调整 0 和 1 轴角位置对应的数字值。模拟调整电位器位于 CPU 前方、存取门后方。用一把小螺丝刀调整电位器(沿顺时针方向增加，或沿逆时钟方向减少)。此类只读数值可被程序用于各种不同的功能，例如，为计时器或计数器更新当前值，输入或改动预设值或设置限制。模拟调整有一个 0～255 的额定范围。

- SMB28：存储随模拟调节 0 输入的数值。
- SMB29：存储随模拟调节 1 输入的数值。

2．SMB 30～194(预定义 S7-200 读取／写入内存)

1)　SMB30 和 SMB130 自由端口控制寄存器

SMB30 控制端口 0 的自由端口通讯，SMB130 控制端口 1 的自由端口通讯。可以从 SMB30 和 SMB130 读取或向 SMB30 和 SMB130 写入通讯端口定义数据。这些字节配置各自的通讯端口，进行自由端口操作，并提供自由端口或系统协议支持选择。(具体位格式定义如表 B.1 所示)

表 B.1　SMB30、SMB130 位定义

SM 地址		位 格 式			
端口 0	端口 1	7 6	5	4 3 2	1 0
SMB30	SMB130	p p	d	b b b	m m
		00=不校验 01=偶校验 10=不校验 11=奇校验	0=8 位/字符 1=7 位/字符	000=38400bps 001=19200bps 010=9600bps 011=4800bps 100=2400bps 101=1200bps 110=115200bps 111=57600bps	00=点对点接口协议(PPI/从站模式) 01=自由端口协议 10=PPI/主站模式 11=保留

2)　SMB31～SMB32 永久内存(EEPROM)写入控制

根据 SMB31 中的设置把 SMB32 中指出的地址中的数据写入 EEPROM 中。

3)　SMB34～SMB35 定时中断的时间间隔寄存器

特殊内存字节 34 和 35 控制中断 0 和中断 1 的时间间隔。 可以指定从 1 毫秒至 255 毫秒的时间间隔(以 1 毫秒为增量)。

- SMB34：定时中断 0，时间间隔数值以 1 毫秒为增量，从 1 毫秒至 255 毫秒。
- SMB35：定时中断 1，时间间隔数值以 1 毫秒为增量，从 1 毫秒至 255 毫秒。

4)　SMB36～SMB65 HSC0、HSC1 和 HSC2 高速计数寄存器

SMB36～SMB65 被用于监控和控制高速计数器 HSC0、HSC1 和 HSC2 的操作。参见表 4.10、表 4.11 和表 4.12。

5)　SMB66～SMB85 PTO/PWM 高速输出寄存器

SMB66～SMB85 被用于监控和控制 PLC(脉冲)指令的脉冲链输出和脉冲宽度调制功能。参见表 4.16 和表 4.17。

6)　SMB86～SMB94 和 SMB186～SMB194 接收讯息控制

SMB86～SMB94 以及 SMB186～SMB194 被用于控制和读取有关自由端口 0 和端口 1

通信时“接收讯息”指令的状态。参见系统手册。

7) SMW98 I/O 扩充总线通讯错误计数器

当扩展总线出现检验错误时加 1，系统得电或用户写入零时清零。

8) SMB130～SMB165 HSC3、HSC4 和 HSC5 高速计数寄存器

SMB136～SMB165 被用于监控和控制高速计数器 HSC3、HSC4 和 HSC5 的操作。参见表 4.10、表 4.11 和表 4.12。

9) SMB166～SMB185 用于 PLC(脉冲)指令的 PTO0 和 PTO1 包络定义表

SMB166～SMB185 被用于显示现有轮廓步骤数目和 V 内存中的轮廓表地址。

- SMB166：PTO0 现有轮廓步骤的当前条目数。
- SMB167：保留。
- SMB168：字数据类型：PTO0 轮廓表所在 V 存储区的地址，作为 V0 的偏移量给出。
- SMB170：线性轮廓状态字节。
- SMB171：线性轮廓结果寄存器。
- SMD172：手动模式频率寄存器。
- SMB176：PTO1 现有轮廓步骤的当前条目数
- SMB177：为将来使用而保留的空位。
- SMB178：字数据类型：PTO1 轮廓表所在 V 存储器的地址，作为 V0 的偏移量给出。
- SMB180：线性轮廓状态字节。
- SMB181：线性轮廓结果寄存器。
- SMD182：手动模式频率寄存器。

10) SMB186～SMB194 端口 1 接收信号控制

详见系统手册。

11) SMB200～SMB549 为由智能扩充模块提供的状态信息而保留

详见系统手册。

附录 C　松下 VF0 变频器功能参数一览

NO.	功能名称	设定范围	出厂数据
P01	第一急速时间(秒)	0.01～999	05.0
P02	第一减速时间(秒)	0.01～999	05.0
P03	V/F 方式	50、60、FF	50
P04	V/F 曲线	0、1	0
P05	力矩提升(%)	0～40	05
P06	选择电子热敏功能	0、1、2、3	2
P07	设定热敏继电器电流(A)	0.1～100	
P08	选择运行指令	0～5	0
P09	频率设定信号	0～5	0
P10	反转锁定	0、1	0
P11	停止模式	0、1	0
P12	停止频率(Hz)	0.5～60	00.5
P13	DC 制动时间(秒)	0、0.1～120	000
P14	DC 制动电平	0～100	00
P15	最大输出频率(Hz)	50-250	50.0
P17	防止过电流失速功能	0、1	1
P18	防止过电压失速功能	0、1	1
P19	选择 SW1 功能	0～7	0
P20	选择 SW2 功能	0～7	0
P21	选择 SW3 功能	0～8	0
P22	选择 PWM 频率信号	0、1	0
P23	PWM 信号平均次数	1～100	01
P24	PWM 信号周期(ms)	1～999	01.0
P25	选择输出 TR 功能	0～7	0
P26	选择输出 RY 功能	0～6	5
P27	检测频率【输出 TR】	0、0.5～250	00.5
P28	检测频率【输出 RY】	0、0.5～250	00.5
P29	点动频率(Hz)	0.5～250	10.0
P30	点动加速时间(秒)	0、0.1～999	05.0

P31～P70 功能参数参见《VF0 超小型变频器使用手册》。

参 考 文 献

[1] 薛迎成，何建强．工控机及组态软件控制技术原理与应用．北京：中国电力出版社，2007.

[2] 陈建明．电器控制与 PLC 应用．北京：电子工业出版社，2010.

[3] 吴卫荣．传感器与 PLC 技术．北京：电子工业出版社，2006.

[4] 周美兰．PLC 电气控制与组态设计．北京：科学出版社，2002.

[5] 张运刚．从入门到精通——西门子 PLC 技术与应用．北京：人民邮电出版社，2007.

[6] 王永华．现代电气控制及 PLC 应用技术(第 2 版)．北京：北京航空航天大学出版社，2007.

[7] 廖常初．PLC 应用技术问答．北京：机械工业出版社，2007.

[8] 阮友德．电气控制与 PLC 实训教程．北京：人民邮电出版社，2006.

[9] 西门子有限公司自动化与驱动集团．深入浅出西门子 S7-200PLC(第 2 版)．北京：北京航空航天大学出版社，2007.